高等学校土木建筑专业应用型本科系列规划教材

理论力学

主　编　金　江

副主编　袁继峰　葛文璇

参　编　（以拼音为序）

金春花　钱声源　徐小丽

许　薇　张正维

东南大学出版社

·南京·

内 容 简 介

本书是编写组全体老师长期教学心得体会的总结，具有逻辑清晰、通俗易懂、结合实际、宜于教学的特点。本书内容是按照教育部力学基础课程教学指导分委员会在 2008 年制定的“理论力学课程教学基本要求”编写的，内容包括静力学（含静力学公理、物体体系的受力分析、平面力系、空间力系、摩擦等），运动学（含点的运动学、刚体简单运动、点的合成运动、刚体平面运动等），动力学（含质点动力学基本方程、动量定理、动量矩定理、动能定理、达朗贝尔原理、虚位移原理等）。

本书可作为高等学校工科本科的工程力学、机械工程、土木工程、交通工程、航空航天工程等专业理论力学的教材，也适合作为高职高专、成人高校相应专业的自学和函授教材，还可以作为有关工程技术人员的参考书。

图书在版编目(CIP)数据

理论力学 / 金江主编. —2 版. —南京：东南大学出版社，2019.1

ISBN 978-7-5641-7867-3

Ⅰ.①理… Ⅱ.①金… Ⅲ.①理论力学 Ⅳ.①031

中国版本图书馆 CIP 数据核字(2018)第 153456 号

理论力学(第 2 版)

出版发行：东南大学出版社
社　　址：南京市四牌楼 2 号　邮编：210096
出 版 人：江建中
责任编辑：史建农　戴坚敏
网　　址：http://www.seupress.com
电子邮箱：press@seupress.com
经　　销：全国各地新华书店
印　　刷：南京玉河印刷厂
开　　本：787mm×1092mm　1/16
印　　张：18.75
字　　数：477 千字
版　　次：2019 年 1 月第 2 版
印　　次：2019 年 1 月第 1 次印刷
书　　号：ISBN 978-7-5641-7867-3
印　　数：1～3 000 册
定　　价：49.00 元

高等学校土木建筑专业应用型本科系列
规划教材编审委员会

名誉主任 吕志涛(院士)
主　　任 蓝宗建
副 主 任 (以拼音为序)
陈　蓓　陈　斌　方达宪　汤　鸿
夏军武　肖　鹏　宗　兰　张三柱
秘 书 长 戴坚敏
委　　员 (以拼音为序)
程　晔　戴望炎　董良峰　董　祥
郭贯成　胡伍生　黄春霞　贾仁甫
金　江　李　果　李宗琪　刘殿华
刘　桐　刘子彤　龙帮云　王丽艳
王照宇　徐德良　于习法　余丽武
喻　骁　张靖静　张伟郁　张友志
章丛俊　赵冰华　赵才其　赵　玲
赵庆华　周桂云　周　佶

总前言

国家颁布的《国家中长期教育改革和发展规划纲要(2010—2020年)》指出,要"适应国家和区域经济社会发展需要,不断优化高等教育结构,重点扩大应用型、复合型、技能型人才培养规模";"学生适应社会和就业创业能力不强,创新型、实用型、复合型人才紧缺"。为了更好地适应我国高等教育的改革和发展,满足高等学校对应用型人才的培养模式、培养目标、教学内容和课程体系等的要求,东南大学出版社携手国内部分高等院校组建土木建筑专业应用型本科系列规划教材编审委员会。大家认为,目前适用于应用型人才培养的优秀教材还较少,大部分国家级教材对于培养应用型人才的院校来说起点偏高、难度偏大、内容偏多,且结合工程实践的内容往往偏少。因此,组织一批学术水平较高、实践能力较强、培养应用型人才的教学经验丰富的教师,编写出一套适用于应用型人才培养的教材是十分必要的,这将有力地促进应用型本科教学质量的提高。

经编审委员会商讨,对教材的编写达成如下共识:

一、体例要新颖活泼。学习和借鉴优秀教材特别是国外精品教材的写作思路、写作方法以及章节安排,摒弃传统工科教材知识点设置按部就班、理论讲解枯燥乏味的弊端,以清新活泼的风格抓住学生的兴趣点,让教材为学生所用,使学生对教材不会产生畏难情绪。

二、人文知识与科技知识渗透。在教材编写中参考一些人文历史和科技知识,进行一些浅显易懂的类比,使教材更具可读性,改变工科教材艰深古板的面貌。

三、以学生为本。在教材编写过程中,"注重学思结合,注重知行统一,注重因材施教",充分考虑大学生人才就业市场的发展变化,努力站在学生的角度思考问题,考虑学生对教材的感受,考虑学生的学习动力,力求做到教材贴合学生实际,受教师和学生欢迎。同时,考虑到学生考取相关资格证书的需要,教材中还结合各类职业资格考试编写了相关习题。

四、理论讲解要简明扼要，文例突出应用。在编写过程中，紧扣“应用”两字创特色，紧紧围绕着应用型人才培养的主题，避免一些高深的理论及公式的推导，大力提倡白话文教材，文字表述清晰明了、一目了然，便于学生理解、接受，能激起学生的学习兴趣，提高学习效率。

五、突出先进性、现实性、实用性、可操作性。对于知识更新较快的学科，力求将最新最前沿的知识写进教材，并且对未来发展趋势用阅读材料的方式介绍给学生。同时，努力将教学改革最新成果体现在教材中，以学生就业所需的专业知识和操作技能为着眼点，在适度的基础知识与理论体系覆盖下，着重讲解应用型人才培养所需的知识点和关键点，突出实用性和可操作性。

六、强化案例式教学。在编写过程中，有机融入最新的实例资料以及操作性较强的案例素材，并对这些素材资料进行有效的案例分析，提高教材的可读性和实用性，为教师案例教学提供便利。

七、重视实践环节。编写中力求优化知识结构，丰富社会实践，强化能力培养，着力提高学生的学习能力、实践能力、创新能力，注重实践操作的训练，通过实际训练加深对理论知识的理解。在实用性和技巧性强的章节中，设计相关的实践操作案例和练习题。

在教材编写过程中，由于编写者的水平和知识局限，难免存在缺陷与不足，恳请各位读者给予批评斧正，以便教材编审委员会重新审定，再版时进一步提升教材的质量。本套教材以“应用型”定位为出发点，适用于高等院校土木建筑、工程管理等相关专业，高校独立学院、民办院校以及成人教育和网络教育均可使用，也可作为相关专业人士的参考资料。

高等学校土木建筑专业应用型
本科系列规划教材编审委员会

前　言

本书是在编写组全体老师教学讲义的基础上修改而成的。经过长期的理论力学的教学实践，我们学习其他教材的先进之处，结合新时期工科本科培养卓越工程师的要求，总结我们自己教学实践中的经验教训，编写并不断修改讲义，并在此基础上编成本书。

本书具有以下特色：

(1) 紧密结合现代工程、生产实践和实际生活，充分反映力学在现代工程、生产实践和实际生活中的应用和基础主导作用。

(2) 与绝大多数国内教材不同，本书力图反映理论力学知识体系的来源和历史沿革，并同时简要介绍了作出显著贡献的力学家的生平。

(3) 本书的语言在保持严谨、逻辑的基础上，使叙述能做到简洁明了、通俗易懂，更试图使语言具有一定的趣味性。

参与编写本书的作者有金江(南通大学，编写引言、第 1 章和第 13 章)，钱声源(东南大学，编写第 2 章和第 4 章)，葛文璇(南通大学，编写第 3 章和第 5 章)，许薇(南通大学，编写第 6 章和第 10 章)，金春花(南通大学，编写第 7 章和第 9 章)，徐小丽(南通大学，编写第 8 章)，张正维(南通大学，编写第 11 章)，袁继峰(南京理工大学泰州科技学院，编写第 12 章和第 14 章)。

陈明和凌庚两位同学绘制了本书的部分插图。

本书在编写过程中参考了一些资料，在此向原作者表示感谢。由于作者水平所限，书中难免存在不足甚至错误，敬请读者提出意见，以便再版时改正。

编　者

2012 年 12 月

第 2 版前言

本书第 1 版出版后，我们听取了许多使用该教材的教师和读者的意见，对其进行了修改。

本版中，在保留第 1 版教材理论联系工程和生活实际、阐释概念深入浅出、介绍知识体系发展的历史沿革、说理透彻、叙述通俗易懂等特色的基础上，对第一版中的全部内容做了必要的增添和删减，使各章内容在全书中所占篇幅分布更趋均衡，同时也订正了第 1 版中的印刷错误。

本版的修改工作是由金江教授执笔完成的，修改和订正的内容曾由部分该教材编写者和使用教师参加讨论。

本书虽经修改，但由于水平所限，错误仍在所难免，衷心希望尊敬的读者提出批评和指正，以利于教材质量的进一步提高。

编　者

2018 年 12 月

目　录

第一篇　静力学

第二篇　运动学

第三篇 动力学

第一篇　静力学

引　　言

静力学是力学的一个分支，在工程技术中有着广泛的应用，它主要研究物体在力的作用下处于平衡的规律。

平衡是物体机械运动的特殊形式，是指物体相对于惯性参照系处于静止或做匀速直线运动的状态，即加速度为零的状态都称为平衡。对于一般工程问题，平衡状态是以地球为参照系确定的。

力是指物体间的机械作用，它是物体的机械运动状态发生变化的原因。力系则是指作用在物体上的一群力。

在静力学中所指的物体都是刚体，即在力的作用下不会发生变形的物体。刚体是一个理想化的力学模型。之所以要采用这种模型，是因为在考虑物体的平衡问题时，物体受力产生的变形对其影响很小，作为问题的次要因素可以忽略。

"静力学"一词是法国数学家、力学家 P. 伐里农于 1725 年引入的。

从现存的许多古代建筑，如埃及的金字塔、古希腊和古罗马的众多神庙、中国的长城，可以推测当时的建筑者已使用了某些由经验得来的静力学知识，并且为了举高和搬运重物，已经能运用杠杆、滑轮和斜面等简单机械。

通过力学史的研究可以得知，静力学的发展始于公元前 3 世纪，至公元 16 世纪伽利略奠定了动力学基础。

阿基米德是使静力学成为一门真正科学的奠基者。他创立了杠杆理论，并且奠定了静力学的主要原理。他还是第一个使用严密推理来求出平行四边形、三角形和梯形物体的重心位置的人。

著名的意大利艺术家、物理学家和工程师达·芬奇对静力学有着巨大的贡献。在他看来，实验和运用数学解决力学问题有巨大意义。他应用力矩法解释了滑轮的工作原理；应用虚位移原理的概念来分析起重机构中的滑轮和杠杆系统；研究了物体的斜面运动和滑动摩擦阻力，首先得出了滑动摩擦阻力同物体的摩擦接触面的大小无关的结论。

在对物体在斜面上的力学问题的研究基础上，1586 年，荷兰的斯蒂文在其专著《静力学基础》一书中最早提出并论证了力的分解与合成原理，即力的平行四边形法则。

分析静力学是意大利数学家、力学家 J. L. 拉格朗日提出来的，他在著作《分析力学》中，根据虚位移原理，用严格的分析方法叙述了整个力学理论。虚位移原理早在 1717 年已由伯努利提出，而应用这个原理解决力学问题的方法的进一步发展和对它的数学研究却是拉格朗日的功绩。

我国古代科学家对静力学有着重大的贡献。春秋战国时期伟大的哲学家墨翟在他的代表作《墨经》中，对杠杆、轮轴和斜面作了分析，提出了杠杆的平衡原理。

静力学中主要研究下面 3 个问题：

(1) 物体的受力分析

分析某个物体共受几个力作用及每个力的作用位置和方向。

(2) 力系的简化

将作用在物体上的一个力系用另一个与它等效的力系来替换，称为力系的等效替换。经常是用一个简单的力系来等效替换一个复杂力系，称为力系的简化。

(3) 建立各种力系的平衡条件

研究作用在物体上的各种力系达到平衡所需满足的条件。

1　静力学公理和物体受力分析

众所周知，欧几里得几何学是在尽可能少的初始概念和一组不加证明的公理的基础上，逻辑推理成的一个演绎系统。与欧几里得几何学类似，理论力学也是在5个公理的基础上，通过这种公理化方法建成的演绎体系。本章除了阐述静力学公理外，还要介绍工程中常见的约束和物体受力分析，同时介绍力学建模的概念。

1.1　静力学公理及其推论

所谓公理，也就是经过人们长期实践检验、不需要证明同时也无法去证明的客观规律。

公理1　力的平行四边形法则

作用在物体上同一点的2个力，可合成一个合力，合力的作用点仍在该点，其大小和方向由以此两力为边构成的平行四边形的对角线确定，如图1-1(a)所示，即合力等于分力的矢量和。

$$\boldsymbol{F}_R = \boldsymbol{F}_1 + \boldsymbol{F}_2$$

合力的大小和方向也可通过形式上更简单的力三角形法则得到，即自任一点以此两力为两边作力三角形，第三边即所求合力，如图1-1(b)、(c)所示。

此公理给出了力系简化的基本方法。平行四边形法则是力的合成法则，也是力的分解法则。

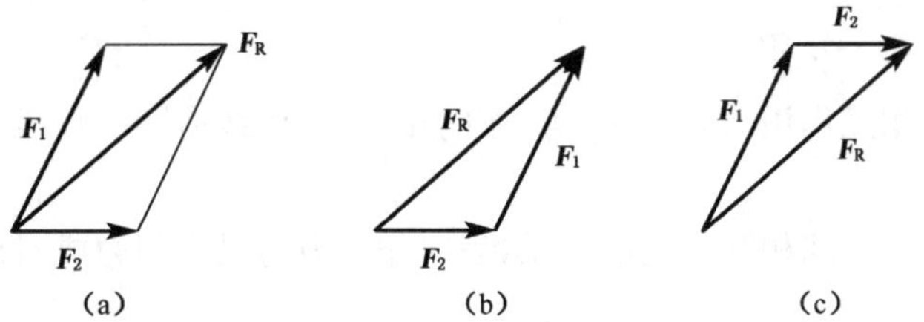

图1-1

公理2　二力平衡条件

作用在刚体上的2个力，使刚体平衡的必要和充分条件是：2个力的大小相等，方向相反，作用线沿同一直线。

此公理揭示了最简单的力系平衡条件。只在两力作用下平衡的刚体称为二力体或二力构件。当构件为杆件时称为二力杆。

公理3　加减平衡力系原理

在已知力系上加上或减去任意平衡力系，并不改变原力系对刚体的作用。

此公理是研究力系等效的重要依据。

根据上述公理可导出下列推理：

推理1 力的可传性

作用在刚体上某点的力，可沿其作用线移动，而不改变它对刚体的作用。

证明：在刚体的 A 点作用有力 $\boldsymbol{F}$，如图1-2(a)所示。根据加减平衡力系原理，在力的作用线上任取一点 B，并加上两个相互平衡的力 $\boldsymbol{F}_1$ 和 $\boldsymbol{F}_2$，使 $\boldsymbol{F}_2=-\boldsymbol{F}_1=\boldsymbol{F}$，如图1-2(b)所示。由于 $\boldsymbol{F}$ 和 $\boldsymbol{F}_1$ 也是一个平衡力系，可以除去，这样只剩下 $\boldsymbol{F}_2$，如图1-2(c)所示，可以看成 $\boldsymbol{F}$ 沿其作用线移到了点 B。

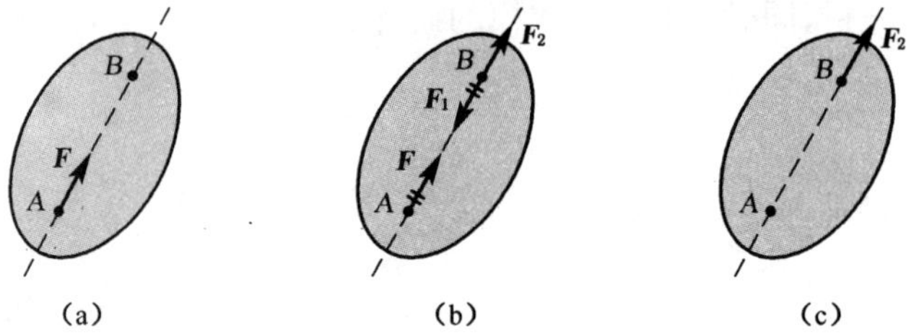

图1-2

由此可知，对刚体来说，力的作用点已不是决定力的作用效果的要素，它已被作用线所替代。因此作用在刚体上的力的三要素为：力的大小、方向和作用线。所以，力是有固定作用线的滑动矢量。

推理2 三力平衡汇交定理

当刚体受到同平面内不平行的三力作用而平衡时，三力的作用线必汇交于一点。

证明：如图1-3所示，在刚体的 A，B，C 三点上，分别作用3个力 $\boldsymbol{F}_1$，$\boldsymbol{F}_2$ 和 $\boldsymbol{F}_3$，这3个力组成平衡力系。根据推理1力的可传性，把力 $\boldsymbol{F}_1$ 和 $\boldsymbol{F}_2$ 移到汇交点 O，然后由力的平行四边形法则，得到合力 $\boldsymbol{F}_{12}$。这个合力 $\boldsymbol{F}_{12}$ 与 $\boldsymbol{F}_3$ 平衡，必然共线，所以 $\boldsymbol{F}_3$ 也必定通过 $\boldsymbol{F}_1$ 和 $\boldsymbol{F}_2$ 的汇交点 O。

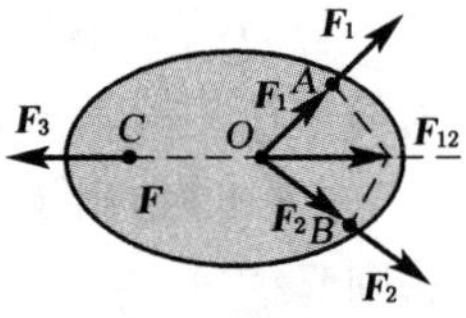

图1-3

公理4 作用和反作用定律

两个物体间的相互作用力，大小相等，方向相反，作用线沿同一直线，分别作用在两个相互作用的物体上。

此公理概括了物体间相互作用的关系，表明作用力与反作用力成对出现，并分别作用在不同的物体上。

公理5 刚化原理

变形体在某一力系作用下处于平衡时，如将其刚化为刚体，其平衡状态保持不变。

此公理提供了将变形体看作刚体的条件。将拉力平衡的绳索刚化为刚性杆，其平衡状态不变，如图1-4所示。

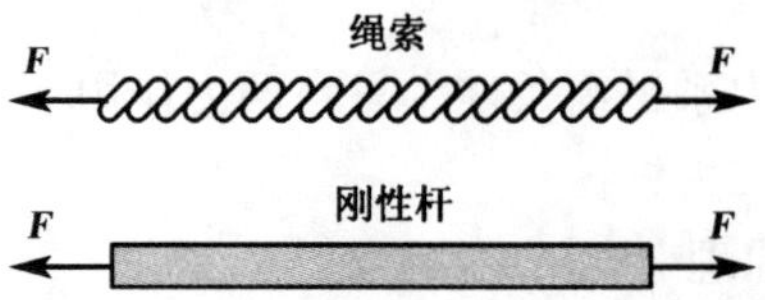

图1-4

但反之，处于压力平衡下的刚杆若换成绳索，就不能平衡。

静力学的全部理论都可以由上述5个公理演绎推证而成，这既说明了理论体系的完整和严密，也说明了理论体系的成熟。

1.2 工程中常见约束和约束力

有些物体，如飞翔的鸟类，飞行的飞机、火箭和人造卫星等，它们在空间的运动没有受到其他物体预加的限制，称为自由体；而另一类物体，如在轨道上行驶的火车、在轴承中转动的电机转子、支承在桥墩上的公路和铁路桥梁等，它们在空间的运动受到其他物体预加的限制，称为非自由体。对非自由物体运动预加限制的其他物体称为约束。上述轨道对火车、轴承对转子、桥墩对梁等都是约束。

从力学角度来看，约束对非自由物体的作用，实际是通过力来实现的，这种力称为约束力。很明显，约束力的方向必定与该约束所能阻碍的运动或位移方向相反。

一般物体除了受到约束力的作用外，往往还要受到所谓主动力的作用。主动力是指约束力以外的其他力，又称载荷，如物体的重力、房屋建筑所受的风力、大坝所受的水力、电机转子所受的电磁力等。

下面介绍一些工程中常见的约束及相应的约束力。

1.2.1 光滑接触面的约束

被约束物体与约束体之间有接触面，且摩擦很小，可以忽略不计，看成是理想光滑接触面。例如，支持物体的固定面(图1-5)，啮合齿轮的齿面(图1-6)。

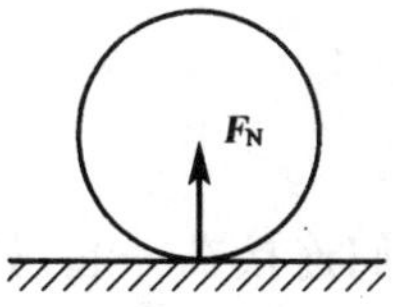

图1-5

图1-6

这类约束只能阻碍物体沿接触面法线方向往约束内部的位移，但不能限制物体沿接触面切线方向的位移。因此，光滑支承面对物体的约束力，作用在接触点，沿接触面公法线方向，并指向被约束的物体，这种约束力称为法向约束力，用 $\boldsymbol{F}_N$ 表示(N-normal，法向)，如图1-5所示。

1.2.2 柔索约束

由柔软的绳子、皮带、链条等构成的约束称为柔索约束。如吊住重物的钢丝绳(图1-7)、皮带轮上的皮带(图1-8)等。

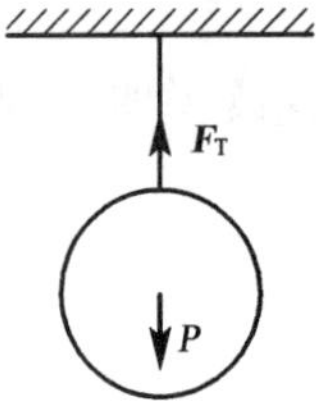

图 1-7

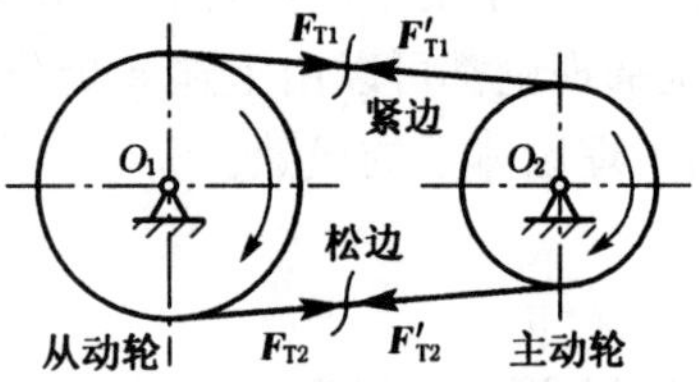

图 1-8

由于柔软的绳索本身只能承受拉力，所以它给予物体的约束力也只能是拉力。因此绳索对物体的约束力，作用在接触点，方向沿着绳索背离物体。皮带轮上的皮带绕在轮子上，对带轮的约束力沿轮缘的切线方向。皮带无论是紧边还是松边，均承受拉力(图 1-8)。

1.2.3 光滑铰链约束

这类约束有向心轴承、圆柱形铰链和固定铰链支座等。

1）向心轴承(径向轴承)

向心轴承或径向轴承在机械工程中应用很广。图 1-9(a)所示为向心轴承装置，图 1-9(b)为其约束简图。被约束的轴在垂直轴线的平面内可受到任意方向的径向约束力 $\boldsymbol{F}_R=(\boldsymbol{F}_x, \boldsymbol{F}_y)$，在轴承支承处限制轴沿任意径向的位移。

图 1-9

2）圆轴铰链和铰链支座

两个构件钻有同样大小的两个孔，由销钉或螺栓将它们连接在一起，如图 1-10(a)所示，这种约束称为圆轴铰链。被约束的销钉或螺栓在垂直轴线的平面内可受到任意方向的径向约束力 $\boldsymbol{F}_R=(\boldsymbol{F}_x, \boldsymbol{F}_y)$，如图 1-10(b)所示。

圆轴铰链的简图如图 1-10(c)所示。

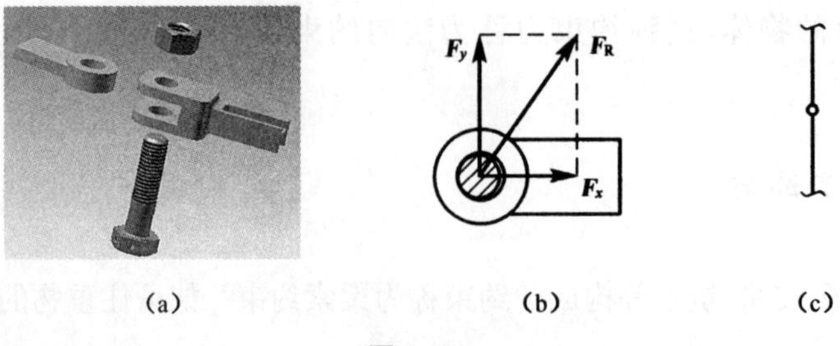

图 1-10

在桥梁、屋架等工程结构中，常采用滚动铰链支座，如图 1-11(a)所示。这种约束用几个圆柱形滚轮支承结构，以便当温度变化，结构沿跨度方向伸缩时，滚轮可有微小滚动。显然，滚动支座的约束性质与光滑面约束相似，其约束力垂直于支承面，且通过铰链中心，如图 1-11(b)。

(a)

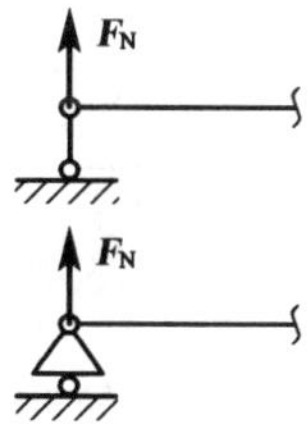

(b)

图 1-11

如果圆柱铰链连接中的一个构件固定在地面或固定在机架上作为支座，则这种约束称为固定铰支座，如图 1-12(a)所示，图 1-12(b)是其简图。

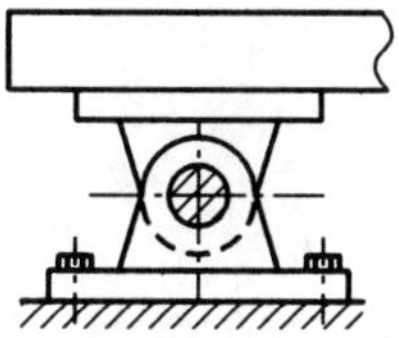

(a)

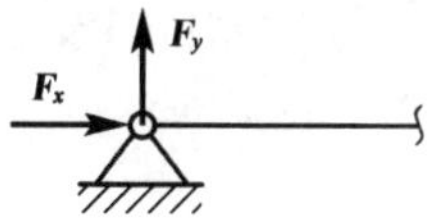

(b)

图 1-12

1.2.4 其他约束

1) 球铰链

通过圆球和球壳将两个构件连接在一起的约束称为球铰链，如图 1-13(a)所示，这种约束只限制构件的三维移动位移，不影响转动位移，图 1-13(b)是其简图。图 1-14 显示了人类的股骨和盆骨之间如何通过球铰连接的，事实上人类的肩关节和一些动物的关节都可归类为球铰连接。

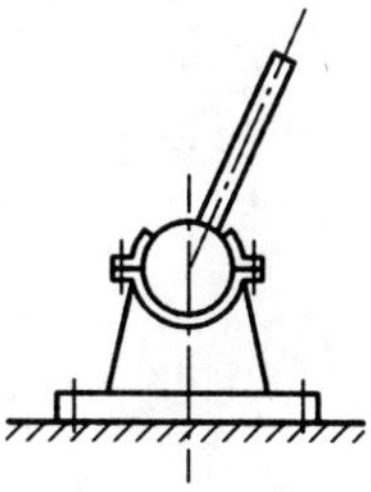

(a)

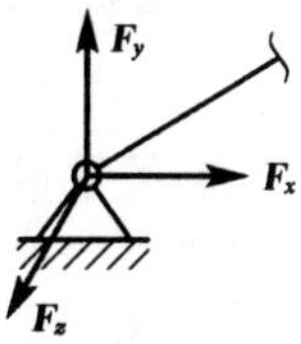

(b)

图 1-13

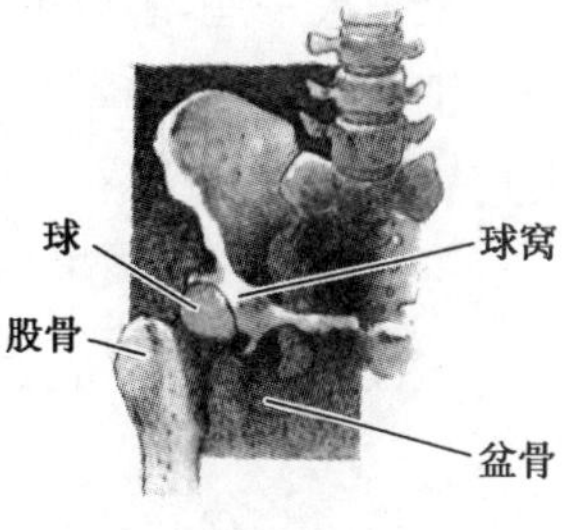

图 1-14

2) 止推轴承

在机械工程中，除了径向轴承外，止推轴承应用也较广。和径向轴承不同的是，它除了限制轴的径向位移外，还限制轴沿轴向的位移。因此除了径向的两个约束力分量($\boldsymbol{F}_x$，$\boldsymbol{F}_y$)外，还有轴向分量 $\boldsymbol{F}_z$(如图 1-15)。

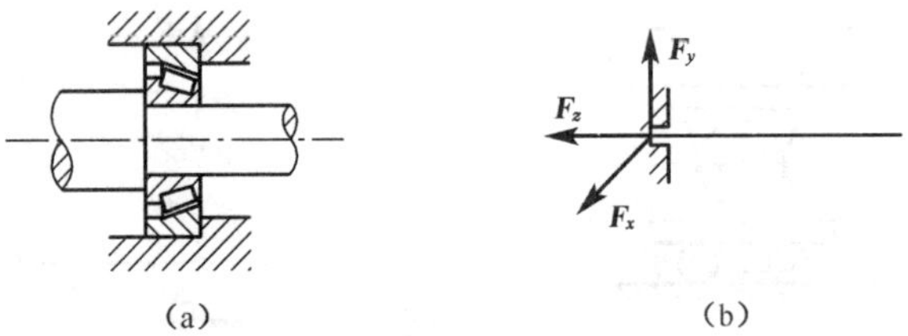

图 1-15

以上介绍的是工程中常见的几种基本的简单约束，但实际约束的种类不止这些。针对某种特定的实际约束，分析时要进行合理的简化。

1.3 物体的受力分析和受力图

在工程实际中，为了对结构和构件进行分析，必须确定构件受到几个力作用，每个力的作用位置和作用方向，这个过程称为物体的受力分析。

作用在物体上的力可分为两类：一类是主动力，如重力、风力、液体压力等，主动力一般是已知的；另一类是物体受到的约束力，它们一般是未知的被动力。

为了清晰地表示某个物体的受力情况，要把它(研究对象或受力体)从结构中分离出来，单独画出它的简图或力学模型，这个步骤叫做取研究对象或分离体。然后把研究对象所受的全部主动力和约束力都画出来。这种表示物体受力的简明图形，称为受力图。画物体受力图是一个基本的力学技能，也是解决静力学问题的第一个重要步骤。

【例 1-1】 火车(图 1-16(a))车轴简图如图 1-16(b)所示，车厢重量 P 压在车轴外侧，试画出车轴的受力图。

【解】 (1) 取车轴为研究对象，单独画其简图。

车轴可以表示成杆件。火车车轮与轴之间的配合是“过盈”配合，即轴颈的直径比车轮孔的直径稍大一些，装配的时候用电加热或热油将车轮加热，孔的尺寸就会增大一点点，正好能让轴放入，冷却后轴和轮就紧紧地配合在一起。两个车轮对车轴的约束可以近似简化为固定铰支座和活动铰支座(图 1-16(c))。

(2) 画主动力。这里主动力只考虑了车厢的重量，车轴的重量忽略不计。

(3) 画约束力。两个支座的约束力分别为 $\boldsymbol{F}_{Ax}$，$\boldsymbol{F}_{Ay}$ 和 $\boldsymbol{F}_{By}$。车轴的受力图如图 1-16(d)所示。

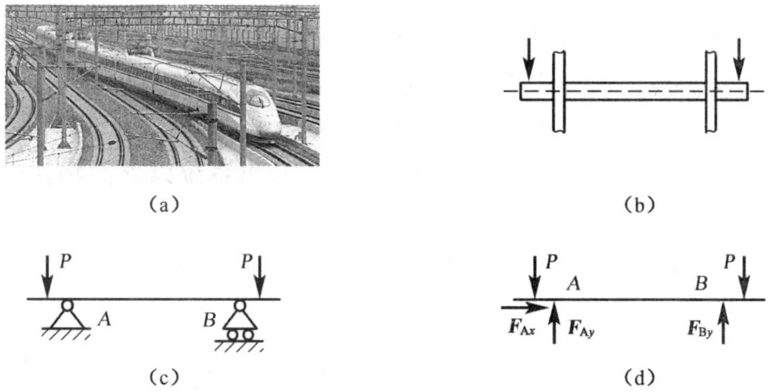

图 1-16

【例 1-2】 单臂吊车如图 1-17(a)所示，梁 BC 为工字梁，AB 为吊杆，A、B、C 都是圆柱铰。起吊物体重量为 W，若略去结构自重，试作出梁 BC 和杆 AB 的受力图。

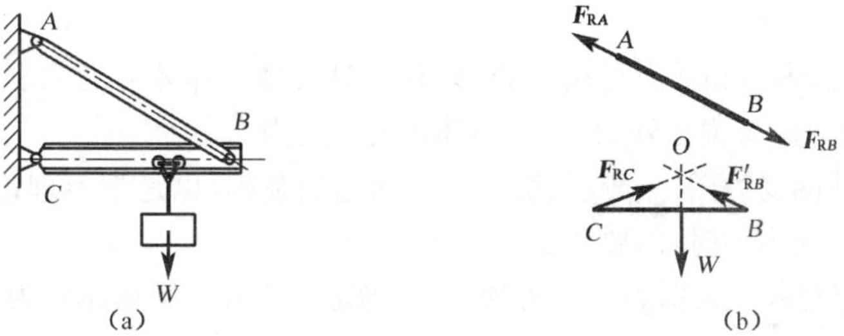

图 1-17

【解】 (1) 先分析吊杆 AB 的受力。由于吊杆的重量不计，根据光滑铰链的特性，A，B 两处的约束力分别通过铰链 A，B 的中心，而且由于杆 AB 只在 $\boldsymbol{F}_{RA}$，$\boldsymbol{F}_{RB}$ 两个力作用下平衡，根据二力平衡公理，这两个力必然等值、反向，沿同一直线，即连接铰链 A 与 B 中心的直线，所以吊杆 AB 是二力杆。这里 $\boldsymbol{F}_{RB}$ 是梁 BC 对吊杆 AB 的作用力。由经验判断，吊杆 AB 受到拉力。

(2) 再取 BC 梁为研究对象，它可以简化为一杆件。BC 梁受到主动力 W 作用，在 B 处受到吊杆 AB 的反作用力 $\boldsymbol{F}'_{RB}$ 作用，在铰链 C 处受到约束力 $\boldsymbol{F}_{RC}$ 作用。由三力平衡汇交定理，$\boldsymbol{F}_{RC}$ 的作用线过 W，$\boldsymbol{F}'_{RB}$ 作用线的交点。吊杆 AB 和梁 BC 的受力图如图 1-17(b)所示。

【例 1-3】 梯子由杆件 AB 和 AC 在 A 点铰接，并用绳子连接 D，E 两点，DE 线段水平。梯子放在光滑的水平地板上，一人站在 AC 杆件的 H 点，其重量为 $\boldsymbol{F}$。若梯子自重不计，画出梯子各构件及整体系统的受力图。

【解】 (1) 绳子 DE 的受力分析。绳子两端 D，E 分别受到梯子对它的拉力 $\boldsymbol{F}_D$，$\boldsymbol{F}_E$ 的作用，如图 1-18(b)所示。

(2) 杆件 AB 的受力分析。它在 A 点受到杆件 AC 给予的约束力 $\boldsymbol{F}_{Ax}$，$\boldsymbol{F}_{Ay}$。在 D 点受到绳子的反作用力 $\boldsymbol{F}'_D$。在 B 点受到光滑地板对它的法向反力 $\boldsymbol{F}_B$。

(3) 杆件 AC 的受力分析。它在 H 点受到人的作用力 $\boldsymbol{F}$，在 A 点受到杆件 AB 给予的约束力 $\boldsymbol{F}'_{Ax}$，$\boldsymbol{F}'_{Ay}$。$\boldsymbol{F}'_{Ax}$，$\boldsymbol{F}'_{Ay}$ 分别是 $\boldsymbol{F}_{Ax}$，$\boldsymbol{F}_{Ay}$ 的反作用力。在 E 点受到绳子的反作用力 $\boldsymbol{F}'_E$。

杆件 AC 在 C 点受到光滑地板对它的法向反力 $\boldsymbol{F}_C$。

(4) 整个系统的受力分析。当整个系统作为研究对象时，在铰链 A 处受到的力满足 $\boldsymbol{F}_{Ax}=-\boldsymbol{F}'_{Ax}$，$\boldsymbol{F}_{Ay}=-\boldsymbol{F}'_{Ay}$；绳子与梯子连接点 D 和 E 所受的力也分别满足 $\boldsymbol{F}_D=-\boldsymbol{F}'_D$，$\boldsymbol{F}_E=-\boldsymbol{F}'_E$，这些力都成对地作用在整个系统内，称为内力。内力对系统的作用效应相互抵消，因此内力在受力图中不需画出。在受力图上只需画出系统以外的物体给予系统的作用力，这种力称为外力。

整个系统的受力图如图 1-18(e)所示。

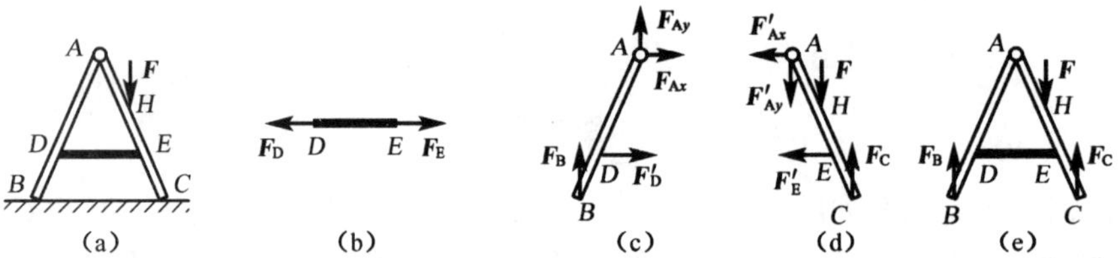

图 1-18

需要指出的是，内力和外力是相对的，只有针对具体物体才有意义。如铰链 A 的约束力 $\boldsymbol{F}_{Ax}$，$\boldsymbol{F}_{Ay}$ 对杆件 AB 来说是外力，而对整体系统则是内力。

正确画出物体的受力图，是分析、解决力学问题的基础，也是学习理论力学必须掌握的力学技能。画物体受力图时，需要注意以下几点：

(1) 明确研究对象。根据力学分析的需要，确定一个或若干物体作为研究对象，并单独画出。

(2) 正确画出受力图。根据研究对象所受到的荷载和约束，准确画出所有的主动力和约束力。

(3) 注意作用、反作用关系。当分析两个物体间的相互作用力时，作用力和反作用力是等值、反向，并分别作用在这两个物体上，在这两个物体的受力图上要表示出来。

现对本章内容作如下小结：

(1) 静力学是力学的一个分支，它研究物体在力系作用下的平衡规律。

(2) 静力学公理

公理 1　力的平行四边形法则

公理 2　二力平衡条件

公理 3　加减平衡力系原理

公理 4　作用和反作用定律

公理 5　刚化原理

(3) 约束和约束力

对非自由物体运动预加限制的其他物体称为约束。约束对非自由物体施加的力称为约束力。约束力的方向与该约束所能阻碍的运动或位移方向相反。

(4) 物体的受力分析和受力图

进行受力分析时，首先要明确研究对象，取分离体并单独画出。要分清外力和内力，在研究对象上只画出外力。在画约束力时，要根据约束的性质来画，并注意作用、反作用关系。

思考题

1. 说明 $\boldsymbol{F}_1=\boldsymbol{F}_2$ 和 $F_1=F_2$ 两式的区别。
2. 为什么加减平衡力系原理和力的可传性只能适用于刚体？
3. 二力平衡条件在什么情况下适用于变形体？
4. 什么是二力构件？二力构件一定是直杆吗？

习题

1. 试画出下图(a)，(b)两种情况各物体的受力，图(b)中 D 处为光滑面约束，并进行比较。

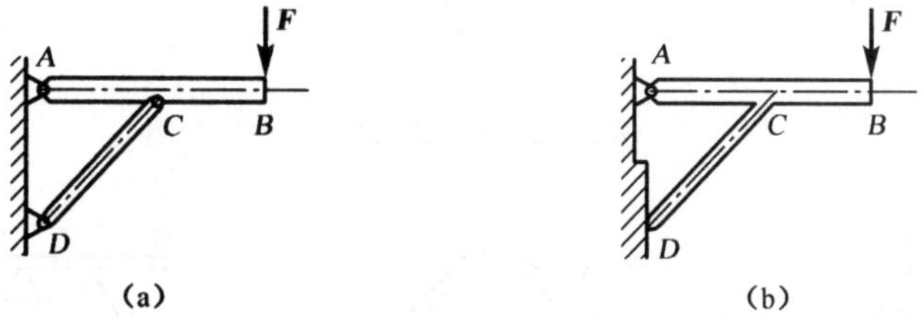

图 1-19

2. 画出下列各图中标有字母的各构件的受力图。

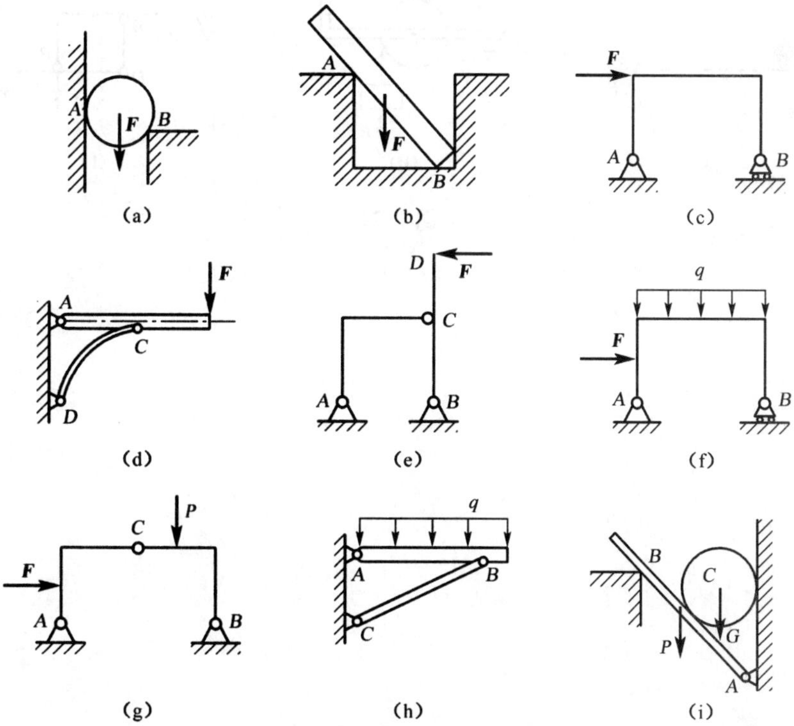

图 1-20

3. 画出下列各图中标有字母的各构件和系统的受力图。

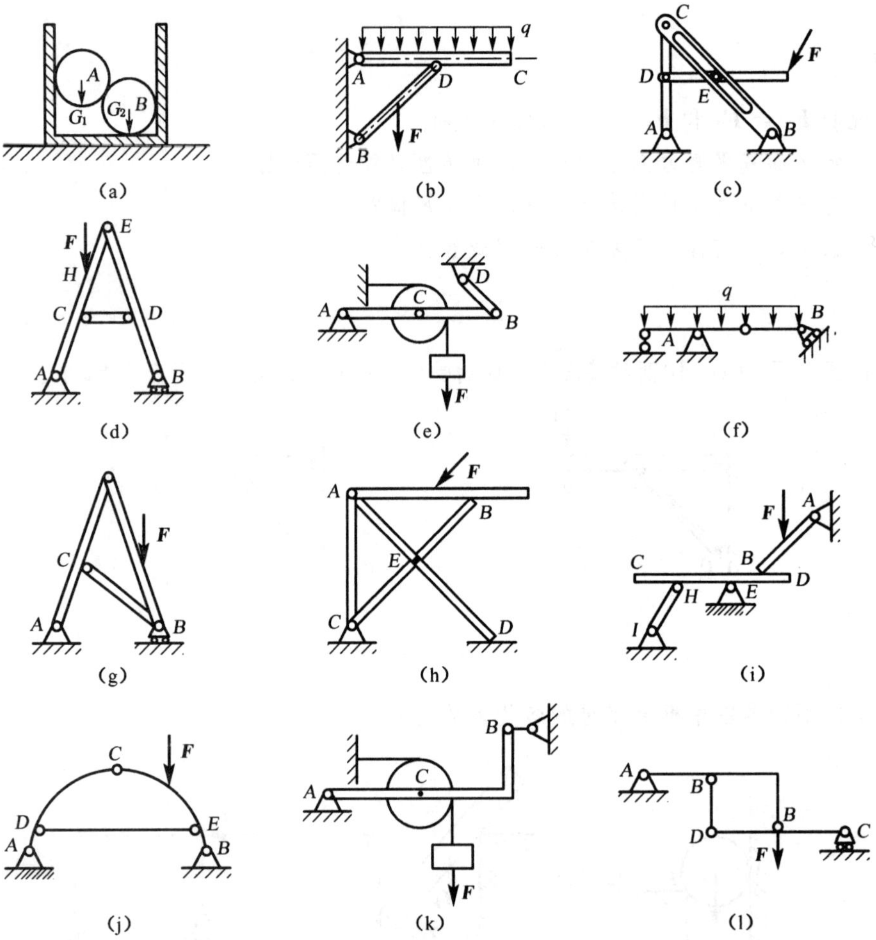

图 1-21

2 平面力系

在工程实际中，有时会遇到力系中所有的力都处于同一平面的情况，这样的力系称为平面力系。按照力系中各力的几何位置关系，平面力系可分为平面汇交力系、平面力偶系、平面平行力系和平面任意力系。若力系中各力的作用线都在同一平面且汇交于一点的力系，则称为平面汇交力系，如图 2-1(a)所示；若力系中各力都在同一平面且相应的力成对组成力偶，则称为平面力偶系，如图 2-1(b)所示；若力系中各力的作用线都在同一平面且任意分布时，既不交于一点又不相互平行，则称为平面任意力系，如图 2-1(c)所示；若力系中各力都在同一平面且作用线相互平行，则称为平面平行力系，如图 2-1(d)所示。

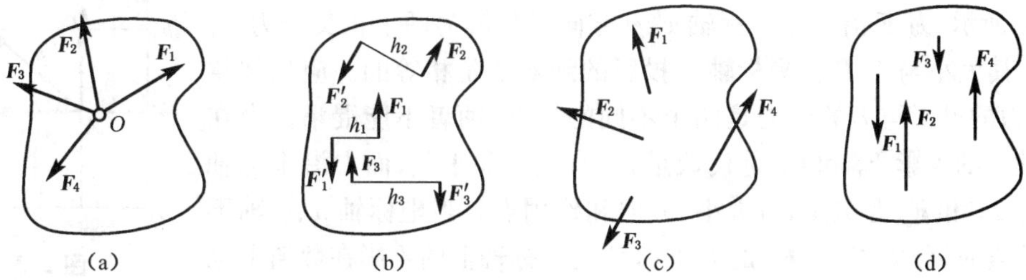

图 2-1

2.1 力

2.1.1 力在平面直角坐标轴上的投影

1) 投影的定义

如图 2-2(a)所示，力 $\boldsymbol{F}$ 作用于平面内的 A 点，方向由 A 点指向 B 点，且与水平方向的夹角为 α。相对于平面直角坐标轴 xOy，从力 $\boldsymbol{F}$ 的两端 A 和 B 分别作 x 轴垂线，垂足为 a 和 b，则线段 ab 就称为力 $\boldsymbol{F}$ 在 x 轴上的投影，用 F_x 表示。同理，从力 $\boldsymbol{F}$ 的两端 A 和 B 分别作 y 轴垂线，线段 $a'b'$ 称为力 $\boldsymbol{F}$ 在 y 轴上的投影，用 F_y 表示。

2) 投影的大小及符号规定

力在坐标轴上的投影是代数量，其正负规定为：若 ab(或 $a'b'$)的指向与坐标轴正方向一致，则该力在坐标轴上的投影为正，反之为负。在图 2-2(a)中，力 $\boldsymbol{F}$ 在 x 轴和 y 轴上的投影都取正号；在图 2-2(b)中，力 $\boldsymbol{F}$ 在 x 轴和 y 轴上的投影都取负号。

若已知力 $\boldsymbol{F}$ 与 x 轴的夹角为 α，则力 $\boldsymbol{F}$ 在 x 轴和 y 轴上的投影为

$$\left.\begin{aligned} F_x &= \pm F\cos\alpha \\ F_y &= \pm F\sin\alpha \end{aligned}\right\} \tag{2-1}$$

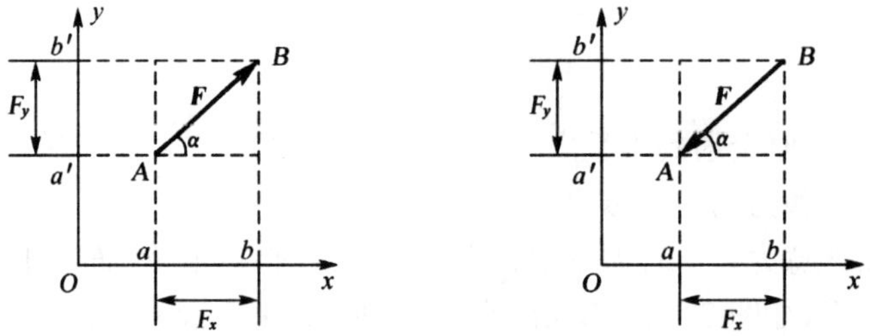

(a)　　　　　　　　(b)

图 2-2

力沿坐标轴正交分解时，分力由力的平行四边形法则确定，如图 2-3 所示，力 $\boldsymbol{F}$ 沿直角坐标轴 x、y 方向可分解为两个正交分力 $\boldsymbol{F}_x$ 和 $\boldsymbol{F}_y$，其大小与力 $\boldsymbol{F}$ 在坐标轴上投影的绝对值是相等的。应当注意的是，力的投影与力的分力是两个不同的概念，两者不能混淆。力在坐标轴上的投影 F_x 和 F_y 是代数量，只有大小和正负，而力沿坐标轴的分力 $\boldsymbol{F}_x$ 和 $\boldsymbol{F}_y$ 是矢量，有大小、方向和作用点。当坐标轴 x、y 轴不相互垂直时，分力 $\boldsymbol{F}_x$ 和 $\boldsymbol{F}_y$ 的大小和 $\boldsymbol{F}$ 在坐标轴上的投影在数值上也不相等。

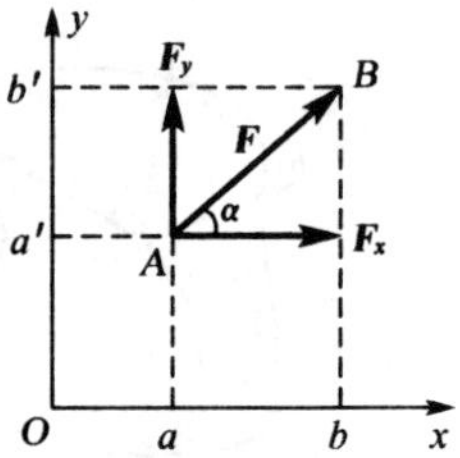

图 2-3

2.1.2　力对点之矩与合力矩定理

1）*力对点之矩*

力对刚体的作用效应会使得刚体的运动状态（移动和转动）发生改变，其中力对刚体的移动效应用力矢来度量，而力对刚体的转动效应可用力对点之矩（简称力矩）来度量。

在日常生活中，用扳手拧螺母，如图 2-4 所示，作用在扳手上的力 $\boldsymbol{F}$ 使得扳手和螺母一起绕螺母中心 O 点转动。力 $\boldsymbol{F}$ 对扳手有转动的效应，其转动的效果不仅与力 $\boldsymbol{F}$ 的大小有关，还与力 $\boldsymbol{F}$ 作用的位置（即 O 点至力 $\boldsymbol{F}$ 作用线垂直的距离 h）有关。另外，力的方向不同，扳手绕 O 点的转动方向也随之改变，既可拧紧螺母又可松开螺母。因此，在力学上以力 $\boldsymbol{F}$ 的大小与 O 点到力 $\boldsymbol{F}$ 作用线的距离 h 的乘积，再加上正负号来表示力 $\boldsymbol{F}$ 使物体绕 O 点转动的效应，称为力 $\boldsymbol{F}$ 对点 O 之矩，用符号 $M_O(\boldsymbol{F})$ 表示，即

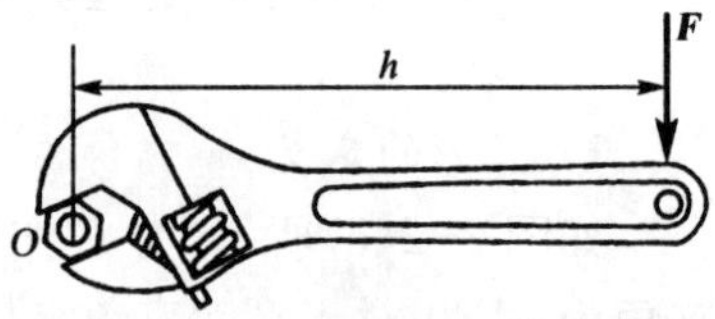

图 2-4

$$M_O(\boldsymbol{F}) = \pm \boldsymbol{F}h = \pm 2A_{\triangle OAB} \tag{2-2}$$

式中：O——力矩中心，简称矩心；

h——点 O 到力 $\boldsymbol{F}$ 作用线的垂直距离，称为力臂；

$\triangle OAB$ 如图 2-5 所示，$A_{\triangle OAB}$ 为三角形 OAB 的面积。

力对点之矩是一个代数量，它的正负可按下法规定：力使物体绕矩心逆时针转向时为

正，顺时针转向时为负。力矩的单位为 N·m 或 kN·m。

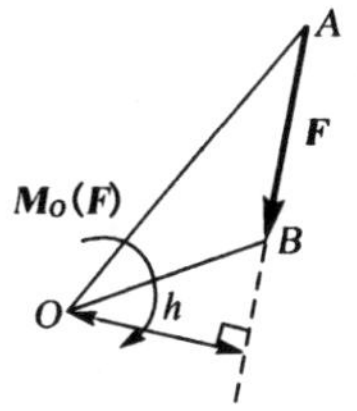

图 2-5

由力矩的定义可知：

(1) 力对已知点的矩不会因力沿作用线移动而改变。

(2) 力的作用线如果通过矩心，则力矩等于零。

(3) 两个力大小相等、方向相反且在同一条直线上，则它们对任意一点的矩的代数和等于零。

2) 合力矩定理

合力矩定理：平面汇交力系的合力对于平面内任意一点的矩等于所有各分力对于该点之矩的代数和。

证明：如图 2-6 所示，已知两正交分力 $\boldsymbol{F}_1$ 和 $\boldsymbol{F}_2$ 作用于 A 点，其合力为 $\boldsymbol{F}_R$，现求它们对同平面内一点 O 的矩。

取坐标轴如图，以点 O 为坐标原点，使 x 轴和 y 轴分别与 $\boldsymbol{F}_1$ 和 $\boldsymbol{F}_2$ 平行。设点 A 坐标为 (x,y)，合力 $\boldsymbol{F}_R$ 与 x 轴的夹角为 α。

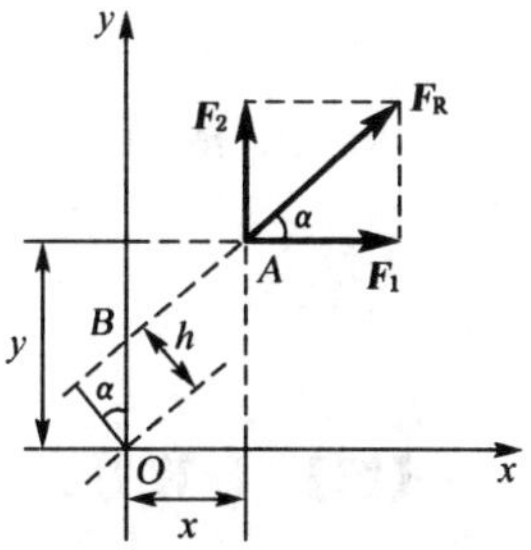

图 2-6

根据力对点之矩的定义可得

$$M_O(\boldsymbol{F}_1) = -\boldsymbol{F}_1 y$$

$$M_O(\boldsymbol{F}_2) = \boldsymbol{F}_2 x$$

$$M_O(\boldsymbol{F}_R) = -\boldsymbol{F}_R h$$

由图可知 $$h = OB\cos\alpha = (y - x\tan\alpha)\cos\alpha$$

因此

$$M_O(\boldsymbol{F}_R) = -\boldsymbol{F}_R h = -\boldsymbol{F}_R(y - x\tan\alpha)\cos\alpha = \boldsymbol{F}_R\sin\alpha \cdot x - \boldsymbol{F}_R\cos\alpha \cdot y$$

得

$$M_O(\boldsymbol{F}_R) = \boldsymbol{F}_2 \cdot x - \boldsymbol{F}_1 \cdot y = M_O(\boldsymbol{F}_1) + M_O(\boldsymbol{F}_2)$$

即

$$M_O(\boldsymbol{F}_R) = M_O(\boldsymbol{F}_1) + M_O(\boldsymbol{F}_2) \tag{2-3}$$

应当指出，虽然这个定理是由两个共点的正交力组成的简单力系推出的，但是它对所有的平面力系都成立。合力矩定理给出了合力和其分力对同一点力矩的关系。当力臂不易求时，可利用合力矩定理求一个力对某点的力矩。具体方法是：将该力看成合力，求出正交分解后的两个分力，然后求出每个分力对同一点的矩的代数和。

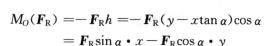

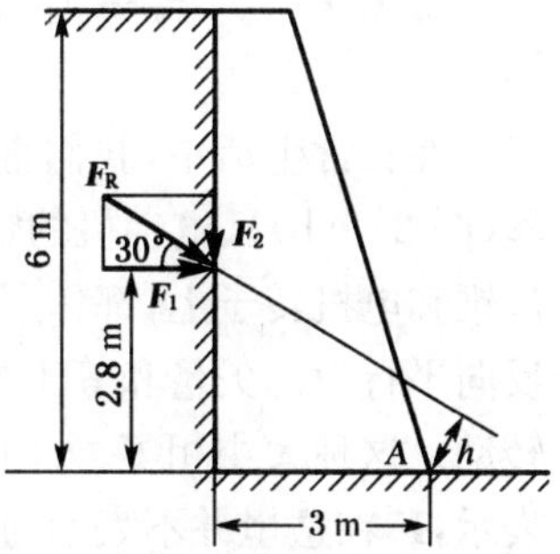

图 2-7

【例 2-1】 如图 2-7 所示挡土墙，受到土压力合力 $\boldsymbol{F}_R$ 的作用，$\boldsymbol{F}_R = 210\ \text{kN}$，作用点位置如图。试求土压力合力 $\boldsymbol{F}_R$ 使墙倾覆（即绕 A 点翻转）的力矩。

【解】 由已知尺寸求 $\boldsymbol{F}_R$ 的力臂 h 不太方便，但如果将 $\boldsymbol{F}_R$ 分解成 $\boldsymbol{F}_1$ 和 $\boldsymbol{F}_2$ 两个正交分力，这两分力的力臂都是已知的。

$$\begin{aligned}M_A(\boldsymbol{F}_R) &= M_A(\boldsymbol{F}_1) + M_A(\boldsymbol{F}_2)\\ &= -\boldsymbol{F}_1 \cdot 2.8 + \boldsymbol{F}_2 \cdot 3\\ &= -210 \cdot \cos 30^\circ \cdot 2.8 + 210 \cdot \sin 30^\circ \cdot 3\\ &= -194.22\ \text{kN} \cdot \text{m}\end{aligned}$$

这就是土压力 $\boldsymbol{F}_R$ 使墙产生顺时针转向的力矩。

【例 2-2】 如图 2-8 所示圆柱齿轮，受到啮合力 $\boldsymbol{F}$ 作用。设 $F = 1\,500$ N，压力角 $\theta = 25°$，齿轮的节圆的半径 $r = 50$ mm，试计算力 $\boldsymbol{F}$ 对点 O 的力矩。

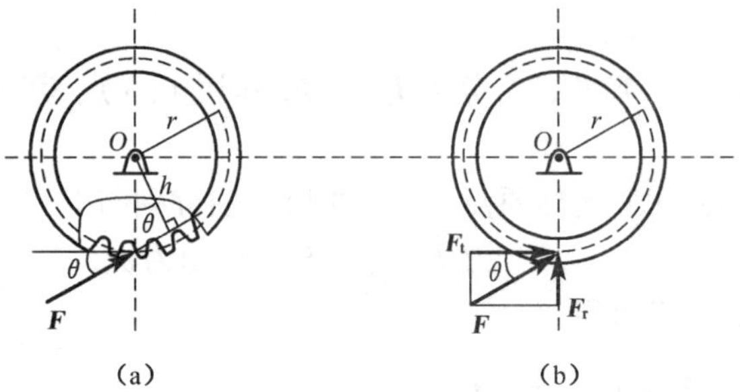

图 2-8

【解】 计算力 $\boldsymbol{F}$ 对点 O 的矩，可直接按力矩的定义求得，如图 2-8(a)所示，即

$$M_O(\boldsymbol{F}) = \boldsymbol{F} \cdot h = \boldsymbol{F} \cdot r\cos\theta = 1\,500 \cdot 0.05 \cdot \cos 25^\circ = 67.97\ \text{N} \cdot \text{m}$$

本题也可根据合力矩定理，将力 $\boldsymbol{F}$ 分解为切向力 $\boldsymbol{F}_t$ 和径向力 $\boldsymbol{F}_r$，如图 2-8(b)所示，由于径向力 $\boldsymbol{F}_r$ 通过矩心，其对点 O 的矩为零，则

$$M_O(\boldsymbol{F}_R) = M_O(\boldsymbol{F}_r) + M_O(\boldsymbol{F}_t) = 0 + \boldsymbol{F}\cos\theta \cdot r = 67.97\ \text{N} \cdot \text{m}$$

由此可见，以上两种方法的计算结果一致。

2.2 平面力偶

2.2.1 力偶与力偶矩

在日常生活中，我们常常看到汽车司机双手转动方向盘(图 2-9(a))、钳工用丝锥攻螺丝(图 2-9(b))、电动机的定子磁场对转子作用电磁力使之转动(图 2-9(c))等。在方向盘、丝锥和电机转子上，都作用了两个大小相等、方向相反、作用线不共线的平行力。这些等值反向平行力的矢量和等于零，但是由于它们不共线而不能相互平衡，因此它们能使物体发生转动。这种大小相等、方向相反、作用线平行且不重合的两个力，称为力偶。用符号$(\boldsymbol{F}, \boldsymbol{F}')$表示，$\boldsymbol{F}'$在这里并不表示为 $\boldsymbol{F}$ 的反作用力。

力偶是一种常见的特殊力系，在以后研究任意力系的简化和平衡问题时都会用到它。

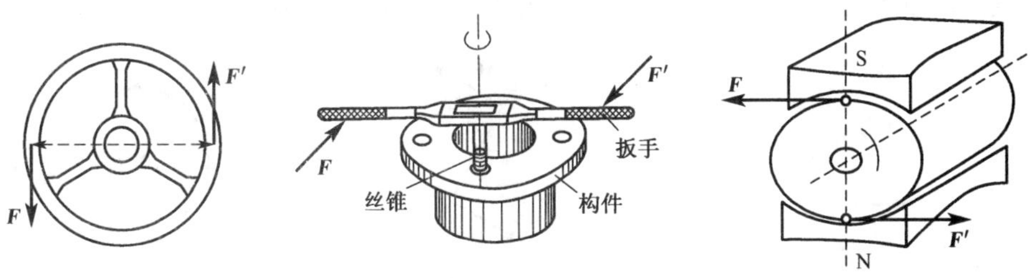

(a)　　　　　(b)　　　　　(c)

图 2-9

力偶是由两个力组成，它对物体的转动效果应是这两个力的转动效果的叠加。例如，如图 2-10 所示，力偶($\boldsymbol{F},\boldsymbol{F}'$)对同一平面内任意一点 O 的矩应是

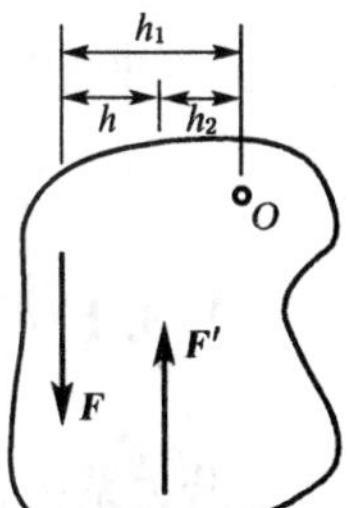

图 2-10

$$\begin{aligned} M_O(\boldsymbol{F})+M_O(\boldsymbol{F}') &= \boldsymbol{F}\cdot h_1-\boldsymbol{F}'\cdot h_2 \\ &= \boldsymbol{F}(h_1-h_2) \\ &= \boldsymbol{F}h \end{aligned}$$

式中：h——力偶中两个力作用线间的垂直距离，称为力偶臂。

我们发现，两个力矩相加的结果与 O 点的位置无关，即力偶中的两个力对同一平面内任意一点之矩的代数和等于力的大小与力偶臂的乘积，称为力偶矩，通常以 M 或 $M(\boldsymbol{F},\boldsymbol{F}')$ 表示。

$$M=M(\boldsymbol{F},\boldsymbol{F}')=\pm\,\boldsymbol{F}h \tag{2-4}$$

式中：正负——力偶的转向：一般以逆时针转向为正，顺时针转向为负。力偶矩的单位与力矩相同，也是 N·m 或 kN·m。

2.2.2 同一平面内力偶的等效定理

力偶等效定理：在同一平面内的两个力偶，不管组成力偶的力的大小和力偶臂长短如何，只要力偶矩相等(指大小和在作用平面内的转向相同)，则两力偶彼此等效。

例如，如图 2-11 所示，汽车司机双手转动方向盘，不管是($\boldsymbol{F}_1,\boldsymbol{F}_1'$)还是($\boldsymbol{F}_2,\boldsymbol{F}_2'$)，只要力的大小不变，在力偶臂固定不变的情况下，方向盘转动的效果都是一样的。

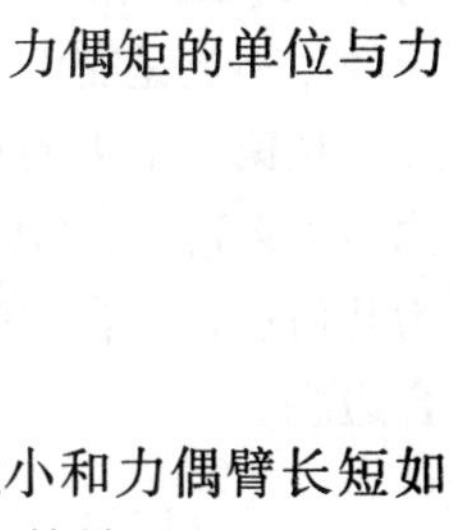

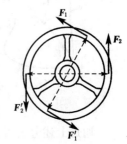

图 2-11

根据力偶等效定理给出的等效条件，可得如下推论：

(1) 任一力偶可以在它的作用平面内任意转移，而不改变它对刚体的作用。因此，力偶对刚体的作用与力偶在其作用平面内的位置无关。

(2) 只要保持力偶矩的大小和力偶的转向不变，可以同时改变力偶中力的大小和力偶臂的长短，而不改变力偶对刚体的作用。

由此可见，力偶的力和力臂的大小都不是力偶的特征量，只有力偶矩才是平面力偶作用的唯一度量。以后常用图 2-12 所示的符号表示力偶，M 为力偶矩。

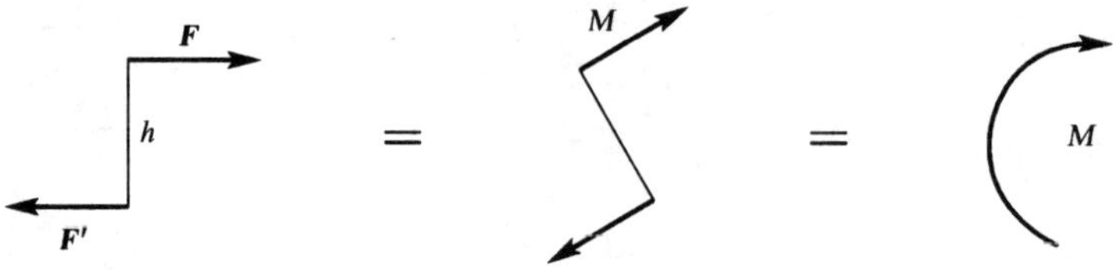

图 2-12

2.3 平面力系的简化

2.3.1 平面汇交力系的合成

若力系中各力的作用线都在同一平面且汇交于一点的力系，则称为平面汇交力系。

1）平面汇交力系合成的几何法

设刚体上作用有 4 个力 $\boldsymbol{F}_1$，$\boldsymbol{F}_2$，$\boldsymbol{F}_3$ 和 $\boldsymbol{F}_4$，各力作用线汇交于 O 点，如图 2-13(a)所示。根据力的可传性，将各力沿其作用线移至交汇点 O，从而将原力系等效为汇交力系，如图 2-13(b)所示。根据力的平行四边形法则，首先求出 $\boldsymbol{F}_1$ 与 $\boldsymbol{F}_2$ 的合力 $\boldsymbol{F}_{R1}$，再求出 $\boldsymbol{F}_{R1}$ 与 $\boldsymbol{F}_3$ 的合力 $\boldsymbol{F}_{R2}$，最后求出 $\boldsymbol{F}_{R2}$ 与 $\boldsymbol{F}_4$ 的合力 $\boldsymbol{F}_R$，如图 2-13(c)所示。于是，作用于刚体的 4 个力 $\boldsymbol{F}_1$、$\boldsymbol{F}_2$、$\boldsymbol{F}_3$ 和 $\boldsymbol{F}_4$ 就可用其合力 $\boldsymbol{F}_R$ 进行等效。用此方法可求得合力 $\boldsymbol{F}_R$ 的大小和方向，合力的作用点是交汇点 O。若将上述过程中的 $\boldsymbol{F}_{R1}$ 和 $\boldsymbol{F}_{R2}$ 去掉，使力系中各力依次首尾相连，最后从第一个力的起点到最后一个力的终点连成一直线，这样构成的多边形 $OO_1O_2O_3O_4$，称为力多边形，如图 2-13(d)所示。这种用几何作图求合力的方法，称为力多边形法，也称为几何法。在合力没有画出时，力多边形一般有一个缺口，而合力正好为此力多边形的闭合边。

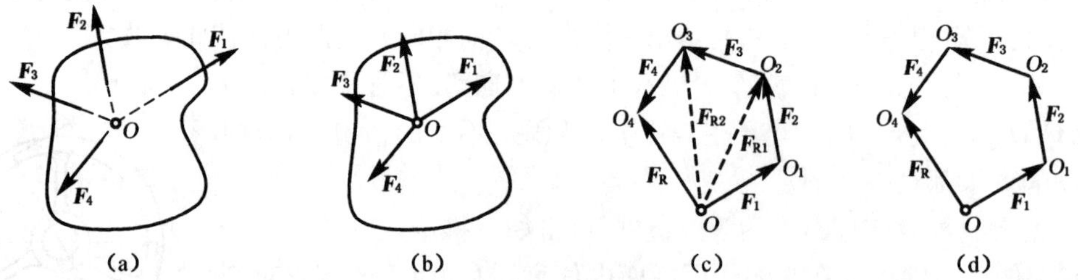

图 2-13

通过上述分析可得：平面汇交力系合成的结果是一个合力，它等于力系中各力的矢量和，其作用线通过该力系的汇交点。即

$$\boldsymbol{F}_R = \boldsymbol{F}_1 + \boldsymbol{F}_2 + \cdots + \boldsymbol{F}_n = \sum_{i=1}^{n} \boldsymbol{F}_i$$

或简写成

$$F_R = \sum F_i \tag{2-5}$$

当不会引起误会时，下标 i 可以省略。如果一力与某一力系等效，则此力称为该力系的合力。

2）平面汇交力系合成的解析法

由几何法可知，平面汇交力系可简化为一合力 $\boldsymbol{F}_R$，用矢量式表示为

$$\boldsymbol{F}_R = \boldsymbol{F}_1 + \boldsymbol{F}_2 + \cdots + \boldsymbol{F}_n = \sum_{i=1}^{n} \boldsymbol{F}_i$$

现过汇交点 O 建立平面直角坐标轴 xOy，如图 2-14(a)所示。此汇交力系的合力 $\boldsymbol{F}_R$ 的解析式表示为

$$\boldsymbol{F}_R = F_{Rx}\boldsymbol{i} + F_{Ry}\boldsymbol{j}$$

式中：$\boldsymbol{i}$、$\boldsymbol{j}$——沿直角坐标轴的单位矢量；

F_{Rx}、F_{Ry}——合力 $\boldsymbol{F}_R$ 在 x、y 轴上的投影；

$F_{Rx}=F_R\cos\alpha$，$F_{Ry}=F_R\sin\alpha$。

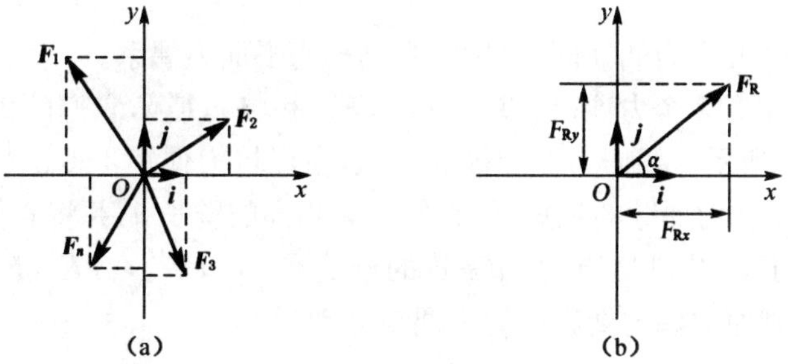

图 2-14

根据合矢量投影定理：合矢量在某一轴上的投影等于各分矢量在同一轴上投影的代数和。将式(2-5)分别向 x 轴和 y 轴投影，可得

$$\left.\begin{aligned} F_{Rx} &= F_{1x} + F_{2x} + \cdots + F_{nx} = \sum F_x \\ F_{Ry} &= F_{1y} + F_{2y} + \cdots + F_{ny} = \sum F_y \end{aligned}\right\} \tag{2-6}$$

式中：$F_{1x}, F_{2x}, \cdots, F_{nx}$——各分力在 x 轴上的投影；

$F_{1y}, F_{2y}, \cdots, F_{ny}$——各分力在 y 轴上的投影。

故合力矢的大小和方向余弦为

$$\left.\begin{aligned} F_R &= \sqrt{F_{Rx}^2 + F_{Ry}^2} = \sqrt{\left(\sum F_x\right)^2 + \left(\sum F_y\right)^2} \\ \cos(\boldsymbol{F}_R, \boldsymbol{i}) &= \frac{F_{Rx}}{F_R} = \frac{\sum F_x}{F_R}, \cos(\boldsymbol{F}_R, \boldsymbol{j}) = \frac{F_{Ry}}{F_R} = \frac{\sum F_y}{F_R} \end{aligned}\right\} \tag{2-7}$$

【例 2-3】 求图 2-15 所示平面汇交力系合力的大小和方向。已知 $\boldsymbol{F}_1 = 100$ N，$\boldsymbol{F}_2 = 150$ N，$\boldsymbol{F}_3 = 200$ N，$\boldsymbol{F}_4 = 250$ N。

【解】 根据式(2-6)和式(2-7)计算

$$\sum F_x = F_1\cos 45° + F_2 - F_4\sin 30° = 95.71\ \text{N}$$

$$\sum F_y = F_1\sin 45° - F_3 + F_4\cos 30° = 87.22\ \text{N}$$

$$F_R = \sqrt{\left(\sum F_x\right)^2 + \left(\sum F_y\right)^2} = 129.49\ \text{N}$$

$$\cos(\boldsymbol{F}_R, \boldsymbol{i}) = \frac{F_{Rx}}{F_R} = \frac{\sum F_x}{F_R} = \frac{95.71}{129.49} = 0.739$$

$$\cos(\boldsymbol{F}_R, \boldsymbol{j}) = \frac{F_{Ry}}{F_R} = \frac{\sum F_y}{F_R} = \frac{87.22}{129.49} = 0.674$$

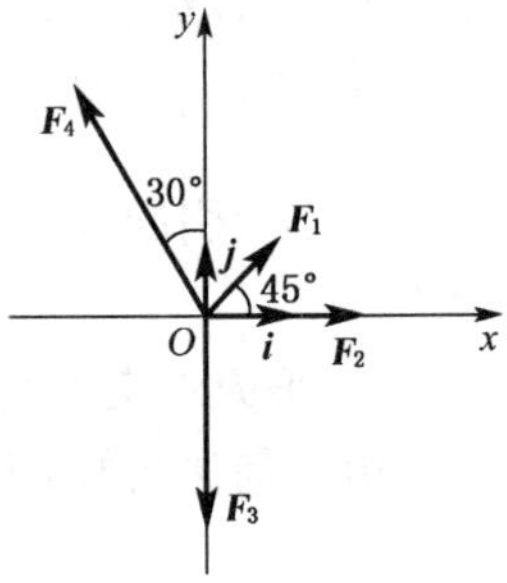

图 2-15

则合力 $\boldsymbol{F}_R$ 与 x 轴和 y 轴的夹角为

$$\arccos(\boldsymbol{F}_R, \boldsymbol{i}) = 42.34°,\ \arccos(\boldsymbol{F}_R, \boldsymbol{j}) = 47.66°$$

2.3.2 平面力偶系的合成

若物体上作用的几个力偶在同一平面内，则称为平面力偶系。

设在刚体上作用有 3 个力偶$(\boldsymbol{F}_1, \boldsymbol{F}_1')$、$(\boldsymbol{F}_2, \boldsymbol{F}_2')$和$(\boldsymbol{F}_3, \boldsymbol{F}_3')$，它们的力偶臂分别为 h_1、h_2 和 h_3，如图 2-16(a)所示。根据力偶的等效定理，在保持力偶矩不变的情况下，同时改变这 3 个力偶中力的大小和力偶臂的长短，使它们具有相同的臂长 h，并将它们在平面内移转，使力的作用线重合，于是得到与原力偶等效的新力偶$(\boldsymbol{F}_4, \boldsymbol{F}'_4)$、$(\boldsymbol{F}_5, \boldsymbol{F}'_5)$和$(\boldsymbol{F}_6, \boldsymbol{F}'_6)$，如图 2-16(b)所示。则原力偶与新力偶的力偶矩分别为

$$M_1 = \boldsymbol{F}_1 h_1 = \boldsymbol{F}_4 h,\ M_2 = \boldsymbol{F}_2 h_2 = \boldsymbol{F}_5 h,\ M_3 = -\boldsymbol{F}_3 h_3 = -\boldsymbol{F}_6 h$$

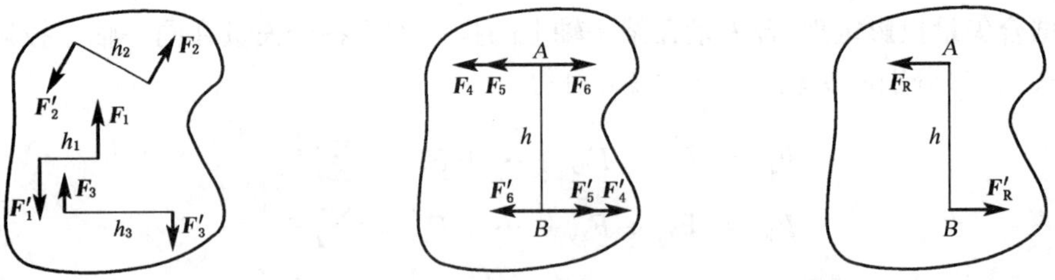

(a) (b) (c)

图 2-16

由于 $\boldsymbol{F}_4$、$\boldsymbol{F}_5$、$\boldsymbol{F}_6$ 三力的作用线重合，故它们的合力 $\boldsymbol{F}_R$ 的大小为

$$\boldsymbol{F}_R = \boldsymbol{F}_4 + \boldsymbol{F}_5 - \boldsymbol{F}_6$$

同理，$\boldsymbol{F}_4'$、$\boldsymbol{F}_5'$、$\boldsymbol{F}_6'$三力的合力$\boldsymbol{F}_R'$的大小为

$$\boldsymbol{F}_R' = \boldsymbol{F}_4' + \boldsymbol{F}_5' - \boldsymbol{F}_6'$$

显然两合力 $\boldsymbol{F}_R$ 和$\boldsymbol{F}_R'$ 大小相等、方向相反、作用线平行且不重合，它们也组成了一个合力偶，如图 2-16(c)所示，其合力偶矩为

$$M = \boldsymbol{F}_R h = (\boldsymbol{F}_4 + \boldsymbol{F}_5 - \boldsymbol{F}_6)h = \boldsymbol{F}_4 h + \boldsymbol{F}_5 h - \boldsymbol{F}_6 h$$

故有

$$M = M_1 + M_2 + M_3$$

通过上述分析可得：平面力偶系合成的结果是一个合力偶，合力偶矩为各个力偶矩的代数和。即

$$M = \sum M_i \tag{2-8}$$

2.3.3 平面任意力系的简化

若力系中各力的作用线都在同一平面且任意分布时，既不交于一点又不相互平行，则称为平面任意力系。

1）力的平移定理

力的平移定理：作用在刚体上点 A 的力 $\boldsymbol{F}$ 可以平行移到刚体上任意一点 B，但必须同时附加一个力偶，这个附加力偶的矩 M 等于原来的力 $\boldsymbol{F}$ 对新作用点 B 的矩。

证明，在刚体上 A 点作用力 $\boldsymbol{F}$，如图 2-17(a)所示。在刚体上任意取一点 B，并在点 B 上加上一对等值、反向、共线的平衡力 $\boldsymbol{F}'$ 和 $\boldsymbol{F}''$，令 $\boldsymbol{F}' = \boldsymbol{F} = -\boldsymbol{F}''$，如图 2-17(b)所示。显然，这 3 个力与原力 $\boldsymbol{F}$ 等效，这 3 个力可视作一个作用在点 B 的力 $\boldsymbol{F}'$ 和一个力偶($\boldsymbol{F}$,$\boldsymbol{F}''$)，这个力偶称为附加力偶，如图 2-17(c)所示。附加力偶的矩为

$$M = \boldsymbol{F}h = M_B(\boldsymbol{F})$$

于是定理得证。

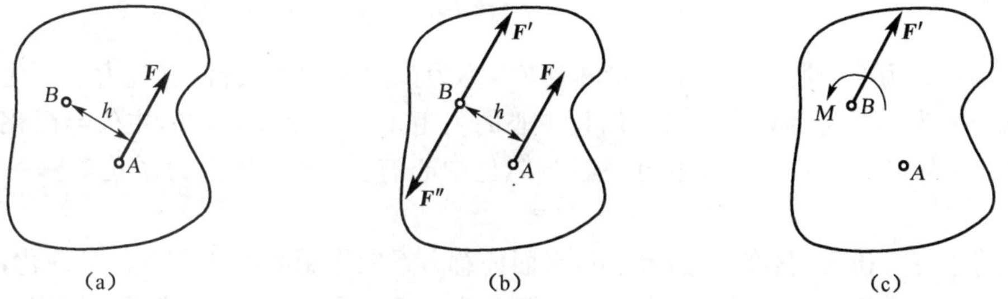

图 2-17

例如，如图 2-18 所示，在柱子上所加荷载 $\boldsymbol{F}$ 如偏离柱子的中心轴线一端距离 e（称为偏心距），则可根据力的平移定理，将力 $\boldsymbol{F}$ 平移至柱的中心轴线上，同时加上一个力偶矩为 $M = \boldsymbol{F}e$（顺时针转向）的附加力偶，力 $\boldsymbol{F}'$ 使柱子受压，附加力偶 M 使柱子受弯，所以该柱实际变形是压缩和弯曲的组合变形。

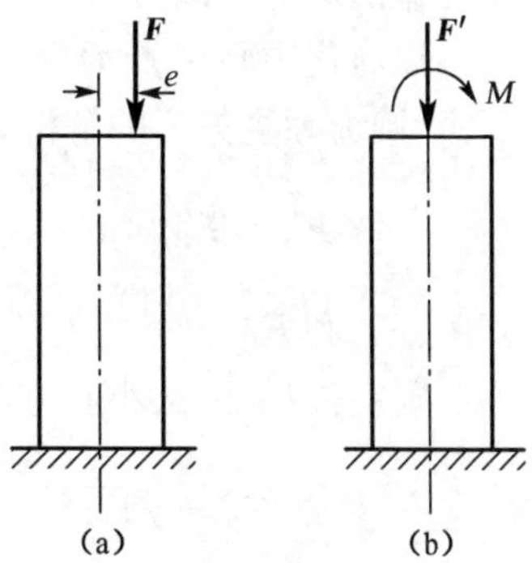

图 2-18

2）平面任意力系的简化

设在刚体上作用有 n 个力 $\boldsymbol{F}_1$，$\boldsymbol{F}_2$，…，$\boldsymbol{F}_n$ 组成的平面任意力系，如图 2-19(a)所示。根据力的平移定理，把各力都平移

到平面内任意一点 O,此时点 O 称为简化中心,于是可得到平面汇交力系$\boldsymbol{F}'_1,\boldsymbol{F}'_2,\cdots,\boldsymbol{F}'_n$和附加的平面力偶系 $M_1,M_2,\cdots,M_n$,如图 2-19(b)所示。这些附加力偶的矩分别为

$$M_i = M_O(\boldsymbol{F}_i)(i = 1,2,\cdots,n)$$

这样,平面任意力系等效为两个力系,即平面汇交力系和平面力偶系。然后,再分别合成这两个力系。

如图 2-19(c)所示,将平面汇交力系$\boldsymbol{F}'_1,\boldsymbol{F}'_2,\cdots,\boldsymbol{F}'_n$合成为作用点在简化中心的一个力$\boldsymbol{F}'_{\mathrm{R}}$,因为各力矢 $\boldsymbol{F}'_i = \boldsymbol{F}_i$,所以

$$\boldsymbol{F}'_{\mathrm{R}} = \boldsymbol{F}'_1 + \boldsymbol{F}'_2 + \cdots + \boldsymbol{F}'_n = \sum \boldsymbol{F}_i \tag{2-9}$$

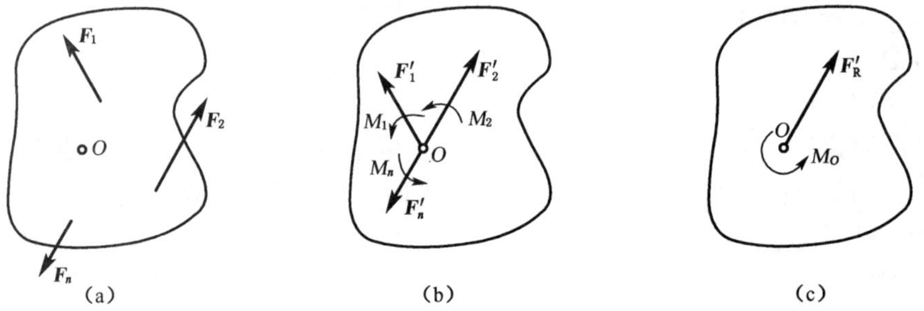

图 2-19

将平面力偶系 $M_1,M_2,\cdots,M_n$ 合成为一个合力偶,这个合力偶的矩 M_O 等于各附加力偶矩的代数和,也等于原来各力对点 O 的矩的代数和,即

$$M_O = M_1 + M_2 + \cdots + M_n = \sum M_O(\boldsymbol{F}_i) \tag{2-10}$$

平面任意力系中所有各力的矢量和为$\boldsymbol{F}'_{\mathrm{R}}$,称为该力系的主矢;而这些力对简化中心的矩的代数和为 M_O,称为该力系对于简化中心的主矩。由式(2-9)可知,主矢与简化中心的位置无关;由式(2-10)可知,主矩一般与简化中心有关,故须指出力系是对哪一个点的主矩。

通过上述分析可得:在一般情况下,平面任意力系向作用面内任意一点 O 简化,可得到一个力和一个力偶。这个力的大小和方向等于该力系的主矢,其作用线通过简化中心。这个力偶的矩等于该力系对于简化中心的主矩。

以简化中心 O 点为坐标原点,建立平面直角坐标轴 xOy,如图 2-20 所示,则力系主矢$\boldsymbol{F}'_{\mathrm{R}}$的解析表达式为

$$\boldsymbol{F}'_{\mathrm{R}} = \boldsymbol{F}'_{\mathrm{R}x} + \boldsymbol{F}'_{\mathrm{R}y} = F'_{\mathrm{R}x}\boldsymbol{i} + F'_{\mathrm{R}y}\boldsymbol{j} = \sum F_x\boldsymbol{i} + \sum F_y\boldsymbol{j}$$

式中:$F'_{\mathrm{R}x}$和 $F'_{\mathrm{R}y}$——主矢$\boldsymbol{F}'_{\mathrm{R}}$ 在 x 轴和 y 轴上的投影。

则主矢$\boldsymbol{F}'_{\mathrm{R}}$ 的大小和方向余弦为

$$F'_{\mathrm{R}} = \sqrt{F'^2_{\mathrm{R}x} + F'^2_{\mathrm{R}y}} = \sqrt{\left(\sum F_x\right)^2 + \left(\sum F_y\right)^2}$$

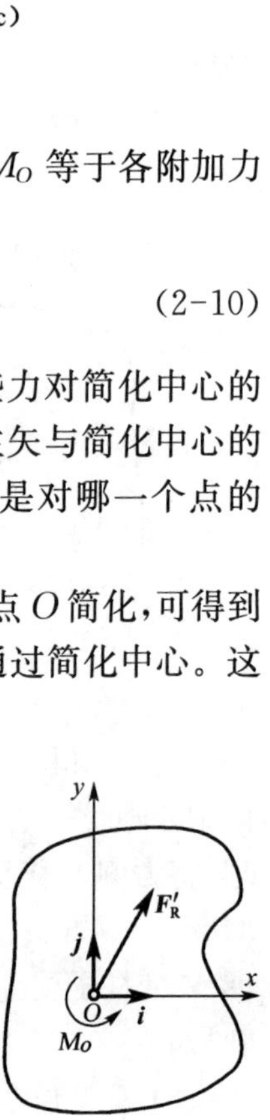

图 2-20

$$\cos(\boldsymbol{F}'_R, \boldsymbol{i}) = \frac{F'_{Rx}}{F'_R} = \frac{\sum F_x}{F'_R}, \cos(\boldsymbol{F}'_R, \boldsymbol{j}) = \frac{F'_{Ry}}{F'_R} = \frac{\sum F_y}{F'_R}$$

力系对简化中心的主矩为

$$M_O = \sum M_O(\boldsymbol{F}_i)$$

3）对简化结果的讨论

平面任意力系向简化中心简化的结果，可能有 4 种情况，即 (1) $\boldsymbol{F}'_R \neq 0, M_O = 0$；(2) $\boldsymbol{F}'_R = 0, M_O \neq 0$；(3) $\boldsymbol{F}'_R \neq 0, M_O \neq 0$；(4) $\boldsymbol{F}'_R = 0, M_O = 0$。下面对这些情况分别进行讨论。

(1) $\boldsymbol{F}'_R \neq 0, M_O = 0$

在此情况下，平面任意力系简化为一个作用线通过简化中心 O 的合力，此时附加力偶系相互平衡，只有一个与原力系等效的力$\boldsymbol{F}'_R$。显然，力$\boldsymbol{F}'_R$ 就是原力系的合力。

(2) $\boldsymbol{F}'_R = 0, M_O \neq 0$

在此情况下，平面任意力系简化为一个合力偶，其合力偶矩等于主矩 M_O。由于力偶对平面任意一点的矩都相同，因此当力系合成为一个力偶时，该力系简化结果与简化中心无关，或者说原力系简化的结果不因简化中心的不同而改变。

(3) $\boldsymbol{F}'_R \neq 0, M_O \neq 0$

在此情况下，如图 2-21(a)所示，原力系简化为一个合力。

现将力偶矩为 M_O 的力偶用两个等值、反向、平行且不重合的力 $\boldsymbol{F}_R$ 和$\boldsymbol{F}''_R$ 表示，并使得 $\boldsymbol{F}''_R$ 与$\boldsymbol{F}'_R$共线，令 $\boldsymbol{F}'_R = \boldsymbol{F}_R = -\boldsymbol{F}''_R$，如图 2-21(b)所示。去掉一对平衡力$\boldsymbol{F}'_R$ 和$\boldsymbol{F}''_R$，于是就将原来作用于点 O 上的$\boldsymbol{F}'_R$和力偶($\boldsymbol{F}_R, \boldsymbol{F}''_R$)合成为一个作用在点 O' 的力 $\boldsymbol{F}_R$，如图 2-21(c)所示。这个力 $\boldsymbol{F}_R$ 就是原力系的合力。合力矢的大小和方向等于主矢，但合力在点 O 的哪一侧，则需由主矢的大小和主矩的方向来确定。

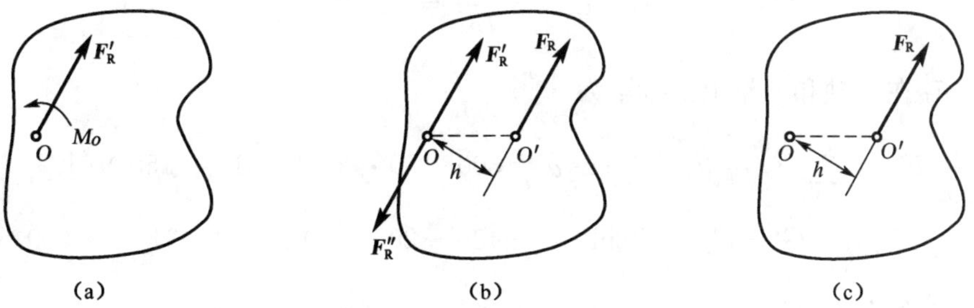

图 2-21

合力 $\boldsymbol{F}_R$ 作用线到点 O 的距离 h 为

$$h = \frac{M_O}{F_R}$$

合力 $\boldsymbol{F}_R$ 使该刚体绕点 O 转动的效果可由下式衡量

$$M_O(\boldsymbol{F}_R) = F_R h = M_O$$

由式(2-10)，有 $$M_O = M_1 + M_2 + \cdots + M_n = \sum M_O(\boldsymbol{F}_i)$$

得

$$M_O(\boldsymbol{F}_R)=\sum M_O(\boldsymbol{F}_i) \tag{2-11}$$

由于简化中心 O 是任意选取的，故式(2-11)具有普遍意义，可叙述如下：平面任意力系的合力对作用平面内任意一点的矩等于力系中各力对同一点的矩的代数和，这就是平面力系的合力矩定理。

【例 2-4】 一重力坝受力如图 2-22(a)所示，其中 $G_1=400\ \text{kN}$，$G_2=200\ \text{kN}$，$\boldsymbol{F}_1=300\ \text{kN}$，$\boldsymbol{F}_2=50\ \text{kN}$。求力系向点 O 简化的结果和合力与 OA 的交点到 O 点的距离 h。

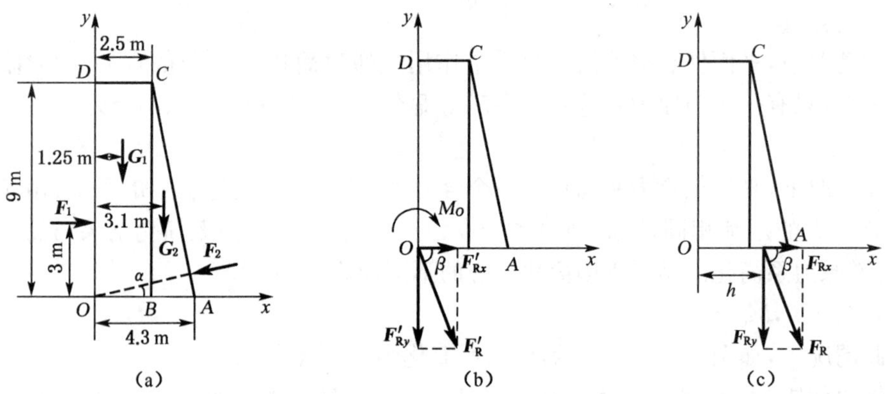

图 2-22

【解】 首先将力系向点 O 简化，计算主矢 $\boldsymbol{F}'_R$ 和主矩 M_O，如图 2-22(b)所示。由图 2-22(a)，可知

$$\alpha=\arctan\frac{AB}{BC}=11.31^\circ$$

主矢 $\boldsymbol{F}'_R$ 在 x 轴和 y 轴上的投影为

$$F'_{Rx}=\sum F_x=F_1-F_2\cos\alpha=300-50\cdot\cos 11.31^\circ=250.97\ \text{kN}$$

$$F'_{Ry}=\sum F_y=-G_1-G_2-F_2\sin\alpha=-400-200-50\cdot\sin 11.31^\circ=-609.81\ \text{kN}$$

主矢 $\boldsymbol{F}'_R$ 的大小为

$$F'_R=\sqrt{\left(\sum F_x\right)^2+\left(\sum F_y\right)^2}=\sqrt{(250.97)^2+(-609.81)^2}=659.43\ \text{kN}$$

主矢 $\boldsymbol{F}'_R$ 的方向余弦为

$$\cos(\boldsymbol{F}'_R,\boldsymbol{i})=\frac{\sum F_x}{F'_R}=\frac{250.97}{659.43}=0.381,\ \cos(\boldsymbol{F}'_R,\boldsymbol{j})=\frac{\sum F_y}{F'_R}=\frac{-609.81}{659.43}=-0.925$$

由于 $\boldsymbol{F}'_{Rx}>0$，$\boldsymbol{F}'_{Ry}<0$，故主矢 $\boldsymbol{F}'_R$ 的方向在第四象限，且与 x 轴的交角为

$$\beta=\langle \boldsymbol{F}'_R,\boldsymbol{i}\rangle=67.63^\circ$$

主矩 M_O 为

$$M_O(\boldsymbol{F}_R) = \sum M_O(\boldsymbol{F}_i) = -F_1 \cdot 3 - G_1 \cdot 1.25 - G_2 \cdot 3.1 = -2\,020\text{kN} \cdot \text{m}$$

由于主矢 $\boldsymbol{F}'_R \neq 0$，主矩 $M_O \neq 0$，可知原力系向 O 点简化的结果是一合力，该合力的作用线与 x 轴的交点到点 O 的距离为 h，如图 2-22(c)所示。根据合力矩定理求得

$$M_O = M_O(\boldsymbol{F}_R) = M_O(\boldsymbol{F}_{Rx}) + M_O(\boldsymbol{F}_{Ry}) = 0 + F_{Ry} \cdot h$$

解得

$$h = \frac{M_O}{F_{Ry}} = \frac{-2\,020}{-609.81} = 3.31\ \text{m}$$

【例 2-5】 如图 2-23 所示，长度为 l 的水平梁 AB，在其长度上受到三角形分布荷载的作用，其最大集度为 q，不计梁的自重，试求该分布荷载的合力大小和合力作用的位置。

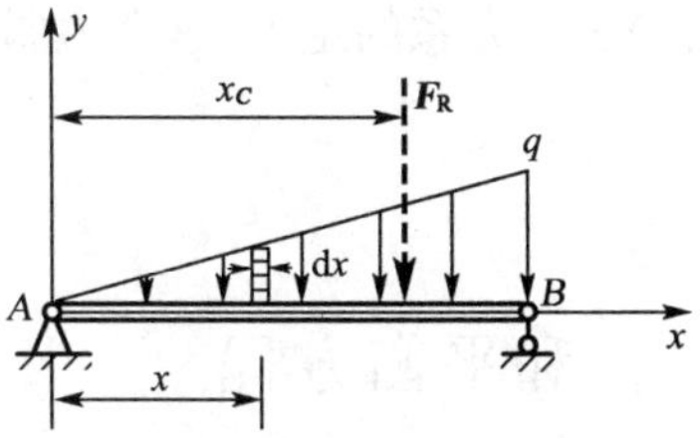

图 2-23

【解】 由于集度 q 是按线性变化的，建立平面直角坐标系 xAy。在坐标为 x 处截取长度为 $\mathrm{d}x$ 的微元，其集度应为

$$q(x) = q\frac{x}{l}$$

在此微元上的荷载为

$$\mathrm{d}F = q(x)\mathrm{d}x = q\frac{x}{l}\mathrm{d}x$$

则在整个长度上的荷载为

$$F_R = \int_0^l \mathrm{d}F = \int_0^l q(x)\mathrm{d}x = \int_0^l q\frac{x}{l}\mathrm{d}x = \frac{1}{2}ql$$

由此可见，三角形分布荷载合力的大小为$\frac{1}{2}ql$，即正好等于荷载集度图的面积。合力作用的位置由合力矩定理确定，设合力 $\boldsymbol{F}_R$ 到点 A 的距离为 x_C。

$$M_O(\boldsymbol{F}_R) = \sum M_O(\boldsymbol{F}_i)$$

$$F_R \cdot x_C = \int_0^l \mathrm{d}F \cdot x = \int_0^l q(x)\mathrm{d}x \cdot x = \int_0^l q\frac{x}{l}\mathrm{d}x \cdot x$$

可得

$$x_C = \frac{2}{3}l$$

即合力作用点的位置距三角形分布荷载最大集度处$\frac{1}{3}l$;距三角形分布荷载最小集度处$\frac{2}{3}l$。

(4) $\boldsymbol{F}'_R = 0, M_O = 0$

在此情况下,力系处于平衡状态,这将在下节详细介绍。

2.3.4 平面平行力系的简化

力系中各力都在同一平面且作用线相互平行,则称为平面平行力系,它是平面任意力系的一种特殊情况,其简化的结果与平面任意力系一致,也可得到一个作用于简化中心的力和一个力偶,这个力的大小和方向等于该力系的主矢,这个力偶的矩等于该力系对简化中心的主矩。

2.4 平面力系的平衡条件和平衡方程

2.4.1 平面汇交力系的平衡条件和平衡方程

由于平面汇交力系可用其合力等效,则平面汇交力系平衡的必要和充分条件是:该力系的合力等于零。

1) 平面汇交力系平衡的几何条件

用几何法合成平面汇交力系时,合力 $\boldsymbol{F}_R$ 就是力多边形的闭合边。如果 $\boldsymbol{F}_R = 0$,则力多边形没有缺口,即力多边形中最后一力的终点与第一力的起点重合。例如,设刚体上点 A 受到 $\boldsymbol{F}_1, \boldsymbol{F}_2, \boldsymbol{F}_3$ 和 $\boldsymbol{F}_4$ 的作用,如图 2-24(a)所示,用几何法作力多边形,如图 2-24(b)所示。若最后一个力 $\boldsymbol{F}_4$ 的终点恰好与第一个力 $\boldsymbol{F}_1$ 的起点重合,则合力 $\boldsymbol{F}_R$ 等于零。

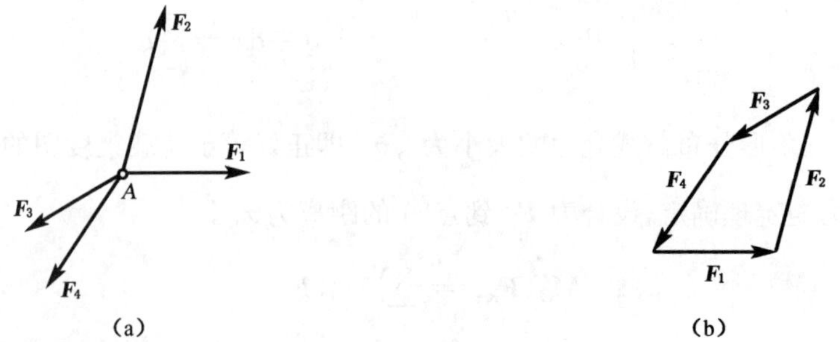

图 2-24

因此,平面汇交力系平衡的必要和充分的几何条件是:该力系的力多边形自行封闭,即力系中各力可画成一个首尾相接的封闭的力多边形。

求解平面汇交力系的平衡问题时可用图解法,即按比例先画出封闭的力多边形,然后量出所要求的未知量。也可用根据图形的几何关系,用三角公式计算出所要求的未知量。

【例 2-6】 如图 2-25(a)所示,支架由杆 AC 和 BC 组成。两杆在点 C 处用铰链连接,且在点 C 处悬挂 $\boldsymbol{G}=10\ \mathrm{kN}$ 的重物。用几何法求杆 AC 和 BC 所受的力。

【解】 取节点 C 为研究对象。杆 AC 和 BC 均为二力杆,假设杆 AC 受拉力,杆 BC 受压力,受力如图 2-25(b)所示。

根据平面汇交力系平衡的几何条件,这 3 个力应组成一封闭的力三角形。按照图中力的比例尺,先画出力矢 $\overrightarrow{ab}=\boldsymbol{G}$,再由点 b 作直线平行于 BC,由点 a 作直线平行于 AC,这两直线相交于 c 点,如图 2-25(c)所示。由力三角形 abc 封闭,可确定 $\boldsymbol{F}_{AC}$ 和 $\boldsymbol{F}_{BC}$ 的指向。

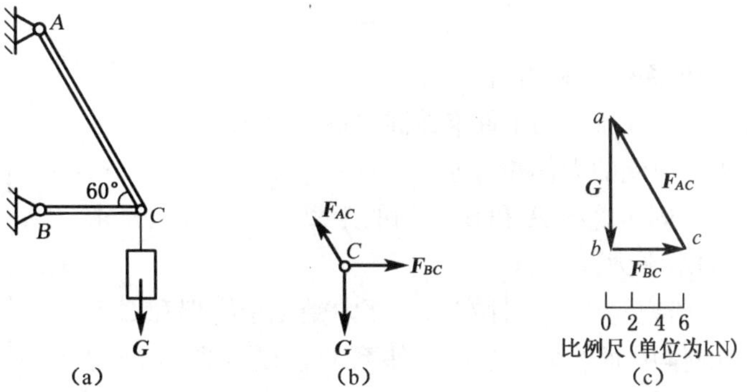

图 2-25

在力三角形中,线段 ac 和 bc 分别表示 $\boldsymbol{F}_{AC}$ 和 $\boldsymbol{F}_{BC}$ 的大小。量出它们的长度,按比例换算即可求出 $\boldsymbol{F}_{AC}$ 和 $\boldsymbol{F}_{BC}$ 的大小。但一般都是利用三角公式计算,通过计算可得出

$$F_{BC}=G\cdot\tan 30^{\circ}=5.77\ \mathrm{kN},\ F_{AC}=\frac{G}{\cos 30^{\circ}}=11.55\ \mathrm{kN}$$

2) 平面汇交力系平衡的解析条件和平衡方程

平面汇交力系平衡时,合力 $\boldsymbol{F}_{\mathrm{R}}=0$,它在任何轴上的投影也等于零,由式(2-6)可知

$$\sum F_x=0,\ \sum F_y=0 \tag{2-12}$$

上式称为平面汇交力系的平衡方程,即平面汇交力系平衡的解析条件。于是,平面汇交力系平衡的必要和充分解析条件是:各力在 x 轴和 y 轴上投影的代数和分别等于零。

【例 2-7】 在上题中,用解析法求杆 AC 和 BC 所受的力。

【解】 对于节点 C 来讲,要保持静止状态,则所有作用在其上的力应该平衡。列出平衡方程

$$\sum F_x=0,\ F_{BC}-F_{AC}\cos 60^{\circ}=0$$

$$\sum F_y=0,\ F_{AC}\sin 60^{\circ}-G=0$$

联立方程，得

$$F_{BC} = 5.77\ \text{kN},\ F_{AC} = 11.55\ \text{kN}$$

所求结果中，F_{BC}和F_{AC}均为正值，表示力的假设方向与实际方向一致，即杆 AC 受拉，杆 BC 受压。

2.4.2 平面力偶系的平衡条件和平衡方程

由合成结果可知，平面力偶系合成的结果是一个合力偶，若力偶系处于平衡状态，则其合力偶矩等于零。因此，平面力偶系平衡的必要和充分条件是：所有各力偶矩的代数和等于零，即

$$M = 0 \text{ 或 } \sum M_i = 0 \tag{2-13}$$

上式称为平面力偶系的平衡方程。

【例 2-8】 如图 2-26 所示的工件卡在固定螺栓 A 和 B 上，其上作用有 4 个力偶。4 个力偶的力偶矩分别为：$M_1 = M_4 = 20\ \text{N}\cdot\text{m}$，$M_2 = M_3 = 10\ \text{N}\cdot\text{m}$。固定螺栓 A 和 B 之间的距离为 200 mm，试求两个光滑螺栓所受的水平力。

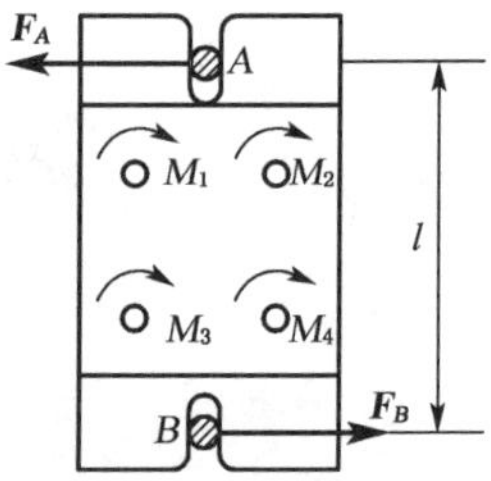

图 2-26

【解】 选工件为研究对象。工件在水平面内受 4 个力偶和 2 个螺栓的水平约束力的作用而平衡。根据力偶系的合成定理，4 个力偶合成后仍为一力偶，因为力偶只能用力偶平衡，故 2 个螺栓的水平约束力 $\boldsymbol{F}_A$ 和 $\boldsymbol{F}_B$ 必然组成一力偶，该两力的方向假设如图所示，且 $\boldsymbol{F}_A = \boldsymbol{F}_B$。由平面力偶系的平衡条件有

$$\sum M = 0,\ F_A l - M_1 - M_2 - M_3 - M_4 = 0$$

可得

$$F_A = \frac{M_1 + M_2 + M_3 + M_4}{l} = \frac{10 + 20 + 20 + 10}{0.2} = 300\ \text{N}$$

因为 F_A 是正值，故所假设的方向是正确的，而螺栓 A，B 所受的力则应与 F_A 和 F_B 大小相等，方向相反。

2.4.3 平面任意力系的平衡条件和平衡方程

1) 平面任意力系的平衡条件和平衡方程

由合成结果可知，平面任意力系简化的主矢和主矩均为零时，即 $\boldsymbol{F}'_R = 0$，$M_O = 0$，则力系处于平衡状态。若力系是平衡力系，则该平衡力系向平面内任意一点简化的主矢和主矩必然为零。因此，平面任意力系平衡的必要和充分条件是：力系的主矢和对于任意一点的主矩都等于零，即

$$F'_R=\sqrt{(\sum F_x)^2+(\sum F_y)^2}=0,\ M_O=\sum M_O(\boldsymbol{F}_i)=0$$

由此可得

$$\sum F_x=0,\ \sum F_y=0,\ \sum M_O(\boldsymbol{F}_i)=0 \tag{2-14}$$

即所有各力在 x 轴上投影的代数和，在 y 轴上投影的代数和以及对任意一点 O 的矩的代数和都等于零。上式是刚体在平面任意力系作用下处于平衡的必要和充分的解析条件，称为平面任意力系的平衡方程。若式(2-14)中的 3 个方程都能满足，则刚体必处于平衡状态。因此，无论再列出其他的投影方程和力矩方程，都不是独立的，平面任意力系只有 3 个独立的平衡方程，可求出 3 个未知量。

【例 2-9】 如图 2-27 所示水平梁 AC，A 端为固定铰支座，C 端为滚动支座。梁的长度为 4 m，在中点 B 处受一集中力 $\boldsymbol{F}$ 作用，$F=10$ kN，在 AB 段受均布荷载 q 作用，$q=4$ kN/m，在 BC 段受力偶作用，力偶矩 $M=3$ kN·m。不计梁的自重，求 A 和 C 处支座的约束力。

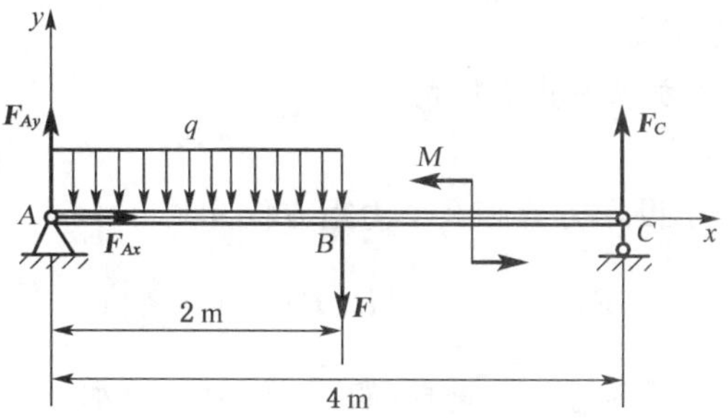

图 2-27

【解】 画出 AC 梁的受力图。主动力有均布荷载 q，集中力 $\boldsymbol{F}$ 和力偶矩为 M 的力偶；约束力有铰链 A 的 2 个分力 $\boldsymbol{F}_{Ax}$ 和 $\boldsymbol{F}_{Ay}$，滚动支座 C 铅直向上的 $\boldsymbol{F}_C$。

取坐标轴如图，列出平衡方程：

$$\sum F_x=0,\ F_{Ax}=0$$

$$\sum F_y=0,\ F_{Ay}-q\cdot 2-F+F_C=0$$

$$\sum M_A(\boldsymbol{F})=0,\ -q\cdot 2\cdot 1-F\cdot 2+M+F_C\cdot 4=0$$

联立方程，得

$$F_{Ax}=0,\ F_{Ay}=11.75\ \text{kN}(\uparrow),\ F_C=6.25\ \text{kN}(\uparrow)$$

【例 2-10】 刚架 ABC 置于铅垂面中，所受荷载及尺寸如图 2-28 所示。其中 $q=5$ kN/m，$M=30$ kN·m，$\boldsymbol{F}=10$ kN，不计刚架自重。试求固定端 A 处的约束力。

【解】 画出刚架 ABC 的受力图。主动力有三角形分布荷载 q，力偶矩为 M 的力偶和集中力 $\boldsymbol{F}$；约束力有固定端 A 处的约束力 F_{Ax}，F_{Ay} 和约束力偶 M_A。

取坐标轴如图，列出平衡方程：

$$\sum F_x=0,\ F_{Ax}+\frac{1}{2}q\cdot 4-F\cos 60^\circ=0$$

$$\sum F_y = 0,\ F_{Ay} - F\sin 60^\circ = 0$$

$$\sum M_A(\boldsymbol{F}) = 0,\ M_A - \frac{1}{2}q \cdot 4 \cdot \frac{1}{3} \cdot 4 + M - F\sin 60^\circ \cdot 3 + F\cos 60^\circ \cdot 4 = 0$$

得

$$F_{Ax} = -5\ \text{kN}(\leftarrow),\ F_{Ay} = 8.66\ \text{kN}(\uparrow),\ M_A = -10.68\ \text{kN}\cdot\text{m}(\curvearrowright)$$

负号说明图中 $\boldsymbol{F}_{Ax}$ 和 M_A 所假设的方向与实际情况相反，即 $\boldsymbol{F}_{Ax}$ 应为水平方向向左，M_A 应为顺时针转向。

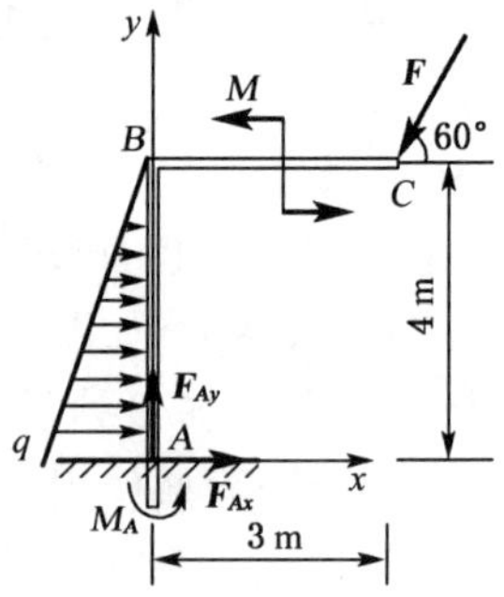

图 2-28

从上述例题可见，适当选取坐标轴和力矩中心，可以减少每个平衡方程中未知量的数目。在平面任意力系中，矩心应尽量取在多个未知力的交点上，而坐标轴应当与尽可能多的未知力相垂直。在例 2-9 中，如果用力矩方程 $\sum M_C(\boldsymbol{F})=0$ 取代投影方程 $\sum \boldsymbol{F}_y=0$，这样可以不用联立方程而直接求出 $\boldsymbol{F}_{Ay}$。因此，在某些问题中，用力矩方程往往比用投影方程简便。

2) 平面任意力系平衡方程的其他形式

(1) 二矩式

3 个平衡方程中有 1 个投影方程和 2 个力矩方程，即

$$\sum M_A(\boldsymbol{F}) = 0,\ \sum M_B(\boldsymbol{F}) = 0,\ \sum F_x = 0 \tag{2-15}$$

其中 A、B 两点的连线不得与 x 轴垂直，如图 2-29(a)所示。

式(2-15)的必要性是显而易见的。现证明其充分性，若式(2-15)中的 3 个方程都能满足，则原力系平衡。若第一个方程能满足，则原力系不能简化为一个力偶，但能简化为一个合力 $\boldsymbol{F}_R$，此合力的作用线恰好通过点 A。同理，若第二个方程能满足，则合力 $\boldsymbol{F}_R$ 的作用线必须沿 A、B 两点的连线。若第三个方程也能满足，则合力 $\boldsymbol{F}_R$ 必与 x 轴垂直，这与 A、B 两点的连线不得与 x 轴垂直相矛盾。因此，合力 $\boldsymbol{F}_R$ 必须为零。原力系既不能简化为力偶，也不能简化为合力，故此力系必为平衡力系。

图 2-29

(2) 三矩式

同理，3 个平衡方程也可写成 3 个力矩方程，即

$$\sum M_A(\boldsymbol{F}) = 0,\ \sum M_B(\boldsymbol{F}) = 0,\ \sum M_C(\boldsymbol{F}) = 0 \tag{2-16}$$

其中 A、B、C 三点不能在同一直线上，如图 2-29(b)所示。为什么有这个附加条件，读者可自行证明。

2.4.4 平面平行力系的平衡条件和平衡方程

由于平面平行力系是平面任意力系的特殊情况，其平衡方程可以从平面任意力系的平衡方程推导出。

如图 2-30 所示，设刚体受平面平行力系 $\boldsymbol{F}_1, \boldsymbol{F}_2, \cdots, \boldsymbol{F}_n$ 的作用。取各力与 x 轴垂直，则不论力系是否平衡，每一个力在 x 轴上的投影恒等于零，即 $\sum F_x \equiv 0$。于是，平面平行力系的平衡方程的数目就只有 2 个。即

$$\left.\begin{aligned}\sum F_y = 0\\ \sum M_O(\boldsymbol{F}) = 0\end{aligned}\right\} \tag{2-17}$$

上式为平面平行力系的平衡方程。其平衡的必要和充分条件是：各力的代数和以及对任意一点的矩的代数和为零。容易看出，当 x 轴和 y 轴取其他方向时，独立的平衡方程仍为 2 个，只可以求解 2 个未知量。

平面平行力系的平衡方程，也可用二矩式表示，即

$$\sum M_A(\boldsymbol{F}) = 0,\ \sum M_B(\boldsymbol{F}) = 0 \tag{2-18}$$

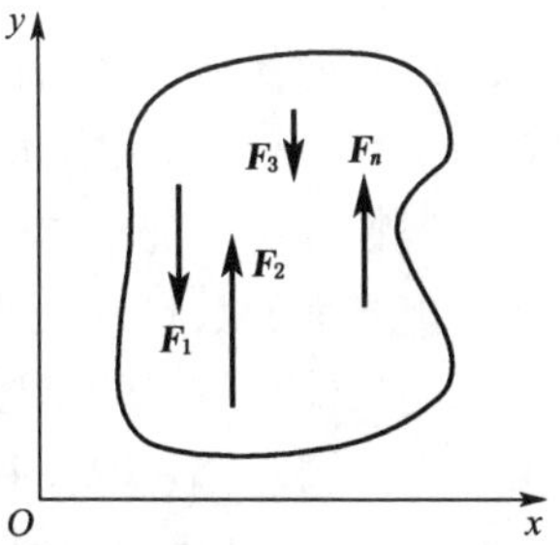

图 2-30

其中 A、B 两点的连线不得与力的作用线平行。

【例 2-11】 如图 2-31 所示塔式起重机，机架的重量 $\boldsymbol{G} = 400$ kN，其重心在离右轨 1.4 m 处。起重机的最大起吊重量 $\boldsymbol{G}_1 = 200$ kN，突臂伸出距右轨 12 m。平衡锤的重量 $\boldsymbol{G}_2 = 350$ kN，突臂伸出距左轨 6 m，左右两轨间距为 2.5 m。试求起重机左、右两轨的约束力。

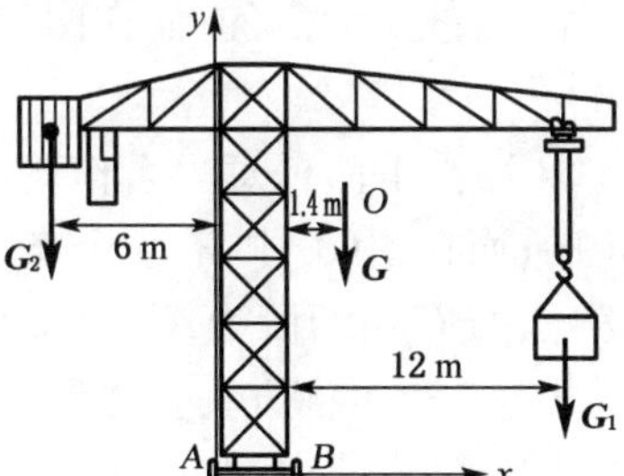

图 2-31

【解】 画出起重机的受力图。主动力有机架重量 $\boldsymbol{G}$，起吊重量 $\boldsymbol{G}_1$ 和平衡锤重量 $\boldsymbol{G}_2$。约束力有左、右两轨处铅直向上的约束力 $\boldsymbol{F}_A$ 和 $\boldsymbol{F}_B$。

因物体所受力系为平面平行力系，取坐标轴如图，列出平衡方程：

$$\sum F_y = 0,\ F_A + F_B - G - G_1 - G_2 = 0$$

$$\sum M_A(\boldsymbol{F}) = 0,\ G_2 \cdot 6 + F_B \cdot 2.5 - G \cdot (1.4 + 2.5) - G_1 \cdot (12 + 2.5) = 0$$

联立方程，得

$$F_A = 6\ \text{kN}(\uparrow),\ F_B = 944\ \text{kN}(\uparrow)$$

本题也可用 $\sum M_B(\boldsymbol{F}) = 0$ 直接得出 $\boldsymbol{F}_A = 6\ \text{kN}(\uparrow)$。

2.5 物体系的平衡，静定和静不定问题

实际工程结构和机械往往由多个构件或零部件组成，这些以若干个物体以一定的约束方式联系在一起的系统，称为物体系统，简称物体系。当物体系平衡时，组成该系统的每一个物体都处于平衡状态。

以平面任意力系为例，如果物体系是由 n 个物体组成的，且每一个物体都能列出 3 个独立的平衡方程，则该物体系一共可列出 $3n$ 个独立的平衡方程，因而可以求解 $3n$ 个未知量。如果该物体系内部物体受平面汇交力系、平面力偶系或平面平行力系作用，则所能列出的独立平衡方程的数目以及能求解出的未知量数目也会相应减少。

当物体系的未知量数目等于该物体系所能列出的独立方程的数目，即所有未知量都可由平衡方程求得，这类问题称为静定问题。在工程实际中，有时为了提高结构的可靠性和安全性，往往在结构中增加更多的约束，因而使未知量的数目超过独立平衡方程的数目，这类问题称为超静定问题或静不定问题。对于静不定问题，必须考虑物体因受力而产生的变形，加列某些补充方程后，才能使得方程的数目等于未知量数目，此类问题将在材料力学、结构力学等课程中讨论。本书仅仅讨论静定问题。

如图 2-32(a)、(b)所示，重物分别用绳子悬挂，均受平面汇交力系作用，均有 2 个平衡方程。在图(a)中，有 2 个未知约束力，故是静定的；而在图(b)中，有 3 个未知约束力，因此是静不定的。

如图 2-32(c)、(d)所示，梁 AB 均受平面任意力系作用，均有 3 个平衡方程。在图(c)中，有 3 个未知约束力，故是静定的；而在图(d)中，有 4 个未知约束力，因此是静不定的。

如图 2-32(e)、(f)所示，组合梁 ABC 由两段梁 AB 和 BC 铰接而成，均受平面任意力系作用，每段梁均有 3 个平衡方程，共有 6 个平衡方程。在图(e)中，除了 A 端和 C 端的 4 个未知约束力，还有铰链 B 处的 2 个未知约束力，共计 6 个未知约束力，故是静定的；而在图(f)中，将 C 处的滚动支座换成了固定铰支座，则物体系中共有 7 个约束力，因此是静不定的。

应当指出，判别一个物体系是静定的还是静不定的，不能单纯从未知量数目与平衡方程数目来考虑，还应对问题多作具体分析。例如，设一梁采用了 3 个滚动支座，该梁受到平面平行力系作用，如图 2-33(a)所示，其有 2 个平衡方程，但有 3 个未知约束力，故是静不定的。但如图 2-33(b)所示，该梁受到平面任意力系作用，其有 3 个平衡方程，有 3 个未知约束力，此时却不能简单地认为是静定的，因为在此力系下，梁根本就不能平衡。因此在设计时，必须保持物体系稳固，其位置和几何形状不能发生改变。

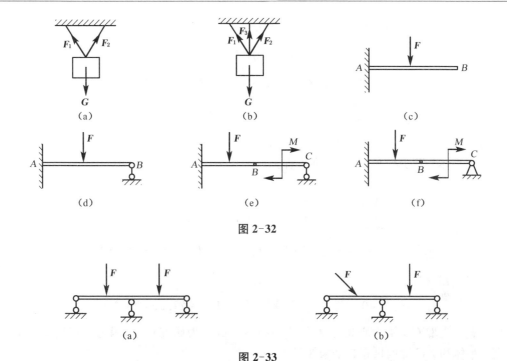

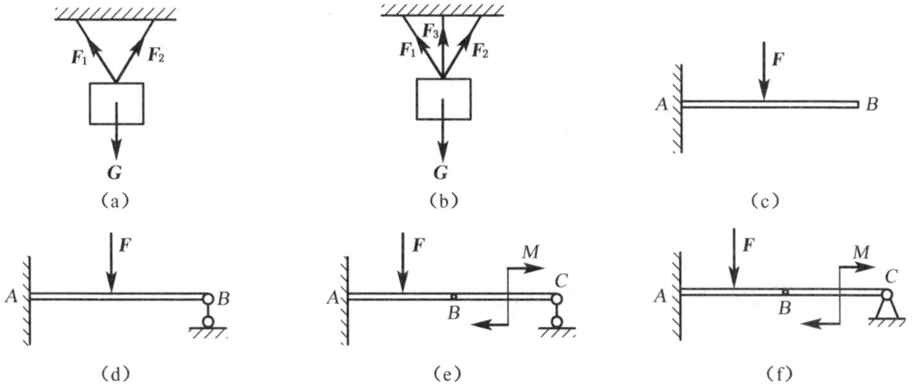

图 2-32

图 2-33

由于许多实际工程问题往往只需求出物体系的部分约束力，而不必求出所有约束力，因此采用分析的方法寻求简便的计算途径是必要的，一般解题原则和步骤为：

(1) 选取的研究对象(整体或局部)应包含待求未知量，且未知量数目较少或未知量数目正好等于独立的平衡方程数目，从而求解出部分未知量，若不能全部求出，则进行下步分析。

(2) 再取其他研究对象，列出平衡方程，直至求解出全部要求的未知量。解题时，应遵循使求解最简便的原则，尽量用最少的研究对象和最少的平衡方程求出全部待求的未知量。同时，注意坐标轴和矩心的选取，力求一个方程只含有一个未知量，以避免求解联立方程。

【例 2-12】 如图 2-34(a)所示组合梁由 AC 和 CD 铰接而成。已知 $\boldsymbol{F} = 10\ \text{kN}$，均布荷载 $q = 5\ \text{kN/m}$，$M = 15\ \text{kN} \cdot \text{m}$。不计梁的自重，求 A、B、C、D 处的约束力。

【解】 根据已知量与待求量，选取适当研究对象，列出适当的平衡方程，尽量能使一个方程求解一个未知量。由于平面任意力系有 3 个独立的平衡方程，因此当所选研究对象只含 3 个未知量或者更少，则就很容易求解。从包含待求力的整体受力图看(图 2-34(a))，它有 4 个未知量；从包含待求力的 CD 梁受力图看(图 2-34(b))，它有 3 个未知量；从包含待求力的 AC 梁受力图看(图 2-34(c))，它有 5 个未知量。

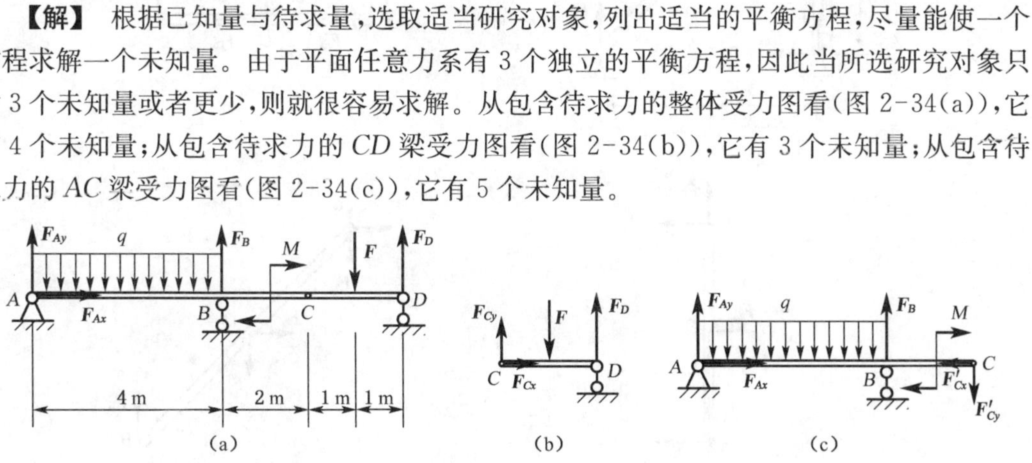

图 2-34

先取 CD 梁作为研究对象,列出平衡方程:

$$\sum F_x = 0,\ F_{Cx} = 0$$

$$\sum M_C(\boldsymbol{F}) = 0,\ F_D \cdot 2 - F \cdot 1 = 0$$

$$\sum M_D(\boldsymbol{F}) = 0,\ -F_{Cy} \cdot 2 + F \cdot 1 = 0$$

得 $\qquad F_{Cx} = 0,\ F_{Cy} = 5\ \text{kN}(\uparrow),\ F_D = 5\ \text{kN}(\uparrow)$

再取整体为研究对象,列出平衡方程:

$$\sum F_x = 0,\ F_{Ax} = 0$$

$$\sum F_y = 0,\ F_{Ay} - q \cdot 4 + F_B - F + F_D = 0$$

$$\sum M_A(\boldsymbol{F}) = 0,\ -q \cdot 4 \cdot 2 + F_B \cdot 4 - M - F \cdot 7 + F_D \cdot 8 = 0$$

联立方程,得

$$F_{Ax} = 0,\ F_{Ay} = 3.75\ \text{kN}(\uparrow),\ \boldsymbol{F}_B = 21.25\ \text{kN}(\uparrow)$$

本题在先取 CD 梁为研究对象后,也可再取 AC 梁为研究对象,因为在求出 $\boldsymbol{F}_{Cx}$,$\boldsymbol{F}_{Cy}$ 和 $\boldsymbol{F}_D$ 后,整体和 AC 梁均只有 3 个未知量了。

【例 2-13】 构架由杆 AF、CE 和 BF 铰接而成,如图 2-35(a)所示。在杆 CDE 上作用一铅直力 $\boldsymbol{F}$,不计各杆的自重,求杆 AF 上铰链 A、E、F 所受的力。

【解】 从包含待求力的整体受力图看(图 2-35(a)),它有 3 个未知量;从包含待求力的杆 CE 受力图看(图 2-35(b)),它有 4 个未知量;从包含待求力的杆 AF 受力图看(图 2-35(c)),它有 6 个未知量;从包含待求力的杆 BF 受力图看(图 2-35(d)),它有 5 个未知量。

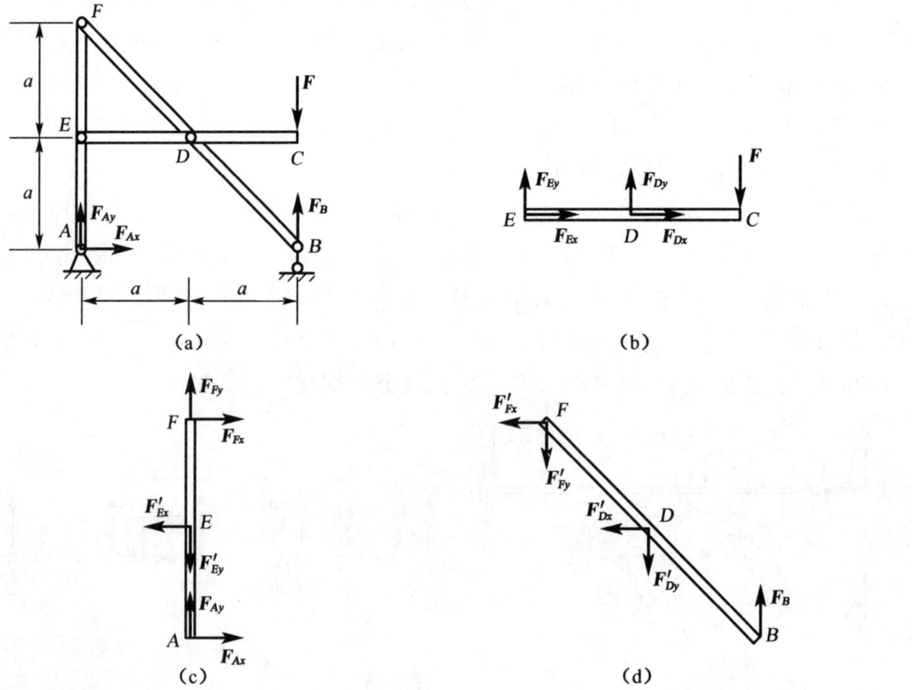

图 2-35

先取整体为研究对象，列出平衡方程：

$$\sum F_x = 0,\ F_{Ax} = 0$$

$$\sum M_A(\boldsymbol{F}) = 0,\ F_B \cdot 2a - F \cdot 2a = 0$$

$$\sum M_B(\boldsymbol{F}) = 0,\ -F_{Ay} \cdot 2a = 0$$

得

$$F_{Ax} = 0,\ F_{Ay} = 0,\ F_B = F(\uparrow)$$

在求出 $\boldsymbol{F}_{Ax}$，$\boldsymbol{F}_{Ay}$ 和 $\boldsymbol{F}_B$ 后，此时杆 AF、杆 CE 和杆 BF 均还有 4 个未知量，此时可选择有已知力或已知力较多的杆件作为研究对象。

再选杆 CE 为研究对象，列出平衡方程：

$$\sum M_D(\boldsymbol{F}) = 0,\ -F_{Ey} \cdot a - F \cdot a = 0$$

得

$$F_{Ey} = -F(\downarrow)$$

$$\sum F_x = 0,\ F_{Ex} + F_{Dx} = 0 \tag{a}$$

在方程(a)中 $\boldsymbol{F}_{Ex}$ 和 $\boldsymbol{F}_{Dx}$ 均为未知量，在一个方程中不能求解 2 个未知量。

接下来再选杆 AF 为研究对象，列出平衡方程：

$$\sum F_x = 0,\ F_{Ax} - F'_{Ex} + F_{Fx} = 0$$

$$\sum F_y = 0,\ F_{Ay} + F_{Fy} - F'_{Ey} = 0$$

$$\sum M_F(\boldsymbol{F}) = 0,\ F_{Ax} \cdot 2a - F'_{Ex} \cdot a = 0$$

联立方程，得

$$F_{Fy} = F'_{Ey} - F_{Ay} = F_{Ey} - F_{Ay} = -F - 0 = -F(\downarrow)$$

$$F'_{Ex} = 0,\ F_{Fx} = 0$$

将 $\boldsymbol{F}'_{Ex} = 0$ 代入方程(a) 中，得 $\boldsymbol{F}_{Dx} = 0$。

为了计算时不出现错误，在分析杆 AF 上铰链 E 的受力时，只按杆 CE 上铰链 E 原先假定受力的反作用力画出，并不需要考虑杆 CE 上实际受力情况，计算时只需代入相应数值即可。即，杆 AF 上铰链 E 受到的 $\boldsymbol{F}'_{Ey}$ 应为竖直向上，但在分析杆 AF 上受力时，还是按照杆 CE 上铰链 E 原先假定受力的反作用力画出，方向为竖直向下，但在计算时，只需将 $F'_{Ey} = -\boldsymbol{F}$ 直接代入方程即可。

由本题可以看出，有时先取整体为研究对象是比较方便的。若能通过研究整体先求出几个未知量，再分析局部就方便了。

【例 2-14】 如图 2-36(a)所示，支架由杆 AC、DE 和滑轮组成，各处均由铰链连接。滑轮半径 $r = 300$ mm，重物 $\boldsymbol{G} = 1$ kN，不计各杆自重，求 A、E 处的约束力。

【解】 求解约束力时，一般先取整体为研究对象，因为在研究整体时不必再画受力图，可直接在题图上画出约束力，且其组成构件之间约束力在受力图上不出现，有利于解题。由上题可知，如能先从整体中解出几个未知量，再求其他构件中的未知量就容易了。

取整体为研究对象，受力如图 2-36(a)所示，列出平衡方程：

$$\sum F_x = 0,\ F_{Ax} + F_{Ex} = 0 \tag{a}$$

$$\sum F_y = 0,\ F_{Ay} + F_{Ey} - G = 0 \tag{b}$$

$$\sum M_A(\boldsymbol{F}) = 0,\ F_{Ex} \cdot 1 - G \cdot (2 + 0.3) = 0 \tag{c}$$

由方程(c)可得 $F_{Ex} = 2.3\ \text{kN}(\rightarrow)$，将其代入方程(a)得

$$F_{Ax} = -2.3\ \text{kN}(\leftarrow)$$

再取杆 DE 为研究对象，受力如图 2-36(b)所示，列出平衡方程：

$$\sum M_B(\boldsymbol{F}) = 0,\ F_{Ex} \cdot 1 - F_{Ey} \cdot 1 - F_{\mathrm{T}} \cdot 0.3 = 0$$

$$F_{\mathrm{T}} = \boldsymbol{G}$$

得

$$F_{Ey} = 2\ \text{kN}(\uparrow)$$

将 $F_{Ey} = 2\ \text{kN}$ 代入方程(b)，可得

$$F_{Ay} = G - F_{Ey} = 1 - 2 = -1\ \text{kN}(\downarrow)$$

此题也可在先取整体为研究对象后，以杆 AC 为研究对象，一般当杆上带有滑轮时，不要将滑轮拆下。因此研究 AC 杆时自然要将杆与滑轮合起来作为研究对象(除非单独研究销钉 C 的受力)，受力如图 2-36(c)所示，列出平衡方程：

$$\sum M_A(\boldsymbol{F}) = 0,\ -F'_{By} \cdot 1 + F_{\mathrm{T}} \cdot 0.3 - G \cdot (2 + 0.3) = 0$$

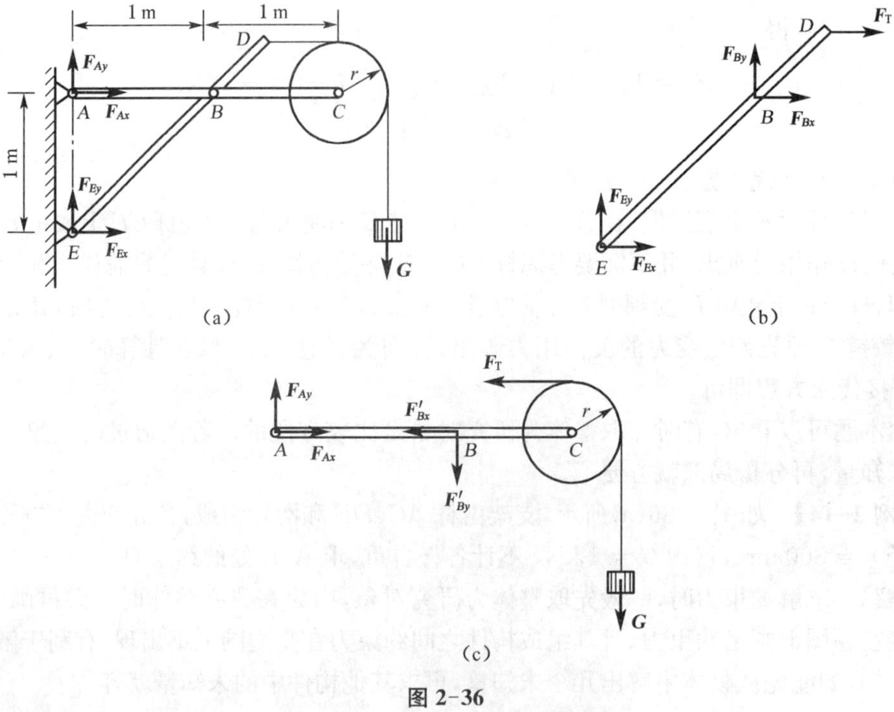

图 2-36

得

$$F'_{By}=-2\ \mathrm{kN}(\uparrow)$$

又由方程

$$\sum F_y=0,\ F_{Ay}-F'_{By}-G=0$$

得

$$F_{Ay}=F'_{By}+G=-2+1=-1\ \mathrm{kN}(\downarrow)$$

将 $F_{Ay}=-1\ \mathrm{kN}$ 代入方程(b),可得

$$F_{Ey}=G-F_{Ay}=1-(-1)=2\ \mathrm{kN}(\uparrow)$$

与上法求解结果一致。

2.6 平面简单桁架的内力计算

在工程实际中,房屋屋架、桥梁、塔式起重机、输电塔以及电视塔等一些结构多采用桁架结构,部分桁架结构如图 2-37 所示。

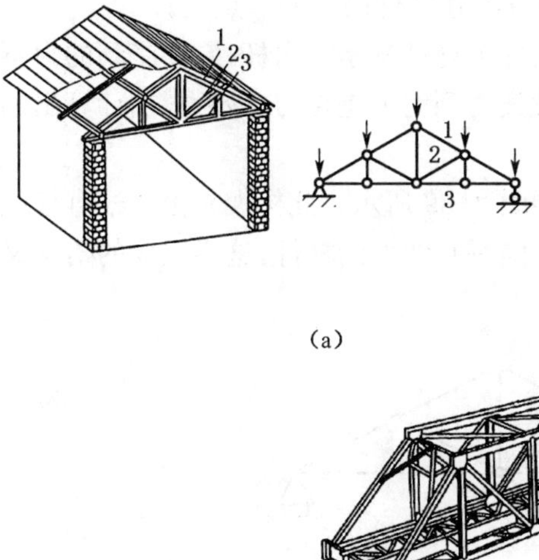

(a)

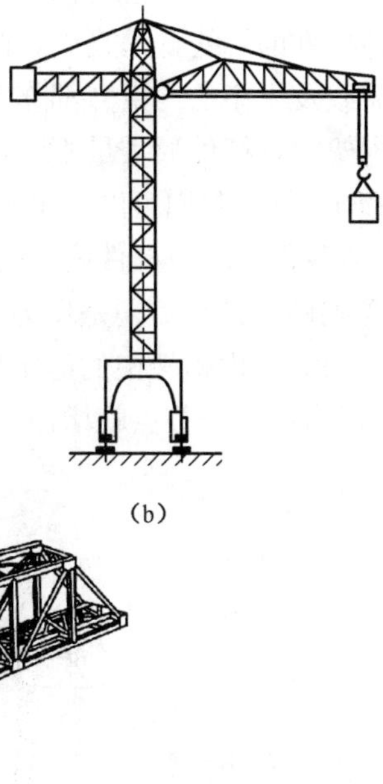

(b)

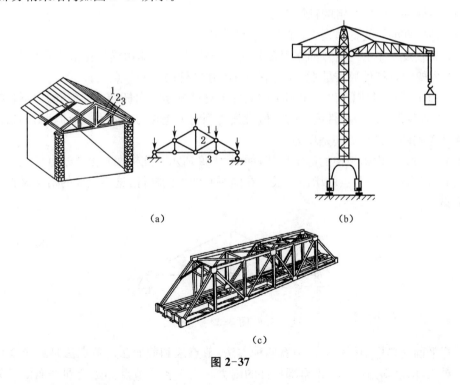

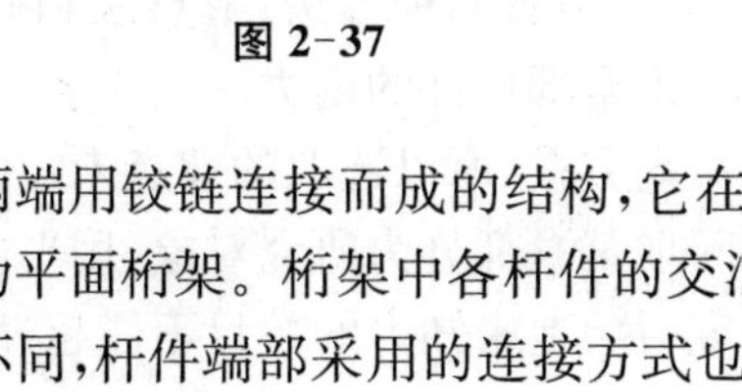

(c)

图 2-37

桁架是一种由杆件彼此在两端用铰链连接而成的结构,它在受力后几何形状不变。各杆件处于同一平面内的桁架称为平面桁架。桁架中各杆件的交汇点称为节点,各杆件所受的力称为内力。由于杆件材料不同,杆件端部采用的连接方式也不同。如钢材可用螺栓连

接、铆钉连接(图 2-38(a))或焊接连接(图 2-38(b));木材可用卯榫连接(图 2-38(c));钢筋混凝土可用整体现浇连接(图 2-38(d))。尽管桁架杆件的端部是固定的,但在设计时仍将桁架的节点看成光滑的铰链连接,这样既可简化计算,也可偏于安全。

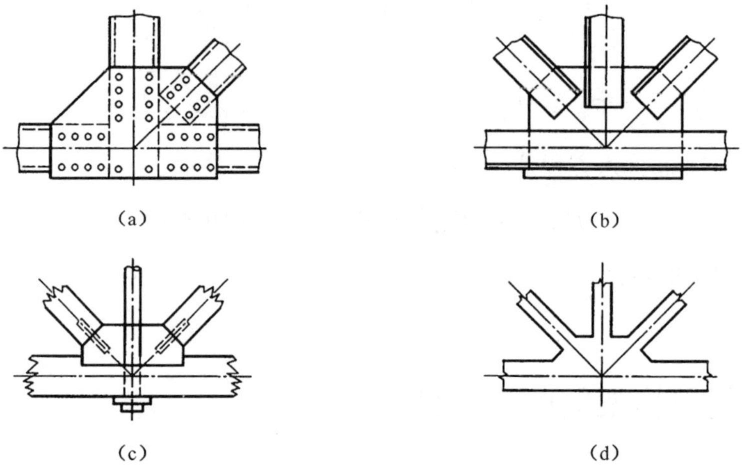

图 2-38

在平面桁架分析中,为了简化计算,采用如下几个假设:

(1) 各杆件之间用光滑的铰链连接。

(2) 各杆件的轴线都是直线,并通过铰的中心。

(3) 荷载及支座的约束力都作用在节点上,而且各力的作用线都在桁架的平面上。

(4) 桁架中各杆件的重量不计,或平均分配在杆件两端的节点上。

根据以上假设,我们可以看出桁架中的各个杆件都是二力杆,它们受到的力不是拉力就是压力,一般我们在求解杆件内力时先假设其受到的力是拉力,最后根据计算出的数值的正负判断其受到的力是拉力还是压力。

本节只研究平面桁架中的静定桁架,如图 2-39 所示。此桁架是由 3 根直杆组成一个基本三角形,每增加 1 个节点就增加 2 根不在同一直线上的杆件,这样组成的桁架又称为平面简单桁架。

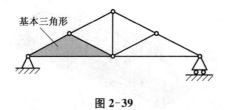

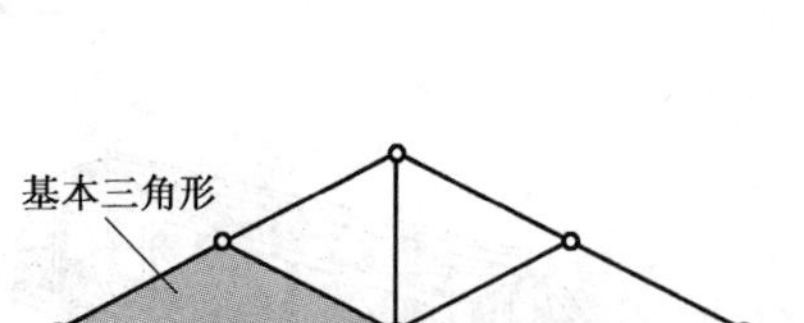

图 2-39

计算平面简单桁架杆件的内力有两种方法:节点法和截面法。节点法是逐个地取节点为研究对象,由已知力依次求出全部杆件的内力。由于各个节点都是受到平面汇交力系的作用,只能列出 2 个独立的平衡方程,所以选取的节点未知力的数目不能超过 2 个。截面法是用假想的截面将桁架截断,取某一部分为研究对象,用平面任意力系的平衡方程求出被截杆件的内力,因此所取的研究对象上未知力的数目不能超过 3 个。

【例 2-15】 试用节点法求出桁架中杆 1、2、3、4、5、6、7 和 8 的内力，尺寸及所受荷载如图 2-40(a)所示。

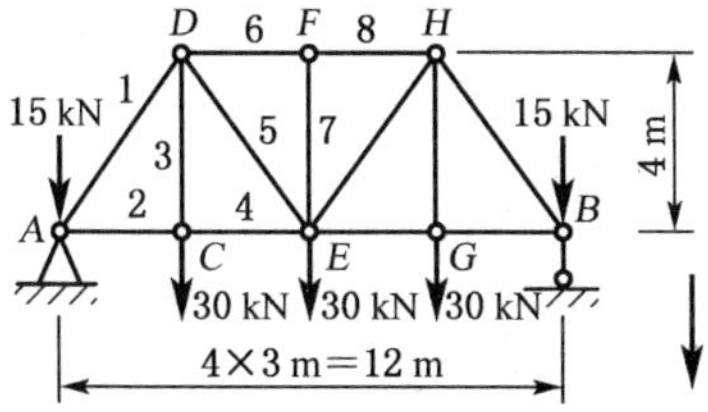

(a)

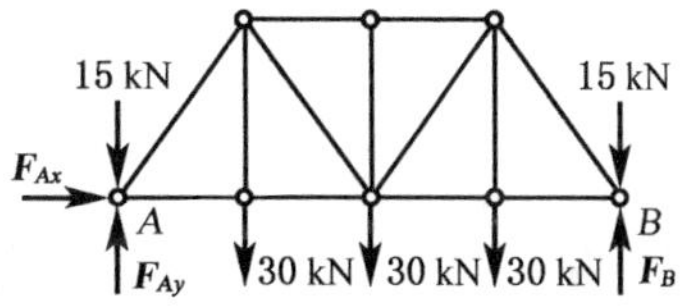

(b)

图 2-40

【解】 (1) 求支座约束力

先取桁架整体为研究对象，受力如图 2-40(b)所示，列出平衡方程：

$$\sum F_x = 0,\ F_{Ax} = 0$$

$$\sum F_y = 0,\ F_{Ay} - 15 \cdot 2 - 30 \cdot 3 + F_B = 0$$

$$\sum M_A(\boldsymbol{F}) = 0,\ -30 \cdot 3 - 30 \cdot 6 - 30 \cdot 9 - 15 \cdot 12 + F_B \cdot 12 = 0$$

联立方程，得

$$F_{Ax} = 0,\ F_{Ay} = 60\ \text{kN}(\uparrow),\ F_B = 60\ \text{kN}(\uparrow)$$

(2) 依次取一个节点为研究对象，计算各杆内力

先分析节点 A，受力如图 2-41(a)所示，其上的未知力只有 2 个，假设杆 1、2 的内力为拉力，即 $\boldsymbol{F}_1$、$\boldsymbol{F}_2$背离节点，分别沿轴线 AC 和 AD。列出平衡方程：

$$\sum F_x = 0,\ F_1 \cos\theta + F_2 = 0$$

$$\sum F_y = 0,\ F_1 \sin\theta - 15 + 60 = 0$$

得 $F_1 = -56.25\ \text{kN}(\text{压}),\ F_2 = 33.75\ \text{kN}(\text{拉})$

负号表明 $\boldsymbol{F}_1$的指向与图中假设方向相反，因此杆 1 为受压杆。

分析节点 C，受力如图 2-41(b)所示，列出平衡方程：

$$\sum F_x = 0,\ F_4 - F_2 = 0$$

$$\sum F_y = 0,\ F_3 - 30 = 0$$

得 $F_3 = 30\ \text{kN}(\text{拉}),\ F_4 = 33.75\ \text{kN}(\text{拉})$

分析节点 D，受力如图 2-41(c)所示，列出平衡方程：

$$\sum F_x = 0,\ -F_1 \cos\theta + F_5 \cos\theta + F_6 = 0$$

$$\sum F_y = 0,\ -F_1 \sin\theta - 30 - F_5 \sin\theta = 0$$

得 $F_5 = 18.75\ \text{kN}(\text{拉}),\ F_6 = -45\ \text{kN}(\text{压})$

分析节点 F,受力如图 2-41(d)所示,列出平衡方程:

$$\sum F_x = 0,\ F_8 - F_6 = 0$$

$$\sum F_y = 0,\ F_7 = 0$$

得 $$F_7 = 0,\ F_8 = -45\ \text{kN}(压)$$

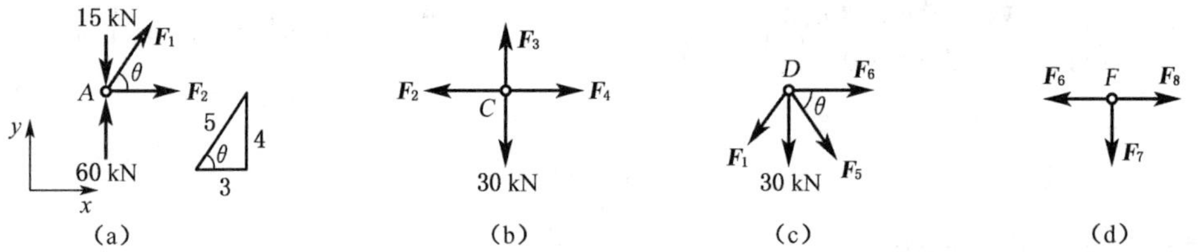

图 2-41

在一定荷载作用下,桁架中内力为零的杆件,称为零杆。本题中杆 7 就是零杆。一般情况下,通过计算可以确定有无零杆,但在下列情况中,零杆是可以直接判断出来的:

(1) 节点上只有不在一直线上的两杆,且在这一节点上无荷载作用,如图 2-42(a)所示,则两杆都是零杆,若荷载沿其中一根杆作用,如图 2-42(b)所示,则另一根杆就是零杆。

(2) 节点上有 3 根杆件,其中 2 根在一直线上,且在这一节点上无荷载作用,如图 2-42(c)所示,则第三根杆是零杆。

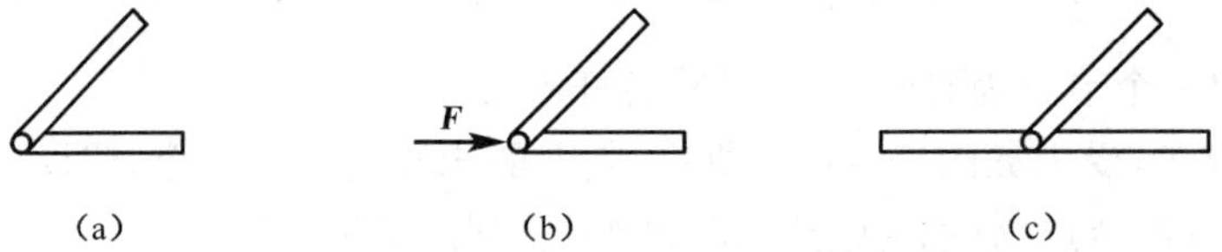

图 2-42

【例 2-16】 试用截面法求出桁架中杆 1、2 和 3 的内力,尺寸及所受荷载如图 2-43(a)所示。

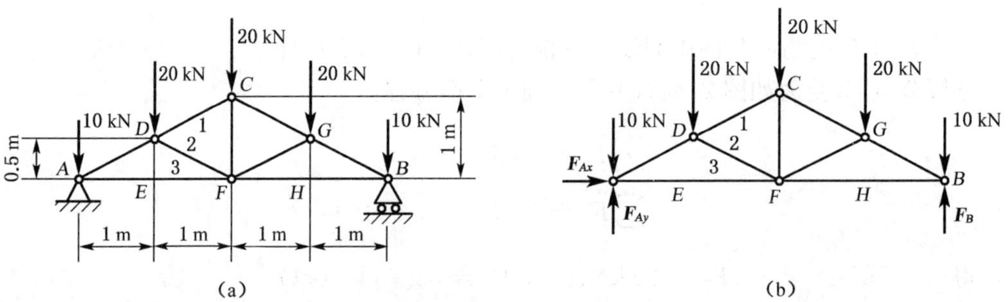

图 2-43

【解】 先求桁架的支座约束力,取桁架整体为研究对象,受力如图 2-43(b)所示。列出平衡方程:

$$\sum F_x = 0,\ F_{Ax} = 0$$

$$\sum F_y = 0,\ F_{Ay} - 10 \cdot 2 - 20 \cdot 3 + F_B = 0$$

$$\sum M_A(\boldsymbol{F}) = 0,\ -20 \cdot 1 - 20 \cdot 2 - 20 \cdot 3 - 10 \cdot 4 + F_B \cdot 4 = 0$$

联立方程，得

$$F_{Ax} = 0,\ F_{Ay} = 40\ \text{kN}(\uparrow),\ F_B = 40\ \text{kN}(\uparrow)$$

为求杆 1、2 和 3 的内力，可作一截面 n-n 将 3 根杆截断。选取桁架左半部为研究对象。假设所截断的杆件都受拉力，受力如图 2-44 所示，为一平面任意力系。列出平衡方程：

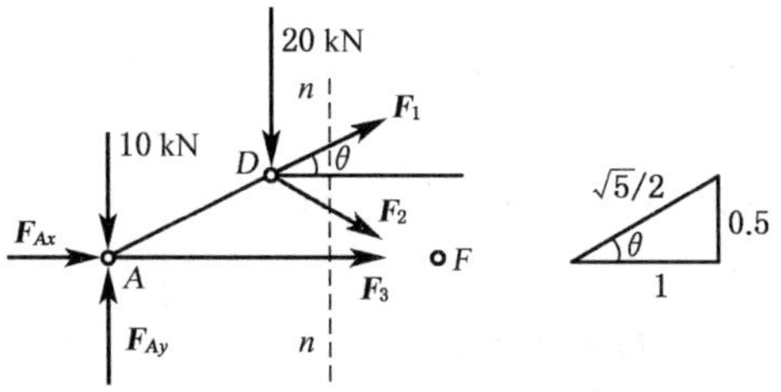

图 2-44

$$\sum F_x = 0,\ F_{Ax} + F_1 \cos\theta + F_2 \cos\theta + F_3 = 0$$

$$\sum M_D(\boldsymbol{F}) = 0,\ -F_{Ay} \cdot 1 + 10 \cdot 1 + F_3 \cdot 0.5 = 0$$

$$\sum M_F(\boldsymbol{F}) = 0,\ -F_{Ay} \cdot 2 + 10 \cdot 2 + 20 \cdot 1 - F_1 \sin\theta \cdot 1 - F_1 \cos\theta \cdot 0.5 = 0$$

联立方程，得

$$F_1 = -44.72\ \text{kN}(压),\ F_2 = -22.36\ \text{kN}(压),\ F_3 = 60\ \text{kN}(拉)$$

思考题

1. 力在坐标轴上的投影就是力在该轴方向上的分力，这种说法正确吗？为什么？

2. 设力 F_1 与 F_2 在同一轴上的投影相等，问这两个力是否一定相等？

3. 用解析法求解汇交力系的平衡问题时，坐标原点是否可以任意选取？选取的投影轴是否必须相互垂直？为什么？

4. 试比较力矩与力偶矩有什么区别。

5. 平面汇交力系、平面力偶系、平面任意力系和平面平行力系的合成结果是什么？它们的平衡条件是什么？平衡方程是什么？

6. 如图 2-45 所示，在物体平面上作用两个力偶(F_1, F_1')和(F_2, F_2')，其力的多边形闭合，问此时物体是否平衡？为什么？

7. 在物体平面上 A、B、C 三点分别作用 3 个力 F_1、F_2、F_3，各力的方向如图 2-46 所示，大小恰好与$\triangle ABC$ 的边长成比例。问该力系是否平衡？

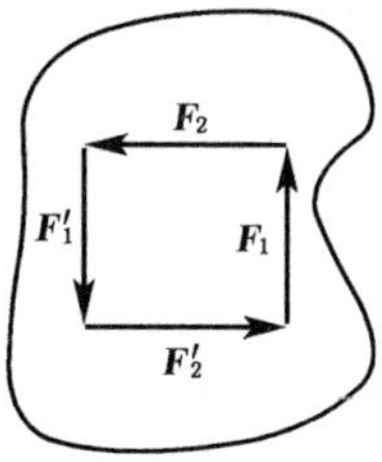

图 2-45

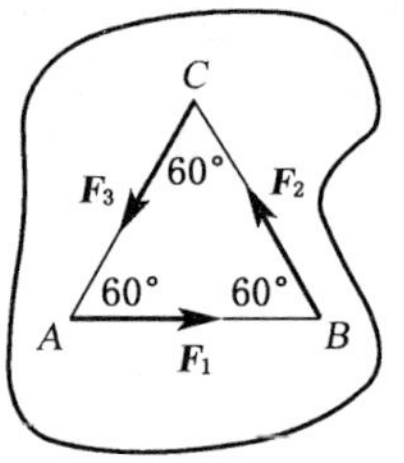

图 2-46

8. 某平面力系向 A、B 两点简化的主矩皆为零，此力系简化的最终结果可能是一个力吗？可能是一个力偶吗？可能平衡吗？

9. 平面汇交力系向汇交点以外一点简化，其结果可能是一个力吗？可能是一个力偶吗？可能是一个力和一个力偶吗？

10. 某平面任意力系向点 A 简化得一个力 $F'_{RA}(\neq 0)$ 和一个矩为 $M_A(\neq 0)$ 的力偶，B 为平面内另外一个点，试问：

(1) 向 B 点简化仅得一力偶，是否可能？

(2) 向 B 点简化仅得一力，是否可能？

(3) 向 B 点简化得 $F'_{RA}=F'_{RB}$，$M_A\neq M_B$，是否可能？

(4) 向 B 点简化得 $F'_{RA}=F'_{RB}$，$M_A=M_B$，是否可能？

(5) 向 B 点简化得 $F'_{RA}\neq F'_{RB}$，$M_A=M_B$，是否可能？

(6) 向 B 点简化得 $F'_{RA}\neq F'_{RB}$，$M_A\neq M_B$，是否可能？

习题

1. 已知 $\boldsymbol{F}_1=50\ \text{N}$，$\boldsymbol{F}_2=100\ \text{N}$，$\boldsymbol{F}_3=200\ \text{N}$，$\boldsymbol{F}_4=250\ \text{N}$，各力方向如图 2-47，其中 $\boldsymbol{F}_1$ 平行于 x 轴，$\boldsymbol{F}_3$ 平行于 y 轴。试求各力在 x 轴和 y 轴上投影的大小。

2. 已知 AB 梁上作用一力偶，力偶矩为 M，梁长为 a，不计梁的自重。试求图 2-48(a)、(b)、(c)3 种情况下，支座 A 和支座 B 的约束力。

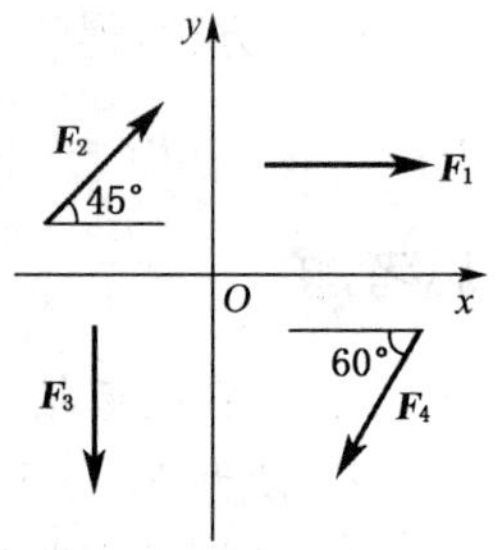

图 2-47

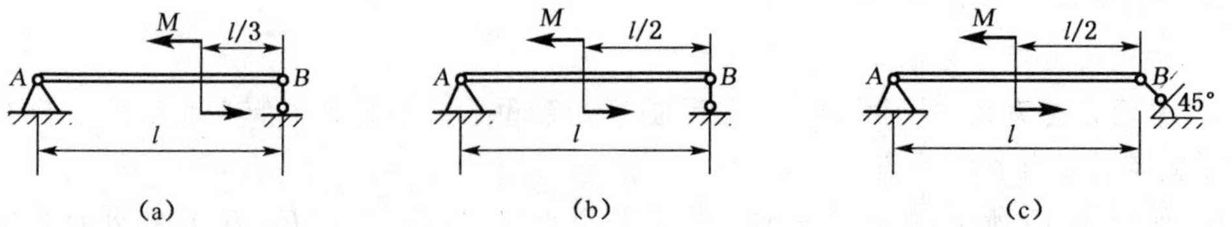

图 2-48

3. 一钢结构节点如图 2-49 所示，在沿 OA、OB、OC 的方向受到 3 个力的作用。已知 $\boldsymbol{F}_1=2\ \text{kN}$，$\boldsymbol{F}_2=\sqrt{2}\ \text{kN}$，$\boldsymbol{F}_3=\sqrt{2}\ \text{kN}$，试求这 3 个力的合力。

4. 支架由 AC、BC 杆组成，A、B、C 三处都是铰链连接，在点 C 处悬挂一重量为 $\boldsymbol{G}$ 的重

物，不计各杆的自重，试求图 2-50(a)、(b)、(c)3 种情况下，AC 杆和 BC 杆受力的大小和拉压情况。

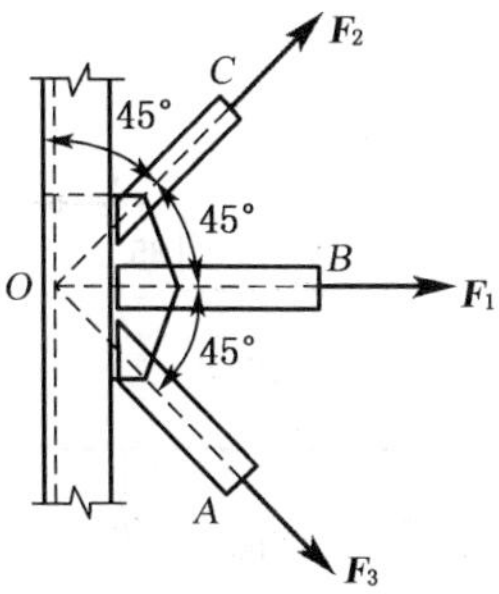

图 2-49

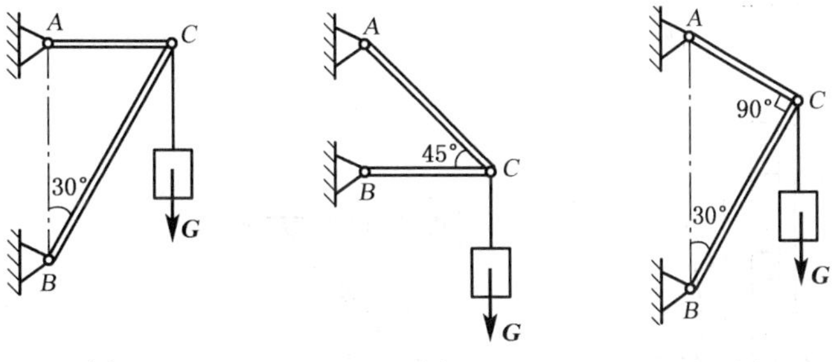

(a) (b) (c)

图 2-50

5. 拔桩需要很大的力，在工地上常常用如图 2-51 所示的装置进行拔桩。在桩顶点 A 上系一绳子，将绳的另一端固定在点 C 上，在绳的点 B 处另系一绳 BE，将它的另一端固定在点 E 上。然后在绳子的点 D 处用力 $\boldsymbol{F}$ 向下拉，并使绳子的 BD 段水平，AB 段铅直。DE 段与水平线，BC 段与铅直线间成等角 $\alpha = 0.1$ rad。如向下的铅直力 $F = 800$ N，试求绳子 AB 产生的拔桩拉力。当 α 很小时，$\tan\alpha = \alpha$。

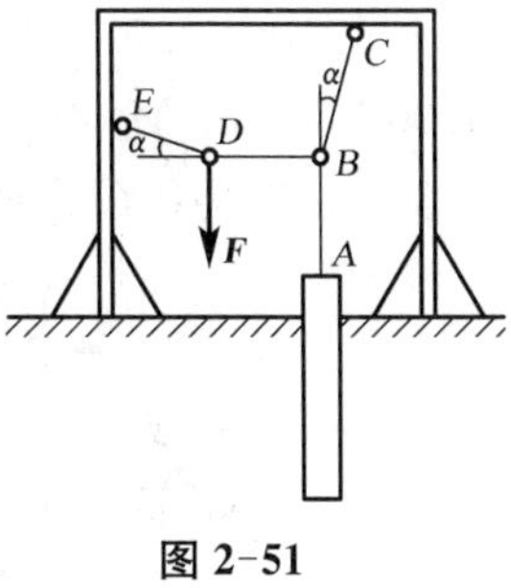

图 2-51

6. 图 2-52 结构由直角弯杆 AB 和 BC 铰接而成，在杆 AB 处受到一水平力 $\boldsymbol{F}$ 的作用。不计各杆的自重，试求支座 A 和支座 C 的约束力。

7. 图 2-53 结构中，梁 ACD 水平放置，A 端用铰链固定，C 端通过铰链与杆 BC 连接，在 CD 段受到均布荷载 q 的作用，在 D 点处受到铅直向下的力 $\boldsymbol{F}$，其大小为 $F = 2qa$。尺寸如图，试求杆 BC 受到的内力和支座 A 的约束力。

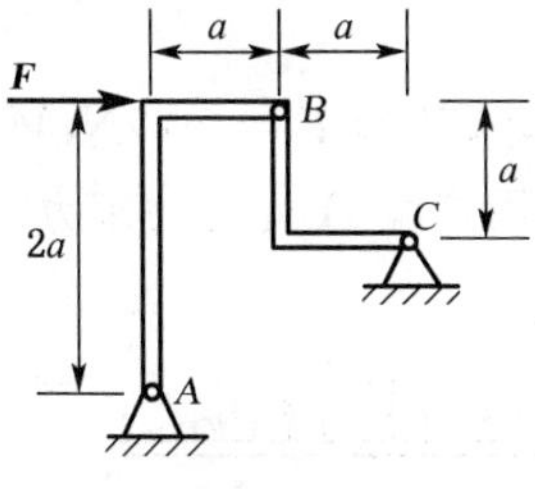

图 2-52

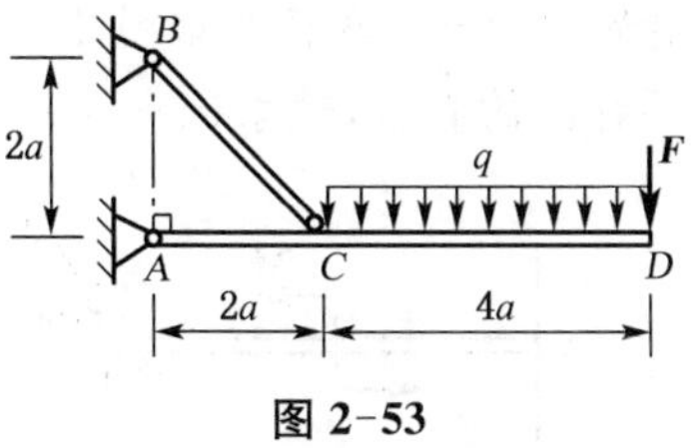

图 2-53

8. 如图 2-54 所示厂房立柱的根部用混凝土与基础浇筑在一起，已知吊车梁传给立柱的铅直力 $F = 60$ kN，风的分布荷载集度 $q = 2$ kN/m，立柱自身重量 $\boldsymbol{G} = 40$ kN，$e = 0.5$ m，$h = 10$ m。试求立柱根部固定端所受到的约束力。

9. 杆 AB 上有一导槽，套在杆 CD 上的销子 E 上，在杆 AB 和杆 CD 上各有一力偶作用，转向如图 2-55 所示。已知 $M_1 = 1$ kN·m，不计各杆自重和所有接触面的摩擦，当系统平衡时 M_2 应为多大？如果导槽开在杆 CD 上，销子 E 在杆 AB 上，则当系统平衡时 M_2 应为多大？

10. 如图 2-56 所示,已知 $F_1 = 300$ N,$F_2 = 200$ N,$F_3 = 100$ N,$F = F' = 300$ N。试求:(1)力系向点 O 简化的结果;(2)力系的合力大小及合力作用线到 O 点的距离。图中尺寸单位为 mm。

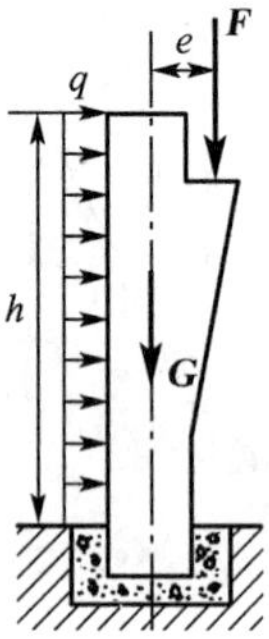

图 2-54

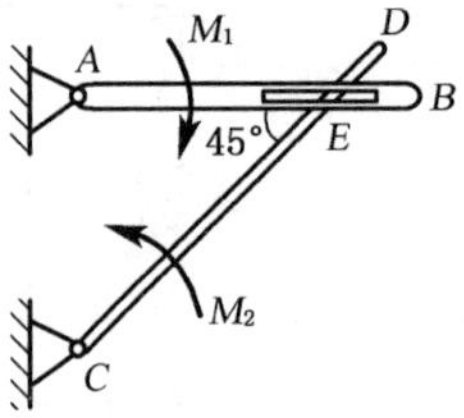

图 2-55

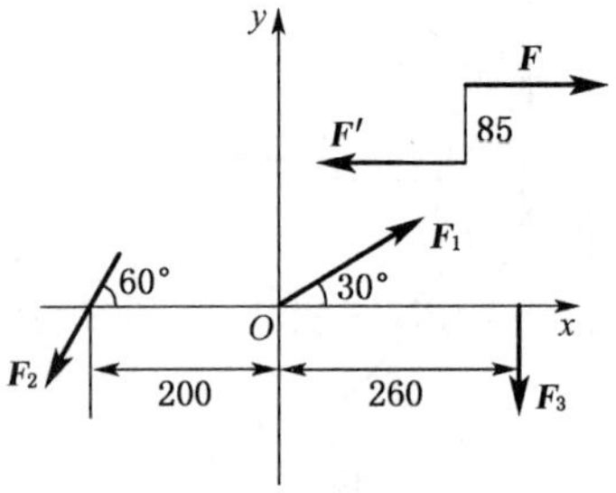

图 2-56

11. 如图 2-57 所示,已知 $F_1 = 20\sqrt{2}$ N,$F_2 = 10$ N,$F_3 = 60$ N,$F_4 = 20$ N,$M_1 = 1\,000$ N·mm,$M_2 = 3\,000$ N·mm。试求:(1)力系向点 O 简化的结果;(2)力系的合力大小及合力作用线到 O 点的距离。图中尺寸单位为 mm。

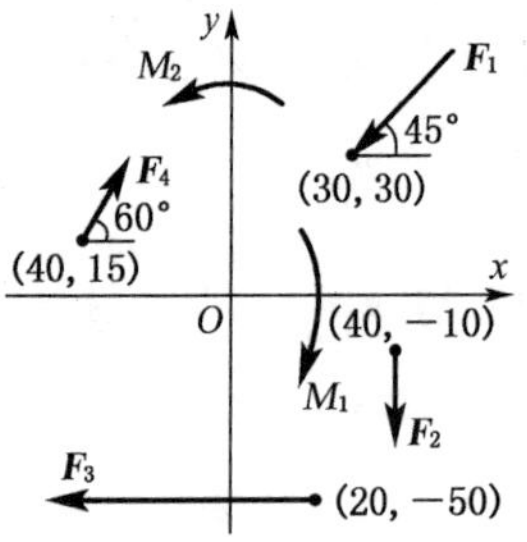

图 2-57

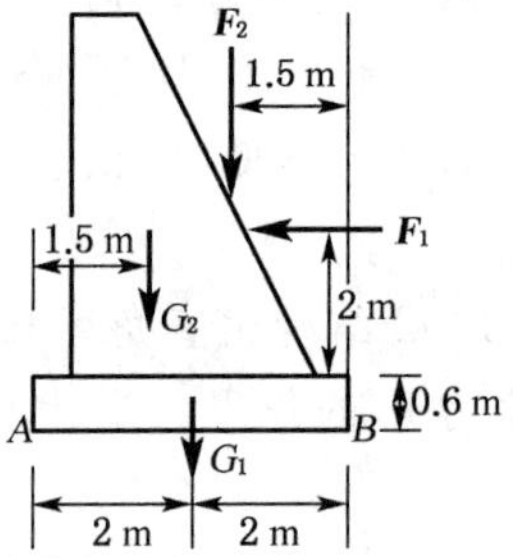

图 2-58

12. 挡土墙结构如图 2-58 所示,已知混凝土底板重 $G_1 = 35$ kN,浆砌块石的墙身重 $G_2 = 120$ kN,墙背所受的水平土压力 $F_1 = 50$ kN,铅直土压力 $F_2 = 100$ kN。试求该力系向底板 A 端简化的结果,并求出合力作用线的位置。

13. 无重悬臂梁的支承和荷载如图 2-59(a)、(b)所示,已知 $F = 10$ kN,$M = 5$ kN·m,$q = 2$ kN/m。不计梁的自重,试求(a)、(b)两种情况下,固定端 A 处的约束力。

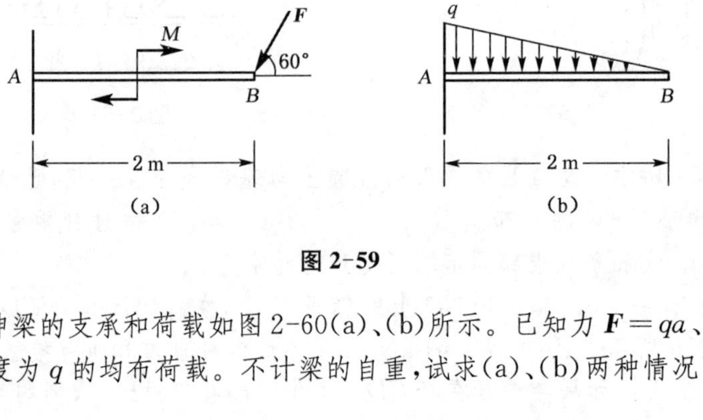

图 2-59

14. 无重外伸梁的支承和荷载如图 2-60(a)、(b)所示。已知力 $F = qa$、力偶矩 $M = qa^2$ 的力偶和荷载集度为 q 的均布荷载。不计梁的自重,试求(a)、(b)两种情况下,支座 A 和支座 B 的约束力。

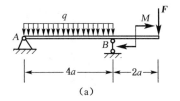

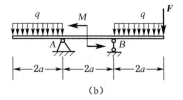

(a) (b)

图 2-60

15. 由 AC 和 CD 构成的组合梁通过铰链 C 连接，它的支承和荷载如图 2-61(a)、(b)所示。已知荷载集度 $q=2\ \mathrm{kN/m}$，铅直向下的力 $\boldsymbol{F}=2\ \mathrm{kN}$，力偶矩 $M=6\ \mathrm{kN\cdot m}$。不计梁的自重，试求图(a)、(b)两种情况下，支座 A、B、D 处的约束力。

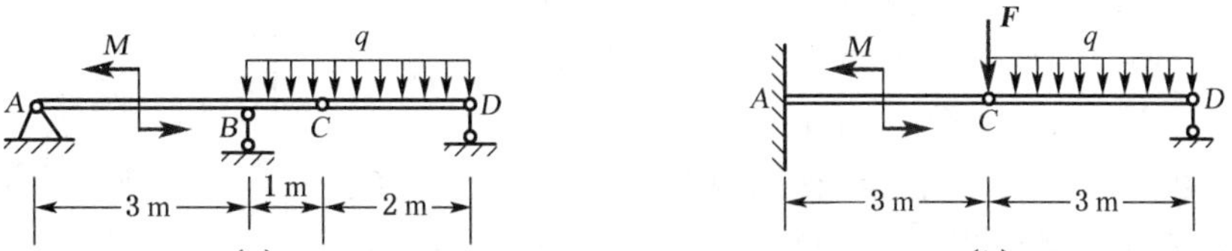

(a) (b)

图 2-61

16. 飞机起落架，尺寸如图 2-62 所示。A、B、C 均为铰链，杆 OA 垂直于 A、B 连线。当飞机等速直线滑行时，地面作用于轮上的铅直力 $\boldsymbol{F}_D=30\ \mathrm{kN}$，水平摩擦力和各杆自重都比较小，可略去不计。求铰链 A 的约束力和杆 BC 的内力。

17. 如图 2-63 所示，飞机机翼上安装一台发动机，作用在机翼 OA 上的气动力按梯形分布：$q_1=60\ \mathrm{kN/m}$，$q_2=40\ \mathrm{kN/m}$，机翼重 $\boldsymbol{G}_1=45\ \mathrm{kN}$，发动机重 $\boldsymbol{G}_2=20\ \mathrm{kN}$，发动机螺旋桨的反作用力偶矩 $M=18\ \mathrm{kN\cdot m}$。求机翼处于平衡状态时，机翼根部固定端 O 所受到的力。

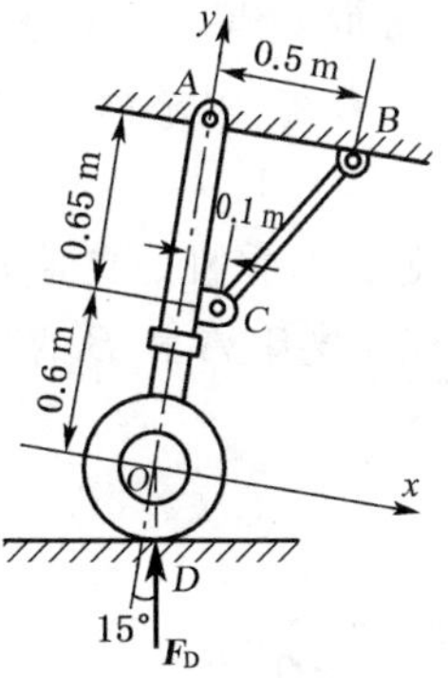

图 2-62

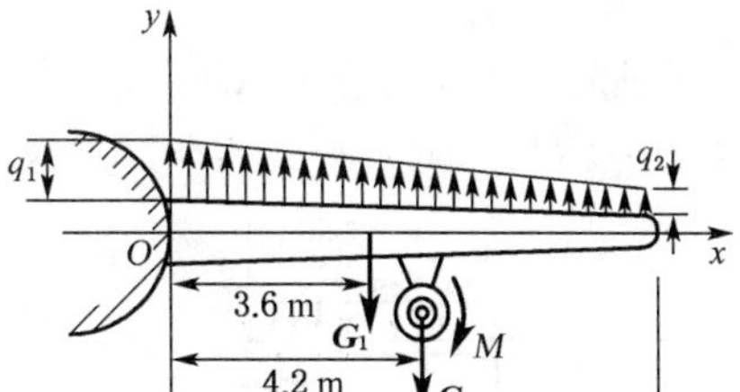

图 2-63

18. 图 2-64(a)为叉车示意图，尺寸如图 2-64(b)所示。起重架具有固定铰链支座 O，在 A、B 之间装有油缸用来调节起重架的位置。已知最大起重量 $\boldsymbol{G}=50\ \mathrm{kN}$，试求倾斜油缸活塞杆的拉力 $\boldsymbol{F}$ 以及支座 O 的约束力。

19. 如图 2-65 所示，一可沿轨道移动的塔式起重机不计平衡锤的重量为 $\boldsymbol{G}=500\ \mathrm{kN}$，其重心在离右轨 1.5 m 处。起重机的最大起重量 $\boldsymbol{G}_2=250\ \mathrm{kN}$，突臂伸出离右轨10 m。试确定平衡锤的最小重量 $\boldsymbol{G}_1$ 以及平衡锤到左轨的最大距离 x，使起重机在满载或空载时均不致翻倒。

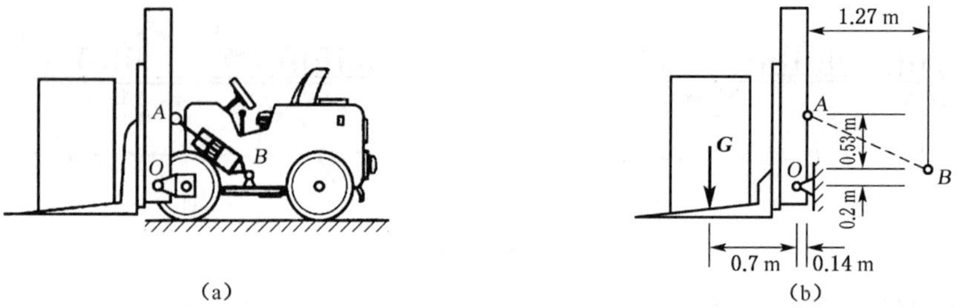

图 2-64

20. 某轮式拖拉机制动器的操纵机构如图 2-66 所示。作用在踏板 A 上的力 $\boldsymbol{F}$ 通过杠杆 AOB 和拉杆 BC 传给摇臂 CD。不计各构件的自重，试求操纵机构平衡时力 $\boldsymbol{F}$ 和力 $\boldsymbol{F}_1$ 大小的比值。图中尺寸单位为 mm。

21. 如图 2-67 所示一轧钳，设轧钳柄上手的握力为 $\boldsymbol{F}$。试求轧钳对工件作用力 $\boldsymbol{F}_1$，并讨论尺寸 c 对其是否有影响。图中 a、b 均为已知，不计摩擦。

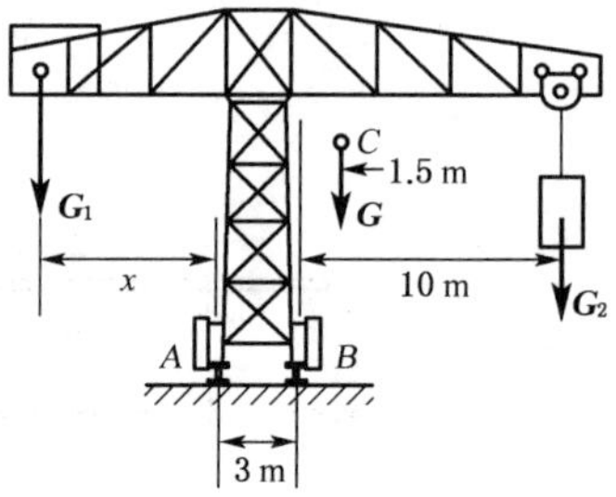

图 2-65

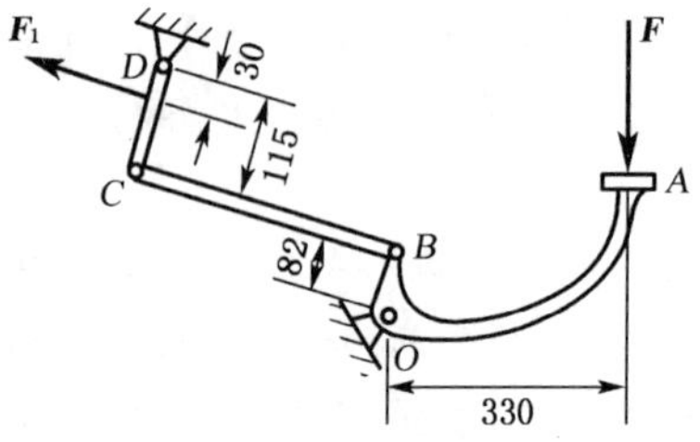

图 2-66

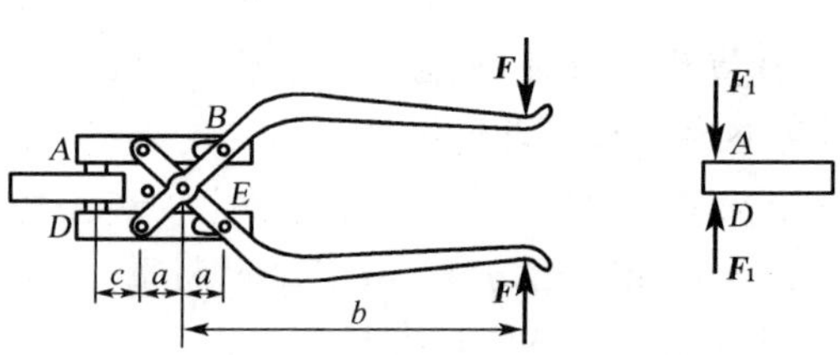

图 2-67

22. 图 2-68 结构由直角弯杆 AC 和杆 BC 组成。已知三角形分布荷载 $q_1 = 3\ \text{kN/m}$，均布荷载 $q_2 = 0.5\ \text{kN/m}$，$M = 2\ \text{kN}\cdot\text{m}$，尺寸如图。不计各杆自重，试求固定端 A 与支座 B 和铰链 C 处的约束力。

23. 起重机放在水平组合梁 AB 上，尺寸如图 2-69 所示。已知起重机的重量为 50 kN，其重心位于铅直线 CH 上，起重荷载 $\boldsymbol{G} = 10\ \text{kN}$。不计梁的自重，试求支座 A 和 B 的约束力。

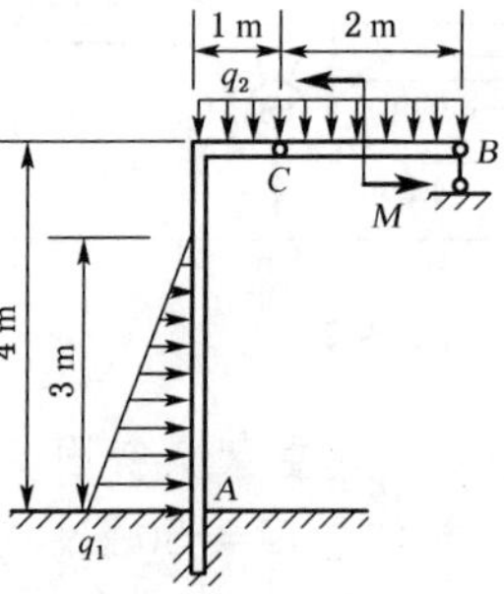

图 2-68

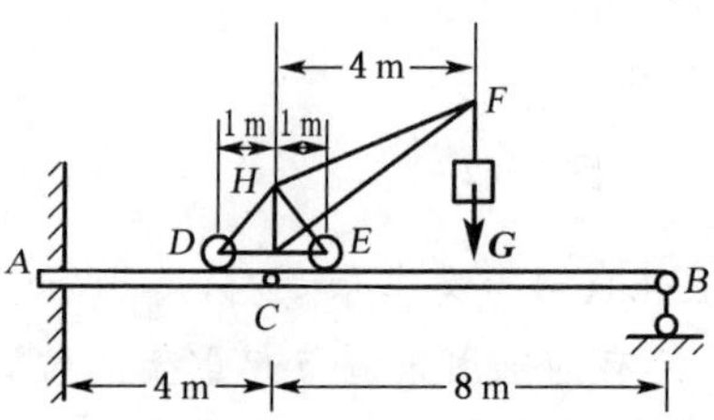

图 2-69

24. 如图 2-70 所示构架由杆 AD、BD 和 CF 组成。杆 CF 上的销子 E 可在杆 BD 的光滑槽内滑动，在水平杆 CF 的一端作用一铅直力 $\boldsymbol{F}$。不计各杆的自重，试求杆 AD 上铰链 A、C 和 D 处的约束力。

25. 如图 2-71 所示构架由杆 AC、CD 和 BD 组成，其荷载如图。已知 $q=50\ \mathrm{N/m}$，$M=400\ \mathrm{N\cdot m}$，$a=1\ \mathrm{m}$，$\boldsymbol{F}=200\ \mathrm{N}$，$CE=ED$。不计各杆的自重，试求 A，B 处的约束力。

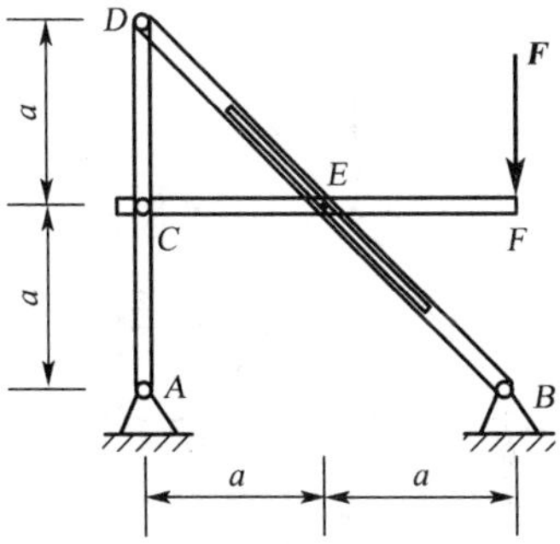

图 2-70

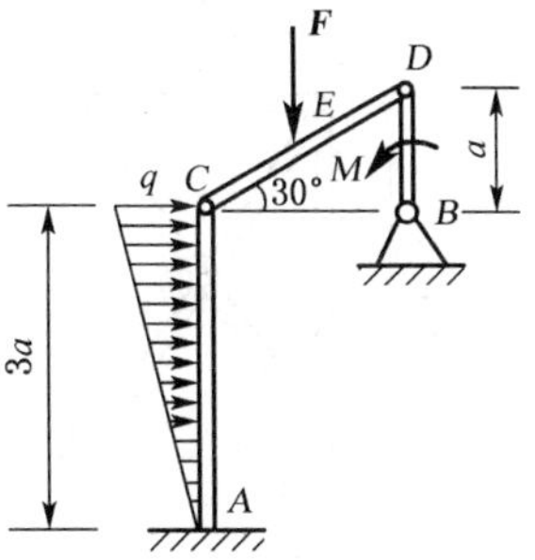

图 2-71

26. 如图 2-72，梯子由两个相同的部分 AC 和 BC 组成，其两部分各重 100 N，在点 C 处用铰链连接，并用绳子在点 D、E 互相连接。梯子放在光滑的地面上，销钉 C 上悬挂 $\boldsymbol{G}=500\ \mathrm{N}$ 的重物。已知 $AC=BC=4\ \mathrm{m}$，$CD=CE=3\ \mathrm{m}$，$\angle CAB=60^\circ$，试求绳子的拉力和杆 AC、BC 作用于销钉 C 上的力。

27. 图 2-73 构架中，重物 $\boldsymbol{G}=12\ \mathrm{kN}$，由细绳跨过滑轮 E 而水平系于墙上，尺寸如图。不计各杆和滑轮的自重。试求支座 A 和支座 B 处的约束力，以及杆 BC 的内力。

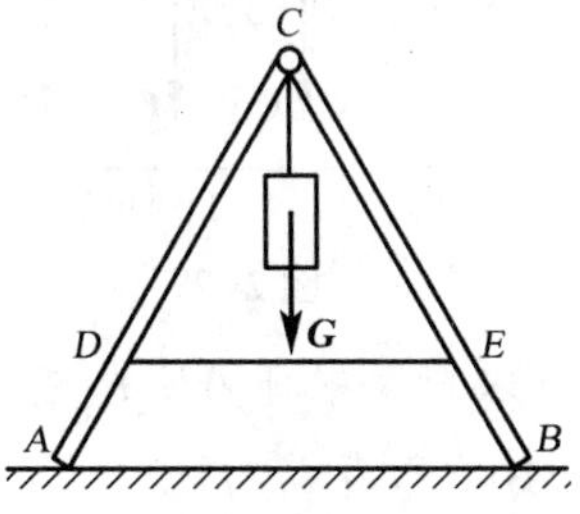

图 2-72

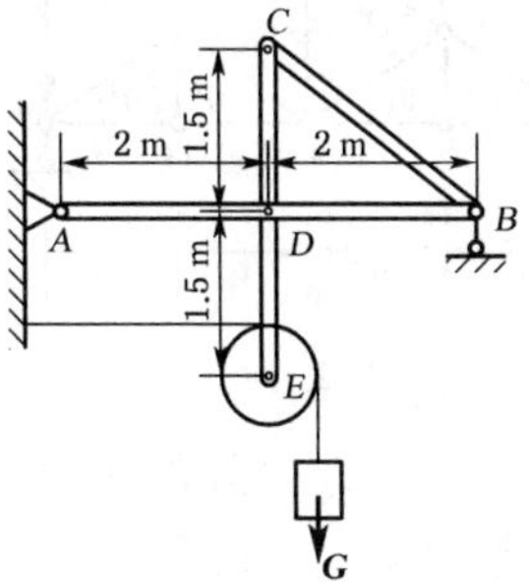

图 2-73

28. 图 2-74 所示构架由杆 AE 和杆 BE 组成，尺寸如图。已知重物 $\boldsymbol{G}=20\ \mathrm{kN}$，滑轮半径均为 0.3 m。不计各杆和滑轮自重，试求支座 A 和支座 B 处的约束力。

29. 图 2-75 所示结构由杆 CD、DF 和 T 形杆 AEF 组成，荷载和尺寸如图。不计各杆的自重，试求 A、B、C 处的约束力。

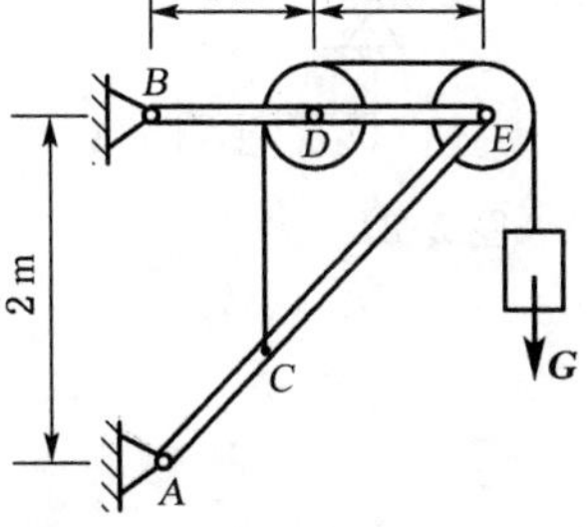

图 2-74

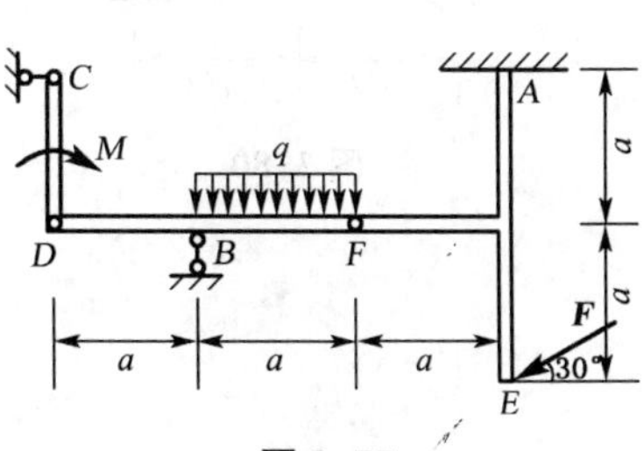

图 2-75

30. 图 2-76 所示平面结构由杆 AC、AD、BC 和 CD 组成，其中 A、C、E 为光滑铰链，B、D 为光滑接触，E 为中点，在水平杆 CD 上作用力 $\boldsymbol{F}$，尺寸如图。不计各杆自重，试求 A、B

处的约束力及杆 AC 的内力。

31. 平面桁架受力如图 2-77 所示，已知 $\boldsymbol{F}_1 = 400\ \text{N}$，$\boldsymbol{F}_2 = 600\ \text{N}$。试求桁架中各杆的内力。

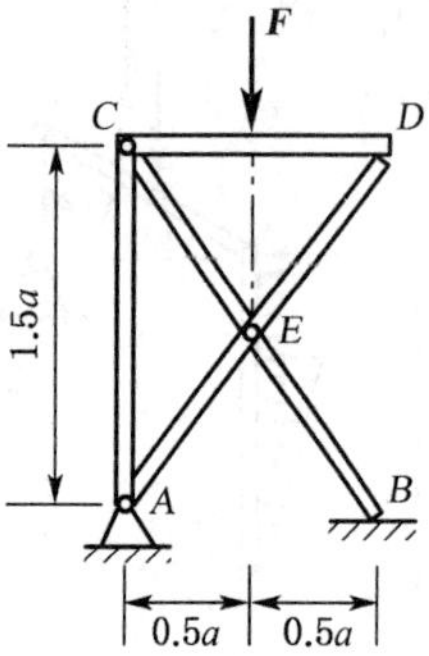

图 2-76

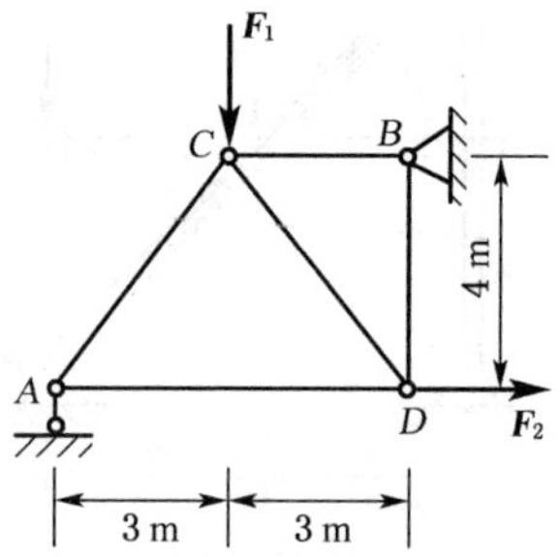

图 2-77

32. 平面桁架的支座和荷载如图 2-78 所示，试求桁架中各杆的内力。

33. 平面桁架受力如图 2-79 所示，已知 $\boldsymbol{F} = 20\ \text{kN}$，试求桁架中杆 1、2、3 的内力。

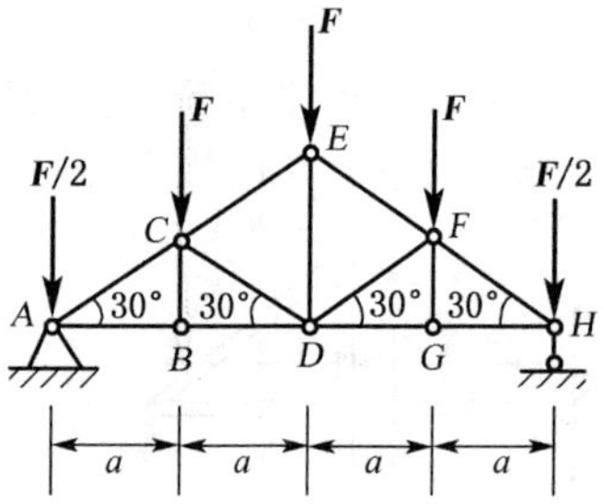

图 2-78

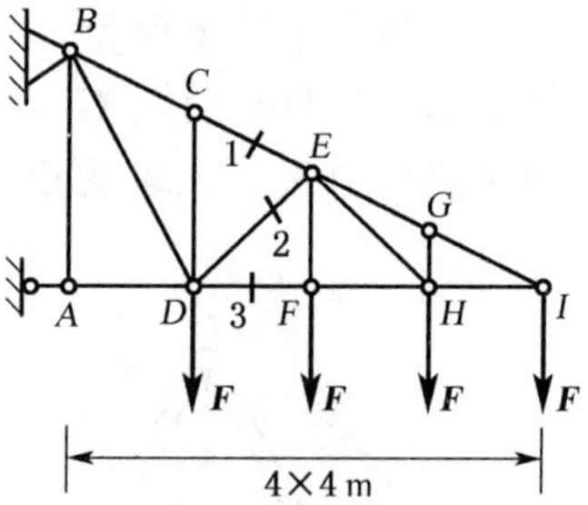

图 2-79

34. 平面桁架受力如图 2-80 所示，其荷载为 $\boldsymbol{F}$，试求桁架中杆 AB 的内力。

35. 平面桁架受力如图 2-81 所示，试求桁架中各杆的内力。

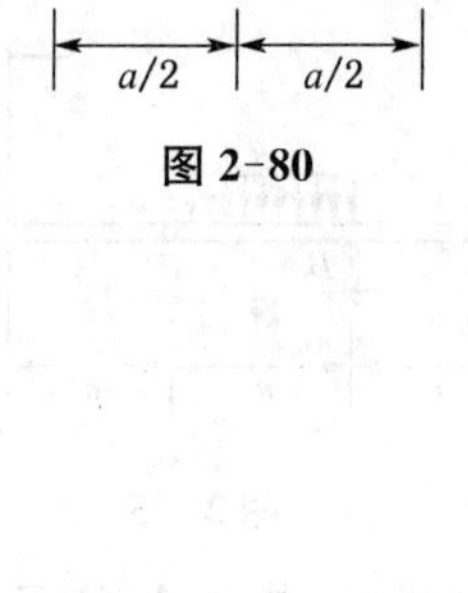

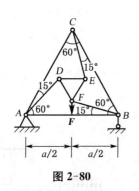

图 2-80

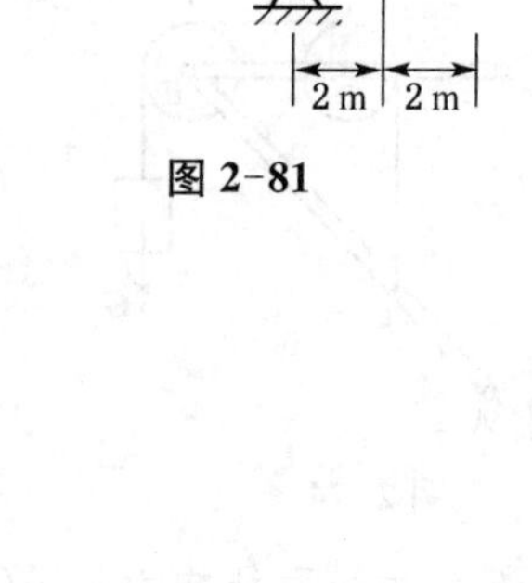

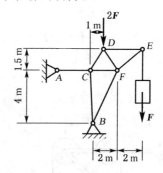

图 2-81

3 空间力系

空间力系是指力系中所有力的作用线位于不同平面内的力系。实际工程和生活中,作用在物体上的力系一般都属于空间力系,只有在一些特殊情况下,空间力系可以简化为平面力系。与前章的平面力系一样,空间力系也可以分为空间汇交力系、空间力偶系和空间任意力系。

3.1 力在直角坐标轴上的投影

3.1.1 力在直角坐标轴上的投影

1) 直接投影法

若已知力 $\boldsymbol{F}$ 与正交坐标系 $Oxyz$ 三轴之间的夹角,则可以采用直接投影法。即

$$\left.\begin{aligned} F_x &= F\cos(\boldsymbol{F},\boldsymbol{i}) \\ F_y &= F\cos(\boldsymbol{F},\boldsymbol{j}) \\ F_z &= F\cos(\boldsymbol{F},\boldsymbol{k}) \end{aligned}\right\} \tag{3-1}$$

2) 间接投影法(又称二次投影法)

若已知力 $\boldsymbol{F}$ 与坐标轴 Ox,Oy 之间的夹角不易确定的时候,可把力 $\boldsymbol{F}$ 先投影到坐标平面 Oxy 上,得到力 $\boldsymbol{F}_{xy}$,然后再把这个力投影到 x,y 轴上,这就是间接投影法。在图 3-1 中,已知角 γ 和 φ,则力 $\boldsymbol{F}$ 在 3 个坐标轴上的投影分别为

$$\left.\begin{aligned} F_x &= F\sin\gamma\cos\varphi \\ F_y &= F\sin\gamma\sin\varphi \\ F_z &= F\cos\gamma \end{aligned}\right\} \tag{3-2}$$

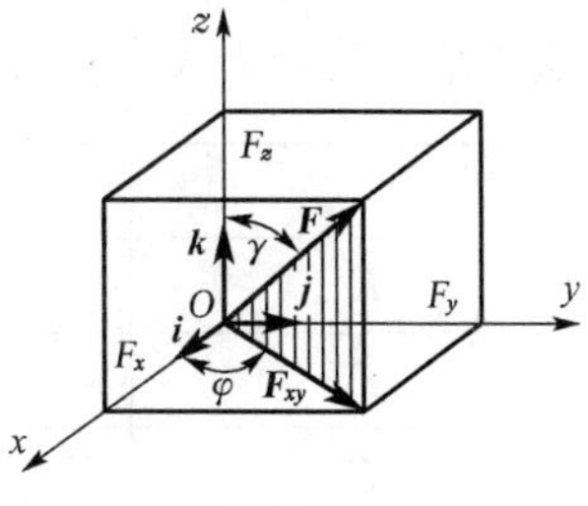

图 3-1

【例 3-1】 如图 3-2 所示,圆柱斜齿轮,其上受啮合力 $\boldsymbol{F}$ 的作用,已知斜齿轮的齿倾角 β(也称螺旋角)和压力角 θ,试求力 $\boldsymbol{F}$ 在 x,y,z 轴上的投影。

【解】 先将力 $\boldsymbol{F}$ 向 z 轴和 Oxy 平面投影,可得

$$F_z = -F\sin\theta,\ F_{xy} = F\cos\theta$$

再将力 F_{xy} 向 x,y 轴投影,可得

$$F_x = F_{xy}\cos\beta = F\cos\theta\cos\beta$$

$$F_y = -F_{xy}\sin\beta = -F\cos\theta\sin\beta$$

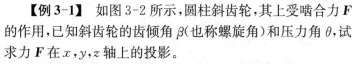

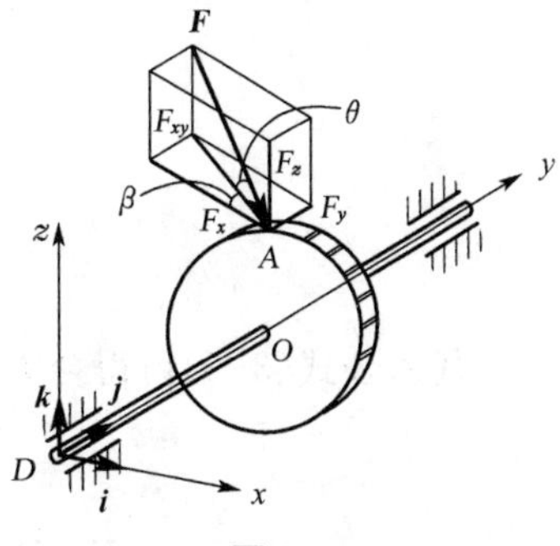

图 3-2

3.1.2 空间汇交力系的合成

平面汇交力系的合成法则扩展到空间汇交力系来应用，结果是：空间汇交力系的合力等于各分力的矢量和，合力的作用线通过汇交点。合力矢为

$$\boldsymbol{F}_{\mathrm{R}} = \boldsymbol{F}_1 + \boldsymbol{F}_2 + \boldsymbol{F}_3 + \cdots + \boldsymbol{F}_n = \sum_{i=1}^{n} \boldsymbol{F}_i \tag{3-3}$$

或是

$$\boldsymbol{F}_{\mathrm{R}} = \sum F_{xi}\boldsymbol{i} + \sum F_{yi}\boldsymbol{j} + \sum F_{zi}\boldsymbol{k} \tag{3-4}$$

式中：$\sum F_{xi}$，$\sum F_{yi}$，$\sum F_{zi}$ ——合力 $\boldsymbol{F}_{\mathrm{R}}$ 沿 x，y，z 轴的投影。

空间汇交力系合力的大小和方向余弦为

$$\left.\begin{aligned} F_{\mathrm{R}} &= \sqrt{\left(\sum F_{xi}\right)^2 + \left(\sum F_{yi}\right)^2 + \left(\sum F_{zi}\right)^2} \\ \cos(\boldsymbol{F}_{\mathrm{R}}, \boldsymbol{i}) &= \frac{\sum F_{xi}}{F_{\mathrm{R}}} \\ \cos(\boldsymbol{F}_{\mathrm{R}}, \boldsymbol{j}) &= \frac{\sum F_{yi}}{F_{\mathrm{R}}} \\ \cos(\boldsymbol{F}_{\mathrm{R}}, \boldsymbol{k}) &= \frac{\sum F_{zi}}{F_{\mathrm{R}}} \end{aligned}\right\} \tag{3-5}$$

【例 3-2】 在刚体上作用有 4 个汇交力，它们在 x，y，z 轴上的投影如下表中所列，试求这 4 个力的合力大小和合力方向。

	$\boldsymbol{F}_1$	$\boldsymbol{F}_2$	$\boldsymbol{F}_3$	$\boldsymbol{F}_4$	单位
F_x	1	2	0	2	kN
F_y	10	15	−5	10	kN
F_z	3	4	1	−2	kN

【解】 由表得

$$\sum F_x = 5\ \mathrm{kN}$$

$$\sum F_y = 30\ \mathrm{kN}$$

$$\sum F_z = 6\ \mathrm{kN}$$

代入公式(3-5)可得合力大小和合力方向余弦为

$$F_{\mathrm{R}} = 31\ \mathrm{kN}$$

$$\cos(\boldsymbol{F}_{\mathrm{R}}, \boldsymbol{i}) = \frac{5}{31},\ \cos(\boldsymbol{F}_{\mathrm{R}}, \boldsymbol{j}) = \frac{30}{31},\ \cos(\boldsymbol{F}_{\mathrm{R}}, \boldsymbol{k}) = \frac{6}{31}$$

由方向余弦可得夹角为

$$<\boldsymbol{F}_R,\boldsymbol{i}> = 80°43', <\boldsymbol{F}_R,\boldsymbol{j}> = 14°36', <\boldsymbol{F}_R,\boldsymbol{k}> = 78°50'$$

3.1.3 空间汇交力系的平衡条件和平衡方程

由于一般空间汇交力系合成为一个合力，所以，空间汇交力系平衡的必要和充分条件为：该力系的合力等于零，即

$$\boldsymbol{F}_R = \sum \boldsymbol{F}_i = 0 \tag{3-6}$$

由分力和合力的关系可知，为了使合力为零，必须同时满足

$$\sum F_{xi} = 0, \sum F_{yi} = 0, \sum F_{zi} = 0 \tag{3-7}$$

于是，我们又可以将空间汇交力系平衡的必要和充分条件理解为：该力系中所有各力在3个坐标轴上的投影的代数和分别等于零。公式(3-7)称为空间汇交力系的平衡方程。

求解空间汇交力系的平衡问题的步骤，与求解平面汇交力系的平衡问题相同，不同之处在于空间问题需列出3个平衡方程，可求解3个未知量(通常是未知反力或是刚体平衡位置)。应当注意：一组平衡方程只对应一个研究对象，在由多个物体组成的系统中，有时需取几次研究对象，并分别列写几组平衡方程，最后综合求解。

【例3-3】 如图3-3(a)所示，直杆 AB 和 AC 用球铰链 A、B、C 连接，并用绳索 AD 系住，在 A 的下端悬挂重力为 $\boldsymbol{G}$ 的物体 E。杆 AB 和 AC 垂直，并使 O、A、B、C 四点在同一水平面内。如果不计其余物体的重量，试求杆 AB、AC 以及绳索 AD 所受的力。

【解】 取球铰链的 A 点为研究对象，由于不考虑杆重，杆 AB 和 AC 是二力杆。点 A 受下垂绳索的拉力 $\boldsymbol{F}_T = \boldsymbol{G}$，还受到杆 AB、AC 和绳索的约束力 $\boldsymbol{F}_{AB}$、$\boldsymbol{F}_{AC}$ 和 $\boldsymbol{F}_{TD}$，如图3-3(b)所示，假设两杆均受拉力。

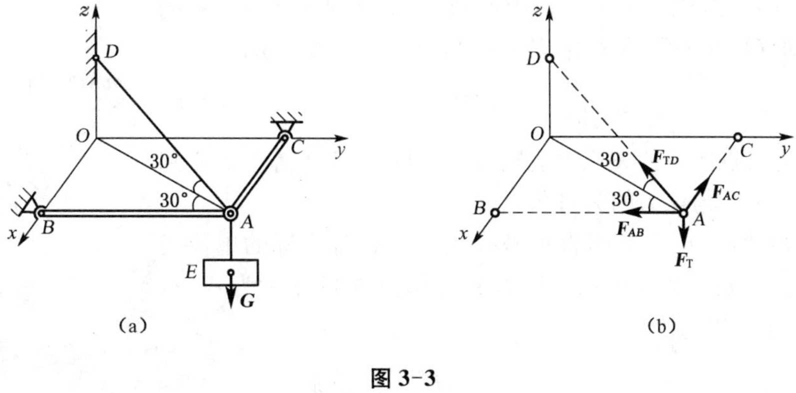

图3-3

点 A 受空间汇交力系作用而平衡，选取坐标系 $Oxyz$，根据空间汇交力系的平衡方程，可得

$$\sum F_x = 0, -F_{AC} - F_{TD}\cos 30° \sin 30° = 0$$

$$\sum F_y = 0,\ -F_{AB} - F_{TD}\cos 30^\circ \cos 30^\circ = 0$$

$$\sum F_z = 0,\ F_{TD}\sin 30^\circ - \boldsymbol{F}_T = 0$$

求解上面的 3 个平衡方程,可得

$$F_{AB} = -1.5G,\ F_{AC} = -\frac{\sqrt{3}}{2}G,\ F_{TD} = 2G$$

其中 $\boldsymbol{F}_{AB}$ 和 $\boldsymbol{F}_{AC}$ 均为负值,说明这两个力的真实指向与图中所设相反,可见,这两杆不是受拉力,而是受压力。

3.2 力对点的矩和力对轴的矩

3.2.1 力对点的矩

在物理学中,力对某点(该点成为矩心)的力矩,实质上就是该力对通过矩心而与力系平面垂直的轴的力矩。由于各力的作用线与矩心处在同一平面内,因而各力矩只有大小和转向的差别,所以那时把力矩用代数量表示就足够了。但是,在空间力系的情况下,由于各力作用线具有任意方向,各力对同一矩心所组成的平面也不再相同,除了力矩的大小(即力与力臂的乘积)和转向外,力对某一点之矩还要表示出这一平面在空间的方位。方位不同,即使力矩大小一样,作用效果也将完全不同。为此,有必要将力对一点的矩用矢量来表示。

空间力 $\boldsymbol{F}$ 对点 O 的矩用矢量符号 $M_O(\boldsymbol{F})$ 来表示。其中矢量的模为 $|M_O(\boldsymbol{F})| = F \cdot h = 2A_{\triangle OAB}$,矢量的方位和力矩作用面的法线方向相同,矢量的指向按右手法则来确定,如图 3-4 所示。

由图 3-4 可知,以 $\boldsymbol{r}$ 表示力作用点 A 的矢径,则矢积 $\boldsymbol{r}\times\boldsymbol{F}$ 的模等于三角形 OAB 面积的 2 倍,其方向与力矩矢一致。由此可得

$$\boldsymbol{M}_O(\boldsymbol{F}) = \boldsymbol{r}\times\boldsymbol{F} \tag{3-8}$$

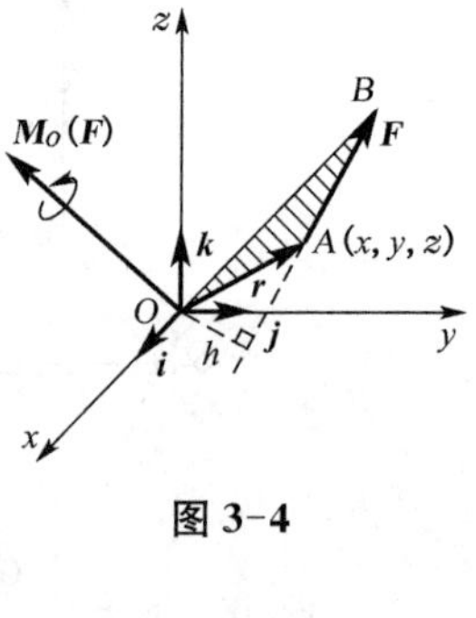

图 3-4

该式为力对点的矩的矢积表达式,即力对点的矩矢等于矩心到该力作用点的矢径与该力的矢量积。

以矩心 O 为原点,作空间直角坐标系 $Oxyz$,各坐标的单位矢量分别为 $\boldsymbol{i}$、$\boldsymbol{j}$、$\boldsymbol{k}$,如图 3-4 所示。设力 $\boldsymbol{F}$ 作用点 A 的坐标为 $A(x, y, z)$,则矢径 $\boldsymbol{r}$ 可以写为

$$\boldsymbol{r} = x\boldsymbol{i} + y\boldsymbol{j} + z\boldsymbol{k}$$

如用 F_x、F_y、F_z 表示力 $\boldsymbol{F}$ 在各坐标轴上的投影,则有

$$\boldsymbol{F} = F_x\boldsymbol{i} + F_y\boldsymbol{j} + F_z\boldsymbol{k}$$

因此,公式(3-8)可以写为

$$\boldsymbol{M}_O(\boldsymbol{F})=\boldsymbol{r}\times\boldsymbol{F}=\begin{vmatrix}\boldsymbol{i} & \boldsymbol{j} & \boldsymbol{k}\\ x & y & z\\ F_x & F_y & F_z\end{vmatrix}=(yF_z-zF_y)\boldsymbol{i}+(zF_x-xF_z)\boldsymbol{j}+(xF_y-yF_x)\boldsymbol{k} \tag{3-9}$$

由上式可知，单位矢量 $\boldsymbol{i}$、$\boldsymbol{j}$、$\boldsymbol{k}$ 前面的 3 个系数，应分别表示力矩矢 $\boldsymbol{M}_O(\boldsymbol{F})$ 在 3 个坐标轴上的投影，即

$$\left.\begin{aligned}[\boldsymbol{M}_O(\boldsymbol{F})]_x&=yF_z-zF_y\\ [\boldsymbol{M}_O(\boldsymbol{F})]_y&=zF_x-xF_z\\ [\boldsymbol{M}_O(\boldsymbol{F})]_z&=xF_y-yF_x\end{aligned}\right\} \tag{3-10}$$

由于力矩矢量 $M_O(\boldsymbol{F})$ 的大小和方向都与矩心 O 的位置有关，故力矩矢的始端必须在矩心，不可任意挪动，这种矢量称为定位矢量。

3.2.2 力对轴的矩

实际生活和工程中我们经常遇到刚体绕定轴转动的情况，为了度量力对绕定轴转动刚体的作用效果，使用力对轴的矩的概念。

如图 3-5 所示，将作用在点 A 的力 $\boldsymbol{F}$ 分解为平行于轴 z 的分量 $\boldsymbol{F}_z$ 和垂直于轴 z 的分量 $\boldsymbol{F}_{xy}$，$\boldsymbol{F}_{xy}$ 为力 $\boldsymbol{F}$ 在垂直于 z 轴的平面上的投影。由实践经验可知，分力 $\boldsymbol{F}_z$ 不能使刚体绕轴 z 转动，分力 $\boldsymbol{F}_{xy}$ 才能使刚体绕轴 z 转动。点 O 是轴 z 与投影面的交点，则力 $\boldsymbol{F}$ 对轴 z 的转动效应可由力 $\boldsymbol{F}_{xy}$ 对点 O 之矩 $M_O(\boldsymbol{F}_{xy})$ 表示。设 d 为点 O 到力 $\boldsymbol{F}_{xy}$ 作用线的距离，力 $\boldsymbol{F}$ 对轴 z 之矩以 $M_z(\boldsymbol{F})$ 表示，轴 z 称为矩轴，则有

$$M_z(\boldsymbol{F})=M_z(\boldsymbol{F}_{xy})=M_O(\boldsymbol{F}_{xy})=\pm F_{xy}d \tag{3-11}$$

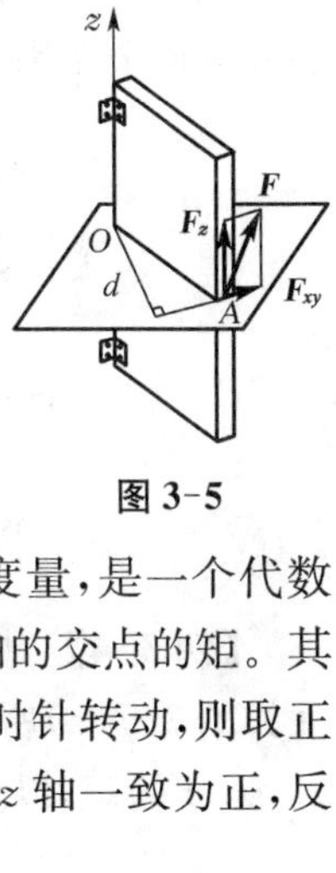

图 3-5

力对轴的矩的定义如下：力对轴的矩是力使刚体绕该轴转动效果的度量，是一个代数量，其绝对值等于该力在垂直于该轴的平面上的投影对于这个平面与该轴的交点的矩。其正负号如下确定：从 z 轴正端来看，如力的这个投影可能使物体绕该轴逆时针转动，则取正号，反之则取负号。也可按右手螺旋法则来确定其正负号，大拇指指向与 z 轴一致为正，反之为负。

力对轴的矩在下列两种情况下等于零：(1)当力与矩轴平行，即 $|\boldsymbol{F}_{xy}|=0$；(2)力的作用线通过矩轴，即 $d=0$。这两种情况有一共同特征，即力的作用线与矩轴是共面的。或者说，当力与矩轴在同一个平面时，力对该轴的矩等于零。

力对轴的矩的单位为 N · m。

力对轴的矩也可以用解析式来表示。设力 $\boldsymbol{F}$ 在 3 个坐标轴上的投影分别为 F_x，F_y，F_z，力作用点 A 的坐标为 x，y，z，如图 3-6 所示。根据公式(3-11)，可得

$$M_z(\boldsymbol{F})=M_O(\boldsymbol{F}_{xy})=M_O(\boldsymbol{F}_x)+M_O(\boldsymbol{F}_y)=xF_y-yF_x$$

进行坐标轮换，可得力 $\boldsymbol{F}$ 对轴 x 和 y 的矩的解析表达式。综合起来有

$$\left.\begin{aligned} M_x(\boldsymbol{F}) &= yF_z - zF_y \\ M_y(\boldsymbol{F}) &= zF_x - xF_z \\ M_z(\boldsymbol{F}) &= xF_y - yF_x \end{aligned}\right\} \tag{3-12}$$

以上三式是计算力对轴之矩的解析式。

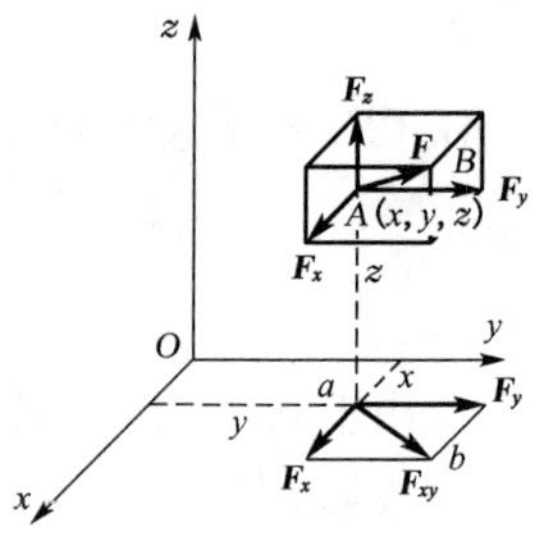

图 3-6

3.2.3 力矩关系定理

比较公式(3-10)与公式(3-12)，可得

$$\left.\begin{aligned} \boldsymbol{M}_x(\boldsymbol{F}) &= [\boldsymbol{M}_O(\boldsymbol{F})]_x \\ \boldsymbol{M}_y(\boldsymbol{F}) &= [\boldsymbol{M}_O(\boldsymbol{F})]_y \\ \boldsymbol{M}_z(\boldsymbol{F}) &= [\boldsymbol{M}_O(\boldsymbol{F})]_z \end{aligned}\right\} \tag{3-13}$$

由此可得力矩关系定理：力对任一轴的矩等于该力对这一轴上任一点 O 的矩矢在该轴上的投影。

如果力对通过点 O 的直角坐标轴 x, y, z 的矩是已知的，则可求得该力对点 O 的矩的大小和方向余弦为

$$\left.\begin{aligned} &|\boldsymbol{M}_O(\boldsymbol{F})| = |\boldsymbol{M}_O| = \sqrt{[M_x(\boldsymbol{F})]^2 + [M_y(\boldsymbol{F})]^2 + [M_z(\boldsymbol{F})]^2} \\ &\cos(\boldsymbol{M}_O, \boldsymbol{i}) = \frac{M_x(\boldsymbol{F})}{|\boldsymbol{M}_O(\boldsymbol{F})|} \\ &\cos(\boldsymbol{M}_O, \boldsymbol{j}) = \frac{M_y(\boldsymbol{F})}{|\boldsymbol{M}_O(\boldsymbol{F})|} \\ &\cos(\boldsymbol{M}_O, \boldsymbol{k}) = \frac{M_z(\boldsymbol{F})}{|\boldsymbol{M}_O(\boldsymbol{F})|} \end{aligned}\right\} \tag{3-14}$$

【例 3-4】 托架 $OABC$ 套在转轴 z 上，在端点 C 作用一力 $\boldsymbol{F} = 1\,500$ N，方向和托架尺寸如图 3-7(a)所示。尺寸单位为 mm，点 C 在平面 Oxy 内。试求力 $\boldsymbol{F}$ 分别对 3 个坐标轴 x, y, z 的矩，以及对坐标原点 O 的矩矢。

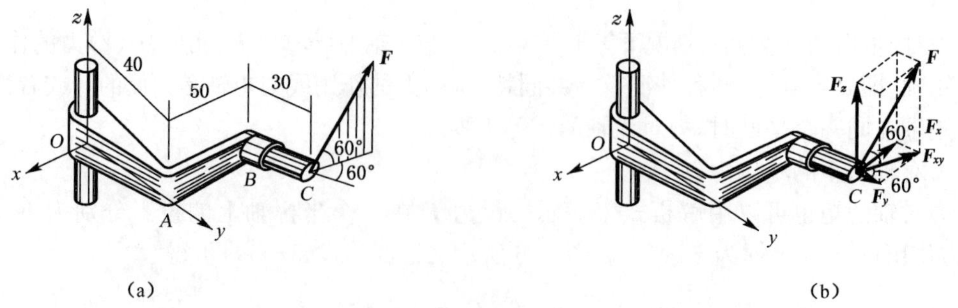

图 3-7

【解】 力 $\boldsymbol{F}$ 作用点 C 的坐标为

$$x = -50\ \text{mm},\ y = 70\ \text{mm},\ z = 0$$

力 $\boldsymbol{F}$ 在轴 x,y,z 上的投影为

$$F_x = -F\cos 60^\circ \sin 60^\circ = -649.5\ \text{N}$$

$$F_y = F\cos 60^\circ \cos 60^\circ = 375\ \text{N}$$

$$F_z = F\sin 60^\circ = 1\,299\ \text{N}$$

代入公式(3-12),可得力 $\boldsymbol{F}$ 对轴 x,y,z 的矩分别为

$$M_x(\boldsymbol{F}) = 0.07 \times 1\,299 = 90.9\ \text{N} \cdot \text{m}$$

$$M_y(\boldsymbol{F}) = -(-0.05) \times 1\,299 = 65\ \text{N} \cdot \text{m}$$

$$M_z(\boldsymbol{F}) = (-0.05) \times 375 - 0.07 \times (-649.5) = 26.7\ \text{N} \cdot \text{m}$$

根据公式(3-14),可得力 $\boldsymbol{F}$ 对点 O 的矩的大小和方向余弦为

$$|M_O(\boldsymbol{F})| = \sqrt{[M_x(\boldsymbol{F})]^2 + [M_y(\boldsymbol{F})]^2 + [M_z(\boldsymbol{F})]^2} = 114.9\ \text{N} \cdot \text{m}$$

$$\cos[\boldsymbol{M}_O(\boldsymbol{F}), \boldsymbol{i}] = \frac{M_x(\boldsymbol{F})}{M_O(\boldsymbol{F})} = 0.79$$

$$\cos[\boldsymbol{M}_O(\boldsymbol{F}), \boldsymbol{j}] = \frac{M_y(\boldsymbol{F})}{M_O(\boldsymbol{F})} = 0.57$$

$$\cos[\boldsymbol{M}_O(\boldsymbol{F}), \boldsymbol{k}] = \frac{M_z(\boldsymbol{F})}{M_O(\boldsymbol{F})} = 0.23$$

3.3 空间力偶

3.3.1 力偶矩矢

空间力偶对刚体的作用效应,可以用力偶矩矢来度量,即用力偶中的两个力对空间某点之矩的矢量和来度量。

设有空间力偶$(\boldsymbol{F}, \boldsymbol{F}')$,其力偶臂为 d,如图 3-8(a)所示。力偶对空间任一点 O 的矩矢为$\boldsymbol{M}_O(\boldsymbol{F}, \boldsymbol{F}')$,则有

$$\boldsymbol{M}_O(\boldsymbol{F}, \boldsymbol{F}') = \boldsymbol{M}_O(\boldsymbol{F}) + \boldsymbol{M}_O(\boldsymbol{F}') = \boldsymbol{r}_A \times \boldsymbol{F} + \boldsymbol{r}_B \times \boldsymbol{F}'$$

注意到 $\boldsymbol{F}' = -\boldsymbol{F}$, 所以上式可以改写为

$$\boldsymbol{M}_O(\boldsymbol{F}, \boldsymbol{F}') = (\boldsymbol{r}_A - \boldsymbol{r}_B) \times \boldsymbol{F} = \boldsymbol{r}_{AB} \times \boldsymbol{F}(\text{或}\,\boldsymbol{r}_{AB} \times \boldsymbol{F}')$$

计算表明,力偶对空间任一点的矩矢与矩心的位置无关,以记号 $\boldsymbol{M}(\boldsymbol{F}, \boldsymbol{F}')$或 $\boldsymbol{M}$ 表示力偶矩矢,则

$$M = r_{BA} \times F \tag{3-15}$$

由于矢 $\boldsymbol{M}$ 不需要确定矢的初端位置，这样的矢量称为自由矢量，如图 3-8(b)所示。

总结空间力偶对刚体的作用效果决定于下列 3 个因素：

(1) 矢量的模，即力偶矩的大小 $M = Fd = 2A_{\triangle ABC}$，如图 3-8(b)。

(2) 矢量的方位与力偶作用面相垂直，如图 3-8(b)。

(3) 矢量的指向与力偶的转向的关系服从右手螺旋法则，如图 3 8(c)。

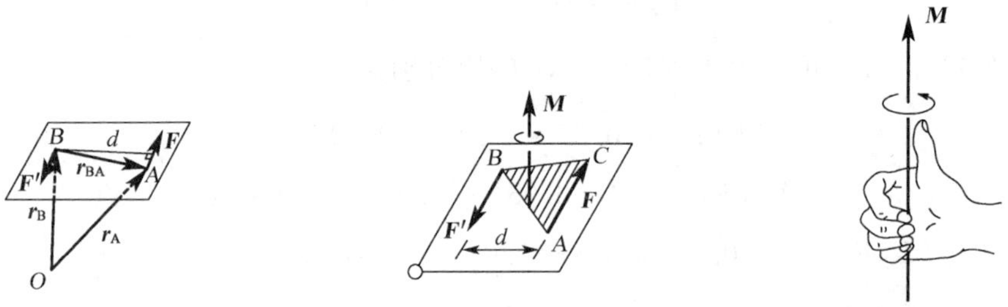

(a) (b) (c)

图 3-8

在日常生产和生活中，人们经常用电动螺丝刀在空间不同方位和方向的板上钻孔、拧紧或拧松螺丝(螺栓、螺母)，如图 3-9 所示。电动螺丝刀提供的动力就是空间力偶。在自然界中，鳄鱼的死亡翻滚令人望而生畏。由于鳄鱼不能像老虎、狮子、豹子等猛兽那样撕咬猎物，所以独辟蹊径，咬住猎物身体后旋转身体，而猎物由于自身体重不能随之翻滚，肉就被生生的大块撕下，然后被鳄鱼吞下。这种死亡翻滚也是空间力偶的运用，是鳄鱼的生存之道。

图 3-9

图 3-10

3.3.2 空间力偶等效定理

由于空间力偶对刚体的作用效果完全由力偶矩矢来确定，而力偶矩矢是自由矢量，因此两个空间力偶不论作用在刚体的什么位置，也不论力的大小、方向以及力偶臂的大小，只要力偶矩矢相等，它们就是等效的。这就是空间力偶等效定理，即作用在同一刚体上的两个空间力偶，如果它们的力偶矩矢相等，那么它们彼此等效。

这个定理表明:空间力偶可以平移到与其作用面平行的任意平面上而不改变力偶对刚体的作用效果;平移的同时也可以改变力与力偶臂的大小或将力偶在其作用面内任意地移动和转动,只要力偶矩矢的大小、方向保持不变,其作用效果就不会变化。由此可见,力偶矩矢是空间力偶作用效果的唯一度量。

3.3.3 空间力偶系的合成

任意多个空间分布的力偶可以合成为一个合力偶,合力偶矩矢等于各分力偶矩矢的矢量和,即

$$\boldsymbol{M}=\boldsymbol{M}_1+\boldsymbol{M}_2+\cdots+\boldsymbol{M}_n=\sum_{i=1}^{n}\boldsymbol{M}_i \tag{3-16}$$

证明:设有矩为 $\boldsymbol{M}_1$ 和 $\boldsymbol{M}_2$ 的两个力偶分别作用在相交的平面Ⅰ和平面Ⅱ内,如图 3-11 所示。

我们来证明它们的合成结果为一力偶。在这两个平面的交线上取任意线段 $AB=d$,利用力偶的等效条件,将两个力偶各在其作用面内等效移转和变换,使它们具有共同的力偶臂 d。令 $\boldsymbol{M}_1=\boldsymbol{M}(\boldsymbol{F}_1,\boldsymbol{F}_1')$,$\boldsymbol{M}_2=\boldsymbol{M}(\boldsymbol{F}_2,\boldsymbol{F}_2')$。再分别合成 A、B 两点的汇交力,可得 $\boldsymbol{F}_R=\boldsymbol{F}_1+\boldsymbol{F}_2$,$\boldsymbol{F}_R'=\boldsymbol{F}_1'+\boldsymbol{F}_2'$。由图 3-11 可见,$\boldsymbol{F}_R=-\boldsymbol{F}_R'$,由此可以组成一个合力偶$(\boldsymbol{F}_R,\boldsymbol{F}_R')$,该力偶作用在平面Ⅲ内,令其矩为 $\boldsymbol{M}$。

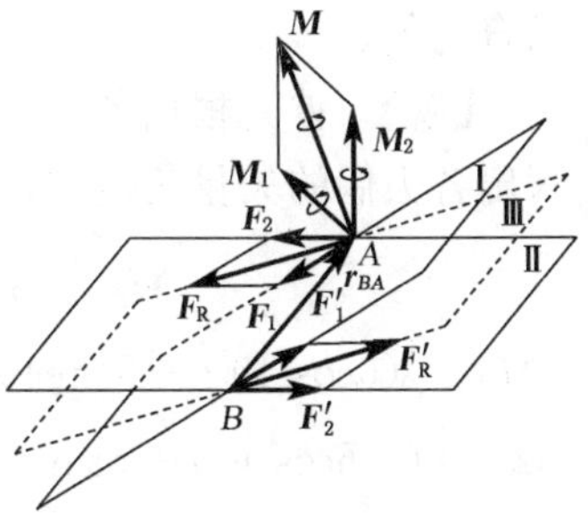

图 3-11

由图 3-11 我们还可以得到

$$\boldsymbol{M}=\boldsymbol{r}_{BA}\times\boldsymbol{F}_R=\boldsymbol{r}_{BA}\times(\boldsymbol{F}_1+\boldsymbol{F}_2)=\boldsymbol{M}_1+\boldsymbol{M}_2$$

上式即证得合力偶矩矢等于原来两力偶矩矢的矢量和。

以此类推,如有 n 个空间力偶,可依次合成,则公式(3-16)得证。

下面介绍合力偶矩矢的解析表达式:

$$\boldsymbol{M}=M_x\boldsymbol{i}+M_y\boldsymbol{j}+M_z\boldsymbol{k} \tag{3-17}$$

将公式(3-16)分别向轴 x,y,z 作投影,则有

$$\left.\begin{aligned}M_x&=M_{1x}+M_{2x}+\cdots+M_{nx}=\sum_{i=1}^{n}M_{ix}\\M_y&=M_{1y}+M_{2y}+\cdots+M_{ny}=\sum_{i=1}^{n}M_{iy}\\M_z&=M_{1z}+M_{2z}+\cdots+M_{nz}=\sum_{i=1}^{n}M_{iz}\end{aligned}\right\} \tag{3-18}$$

上式表明:合力偶矩矢在轴 x,y,z 上的投影等于各分力偶矩矢在相应轴上投影的代数和。

如果已知合力偶矩矢的 3 个投影，可由下式确定合力偶矩矢的大小和方向：

$$\left.\begin{aligned}M_{\mathrm{R}} &= \sqrt{\left(\sum M_x\right)^2+\left(\sum M_y\right)^2+\left(\sum M_z\right)^2}\\ \cos\,(\boldsymbol{M}_{\mathrm{R}},\boldsymbol{i}) &= \frac{\sum M_x}{M_{\mathrm{R}}}\\ \cos\,(\boldsymbol{M}_{\mathrm{R}},\boldsymbol{j}) &= \frac{\sum M_y}{M_{\mathrm{R}}}\\ \cos\,(\boldsymbol{M}_{\mathrm{R}},\boldsymbol{k}) &= \frac{\sum M_z}{M_{\mathrm{R}}}\end{aligned}\right\}\tag{3-19}$$

【例 3-5】 如图 3-12 所示，齿轮箱有 3 个轴，其中轴 A 水平，轴 B 和轴 C 位于 xz 铅垂平面内，轴上力偶如图。试求合力偶。

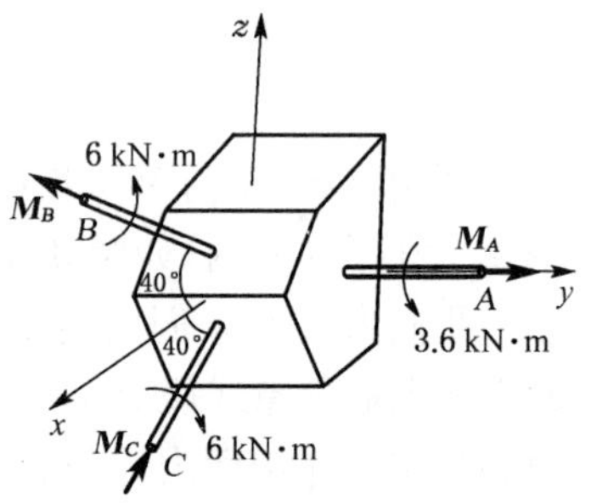

图 3-12

【解】 首先根据各个力偶的力偶矩及其矢量的方向角，写出各力偶的矢量表达式，即

$$\boldsymbol{M}_A = 3.6\boldsymbol{j}(\mathrm{kN\cdot m})$$

$$\boldsymbol{M}_B = (6\cos 40^\circ\boldsymbol{i} + 6\sin 40^\circ\boldsymbol{k}) = 4.60\boldsymbol{i} + 3.86\boldsymbol{k}(\mathrm{kN\cdot m})$$

$$\boldsymbol{M}_C = (-6\cos 40^\circ\boldsymbol{i} + 6\sin 40^\circ\boldsymbol{k}) = -4.60\boldsymbol{i} + 3.86\boldsymbol{k}(\mathrm{kN\cdot m})$$

然后应用矢量求和的方法，得到合力偶矩矢 $\boldsymbol{M}$ 的矢量表达式为

$$\boldsymbol{M} = \boldsymbol{M}_A + \boldsymbol{M}_B + \boldsymbol{M}_C = 3.6\boldsymbol{j} + 7.72\boldsymbol{k}(\mathrm{kN\cdot m})$$

3.3.4 空间力偶系的平衡条件和平衡方程

由于空间力偶系可以用一个合力偶来代替，因此，空间力偶系平衡的必要和充分条件是：该力偶系的合力偶矩等于零，或是所有力偶矩矢的矢量和等于零，即

$$\sum_{i=1}^{n}\boldsymbol{M}_i = 0 \tag{3-20}$$

要使上式成立，必须同时满足

$$\sum_{i=1}^{n}M_{ix} = 0,\ \sum_{i=1}^{n}M_{iy} = 0,\ \sum_{i=1}^{n}M_{iz} = 0 \tag{3-21}$$

上式即为空间力偶系的平衡方程。

空间力偶系平衡的必要和充分条件为：该力偶系中所有各力偶矩矢在 3 个坐标轴上投影的代数和分别等于零。上述 3 个独立的平衡方程可以求解 3 个未知量。

【例 3-6】 如图 3-13 所示，圆盘 O_1 和 O_2 与水平轴 AB 固连，O_1 盘面垂直于 z 轴，O_2 盘面垂直于 x 轴，盘面上分别作用有力偶$(\boldsymbol{F}_1,\boldsymbol{F}_1')$，$(\boldsymbol{F}_2,\boldsymbol{F}_2')$。如两个圆盘半径均为 200 mm，$F_1 = 3$ N，$F_2 = 5$ N，$AB = 800$ mm，不考虑构件自重。试求轴承 A 和 B 处的约束力。

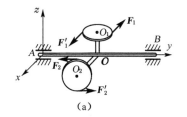

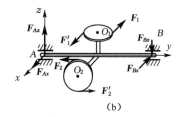

图 3-13

【解】 取整体为研究对象,由于构件的自重不考虑,主动力为两力偶,由力偶性质力偶只能由力偶来平衡,轴承 A,B 处的约束力也应形成力偶。设 A,B 处的约束力为 $\boldsymbol{F}_{Ax}$,$\boldsymbol{F}_{Az}$,$\boldsymbol{F}_{Bx}$,$\boldsymbol{F}_{Bz}$,方向如图 3-13(b)所示。由力偶系的平衡方程,可得

$$\sum M_x = 0,\ 400F_2 - 800F_{Az} = 0$$

$$\sum M_z = 0,\ 400F_1 + 800F_{Ax} = 0$$

解得

$$F_{Ax} = F_{Bx} = -1.5\ \text{N},\ F_{Az} = F_{Bz} = 2.5\ \text{N}$$

3.4 空间任意力系的简化

3.4.1 空间任意力系向一点的简化

设刚体上作用有空间任意力系 $\boldsymbol{F}_1,\boldsymbol{F}_2,\cdots,\boldsymbol{F}_n$,如图 3-14(a)所示,其作用点分别是 A_1,A_2,…,A_n。根据力的平移定理,将空间任意力系向简化中心 O 进行简化,即把各力都平移到简化中心 O,则空间任意力系 $\boldsymbol{F}_1,\boldsymbol{F}_2,\cdots,\boldsymbol{F}_n$ 简化为作用在简化中心 O 的空间共点力系 $\boldsymbol{F}_1',\boldsymbol{F}_2',\cdots,\boldsymbol{F}_n'$ 和具有力偶矩矢 $\boldsymbol{M}_1,\boldsymbol{M}_2,\cdots,\boldsymbol{M}_n$ 的附加空间力偶系,如图 3-14(b),其中 $\boldsymbol{M}_1=\boldsymbol{M}_O(\boldsymbol{F}_1)$,$\boldsymbol{M}_2=\boldsymbol{M}_O(\boldsymbol{F}_2)$,…,$\boldsymbol{M}_n=\boldsymbol{M}_O(\boldsymbol{F}_n)$。这样,原来的空间任意力系就被空间汇交力系和空间力偶系这两个简单力系等效替换了。

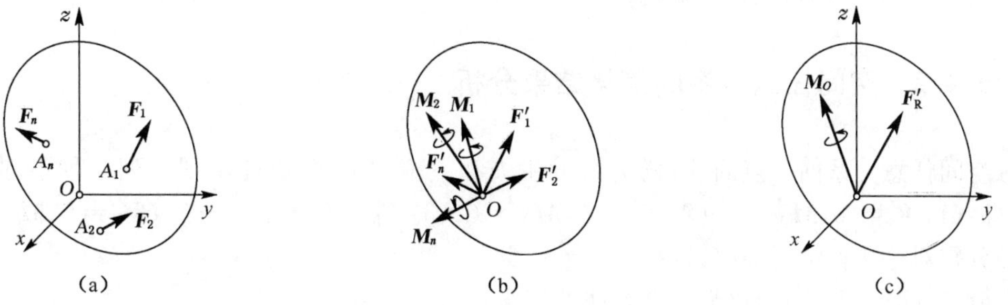

图 3-14

空间汇交力系$\boldsymbol{F}'_1,\boldsymbol{F}'_2,\cdots,\boldsymbol{F}'_n$的合成结果，是作用在简化中心$O$的一个力$\boldsymbol{F}'_R$。这个力的作用线通过点$O$，其大小和方向等于力系的主矢，即

$$\boldsymbol{F}'_R=\boldsymbol{F}'_1+\boldsymbol{F}'_2+\cdots+\boldsymbol{F}'_n$$

因为$\boldsymbol{F}'_1=\boldsymbol{F}_1,\boldsymbol{F}'_2=\boldsymbol{F}_2,\cdots,\boldsymbol{F}'_n=\boldsymbol{F}_n$，所以主矢

$$\boldsymbol{F}'_R=\boldsymbol{F}_1+\boldsymbol{F}_2+\cdots+\boldsymbol{F}_n=\sum_{i=1}^{n}\boldsymbol{F}_i \tag{3-22}$$

即，空间任意力系的主矢等于力系中各力的矢量和。

附加空间力偶系的合成结果是一个力偶，这个力偶的矩矢用$\boldsymbol{M}_O$表示，称为原空间任意力系对简化中心O的主矩，它等于

$$\boldsymbol{M}_O=\boldsymbol{M}_1+\boldsymbol{M}_2+\cdots+\boldsymbol{M}_n$$

因为$\boldsymbol{M}_1=\boldsymbol{M}_O(\boldsymbol{F}_1),\boldsymbol{M}_2=\boldsymbol{M}_O(\boldsymbol{F}_2),\cdots,\boldsymbol{M}_n=\boldsymbol{M}_O(\boldsymbol{F}_n)$，故主矩

$$\boldsymbol{M}_O=\boldsymbol{M}_O(\boldsymbol{F}_1)+\boldsymbol{M}_O(\boldsymbol{F}_2)+\cdots+\boldsymbol{M}_O(\boldsymbol{F}_n)=\sum_{i=1}^{n}\boldsymbol{M}_O(\boldsymbol{F}_i) \tag{3-23}$$

即空间任意力系对简化中心O的主矩，等于力系中所有各力对简化中心O的矩矢的矢量和。

由以上可知，空间任意力系向任一点O简化的结果，是一个力和一个力偶。这个力作用线通过简化中心O，它的力矢等于力系中各力的矢量和，并称为原力系的主矢，它与简化中心的位置无关。这个力偶的矩矢等于各附加力偶矩矢的矢量和，并称为力系对简化中心O的主矩，它等于力系中各力对简化中心O的矩的矢量和，主矩一般与简化中心的位置有关。

如果已知主矢$\boldsymbol{F}'_R$在直角坐标轴x、y、z上的投影，可按照求空间汇交力系合力的大小和方向的公式(3-5)，即可求得主矢的大小和方向。

将主矩的矢量等式(3-23)投影到以简化中心O为原点的直角坐标轴x、y、z上，并应用力矩关系式(3-13)和力对轴的矩的解析表达式(3-12)，可得主矩在3个坐标轴上的投影

$$\left.\begin{aligned}M_{Ox}&=\sum M_x(\boldsymbol{F})=\sum(yF_z-zF_y)\\M_{Oy}&=\sum M_y(\boldsymbol{F})=\sum(zF_x-xF_z)\\M_{Oz}&=\sum M_z(\boldsymbol{F})=\sum(xF_y-yF_x)\end{aligned}\right\} \tag{3-24}$$

如果已知主矩在上述直角坐标轴上的投影，可仿照空间力偶系合力偶矩矢的大小和方向的公式(3-19)，即可求得主矩的大小和方向。

3.4.2 空间任意力系的简化结果分析

空间任意力系向一点简化，随力系的主矢和主矩的不同，可能出现下列4种不同的情况，即：(1) $\boldsymbol{F}'_R=0,\boldsymbol{M}_O\neq 0$；(2) $\boldsymbol{F}'_R\neq 0,\boldsymbol{M}_O=0$；(3) $\boldsymbol{F}'_R\neq 0,\boldsymbol{M}_O\neq 0$；(4) $\boldsymbol{F}'_R=0,\boldsymbol{M}_O=0$。下面分别对这4种情况加以讨论。

(1)空间任意力系简化为一合力偶的情况

当空间任意力系向任一点简化时，若主矢$\boldsymbol{F}'_R=0$，主矩$\boldsymbol{M}_O\neq 0$，这时得一与原力系等效的合力偶，其合力偶矩矢等于原力系对简化中心的主矩。由于力偶矩矢与矩心位置无关，因

此，在这种情况下，主矩与简化中心的位置无关。

(2) 空间任意力系简化为一合力的情况

当空间任意力系向任一点简化时，若主矢 $\boldsymbol{F}_R' \neq 0$，而主矩 $\boldsymbol{M}_O = 0$，这时得一与原力系等效的合力，合力的作用线通过简化中心 O，其大小和方向等于原力系的主矢。

若空间任意力系向一点简化的结果为主矢 $\boldsymbol{F}'_R \neq 0$，又主矩 $\boldsymbol{M}_O \neq 0$，且 $\boldsymbol{F}'_R \perp \boldsymbol{M}_O$，如图 3-15(a)。这个时候，力 $\boldsymbol{F}'_R$ 和力偶矩矢为 $\boldsymbol{M}_O$ 的力偶 $(\boldsymbol{F}''_R, \boldsymbol{F}_R)$ 在同一个平面内，如图 3-15(b)，我们可以将力 $\boldsymbol{F}'_R$ 与力偶 $(\boldsymbol{F}''_R, \boldsymbol{F}_R)$ 进一步合成，得到作用于点 O' 的一个力 $\boldsymbol{F}_R$，如图 3-15(c)。该力即为原力系的合力，其大小和方向等于原力系的主矢，其作用线距离简化中心 O 的距离为

$$d = \frac{|\boldsymbol{M}_O|}{F_R} \tag{3-25}$$

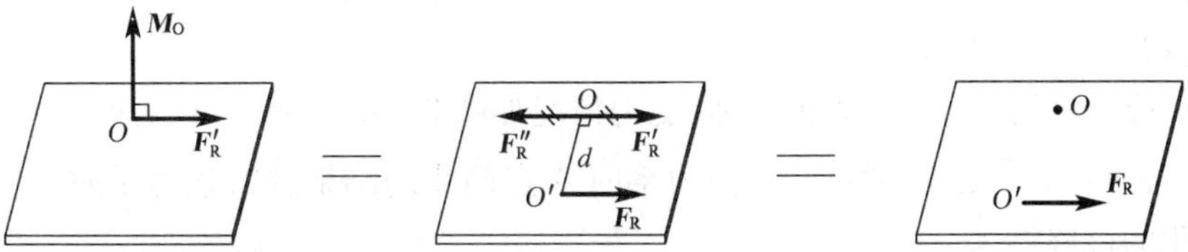

(a) (b) (c)

图 3-15

(3) 空间任意力系简化为力螺旋的情况

当空间任意力系向任一点简化时，主矢和主矩都不等于零，且 $\boldsymbol{F}_R' /\!/ \boldsymbol{M}_O$，这表示原力系合成为一个力(作用于简化中心)和一个力偶，且这个力垂直于这个力偶的作用面。这样的一个力和一个力偶的组合，称为力螺旋。例如，电钻钻孔时的钻头对工件的作用以及拧螺钉时螺丝刀对螺钉的作用都是力螺旋。

力螺旋是由静力学的两个基本要素力和力偶组成的最简单的力系，不能再进一步合成。当力 $\boldsymbol{F}_R'$ 和 $\boldsymbol{M}_O$ 同向时，如图 3-16(a)，称为右力螺旋；当力 $\boldsymbol{F}_R'$ 和 $\boldsymbol{M}_O$ 反向时，如图 3-17(b)，称为左力螺旋。力螺旋中的力 $\boldsymbol{F}'_R$ 的作用线称为该力螺旋的中心轴。在上述情况下，中心轴通过简化中心。

如果 $\boldsymbol{F}_R' \neq 0$，$\boldsymbol{M}_O \neq 0$，同时两者既不相互平行，也不相互垂直，如图 3-17(a)所示。此时可将 $\boldsymbol{M}_O$ 分解为两个分力偶 $\boldsymbol{M}''_O$ 和 $\boldsymbol{M}'_O$，它们分别垂直于 $\boldsymbol{F}'_R$ 和平行于 $\boldsymbol{F}'_R$，如图 3-17(b)所示，则 $\boldsymbol{M}''_O$ 和 $\boldsymbol{F}'_R$ 可用作用于点 O' 的力 $\boldsymbol{F}_R$ 来代替。由于力偶矩矢是自由矢量，故可将 $\boldsymbol{M}'_O$ 平行移动，使其与 $\boldsymbol{F}_R$ 共线。这样便得到一力螺旋，其中心轴不在简化中心 O，而是通过另一点 O'，如图 3-17(c)所示。O、O' 两点间的距离为

$$d = \frac{|\boldsymbol{M}''_O|}{F'_R} = \frac{M_O \sin\theta}{F'_R} \tag{3-26}$$

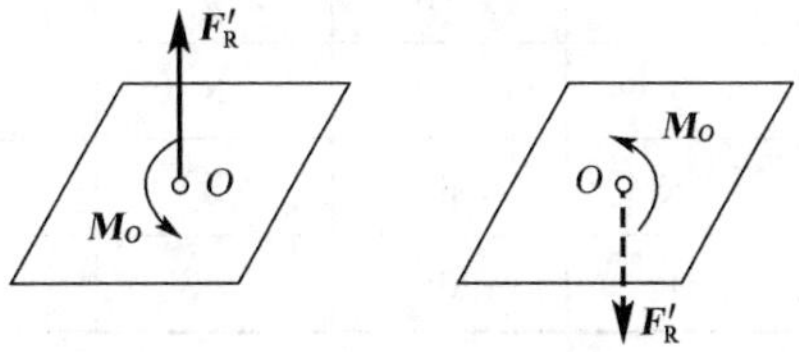

(a) (b)

图 3-16

由此可见，一般情况下空间任意力系可以合成为力螺旋。

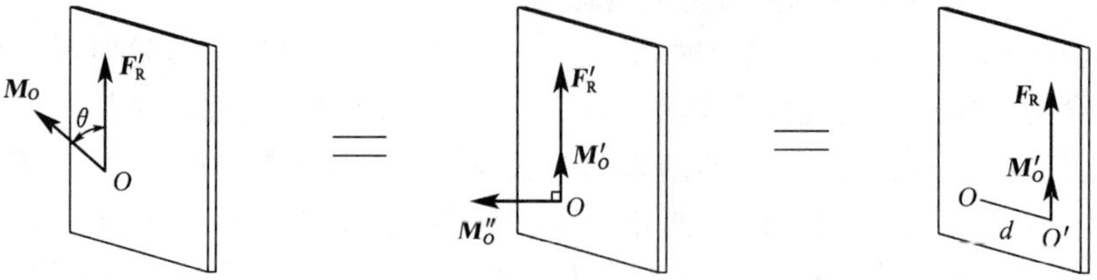

(a) (b) (c)

图 3-17

(4) 空间任意力系简化为平衡的情况

当空间任意力系向任一点简化时，若主矢 $F'_R = 0$，主矩 $M_O = 0$，这是空间任意力系平衡的情况，这将在下节详细讨论。

【例 3-7】 边长 $a = 1$ m 的正方体，受力情况如图 3-18(a)所示。已知 $F_1 = F_2 = F_3 = 3$ kN，$F_4 = F_5 = 3\sqrt{2}$ kN。试求：(1)该力系向 A 点简化的结果；(2)该力系向 E 点简化的结果；(3)简化的最终结果。

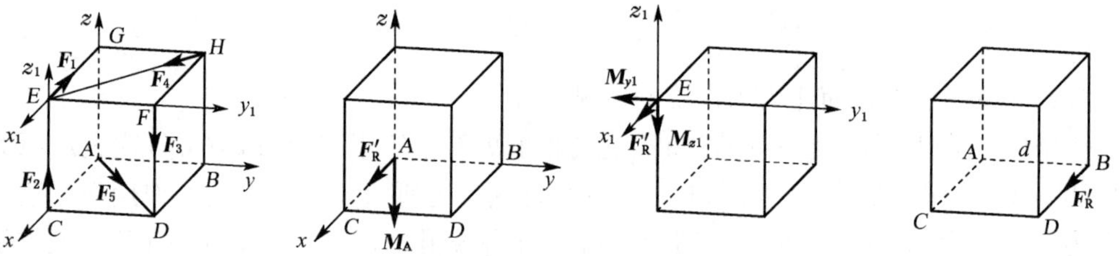

(a) (b) (c) (d)

图 3-18

【解】 空间任意力系向任一点简化的结果为力系的主矢和主矩。下面分别根据公式计算这两个量。

(1) 力系向 A 点简化

以简化中心 A 点为原点建立坐标系 $A-xyz$，如图 3-18(a)所示。为了使解题清晰，现将各力沿坐标轴的投影与对轴的矩列表如下：

	F_1	F_2	F_3	F_4	F_5	$\sum$	单位
F_x	−3	0	0	3	3	3	kN
F_y	0	0	0	−3	3	0	kN
F_z	0	3	−3	0	0	0	kN
$M_x(F)$	0	0	−3	3	0	0	kN·m
$M_y(F)$	−3	−3	3	3	0	0	kN·m
$M_z(F)$	0	0	0	−3	0	−3	kN·m

上面计算各力在坐标轴的投影和对坐标轴的矩时，应注意它们的正、负号。

由上表可得主矢在坐标轴上的投影为

$$F'_{Rx} = \sum F_x = 3\ \text{kN}$$

$$F'_{Ry} = \sum F_y = 0$$

$$F'_{Rz} = \sum F_z = 0$$

则力系的主矢$\boldsymbol{F}'_R$为

$$\boldsymbol{F}'_R = F'_{Rx}\boldsymbol{i} + F'_{Ry}\boldsymbol{j} + F'_{Rz}\boldsymbol{k} = 3\boldsymbol{i}\ \text{kN}$$

再由上表可得主矩在坐标轴上的投影为

$$M_{Ax} = \left[\sum M_A(\boldsymbol{F})\right]_x = \sum M_x(\boldsymbol{F}) = 0$$

$$M_{Ay} = \left[\sum M_A(\boldsymbol{F})\right]_y = \sum M_y(\boldsymbol{F}) = 0$$

$$M_{Az} = \left[\sum M_A(\boldsymbol{F})\right]_z = \sum M_z(\boldsymbol{F}) = -3\ \text{kN} \cdot \text{m}$$

则力系的主矩 $\boldsymbol{M}_A$ 为

$$\boldsymbol{M}_A = M_{Ax}\boldsymbol{i} + M_{Ay}\boldsymbol{j} + M_{Az}\boldsymbol{k} = -3\boldsymbol{k}\ \text{kN} \cdot \text{m}$$

因此，力系向 A 点简化的结果为一通过 A 点的力$\boldsymbol{F}'_R$和一矩为$\boldsymbol{M}_A$ 的力偶，如图 3-18(b)所示。

(2) 力系向 E 点简化

由于力系的主矢与简化中心的位置无关，所以其结果与上面所求相同，即

$$\boldsymbol{F}'_R = F'_{Rx}\boldsymbol{i} + F'_{Ry}\boldsymbol{j} + F'_{Rz}\boldsymbol{k} = 3\boldsymbol{i}\ \text{kN}$$

与前述方法相同，先计算各力对 $E-x_1y_1z_1$ 坐标系中各轴之矩，再求主矩在坐标轴上的投影

$$M_{Ex1} = \sum M_{x1}(\boldsymbol{F}) = 0$$

$$M_{Ey1} = \sum M_{y1}(\boldsymbol{F}) = -3\ \text{kN} \cdot \text{m}$$

$$M_{Ez1} = \sum M_{z1}(\boldsymbol{F}) = -3\ \text{kN} \cdot \text{m}$$

则力系的主矩 $\boldsymbol{M}_E$ 为

$$\boldsymbol{M}_E = M_{Ex1}\boldsymbol{i} + M_{Ey1}\boldsymbol{j} + M_{Ez1}\boldsymbol{k} = -3\boldsymbol{j} - 3\boldsymbol{k}\ \text{kN} \cdot \text{m}$$

力系向 E 点简化的结果如图 3-18(c)所示。

根据力系等效的概念，上述结果也可由图 3-18(b)中力系 $\boldsymbol{F}'_R$和$\boldsymbol{M}_A$ 向 E 点平移求得，其中

$$\boldsymbol{M}_E = \boldsymbol{M}_A + \boldsymbol{M}_E(\boldsymbol{F}'_R) = -3\boldsymbol{j} - 3\boldsymbol{k}\ \text{kN} \cdot \text{m}$$

(3) 简化的最终结果

由图 3-18(b)可知，力系的主矢和主矩是相互垂直的，即$\boldsymbol{F}'_R \cdot \boldsymbol{M}_A = 0$。因此，力系可进

一步简化为一合力，合力作用线到简化中心 A 的距离为

$$d = \left| \frac{\boldsymbol{M}_A}{\boldsymbol{F}'_{\mathrm{R}}} \right| = 1\ \mathrm{m}$$

如图 3-18(d)所示。如果将图 3-18(c)作进一步简化，可以得到同样的结果。

3.5 空间任意力系的平衡条件和平衡方程

3.5.1 空间任意力系的平衡条件

由上节可知，空间任意力系可能合成为力偶，或合力，或力螺旋，这 3 种情况都是不平衡的。要使空间任意力系平衡，则它的主矢和主矩必须同时为零，即空间任意力系平衡的必要条件为

$$\boldsymbol{F}'_{\mathrm{R}} = 0,\ \boldsymbol{M}_O = 0 \tag{3-27}$$

显然，一旦上述条件被满足，则力系简化后所得的汇交力系和附加力偶系也同时自成平衡，从而使原力系也必定平衡。所以，公式(3-27)也是空间任意力系平衡的充分条件。

可见，空间任意力系平衡的充要条件是，力系中所有各力的矢量和等于零，以及这些力对任何一点的矩的矢量和也等于零。

3.5.2 空间任意力系的平衡方程

由矢量方程(3-27)可以得到以下 6 个代数方程：

$$\left.\begin{aligned} \sum F_x &= 0 \\ \sum F_y &= 0 \\ \sum F_z &= 0 \\ \sum M_x(\boldsymbol{F}) &= 0 \\ \sum M_y(\boldsymbol{F}) &= 0 \\ \sum M_z(\boldsymbol{F}) &= 0 \end{aligned}\right\} \tag{3-28}$$

这组方程称为空间任意力系的平衡方程。可以得空间任意力系平衡的充要条件解析形式：力系中所有各力在 3 个坐标轴的投影的代数和分别等于零，以及这些力对 3 个坐标轴的矩的代数和也分别等于零。对于受空间任意力系作用而平衡的每个刚体，可以建立 6 个独立的平衡方程，求解 6 个未知量。

空间任意力系是最一般的力系，它的平衡条件包含了其他各种特殊力系的平衡条件。例如公式(3-28)的前 3 个平衡方程就是空间汇交力系的平衡方程，而公式(3-28)的后 3 个

平衡方程就是空间力偶系的平衡方程。我们还可以从空间任意力系的普遍平衡规律中导出其他特殊情况下的平衡规律,现以空间平行力系为例。

各力作用线相互平行的力系称为平行力系。现在研究在空间平行力系作用下刚体的平衡方程。取坐标轴 z 与空间平行力系中各力的作用线平行,如图 3-19,这时,所有各力在轴 x 和 y 上的投影都恒等于零,各力对轴 z 的矩也恒等于零,即 $\sum F_x \equiv 0$,$\sum F_y \equiv 0$,$\sum M_z(\boldsymbol{F}) \equiv 0$。可见,空间平行力系的平衡方程只有 3 个,即

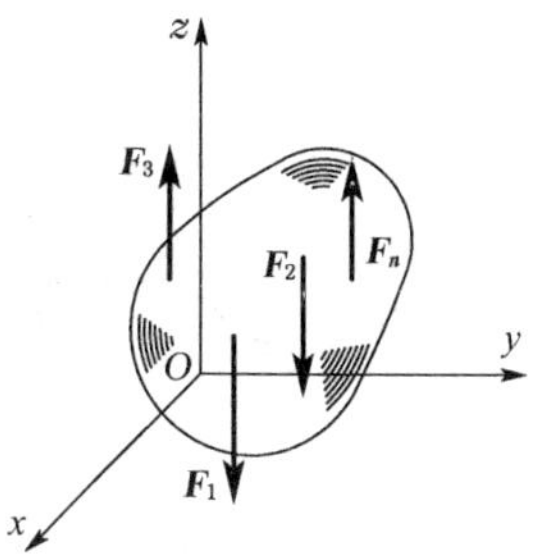

图 3-19

$$\left.\begin{array}{l}\sum F_z = 0 \\ \sum M_x(\boldsymbol{F}) = 0 \\ \sum M_y(\boldsymbol{F}) = 0\end{array}\right\} \quad (3-29)$$

可见,空间平行力系平衡的充要条件是,力系中所有各力在与其平行的轴上的投影代数和等于零,以及这些力对于任何两条与其垂直的轴的矩之代数和也分别等于零。由公式(3-29)的3个独立平衡方程,可以求解3个未知量。

3.5.3 常见的空间约束

一般情况下,当刚体受到空间任意力系作用时,在每个约束处,其约束力的未知量可能有1个到6个。决定每种约束的约束力未知量个数的基本方法是:观察被约束物体在空间可能的6种独立的位移中(沿 x,y,z 三轴的移动和绕此三轴的转动),有哪几种位移被约束所阻碍。阻碍移动的是约束力;阻碍转动的是约束力偶。现将几种常见的约束及其相应的约束力列表,如表 3-1 所示。

表 3-1 空间约束的类型及其约束力举例

	约束未知量	约束类型			
1	F_{Az}	光滑表面	滚动支座	绳索	二力杆
2	F_{Az}, F_{Ay}	径向轴承	圆柱铰链	铁轨	蝶铰链

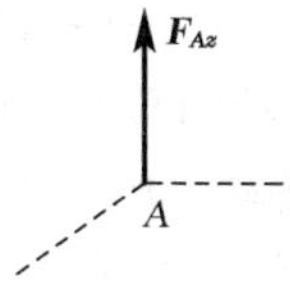

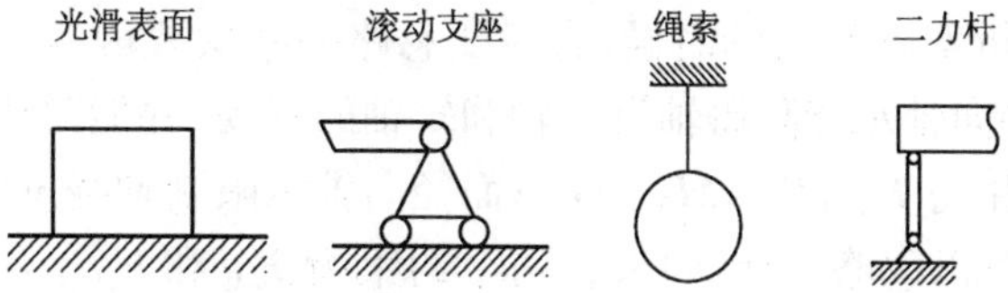

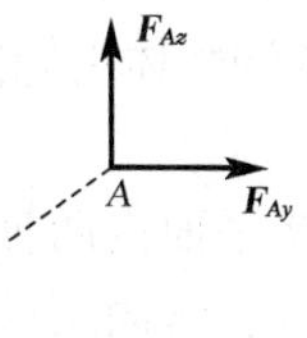

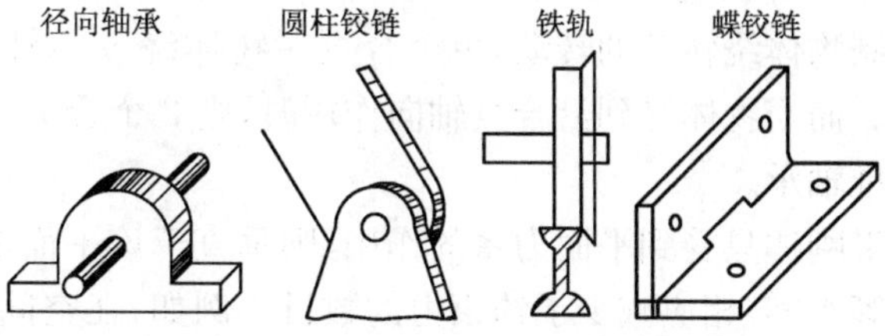

续表 3-1

约束未知量		约束类型
3	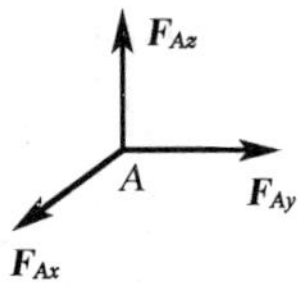	球形铰链 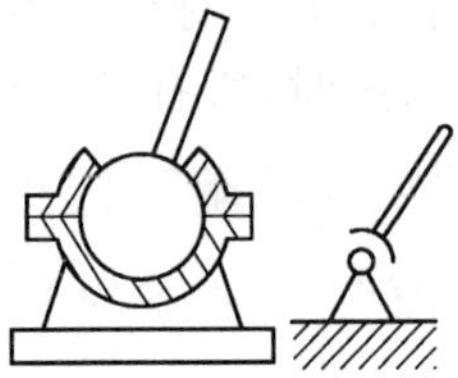 止推轴承 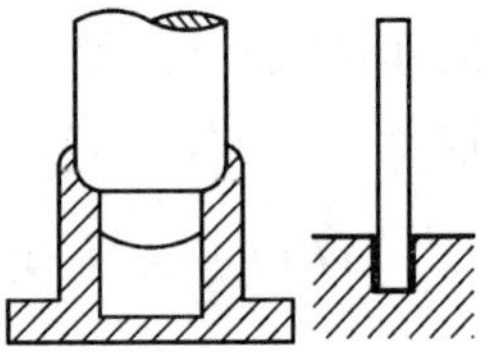
4	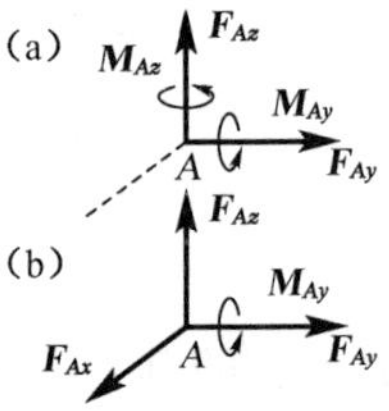	导向轴承  (a) 万向接头 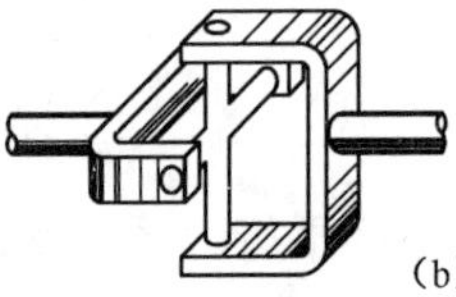 (b)
5	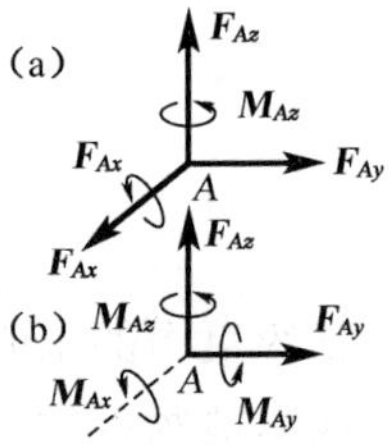	带有销子的夹板 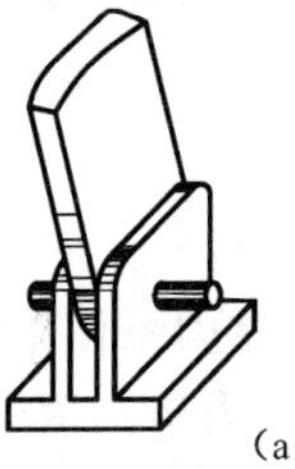 (a) 导轨 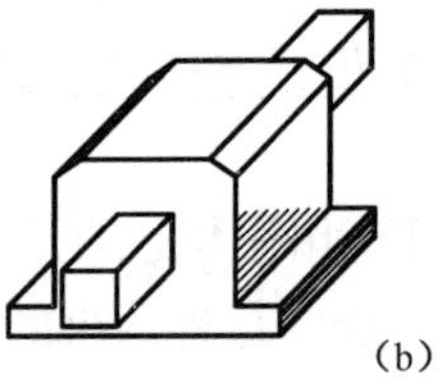 (b)
6	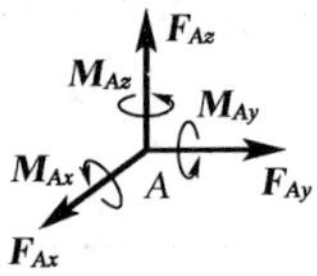	空间的固定端支座 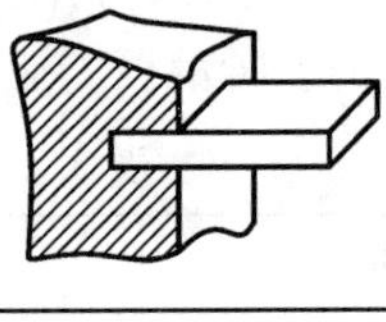

分析实际约束的时候，有时要忽略一些次要因素，抓住主要因素，作一些合理的简化。例如，导向轴承能阻碍轴沿 y 轴和 z 轴的移动，并能阻碍绕 y 轴和 z 轴的转动，所以有 4 个约束作用力 $\boldsymbol{F}_{Ay}$，$\boldsymbol{F}_{Az}$，$\boldsymbol{M}_{Ay}$，$\boldsymbol{M}_{Az}$；而径向轴承限制轴绕 y 轴和 z 轴的转动作用很小，所以 $\boldsymbol{M}_{Ay}$ 和 $\boldsymbol{M}_{Az}$ 可以忽略不计，则只有两个约束力 $\boldsymbol{F}_{Ay}$ 和 $\boldsymbol{F}_{Az}$。又如，一般柜门都装有 2 个合页，如表 3-1 中的蝶铰链，它主要限制物体沿 y，z 方向的移动，因而有 2 个约束力 $\boldsymbol{F}_{Ay}$ 和 $\boldsymbol{F}_{Az}$。合页不限制物体绕转轴的转动，单个合页对物体绕 y，z 轴转动的限制作用很小，因而没有约束力偶。而当物体受到沿合页轴向作用时，则 2 个合页中的一个将限制物体沿轴向移动，应视为止推轴承。

如果刚体只受到平面力系的作用，则垂直于该平面的约束力和绕平面内两轴的约束力偶都应等于零，相应减少了约束力的数目。例如，在空间任意力系作用下，固定端的约束力共有 6 个，即 $\boldsymbol{F}_{Ax}$，$\boldsymbol{F}_{Ay}$，$\boldsymbol{F}_{Az}$，$\boldsymbol{M}_{Ax}$，$\boldsymbol{M}_{Ay}$，$\boldsymbol{M}_{Az}$；而在 Oyz 平面内受平面任意力系作用时，固定端的约束力就只有 3 个，即 $\boldsymbol{F}_{Ay}$，$\boldsymbol{F}_{Az}$，$\boldsymbol{M}_{Ax}$。

3.5.4 空间力系平衡问题举例

【例 3-8】 如图 3-20 所示，表示飞机的 3 个轮子和飞机重心 C 的位置。设 3 个轮子置于地坪上。已知飞机重 $\boldsymbol{W}=480\ \mathrm{kN}$，$x_C=-0.02\ \mathrm{m}$，$y_C=0.2\ \mathrm{m}$，试求 3 个轮子对地坪的压力。(图中尺寸单位为 m)

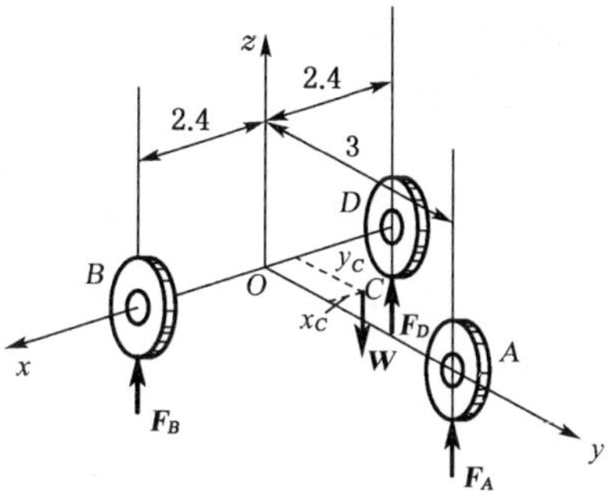

图 3-20

【解】 飞机轮子对地坪的压力与地坪对轮子的约束力是作用力与反作用力的关系，因此下面只需要求地坪对 3 个轮子的约束力。

选飞机为研究对象，画出其受力图如图 3-20 所示。显然这是一个空间平行力系的平衡问题，独立的平衡方程有 3 个，问题也只有 3 个未知量，$\boldsymbol{F}_A$，$\boldsymbol{F}_B$ 和 $\boldsymbol{F}_D$。

列出空间平行力系的平衡方程

$$\sum F_z=0,\ F_A+F_B+F_D-W=0 \tag{a}$$

$$\sum M_x(\boldsymbol{F})=0,\ -W\cdot y_C+F_A\cdot 3=0 \tag{b}$$

$$\sum M_y(\boldsymbol{F})=0,\ -F_B\cdot 2.4+F_D\cdot 2.4-W\cdot|x_C|=0 \tag{c}$$

其中只有式(b)只包含一个未知量，故可由式(b)解得

$$F_A=32\ \mathrm{kN}$$

然后将 F_A 值代入式(a)，得到

$$F_B+F_D-448=0 \tag{d}$$

将式(d)与式(c)联立求解，可得

$$F_B=222\ \mathrm{kN}$$
$$F_D=226\ \mathrm{kN}$$

【例 3-9】 镗刀杆的刀头在镗削工件时受到切向力 $\boldsymbol{F}_x$、径向力 $\boldsymbol{F}_y$ 和轴向力 $\boldsymbol{F}_z$ 的作用，如图 3-21(a)所示。各力大小 $\boldsymbol{F}_x=750\ \mathrm{N}$，$\boldsymbol{F}_y=1\,500\ \mathrm{N}$，$\boldsymbol{F}_z=5\,000\ \mathrm{N}$，刀尖 B 的坐标为 $x=200\ \mathrm{mm}$，$y=75\ \mathrm{mm}$，$z=0$。试求镗刀杆根部约束力的各个分量。

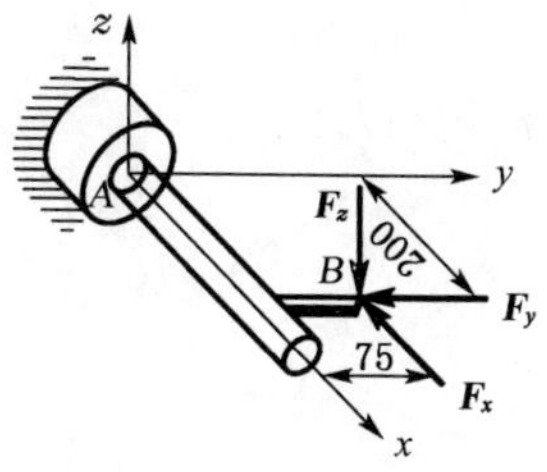

(a)

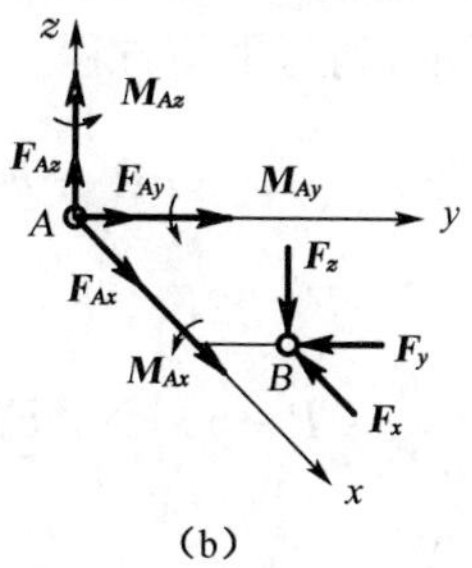

(b)

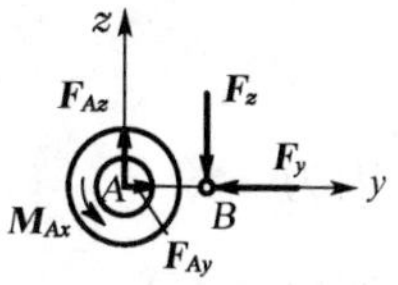

(c)

图 3-21

【解】 镗刀杆根部是固定端，约束力是任意分布的空间力系，通常用这个力系向根部一点 A 简化的结果来表示。一般情况下可有作用在点 A 的 3 个正交分力和作用在不同平面内的 3 个正交力偶。用 $\boldsymbol{F}_{Ax}$，$\boldsymbol{F}_{Ay}$，$\boldsymbol{F}_{Az}$ 代表这 3 个正交分力，再用 $\boldsymbol{M}_{Ax}$，$\boldsymbol{M}_{Ay}$ 和 $\boldsymbol{M}_{Az}$ 代表这 3 个正交力偶的矩矢。画出镗刀杆的受力图如图 3-21(b)所示。现在镗刀杆受空间任意力系作用，写出平衡方程

$$\sum F_x = 0,\ F_{Ax} - F_x = 0$$

$$\sum F_y = 0,\ F_{Ay} - F_y = 0$$

$$\sum F_z = 0,\ F_{Az} - F_z = 0$$

$$\sum M_x(\boldsymbol{F}) = 0,\ M_{Ax} - 0.075F_z = 0$$

$$\sum M_y(\boldsymbol{F}) = 0,\ M_{Ay} + 0.2F_z = 0$$

$$\sum M_z(\boldsymbol{F}) = 0,\ M_{Az} + 0.075F_x - 0.2F_y = 0$$

由以上这些方程逐一解得

$$F_{Ax} = 750\ \text{N}$$

$$F_{Ay} = 1\,500\ \text{N}$$

$$F_{Az} = 5\,000\ \text{N}$$

$$M_{Ax} = 375\ \text{N}\cdot\text{m}$$

$$M_{Ay} = -1\,000\ \text{N}\cdot\text{m}$$

$$M_{Az} = 243.8\ \text{N}\cdot\text{m}$$

【例 3-10】 皮带鼓轮提升机构如图 3-22(a)所示，其处于平衡状态。设两皮带拉力的大小比例为 $\boldsymbol{F}_1 = 2\boldsymbol{F}_2$，已知鼓轮半径 $R=25$ cm，皮带轮半径 $r=10$ cm，重物 $\boldsymbol{P}=20$ kN，皮带轮与鼓轮绳的夹角 $\alpha=20°$，鼓轮重 $\boldsymbol{W}=10$ kN，试求图示中 B，D 两处的约束力。

【解】 本题 B 处为一轴承，D 处为一止推轴承。轴承只限制轴的径向移动，因此其力简化为垂直轴线的平面内的两个相互垂直，指向未知的分力；止推轴承除此之外还限制了某一轴方向的位移。例如图中止推轴承 D 就限制了轴 AB 向下的位移。所以其约束力比轴承多了一个沿轴且指向确定的分力。

选鼓轮、AB 轴和皮带轮组成的系统为研究对象，画出其受力图如图 3-22(b)所示。注意 B，D 两处约束力的画法。显然这是一个空间任意力系的平衡问题，容易看出 $\boldsymbol{F}=\boldsymbol{P}$。

建立坐标系如图 3-22(b)所示，列写平衡方程

$$\sum M_z(\boldsymbol{F}) = 0,\ -FR + F_1 r - F_2 r = 0$$

因为 $$F_1 = 2F_2,\ F = P$$

所以 $$F_2 = \frac{R}{r}\cdot P = 50\ \text{kN},\ F_1 = 100\ \text{kN}$$

$$\sum M_y(\boldsymbol{F}) = 0,\ F_1 \sin\alpha \times 0.5 + F_2 \sin\alpha \times 0.5 - F_{Dx} \times 1.5 = 0$$

解得 $$F_{Dx}=17.1\ \text{kN}$$

$$\sum M_x(\boldsymbol{F})=0,\ -F_1\cos\alpha\times0.5-F_2\cos\alpha\times0.5-F\times1+F_{Dy}\times1.5=0$$

解得 $$F_{Dy}=60.3\ \text{kN}$$

$$\sum F_x=0,\ F_1\sin\alpha+F_2\sin\alpha+F_{Bx}+F_{Dx}=0$$

解得 $$F_{Bx}=-68.4\ \text{kN}$$

$$\sum F_y=0,\ F_{Dy}-F+F_{By}+(F_1+F_2)\cos\alpha=0$$

解得 $$F_{By}=-181.3\ \text{kN}$$

$$\sum F_z=0,F_{Dz}-W=0$$

解得 $$F_{Dz}=10\ \text{kN}$$

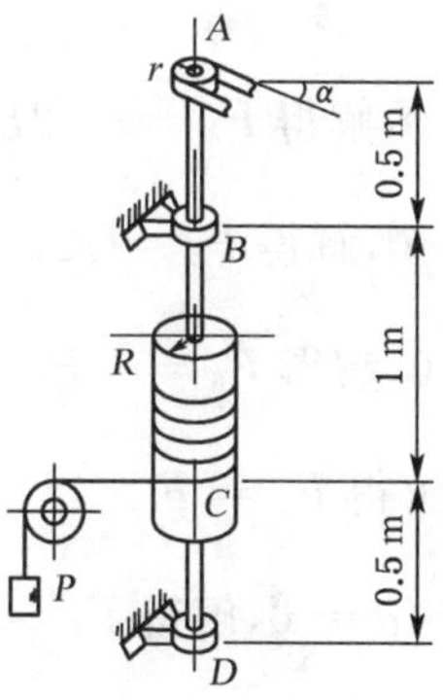

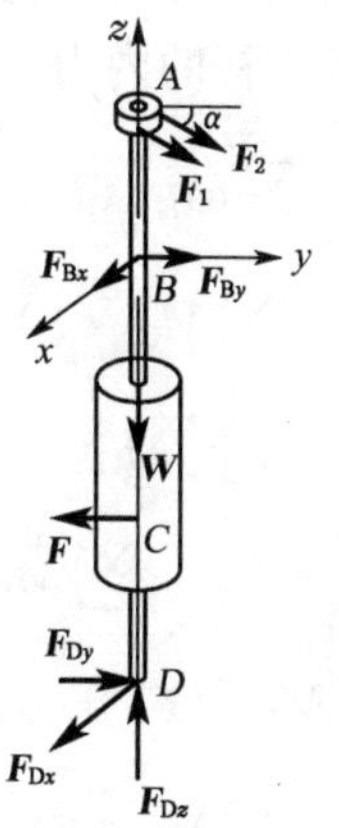

图 3-22

【例 3-11】 薄板 *ABCD* 由 6 根直杆支撑，在 *A* 点沿 *AD* 边作用一水平力 $\boldsymbol{F}$，各杆尺寸如图 3-23(a)所示。试求各直杆的内力。

【解】 取薄板为研究对象。作用在薄板上的力有主动力 $\boldsymbol{F}$ 及各二力杆的约束力 $\boldsymbol{F}_1$，$\boldsymbol{F}_2$，$\boldsymbol{F}_3$，$\boldsymbol{F}_4$，$\boldsymbol{F}_5$ 和 $\boldsymbol{F}_6$，如图 3-23(b)所示。建立坐标系 $Axyz$ 如图所示，列写空间任意力系平衡方程。

$$\sum F_y=0,F-F_4\cos45^\circ=0,\text{解得 } F_4=\sqrt{2}F$$

$$\sum M_y(\boldsymbol{F})=0,-F_3a-F_4\cos45^\circ\cdot a=0,\text{解得 } F_3=-F$$

$$\sum M_z(\boldsymbol{F})=0,F_4\cos45^\circ\cdot a+F_2\cos45^\circ\cdot a=0,\text{解得 } F_2=-\sqrt{2}F$$

$$\sum F_x=0,-F_5\cos45^\circ-F_2\cos45^\circ=0,\text{解得 } F_5=\sqrt{2}F$$

$$\sum M_x(\boldsymbol{F})=0,-F_4\cos45^\circ\cdot a-F_2\cos45^\circ\cdot a-F_1\cdot a-F_3\cdot a=0,\text{解得 } F_1=F$$

$$\sum F_z=0,-F_1-F_3-F_2\cos45^\circ-F_4\cos45^\circ-F_5\cos45^\circ-F_6=0,\text{解得 } F_6=-F$$

上述求得的结果即为各直杆内力的大小，负号说明杆件受压。

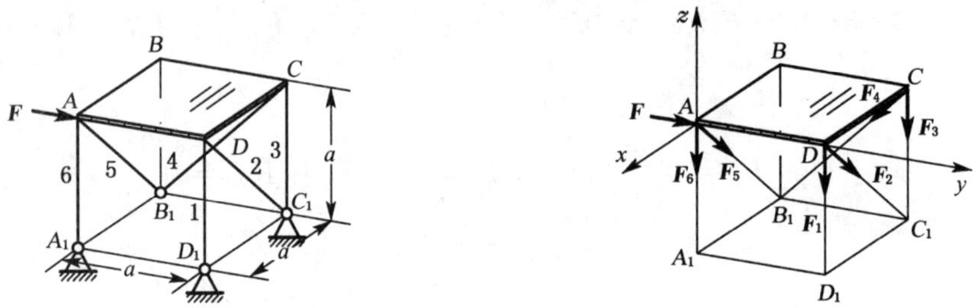

(a)　　　　(b)

图 3-23

在上面的分析中，我们应用了空间任意力系平衡方程的基本形式。与平面任意力系一样，空间任意力系平衡方程也有其他形式。我们可以根据需要选择投影轴或是力矩轴，用力矩方程部分或是全部地代替 3 个投影方程式，以方便求解。例如，我们也可由下面 6 个力矩方程来求解各直杆的内力。由

$$\sum M_{BB_1}(\boldsymbol{F})=0,\ -Fa-F_2\cos 45^\circ\cdot a=0,\text{解得 } F_2=-\sqrt{2}F$$

$$\sum M_{CC_1}(\boldsymbol{F})=0,\ -Fa+F_5\cos 45^\circ\cdot a=0,\text{解得 } F_5=\sqrt{2}F$$

$$\sum M_{CD}(\boldsymbol{F})=0,\ F_6a+F_5\cos 45^\circ\cdot a=0,\text{解得 } F_6=-F$$

$$\sum M_{B_1C_1}(\boldsymbol{F})=0,\ F_6a+F_1a=0,\text{解得 } F_1=F$$

$$\sum M_{DD_1}(\boldsymbol{F})=0,\ -F_4\cos 45^\circ\cdot a+F_5\cos 45^\circ\cdot a=0,\text{解得 } F_4=\sqrt{2}F$$

$$\sum M_{AD}(\boldsymbol{F})=0,\ -F_4\cos 45^\circ\cdot a-F_3a=0,\text{解得 } F_3=-F$$

但是，并不是任意写出 6 个平衡方程都一定是独立的，让我们来看看下面 6 个平衡方程。

$$\sum M_{BB_1}(\boldsymbol{F})=0,\ Fa+F_2\cos 45^\circ\cdot a=0 \tag{a}$$

$$\sum M_{B_1A_1}(\boldsymbol{F})=0,\ -Fa-F_2\cos 45^\circ\cdot a-F_1a-F_3a=0 \tag{b}$$

$$\sum M_{AA_1}(\boldsymbol{F})=0,\ -F_4\cos 45^\circ\cdot a-F_2\cos 45^\circ\cdot a=0 \tag{c}$$

$$\sum M_{AB}(\boldsymbol{F})=0,\ F_4\cos 45^\circ\cdot a+F_2\cos 45^\circ\cdot a+F_1a+F_3a=0 \tag{d}$$

$$\sum M_{DD_1}(\boldsymbol{F})=0,\ F_5\cos 45^\circ\cdot a-F_4\cos 45^\circ\cdot a=0 \tag{e}$$

$$\sum F_x=0,\ -F_5\cos 45^\circ-F_2\cos 45^\circ=0 \tag{f}$$

可以看出，方程 (d) = (a) + (b) + (c)，方程(f) = (c) − (e)，这表明方程(d) 和(f) 完全可由其他几个平衡方程导出，这两个方程是不独立的。所以，为了保证平衡方程的独立性，对力矩轴和投影轴的选择有一定的限制。当然，要判别任意写出的 6 个平衡方程是否独立

是一个比较复杂的问题。但是,如果一个方程能解出一个未知数,这不仅避免了解联立方程,而且这个方程一定是独立的。所以,在应用平衡方程的其他形式时,要尽可能地使方程中含有一个未知数。

最后,总结一下空间任意力系平衡问题的解题步骤和注意事项。分析空间任意力系平衡问题的步骤和平面任意力系相同,仍然要选取研究对象、画受力图、列平衡方程,最后求解方程。此外,还需要注意以下几点:

(1) 对于研究对象、受力情况以及坐标系都要有清晰的空间形象,尤其要弄清楚力与坐标轴之间的空间关系。

(2) 正确计算力在坐标轴上的投影和力对轴的矩。

(3) 当力与轴相交或是平行时,力对该轴之矩等于零。在建立力矩方程时,应使力矩轴与尽可能多的未知力平行或相交,以减少方程中的未知数,以简化计算。

(4) 有的时候投影方程也可以用力矩方程来代替,且各坐标轴可以相互不垂直,但必须注意所列写的平衡方程应彼此独立。

(5) 所列写的独立平衡方程数目应与物体所受力系的独立平衡方程数目相对应,当未知数大于对应的独立平衡方程数目时为超静定问题。

3.6 重心

刚体上各质点的重力所组成的空间力系,可足够精确地认为是空间分布的同向平行力系。这个力系的合力的大小就是刚体的重量;不论刚体如何放置,合力的作用线始终通过刚体上一个确定的点,这个点就称为刚体的重心。

3.6.1 平行力系中心

设刚体上各已知点作用有平行力,已知此力系有合力。当将力系各力绕其作用点转过相同的角度,且始终保持各力大小不变,相互平行,则此力系的合力也始终通过刚体上某一个确定的点,该点就是平行力系中心。

平行力系中心的位置可由合力矩定理求得。取一个与刚体相固连的直角坐标系 $Oxyz$,如图 3-24 所示。设力 $\boldsymbol{F}$ 作用点 A 的坐标为 x, y, z,待求平行力系中心 C 的坐标为 x_C, y_C, z_C。假定各力的方向平行于轴 z,把指向轴 Oz 正端的力看成具有正值,反之则具有负值,于是合力的代数值

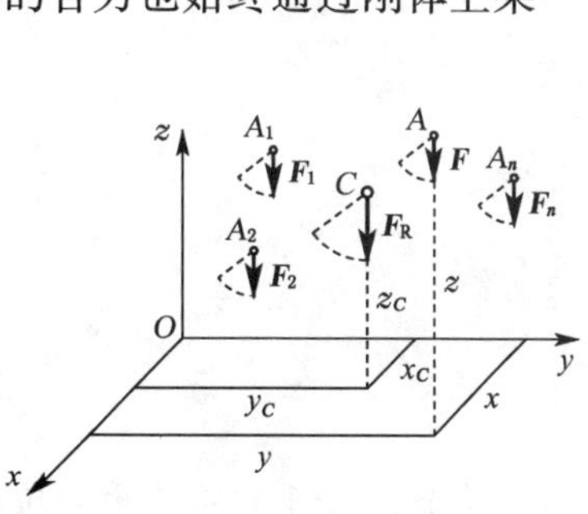

图 3-24

$$F_R = \sum F$$

由对轴 y 的合力矩定理得

$$M_y(\boldsymbol{F}_R) = \sum M_y(\boldsymbol{F})$$

即

$$x_C F_R = \sum xF$$

所以

$$x_C = \frac{\sum xF}{\sum F}$$

同理,由对轴 x 的合力矩定理得到 y_C。再将力系转到与轴 x 平行,由对轴 y 的合力矩定理得到 z_C。这样就得到通过平行力系各分力的代数值 $\boldsymbol{F}_i$ 及其作用点坐标 x_i, y_i, z_i 来求平行力系中心坐标的公式为

$$\left.\begin{aligned} x_C &= \frac{\sum x_i \boldsymbol{F}_i}{\sum \boldsymbol{F}_i} \\ y_C &= \frac{\sum y_i \boldsymbol{F}_i}{\sum \boldsymbol{F}_i} \\ z_C &= \frac{\sum z_i \boldsymbol{F}_i}{\sum \boldsymbol{F}_i} \end{aligned}\right\} \tag{3-30}$$

3.6.2 重心坐标公式

应用平行力系中心的坐标公式,可求出刚体的重心。取固连于刚体的坐标系 $Oxyz$,设想将刚体分成许多小立方体微元 ΔV,每块的重力为 ΔG,可视为作用于它的中心 A,其坐标为 x、y、z,如图 3-25 所示。于是由公式(3-30)得重心坐标的近似表达式,其中的求和遍及整个刚体。令 ΔG 趋近于零,则公式的极限就是重心坐标的准确表达式,写成积分形式,则有

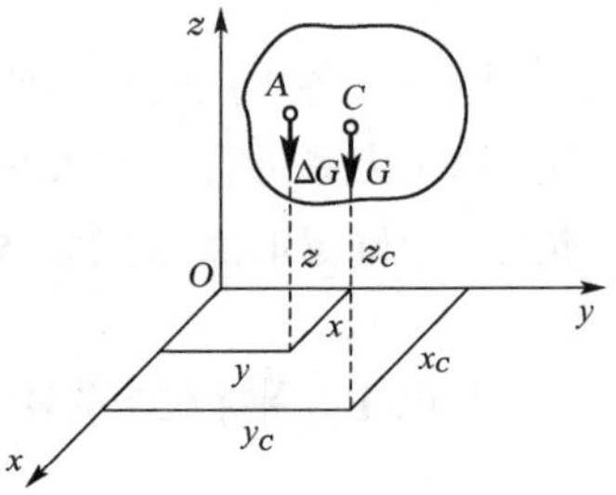

图 3-25

$$\left.\begin{aligned} x_C &= \frac{\int x\mathrm{d}G}{G} \\ y_C &= \frac{\int y\mathrm{d}G}{G} \\ z_C &= \frac{\int z\mathrm{d}G}{G} \end{aligned}\right\} \tag{3-31}$$

上式就是求解物体重心位置的一般公式。

通常尺寸的物体,其上各点处的重力加速度 g 可认为是相等的,故有,$\mathrm{d}G = g\mathrm{d}m$,$G = m_R g$,其中 $\mathrm{d}m$ 是微元的质量,m_R 是整体的质量。由上式可得

$$\left.\begin{aligned} x_C &= \frac{\int_V x\,\mathrm{d}m}{m_\mathrm{R}} \\ y_C &= \frac{\int_V y\,\mathrm{d}m}{m_\mathrm{R}} \\ z_C &= \frac{\int_V z\,\mathrm{d}m}{m_\mathrm{R}} \end{aligned}\right\} \tag{3-32}$$

公式(3-32)是由刚体的质量分布状况所确定的某点坐标，称这点为质心。对于通常的物体，质心重合于重心。

密度 ρ 为常数的物体称为均质物体。均质物体的质量 m_R 可以表示为密度与其体积 V 的乘积，即 $m_\mathrm{R}=\rho V$，$\mathrm{d}m=\rho\mathrm{d}V$，代入公式(3-32)，可得

$$\left.\begin{aligned} x_C &= \frac{\int_V x\,\mathrm{d}V}{V} \\ y_C &= \frac{\int_V y\,\mathrm{d}V}{V} \\ z_C &= \frac{\int_V z\,\mathrm{d}V}{V} \end{aligned}\right\} \tag{3-33}$$

由此可知，均质物体的重心与密度无关，只与物体的几何形状有关。可见，均质物体的重心就是物体几何形体的中心，或者称为物体的形心。例如，均质球体的重心就在球的形心，也就是球心。

如果物体不但是均质的，而且是等厚度的，若取其厚度的一半处的中间层曲面为准，由于此时物体的体积 V 和体积微元 $\mathrm{d}V$ 分别与其面积 A 和面积微元 $\mathrm{d}A$ 成比例，代入公式(3-33)可得

$$\left.\begin{aligned} x_C &= \frac{\int_A x\,\mathrm{d}A}{A} \\ y_C &= \frac{\int_A y\,\mathrm{d}A}{A} \\ z_C &= \frac{\int_A z\,\mathrm{d}A}{A} \end{aligned}\right\} \tag{3-34}$$

这些积分属于曲面积分。在平面图形情况下，取图形的中间层曲面为 xy 平面，则 $z_C=0$。由此可见等厚均质物体的重心完全决定于曲面的几何形状，物体的重心即曲面的形心。

如果物体是均质等截面线条，此时物体的体积 V 和体积微元 $\mathrm{d}V$ 与其长度 L 和线微元 $\mathrm{d}L$ 成比例，代入公式(3-33)则可得

$$\left.\begin{aligned} x_C &= \frac{\int_L x\,\mathrm{d}L}{L} \\ y_C &= \frac{\int_L y\,\mathrm{d}L}{L} \\ z_C &= \frac{\int_L z\,\mathrm{d}L}{L} \end{aligned}\right\} \tag{3-35}$$

这些积分属于曲线积分。它们表示线条长度的形心坐标。在线条为直线的情况下，取线条的中心线为 x 坐标轴，则 $y_C = z_C = 0$。

3.6.3 确定物体重心位置的方法

1）对称性判别法

由求物体重心位置的一般公式可以看出：若物体有对称面、对称轴或是对称中心，该物体的重心相应地就在对称面、对称轴或是对称中心上。例如，正圆锥体或正圆锥面的重心在其轴线上；圆球体、椭球体、等厚的球壳的重心都在球心；平行四边形的重心在其对角线的交点上，等等。

2）积分法

对于均质的形状规则的物体，可根据公式(3-33)、公式(3-34)、公式(3-35)，利用定积分求出重心的坐标。

【例 3-12】 如图 3-26 所示半径为 R、圆心角为 2φ 的扇形，求扇形面积的重心。

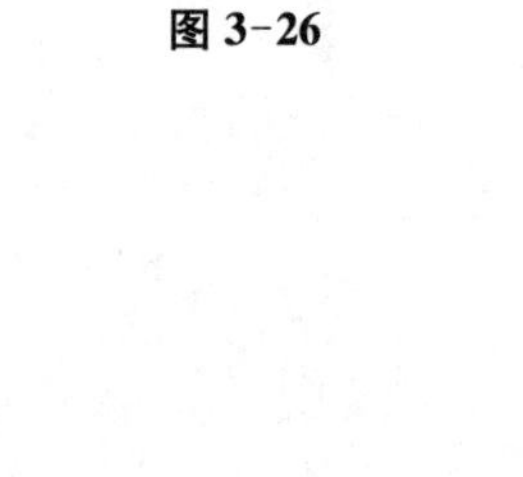

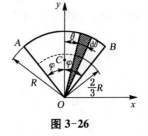

图 3-26

【解】 取中心角的平分线为 y 轴，由于对称的关系，重心必在这个轴上，即 $x_C = 0$，现在只需要求出 y_C 即可。

把扇形面积分成无数个无穷小的面积素（可看作三角形）、每个小三角形的重心都在距顶点 O 为 $\frac{2}{3}R$ 处。任一位置 θ 处的微小面积 $\mathrm{d}A=\frac{1}{2}R^2\mathrm{d}\theta$，其重心的 y 坐标为 $y = \frac{2}{3}R\cos\theta$。扇形总面积为

$$A = \int \mathrm{d}A = \int_{-\varphi}^{\varphi} \frac{1}{2}R^2\mathrm{d}\theta = R^2\varphi$$

由面积形心坐标公式，可得

$$y_C = \frac{\int y\mathrm{d}A}{A} = \frac{\int_{-\varphi}^{\varphi} \frac{2}{3}R\cos\theta \cdot \frac{1}{2}R^2\mathrm{d}\theta}{R^2\varphi} = \frac{2}{3}R\,\frac{\sin\varphi}{\varphi}$$

若以 $\varphi = \frac{\pi}{2}$ 代入，即得半圆形的重心

$$y_C = \frac{4R}{3\pi}$$

常见均质形体的重心位置，可从工程手册中查得。表 3-2 中附有一些简单均质形体的重心位置。

表 3-2 简单均质形体重心表

图形	重心位置	图形	重心位置
三角形 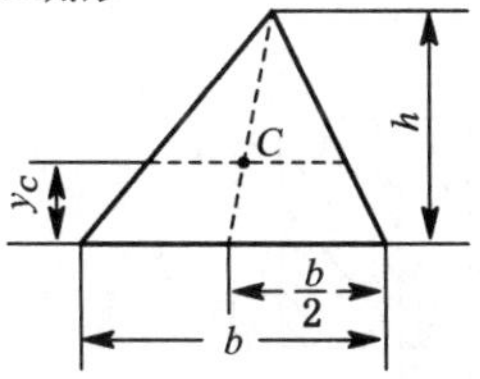	在中线的交点 $y_C=\frac{1}{3}h$	梯形 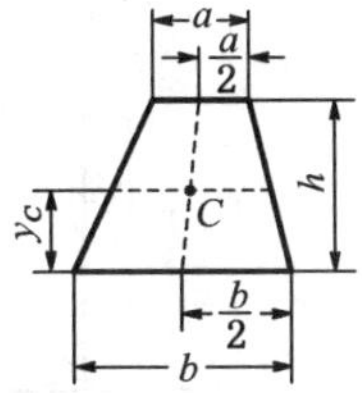	$y_C=\frac{h(2a+b)}{3(a+b)}$
圆弧 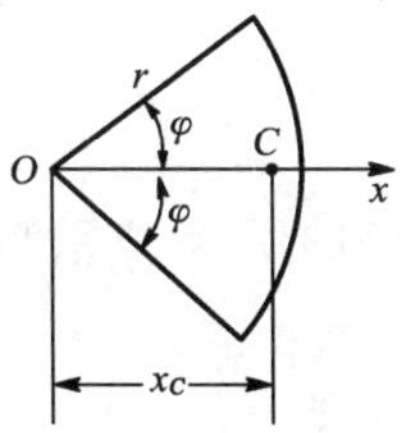	$x_C=\frac{r\sin\varphi}{\varphi}$ 对于半圆弧 $x_C=\frac{2r}{\pi}$	弓形 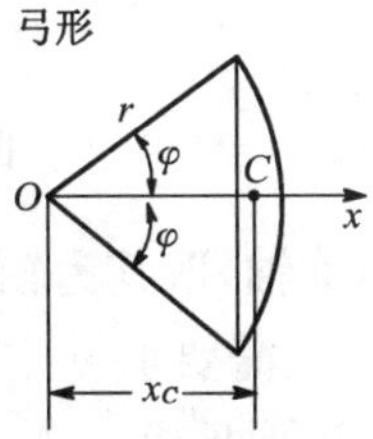	$x_C=\frac{2}{3}\frac{r^3\sin^3\varphi}{A}$ 面积 $A=\frac{r^2(2\varphi-\sin 2\varphi)}{2}$
扇形 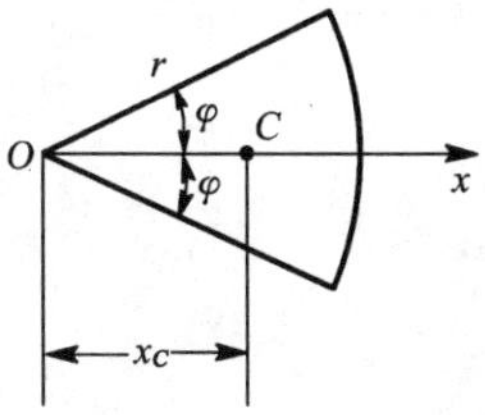	$x_C=\frac{2}{3}\frac{r\sin\varphi}{\varphi}$ 对于半圆 $x_C=\frac{4r}{3\pi}$	部分圆环 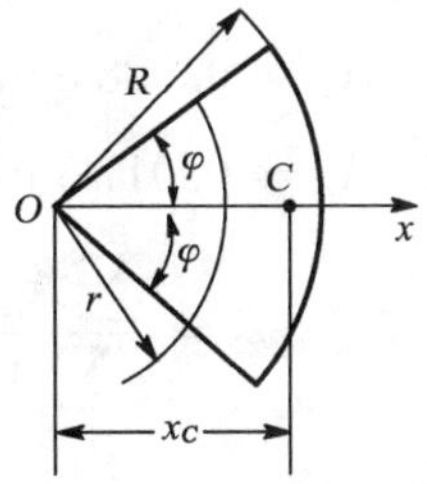	$x_C=\frac{2}{3}\frac{R^3-r^3}{R^2-r^2}\frac{\sin\varphi}{\varphi}$
二次抛物线面 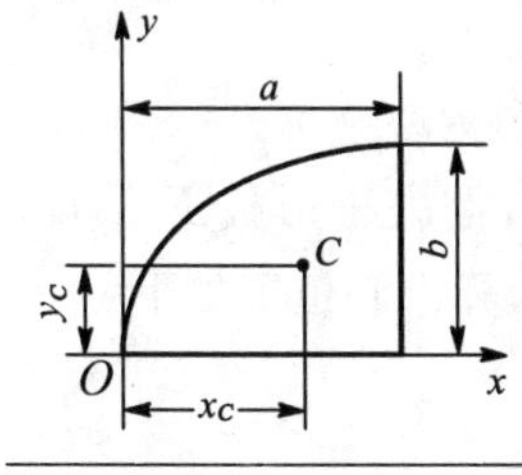	$x_C=\frac{5}{8}a$ $y_C=\frac{2}{5}b$	二次抛物线面 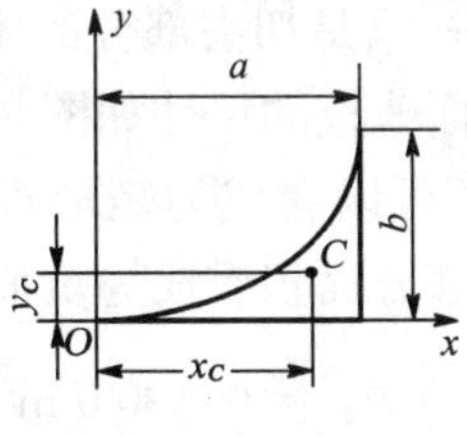	$x_C=\frac{3}{4}a$ $y_C=\frac{3}{10}b$
正圆锥体 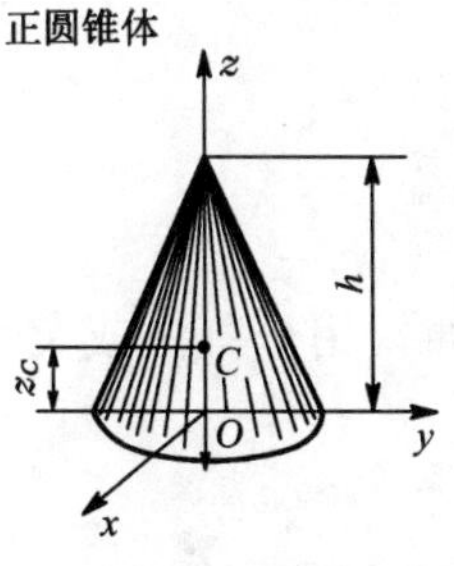	$z_C=\frac{1}{4}h$	正角锥体 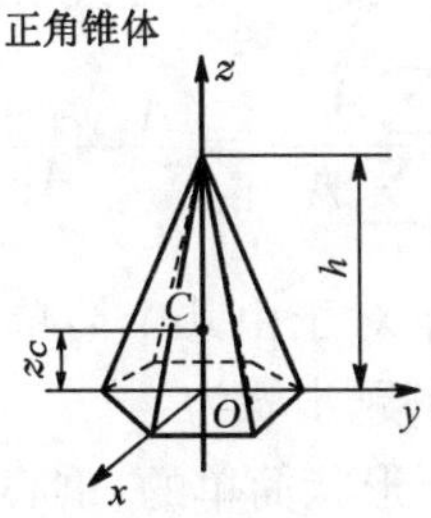	$z_C=\frac{1}{4}h$

3）分割组合法

（1）分割法

若一个物体由几个简单形状的物体组合而成，而这些物体的重心是已知的，那么整个物体的重心即可按公式求出。

【例 3-13】 均质平面薄板的尺寸如图 3-27(a)所示。试求该图形重心坐标。

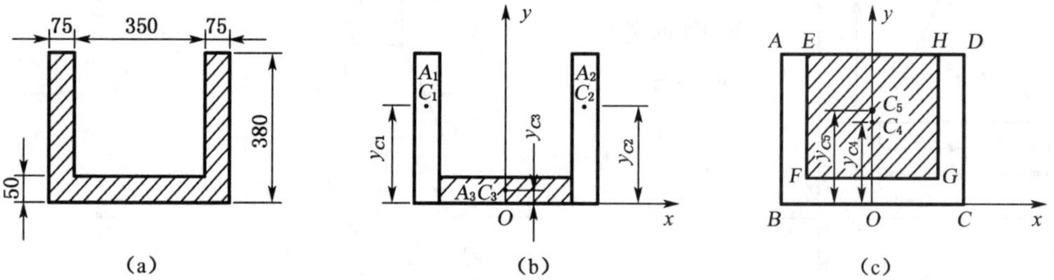

图 3-27

【解】 该平面薄板有对称轴，取其为轴 Oy，作 xOy 坐标，如图 3-15(b)所示，则重心 C 必定在轴 Oy 上，即 $x_C = 0$，只需要求 y_C。

将平面薄板分割成 3 个矩形板 A_1、A_2 和 A_3，它们的面积及重心坐标如下：

$$A_1 = 0.028\,5\ \text{m}^2,\ y_{C1} = 0.190\,0\ \text{m}$$

$$A_2 = 0.028\,5\ \text{m}^2,\ y_{C2} = 0.190\,0\ \text{m}$$

$$A_3 = 0.017\,5\ \text{m}^2,\ y_{C3} = 0.025\,0\ \text{m}$$

$$y_C = \frac{\sum A_i y_i}{\sum A_i} = 0.151\,2\ \text{m}$$

（2）负面积法(负体积法)

若在物体或薄板内切去一部分，例如有空穴或孔的物体，则这类物体的重心仍可应用与分割法相同的公式来求解，只是切去部分的体积或者是面积应取负值。

【例 3-14】 均质平面薄板的尺寸如图 3-27(a)所示。试求该图形重心坐标。

【解】 该平面薄板还可以看成为矩形板 $ABCD$，设其面积为 A_4，挖去矩形板 $EFGH$，其面积为 A_5。将挖去的部分面积看成为负值，则仍可以按上述方法计算重心位置如下：

$$A_4 = 0.190\,0\ \text{m}^2,\ y_{C4} = 0.190\,0\ \text{m}$$

$$A_5 = 0.115\,5\ \text{m}^2,\ y_{C5} = 0.215\,0\ \text{m}$$

$$y_C = \frac{\sum A_i y_i}{\sum A_i} = \frac{A_4 y_{C4} + (-A_5) \times y_{C5}}{A_4 + (-A_5)} = 0.151\,2\ \text{m}$$

最后，我们来总结一下对于由几个简单形状所组成的均质物体，通常用分割法或负面(体)积法来确定重心，其解题步骤为：

① 将物体分割成若干形状简单的、重心容易求出的部分。

② 建立适当的坐标系，尽可能使某一坐标轴是物体的对称轴，以简化计算。

③ 分别计算出各部分的重量(或体积、面积)和重心坐标，应用负面(体)积法时，应注意将被去掉部分的面(体)积取为负值。

④ 将上述已知数值代入重心坐标公式，即可求得整个物体的重心。

4) 试验法

在工程中遇到的有些物体，形状过于复杂，且各部分是用不同材料制成的，计算重心的位置是很繁重的工作，且精度也不易保证。因此，常用试验法来确定重心的位置。

下面以汽车为例用称重法来测定重心。如图 3-28 所示，首先称量出汽车的重量 P，测量出前后轮距 l 和车轮半径 r。设汽车是左右对称的，则重心必定在对称面内，我们只需要测定重心 C 距地面的高度 z_C 和距后轮的距离 x_C。

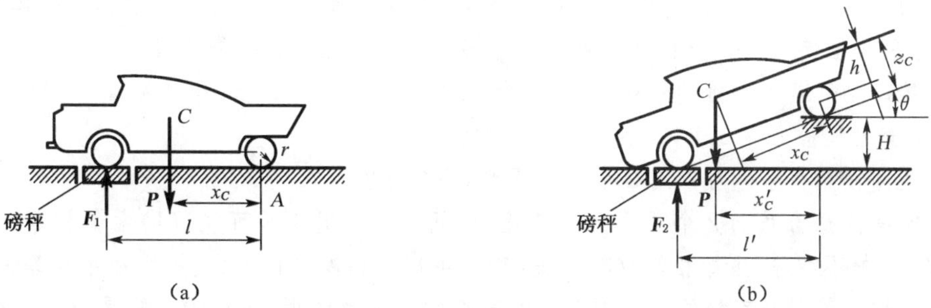

图 3-28

为了测定 x_C，将汽车后轮放在地面上，前轮放在磅秤上，车身保持水平，如图 3-28(a)所示。这时磅秤上的读数为 F_1。因为车身是平衡的，由 $\sum M_A(\boldsymbol{F}) = 0$，有

$$Px_C = F_1 l$$

于是有

$$x_C = \frac{F_1}{P}l$$

欲测定 z_C，需将车的后轮抬到任意高度 H，如图 3-28(b)所示。这个时候磅秤的读数为 F_2。同理可得

$$x_C' = \frac{F_2}{P}l'$$

由图中的几何关系可知

$$l' = l\cos\theta,\ x_C' = x_C\cos\theta + h\sin\theta,\ \sin\theta = \frac{H}{l},\ \cos\theta = \frac{\sqrt{l^2 - H^2}}{l}$$

其中 h 为重心与后轮中心的高度差，则

$$h = z_C - r$$

把以上各关系式代入式 $x_C' = \frac{F_2}{P}l'$ 中，经过整理后即得计算高度 z_C 的公式，即

$$z_C = r + \frac{F_2 - F_1}{P}\frac{1}{H}\sqrt{l^2 - H^2}$$

式中均为已测定的数据。

思考题

1. 在正方体的顶角 A 和 B 处，分别作用力 $\boldsymbol{F}_1$ 和 $\boldsymbol{F}_2$，如图 3-29 所示。求此两力在 x,y,z 轴上的投影和对 x,y,z 轴的矩。试将图中的力 $\boldsymbol{F}_1$ 和 $\boldsymbol{F}_2$ 向点 O 简化，并用解析式计算其大小和方向。

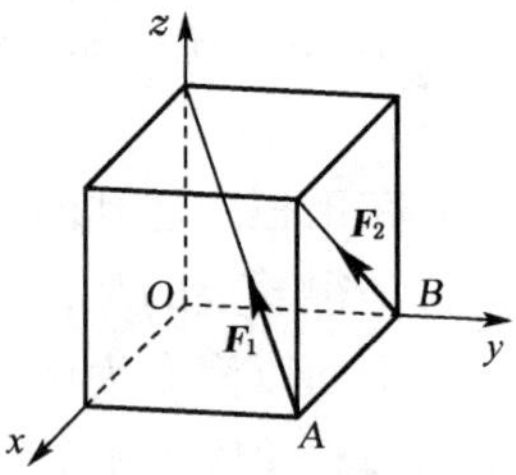

图 3-29

2. 用矢量积 $\boldsymbol{r}_A \times \boldsymbol{F}$ 计算力 $\boldsymbol{F}$ 对点 O 之矩，当力沿其作用线移动，改变了力作用点的坐标 x,y,z 时，其计算结果是否有变化？

3. 空间平行力系简化的结果是什么？可能合成为力螺旋吗？

4. (1)空间力系中各力的作用线平行于某一固定平面；(2)空间力系中各力的作用线分别汇交于两个固定点。试分析这两种力系最多各有几个独立的平衡方程。

5. 传动轴用两个止推轴承支持，每个轴承有 3 个未知力，共 6 个未知量。而空间任意力系的平衡方程恰好有 6 个，是否为静定问题？

6. 空间任意力系总可以用 2 个力来平衡，为什么？

7. 空间任意力系向 2 个不同的点简化，试问下述情况是否可能：(1)主矢相等，主矩也相等；(2)主矢不相等，主矩相等；(3)主矢相等，主矩不相等；(4)主矢、主矩都不相等。

8. 一均质等截面直杆的重心在哪里？若把它弯成半圆形，重心的位置是否改变？

习题

1. 力系中，$F_1 = 100\ \text{N}$，$F_2 = 300\ \text{N}$，$F_3 = 200\ \text{N}$，各力作用线的位置如图 3-30 所示。求将该力系向原点 O 简化的结果。

2. 一平行力系由 5 个力组成，力的大小和作用线的位置如图 3-31 所示。图中小正方格的边长为 10 mm。求平行力系的合力。

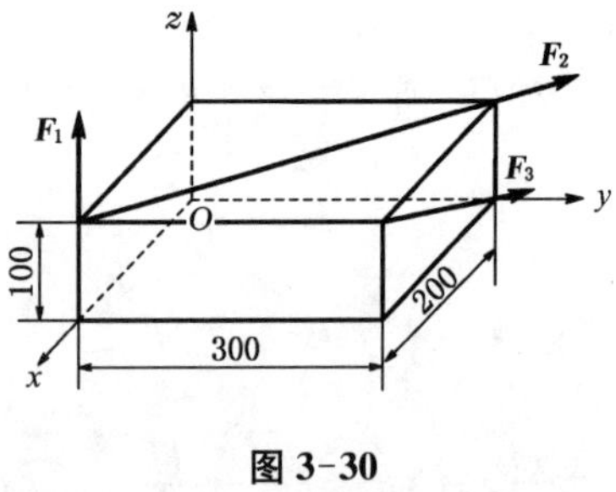

图 3-30

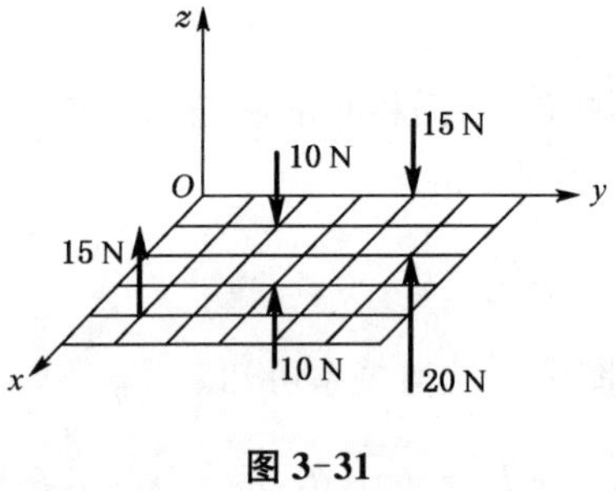

图 3-31

3. 电线杆 AB 长 10 m，在其顶端受一 8.4 kN 的水平力作用。杆的底端 A 可视为球形铰链，并由 BD，BE 两根钢索维持杆的平衡，如图 3-32 所示。求钢索的拉力和 A 点的约束力。

4. 如图 3-33 所示空间构架由 3 根无重直杆组成，在 D 端用球铰链连接。A，B 和 C 端则用球铰链固定在水平地板上。如果挂在 D 端的物重 $\boldsymbol{P} = 10\ \text{kN}$，求铰链 A，B 和 C 的约束力。

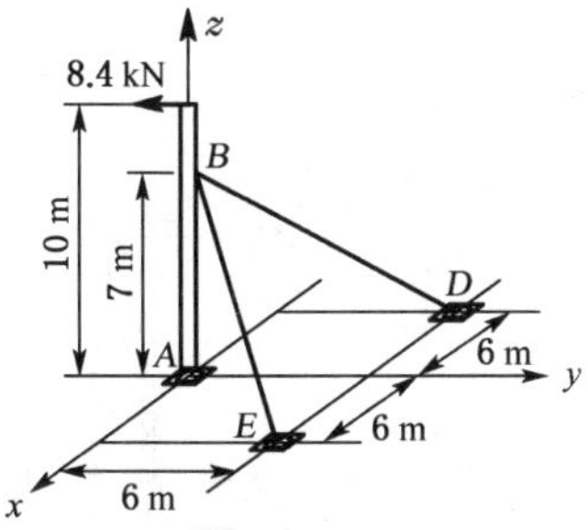

图 3-32

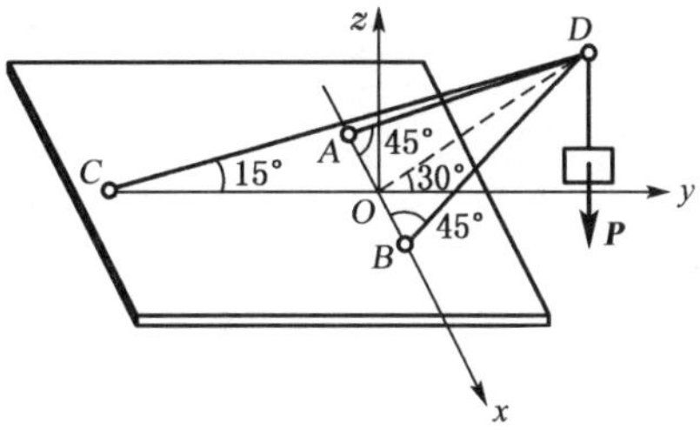

图 3-33

5. 如图 3-34 所示手摇钻由支点 B、钻头 A 和一个弯曲的手柄组成。当支点 B 处加压力 $\boldsymbol{F}_x$,$\boldsymbol{F}_y$ 和 $\boldsymbol{F}_z$ 以及手柄上加力 $\boldsymbol{F}$ 后,即可带动钻头绕轴 AB 转动而钻孔。已知 $\boldsymbol{F}_z = 50\ \text{N}$,$\boldsymbol{F} = 150\ \text{N}$。求:(1)钻头受到的阻抗力偶矩 M;(2)材料给钻头的约束力 $\boldsymbol{F}_{Ax}$,$\boldsymbol{F}_{Ay}$ 和 $\boldsymbol{F}_{Az}$ 的值;(3)压力 $\boldsymbol{F}_x$ 和 $\boldsymbol{F}_y$ 的值。

6. 无重曲杆 $ABCD$ 有 2 个直角,且平面 ABC 与平面 BCD 垂直。杆的 D 端为球铰支座,另一 A 端受轴承支持,如图 3-35 所示。在曲杆的 AB,BC 和 CD 上作用有 3 个力偶,力偶所在平面分别垂直于 AB,BC 和 CD 三线段。已知力偶矩 M_2 和 M_3,求使曲杆处于平衡的力偶矩 M_1 和支座约束力。

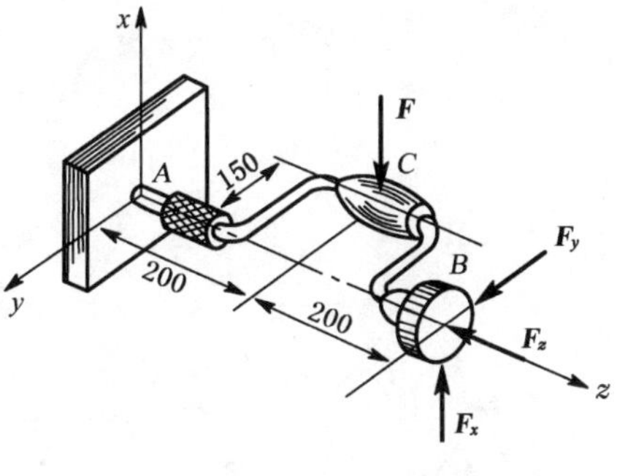

图 3-34

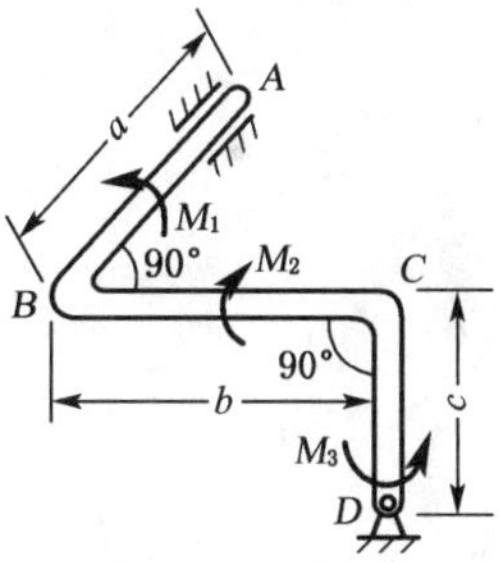

图 3-35

7. 如图 3-36 所示 6 根直杆支撑一水平板,在板角处受铅直力 $\boldsymbol{F}$ 作用,设板和杆自重不计,求各直杆的内力。

8. 杆系由球铰连接,位于正方体的边和对角线上,如图 3-37 所示。在节点 D 沿对角线 LD 方向作用力 $\boldsymbol{F}_D$。在节点 C 沿 CH 边铅直向下作用力 $\boldsymbol{F}$。球铰 B,L 和 H 是固定的,杆重不计,求各杆的内力。

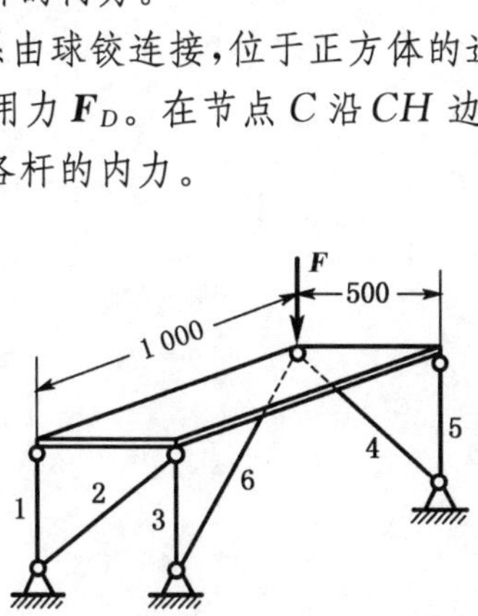

图 3-36

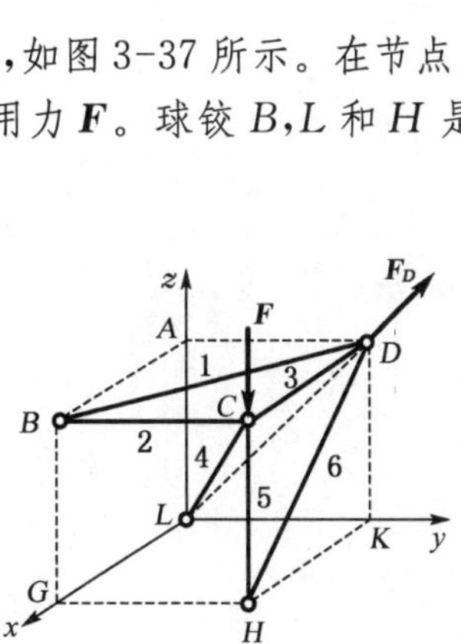

图 3-37

9. 工字钢截面尺寸如图 3-38 所示,求此截面的几何中心。

10. 均质块尺寸如图 3-39 所示,求该均质块重心的位置。

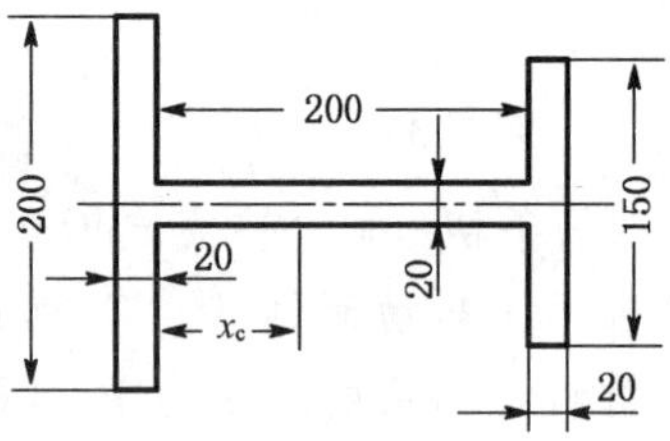

图 3-38

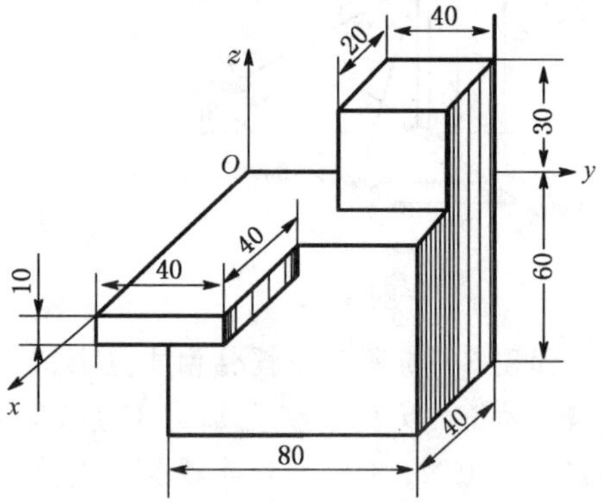

图 3-39

4 摩　擦

在前面介绍的内容中，我们把物体的接触面看成是绝对光滑，计算时略去摩擦。但这只是在接触面比较光滑、有良好的润滑条件或摩擦力很小，对研究的问题不起主要作用时才是正确的。往往两物体间的接触面并非光滑，当它们之间有相对运动或运动趋势时，在接触面上存在着阻碍物体相对运动的现象，这种现象称为摩擦。摩擦对人类的生产生活具有十分重要的影响，既有有利的一面，也有不利的一面。从有利的一面看，重力坝或挡土墙就是依靠基底的摩擦来阻止坝或墙身的滑动；桩基础中的摩擦桩就是依靠桩与周围土体的摩擦来承受上部结构传来的纵向荷载；皮带轮、摩擦轮依靠摩擦传动；车辆的启动和制动以及人们的行走等都离不开摩擦。从另一方面看，摩擦会使机器构件磨损、发热，从而降低其使用寿命和能效；在桥梁沉井施工中，井身要克服井壁周围的摩擦才能下沉等。我们研究摩擦的目的就是为了认识有关摩擦的规律，利用其有利的一面，减少或避免其不利的一面。摩擦是十分复杂的物理现象，涉及接触面材料的物理性质、化学性质、弹性变形、塑性变形以及润滑理论等，因此本章只讨论摩擦在工程中常用的近似理论，它是由实验得来的初步规律。

本章首先介绍滑动摩擦和库仑摩擦定律以及工程中常用的摩擦角和自锁的概念，然后介绍滚动摩阻的概念，最后重点讨论考虑摩擦时物体系统的平衡问题。

4.1 滑动摩擦

两个表面粗糙的物体，当有相对滑动或相对滑动趋势时，在其接触面之间会产生彼此阻碍相对滑动的阻力，即为滑动摩擦力，简称摩擦力。摩擦力作用于相互接触处，其方向与相对滑动或相对滑动趋势的方向相反，它的大小根据主动力作用的不同，可以分为 3 种情况，即静滑动摩擦力、最大静滑动摩擦力和动滑动摩擦力。

4.1.1 静滑动摩擦力

在粗糙的水平面上放置一重力为 $\boldsymbol{G}$ 的物体，物体在重力 $\boldsymbol{G}$ 和法向约束力 $\boldsymbol{F}_{\mathrm{N}}$ 的作用下处于静止状态，如图 4-1(a)所示。今在该物体上作用一大小可变化的水平拉力 $\boldsymbol{F}$，当拉力 $\boldsymbol{F}$ 由零逐渐增大，物体仅有相对滑动趋势，不会向右滑动。这是因为沿接触面受到了阻碍物体滑动的摩擦力，而使物体保持静止。这种在两个接触物体之间有相对滑动趋势时所产生的摩擦力称为静滑动摩擦力，简称静摩擦力，常以 $\boldsymbol{F}_{\mathrm{s}}$ 表示，方向向左，如图 4-1(b)所示。它的大小可由平衡方程确定，此时有

$$\sum F_x = 0,\ F_{\mathrm{s}} = F$$

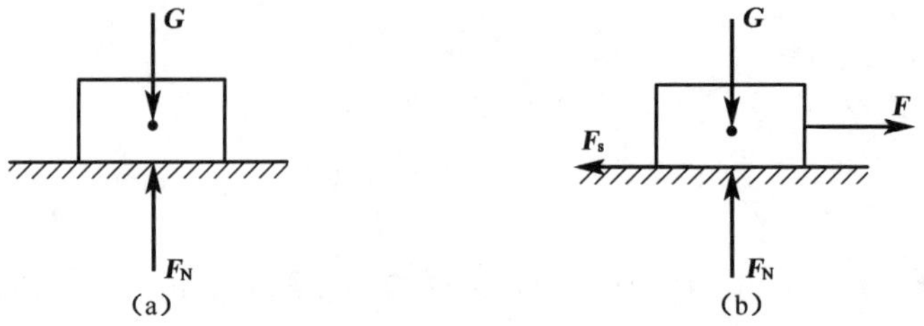

图 4-1

4.1.2　最大静滑动摩擦力

静摩擦力不可能随拉力 $\boldsymbol{F}$ 的增大而无限增大，当拉力达到一定数值时，物体处于即将滑动而尚未滑动的临界状态。可见当物体处于平衡的临界状态时，静摩擦力达到最大值，称为最大静滑动摩擦力，简称最大静摩擦力，常以 $\boldsymbol{F}_{max}$ 表示。

因此，静摩擦力的大小介于零与最大值之间，即

$$0 \leqslant \boldsymbol{F}_s \leqslant \boldsymbol{F}_{max} \tag{4-1}$$

实验表明，最大静摩擦力的大小与两物体间的正压力（即法向约束力）成正比，方向与相对滑动趋势的方向相反，即

$$\boldsymbol{F}_{max} = f_s \boldsymbol{F}_N \tag{4-2}$$

上式就是静摩擦定律，又称库仑摩擦定律。式中比例常数 f_s 称为静滑动摩擦因数，简称静摩擦因数，它的量纲为 1。其大小与两接触体的材料和表面情况（粗糙度、湿度和温度等）以及接触时间有关，而与接触面积大小无关，一般可由实验测定。常用材料的静摩擦因数见表 4-1。

表 4-1　常用材料的滑动摩擦因数

材料名称	静摩擦因数		动摩擦因数	
	无润滑	有润滑	无润滑	有润滑
钢-钢	0.15	0.1～0.12	0.15	0.05～0.1
钢-软钢			0.2	0.1～0.2
钢-铸铁	0.3		0.18	0.05～0.15
钢-青铜	0.15	0.1～0.15	0.15	0.1～0.15
铸铁-铸铁		0.18	0.15	0.07～0.12
铸铁-青铜			0.15～0.2	0.07～0.15
皮革-铸铁	0.3～0.5	0.15	0.6	0.15
橡皮-铸铁			0.8	0.5
木材-木材	0.4～0.6	0.1	0.2～0.5	0.07～0.15

4.1.3 动滑动摩擦力

当物体所受拉力 $\boldsymbol{F}$ 的数值超过 $\boldsymbol{F}_{max}$ 时，接触面之间将出现滑动。此时，接触物体之间仍作用有阻碍相对滑动的阻力，这种阻力称为动滑动摩擦力，简称动摩擦力，常以 $\boldsymbol{F}$ 表示。实验表明，动摩擦力的大小与两物体间正压力（法向约束力）成正比，方向与物体相对滑动的方向相反，即

$$\boldsymbol{F} = f\boldsymbol{F}_{\mathrm{N}} \tag{4-3}$$

式中比例常数 f 称为动滑动摩擦因数，简称动摩擦因数，它除了与接触物体的材料和表面情况有关外，实际上还与接触物体间相对滑动的速度有关。对于大多数材料，动摩擦因数随相对速度的增大而减小，当相对速度不大时，动摩擦因数可近似认为是一常数，其用实验方法测定，一般情况下 $f < f_s$，常用材料的动摩擦因数见表 4-1。实际生活中，在汽车发动机中加入润滑油，就是为了降低气缸和活塞间的动摩擦因数，进而提高机械效率和使用寿命。

法国科学家库仑于 1781 年建立的上述关于摩擦的近似理论，只是实验公式，不能反映出摩擦的复杂性，但在一般工程计算中已能满足要求。

4.2 摩擦角和自锁现象

4.2.1 摩擦角

在需要考虑摩擦的问题中，支承面对平衡物体的约束力包含法向约束力 $\boldsymbol{F}_{\mathrm{N}}$ 和切向约束力 $\boldsymbol{F}_s$（即静摩擦力）。这两个分力的合力 $\boldsymbol{F}_{RA} = \boldsymbol{F}_{\mathrm{N}} + \boldsymbol{F}_s$ 称为支承面的全约束力，它的作用线与接触面法线成一夹角 φ，如图 4-2(a)所示。当静摩擦力达到最大静摩擦力时，夹角 φ 也达到最大值 φ_f，如图 4-2(b)所示。全约束力与接触面法线之间夹角的最大值 φ_f 称为摩擦角。由图可得

$$\tan\varphi_f = \frac{\boldsymbol{F}_{max}}{\boldsymbol{F}_{\mathrm{N}}} = \frac{f_s\boldsymbol{F}_{\mathrm{N}}}{\boldsymbol{F}_{\mathrm{N}}} = f_s \tag{4-4}$$

即摩擦角的正切等于静摩擦因数。

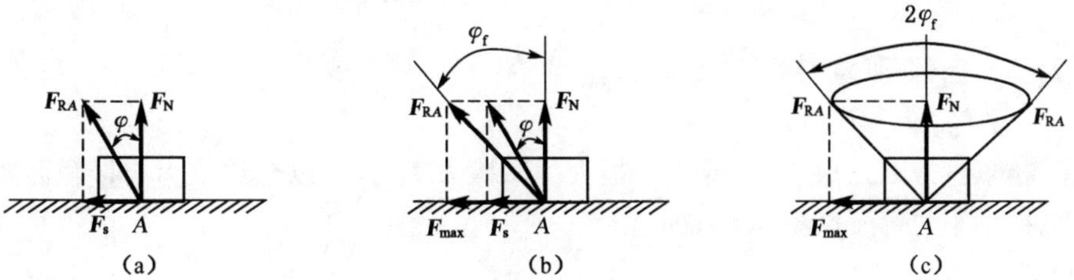

图 4-2

当物体的滑动趋势向不同方向变化时,全约束力作用线的方位也随之改变,在临界状态下,$\boldsymbol{F}_{RA}$的作用线将画出一个以接触点为顶点的锥面,如图 4-2(c)所示,称为摩擦锥。若各个方向上静摩擦因数相同,则摩擦锥是以 $2\varphi_f$ 为顶角的圆锥。

利用摩擦角的概念,可以用简单的方法测定接触材料间的静摩擦因数。如图 4-3(a)所示,把要测定静摩擦因数的两种材料分别做成一可绕水平轴 O 转动的斜面 OA 和物块 B,并令其接触面与实际情况相符合。当倾斜角 θ 较小时,由于存在摩擦,物块 B 在斜面上保持静止。此时,物块在重力 $\boldsymbol{G}$、法向约束力 $\boldsymbol{F}_N$ 和静摩擦力 $\boldsymbol{F}_s$ 3 个力作用下处于平衡,如图 4-3(b)所示。将法向约束力 $\boldsymbol{F}_N$ 和静摩擦力 $\boldsymbol{F}_s$ 合成为全约束力 $\boldsymbol{F}_R$,这样物块 B 在重力 $\boldsymbol{G}$ 和全约束力 $\boldsymbol{F}_R$ 作用下平衡。重力 $\boldsymbol{G}$ 作用线和斜面法线间的夹角为 θ,而全约束力 $\boldsymbol{F}_R$ 与斜面法线间的夹角为 φ,当平衡时,$\theta=\varphi$。此时逐渐增大 θ,使物块 B 达到即将滑动而尚未滑动的临界状态,此时全约束力 $\boldsymbol{F}_R$ 与斜面法线的夹角 φ 达到摩擦角 φ_f,且 $\theta = \varphi_f$,如图 4-3(c)所示。量出斜面 OA 的倾斜角 θ,即得接触材料间的摩擦角 φ_f,由式(4-4)求得静摩擦因数为

$$f_s = \tan\varphi_f = \tan\theta$$

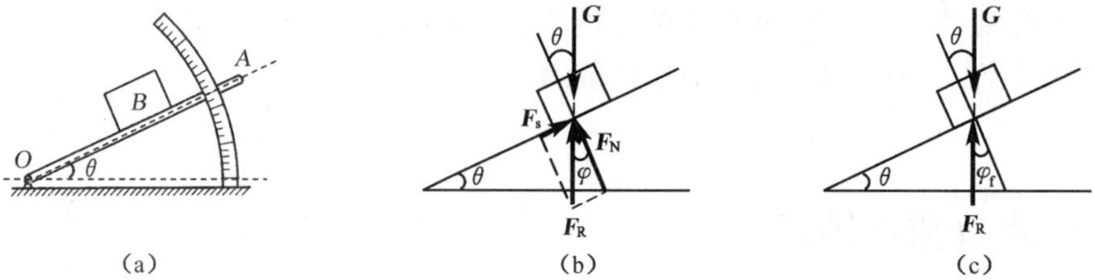

图 4-3

在实际工程中,堆放松散物质如砂、石、粮食时,如图 4-4(a)所示,能够堆起的最大坡角 θ_{max}(称为自然休止角)与上述斜面的最大倾角相似,它就是松散物质间的摩擦角。修筑道路上的路堤边坡坡角 θ 应小于周围土体的自然休止角,如图 4-4(b)所示。

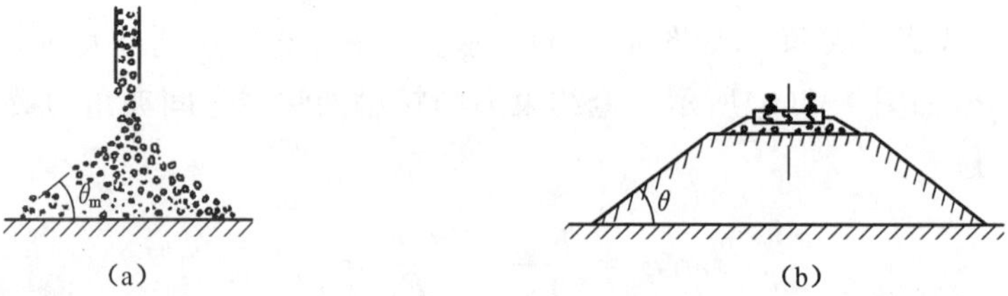

图 4-4

4.2.2 自锁现象

因为静摩擦力 $\boldsymbol{F}_s$ 总是小于或等于最大静摩擦力 $\boldsymbol{F}_{max}$,所以全约束力与接触面法线的夹角 φ 也总是小于或等于摩擦角 φ_f,即

$$0 \leqslant \varphi \leqslant \varphi_f$$

由于静摩擦力不可能超过最大静摩擦力，因此全约束力的作用线与接触面法线的夹角只可能在摩擦角或摩擦锥的范围内变化。由此可见：

(1) 如果把作用于物体上的所有主动力合成一合力 $\boldsymbol{F}'_{\mathrm{R}}$，它的作用线与接触面法线间的夹角为 θ，且夹角 θ 在摩擦角 φ_{f} 之内，则无论主动力的合力 $\boldsymbol{F}'_{\mathrm{R}}$ 有多大，物体必保持静止。这种现象称为自锁现象。因为在这种情况下，主动力的合力 $\boldsymbol{F}'_{\mathrm{R}}$ 与接触面法线夹角 θ 小于 φ_{f}，因此合力 $\boldsymbol{F}'_{\mathrm{R}}$ 和支承面全约束力 $\boldsymbol{F}_{\mathrm{R}}$ 必满足二力平衡条件，且 $\theta=\varphi<\varphi_{\mathrm{f}}$，如图 4-5(a)所示。在工程实际中常利用自锁现象设计一些机构或夹具，如螺旋千斤顶顶起重物后不会自行下落；传送带输送物料时借助“自锁”以阻止物料相对于传送带的滑动等。

(2) 如果所有主动力的合力 $\boldsymbol{F}'_{\mathrm{R}}$ 的作用线与接触面法线间的夹角 θ 在摩擦角 φ_{f} 之外，无论这个力有多小，物体必会滑动。因为在这种情况下，$\theta>\varphi_{\mathrm{f}}$，而 $\varphi\leqslant\varphi_{\mathrm{f}}$，因此 $\boldsymbol{F}'_{\mathrm{R}}$ 和支承面全约束力 $\boldsymbol{F}_{\mathrm{R}}$ 不能满足二力平衡条件，如图 4-5(b)所示。应用这个道理，可以设法避免发生自锁现象。

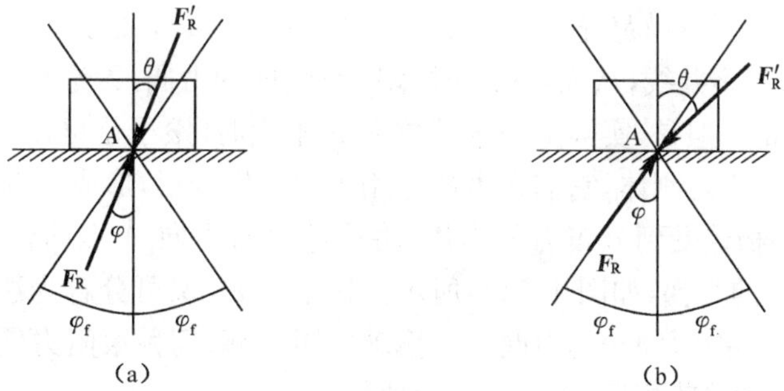

图 4-5

螺旋千斤顶是靠用力推动手柄，使螺杆的螺纹沿底座的螺纹槽(即螺母)慢慢顶起托盘上重物，如图 4-6(a)所示。当千斤顶开始承载时，螺杆的螺纹和螺母之间产生一定的正压力和静摩擦力。由于螺纹可以看成绕在一圆柱体上的斜面，如图 4-6(b)所示，所以把它展开后，螺杆与螺母的摩擦可以简化为一物体放在斜面上的摩擦问题，如图 4-6(c)所示。此时，承载的螺杆相当于物体，螺母的螺纹相当于斜面，斜面的倾角就是螺纹的升角 θ，螺旋转动一周后沿螺杆轴向运动的距离为 h，水平向距离为 $2\pi r_0$。千斤顶在使用过程中，要求顶起重物后螺杆与重物一起不会自动下降，在任意一位置保持静止，即螺纹自锁，这时必须使螺纹的升角 θ 小于或等于摩擦角 φ_{f}。所以螺旋千斤顶的自锁条件是

$$\theta\leqslant\varphi_{\mathrm{f}}$$

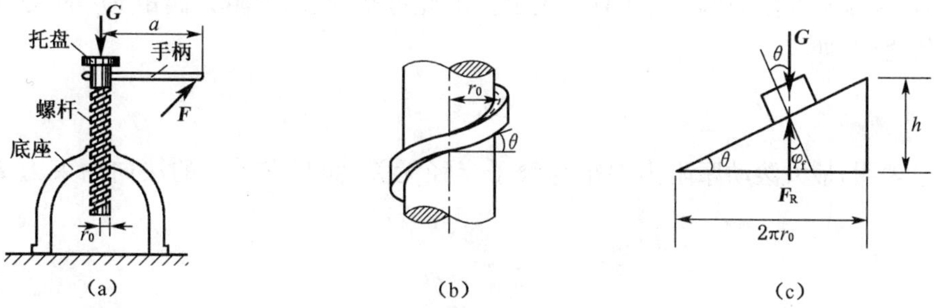

图 4-6

若已知螺旋千斤顶螺杆与螺母之间的静摩擦因数 f_s，则可根据 $f_s = \tan\varphi_f$，求出摩擦角 φ_f，适当增大摩擦角或减小螺纹升角，让 $\tan\theta \leqslant \tan\varphi_f$，从而保证千斤顶自锁。

4.3 滚动摩阻的概念

重物直接放在地上不易被推动，但如在重物底下垫上滚子则变得很容易推动，这就说明滚动比滑动遇到的阻力要小得多。我国古代劳动人民早在公元前 16 世纪左右为了提高效率，减轻劳动强度，就已经使用有轮的车子来代替滑动的撬。

设在不光滑的水平面上有一滚子，重量为 P，半径为 r，在其中心 O 上作用一水平力 $\boldsymbol{F}$。如前所述，此时在接触点 A 处就有法向约束力 $\boldsymbol{F}_N$ 和切向约束力 $\boldsymbol{F}_s$（静摩擦力）的作用，如图 4-7(a)所示。若滚子保持静止，必有 $\boldsymbol{F}_N = -\boldsymbol{P}$ 和 $\boldsymbol{F} = -\boldsymbol{F}_s$，由于水平拉力 $\boldsymbol{F}$ 和静摩擦力 $\boldsymbol{F}_s$ 等值、反向、平行且不共线，从而形成一个顺时针转向的力偶，无论水平力 $\boldsymbol{F}$ 有多么小，滚子也不可能保持静止。但是，实际上当水平拉力 F 不大时，滚子是可以平衡的，这是因为滚子和水平面实际上并不是刚体，它们在力的作用下会发生变形，形成一接触面，如图 4-7(b)所示。在接触面上，物体受到分布力的作用，将这些分布力向 A 点简化，可得到一个力 $\boldsymbol{F}_R$ 和一个力偶矩为 M_f 的力偶，如图 4-7(c)所示。这个力 $\boldsymbol{F}_R$ 又可分解为法向约束力 $\boldsymbol{F}_N$ 和切向约束力 $\boldsymbol{F}_s$，这个力偶矩为 M_f 的力偶称为滚动摩阻力偶，简称滚阻力偶，它与力偶($\boldsymbol{F}$,$\boldsymbol{F}_s$)平衡，它的转向与滚动趋势相反，如图 4-7(d)所示。

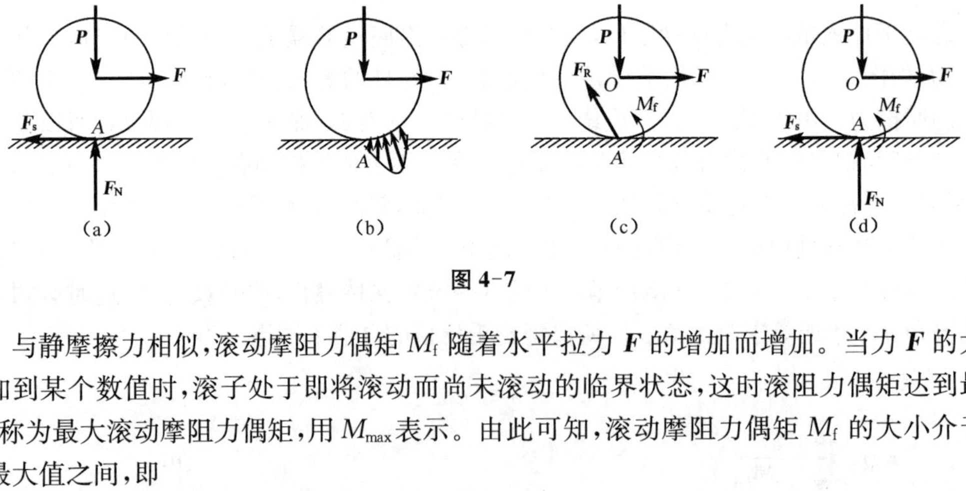

图 4-7

与静摩擦力相似，滚动摩阻力偶矩 M_f 随着水平拉力 $\boldsymbol{F}$ 的增加而增加。当力 $\boldsymbol{F}$ 的大小增加到某个数值时，滚子处于即将滚动而尚未滚动的临界状态，这时滚阻力偶矩达到最大值，称为最大滚动摩阻力偶矩，用 M_{max} 表示。由此可知，滚动摩阻力偶矩 M_f 的大小介于零与最大值之间，即

$$0 \leqslant M_f \leqslant M_{max}$$

实验表明，最大滚动摩阻力偶矩与滚子半径无关，而与支承面的法向约束力 $\boldsymbol{F}_N$ 成正比，即

$$M_{max} = \delta F_N \tag{4-5}$$

式中比例常数 δ 称为滚动摩阻系数，简称滚阻系数。与滑动摩擦因数 f 或 f_s 不同，δ

是具有长度的量纲，单位一般为"mm"。

当滚子处于即将滚动而尚未滚动的临界平衡状态时，其受力如图 4-8(a)所示。根据力的平移定理，可将其中的法向约束力 $\boldsymbol{F}_N$ 和最大滚动摩阻力偶 M_{max} 合成为一个力 $\boldsymbol{F}'_N$，且 $\boldsymbol{F}_N = \boldsymbol{F}'_N$。力 $\boldsymbol{F}'_N$ 的作用线距中心线的距离为 h，如图 4-8(b)所示。即

$$h = \frac{M_{max}}{F'_N}$$

又由式(4-5)，可得

$$h = \delta$$

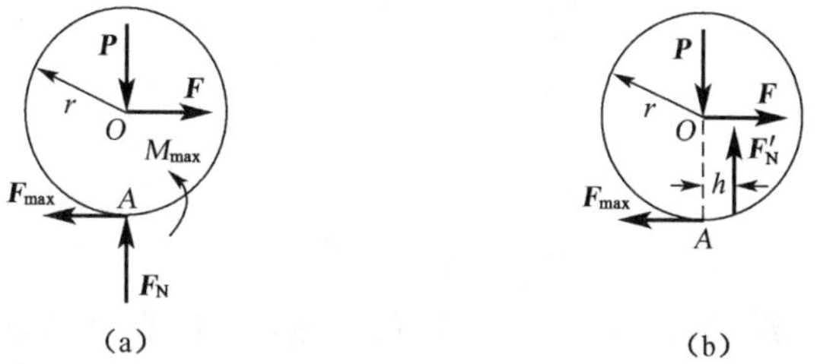

图 4-8

因此，我们可以认为滚阻系数的物理意义是：滚子即将滚动而尚未滚动时，支承面上法向约束力 $\boldsymbol{F}'_N$ 到接触点 A 的最大距离，也就是最大滚阻力偶($\boldsymbol{P}$，$\boldsymbol{F}'_N$)的力偶臂。

由图 4-8(a)可以分别计算出使滚子滚动或滑动所需要的水平拉力 $\boldsymbol{F}$。

由平衡方程 $\sum M_A(\boldsymbol{F}) = 0$，可以求得使滚子滚动时所需的水平拉力

$$F = \frac{M_{max}}{r} = \frac{\delta F_N}{r} = \frac{\delta}{r}P$$

由平衡方程 $\sum F_x = 0$，可以求得使滚子滑动时所需的水平拉力

$$F = F_{max} = f_s F_N = f_s P$$

一般情况下，有

$$\frac{\delta}{r} \ll f_s$$

故使滚子滚动要比滚子滑动省力得多，大约只有滑动的几十分之一到几百分之一。

滚阻系数与滚子和支承面的材料、表面状况有关，可由实验测定。常用材料的滚阻系数见表 4-2。

表 4-2　常用材料滚阻系数

材料名称	δ(mm)	材料名称	δ(mm)
铸铁与铸铁	0.5	钢质车轮与钢轨	0.05
木材与钢	0.3～0.4	软钢与钢	0.5
木材与木材	0.5～0.8	轮胎与路面	2～10

【例 4-1】 在半径 $r=50$ mm 的滚子上，放置一设备，其重量 $\boldsymbol{G}=20$ kN，如图 4-9(a)所示。已知滚子与上下两接触面的滚阻系数分别为 0.5 mm 和 0.6 mm，试求拉动设备所需的最小水平力 $\boldsymbol{F}$。

【解】 使设备向右运动的最小水平力 $\boldsymbol{F}$，即维持设备与滚子平衡的最大值。依题意，设在力 $\boldsymbol{F}$ 作用下设备即将向右运动，此时滚子与地面和滚子与设备均处于滚动临界平衡状态。除接触面有正压力和静摩擦力之外，还有最大滚阻力偶。滚阻力偶的转向与滚子对上下两接触面的相对滚动方向相反，均为逆时针转向。

先取整体为研究对象，受力如图 4-9(b)所示，图中 M_1 为地面对滚子的最大滚阻力偶，列出平衡方程

$$\sum F_x=0,\ F-F_{s1}=0$$

$$\sum F_y=0,\ F_{N1}-G=0$$

得

$$F_{s1}=F,\ F_{N1}=G$$

再选滚子为研究对象，受力如图 4-9(c)所示，图中 M_2 为设备对滚子的最大滚阻力偶，列出平衡方程

$$\sum F_x=0,\ F_{s2}-F_{s1}=0$$

$$\sum F_y=0,\ F_{N1}-F_{N2}=0$$

$$\sum M_A(\boldsymbol{F})=0,\ M_1+M_2-F_{s2}\cdot(r+r)=0$$

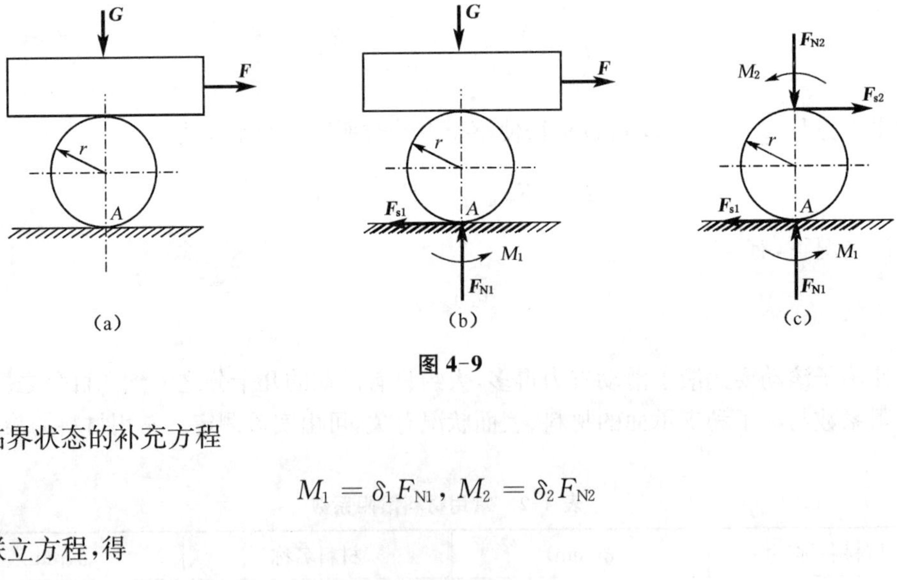

图 4-9

临界状态的补充方程

$$M_1=\delta_1 F_{N1},\ M_2=\delta_2 F_{N2}$$

联立方程，得

$$F_{s1}=F_{s2}=0.22\text{ kN}$$

又因为 $F_{s1}=F$，故

$$F=0.22\text{ kN}$$

即只需设备重量的 1% 大小的力就能拖动设备，若将设备直接放在地面上，静摩擦因数 $f_s = 0.15$，则拉动设备所需力的大小约为上面算出的力的 14 倍。由此可见，滚动比滑动要省力得多。

【例 4-2】 绳子经定滑轮 B，一端系于放置在斜面上的圆轮中心点 C，另一端悬挂重量为 $\boldsymbol{G}$ 的重物 D，如图 4-10(a)所示。设圆轮半径为 r，重量为 $\boldsymbol{P}$，斜面倾斜角为 θ。圆轮与斜面的滚阻系数为 δ。为使整个系统处于平衡状态，重物 D 的重量 $\boldsymbol{G}$ 应满足什么条件？

【解】 分析系统的两个临界状态。其中一个临界状态是，在保证系统平衡的条件下，重物 D 的重量 $\boldsymbol{G}$ 达到最小值，此时圆轮有即将向下滚动而尚未滚动的趋势；另一个临界状态是，在保证系统平衡的条件下，重物 D 的重量 $\boldsymbol{G}$ 达到最大值，此时圆轮有即将向上滚动而尚未滚动的趋势。通过对这两个临界状态的分析，从而确定重物 D 重量的范围。

(1)先求最小的重量 $\boldsymbol{G}_{\min}$，取圆轮为研究对象，受力如图 4-10(b)所示，图中 $M_{\max}$ 为斜面对圆轮的最大滚阻力偶，取坐标轴如图，列出平衡方程

$$\sum F_y = 0,\ F_N - P\cos\theta = 0$$

$$\sum M_A(\boldsymbol{F}) = 0,\ P\sin\theta \cdot r - G_{\min} \cdot r - M_{\max} = 0$$

临界状态的补充方程

$$M_{\max} = \delta F_N$$

联立方程，得

$$G_{\min} = P\left(\sin\theta - \frac{\delta}{r}\cos\theta\right)$$

(2) 再求最大的重量 $\boldsymbol{G}_{\max}$，圆轮受力如图 4-10(c)所示，图中 $M_{\max}$ 为斜面对圆轮的最大滚阻力偶，取坐标轴如图，列出平衡方程

$$\sum F_y = 0,\ F_N - P\cos\theta = 0$$

$$\sum M_A(\boldsymbol{F}) = 0,\ P\sin\theta \cdot r - G_{\max} \cdot r + M_{\max} = 0$$

临界状态的补充方程

$$M_{\max} = \delta F_N$$

联立方程，得

$$G_{\max} = P\left(\sin\theta + \frac{\delta}{r}\cos\theta\right)$$

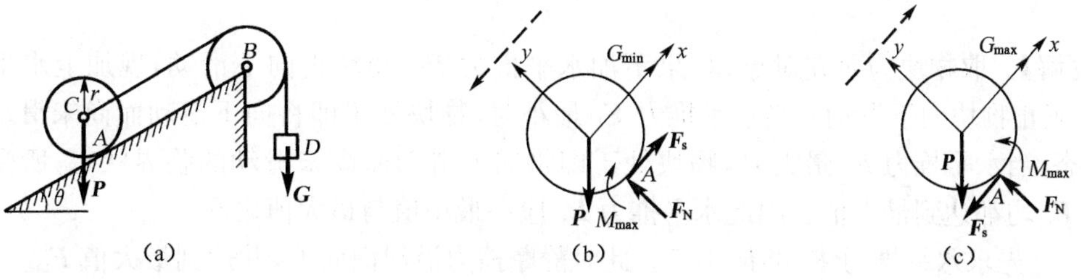

图 4-10

综合上述两个结果，可知：为使整个系统处于平衡状态，重物 D 的重量 $\boldsymbol{G}$ 必须满足如下条件：

$$P\left(\sin\theta-\frac{\delta}{r}\cos\theta\right)\leqslant G\leqslant P\left(\sin\theta+\frac{\delta}{r}\cos\theta\right)$$

4.4 考虑摩擦时物体系统的平衡问题

考虑摩擦时物体系统的平衡问题与忽略摩擦时物体系统的平衡问题在解题步骤上基本相同，仍然是选取研究对象，分析受力情况，画出受力图，最后用平衡方程求解。所不同的是，求解时还要考虑摩擦力的几个特点：

(1)分析物体受力时，必须考虑接触面切向约束力 $\boldsymbol{F}_s$(即静摩擦力)，这样通常就增加了未知量的数目。

(2)为了确定这些新增加的未知量，还需列出补充方程，即 $\boldsymbol{F}_s\leqslant f_s\boldsymbol{F}_N$，补充方程的数目与摩擦力的数目相同。

(3)由于物体平衡时静摩擦力 $\boldsymbol{F}_s$ 有一定的范围，即 $0\leqslant\boldsymbol{F}_s\leqslant f_s\boldsymbol{F}_N$ 或全约束力 $\boldsymbol{F}_R$ 与接触面法线的夹角 $\varphi\leqslant\varphi_f$，所以有摩擦时平衡问题的解是有一定的范围的，而不是一个确定的值。

实际工程中有不少问题只需要分析平衡时的临界状态，这时静摩擦力等于其最大值，补充方程只取等号。有时为了方便计算，先在临界状态下计算，然后再分析和讨论其解的平衡范围。

【例 4-3】 斜面上放一重量为 $\boldsymbol{G}$ 的物块，受到水平推力的作用，如图 4-11(a)所示。斜面的倾斜角为 θ，物块与斜面间的静摩擦因数为 f_s。试求当物块在斜面静止时，水平推力 $\boldsymbol{F}_1$ 的大小。

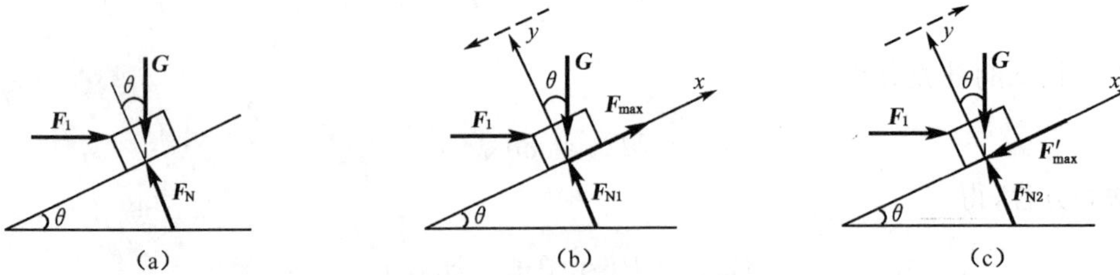

图 4-11

【解】 取物块为研究对象，如果不加水平推力 $\boldsymbol{F}_1$，物块将向下滑动，现加上水平推力 $\boldsymbol{F}_1$ 可阻止物块向下滑动。当水平推力 $\boldsymbol{F}_1$ 最小时，物块处于即将向下滑动而尚未滑动的临界状态，当水平推力 $\boldsymbol{F}_1$ 最大时，物块处于即将向上滑动而尚未滑动的临界状态，所受静摩擦力 $\boldsymbol{F}_s$ 均都达到最大值。因此水平推力 $\boldsymbol{F}_1$ 应在最小值与最大值之间。

(1) 先求水平推力 $\boldsymbol{F}_1$ 的最小值。此时静摩擦力沿斜面向上，并达到最大值 $\boldsymbol{F}_{max}$。物块共受 4 个力的作用：已知力 $\boldsymbol{G}$，未知力 $\boldsymbol{F}_1$，$\boldsymbol{F}_{max}$ 和 $\boldsymbol{F}_N$，物块受力如图 4-11(b)所示。取坐标轴

如图，列出平衡方程

$$\sum F_x = 0,\ F_1\cos\theta + F_{\max} - G\sin\theta = 0$$

$$\sum F_y = 0,\ F_{N1} - F_1\sin\theta - G\cos\theta = 0$$

临界状态的补充方程

$$F_{\max} = f_s F_{N1}$$

联立方程，得

$$F_{1\min} = G\frac{\sin\theta - f_s\cos\theta}{\cos\theta + f_s\sin\theta}$$

(2) 再求水平推力 $\boldsymbol{F}_1$ 的最大值。此时摩擦力沿斜面向下，并达到另一最大值$\boldsymbol{F}'_{\max}$，物块受力如图 4-11(c)所示。取坐标轴如图，列出平衡方程

$$\sum F_x = 0,\ F_1\cos\theta - F'_{\max} - G\sin\theta = 0$$

$$\sum F_y = 0,\ F_{N2} - F_1\sin\theta - G\cos\theta = 0$$

临界状态的补充方程

$$F'_{\max} = f_s F_{N2}$$

联立方程，得

$$F_{1\max} = G\frac{\sin\theta + f_s\cos\theta}{\cos\theta - f_s\sin\theta}$$

综合上述两个结果，可知：为使物块处于平衡状态，水平推力 $\boldsymbol{F}_1$ 必须满足如下条件：

$$G\frac{\sin\theta - f_s\cos\theta}{\cos\theta + f_s\sin\theta} \leqslant F_1 \leqslant G\frac{\sin\theta + f_s\cos\theta}{\cos\theta - f_s\sin\theta}$$

本题也可利用摩擦角的概念，使用全约束力来进行求解。当物块有向下滑动趋势且达到临界状态时，全约束力 $\boldsymbol{F}_R$ 与接触面法线夹角为摩擦角 φ_f，物块受力如图 4-12(a)所示。

取坐标轴如图，列出平衡方程

$$\sum F_x = 0,\ F_{1\min} - F_R\sin(\theta - \varphi_f) = 0$$

$$\sum F_y = 0,\ F_R\cos(\theta - \varphi_f) - G = 0$$

联立方程，得

$$F_{1\min} = G\tan(\theta - \varphi_f)$$

同样，当物块有向上滑动趋势且达到临界状态时，物块受力如图 4-12(b)所示。取坐标轴如图，列出平衡方程

$$\sum F_x = 0,\ F_{1max} - F_R \sin(\theta + \varphi_f) = 0$$

$$\sum F_y = 0,\ F_R \cos(\theta + \varphi_f) - G = 0$$

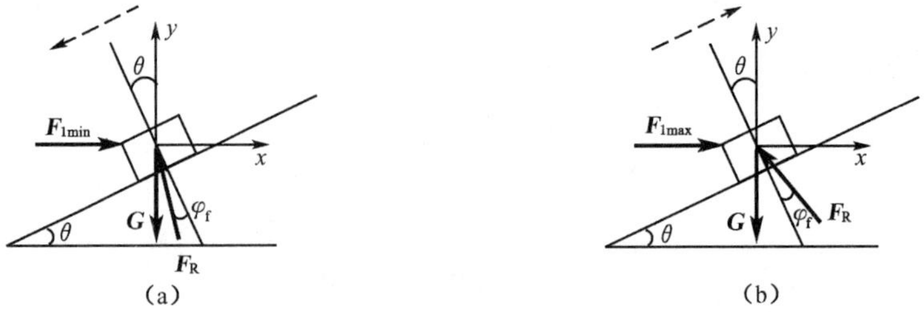

图 4-12

联立方程,得

$$F_{1max} = G\tan(\theta + \varphi_f)$$

综合上述两个结果,可知:为使物块处于平衡状态,水平推力 $\boldsymbol{F}_1$ 必须满足如下条件:

$$G\tan(\theta - \varphi_f) \leqslant F_1 \leqslant G\tan(\theta + \varphi_f)$$

这一结果与上一种解法计算的结果是相同的。在此例题中,如斜面的倾斜角 θ 小于摩擦角,即 $\theta < \varphi_f$,则求出的 $\boldsymbol{F}_{1min}$为负值。这说明,此时物块不需要水平推力 $\boldsymbol{F}_1$ 就能静止在斜面上,而且无论 G 有多大,物块也能静止在斜面上,这就是自锁现象。

应当注意的是,在临界状态求解有摩擦的平衡问题时,必须根据相对滑动的趋势,正确判断摩擦力的方向。这是因为在临界状态时的补充方程 $F_{max} = f_s F_N$ 中,由于 f_s 为正值,且法向约束力 $\boldsymbol{F}_N$ 的方向总是确定的,也为正值,因此 $\boldsymbol{F}_{max}$也必须为正值,也就是说 $\boldsymbol{F}_{max}$的方向不能假定,必须按物体受力时的真实方向给出。

【例 4-4】 一绞车的鼓轮半径 $r = 20$ cm,制动轮半径 $R = 30$ cm,如图 4-13(a)所示。当绞车吊着重物时,要想刹住绞车使重物不下落,则加在制动杆 AC 上的力 $\boldsymbol{F}$ 最小应多大?已知重物重量为 $\boldsymbol{G} = 1$ kN,制动轮和制动块间的静摩擦因数 $f_s = 0.5$,制动块的厚度不计。

【解】 取绞车为研究对象,受力如图 4-13(b)所示,列出平衡方程

$$\sum M_O(\boldsymbol{F}) = 0,\ G \cdot r - F_s \cdot R = 0$$

得

$$F_s = \frac{Gr}{R} = 0.67\ \text{kN}$$

再取制动杆 AC 为研究对象,受力如图 4-13(c)所示,列出平衡方程

$$\sum M_A(\boldsymbol{F}) = 0,\ F \cdot (0.3 + 0.6) - F'_N \cdot 0.3 = 0$$

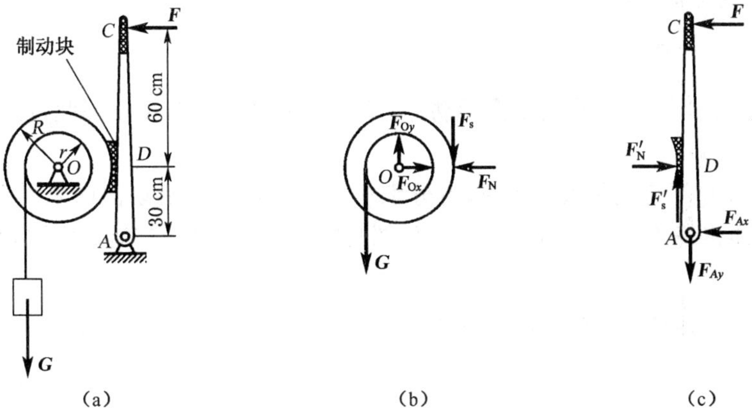

图 4-13

得

$$F_N = F'_N = 3F \quad \text{(a)}$$

想要刹住轮子，即算出的 $\boldsymbol{F}_s$ 不应大于 $\boldsymbol{F}_{max}$，即

$$F_s \leqslant F_{max} = f_s F_N \quad \text{(b)}$$

将式(a)及 $\boldsymbol{F}_s = 0.67\ \text{kN}$ 代入式(b)，得

$$f_s \cdot 3F \geqslant 0.67$$

故 $$F \geqslant 0.45\ \text{kN}$$

想要刹住绞车，力 $\boldsymbol{F}$ 的最小值为 0.45 kN。

【例 4-5】 如图 4-14 所示的物块重 $\boldsymbol{G} = 10\ \text{kN}$，它与地面间的静摩擦因数 $f_s = 0.5$。图中 $b = 1\ \text{m}$，$h = 1.5\ \text{m}$，$\theta = 30°$。试求：(1)当 B 处的拉力 $\boldsymbol{F} = 3\ \text{kN}$ 时，物块是否能平衡？(2)能使物块保持平衡的最大拉力 $\boldsymbol{F}$。

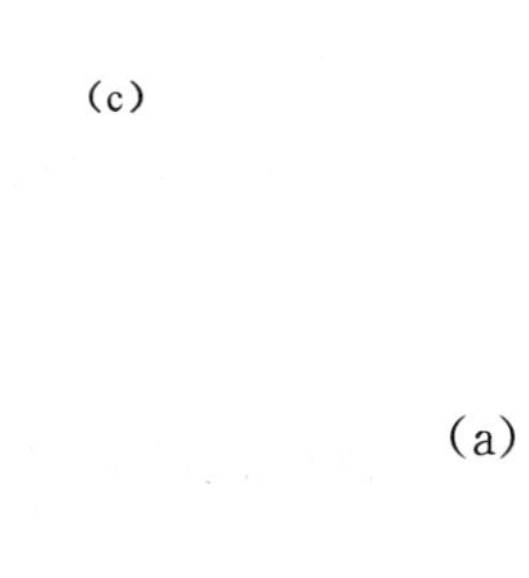

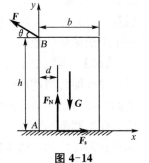

图 4-14

【解】 要保持物块平衡，必须满足两个条件：一是不发生滑动，即要求静摩擦力 $F_s \leqslant F_{max} = f_s F_N$；二是不绕着 A 点向左翻倒，这时法向约束力 $\boldsymbol{F}_N$ 的作用线应在物块内，即 $d > 0$。

(1) 取物块为研究对象，受力如图所示，列出平衡方程

$$\sum F_x = 0,\ F_s - F\cos\theta = 0 \quad \text{(a)}$$

$$\sum F_y = 0,\ F_N - G + F\sin\theta = 0 \quad \text{(b)}$$

$$\sum M_A(\boldsymbol{F}) = 0,\ F\cos\theta \cdot h - G \cdot \frac{b}{2} + F_N \cdot d = 0 \quad \text{(c)}$$

联立方程，得

$$F_s = 2.6\ \text{kN},\ F_N = 8.5\ \text{kN},\ d = 0.13\ \text{m}$$

此时物块与地面之间最大摩擦力

$$F_{max}=f_sF_N=4.25\ \text{kN}$$

由此可见，$F_s<F_{max}$，物块不会滑动；又 $d>0$，物块不会翻倒。因此，物块在拉力 $\boldsymbol{F}$ 作用下能够保持平衡。

(2) 为求保持平衡的最大拉力 $\boldsymbol{F}$，可分别求出使物块即将滑动而尚未滑动时的临界拉力 $\boldsymbol{F}_1$ 和物块即将绕 A 点即将翻倒而尚未翻倒时的临界拉力 $\boldsymbol{F}_2$，二者之间取较小值，即为本题所求。

物块即将滑动而尚未滑动的临界条件是

$$F_s = F_{max} = f_sF_N \tag{d}$$

联立式(a)，(b)和(d)，得

$$F_1 = \frac{f_sG}{\cos\theta + f_s\sin\theta} = 4.48\ \text{kN}$$

将物块绕 A 点即将翻倒而尚未翻倒的条件 $d=0$，代入式(c)，得

$$F_2 = \frac{Gb}{2h\cos 30^\circ} = 3.85\ \text{kN}$$

由于 $F_2<F_1$，所以保持物块平衡的最大拉力为

$$F = F_2 = 3.85\ \text{kN}$$

说明当拉力 $\boldsymbol{F}$ 逐渐增大时，物块将先翻倒而失去平衡。

【例 4-6】 梯子 AB 重 $\boldsymbol{G}_1=150\ \text{N}$，长为 4 m，重心在 AB 中点 C 处，下端搁在桌子的中点 B 上，上端靠在墙上。桌子重 $\boldsymbol{G}_2=200\ \text{N}$，尺寸如图 4-15(a)所示。$A$，$B$ 两处的静摩擦因数 f_{s1} 均为 0.5，桌腿与地面之间的静摩擦因数 f_{s2} 为 0.4。试求当重量 $\boldsymbol{G}_3=600\ \text{N}$ 的人在梯子上能站稳的最高点 D 到 B 端的距离 l。

【解】 本题中系统平衡时有 3 种临界状态：(1)桌腿与地面间无滑动，梯子与桌面及梯子与墙面即将滑动而尚未滑动的临界状态；(2)梯子与桌面间无滑动，桌腿与地面和梯子与墙面即将滑动而尚未滑动的临界状态；(3)梯子与桌面间无滑动，但桌子绕点 F 向右即将翻倒而尚未翻倒的临界状态。可先假设系统处于一种临界状态，计算出数值，然后经过另一种临界状态计算的数值来判定原先假设是否正确，从而求出维持平衡的最大距离 l。这种方法称为假设法。

(1) 桌腿与地面间无滑动，梯子与桌面及梯子与墙面即将滑动而尚未滑动的临界状态，取梯子为研究对象，受力如图 4-15(b)所示，此时 $F_A=f_{s1}F_{NA}$，$F_B=f_{s1}F_{NB}$，列出平衡方程

$$\sum F_x = 0,\ F_{NA}-F_B=0$$

$$\sum F_y = 0,\ F_A-G_3-G_1+F_{NB}=0$$

$$\sum M_B(\boldsymbol{F}) = 0,\ -F_{NA}\cdot 4\cos 30^\circ - F_A\cdot 4\sin 30^\circ + G_3\cdot l\sin 30^\circ + G_1\cdot \frac{4}{2}\sin 30^\circ = 0$$

得

$$F_{NA} = F_B = 300\ \text{N},\ l = 3.964\ \text{m}$$

接着判断在假设状态下,桌子是否会滑动。取桌子为研究对象,受力如图 4-15(c)所示,列出平衡方程

$$\sum F_x = 0,\ F'_B - F_E = 0 \tag{a}$$

$$\sum F_y = 0,\ F_{N1} + F_{N2} - G_2 - F'_{NB} = 0 \tag{b}$$

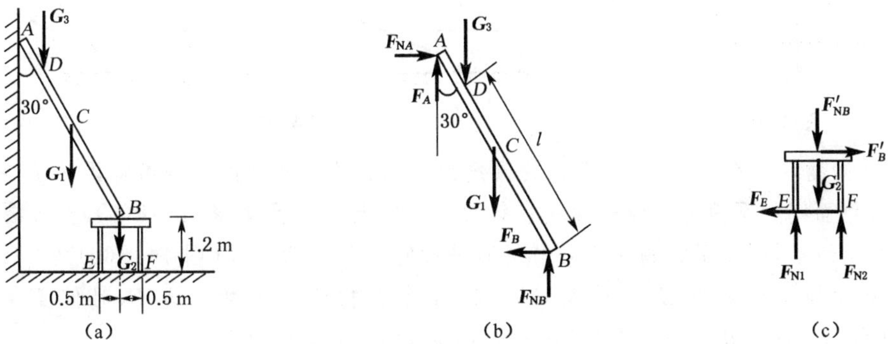

图 4-15

由式(a)可得

$$F_E = F'_B = F_B = f_{s1} F_{NB} = 300\ \text{N} \tag{c}$$

由式(b)和式(c)可得

$$F_{N1} + F_{N2} = G_2 + F'_{NB} = G_2 + F_{NB} = G_2 + \frac{300}{f_{s1}} = 800\ \text{N}$$

此时桌腿与地面之间的最大静摩擦力为

$$f_{s2}(F_{N1} + F_{N2}) = 0.4 \times 800 = 320\ \text{N} > F_E = 300\ \text{N}$$

说明桌腿与地面之间没有滑动。

接着判断在假设状态下,桌子是否会绕着 F 点向右翻倒,此时临界状态 $F_{N1}=0$。取桌子为研究对象,受力如图 4-15(c)所示。

绕 F 点的平衡力矩为

$$M_1 = (F'_{NB} + G_2) \times 0.5 = \left(\frac{300}{f_{s1}} + 200\right) \times 0.5 = 400\ \text{N} \cdot \text{m}$$

绕 F 点的翻倒力矩为

$$M_2 = F'_B \times 1.2 = 300 \times 1.2 = 360\ \text{N} \cdot \text{m}$$

由此可见,$M_1 > M_2$,桌子不会绕 F 点翻倒。上述假设正确,所以 $l_{max} = 3.964$ m,即人在梯子上能站稳的最高点 D 到 B 端的距离为 3.964 m。

思考题

1. 已知一重为 $\boldsymbol{G}=100\ \text{N}$ 的物块放在水平面上，如图 4-16 所示，其静摩擦因数 $f_s=0.25$。当作用在物块上的水平推力 $\boldsymbol{F}$ 分别为 15 N，20 N 和 35 N 时，试分析这 3 种情况下，物块是否平衡？其受到的摩擦力等于多少？

2. 如图 4-17，桌面水平放置的物块重 $\boldsymbol{G}=10\ \text{N}$，其与桌面间的静摩擦因数 $f_s=0.4$，今沿与水平面成 30°角的位置作用一大小 $\boldsymbol{F}=5\ \text{N}$ 的力。物块只能拉动而不能推动，这是为什么？

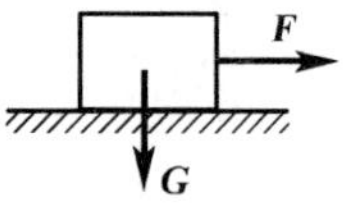

图 4-16

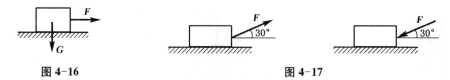

图 4-17

3. 已知物块重 $\boldsymbol{G}=100\ \text{N}$，斜面的倾角为 30°，物块与斜面间的静摩擦因数 $f_s=0.38$。求物块与斜面间的摩擦力。此时物块在斜面上是静止还是下滑(图 4-18(a))？如要使物块沿斜面向上运动，则作用在物块上并与斜面平行的力 $\boldsymbol{F}$ 应为多大(图 4-18(b))？

4. 已知物块重量为 $\boldsymbol{G}$，摩擦角 $\varphi_f=20°$，今在物块上另加一力 $\boldsymbol{F}$，且使 $\boldsymbol{F}=\boldsymbol{G}$，如图 4-19 所示。问当 θ 分别等于 35°，40°和 45°时，物块各处于什么状态？

(a) (b)

图 4-18

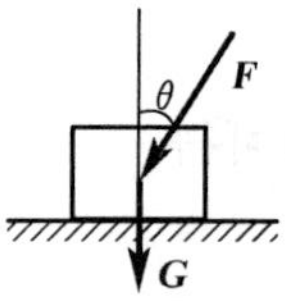

图 4-19

5. 如图 4-20 所示，用钢楔劈物，接触面间的摩擦角为 φ_f。劈入后欲使钢楔不滑出，问钢楔两个平面间的夹角 θ 应该为多大？钢楔重量不计。

6. 汽车水平匀速行驶时，地面对车轮既有滑动摩擦也有滚动摩阻，而车轮只滚不滑。汽车前轮受车身施加的一个向前推力 $\boldsymbol{F}$(图 4-21(a))，而后轮受一驱动力偶 M，并受车身向后的反力 $\boldsymbol{F}'$(图 4-21(b))。试画出全前、后轮的受力图。

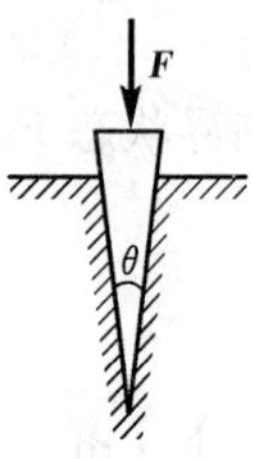

图 4-20

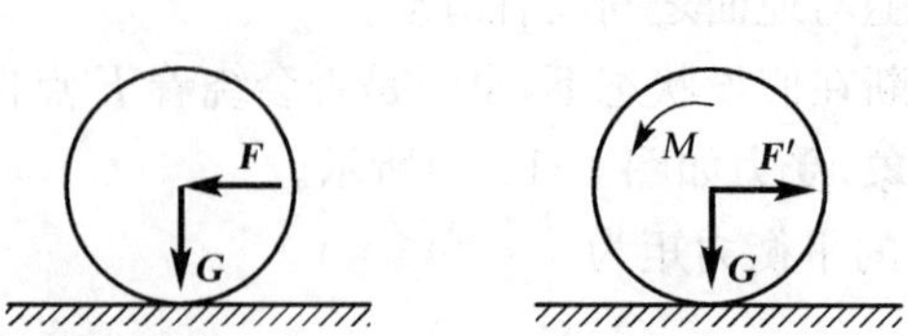

(a) (b)

图 4-21

7. 如图 4-22 所示，一轮半径为 R，在其铅直直径的上端 B 点作用水平力 $\boldsymbol{F}$，轮与水平面间的滚阻系数为 δ。问使轮只滚不滑时，轮与水平面的静摩擦因数 f_s 需满足什么条件？

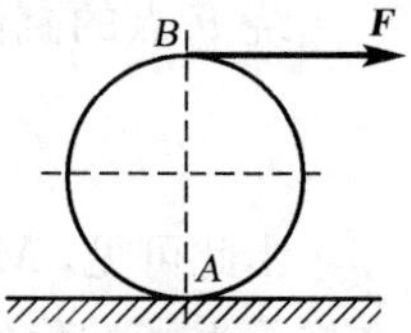

图 4-22

习题

1. 重 $\boldsymbol{G}=10\,\mathrm{N}$ 的物块，受水平力 $F=30\,\mathrm{N}$ 的作用而静止于墙面上，如图 4-23 所示，已知墙面与物块间的静摩擦因数 $f_s=0.5$，试求物块受到的摩擦力。

2. 两物块 A 和 B 相叠，置于水平面上，如图 4-24(a)所示。已知物块 A 重 $G_1=500\,\mathrm{N}$，物块 B 重 $G_2=200\,\mathrm{N}$，A、B 两物块间的静摩擦因数 $f_{s1}=0.25$，物块 B 与地面间的静摩擦因数 $f_{s2}=0.2$。试求：(1) 拉动物块 B 所需的最小水平力 F_{min}；(2) 若物块 A 用一根绳子拉住，如图 4-24(b) 所示，求此时拉动物块 B 所需的最小水平力 F_{min}。

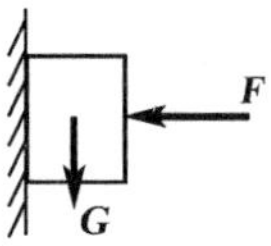

图 4-23

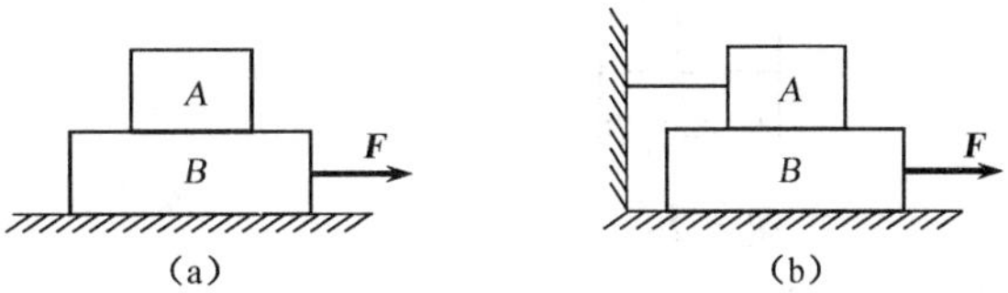

图 4-24

3. 如图 4-25 所示，物块重 $\boldsymbol{G}=30\,\mathrm{N}$，放置在倾角为30°的斜面上，物块与斜面间的静摩擦因数 $f_s=0.25$，动摩擦因数 $f=0.24$。今在物块上外加指向斜面上方的力 $F=10\,\mathrm{N}$。试求：(1)物块是否处于平衡状态；(2)物块与斜面之间的摩擦力。

4. 物块重 $\boldsymbol{G}$，一力 $\boldsymbol{F}$ 作用在摩擦角之外，如图 4-26 所示。已知 $\theta=25°$，摩擦角 $\varphi_f=20°$，$F=G$。试问物块动不动？为什么？

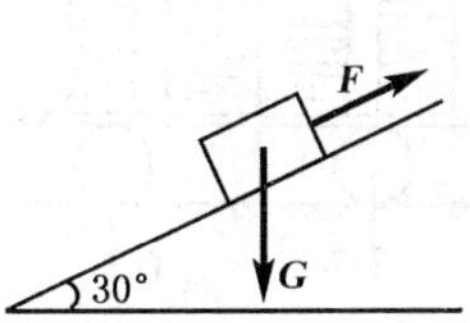

图 4-25

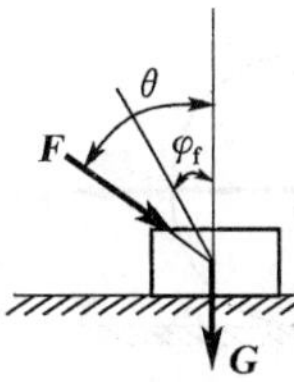

图 4-26

5. 电工攀登电线杆脚上所用套钩如图 4-27 所示。已知电线杆直径 $d=0.3\,\mathrm{m}$，套钩的尺寸 $b=0.1\,\mathrm{m}$。套钩与电线杆之间的动摩擦因数 $f=0.3$，套钩的重量不计。试求踏脚处到电线杆轴线间的距离 a 为多大方能保证工人安全操作。

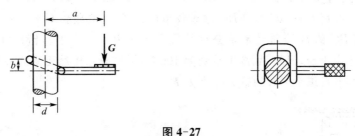

图 4-27

6. 重力坝受力如图 4-28 所示，已知 $G_1=500\,\mathrm{kN}$，$G_2=225\,\mathrm{kN}$，$F_1=400\,\mathrm{kN}$，重力坝与基底的静摩擦因数 $f_s=0.6$。试求：(1)该重力坝是否会滑动？(2)该重力坝是否会绕 E 点而倾倒？

7. 如图 4-29 所示重量为 $G=200\,\mathrm{N}$ 的梯子靠在墙上，梯子长为 l，与水平面的夹角 $\theta=$

60°，各接触面间静摩擦因数均为 0.25。今有一重 $P=650\ \mathrm{N}$ 的人沿梯子向上爬。试求：(1)人所能达到的最高点 D 到点 A 的距离 s；(2)若人要沿梯子爬到顶点 B，则夹角 θ 应在什么范围内？

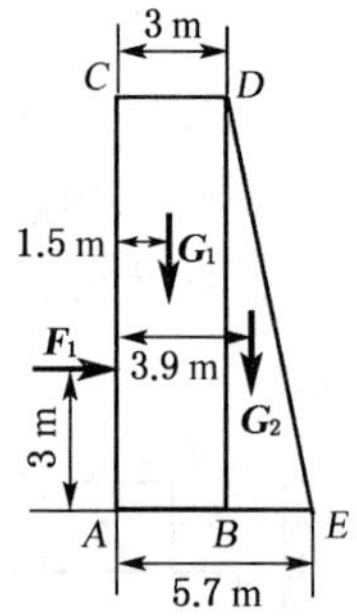

图 4-28

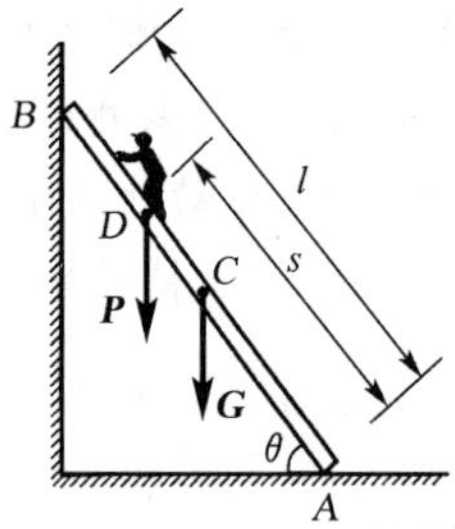

图 4-29

8. 如图 4-30 所示一滚子重量为 $G=2\ \mathrm{kN}$，半径 $r=1\ \mathrm{m}$，与地面间的动摩擦因数和滚阻系数分别为 $f=0.1$，$\delta=5\ \mathrm{mm}$，水平力 $F=10\ \mathrm{N}$ 作用于滚子中心 O 点时将发生滚动。试求滑动摩擦力和滚阻力偶矩各等于多少。

9. 如图 4-31 所示在半径为 r、重量为 G_1 的两个滚子上放一木板，木板上放一重物，板与重物的重量为 $\boldsymbol{G}$，在水平力 $\boldsymbol{F}$ 的作用下，木板与重物以匀速沿直线运动。已知木板与滚子之间及滚子与地面之间的滚阻系数分别为 δ' 和 δ，且无相对滑动，试求水平力 $\boldsymbol{F}$ 的大小。

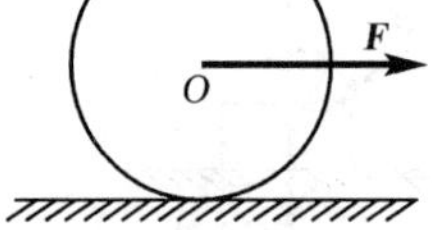

图 4-30

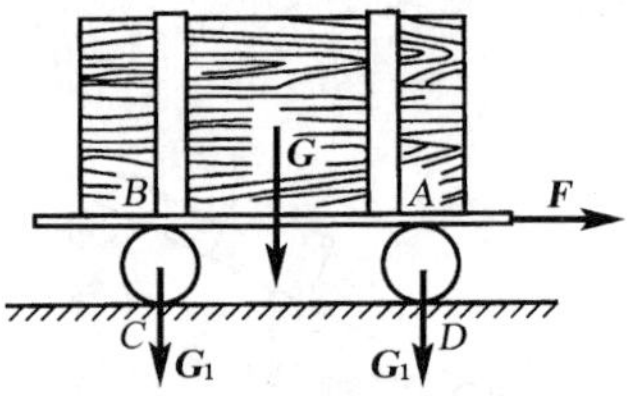

图 4-31

10. 图 4-32 所示不计自重的拉门与上下滑道之间的静摩擦因数均为 f_s，门高为 h。若在门上 $\frac{2}{3}h$ 处用水平力 $\boldsymbol{F}$ 拉门而不会卡住，试求：(1)门宽 b 的最小值；(2)门的自重对不被卡住时的门宽最小值是否有影响？

11. 如图 4-33 所示杆 AC 和杆 BC 通过铰链 C 连接，并在铰链 C 处作用一铅直力 $\boldsymbol{F}$，杆 AC 的 A 端和杆 BC 的 B 端通过滑块分别放置于水平面和斜面上。已知杆 AC 平行于斜面，杆 BC 平行于水平面，滑块 A、B 重量均为 100 N，滑块与各接触面间的静摩擦因数 $f_s=0.5$。试求维持整个系统平衡时的最大铅直力 $\boldsymbol{F}$。

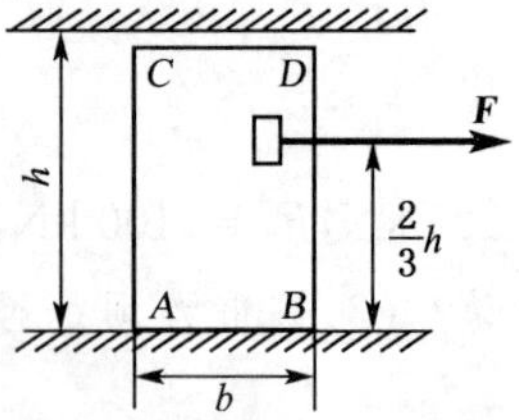

图 4-32

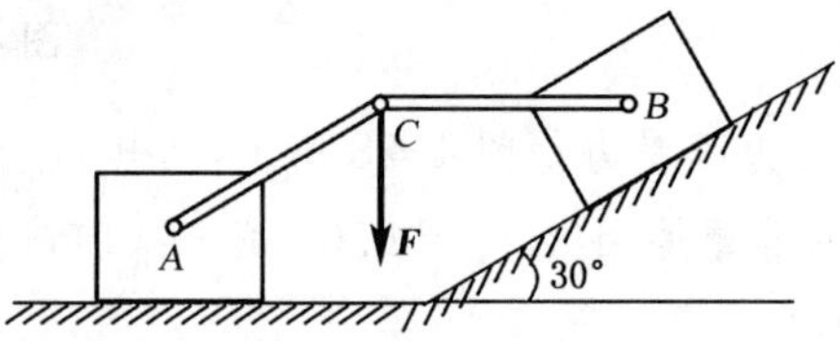

图 4-33

12. 放置在斜面上的 3 个物块如图 4-34 所示，重量分别为 $G_A = 300$ N，$G_B = 500$ N，$G_C = 400$ N，绳子和力 $\boldsymbol{F}$ 均与斜面平行。已知物块 A、B 之间，B、C 之间，C 与斜面之间的静摩擦因数分别为 $f_{s1} = 0.3$，$f_{s2} = 0.4$，$f_{s3} = 0.5$。试求系统不发生任何滑动时力 $\boldsymbol{F}$ 的最大值。

13. 若没有图 4-35 所示物块 B 的阻止，均质轮 C 的中心将会向右运动。设物体 A、B、C 的重量均为 G，3 个接触面间静摩擦因数均为 f_s，试求能使物体系统保持平衡所需 f_s 的最小值。假设 B 的宽度足够大以使它不会倾倒。

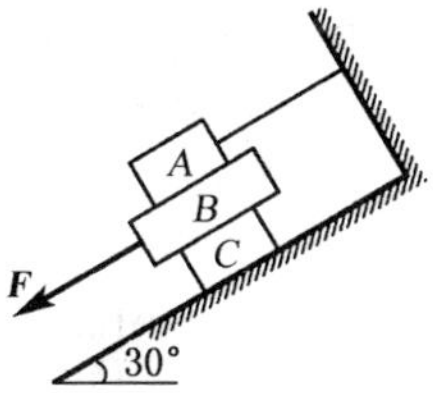

图 4-34

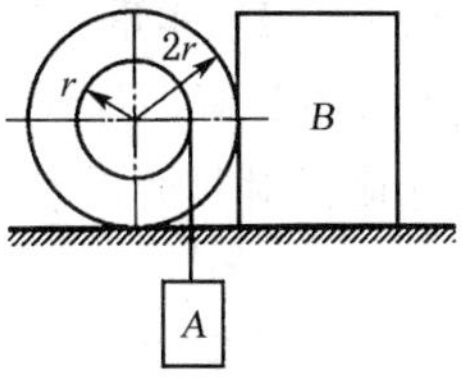

图 4-35

14. 如图 4-36 所示板 AB 长为 l，A、B 两端分别放置在倾角 $\angle AOD = 50°$ 和 $\angle BOE = 30°$ 的两个斜面上，如图所示。已知 A、B 两端与斜面之间的摩擦角均为 $\varphi_f = 25°$。欲使物块 C 放在板上而板保持水平不动，且不计板的自重，试求物块放置的范围。

15. 如图 4-37 所示均质长板 AD 重 $\boldsymbol{G}$，长为 4 m，用一短板 BC 支撑，如图所示。若 $AC = BC = AB = 3$ m，BC 板的自重不计。求 A、B、C 处摩擦角各为多大才能使之保持平衡。

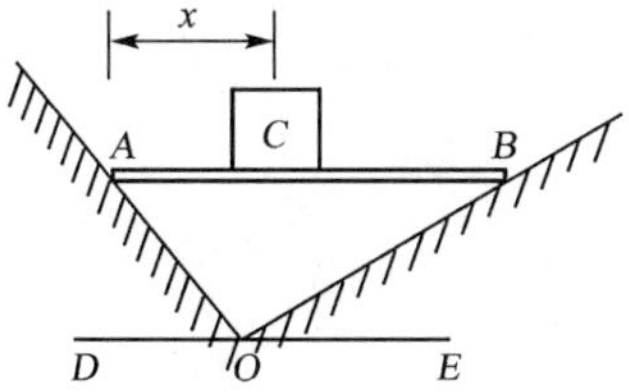

图 4-36

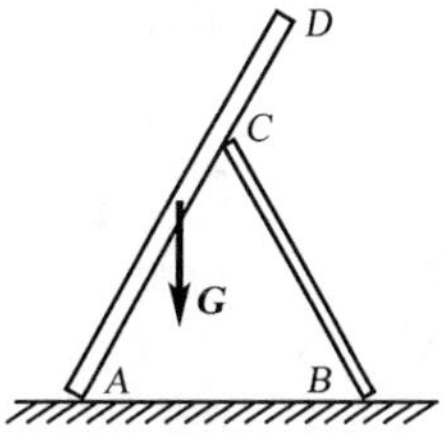

图 4-37

16. 如图 4-38 所示杆 AB 通过固定铰链支座 A 与地面连接，杆的 B 端受力 $\boldsymbol{F}_B$ 作用，力的作用线与杆 AB 垂直。杆的中部与圆轮接触，接触点为 C。已知 $F_B = 50$ N，圆轮重 $G = 100$ N，$AC = BC = a$，$\theta = 60°$，杆 AB 与圆轮间的静摩擦因数 $f_{s1} = 0.4$，圆轮与地面间的静摩擦因数 $f_{s2} = 0.3$。试求轮心处水平推力 $\boldsymbol{F}$ 为多大时，能保持物体系统平衡。

17. 提砖用的砖夹是由曲杆 AOC 和 ODB 铰接而成，尺寸如图 4-39 所示。设砖的总厚度 $AB = 0.25$ m，总重为 $\boldsymbol{G}$，提起砖的力 $\boldsymbol{F}$ 作用在砖夹的中心线上，砖夹与砖间的静摩擦因数 $f_s = 0.5$。若不计曲杆自重，试求能把砖匀速提起的尺寸 a 是多少。

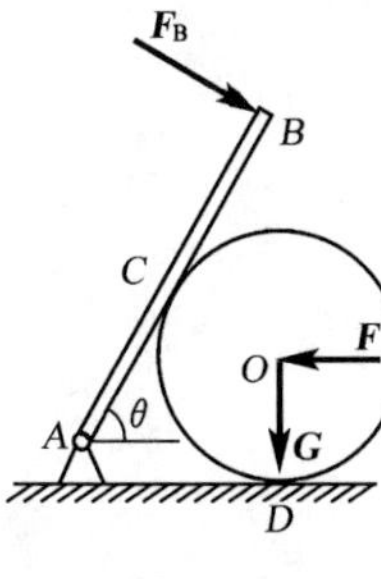

图 4-38

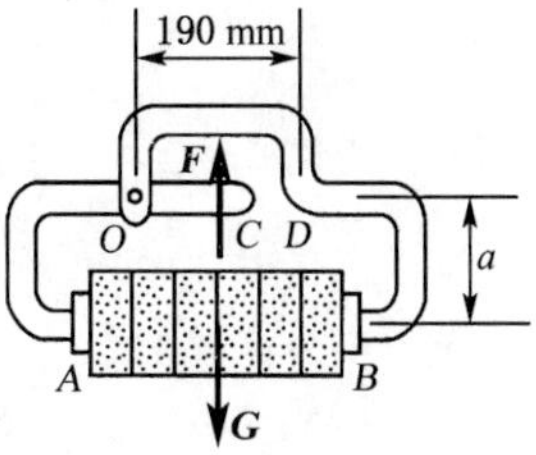

图 4-39

18. 如图 4-40 所示，重为 W、半径为 r 的均质圆柱放在倾角为 θ 的斜面上，吊有物体 B 的绳子跨过滑轮 A 系于圆柱轴心 C 上。已知圆柱与斜面间的滚阻系数为 δ。试求：(1)圆柱与斜面的滑动摩擦因数为多少方能保证圆柱滚动而不滑动？(2)维持圆柱在斜面上平衡时物体 B 的最大和最小重量为多少？

19. 如图 4-41 所示，在地面放置一均质圆轮 A，重量 $G=4\ \text{N}$，半径 $r=60\ \text{mm}$，将杆 AB 两端与圆轮和滑块分别用铰链连接。滑块靠在光滑铅直墙上，并受铅直力 $F=8\ \text{N}$ 作用。绕在轮上的绳子受水平力 $\boldsymbol{F}_1$ 作用。圆轮与地面之间的滑动摩擦因数 $f=0.3$，滚阻系数 $\delta=1\ \text{mm}$，杆与墙成 $30°$，不计杆 AB 和滑块自重。试求：(1)为使物体系统保持平衡，水平力 $\boldsymbol{F}_1$ 的最大值；(2)此时地面对轮的滑动摩擦力和滚阻力偶矩。

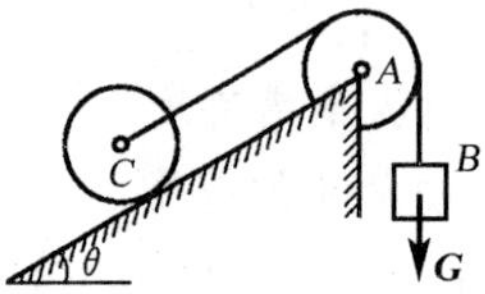

图 4-40

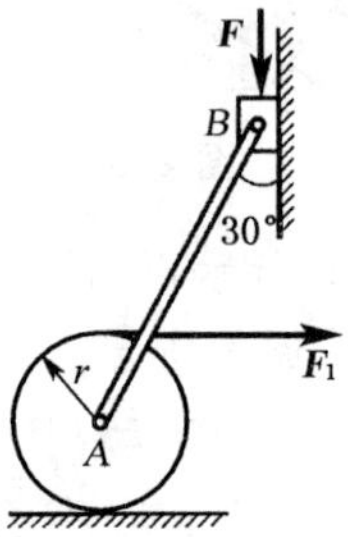

图 4-41

第二篇　运动学

引　言

在静力学中我们学习研究了物体的平衡规律，但当平衡条件不满足时，物体就要改变原来的静止状态，而变为运动状态。由于物体的运动规律较之平衡规律要复杂得多，所以我们将其分为运动学和动力学两部分来进行学习研究。

运动学是从几何的观点来研究物体的机械运动，而不考虑诸如力和质量等与运动有关的物理因素。或者这样来说，运动学研究物体在空间的位置随时间的变化，即物体的运动，但是不涉及引起运动的原因。

机械运动是指物体在空间的位置随时间的变化。要研究运动，必须首先说明空间和时间的概念。一切运动都发生在空间和时间之中，因此空间和时间与运动是不可分割的，它们是物质存在的。在运动学中，我们假设空间是不变的，在这个空间中，欧几里得几何学公理成立，各处长度的度量相同，单位为米(m)。时间可以看成是独立于空间之外的、均匀流逝的自变量，所有地方都用完全相同并调整到同步的时钟来度量，时间的单位为秒(s)。为了描述运动变化，在运动学里，要用到瞬时和时间间隔这两个不同的概念。瞬时是指某一时刻，而时间间隔则是指两个不同瞬时之间的一段时间。

在运动学中，还有一个重要的问题是如何确定物体在空间的位置。物体的位置只能相对地描述，也就是只能确定一个物体相对于另一个物体的位置。这后一物体被作为确定前一物体位置用的参考体。将一组坐标系固连在参考体上，则这组坐标系就被称为参考坐标系或参考系。如果物体在所选参考系中的位置是随时间而变化的，则说明该物体在运动，否则，该物体处于静止。在运动学中，所谓运动和静止都只有在指明了参考系的情况下才有意义。

在运动学中，参考系的选择是任意的。描述同一物体运动的时候，选用不同的参考系可以得到不一样的结果。比如，当车厢沿轨道行驶时，对固连于车厢的参考系，车厢里坐着的乘客是静止的；但是对于固连于地球上的参考系，乘客则是随车厢一起运动的。因此，在力学学习过程中，描述任何物体的运动都需要首先指明参考系。在习惯上和一般工程问题中，都是选取固连于地球上的参考系。以后如果不做特殊说明，选用的参考系均固连于地球。对于特殊的问题，将根据需要另外选择参考系，并会加以说明。

在运动学的学习研究中，通常将物体抽象为点和刚体两种模型。所谓点是指其形状、大小可忽略不计而只在空间占有确定位置的几何点。而刚体则可视为由无穷多个点组成的不变形的几何形体。当忽略物体的几何形状、尺寸而不会影响所研究的问题时，该物体可以抽象为一个点，反之抽象为刚体。

学习运动学的目的，一方面是为学习动力学提供必要的基础知识，掌握了运动学中关于点和刚体运动分析的方法，才能建立运动与力的关系，这正是动力学所要讨论的问题。另一方面，运动学在工程实际中也有其独立的应用价值。无论是设计新产品、新设备还是进行技术改革，首先要求产品或设备实现预先规定的运动。因此必须以运动学知识为基础，才能对机构进行必要的运动分析和计算。

5 点的运动学

点的运动学是研究一般物体运动的基础，又具有独立的应用意义。本章将研究点相对于某一个参考系的几何位置随时间变化的规律，包括点的运动方程、运动轨迹、速度和加速度等。

5.1 矢量法

1) 点的运动方程

在参考体上任意选择一点 O 作为参考点(定点或原点)，把由定点 O 指向动点 M 的有向线段 OM(图 5-1)作为矢量看待，并用 $\boldsymbol{r}=OM$ 表示，称 $\boldsymbol{r}$ 为点 M 相对原点 O 的位置矢量，简称矢径。当点 M 运动时，矢径 $\boldsymbol{r}$ 的大小和方向都随时间在不断变化，即不同的矢径 $\boldsymbol{r}$ 对应着不同的位置。这种用矢量确定动点位置的方法就称为矢量法。

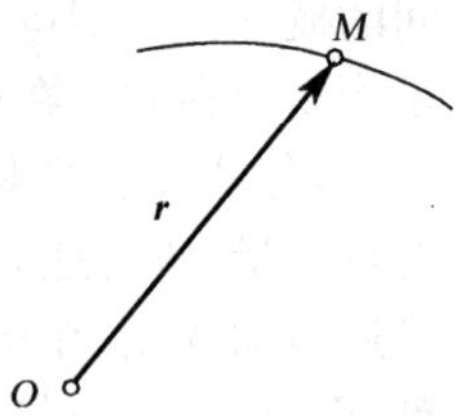

图 5-1

当动点 M 运动时，矢径 $\boldsymbol{r}$ 是时间 t 的单值连续矢量函数，即

$$\boldsymbol{r}=\boldsymbol{r}(t) \tag{5-1}$$

上式称为点 M 的矢量形式的运动方程。动点 M 运动时，矢径 $\boldsymbol{r}$ 的矢端随时间变化在空间绘出的曲线，称为位矢端图。显然，位矢端图就是动点 M 的运动轨迹。

2) 点的速度

点的速度是描述点在某一瞬时运动的快慢和方向的矢量。

动点的速度矢等于它的矢径 $\boldsymbol{r}$ 对时间的一阶导数，即

$$\boldsymbol{v}=\frac{\mathrm{d}\boldsymbol{r}}{\mathrm{d}t} \tag{5-2}$$

动点的速度矢沿着矢径 $\boldsymbol{r}$ 的矢端曲线的切线，即沿动点运动轨迹的切线，并与此点运动的方向一致。速度的大小，即速度矢 $\boldsymbol{v}$ 的模，表示点运动的快慢，在国际单位制中，速度 $\boldsymbol{v}$ 的单位是 m/s。

3) 点的加速度

点的加速度是点的速度矢对时间的变化率，它描述了点的速度大小和方向的变化，也是矢量。

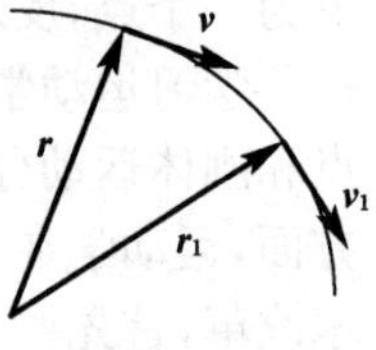

图 5-2

动点作曲线运动时，不仅速度的大小可能发生变化，而且速度的方向也在改变(图 5-2)。为了描述每瞬时动点速度的大小和方向改变的情况，引入了加速度的概念。加速度是意大利天文学家、力学家、哲学家伽利略(Galileo 1564—1642)提出的。伽利略对运动基本概念，包括重心、速度、

加速度等都做了详尽研究并给出了严格的数学表达式。尤其是加速度概念的提出，在力学史上是一个里程碑。有了加速度的概念，力学中的动力学部分才能建立在科学基础之上。而在伽利略之前，只有静力学部分有定量的描述。

动点的加速度矢等于该点的速度矢对时间的一阶导数，或是等于矢径对时间的二阶导数，即

$$\boldsymbol{a} = \frac{\mathrm{d}\boldsymbol{v}}{\mathrm{d}t} = \frac{\mathrm{d}^2\boldsymbol{r}}{\mathrm{d}t^2} \tag{5-3}$$

加速度的方向沿速度矢端图的切线，并指向速度矢端运动的方向。在国际单位制中，加速度 $\boldsymbol{a}$ 的单位为 $\mathrm{m/s^2}$。

有时为了方便，在字母上方加“·”表示该量对时间的一阶导数，加“··”表示该量对时间的二阶导数。所以，公式(5-2)、(5-3)也可写为

$$\boldsymbol{v} = \dot{\boldsymbol{r}} \qquad\qquad \boldsymbol{a} = \dot{\boldsymbol{v}} = \ddot{\boldsymbol{r}}$$

5.2　直角坐标法

1）*点的运动方程*

过点 O 作固定直角坐标系 $Oxyz$，动点 M 在任意瞬时的空间位置既可以用它相对于坐标原点 O 的矢径 $\boldsymbol{r}$ 表示，也可以用它的 3 个直角坐标 x,y,z 表示，如图 5-3 所示。

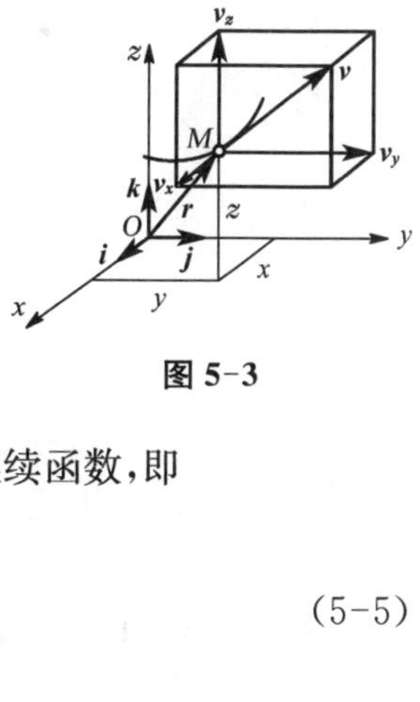

图 5-3

由于矢径的原点与直角坐标系的原点重合，因此点 M 的矢径可写为

$$\boldsymbol{r} = x\boldsymbol{i} + y\boldsymbol{j} + z\boldsymbol{k} \tag{5-4}$$

式中：$\boldsymbol{i},\boldsymbol{j},\boldsymbol{k}$——沿 3 个定坐标轴的单位矢量。

由于 $\boldsymbol{r}$ 是时间的单值连续函数，因此 x,y,z 也是时间的单值连续函数，即

$$\left.\begin{aligned} x &= f_1(t) \\ y &= f_2(t) \\ z &= f_3(t) \end{aligned}\right\} \tag{5-5}$$

上式是以时间 t 为参数的方程，称为动点 M 以直角坐标表示的运动方程。

由该公式我们可以看出，如果知道了点的运动方程式，就可以求出任一瞬时点的坐标 x,y,z 的值，也就完全确定了该瞬时动点的位置。该公式实际上也是点的轨迹的参数方程，只要给定时间 t 的不同数值，依次得出点的坐标 x,y,z 相应的数值，根据这些数值就可以描绘出动点的轨迹。而动点的轨迹与时间无关，如果需要求点的轨迹方程，我们可将运动方程中的时间 t 消去便可得到公式(5-6)。

$$\left.\begin{aligned} f_1(x,z) &= 0 \\ f_2(y,z) &= 0 \end{aligned}\right\} \tag{5-6}$$

在工程实际中，我们经常遇到点在某平面内运动的情况，此时点的轨迹为一平面曲线。取轨迹所在的平面为坐标平面 Oxy，则点的运动方程为

$$\left.\begin{aligned} x &= f_1(t) \\ y &= f_2(t) \end{aligned}\right\} \tag{5-7}$$

从上式消去时间 t，可得轨迹方程

$$f(x, y) = 0 \tag{5-8}$$

2）点的速度

由式(5-2)和式(5-4)可知，点 M 的速度为

$$\boldsymbol{v} = \frac{\mathrm{d}\boldsymbol{r}}{\mathrm{d}t} = \frac{\mathrm{d}}{\mathrm{d}t}(x\boldsymbol{i} + y\boldsymbol{j} + z\boldsymbol{k}) \tag{5-9}$$

由于 $\boldsymbol{i}$，$\boldsymbol{j}$ 和 $\boldsymbol{k}$ 为大小和方向都不变的恒矢量，因此有

$$\boldsymbol{v} = \frac{\mathrm{d}\boldsymbol{r}}{\mathrm{d}t} = \frac{\mathrm{d}x}{\mathrm{d}t}\boldsymbol{i} + \frac{\mathrm{d}y}{\mathrm{d}t}\boldsymbol{j} + \frac{\mathrm{d}z}{\mathrm{d}t}\boldsymbol{k} \tag{5-10}$$

而矢量 $\boldsymbol{v}=\frac{\mathrm{d}\boldsymbol{r}}{\mathrm{d}t}$ 也可以沿 3 个坐标轴分解，设 v_x、v_y、v_z 表示速度 $\boldsymbol{v}$ 在轴 x、y、z 上的投影，则有

$$\boldsymbol{v} = v_x\boldsymbol{i} + v_y\boldsymbol{j} + v_z\boldsymbol{k} \tag{5-11}$$

比较式(5-10)和式(5-11)，可得

$$\left.\begin{aligned} v_x &= \frac{\mathrm{d}x}{\mathrm{d}t} = \dot{x} \\ v_y &= \frac{\mathrm{d}y}{\mathrm{d}t} = \dot{y} \\ v_z &= \frac{\mathrm{d}z}{\mathrm{d}t} = \dot{z} \end{aligned}\right\} \tag{5-12}$$

因此，动点的速度在固定直角坐标轴上的投影，等于该点的对应坐标对时间的一阶导数。

若已知速度的 3 个投影，就可以求得速度的大小为

$$v = \sqrt{v_x^2 + v_y^2 + v_z^2} = \sqrt{\left(\frac{\mathrm{d}x}{\mathrm{d}t}\right)^2 + \left(\frac{\mathrm{d}y}{\mathrm{d}t}\right)^2 + \left(\frac{\mathrm{d}z}{\mathrm{d}t}\right)^2} \tag{5-13}$$

速度的方向可用速度矢量 $\boldsymbol{v}$ 与各坐标轴正向间夹角的余弦来表示，即

$$\left.\begin{aligned} \cos(\boldsymbol{v}, \boldsymbol{i}) &= \frac{v_x}{v} \\ \cos(\boldsymbol{v}, \boldsymbol{j}) &= \frac{v_y}{v} \\ \cos(\boldsymbol{v}, \boldsymbol{k}) &= \frac{v_z}{v} \end{aligned}\right\} \tag{5-14}$$

3）点的加速度

由动点的速度分解式(5-11)对时间 t 求导数可得其加速度，即

$$\boldsymbol{a}=a_x\boldsymbol{i}+a_y\boldsymbol{j}+a_z\boldsymbol{k}=\frac{\mathrm{d}v_x}{\mathrm{d}t}\boldsymbol{i}+\frac{\mathrm{d}v_y}{\mathrm{d}t}\boldsymbol{j}+\frac{\mathrm{d}v_z}{\mathrm{d}t}\boldsymbol{k} \tag{5-15}$$

于是可得，动点的加速度 $\boldsymbol{a}$ 在固定轴 x、y、z 上的投影分别是

$$\left.\begin{aligned}a_x&=\frac{\mathrm{d}v_x}{\mathrm{d}t}=\frac{\mathrm{d}^2x}{\mathrm{d}t^2}=\ddot{x}\\a_y&=\frac{\mathrm{d}v_y}{\mathrm{d}t}=\frac{\mathrm{d}^2y}{\mathrm{d}t^2}=\ddot{y}\\a_z&=\frac{\mathrm{d}v_z}{\mathrm{d}t}=\frac{\mathrm{d}^2z}{\mathrm{d}t^2}=\ddot{z}\end{aligned}\right\} \tag{5-16}$$

即动点的加速度在固定直角坐标轴上的投影，等于该点速度的对应投影对时间的一阶导数，也等于该点的对应坐标对时间的二阶导数。

已知加速度的 3 个投影，就可以求得加速度的大小为

$$a=\sqrt{a_x^2+a_y^2+a_z^2}=\sqrt{\left(\frac{\mathrm{d}^2x}{\mathrm{d}t^2}\right)^2+\left(\frac{\mathrm{d}^2y}{\mathrm{d}t^2}\right)^2+\left(\frac{\mathrm{d}^2z}{\mathrm{d}t^2}\right)^2} \tag{5-17}$$

加速度的方向可由加速度矢量 $\boldsymbol{a}$ 与各坐标轴正向间夹角的余弦来表示，即

$$\left.\begin{aligned}\cos(\boldsymbol{a},\boldsymbol{i})&=\frac{a_x}{a}\\\cos(\boldsymbol{a},\boldsymbol{j})&=\frac{a_y}{a}\\\cos(\boldsymbol{a},\boldsymbol{k})&=\frac{a_z}{a}\end{aligned}\right\} \tag{5-18}$$

【例 5-1】 在如图 5-4 所示结构中，曲柄 OB 沿逆时针方向转动，并带动杆 AC 上点 A 在水平滑槽内运动。已知：$AB=OB=20$ cm，$BC=40$ cm，曲柄 OB 与铅直线的夹角 $\varphi=\omega t$（t 以 s 计）。试求杆 AC 上点 C 的运动轨迹，并计算当 $\varphi=\frac{\pi}{2}$ 时，点 C 的速度和加速度。

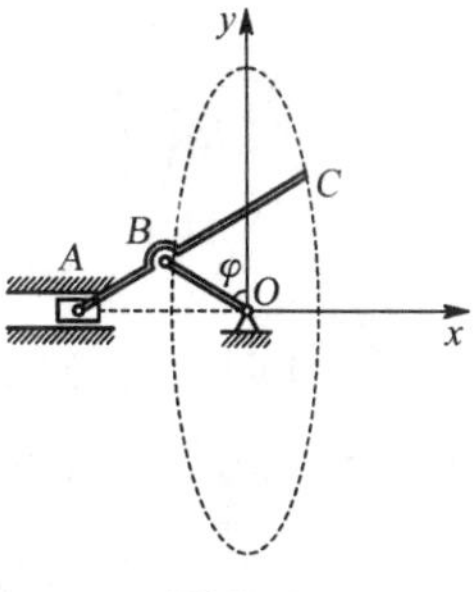

图 5-4

【解】 因为点 C 的运动轨迹未知，故宜采用直角坐标法。

以点 C 为研究对象，建立图示直角坐标系 Oxy。根据题意已知：在任意瞬时 t，曲柄 OB 与 y 轴间的夹角 $\varphi=\omega t$，且$\triangle OBA$ 为等腰三角形，$\angle BAO=\angle BOA=\frac{\pi}{2}-\varphi$。于是，由几何关系可得点 C 的运动方程为

$$\begin{cases}x=AC\cos\left(\frac{\pi}{2}-\varphi\right)-(AB+OB)\cos\left(\frac{\pi}{2}-\varphi\right)=20\sin\omega t\\y=AC\sin\left(\frac{\pi}{2}-\varphi\right)=60\cos\omega t\end{cases}$$

消去时间 t 便可得到其轨迹方程

$$\frac{x^2}{(20)^2}+\frac{y^2}{(60)^2}=1$$

这是标准的椭圆方程，可见点 C 的轨迹为椭圆，如图 5-4 中虚线所示。

将运动方程对时间求导，可得 C 点的速度为

$$\begin{cases}v_x=\dot{x}=20\omega\cos\omega t\\ v_y=\dot{y}=-60\omega\sin\omega t\end{cases}$$

将速度对时间求导，可得 C 点的加速度为

$$\begin{cases}a_x=\ddot{x}=-20\omega^2\sin\omega t\\ a_y=\ddot{y}=-60\omega^2\cos\omega t\end{cases}$$

当 $\varphi=\omega t=\frac{\pi}{2}$ 时

$$v_x=0,\ v_y=-60\omega(\text{cm/s})$$
$$a_x=-20\omega^2(\text{cm/s}^2),\ a_y=0$$

即当 $\varphi=\frac{\pi}{2}$ 时，点 C 的速度为

$$v=\sqrt{v_x^2+v_y^2}=60\omega(\text{cm/s})(\text{沿 } y \text{ 轴负向})$$

加速度为

$$a=\sqrt{a_x^2+a_y^2}=20\omega^2(\text{cm/s}^2)(\text{沿 } x \text{ 轴负向})$$

5.3 自然法

在实际工程及现实生活中，动点的轨迹往往是已知的，如运行的列车、运转的机件上某一点等。此时我们可利用点的运动轨迹建立弧坐标及自然轴坐标系，并以此来描述和分析点的运动情况，该方法就称为自然法。

1）点的运动方程

设动点 M 沿已知轨迹曲线运动，如图 5-5 所示。在轨迹上任选一参考点 O 作为原点，并设原点 O 的某一侧为正向，另一侧为负向，则动点 M 的轨迹任一瞬时的位置就可以用弧长加正负号来确定。规定了正负号的弧长称为动点 M 的弧坐标，以 s 表示。当点运动时，其弧坐标 s 随时间不断变化，是 t 的单值连续函数，即

图 5-5

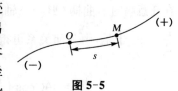

$$s = f(t) \tag{5-19}$$

上式表示动点沿已知轨迹的运动规律，称为动点以弧坐标表示的运动方程。

2）自然轴系、曲率与曲率半径

在点的运动轨迹曲线上取极为接近的两点 M 和 M_1，其间的弧长为 Δs，这两点切线的单位矢量分别为 $\boldsymbol{\tau}$ 和 $\boldsymbol{\tau}_1$，其指向与弧坐标正向一致，如图 5-6 所示。将 $\boldsymbol{\tau}_1$ 平移至点 M，则 $\boldsymbol{\tau}$ 和 $\boldsymbol{\tau}_1$ 决定一平面。令 M_1 无限趋近点 M，则该平面趋近于某一极限位置，此极限平面称为曲线在点 M 的密切面。过点 M 并与切线垂直的平面称为法平面，法平面与密切面的交线称为主法线。令主法线的单位矢量为 $\boldsymbol{n}$，正向指向曲线内凹一侧。过点 M 且垂直于切线及主法线的直线称为副法线，其单位矢量为 $\boldsymbol{b}$，指向与 $\boldsymbol{\tau}$,$\boldsymbol{n}$ 构成右手系，即

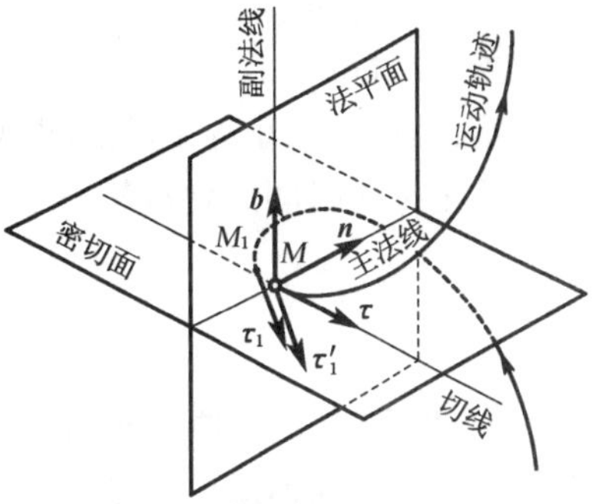

图 5-6

$$\boldsymbol{b} = \boldsymbol{\tau} \times \boldsymbol{n} \tag{5-20}$$

以点 M 为原点，以切线、主法线和副法线为坐标轴组成的正交坐标系称为曲线在点 M 的自然坐标系，这 3 个轴称为自然轴。对于曲线上的任一点，都有属于该点的一组自然轴系。当点运动时，随着点在轨迹曲线上位置的变化，其自然轴系的方位也随之而改变。所以 $\boldsymbol{\tau}$、$\boldsymbol{n}$、$\boldsymbol{b}$ 都是随着点的位置而变化的变矢量。

在曲线运动中，轨迹的曲率或曲率半径是一个重要的参数，它表示曲线的弯曲程度。如点 M 沿轨迹经过弧长 Δs 到达点 M'，如图 5-7 所示。设点 M 处曲线切线单位矢量为 $\boldsymbol{\tau}$，点 M' 处单位矢量为 $\boldsymbol{\tau}'$，而切线经过 Δs 时转过的角度为 $\Delta\varphi$。曲率定义为曲线切线的转角对弧长一阶导数的绝对值。曲率的倒数称为曲率半径。如曲率半径以 ρ 表示，则有

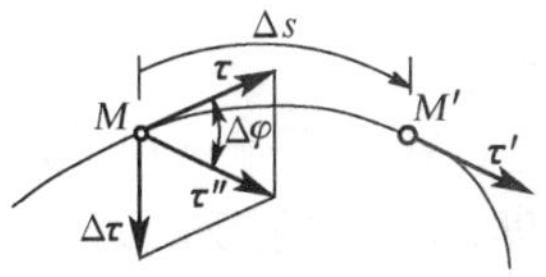

图 5-7

$$\frac{1}{\rho} = \lim_{\Delta s \to 0}\left|\frac{\Delta\varphi}{\Delta s}\right| = \left|\frac{\mathrm{d}\varphi}{\mathrm{d}s}\right| \tag{5-21}$$

由图 5-7 可见

$$|\Delta\boldsymbol{\tau}| = 2|\boldsymbol{\tau}|\sin\frac{\Delta\varphi}{2}$$

当 $\Delta s \to 0$ 时，$\Delta\varphi \to 0$，$\Delta\boldsymbol{\tau}$ 与 $\boldsymbol{\tau}$ 垂直，且有 $|\boldsymbol{\tau}| = 1$，由此可得 $|\Delta\boldsymbol{\tau}| \doteq \Delta\varphi$。注意到 Δs 为正时，点沿切向 $\boldsymbol{\tau}$ 的正方向运动，$\Delta\boldsymbol{\tau}$ 指向轨迹内凹一侧；Δs 为负时，$\Delta\boldsymbol{\tau}$ 指向轨迹外凸一侧。因此有

$$\frac{\mathrm{d}\boldsymbol{\tau}}{\mathrm{d}s} = \lim_{\Delta s \to 0}\frac{\Delta\boldsymbol{\tau}}{\Delta s} = \lim_{\Delta s \to 0}\frac{\Delta\varphi}{\Delta s}\boldsymbol{n} = \frac{1}{\rho}\boldsymbol{n} \tag{5-22}$$

上式将用于法线加速度的推导。

3）点的速度

点沿轨迹由 M 到 M'，经过 Δt 时间，其矢径有增量 $\Delta \boldsymbol{r}$，如图 5-8 所示。当 $\Delta t \to 0$ 时，$|\Delta \boldsymbol{r}| = |\Delta s|$，故有 $|\boldsymbol{v}| = \lim\limits_{\Delta t \to 0}\left|\dfrac{\Delta \boldsymbol{r}}{\Delta t}\right| = \lim\limits_{\Delta t \to 0}\left|\dfrac{\Delta s}{\Delta t}\right| = \left|\dfrac{\mathrm{d}s}{\mathrm{d}t}\right|$，式中 s 是动点在轨迹曲线上的弧坐标。由此可得出结论：速度的大小等于动点的弧坐标对时间的一阶导数的绝对值。

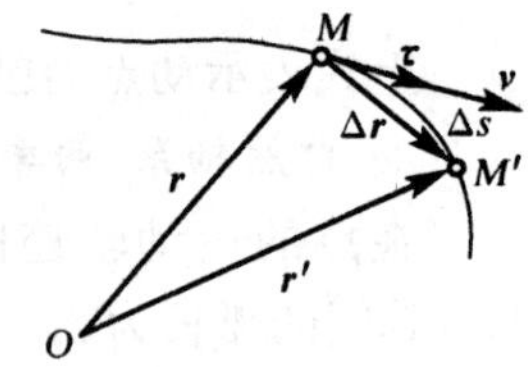

图 5-8

弧坐标对时间的导数是一个代数量，以 v 表示

$$v = \frac{\mathrm{d}s}{\mathrm{d}t} = \dot{s} \tag{5-23}$$

如果 $\dot{s} > 0$，则 $\dot{s}$ 值随时间增加而增大，点沿轨迹的正方向运动；反之，如果 $\dot{s} < 0$，则点沿轨迹的负方向运动。于是，$\dot{s}$ 的绝对值表示速度的大小，它的正负号表示点沿轨迹运动的方向。

由于 $\boldsymbol{\tau}$ 是切线轴的单位矢量，因此点的速度矢可以写为

$$\boldsymbol{v} = v\boldsymbol{\tau} = \frac{\mathrm{d}s}{\mathrm{d}t}\boldsymbol{\tau} \tag{5-24}$$

4）点的加速度

将式(5-24)对时间取一阶导数，注意到 v，$\boldsymbol{\tau}$ 都是变量，可得

$$\boldsymbol{a} = \frac{\mathrm{d}\boldsymbol{v}}{\mathrm{d}t} = \frac{\mathrm{d}}{\mathrm{d}t}(v\boldsymbol{\tau}) = \frac{\mathrm{d}v}{\mathrm{d}t}\boldsymbol{\tau} + v\frac{\mathrm{d}\boldsymbol{\tau}}{\mathrm{d}t} \tag{5-25}$$

上式右端两项都为矢量，第一项是反映速度大小变化的加速度，记做 $\boldsymbol{a}_{\mathrm{t}}$，称为切向加速度；第二项是反映速度方向变化的加速度，记做$\boldsymbol{a}_{\mathrm{n}}$，称为法向加速度。下面我们分别求取它们的大小和方向。

（1）切向加速度$\boldsymbol{a}_{\mathrm{t}}$

因为

$$\boldsymbol{a}_{\mathrm{t}} = \dot{v}\boldsymbol{\tau} \tag{5-26}$$

显然$\boldsymbol{a}_{\mathrm{t}}$ 是一个沿轨迹切线的矢量，因此称为切向加速度。如果 $\dot{v} > 0$，$\boldsymbol{a}_{\mathrm{t}}$ 指向轨迹的正向；如果 $\dot{v} < 0$，$\boldsymbol{a}_{\mathrm{t}}$ 指向轨迹的负向。令

$$a_{\mathrm{t}} = \dot{v} = \ddot{s} \tag{5-27}$$

a_{t} 是一个代数量，是加速度 $\boldsymbol{a}$ 沿轨迹切向的投影。

由此我们可以得出结论：切向加速度反映点的速度值对时间的变化率，它的代数值等于速度的代数值对时间的一阶导数，或弧坐标对时间的二阶导数，它的方向沿轨迹切线。

（2）法向加速度 $\boldsymbol{a}_{\mathrm{n}}$

因为

$$\boldsymbol{a}_{\mathrm{n}} = v\frac{\mathrm{d}\boldsymbol{\tau}}{\mathrm{d}t} \tag{5-28}$$

它反映速度方向 $\boldsymbol{\tau}$ 的变化。上式可以改写为

$$\boldsymbol{a}_\mathrm{n} = v\frac{\mathrm{d}\boldsymbol{\tau}}{\mathrm{d}s}\frac{\mathrm{d}s}{\mathrm{d}t}$$

将式(5-22)和式(5-23)代入上式，可得

$$\boldsymbol{a}_\mathrm{n} = \frac{v^2}{\rho}\boldsymbol{n} \tag{5-29}$$

由此可见，$\boldsymbol{a}_\mathrm{n}$ 的方向与主法线的正向一致，所以称为法向加速度。令

$$a_\mathrm{n} = \frac{v^2}{\rho} \tag{5-30}$$

a_n 是一个代数量，是加速度 $\boldsymbol{a}$ 沿轨迹法向的投影。

由此我们可以得出结论：法向加速度反映点的速度方向改变的快慢程度，它的大小等于点的速度平方除以曲率半径，它的方向沿着主法线，指向曲率中心。

正如前面分析的那样，切向加速度表明速度大小的变化率，而法向加速度反映速度方向的变化，所以，当速度 $\boldsymbol{v}$ 与切向加速度$\boldsymbol{a}_\mathrm{t}$ 的指向相同时，即 $\boldsymbol{v}$ 与 $\boldsymbol{a}_\mathrm{t}$ 的符号相同时，速度的绝对值不断增加，点作加速运动，如图 5-9(a)所示；反之，当速度 $\boldsymbol{v}$ 与切向加速度$\boldsymbol{a}_\mathrm{t}$ 的指向相反时，即 $\boldsymbol{v}$ 与 $\boldsymbol{a}_\mathrm{t}$ 的符号相反时，速度的绝对值不断减小，点作减速运动，如图 5-9(b)所示。

图 5-9

(3) 全加速度 $\boldsymbol{a}$

将式(5-26)、式(5-28)和式(5-29)代入式(5-25)中，有

$$\boldsymbol{a} = \boldsymbol{a}_\mathrm{t} + \boldsymbol{a}_\mathrm{n} = a_\mathrm{t}\boldsymbol{\tau} + a_\mathrm{n}\boldsymbol{n} \tag{5-31}$$

由于$\boldsymbol{a}_\mathrm{t}$ 和$\boldsymbol{a}_\mathrm{n}$ 均在密切面内，因此全加速度 $\boldsymbol{a}$ 也必在密切面内。这表明加速度沿副法线上的分量为零，即

$$\boldsymbol{a}_\mathrm{b} = 0 \tag{5-32}$$

全加速度的大小可以由下式求出：

$$a = \sqrt{a_\mathrm{t}^2 + a_\mathrm{n}^2} \tag{5-33}$$

它与法线间的夹角的正切为

$$\tan\theta = \frac{a_\mathrm{t}}{a_\mathrm{n}} \tag{5-34}$$

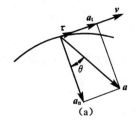

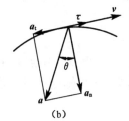

当 $\boldsymbol{a}$ 与切向单位矢量 $\boldsymbol{\tau}$ 的夹角为锐角时 θ 为正，否则为负。

（4）几种特殊情形

① 匀速曲线运动

这时速度仅改变方向而不改变大小，因而切向加速度恒等于零。故全加速度为 $\boldsymbol{a}=\boldsymbol{a}_n=\dfrac{v^2}{\rho}\boldsymbol{n}$。

② 直线运动

因直线的曲线半径 $\rho=\infty$，故在这种运动中法向加速度恒等于零，因而全加速度为 $\boldsymbol{a}=\boldsymbol{a}_t=\dfrac{\mathrm{d}v}{\mathrm{d}t}\boldsymbol{\tau}$。

③ 匀速直线运动

这种运动的速度大小和方向都不变，点的加速度恒等于零。

最后指出：曲线运动中的 s、v、a_t 分别与直线运动中的 x、v、a 相对应。通常所说的匀变速曲线运动，专指 a_t 为常数的情况，这时只要把 x、v、a 与 s、v、a_t 作对应的代换，就可得熟知的运动学关系式

$$v=v_0+at \tag{5-35}$$

$$s=s_0+v_0t+\frac{1}{2}a_tt^2 \tag{5-36}$$

$$v^2-v_0^2=2a_t(s-s_0) \tag{5-37}$$

【例 5-2】 试求例 5-1 中点 C 的切向加速度、法向加速度的大小及轨迹的曲率半径。

【解】 由例 5-1 可知点 C 的速度、加速度的大小分别为

$$v=20\omega\sqrt{1+8\sin^2\omega t}$$
$$a=20\omega^2\sqrt{1+8\cos^2\omega t}$$

再由公式可得切向加速度和法向加速度的大小分别为

$$a_t=\frac{\mathrm{d}v}{\mathrm{d}t}=80\omega^2\frac{\sin 2\omega t}{\sqrt{1+8\sin^2\omega t}}$$

$$a_n=\sqrt{a^2-a_t^2}=20\omega^2\sqrt{(1+8\cos^2\omega t)-\frac{16\sin^2 2\omega t}{1+8\sin^2\omega t}}=\frac{60\omega^2}{\sqrt{1+8\sin^2\omega t}}$$

曲率半径为

$$\rho=\frac{v^2}{a_n}=\frac{400\omega^2(1+8\sin^2\omega t)}{\dfrac{60\omega^2}{\sqrt{1+8\sin^2\omega t}}}=\frac{20(1+8\sin^2\omega t)^{\frac{3}{2}}}{3}$$

当 $\varphi=\omega t=\dfrac{\pi}{2}$ 时，$\rho=180\ \mathrm{cm}$。

【例 5-3】 已知点的运动方程为 $x=2\sin 4t$ m，$y=2\cos 4t$ m，$z=4t$ m。试求点运动轨迹的曲率半径 ρ。

【解】 点的速度和加速度沿 x,y,z 轴的投影分别为

$$\dot{x} = 8\cos 4t,\ \ddot{x} = -32\sin 4t$$
$$\dot{y} = -8\sin 4t,\ \ddot{y} = -32\cos 4t$$
$$\dot{z} = 4,\ \ddot{z} = 0$$

点的速度和全加速度大小为

$$v = \sqrt{\dot{x}^2 + \dot{y}^2 + \dot{z}^2} = \sqrt{80}\ \text{m/s}$$
$$a = \sqrt{\ddot{x}^2 + \ddot{y}^2 + \ddot{z}^2} = 32\ \text{m/s}^2$$

点的切向加速度与法向加速度大小为

$$a_t = \dot{v} = 0$$
$$a_n = \frac{v^2}{\rho} = \frac{80}{\rho}$$

由于

$$a = \sqrt{a_t^2 + a_n^2} = 32 = a_n$$

所以

$$\rho = 2.5\ \text{m}$$

这是在半径为 2 m 的圆柱面上的匀速螺旋线运动。点的加速度也是常值,指向此圆柱面的轴线。注意其轨迹的曲率半径并不等于圆柱面的半径。

【例 5-4】 半径为 r 的轮子沿直线轨道无滑动地滚动(称为纯滚动),设轮子转角 $\varphi=\omega t$(ω 为常值),如图 5-10 所示。求用直角坐标和弧坐标表示的轮缘上任一点 M 的运动方程,并求该点的速度、切向加速度及法向加速度。

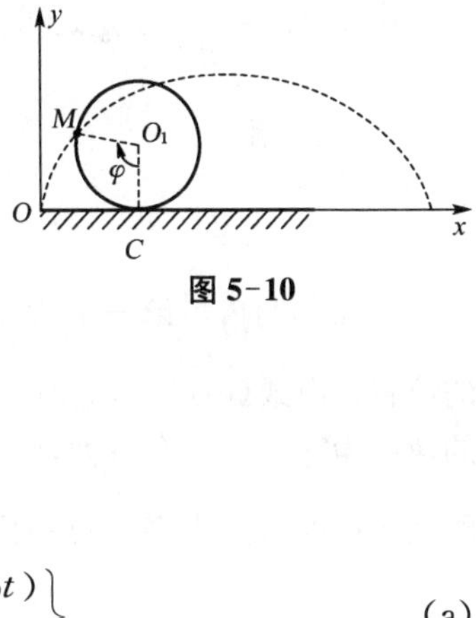

图 5-10

【解】 取点 M 与直线轨道的接触点 O 为原点,建立直角坐标系 Oxy,如图所示。当轮子转过 φ 角时,轮子与直线轨道的接触点为 C。由于是纯滚动,有

$$OC = \overset{\frown}{MC} = r\varphi = r\omega t$$

则用直角坐标表示的点 M 的运动方程为

$$\left.\begin{aligned} x &= OC - O_1M\sin\varphi = r(\omega t - \sin\omega t) \\ y &= O_1C - O_1M\cos\varphi = r(1 - \cos\omega t) \end{aligned}\right\} \tag{a}$$

上式对时间求导,可得点 M 的速度沿坐标轴的投影为

$$\left.\begin{aligned} v_x &= \dot{x} = r\omega(1 - \cos\omega t) \\ v_y &= \dot{y} = r\omega\sin\omega t \end{aligned}\right\} \tag{b}$$

M 点速度为

$$v = \sqrt{v_x^2 + v_y^2} = r\omega\sqrt{2 - 2\cos\omega t} = 2r\omega\sin\frac{\omega t}{2} \quad (0 \leqslant \omega t \leqslant 2\pi) \tag{c}$$

运动方程(a)实际上也是点 M 运动轨迹的参数方程(以 t 为参变量)。这是一个摆线

(或者称为旋轮线)方程,这表明点 M 的运动轨迹是摆线,如图 5-10 所示。

取点 M 的起始点 O 作为弧坐标原点,将式(c)的速度 v 积分,即得用弧坐标表示的运动方程

$$s=\int_0^t 2r\omega\sin\frac{\omega t}{2}\mathrm{d}t=4r\left(1-\cos\frac{\omega t}{2}\right)\quad(0\leqslant\omega t\leqslant 2\pi)$$

将式(b)再对时间求导,可得加速度在直角坐标系上的投影

$$\left.\begin{aligned}a_x&=\ddot{x}=r\omega^2\sin\omega t\\a_y&=\ddot{y}=r\omega^2\cos\omega t\end{aligned}\right\}\tag{d}$$

由此可得全加速度

$$a=\sqrt{a_x^2+a_y^2}=r\omega^2$$

将式(c)对时间求导,可得点 M 的切向加速度

$$a_{\mathrm{t}}=\dot{v}=r\omega^2\cos\frac{\omega t}{2}$$

则法向加速度为

$$a_{\mathrm{n}}=\sqrt{a^2-a_{\mathrm{t}}^2}=r\omega^2\sin\frac{\omega t}{2}\tag{e}$$

由于 $a_{\mathrm{n}}=\dfrac{v^2}{\rho}$,于是还可由式(c)和式(e)求得轨迹的曲率半径

$$\rho=\frac{v^2}{a_{\mathrm{n}}}=\frac{4r^2\omega^2\sin^2\dfrac{\omega t}{2}}{r\omega^2\sin\dfrac{\omega t}{2}}=4r\sin\frac{\omega t}{2}$$

现在我们再讨论一个特殊的情况。当 $t=\dfrac{2\pi}{\omega}$ 时,$\varphi=2\pi$,这时点 M 运动到与地面接触的位置。由式(c)可知,此时点 M 的速度为零,这表明沿地面作纯滚动的轮子与地面接触点的速度为零。另一个方面,由于点 M 全加速度的大小恒为 $r\omega^2$,因此纯滚动的轮子与地面接触点的速度虽然为零,但其加速度却并不为零。将 $t=\dfrac{2\pi}{\omega}$ 代入式(d),可得

$$a_x=0,\ a_y=r\omega^2$$

即接触点的加速度方向向上。

通过本章学习,现对点的运动分析方法作如下小结:

(1) 根据题意及动点的运动特点确定相应的研究方法。若点的运动轨迹简单并易写出动点沿轨迹的运动方程时,宜采用自然法,否则采用直角坐标法。

(2) 根据动点的运动性质(空间曲线,平面曲线,直线)选取相应的坐标系。

(3) 建立点的运动方程时,首先把动点放在一般位置(不能放在特殊位置),根据给定的运动和约束条件,把该点的坐标表示为与时间有关的参数的函数,整理后即可得到点的运动方程。

(4) 消去点的运动方程中的参变量 t,即得到点的轨迹方程,由此可描绘出点的轨迹。

(5) 将运动方程对时间求导数后，可以求得点的速度和加速度的有关值。

思考题

1. $\frac{d\boldsymbol{v}}{dt}$和$\frac{dv}{dt}$，$\frac{d\boldsymbol{r}}{dt}$和$\frac{dr}{dt}$是否相同？

2. 若点沿固定坐标轴 Ox 作直线运动，试写出该点的运动方程及速度、加速度表达式。

3. 点 M 沿螺线自外向内运动，如图 5-11 所示。它走过的弧长与时间的一次方成正比，问点的加速度是越来越大还是越来越小？点 M 越跑越快还是越跑越慢？

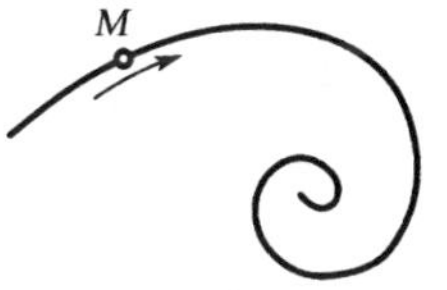

图 5-11

4. 作曲线运动的两个动点，初速度相同，运动轨迹相同，运动中两点的法向加速度也相同。判断下述说法是否正确：

(1) 任一瞬时两动点的切向加速度必相同；

(2) 任一瞬时两动点的速度必相同；

(3) 两动点的运动方程必相同。

5. 下述各种情况下，动点的全加速度 $\boldsymbol{a}$、切向加速度 $\boldsymbol{a}_t$ 和法向加速度 $\boldsymbol{a}_n$ 3 个矢量之间有何关系？

(1) 点沿曲线作匀速运动；

(2) 点沿曲线运动，在该瞬时其速度为零；

(3) 点沿直线作变速运动；

(4) 点沿曲线作变速运动。

6. 点作曲线运动时，下述说法是否正确：

(1) 若切向加速度为正，则点作加速运动；

(2) 若切向加速度与速度符号相同，则点作加速运动；

(3) 若切向加速度为零，则速度为常矢量。

习题

1. 已知在图 5-12 所示平面结构中，曲柄 OB 以匀角速度 ω 绕轴 O 转动，从而带动杆 AD 运动，滑块 A 在水平滑槽内滑动，$AB = OB = l$，$BD = 4l$。求点 D 的运动方程、轨迹方程和 $\varphi = 60°$ 时点 D 的速度与加速度。

2. 如图 5-13 所示，杆 AB 长 l，以等角速度 ω 绕点 B 转动，其转动方程为 $\varphi = \omega t$。而与杆连接的滑块 B 按规律 $s = a + b\sin\omega t$ 沿水平线作谐振动，其中 a 和 b 均为常数。求点 A 的轨迹。

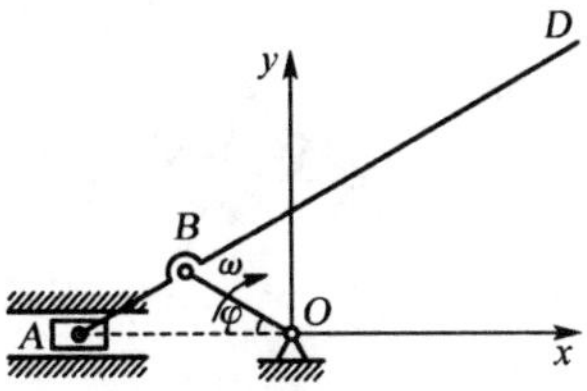

图 5-12

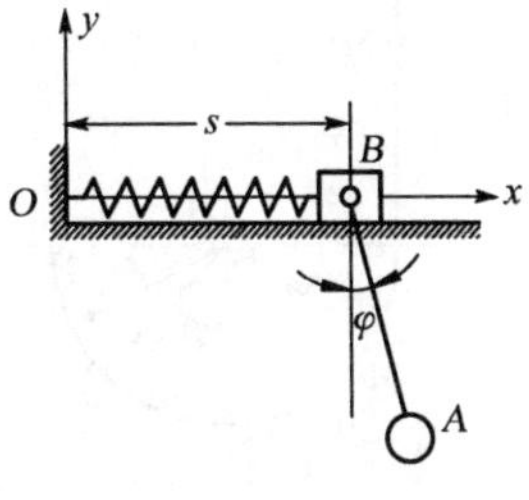

图 5-13

3. 如图 5-14 所示，半圆形凸轮以等速 $v_0 = 0.01\ \text{m/s}$ 沿水平方向向左运动，而使活塞杆 AB 沿铅直方向运动。当运动开始时，活塞杆 A 端在凸轮的最高点上。如凸轮的半径 $R=80\ \text{mm}$，求活塞 B 相对于地面和相对于凸轮的运动方程和速度。

4. 如图 5-15 所示，雷达在距离火箭发射台为 l 的 O 处观察铅直上升的火箭发射，测得角 θ 的规律为 $\theta = kt$（k 为常数）。求火箭的运动方程并计算当 $\theta = \frac{\pi}{6}$ 和 $\frac{\pi}{3}$ 时，火箭的速度和加速度。

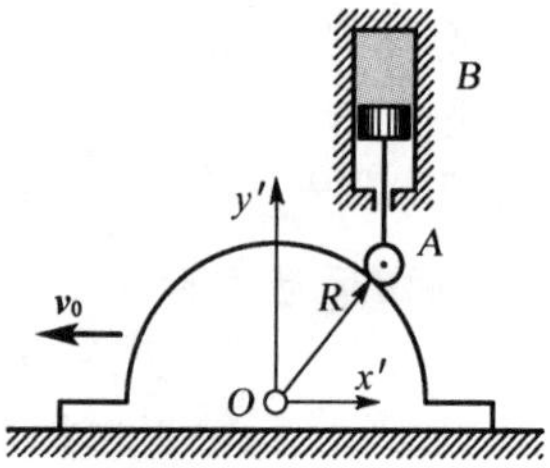

图 5-14

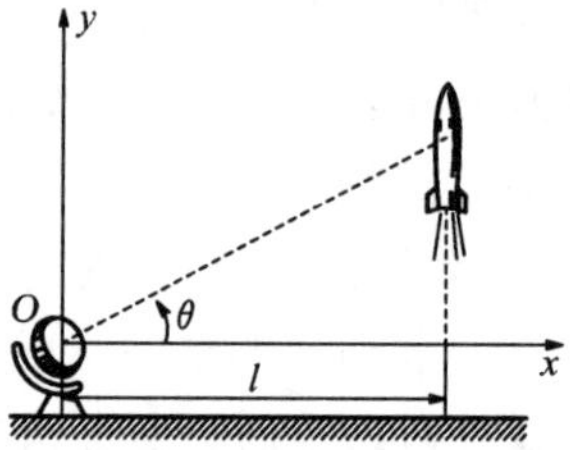

图 5-15

5. 如图 5-16 所示，套管 A 由绕过定滑轮 B 的绳索牵引而沿导轨上升，滑轮中心到导轨的距离为 l。设绳索以等速 v_0 拉下，忽略滑轮尺寸。求套管 A 的速度和加速度与距离 x 的关系式。

6. 已知杆 AB 以匀角速度 ω 绕点 A 转动，小环 M 套在杆 AB 上与固定杆 OC 上，如图 5-17 所示，$OA = h$，运动开始时，杆 AB 在铅直位置。求小环 M 沿杆 OC 运动的速度、加速度，小环 M 相对杆 AB 运动的速度、加速度。

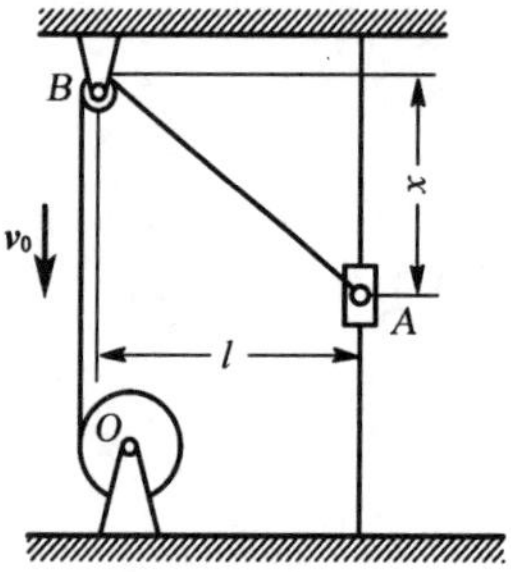

图 5-16

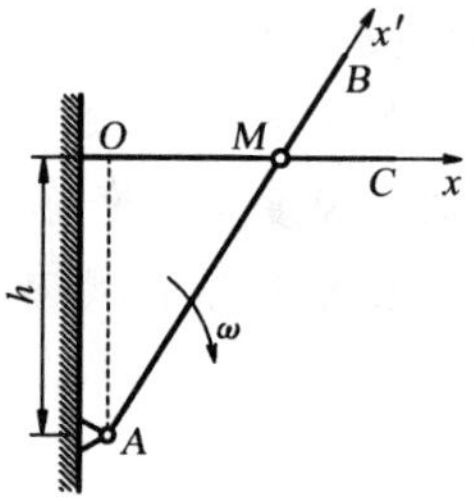

图 5-17

7. 如图 5-18 所示，小环 M 在铅垂面内沿曲杆 $ABCE$ 从点 A 由静止开始运动，在 AB 段，小环的加速度 $a = g$，在圆弧段 BCE 上，小环的切向加速度 $a_t = g\cos\varphi$。求小环 M 在 C，D 两处的速度和加速度。

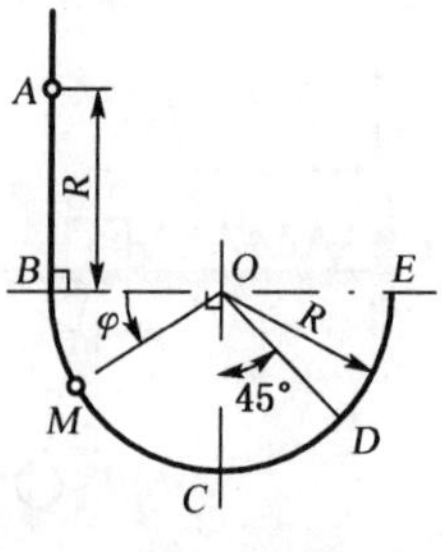

图 5-18

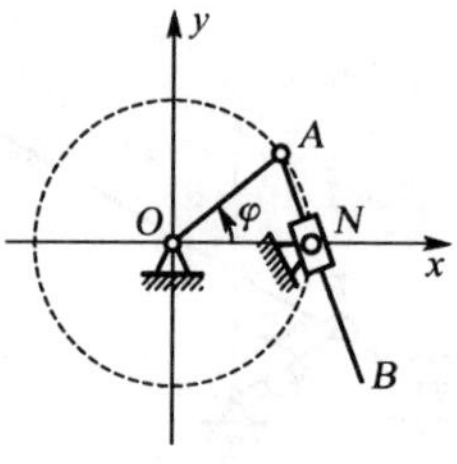

图 5-19

8. 如图 5-19 所示，曲柄 OA 长 r，在平面内绕 O 轴转动。杆 AB 通过固定于点 N 的套筒与曲柄 OA 铰接于点 A。设 $\varphi=\omega t$，杆 AB 长 $l=2r$，求点 B 的运动方程、速度和加速度。

9. 如图 5-20，点沿空间曲线运动，在点 M 处其速度为 $\boldsymbol{v}=4\boldsymbol{i}+3\boldsymbol{j}$，加速度 $\boldsymbol{a}$ 与速度 $\boldsymbol{v}$ 的夹角 $\beta=30°$，且 $a=10\ \mathrm{m/s^2}$。求轨迹在该点密切面内的曲率半径 ρ 和切向加速度 $\boldsymbol{a}_t$。

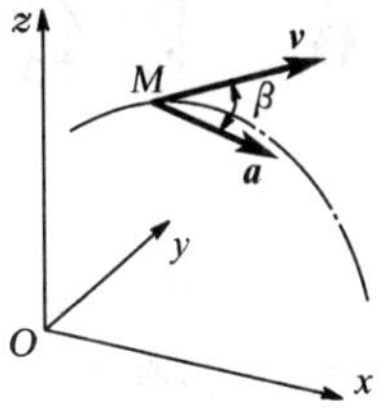

图 5-20

10. 已知点在平面内的运动方程为 $x=f_1(t)$，$y=f_2(t)$。求证：其切向与法向加速度为 $a_t=\dfrac{\dot{x}\ddot{x}+\dot{y}\ddot{y}}{\sqrt{\dot{x}^2+\dot{y}^2}}$，$a_n=\dfrac{|\dot{x}\ddot{y}-\ddot{x}\dot{y}|}{\sqrt{\dot{x}^2+\dot{y}^2}}$，而轨迹的曲率半径为 $\rho=\dfrac{(\dot{x}^2+\dot{y}^2)^{\frac{3}{2}}}{|\dot{x}\ddot{y}-\ddot{x}\dot{y}|}$。

6 刚体的简单运动

工程实际中许多物体均可抽象为刚体，刚体是由无数点组成的，但任意两点之间距离保持不变，在点的运动学基础上可研究刚体的运动。

刚体的不同运动可分为平移、定轴转动、平面运动、定点运动和自由运动等。本章将研究刚体的两种简单运动——平移和定轴转动，刚体的其他各种复杂运动都可视为这两种简单运动的合成。

6.1 刚体的平行移动

刚体平行移动的实例在工程实际中常常可以见到，如沿着直线行驶的各种车辆的车厢的运动，如图 6-1；机车车轮平行连杆 AB 的运动，如图 6-2。此类运动的共同特征为，在运动过程中，刚体内任意两点间连线保持与原来的位置平行，这种运动称为平行移动，简称平移(或平动)。

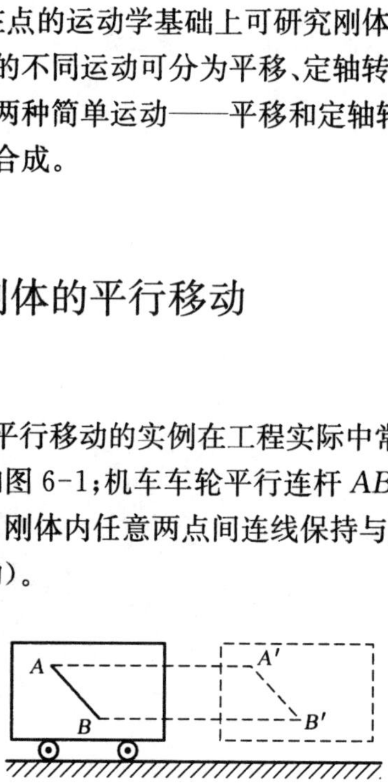

图 6-1

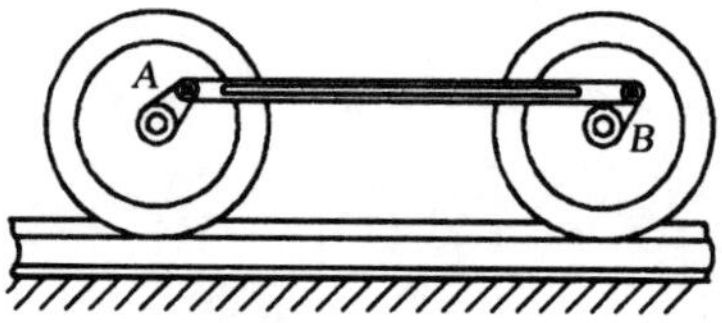

图 6-2

设刚体作平移。如图 6-3 所示，在刚体上任选两点 A 和 B，令 A 的矢径为 $\boldsymbol{r}_A$，B 的矢径为 $\boldsymbol{r}_B$，则

$$\boldsymbol{r}_A = \boldsymbol{r}_B + \boldsymbol{r}_{BA}$$

根据刚体平移的特征，在运动过程中，$\boldsymbol{r}_{BA}$ 的大小和方向均保持不变。因此，只要将点 B 的轨迹沿 $\boldsymbol{r}_{BA}$ 的方向平行移动一段距离，就能与点 A 的轨迹完全重合。刚体平移时，其上各点的轨迹不一定是直线，但是它们的形状是完全相同的。

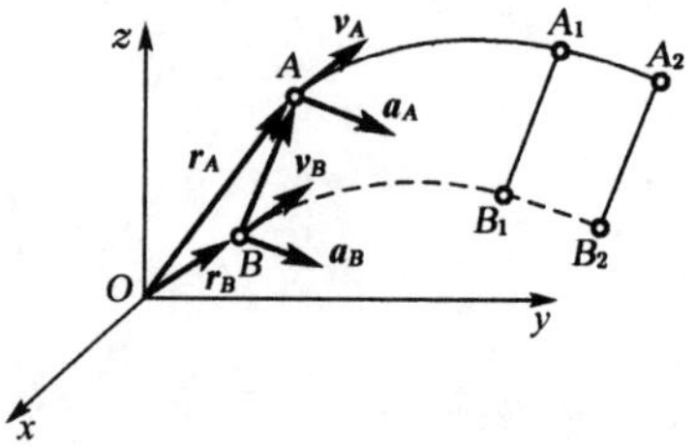

图 6-3

将上式两边对时间求导，因为 $\boldsymbol{r}_{BA}$ 的大小和方向均不随时间而改变，即$\dfrac{\mathrm{d}\boldsymbol{r}_{BA}}{\mathrm{d}t}=0$，得

$$\boldsymbol{v}_A = \boldsymbol{v}_B \tag{6-1}$$

同理

$$\boldsymbol{a}_A = \boldsymbol{a}_B \tag{6-2}$$

上式表明：刚体平移时，其上各点的轨迹形状相同，且具有相同的速度和加速度。因此，平移刚体的运动研究，可用其上任意一点的运动代表，即可归结为点的运动的研究。

【例 6-1】 AB 杆用两根等长的轻杆平行连接。轻杆长为 l，如图 6-4 所示。各杆质量忽略不计，摆动规律为 $\varphi=\varphi_0\sin\omega t$，试求 AB 中点 C 的速度和加速度。

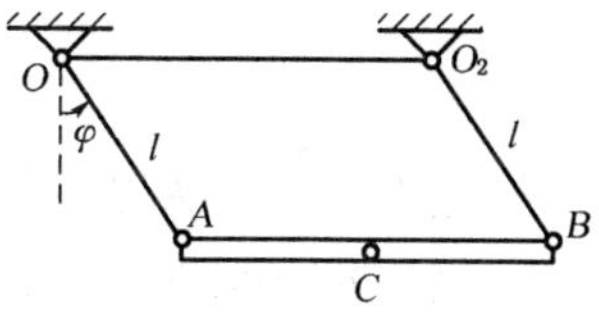

图 6-4

【解】 杆 O_1A 和 O_2B 平行且等长，所以 AB 杆在运动过程中始终与 O_1O_2 平行，即 AB 平移，AB 上任意一点的速度、加速度均相同。

点 A 作圆周运动，则 A 点的速度为

$$v_A = l\frac{\mathrm{d}\varphi}{\mathrm{d}t} = \varphi_0\omega l\cos\omega t$$

C 的速度为

$$v_C = v_A = \varphi_0\omega l\cos\omega t$$

A 点切向加速度

$$a_A^{\mathrm{t}} = \frac{\mathrm{d}v_A}{\mathrm{d}t} = -\varphi_0\omega^2 l\sin\omega t$$

A 点法向加速度

$$a_A^{\mathrm{n}} = \frac{v_A^2}{l} = \frac{(\varphi_0\omega l\cos\omega t)^2}{l} = \varphi_0^2\omega^2 l\cos^2\omega t$$

C 点切向加速度

$$a_C^{\mathrm{t}} = a_A^{\mathrm{t}} = -\varphi_0\omega^2 l\sin\omega t$$

C 点法向加速度

$$a_C^{\mathrm{n}} = a_A^{\mathrm{n}} = \varphi_0^2\omega^2 l\cos^2\omega t$$

6.2 刚体绕定轴的转动

刚体的定轴转动是工程中极为常见的运动，各种转子、齿轮的运动均为定轴转动。这类运动的共同特点是，刚体内（或其扩大部分）有一条直线始终保持不动，此类运动称为刚体的定轴转动，这条固定不动的直线称为转轴。

为了描述转动刚体的运动，取其转轴为 z 轴，正向如图 6-5 所示。通过轴线作一固定平面 A，此外，通过转轴再作一动平面 B，这个平面与刚体固接，一起运动。当刚体转动时，两个平面之间夹角记为 φ，称为刚体的转角。

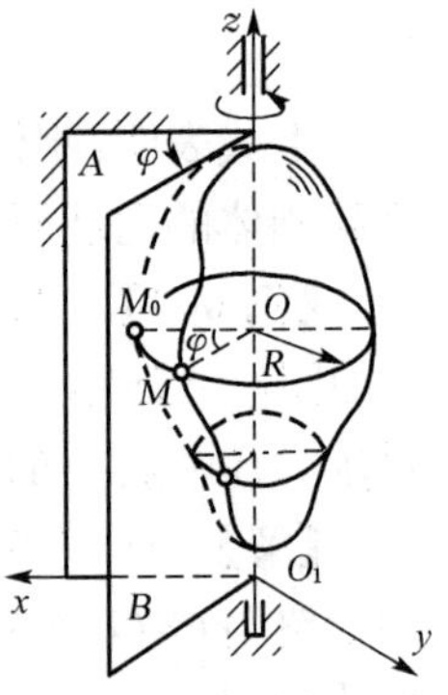

图 6-5

转角 φ 是一个代数量，通常根据右手螺旋法则确定正负号。自 z 轴正端向负端看，从固定面起按逆时针转向计算角 φ，取正值；反之为负值。

当刚体转动时，转角 φ 是时间 t 的单值连续函数，即

$$\varphi = f(t) \tag{6-3}$$

这个方程称为刚体绕定轴转动的运动方程。

将转角 φ 对时间 t 取导数，称为刚体的瞬时角速度 ω，即

$$\omega = \frac{d\varphi}{dt} \tag{6-4}$$

角速度 ω 描述了刚体转动的快慢程度，其单位为 rad/s(弧度/秒)。正负号的判定与转角正负判定相同，即自 z 轴正端向负端看，逆时针转动，角速度取正值；反之取负值。

在工程中，转动的快慢经常用转速 n 来表示，其单位为 r/min(转/分钟)，角速度与转速间关系为

$$\omega = \frac{2\pi n}{60} = \frac{\pi n}{30} \tag{6-5}$$

将角速度 ω 对时间 t 取导数，称为刚体的瞬时角加速度 α，即

$$\alpha = \frac{d\omega}{dt} = \frac{d^2\varphi}{dt^2} \tag{6-6}$$

角加速度 α 描述了角速度变化快慢的程度，其单位为 rad/s^2(弧度/秒^2)。正负号的判定与角速度正负判定相同，如 α 与 ω 同号，则加速转动；如 α 与 ω 异号，则减速转动。

(1) 如角加速度 $\alpha=0$，角速度 $\omega=$常量，这种转动称为匀速转动，任意时刻的转角为

$$\varphi = \varphi_0 + \omega t \tag{6-7}$$

式中：φ_0——初始时转角。

(2) 如角加速度 $\alpha=$常量，这种转动称为匀变速转动，任意时刻的角速度为

$$\omega = \omega_0 + \alpha t \tag{6-8}$$

转角为

$$\varphi = \varphi_0 + \omega_0 t + \frac{\alpha t^2}{2} \tag{6-9}$$

式中：ω_0 和 φ_0——初始时的角速度和转角。

6.3 转动刚体内各点的速度和加速度

由刚体定轴转动分析可知，转角 φ、角速度 ω 和角加速度 α 都是描述刚体整体运动的特

征量，当这些特征量确定后，就可以研究刚体内各点的速度和加速度了。刚体作定轴转动，其上任意一点到转轴的距离保持不变，运动轨迹是以转轴上某一点为中心的圆，对此，宜采用自然法研究各点的运动。

如图 6-6 所示，在定轴转动刚体上任取一点 M，设 M 点至转轴距离为 R，取 $\varphi=0$ 时，点 M 的位置为弧坐标 s 的原点 O_1，按 φ 角正向规定弧坐标的正向，则任一时刻，点 M 的弧坐标为

$$s=R\varphi \tag{6-10}$$

式中：R——点 M 到轴心 O 的距离。

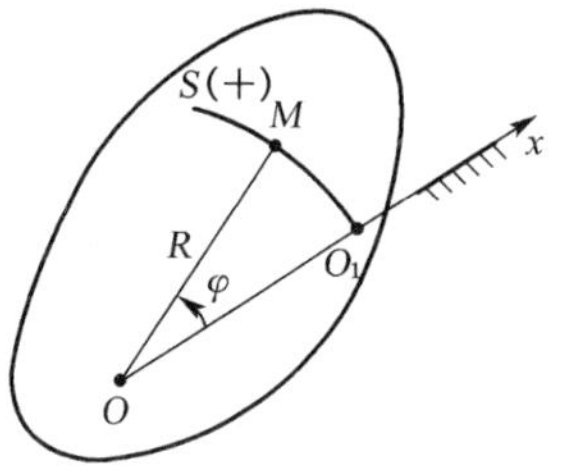

图 6-6

将上式对时间 t 取导数，得

$$\frac{\mathrm{d}s}{\mathrm{d}t}=R\frac{\mathrm{d}\varphi}{\mathrm{d}t}$$

即

$$v=R\omega \tag{6-11}$$

上式表明，刚体作定轴转动时，刚体上任一点的速度的大小，等于刚体的角速度与该点至轴线垂直距离的乘积，速度方向为沿圆周的切线方向且指向与转动方向相同。因此，定轴转动刚体上各点的速度的分布如图 6-7 所示。对于 M 点的加速度，因点作圆周运动，故加速度应分为切向加速度和法向加速度两个分量。其中，切向加速度为

$$a_t=\ddot{s}=R\ddot{\varphi}=R\alpha \tag{6-12}$$

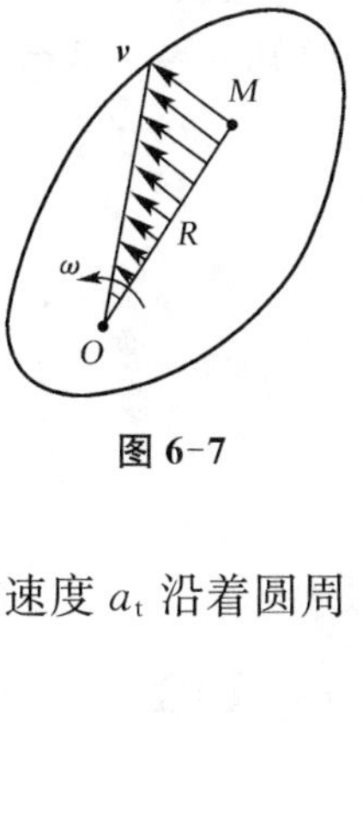

图 6-7

上式表明，转动刚体内任一点的切向加速度的大小，等于刚体转动的角加速度与该点至轴向垂直距离的乘积。如角加速度 α 为正，则切向加速度 a_t 沿着圆周的切线方向，指向转角 φ 的正向；否则相反。

法向加速度为

$$a_n=\frac{v^2}{\rho}=\frac{(R\omega)^2}{\rho}$$

式中：ρ——曲率半径，因 $\rho=R$，所以

$$a_n=\frac{(R\omega)^2}{\rho}=R\omega^2 \tag{6-13}$$

上式表明，转动刚体内任一点的法向加速度的大小，等于刚体转动的角速度的平方与该点至轴向垂直距离的乘积，方向为与速度方向垂直，且指向轴线。

将切向加速度和法向加速度合成，得到点 M 的加速度 $\boldsymbol{a}$，其大小为

$$\boldsymbol{a}=\sqrt{\boldsymbol{a}_t^2+\boldsymbol{a}_n^2}=\sqrt{R^2\alpha^2+R^2\omega^4}=R\sqrt{\alpha^2+\omega^4} \tag{6-14}$$

如图 6-8 所示，加速度的方向可通过 $\boldsymbol{a}$ 与 $\boldsymbol{a}_n$ 之间的夹角来确定

$$\tan\theta = \frac{\boldsymbol{a}_t}{\boldsymbol{a}_n} = \frac{\alpha}{\omega^2} \tag{6-15}$$

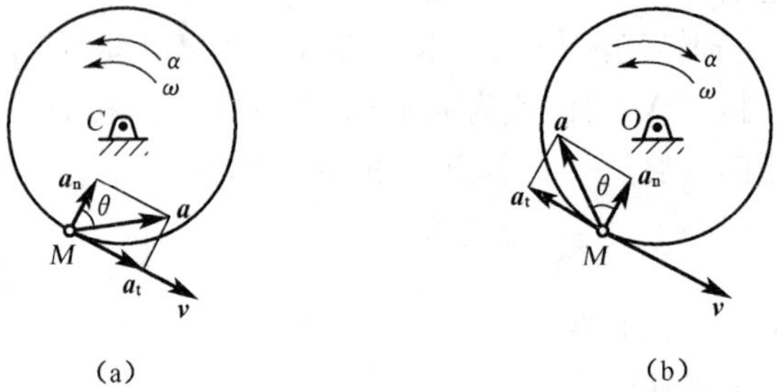

图 6-8

从定轴转动刚体上任一点速度和加速度计算公式可知：

(1) 在同一瞬时，转动刚体上各点的速度和加速度的大小，与这点到轴线的垂直距离成正比。

(2) 在同一瞬时，转动刚体上各点的加速度 $\boldsymbol{a}$ 与通过该点半径间的夹角均相同。

【例 6-2】 在图 6-9(a)所示机构中，滑块 B 以 $x = (0.2 + 0.05t^2)$ m 的规律向右运动。已知 $h = 0.3$ m，$b = 0.1$ m。试求当 $t = 2$ s 时，杆 OA 的角速度和角加速度。

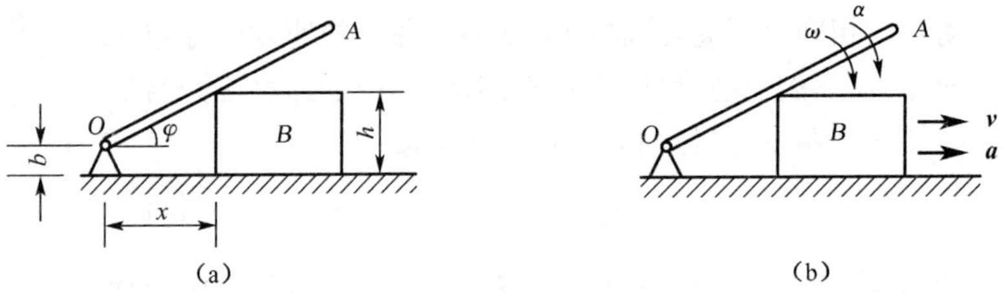

图 6-9

【解】 杆 OA 的运动是由滑块 B 的运动带动的，当 $t = 2$ s 时，滑块 B 的位移

$$x = (0.2 + 0.05t^2) = 0.4 \text{ m}$$

滑块 B 的速度

$$v = \frac{dx}{dt} = 0.1t = 0.2 \text{ m/s}$$

滑块 B 的加速度

$$a = \frac{dv}{dt} = \frac{d^2x}{dt^2} = 0.1 \text{ m/s}^2$$

将 B 运动的位移 x 视为变量，则杆 OA 的转角 φ 的正切为

$$\tan\varphi = \frac{h-b}{x}$$

对时间取一阶导数

$$\frac{1}{\cos^2\varphi}\cdot\frac{d\varphi}{dt}=-\frac{(h-b)}{x^2}\frac{dx}{dt}$$

因转角 φ 的余弦为

$$\cos\varphi=\frac{x}{\sqrt{(h-b)^2+x^2}}$$

所以杆 OA 转动的角速度为

$$\omega=\frac{d\varphi}{dt}=-\frac{(h-b)}{(h-b)^2+x^2}\cdot\frac{dx}{dt}$$

此时杆 OA 转动的角速度为

$$\omega=-\frac{(h-b)}{(h-b)^2+x^2}\cdot\frac{dx}{dt}=-\frac{0.2}{(0.2)^2+(0.4)^2}\times 0.2=-0.2\ \text{rad/s}$$

将杆 OA 转动的角速度对时间再取一次导数

$$\alpha=\frac{d\omega}{dt}=-\frac{(h-b)\left\{\frac{d^2x}{dt^2}[(h-b)^2+x^2]-2x\frac{dx}{dt}\right\}}{[(h-b)^2+x^2]^2}=0.7\ \text{rad/s}^2$$

角速度和角加速度的方向，如图 6-9(b)所示。

6.4 轮系的传动比

工程中，为了满足加工和传动的需要，常常利用轮系传动来提高或降低机械的转速，最常见的轮系有齿轮系和带轮系。

如图 6-10 所示，圆柱齿轮传动分为外啮合和内啮合两种。

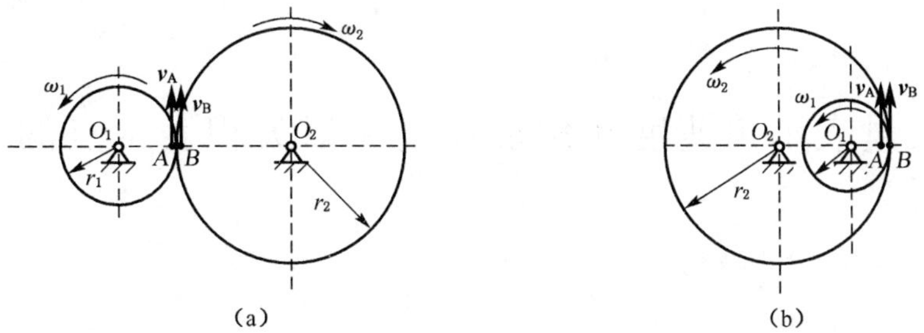

图 6-10

设小齿轮、大齿轮半径分别为 r_1、r_2，齿数分别为 z_1、z_2，A、B 分别为两轮啮合处的接触点。因两齿轮传动时无相对滑动，故

$$\boldsymbol{v}_A=\boldsymbol{v}_B$$

由 $v_A=\omega_1 r_1$，$v_B=\omega_2 r_2$，得

$$\frac{\omega_1}{\omega_2}=\frac{r_2}{r_1}$$

根据齿轮的传动特点可知，啮合处的齿距相等，齿数与半径成正比。以主动轮和从动轮的角速度之比为传动比 i_{12}，可得

$$i_{12}=\frac{\omega_1}{\omega_2}=\frac{r_2}{r_1}=\frac{z_2}{z_1} \tag{6-16}$$

有些场合为了区分轮系传动中各轮的转向，对各轮都规定统一的转动正向，这时各轮的角速度可取代数值，从而传动比也取代数值：

$$i_{12}=\frac{\omega_1}{\omega_2}=\pm\frac{r_2}{r_1}=\pm\frac{z_2}{z_1}$$

式中正号表示主动轮与从动轮转向相同，即为内啮合；负号表示转向相反，即为外啮合。如为皮带轮传动，仍可用公式(6-16)求传动比。

$$i_{12}=\frac{\omega_1}{\omega_2}=\frac{r_2}{r_1}$$

注：皮带轮传动中，被动轮、主动轮的转向是相同的，如图 6-11 所示。

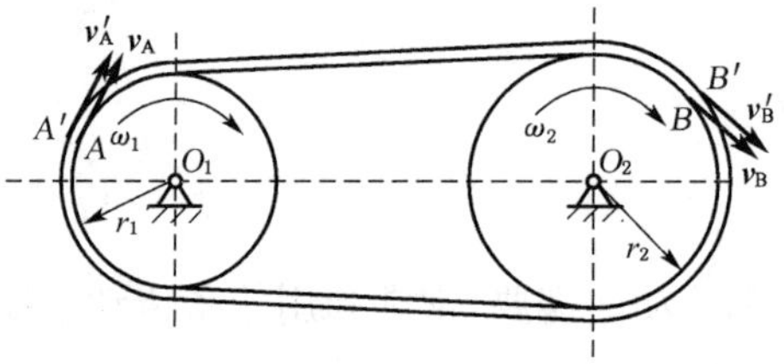

图 6-11

6.5 以矢量表示角速度和角加速度·以矢积表示点的速度和加速度

6.5.1 以矢量表示角速度和角加速度

在一般情况下，描述刚体的转动，必须说明转轴的位置，以及刚体绕此轴转动的快慢和转向。这些要素可以用角速度矢 $\boldsymbol{\omega}$ 来表示。

$\boldsymbol{\omega}$ 的大小等于角速度的绝对值，其指向表示刚体转动的方向，可以按照右手螺旋法则确定，即右手的四指代表转动的方向，大拇指代表角速度矢 $\boldsymbol{\omega}$ 的指向，如图 6-12 所示。若取 z

为转轴，$\boldsymbol{k}$ 为该轴的正向单位矢，则

$$\boldsymbol{\omega} = \omega \boldsymbol{k} \tag{6-17}$$

式中：ω——角速度的代数值，等于 $\dot{\varphi}$。

同样，刚体绕定轴转动的角加速度也可表示为

$$\alpha = \frac{\mathrm{d}\boldsymbol{\omega}}{\mathrm{d}t} = \frac{\mathrm{d}\boldsymbol{\omega}}{\mathrm{d}t}\boldsymbol{k} = \alpha \boldsymbol{k} \tag{6-18}$$

即加速度 $\boldsymbol{\alpha}$ 为角速度 $\boldsymbol{\omega}$ 对时间的一阶导数。

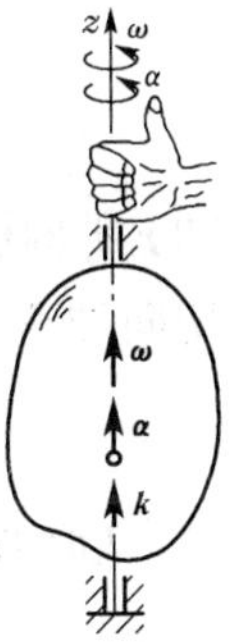

图 6-12

6.5.2 以矢积表示点的速度和加速度

根据上述角速度和角加速度的矢量表示法，刚体上任一点的速度和角加速度均可以用矢积表示。

从原点 O 作任一点 M 的矢径，记为 $\boldsymbol{r}$，如图 6-13 所示，并以 θ 表示矢径 $\boldsymbol{r}$ 与 z 轴的夹角。那么，矢积 $\boldsymbol{\omega}\times\boldsymbol{r}$ 的大小是

$$|\boldsymbol{\omega}\times\boldsymbol{r}| = |\boldsymbol{\omega}|\cdot|\boldsymbol{r}|\sin\theta = |\boldsymbol{v}|$$

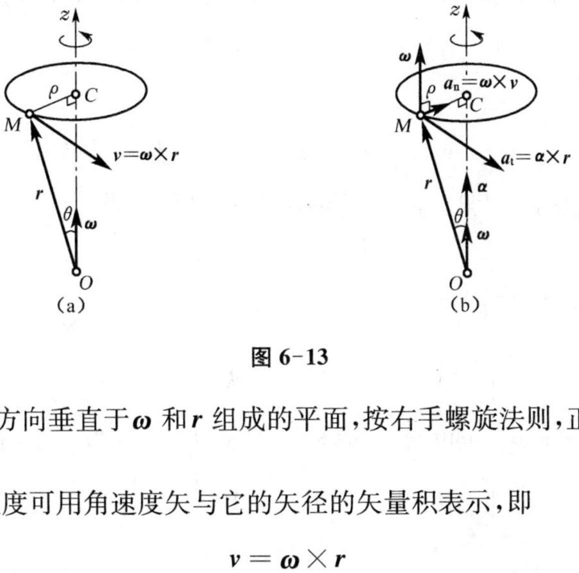

图 6-13

且矢积 $\boldsymbol{\omega}\times\boldsymbol{r}$ 的方向垂直于 $\boldsymbol{\omega}$ 和 $\boldsymbol{r}$ 组成的平面，按右手螺旋法则，正好与点 M 的速度方向一致。

所以，点 M 的速度可用角速度矢与它的矢径的矢量积表示，即

$$\boldsymbol{v} = \boldsymbol{\omega}\times\boldsymbol{r} \tag{6-19}$$

由此可得结论：转动刚体上任一点的速度矢 $\boldsymbol{v}$ 等于刚体的角速度矢 $\boldsymbol{\omega}$ 与该点矢径 $\boldsymbol{r}$ 的矢积。

将上式等式两边同时对时间 t 取一阶导数，得

$$\frac{\mathrm{d}\boldsymbol{v}}{\mathrm{d}t} = \frac{\mathrm{d}}{\mathrm{d}t}(\boldsymbol{\omega}\times\boldsymbol{r}) = \frac{\mathrm{d}\boldsymbol{\omega}}{\mathrm{d}t}\times\boldsymbol{r} + \boldsymbol{\omega}\times\frac{\mathrm{d}\boldsymbol{r}}{\mathrm{d}t}$$

因 $\frac{\mathrm{d}\boldsymbol{v}}{\mathrm{d}t} = \boldsymbol{a}, \frac{\mathrm{d}\boldsymbol{\omega}}{\mathrm{d}t} = \boldsymbol{\alpha}, \frac{\mathrm{d}\boldsymbol{r}}{\mathrm{d}t} = \boldsymbol{v}$，可得

$$\boldsymbol{a}=\boldsymbol{\alpha}\times\boldsymbol{r}+\boldsymbol{\omega}\times\boldsymbol{v} \tag{6-20}$$

式中右侧第一项大小为 $|\boldsymbol{\alpha}\times\boldsymbol{r}|=|\boldsymbol{\alpha}|\cdot|\boldsymbol{r}|\sin\theta=\alpha R=a_t$，而 $\boldsymbol{\alpha}\times\boldsymbol{r}$ 的方向垂直于 $\boldsymbol{\alpha}$ 和 $\boldsymbol{r}$ 所构成的平面，恰好与点 M 处的切向加速度 $\boldsymbol{a}_t$ 方向一致，所以矢积 $\boldsymbol{\alpha}\times\boldsymbol{r}$ 等于点 M 处的切向加速度 $\boldsymbol{a}_t$，即

$$\boldsymbol{a}_t=\boldsymbol{\alpha}\times\boldsymbol{r} \tag{6-21}$$

同理可知，式(6-19)右侧第二项等于点 M 处的法向加速度 $\boldsymbol{a}_n$，即

$$\boldsymbol{a}_n=\boldsymbol{\omega}\times\boldsymbol{v} \tag{6-22}$$

由此可得结论：转动刚体上任一点的切向加速度矢 $\boldsymbol{a}_t$ 等于刚体的角加速度矢 $\boldsymbol{\alpha}$ 与该点的矢径 $\boldsymbol{r}$ 的矢积；法向加速度矢 $\boldsymbol{a}_n$ 等于刚体的角速度矢 $\boldsymbol{\omega}$ 与该点的速度矢 $\boldsymbol{v}$ 的矢积。

【例 6-3】 刚体绕定轴转动，已知转轴通过坐标原点 O，角速度矢为 $\boldsymbol{\omega}=5\sin\dfrac{\pi t}{2}\boldsymbol{i}+5\cos\dfrac{\pi t}{2}\boldsymbol{j}+5\sqrt{3}\boldsymbol{k}$。求 $t=1$ s 时，刚体上点 $M(0,2,3)$ 的速度矢及加速度矢。

【解】 $t=1$ s 时，速度矢

$$\boldsymbol{v}=\boldsymbol{\omega}\times\boldsymbol{r}=\begin{vmatrix}\boldsymbol{i} & \boldsymbol{j} & \boldsymbol{k}\\ 5\sin\dfrac{\pi}{2} & 5\cos\dfrac{\pi}{2} & 5\sqrt{3}\\ 0 & 2 & 3\end{vmatrix}=-10\sqrt{3}\boldsymbol{i}-15\boldsymbol{j}+10\boldsymbol{k}$$

切向加速度矢

$$\boldsymbol{a}_t=\boldsymbol{\alpha}\times\boldsymbol{r}=\frac{\mathrm{d}\omega}{\mathrm{d}t}\times\boldsymbol{r}=\begin{vmatrix}\boldsymbol{i} & \boldsymbol{j} & \boldsymbol{k}\\ \dfrac{5\pi}{2}\cos\dfrac{\pi}{2} & -\dfrac{5\pi}{2}\sin\dfrac{\pi}{2} & 0\\ 0 & 2 & 3\end{vmatrix}=-\frac{15\pi}{2}\boldsymbol{i}$$

法向加速度矢

$$\boldsymbol{a}_n=\boldsymbol{\omega}\times\boldsymbol{v}=\begin{vmatrix}\boldsymbol{i} & \boldsymbol{j} & \boldsymbol{k}\\ 5\sin\dfrac{\pi}{2} & 5\cos\dfrac{\pi}{2} & 5\sqrt{3}\\ -10\sqrt{3} & -15 & 10\end{vmatrix}=75\sqrt{3}\boldsymbol{i}-200\boldsymbol{j}-75\boldsymbol{k}$$

加速度矢

$$\boldsymbol{a}=\boldsymbol{a}_t+\boldsymbol{a}_n=\left(75\sqrt{3}-\frac{15\pi}{2}\right)\boldsymbol{i}-200\boldsymbol{j}-75\boldsymbol{k}$$

思考题

1. 满足下述哪些条件的刚体运动一定是平移？

(1) 刚体运动时，其上有不在一条直线上的 3 点始终作直线运动；

(2) 刚体运动时，其上所有点到某固定平面的距离始终保持不变；

(3) 刚体运动时，其上有两条相交直线始终与各自初始位置保持平行；

(4) 刚体运动时，其上有不在一条直线上的 3 点的速度大小、方向始终相同。

2. 试问车辆沿圆弧轨道拐弯时，车厢作什么运动？

3. 刚体定轴转动时，角加速度为正，表示加速转动；角加速度为负，表示减速转动，对吗？为什么？

习题

1. 求出图 6-14 中点 M 的速度和加速度。

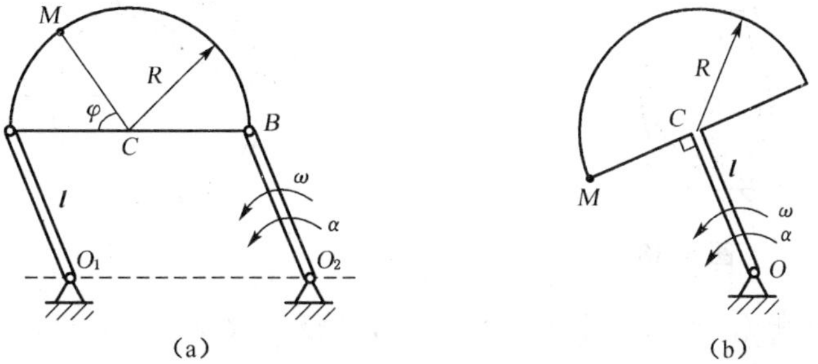

图 6-14

2. 图 6-15 为搅拌机运动机构简图，已知 $O_1A = O_2B = R$，$O_1O_2 = AB$，杆 O_1A 以不变的转速 n 转动。$R = 100\ \mathrm{mm}$，$n = 30\ \mathrm{r/min}$。分析搅拌头上点 M 的轨迹形状、速度和加速度。

3. 揉茶机的揉桶由 3 根曲柄 AA'、BB'、CC' 支持，曲柄的转动轴 A、B、C 与销 A'、B'、C' 恰成等边三角形，如图 6-16 所示。已知：曲柄均长 $l = 150\ \mathrm{mm}$，并均以匀转速 $n = 45\ \mathrm{r/min}$ 转动。试求揉桶中心点 O 的速度和加速度。

4. 如图 6-17 所示的机构中，杆 AB 以匀速 v 沿铅直导槽向上运动，摇杆 OC 穿过套筒 A，$OC=a$，导槽 D 到轴 O 的水平距离为 l，初始时 $\varphi=0$，试求当 $\varphi=\frac{\pi}{4}$ 时，摇杆 OC 的角速度和角加速度。

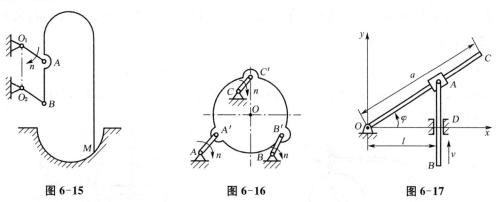

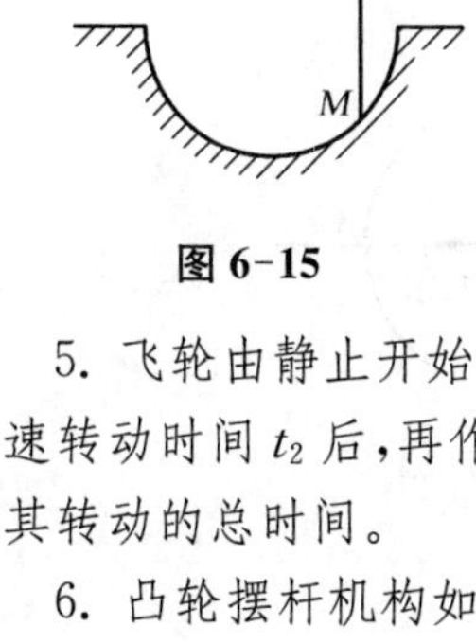

图 6-15

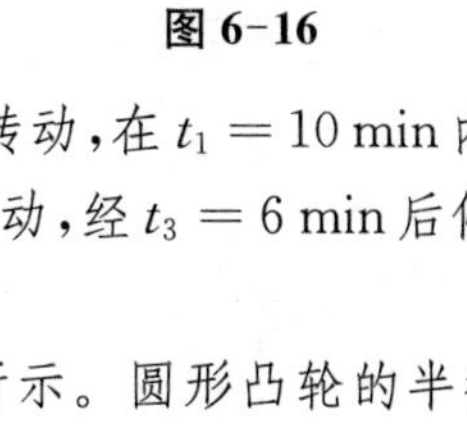

图 6-16

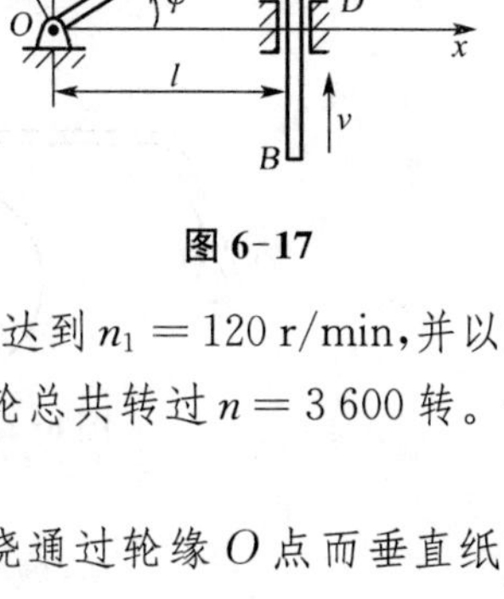

图 6-17

5. 飞轮由静止开始作匀加速转动，在 $t_1 = 10\ \mathrm{min}$ 内其转速达到 $n_1 = 120\ \mathrm{r/min}$，并以此转速转动时间 t_2 后，再作匀减速转动，经 $t_3 = 6\ \mathrm{min}$ 后停止，飞轮总共转过 $n = 3\,600$ 转。试求其转动的总时间。

6. 凸轮摆杆机构如图 6-18 所示。圆形凸轮的半径为 r，绕通过轮缘 O 点而垂直纸面的轴线顺时针转动，转角 $\varphi=\omega t$，角速度 ω 保持不变。凸轮推动滑槽，使摆杆 O_1B 绕 O_1 轴往复摆动。两轴线间距离 $OO_1=l$。试求摆杆的角速度。

7. 如图 6-19，小环 A 沿半径为 R 的固定圆环以匀速 v 运动，带动穿过小环的摆杆 OB 绕 O 轴转动。求：(1)杆 OB 的角速度和角加速度；(2)若 $OB=l$，试求 B 点的速度和加速度。

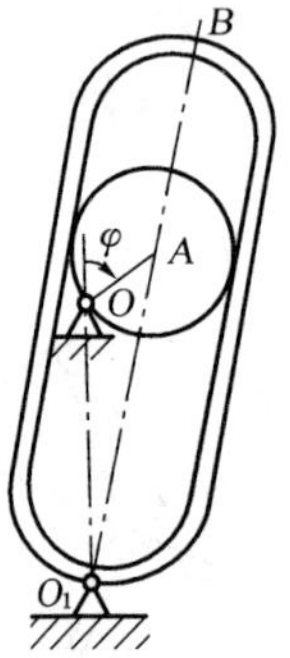

图 6-18

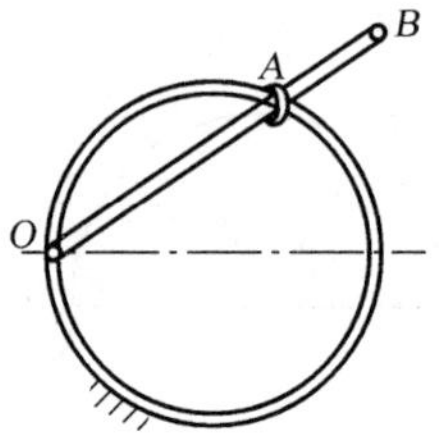

图 6-19

8. 如图 6-20 所示，主动轮Ⅰ的齿数为 z_1，半径为 R_1，角速度为 ω_1，从动轮Ⅱ的齿数为 z_2，半径为 R_2，轮Ⅱ与轮Ⅲ固连在同一轴上，轮Ⅲ的半径为 R_3，其上悬挂重物，试求重物的速度。

9. 纸盘由厚度为 a 的纸条卷成，令纸盘中心不动，而以等速 v 水平拉纸条，如图 6-21 所示。求纸盘的角加速度(以半径 r 的函数表示)。

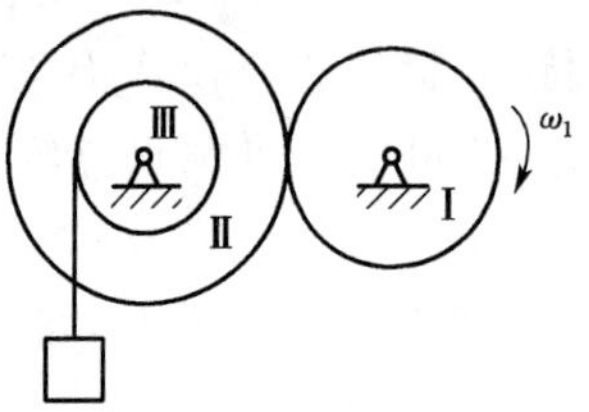

图 6-20

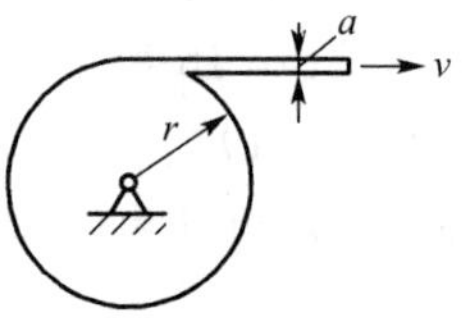

图 6-21

10. 图 6-22 机构中齿轮 1 紧固在杆 AC 上，$AB=O_1O_2$，齿轮 1 和半径为 r_2 的齿轮 2 啮合，齿轮 2 可绕 O_2 轴转动且和曲柄 O_2B 没有联系。设 $O_1A=O_2B=l$，$\varphi=b\sin\omega t$，试确定 $t=\frac{\pi}{2\omega}$s 时，轮 2 的角速度和角加速度。

11. 半径 $R=100$ mm 的圆盘绕其圆心转动，图 6-23 瞬时，点 A 的速度为 $\boldsymbol{v}_A=200\boldsymbol{j}$ mm/s，点 B 的切向加速度 $\boldsymbol{a}_B^t=150\boldsymbol{i}$ mm/s^2。求角速度 ω 和角加速度 α，并进一步写出点 C 的加速度的矢量表达式。

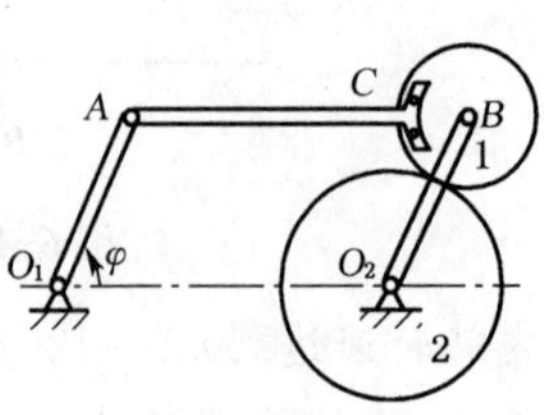

图 6-22

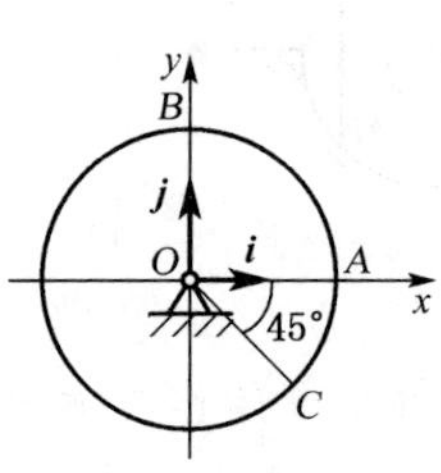

图 6-23

7　点的合成运动

运动物体的描述具有相对性，即同一物体的运动，相对于不同的参考系，会表现出不同的运动学特征。本章研究点的合成运动，主要就是研究物体相对于不同参考系的运动之间的关系，分析某一瞬时运动物体上点的速度合成和加速度合成。本章也是研究点和刚体复杂运动的基础。

7.1　相对运动·牵连运动·绝对运动

采用不同的参考系来描述同一点的运动，其结果往往是有差异的，即物体相对于不同的参考系的运动是不同的，这就是运动描述的相对性。如图 7-1 所示，若汽车作水平直线运动，分析车轮边缘上的 P 点的运动规律。如果选择地面作为参考系，即采用的是静坐标系，观察到点的轨迹是旋轮线；若选择汽车车厢为参考系，则观察到的点的轨迹是一个圆。又如图 7-2 所示，龙门吊车起吊搬运重物分析重物 P 的运动规律。对于地面上的观察者来说，重物 P 的轨迹是曲线；若观察者站在大梁上观察，则发现重物的运动轨迹是直线。从上述两个例子可以看出，动点相对于不同的参考系，其速度和加速度是不同的。

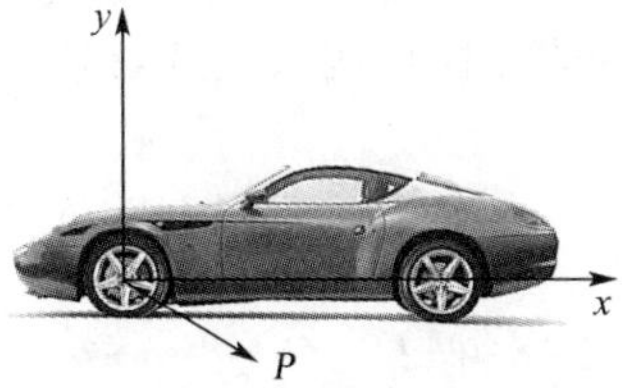

图 7-1

图 7-2

既然同一点对不同的参考系所表现的运动并不相同。那么，它们之间有什么联系呢？进一步观察发现，物体对选定参考系的运动可以由几个运动合成得到。例如，作水平直线运动的汽车。车厢对地面的运动是简单的平移运动，而车轮边缘上的 P 点相对于车厢的运动是简单的圆周运动。于是，可以把车轮边缘上的 P 点的运动先看作跟随车厢对地面做平移，然后再相对车厢作圆周运动。

在上述分析中，习惯上常把所研究运动的点，或可简化为点的小物体称为动点。把固定在地球上的坐标系称为定参考系，简称定系。而把相对于地球运动的参考系称为动参考系，简称动系。例如正在行驶的小车。在这样两个坐标系的参考下，可以把运动分为 3 类：

(1) 绝对运动：动点对于定参考系的运动。

(2) 相对运动：动点对于动参考系的运动。

(3) 牵连运动:动参考系对于定参考系的运动。

由上述 3 种运动的定义可知,点的绝对运动、相对运动的主体是动点本身,其运动可能是直线运动或曲线运动;而牵连运动的主体却是动系所固连的刚体,其运动可能是平移、转动或其他复杂的运动。在这 3 种运动的区分下,动点对定系的轨迹、速度和加速度分别称为绝对轨迹、绝对速度和绝对加速度。动点对动系的轨迹、速度和加速度分别称为相对轨迹、相对速度和相对加速度。而相应的牵连速度和牵连加速度的定义则规定如下:在任意瞬时,动坐标系中与动点相重合的点,也就是设想将该动点固结在动坐标系上,而随着动坐标系一起运动时该点叫牵连点。牵连运动中,牵连点的速度和加速度称为牵连速度和牵连加速度.

需要指出的是:随着动点的相对运动,牵连运动在动系上取一系列不同的位置,也即在不同的瞬时有不同的牵连点。

假如没有牵连运动,则绝对运动与相对运动就没有区别。如果停止相对运动,则绝对运动等同于牵连点的运动。从这个意义上,可以说绝对运动是牵连运动与相对运动的合成。因此也称为合成运动。

【例 7-1】 用车刀切削工件的直径端面,车刀刀尖 M 沿水平轴 x 作往复运动,如图 7-3 所示。设 Oxy 为定坐标系,刀尖的运动方程为 $x=b\sin\omega t$。工件以等角速度 ω 逆时针转向转动。求车刀在工件圆端面上切出的痕迹。

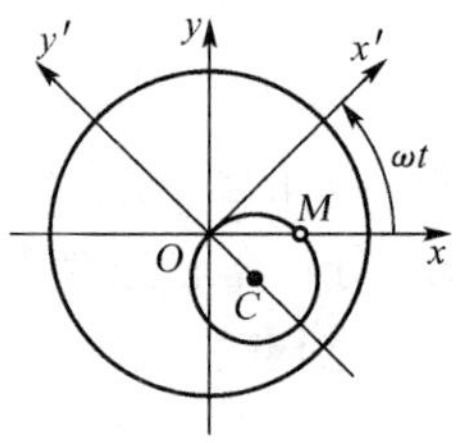

图 7-3

【解】 由要求可知,最后要求的是车刀刀尖 M 相对于工件的运动轨迹方程。

设刀尖 M 为动点,运动的工件为动参考系,则动点在两套坐标系中有如下关系:

$$x'=x\cos\omega t\,,\ y'=-x\sin\omega t$$

根据已知的刀尖 M 的运动方程 $x=b\sin\omega t$(绝对运动方程),代入上式,得

$$x'=b\sin\omega t\ \cos\omega t=\frac{b}{2}\sin 2\omega t$$

$$y'=-b\sin^2\omega t=-\frac{b}{2}(1-\cos 2\omega t)$$

把上式消去参数 t,就可以得到刀尖相对于工件的相对轨迹方程

$$(x')^2+\left(y'+\frac{b}{2}\right)^2=\frac{b^2}{4}$$

由方程表达式可以看出,切出的痕迹是一个圆。

7.2 点的速度合成定理

接下来研究点的绝对速度、相对速度和牵连速度之间的关系。设动点 M 沿固连于动系 $O'x'y'z'$ 上的曲线 AB 运动,即 AB 是 M 点的相对运动轨迹,而动系本身相对于定系 $Oxyz$

作某种运动，如图 7-4 所示。

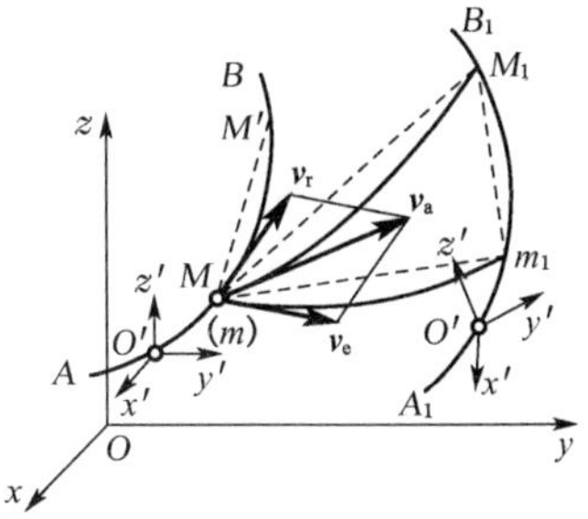

图 7-4

在某瞬时 t，动系 $O'x'y'z'$ 连同相对轨迹 AB 相对于定系的位置如图 7-4 所示，动点在 AB 上。经过时间间隔 Δt，动系运动到 A_1B_1，动点 M 则运动到 M_1 位置。动系上在该瞬间与 M 点重合的那个点记为 m，为牵连点。假如没有相对运动，动点 M 和牵连点 M_1 的运动相同。因此在 $t+\Delta t$ 瞬时，动点将沿轨迹 $\overset{\frown}{mm_1}$ 运动到 m_1 点。$\overrightarrow{mm_1}$ 是牵连点的位移。假如没有牵连位移，动点在 $t+\Delta t$ 瞬时，将只是沿着 AB 运动到 M'，$\overrightarrow{MM'}$ 是 M 点的相对位移。实际上相对运动和牵连运动是同时进行的，并且 M 点是沿轨迹 $\overset{\frown}{MM_1}$ 运动到 M_1 点的。$\overrightarrow{MM_1}$ 是 M 点的绝对位移。

由几何知识可知，在三角形 Mm_1M_1 中，

$$\overrightarrow{MM_1}=\overrightarrow{mm_1}+\overrightarrow{m_1M_1}$$

上式两端同时除以时间 t，并取 $\Delta t\to 0$ 的极限可得

$$\lim_{\Delta t\to 0}\frac{\overrightarrow{MM_1}}{\Delta t}=\lim_{\Delta t\to 0}\frac{\overrightarrow{mm_1}}{\Delta t}+\lim_{\Delta t\to 0}\frac{\overrightarrow{m_1M_1}}{\Delta t}$$

根据绝对速度、相对速度和牵连速度的定义，可知 $\lim\limits_{\Delta t\to 0}\dfrac{\overrightarrow{MM_1}}{\Delta t}$ 是 M 点在瞬时 t 的绝对速度，记为 $\boldsymbol{v}_\mathrm{a}=\lim\limits_{\Delta t\to 0}\dfrac{\overrightarrow{MM_1}}{\Delta t}$，其方向沿曲线 $\overset{\frown}{MM_1}$ 上 M 点的切向。$\lim\limits_{\Delta t\to 0}\dfrac{\overrightarrow{mm_1}}{\Delta t}$ 是牵连点的绝对速度，即为 M 点在瞬时 t 的牵连速度，记为 $\boldsymbol{v}_\mathrm{e}=\lim\limits_{\Delta t\to 0}\dfrac{\overrightarrow{mm_1}}{\Delta t}$，其方向沿曲线 $\overset{\frown}{mm_1}$ 上 M 点的切向。而 $\lim\limits_{\Delta t\to 0}\dfrac{\overrightarrow{m_1M_1}}{\Delta t}=\lim\limits_{\Delta t\to 0}\dfrac{\overrightarrow{MM'}}{\Delta t}=\boldsymbol{v}_\mathrm{r}$，是 M 点在瞬时 t 的相对速度，其方向沿相对运动轨迹 AB 在 M 点的切线方向(因为 $\overrightarrow{m_1M_1}$ 和 $\overrightarrow{MM'}$ 两个矢量的模相等，且随着 $\Delta t\to 0$ 而趋向于同一个方向)。因此可以改写上式为

$$\boldsymbol{v}_\mathrm{a}=\boldsymbol{v}_\mathrm{e}+\boldsymbol{v}_\mathrm{r} \tag{7-1}$$

上式表明：在任一瞬时，动点的绝对速度等于牵连速度与相对速度的矢量和。这就是点的速度合成定理。

需要指出的是，在上述定理的推导过程中，对动坐标系的运动未作任何限制，因此该定理适用于牵连运动是任何运动的情况。即动参考系可作平移、转动或其他任何复杂的运动。

【例 7-2】 车厢以 $v_1=5\ \mathrm{m/s}$ 的速度匀速水平行驶，雨滴铅垂下落。而在车厢中观察到的雨滴的速度方向却偏斜向后，与铅垂线成夹角 30°，如图 7-5(a)所示。试求雨滴的绝对速度。

【解】 取雨滴为动点，地面为定系 Oxy，车厢为动系 $O'x'y'$。

此时，雨滴的绝对运动是对于地面的铅垂下落，方向铅垂向下，大小 v_a 未知。

雨滴的相对运动是相对于车厢的运动，方向与铅垂线成 30°，大小 v_r 未知。

牵连运动是车厢对地面的运动，牵连点作平移。故雨滴的牵连速度就是车厢平移的速度，其方向水平，大小 $v_\mathrm{e}=v_1=5\ \mathrm{m/s}$。

由速度合成定理 $\boldsymbol{v}_a=\boldsymbol{v}_e+\boldsymbol{v}_r$，可以画出速度平行四边形，如图 7-5(b)所示。由三角关系可得

$$v_a = v_e \cot 30^\circ = 5\ \mathrm{m/s}\times\sqrt{3} = 8.660\ \mathrm{m/s}$$

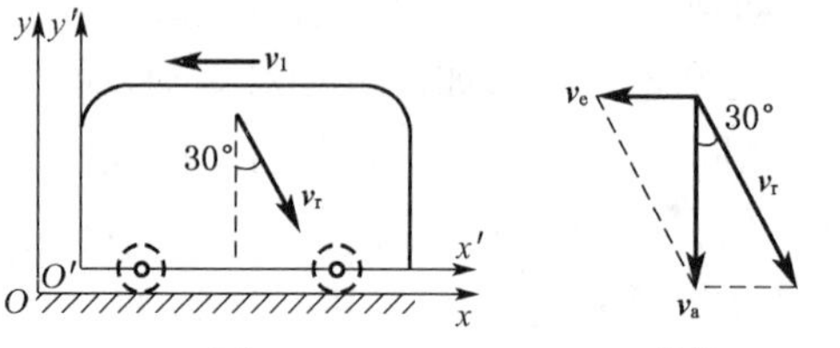

(a)　　(b)

图 7-5

【例 7-3】 矿砂从传送带 A 落到另一个传送带 B 上，如图 7-6(a)所示。站在地面上观察矿砂下落的速度为 $v_1 = 4\ \mathrm{m/s}$，方向与铅垂线成 30°。已知传送带 B 的速度 $v_2 = 3\ \mathrm{m/s}$，求矿砂相对于传送带 B 的速度。

【解】 以矿砂 M 为动点，动参考系固定在传送带 B 上。矿砂相对于地面的速度 $\boldsymbol{v}_1$ 为绝对速度，大小已知，方向已知。牵连速度为动参考系上与矿砂 M 重合的点的绝对速度，因为动参考系为传送带 B，且作平移，各点速度都等于 $\boldsymbol{v}_2$，于是动点 M 的牵连速度为 $\boldsymbol{v}_2$，大小已知，方向已知。

由速度合成定理可画出 3 种速度形成的平行四边形，绝对速度必须是对角线，因此得到图 7-6(b)，根据三角形的几何关系求得

$$v_r = \sqrt{v_e^2 + v_a^2 - 2v_e v_a \cos 60^\circ} = 3.6\ \mathrm{m/s}$$

$\boldsymbol{v}_r$ 与 $\boldsymbol{v}_a$ 间的夹角为 $\quad \beta = \arcsin\left(\dfrac{v_e}{v_r}\sin 60^\circ\right) = 46^\circ 12'$

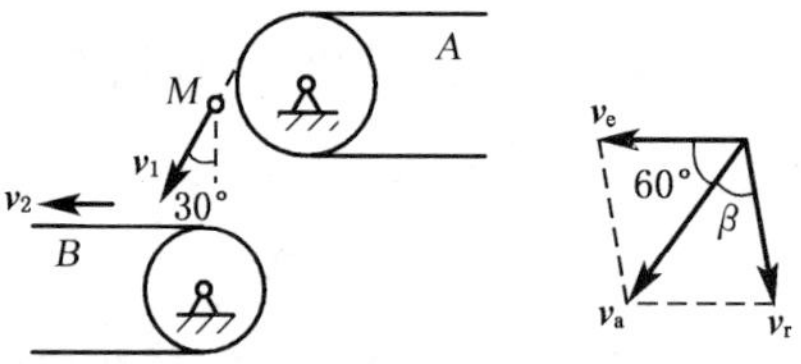

(a)　　(b)

图 7-6

【例 7-4】 如图 7-7 所示，偏心圆凸轮的偏心距 $OC=e$，半径 $r=\sqrt{3}e$，设凸轮以匀角速度 ω_0 绕轴 O 转动，试求 OC 与 CA 垂直的瞬间，杆 AB 的速度。

【解】 分析可知，凸轮作定轴转动，AB 杆作直线平移。只需要求出 A 点的速度就可知 AB 杆上各点的速度。故选 A 为动点，动系 $Ax'y'$ 固结在凸轮上，静坐标系固结于地面上。则 A 点的绝对运动是直线运动，绝对速度大小未知，方向沿 AB 杆方向；相对运动是以 C 为圆心的圆周运动，相对速度的大小未知，方向沿接触点的切向；牵连运动是动坐标系绕 O 轴的定轴转动，大小为 $v_e = OA\ \cdot$

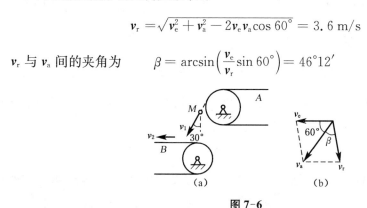

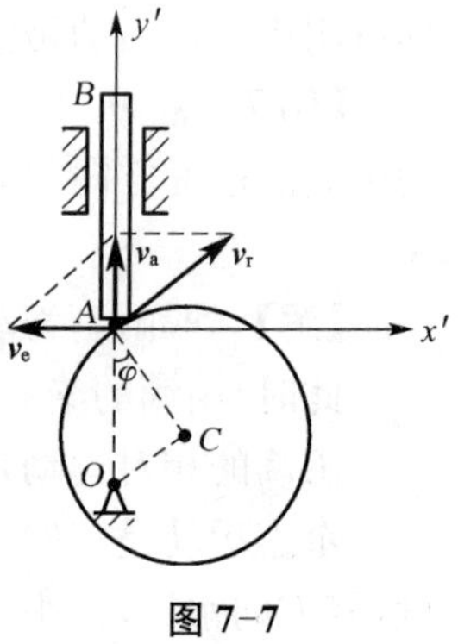

图 7-7

$\omega_0 = 2e\omega_0$，方向如图 7-7 所示，与 OA 连线垂直。

根据画出的速度平行四边形，可得

$$\tan\varphi = \frac{OC}{AC} = \frac{v_A}{v_e}$$

于是可知，$v_A = v_a = \dfrac{2e\omega_0}{\sqrt{3}}$，方向竖直向上。

注意：在本题中，选择 AB 杆的 A 点为动点，动坐标系固结在凸轮上，使得 3 种运动，特别是相对运动的轨迹十分清楚、简单。反之，若选凸轮上的点（例如与 A 重合的点）为动点，而动坐标系与 AB 杆固结，则相对运动轨迹不仅难以确定，而且其曲率半径未知，求解速度比较困难，尤其是后期的加速度求解将更为困难。

总结以上各例题，在应用速度合成定理解题时，建议按照以下步骤进行：

（1）选取动点、动参考系和定参考系。一般定系都选取固结与地面。动点和动系必须分别选在不同的物体上，并且要使相对运动和牵连运动易于看清楚。

（2）分析绝对运动、相对运动和牵连运动，进而确定在 3 种速度的大小和方向各要素中，哪些是已知的，哪些是未知的。3 种速度都有大小和方向，只有已知其中任意 4 个要素时，才能画出速度平行四边形。

（3）应用速度合成定理，作出速度平行四边形。作图时必须保证绝对速度成为平行四边形的对角线。

（4）利用速度平行四边形中的几何关系或矢量投影定理解出未知数。

7.3 牵连运动是平移时点的加速度合成定理

在上节内容中提到，速度合成定理的推导过程中，对动坐标系的运动未作任何限制，因此该定理适用于牵连运动是任何运动的情况。即动参考系可作平移、转动或其他任何复杂的运动。但是加速度问题却比较复杂，对于不同形式的牵连运动，结论有所不同。下面将先讨论牵连运动为平移时点的加速度合成问题。

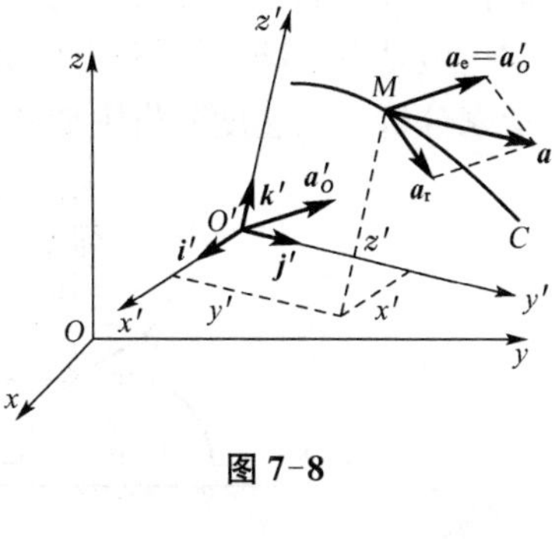

图 7-8

设动点 M 相对于动系 $O'x'y'z'$ 的运动轨迹如图 7-8 所示，为曲线 C。动系的绝对运动为平移。则动点在某瞬时的相对加速度求解如下：

$$\boldsymbol{v}_r = \dot{x}'\boldsymbol{i}' + \dot{y}'\boldsymbol{j}' + \dot{z}'\boldsymbol{k}'$$

$$\boldsymbol{a}_r = \ddot{x}'\boldsymbol{i}' + \ddot{y}'\boldsymbol{j}' + \ddot{z}'\boldsymbol{k}'$$

其中，$\boldsymbol{x}'$，$\boldsymbol{y}'$，$\boldsymbol{z}'$ 是动点在动系中的坐标；$\boldsymbol{i}'$，$\boldsymbol{j}'$，$\boldsymbol{k}'$ 是动系中 3 个轴正向的单位矢量。由于动系作平移运动，故动系上各个点的速度都与动系的坐标原点 O' 的速度 $\boldsymbol{v}'_O$ 相同，即牵连速度就等于坐标原点 O' 的速度 $\boldsymbol{v}_O{}'$，记为

$$\boldsymbol{v}_e = \boldsymbol{v}_O{}'$$

根据式(7-1)速度合成定理的表述，$\boldsymbol{v}_a = \boldsymbol{v}_e + \boldsymbol{v}_r$，得到

$$\boldsymbol{v}_a = \boldsymbol{v}_e + \boldsymbol{v}_r = \boldsymbol{v}_O{'} + \dot{x}'\boldsymbol{i}' + \dot{y}'\boldsymbol{j}' + \dot{z}'\boldsymbol{k}'$$

由于 $\boldsymbol{a}_a = \dfrac{\mathrm{d}\boldsymbol{v}_a}{\mathrm{d}t} = \dot{\boldsymbol{v}}_a$，且动系作平移，$\boldsymbol{i}'$，$\boldsymbol{j}'$，$\boldsymbol{k}'$是常矢量，不随时间变化，故

$$\boldsymbol{a}_a = \dot{\boldsymbol{v}}_a = \frac{\mathrm{d}(\boldsymbol{v}_O{'} + \dot{x}'\boldsymbol{i}' + \dot{y}'\boldsymbol{j}' + \dot{z}'\boldsymbol{k}')}{\mathrm{d}t} = \dot{\boldsymbol{v}}_O{'} + \ddot{x}'\boldsymbol{i}' + \ddot{y}'\boldsymbol{j}' + \ddot{z}'\boldsymbol{k}'$$

同理，由于动系作平移，$\boldsymbol{a}_e = \boldsymbol{a}_O' = \dot{\boldsymbol{v}}_O'$，且如式(1)所示 $\boldsymbol{a}_r = \ddot{x}'\boldsymbol{i}' + \ddot{y}'\boldsymbol{j}' + \ddot{z}'\boldsymbol{k}'$，从而可得

$$\boldsymbol{a}_a = \boldsymbol{a}_e + \boldsymbol{a}_r \tag{7-2}$$

上式表明：当牵连运动为平移时，动点的绝对加速度等于该瞬时动点的牵连加速度与相对加速度的矢量和。这就是牵连运动为平移时，动点的加速度合成定理。

下面用例子来介绍牵连运动为平移时，动点的加速度合成定理的应用。

【例 7-5】 半径为 R 的半圆形凸轮 D 以等速 $\boldsymbol{v}_0$ 沿水平方向向右运动，带动从动杆 AB 沿铅直方向上升，求如图 7-9(a)所示 $\varphi = 30°$ 时，杆 AB 的速度和加速度。

【解】 (1) 速度分析

可选 AB 杆上的 A 点为动点，凸轮为动系，这样 AB 杆的速度就是绝对速度，凸轮的速度即为牵连速度，相对速度是动点 A 沿凸轮表明的切向速度。其速度平行四边形如图 7-9(a)所示，由几何关系可得

$$v_{AB} = v_a = v_e \tan\varphi = \frac{\sqrt{3}}{3}\ v_0,\ v_r = \frac{v_0}{\cos\varphi} = \frac{2v_0}{\sqrt{3}} \tag{1}$$

各个速度的方向如图所示。

(2) 加速度分析

由于凸轮作平移，故依然可选 AB 杆上的 A 点为动点，凸轮为动系，既可以与上述分析保持记号上的连续性，也不会影响加速度分析。

但是由于动点始终在凸轮的圆弧表面运动，故相对加速度可以分为切向和法向两个分量来分析。加速度分析图如图 7-9(b)所示。

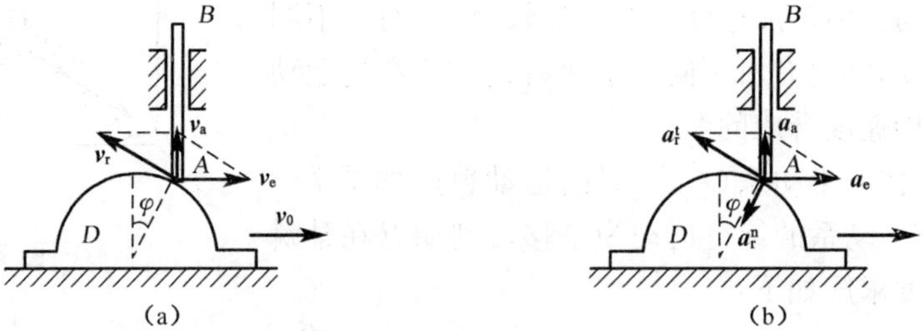

图 7-9

由牵连运动为平移时的加速度合成定理，有

$$\boldsymbol{a}_a = \boldsymbol{a}_e + \boldsymbol{a}_r = \boldsymbol{a}_e + \boldsymbol{a}_r^n + \boldsymbol{a}_r^t \tag{2}$$

其中 $\boldsymbol{a}_r^n = \dfrac{\boldsymbol{v}_r^2}{R}$，$\boldsymbol{a}_e = 0$，方向如图 7-9(b)，而 a_r^t 大小未知，方向如图 7-9，故采用矢量投影式

求解。

将式(2)向 $\boldsymbol{a}_r^n$ 方向投影，可以得到

$$-a_a\cos\varphi = -a_e\sin\varphi + a_r^n \tag{3}$$

代入各已知量，可以得到 $a_a=\dfrac{\boldsymbol{v}_r^2}{R\cos\varphi}=-\dfrac{4\boldsymbol{v}_0^2}{3R\cos\varphi}$，方向如图。

7.4 牵连运动是定轴转动时点的加速度合成定理·科氏加速度

当牵连运动为转动时，加速度合成定理与牵连运动为平移时的结论不同。下面接着介绍牵连运动为转动时，点的加速度合成定理。

设动点 M 相对于动系 $O'x'y'z'$ 的运动轨迹如图 7-10 所示，为曲线 C。同时动系又绕着静坐标系的 z 轴转动，其角速度为矢量 $\boldsymbol{\omega}$，角加速度为矢量 $\boldsymbol{\alpha}$。设动点 M 在静坐标系下的矢径为 $\boldsymbol{r}$，在动坐标系下的矢径为 $\boldsymbol{r}'$，牵连点的速度和加速度分别为

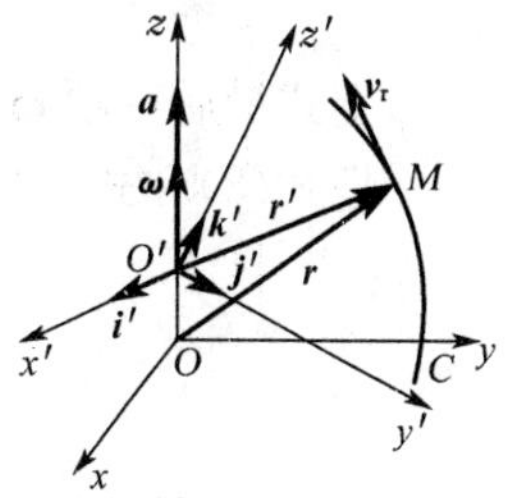

图 7-10

$$\boldsymbol{v}_e=\omega\times\boldsymbol{r}' \tag{1}$$

$$\boldsymbol{a}_e=\boldsymbol{\alpha}\times\boldsymbol{r}'+\boldsymbol{\omega}\times\boldsymbol{v}_e \tag{2}$$

动点的相对速度和相对加速度与上一节的相同，记为

$$\boldsymbol{v}_r=\dot{x}'\boldsymbol{i}'+\dot{y}'\boldsymbol{j}'+\dot{z}'\boldsymbol{k}' \tag{3}$$

$$\boldsymbol{a}_r=\ddot{x}'\boldsymbol{i}'+\ddot{y}'\boldsymbol{j}'+\ddot{z}'\boldsymbol{k}' \tag{4}$$

同时由于两个矢径 $\boldsymbol{r}$ 和 $\boldsymbol{r}'$ 有如下关系：$\boldsymbol{r}=\overrightarrow{OO'}+\boldsymbol{r}'$，故

$$\dot{\boldsymbol{r}}=\frac{\mathrm{d}\,\overrightarrow{OO'}}{\mathrm{d}t}+\dot{\boldsymbol{r}}'$$

其中 $\overrightarrow{OO'}$ 为常矢量，$\dfrac{\mathrm{d}OO'}{\mathrm{d}t}=0$，故

$$\dot{\boldsymbol{r}}=\dot{\boldsymbol{r}}'=\boldsymbol{v}_a=\boldsymbol{v}_e+\boldsymbol{v}_r \tag{5}$$

与上一节相同可得到

$$\boldsymbol{a}=\dot{\boldsymbol{v}}_a=\dot{\boldsymbol{v}}_e+\dot{\boldsymbol{v}}_r \tag{6}$$

与上一节不同的是式(6)右端两项的求解，具体如下：

$$\dot{\boldsymbol{v}}_e=\frac{\mathrm{d}(\boldsymbol{\omega}\times\boldsymbol{r}')}{\mathrm{d}t}=\boldsymbol{\alpha}\times\boldsymbol{r}'+\boldsymbol{\omega}\times\dot{\boldsymbol{r}}' \tag{7}$$

将式(5)、式(2)代入上式，可得

$$\dot{\boldsymbol{v}}_e=\boldsymbol{\alpha}\times\boldsymbol{r}'+\boldsymbol{\omega}\times(\boldsymbol{v}_e+\boldsymbol{v}_r)=\alpha\times\boldsymbol{r}'+\boldsymbol{\omega}\times\boldsymbol{v}_e+\omega\times\boldsymbol{v}_r=\boldsymbol{a}_e+\boldsymbol{\omega}\times\boldsymbol{v}_r \tag{8}$$

上式最后一项 $\omega \times \boldsymbol{v}_r$ 是由于相对运动引起牵连运动速度改变而产生的。

而 $$\dot{\boldsymbol{v}}_r = \ddot{x}'\boldsymbol{i}' + \ddot{y}'\boldsymbol{j}' + \ddot{z}'\boldsymbol{k}' + (\dot{x}'\dot{\boldsymbol{i}}' + \dot{y}'\dot{\boldsymbol{j}}' + \dot{z}'\dot{\boldsymbol{k}}') \tag{9}$$

将式(4)代入,得

$$\dot{\boldsymbol{v}}_r = \boldsymbol{a}_r + (\dot{x}'\dot{\boldsymbol{i}}' + \dot{y}'\dot{\boldsymbol{j}}' + \dot{z}'\dot{\boldsymbol{k}}') \tag{10}$$

由于动系作转动,$\boldsymbol{i}', \boldsymbol{j}', \boldsymbol{k}'$对时间的导数不再是常矢量,随时间而发生变化。所以上式右端括号内的表达式根据泊松公式 $\dot{\boldsymbol{i}}' = \boldsymbol{\omega} \times \boldsymbol{i}', \dot{\boldsymbol{j}}' = \boldsymbol{\omega} \times \boldsymbol{j}', \dot{\boldsymbol{k}}' = \boldsymbol{\omega} \times \boldsymbol{k}'$,得

$$\begin{aligned} \dot{x}'\dot{\boldsymbol{i}}' + \dot{y}'\dot{\boldsymbol{j}}' + \dot{z}'\dot{\boldsymbol{k}}' &= \dot{x}(\boldsymbol{\omega} \times \boldsymbol{i}') + \dot{y}'(\boldsymbol{\omega} \times \boldsymbol{j}) + \dot{z}'(\boldsymbol{\omega} \times \boldsymbol{k}') \\ &= \boldsymbol{\omega} \times (\dot{x}'\dot{\boldsymbol{i}}' + \dot{y}'\dot{\boldsymbol{j}}' + \dot{z}'\boldsymbol{k}') = \boldsymbol{\omega} \times \boldsymbol{v}_r \end{aligned}$$

于是式(10)为

$$\dot{\boldsymbol{v}}_r = \boldsymbol{a}_r + \boldsymbol{\omega} \times \boldsymbol{v}_r \tag{11}$$

上式最后一项 $\boldsymbol{\omega} \times \boldsymbol{v}_r$ 是由于牵连运动是转动而引起相对速度改变而产生的。

把式(8)和式(11)代入式(6),得

$$\boldsymbol{a}_a = \boldsymbol{a}_e + \boldsymbol{a}_r + 2\boldsymbol{\omega} \times \boldsymbol{v}_r \tag{12}$$

记 $$\boldsymbol{a}_c = 2\boldsymbol{\omega} \times \boldsymbol{v}_r \tag{7-3}$$

称 $\boldsymbol{a}_c$ 为科氏加速度,其等于动系转动角速度矢量与点的相对运动速度矢量的矢积的两倍。于是式(12)可以写为

$$\boldsymbol{a}_a = \boldsymbol{a}_e + \boldsymbol{a}_r + \boldsymbol{a}_c \tag{7-4}$$

上式表明:当牵连运动为定轴转动时,动点的绝对加速度等于该瞬时动点的牵连加速度、相对加速度与科氏加速度的矢量和。这就是牵连运动为转动时,动点的加速度合成定理。

其实当牵连运动是任意形式时,式(7-4)都成立,它是加速度合成定理的普遍形式。需要指出的是,科氏加速度是由于动系作转动,牵连运动与相对运动相互影响而产生的。

接下来根据矢量积的运算规则,$a_c = 2\omega v_r \sin\theta$,其中 θ 为 $\boldsymbol{\omega}$ 与 $\boldsymbol{v}_r$ 间的夹角(小于 π)。$\boldsymbol{a}_c$ 的方向垂直于 $\boldsymbol{\omega}$ 与 $\boldsymbol{v}_r$ 所构成的平面,指向按照右手法则确定,如图 7-11 所示。

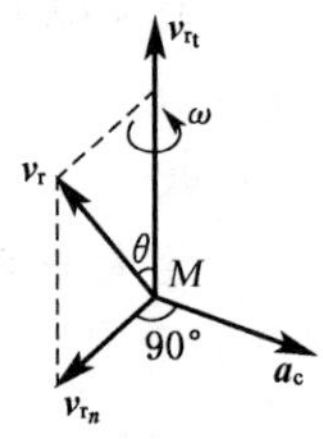

图 7-11

下面具体讨论计算 $\boldsymbol{a}_c$ 大小的几种特殊情况。

(1) 当 $\boldsymbol{\omega}$ 与 $\boldsymbol{v}_r$ 垂直时,$a_c = 2\omega v_r$,工程中常见的平面机构就是此类情况。

(2) 当 $\boldsymbol{\omega}$ 与 $\boldsymbol{v}_r$ 平行时 ($\theta = 0°$ 或 $\theta = 180°$),$a_c = 0$;

(3) 当 $\boldsymbol{\omega} = \boldsymbol{0}$ 时,即为牵连运动作平移的情况,$\boldsymbol{a}_a = \boldsymbol{a}_e + \boldsymbol{a}_r$,与此前得到的结论一致。

科氏加速度是由科里奥利(G. G. Coriolis)于1832年在研究水轮机转动时提出的,是动点的转动与动点相对运动相互耦合引起的加速度,其方向垂直于角速度矢量和相对速度

矢量。

科里奥利，法国物理学家，1792 年 5 月 21 日生于巴黎，1843 年 9 月 19 日卒于巴黎。科里奥利是巴黎工艺学院的教师，长期健康状况不佳，这限制了他创造能力的发挥。即便如此，他的名字在物理学中仍是不可磨灭的。1835 年，他着手从数学和实验上研究自旋表面上的运动问题。地球每 24 小时自转一周，赤道面上的一点，在此时间内必须运行 25 000 英里，因此每小时大约向东运行 1 000 英里。在纽约纬度地面上的一点，一天只需行进 19 000 英里，向东运行的速度仅约为每小时 800 英里。赤道向北流动的空气，保持其较快的速度，因此相对于其下面运动较慢的地面而言会向东行。水流的情况也是一样。因此，空气和水在背向赤道流动时好像被推向东运动，反之会向西运动，这样会形成一个圆。推动它们运动的力就称为科里奥利力。这种力不是真实存在的，只是“惯性”这种性质的表现而已。正是这种“力”造成了飓风和龙卷风的旋转运动。研究大炮射击、卫星发射等技术问题时，必须考虑到这种力。科里奥利是对动能和功给出确切的现代定义的第一人。他把物体的动能定义为物体质量的二分之一乘其速度的平方，而对某物体所做的功等于作用力乘其克服阻力而运动的距离，即我们常说的动能定理。

G.G.科里奥利

物理上，“有力就产生加速度，相反，有加速度就会有产生它的力”这句话，是在“惯性参照系”当中来说的。而科氏力(或科氏加速度)是在非惯性系当中的概念。所以其本质上还是一种惯性力，是参照系本身施加给它的。科氏加速度在自然现象中表现明显。地球在自传，只要地球上的物体相对地球有运动，那么都将会出现科氏加速度的身影。例如在北半球，如图 7-12 所示向北方流去的河流的右岸受到的冲刷比较明显。由牛顿第二定律知道，水流有向左的科氏加速度是由于河的右岸对水流有向左的力作用。根据牛顿第三定律，水流对右岸必然有反作用力，正是由于这个力的长期作用，不断地侵蚀了河的右岸。

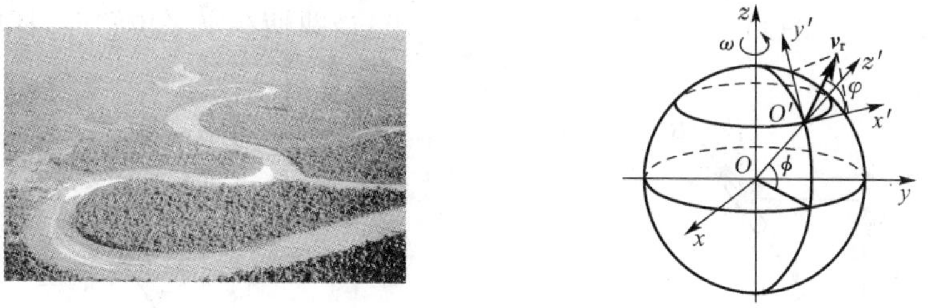

(a) (b)

图 7-12

【例 7-6】 如图 7-13(a)所示机构，凸轮以匀角速度 ω 绕轴 O 转动，带动杆 AB 直线运动。已知 O、A、B 三点共线，凸轮上与 A 点重合的 A' 点处的曲率半径为 ρ，夹角 θ 已知，$OA=l$。试求图示瞬间 AB 杆的速度和加速度。

【解】 (1) 速度分析

取 AB 杆上 A 为动点，凸轮为动系，则相对速度沿凸轮表明的切线方向非常明了。根据速度合成定理，画出速度平行四边形如图 7-13(a)所示，则

$$\boldsymbol{v}_{\mathrm{a}}=\boldsymbol{v}_{\mathrm{e}}\tan\theta=\omega l\tan\theta,\ \boldsymbol{v}_{\mathrm{r}}=\frac{\omega l}{\cos\theta}$$

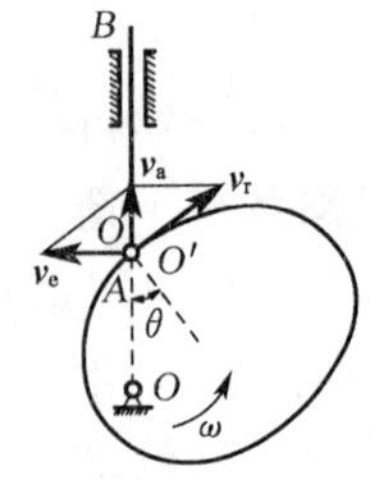

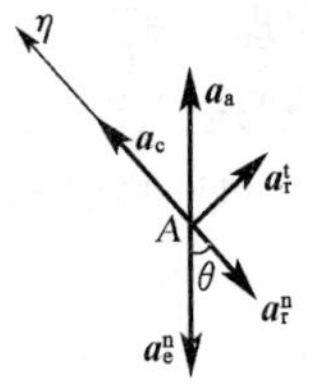

图 7-13

(2) 加速度分析

根据以上所取的动点和动系，可知牵连运动为转动，故加速度合成公式为

$$\boldsymbol{a}_a = \boldsymbol{a}_e + \boldsymbol{a}_r + 2\boldsymbol{\omega} \times \boldsymbol{v}_r$$

各加速度方向如图 7-13(b)所示，相对加速度可分为法向 $\boldsymbol{a}_r^n$ 和切向 $\boldsymbol{a}_r^t$ 两项。其中 $\boldsymbol{a}_a$ 的大小未知，$\boldsymbol{a}_r^t$ 大小未知，$a_e = \omega^2 l, a_r^n = \dfrac{v_r^2}{\rho} = \dfrac{\omega^2 l^2}{\rho\cos^2\theta}, a_c = 2\boldsymbol{\omega} \times \boldsymbol{v}_r = \dfrac{2\omega^2 l}{\cos\theta}$。

为了方便求解，可以把各个加速度都向垂直于 $\boldsymbol{a}_r^t$ 的方向（例如取 $\boldsymbol{a}_c$ 方向）投影，得到

$$a_a\cos\theta = -a_e\cos\theta - a_r^n + a_c$$

进一步整理，得

$$a_a = -\omega^2 l\left(1 + \frac{l}{\rho\cos^3\theta} - \frac{2}{\cos^2\theta}\right)$$

【例 7-7】 牛头刨的急回机构如图 7-14 所示。曲柄 OA 的一端 A 与滑块用铰链连接。当曲柄 OA 以匀角速度 ω 绕固定轴 O 转动时，滑块在摇杆 O_1B 上滑动，并带动摇杆 O_1B 绕固定轴 O_1 摆动。已知 $OA = r, OO_1 = l = \sqrt{3}r$。求：当曲柄在水平位置时，摇杆的角速度 ω_1 和角加速度 α_1。

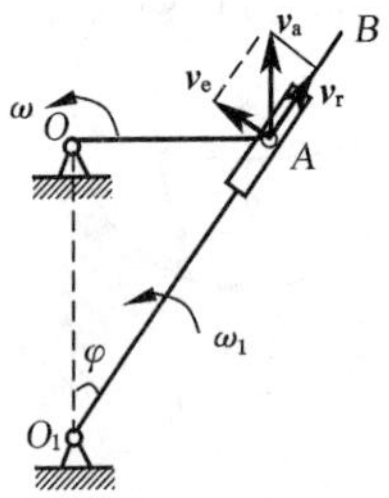

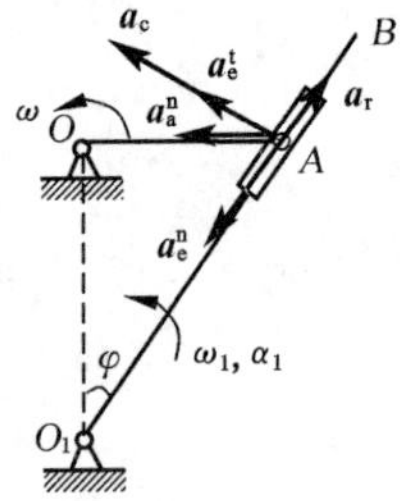

图 7-14

【解】 (1) 求角速度

取曲柄 OA 上的销钉 A 为动点，动系固定在摇杆 O_1B 上，静系固定在地面，则 $v_a = \omega r$

根据速度合成定理，作出速度平行四边形，根据几何关系，得

$$v_e = v_a\sin\varphi,\ v_r = \boldsymbol{v}_a\cos\varphi$$

因为
$$O_1A = \sqrt{l^2 + r^2} = 2r,\ \varphi = 30°$$

所以 $$v_e = \frac{\omega r}{2},\ v_r = \frac{\sqrt{3}\omega r}{2}$$

又因为 $$\boldsymbol{v}_e = 2\omega_1 r$$

所以 $$\omega_1 = \frac{\omega}{4}$$

(2) 求加速度

$$a_a = \omega^2 r,\ a_e^n = \omega_1^2 O_1 A = \frac{\omega^2 r}{8}$$

$$a_c = 2\omega_1 v_r = \frac{\sqrt{3}\omega^2 r}{4}$$

由于牵连运动为定轴转动，则根据点的加速度合成定理，得

$$\boldsymbol{a}_a = \boldsymbol{a}_e^n + \boldsymbol{a}_e^t + \boldsymbol{a}_r + \boldsymbol{a}_c \tag{1}$$

由于 $\boldsymbol{a}_r$ 大小未知，且不需要求解，故可以把式(1)向 $\boldsymbol{a}_c$ 方向投影，得

$$a_a \cos\varphi = a_e^t + a_c$$

解得 $$a_e^t = \frac{\sqrt{3}\omega^2 r}{4}$$

因为 $$a_e^t = 2\alpha_1 r$$

所以 $$\alpha_1 = \frac{\sqrt{3}\omega^2}{8}$$

【例 7-8】 如图 7-15(a)所示曲杆 OBC 绕 O 轴转动，使套在其上的小环 M 沿固定直杆 OA 滑动。已知：$OB = 10$ cm，OB 与 BC 垂直，曲杆的角速度 $\omega = 0.5$ rad/s。求当 $\varphi = 60°$ 时，小环 M 的加速度。

【解】 (1) 求相对速度和牵连速度

选取小环 M 为动点，动系固结在曲杆 OBC 上。则牵连运动作定轴转动。根据速度合成定理，作出速度平行四边形，如图 7-15(a)所示。根据几何关系，得

$$v_e = OM \cdot \omega = 10\ \text{cm/s}$$

$$v_r = \frac{v_e}{\cos\varphi} = 20\ \text{cm/s}$$

(2) 求加速度

由于牵连运动为定轴转动，则根据点的加速度合成定理，得

$$\boldsymbol{a}_a = \boldsymbol{a}_e^n + \boldsymbol{a}_r + \boldsymbol{a}_c$$

$a_e^n = OM \cdot \omega^2$，$a_c = 2\omega v_r$，方向如图所示，$\boldsymbol{a}_a$ 和 $\boldsymbol{a}_r$ 大小未知，方向已知，如图 7-15(b)所示。则可以根据投影定理，得

$$0 = -a_c \sin\varphi - a_r \cos\varphi$$

$$a_a = a_c \cos\varphi - a_r \sin\varphi - a_e^n$$

联立求解上两式，可得

$$a_a = 35\ \text{cm/s}^2$$

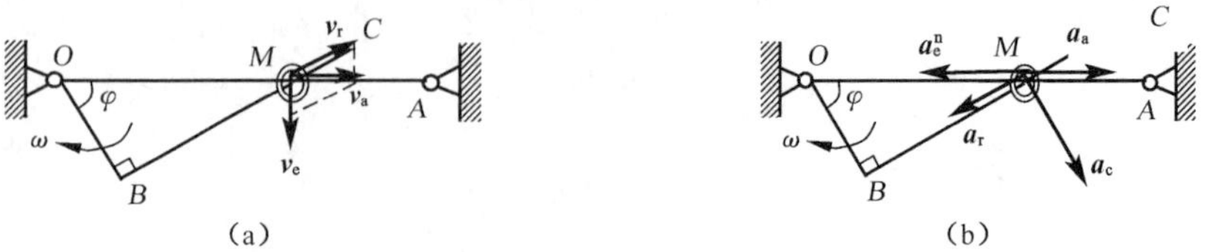

图 7-15

通过以上两节加速度合成的实例分析可知，应用加速度合成定理求解点的加速度时，其解题步骤基本上相同，但须注意以下几点：

(1) 区分牵连运动是平动还是定轴转动，根据牵连运动的情况，选用加速度合成定理。当牵连运动为转动时，应注意科氏加速度的计算。

(2) 计算加速度合成问题时，一般宜采用解析法，有时也可用几何法。采用解析法时注意，合矢量在某轴上的投影等于各分矢量在该轴上投影的代数和。

(3) 点的绝对运动、相对运动和牵连运动都有可能出现曲线轨迹，所以点的加速度合成定理可以写成以下的一般形式：

$$\boldsymbol{a}_a^t + \boldsymbol{a}_a^n = \boldsymbol{a}_e^t + \boldsymbol{a}_e^n + \boldsymbol{a}_r^t + \boldsymbol{a}_r^n + \boldsymbol{a}_c$$

具体解题时可以根据情况，仔细分析每一种运动的轨迹，灵活套用。

(4) 在加速度分析过程中，动点和动系的选择非常重要，必须使两者分处不同的物体之上，且须保证相对运动轨迹清晰明了，否则将增加解题的复杂性和难度。

思考题

1. 应用速度合成定理解题步骤有哪几步？在动坐标系作平移或转动时有没有区别？

2. 应用速度合成定理，在选择动点、动系时，若动点是某刚体上的一点，而动系也固结于这个刚体上，是否可以？为什么？

3. “水往高处流”可能吗？如果你善于观察，可能已经注意到：当汽车在高速公路上以100～120 km/h的高速行驶时，迎面打在汽车前挡风玻璃上的雨滴，有的是往上流的，这是为什么？

4. 在研究点的合成运动问题时，是否必须选取相对地球有运动的点为动点？

5. 科氏加速度的大小等于相对速度与牵连角速度之大小的乘积的2倍，对否？

6. 在点的合成运动中，判断下述说法是否正确：

(1) 若 $\boldsymbol{r} \neq 0, \boldsymbol{v}_e = 0$，必有 $\boldsymbol{a}_c = 0$。

(2) 若 $\boldsymbol{r} \neq 0, \boldsymbol{a}_e = 0$，必有 $\boldsymbol{a}_c = 0$。

(3) 若 $\boldsymbol{a}_e^n \neq 0$，必有 $\boldsymbol{a}_c = 0$。

(4) 若 $\alpha_e \neq 0, \boldsymbol{v}_r \neq 0$，必有 $\boldsymbol{a} \neq 0$。

(5) 若 $\omega_e \neq 0, \boldsymbol{a}_r \neq 0$，必有 $\boldsymbol{a} \neq 0$。

7. 如果考虑地球自转，则在地球上的任何地方运动的物体(视为质点)是否都有科氏加速度？

8. 宋代无名氏词《摊破浣溪沙》生动地描绘了运动的相对性。词中写道：“五里滩头风欲平，张帆举棹觉船轻。柔橹不施停却棹—是船行。满眼风波多闪烁，看山恰似走来迎。子细(仔细)看山山不动—是船行。”请问“看山恰似走来迎，仔细看山山不动”时，分别是如何选择动点和动系的？

习题

1. 三角形凸轮沿水平方向运动，其斜边与水平线成 α 角，如图 7-16 所示。杆 AB 的 A 端搁置在斜面上，另一端活塞 B 在气缸内滑动，如某瞬时凸轮以速度 $\boldsymbol{v}$ 向右运动，求活塞 B 的速度。

2. 如图 7-17 所示一曲柄滑道机构，长 $OA = r$ 的曲柄，以匀角速度 ω 绕 O 轴转动。装在水平杆 CB 上的滑槽 DE 与水平线成60°角。求当曲柄与水平线的夹角 φ 分别为 0°、30°和 60°时杆 BC 的速度。

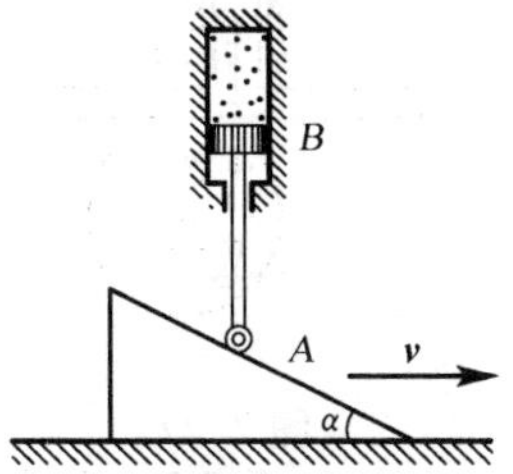

图 7-16

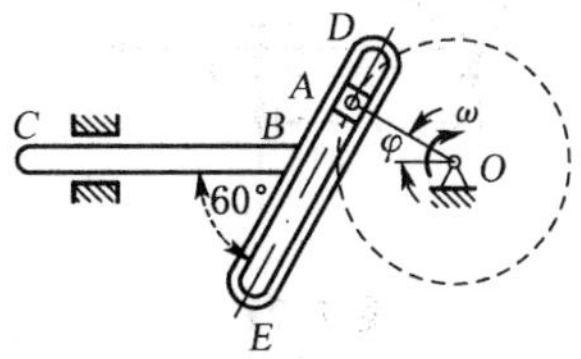

图 7-17

3. 如图 7-18 所示的两种曲柄摇杆机构中，已知 $O_1O_2 = 250\ \mathrm{mm}$，$\omega_1 = 0.3\ \mathrm{rad/s}$，试求在图示位置时，杆 O_2A 的角速度 ω。

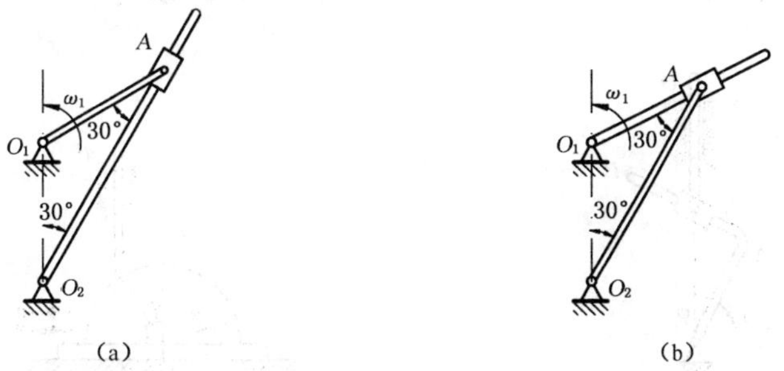

图 7-18

4. 摆杆滑道机构如图 7-19 所示。曲柄长 $OA = R$，以速度 n(r/min)绕 O 轴转动。曲柄通过滑块 A 带动摆杆 O_1D 绕 O_1 转动，摆杆再通过滑块 B 带动杆 BC 沿铅垂导轨运动。连线 OO_1 是水平的。设在图示位置时，$O_1A = AB = 2R$，$\angle OAO_1 = \alpha$，$\angle O_1BC = \beta$，试求杆 BC 的速度。

5. 杆 OA 长 l，由推杆推动在图面内绕点 O 转动，如图 7-20 所示。假定推杆的速度为 $\boldsymbol{v}$，其弯头高为 a。求杆端 A 的速度的大小(表示为 x 的函数)。

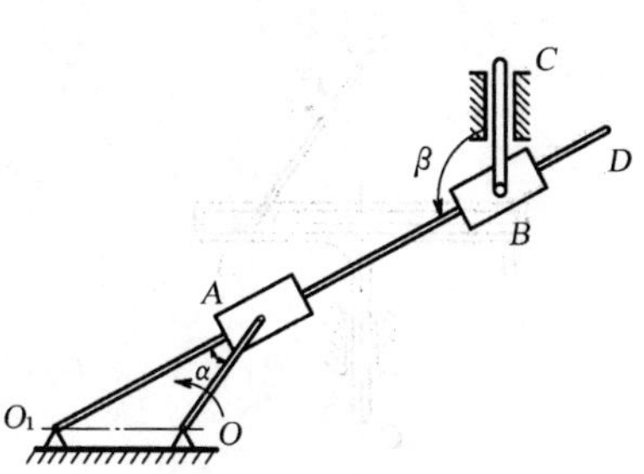

图 7-19

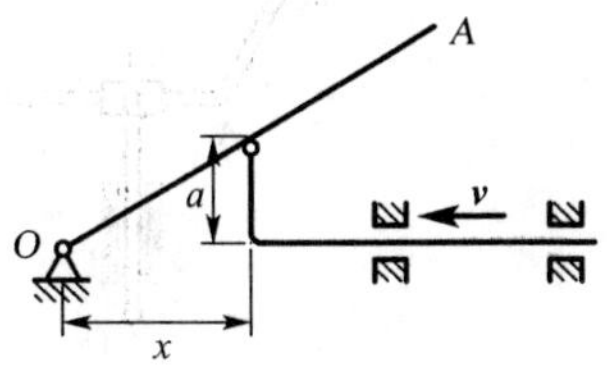

图 7-20

6. 如图 7-21 所示，摇杆机构的滑杆 AB 以等速 $\boldsymbol{v}$ 向上运动，初瞬时摇杆 OC 水平。摇杆长 $OC = a$，距离 $OD = l$。求当 $\varphi = \frac{\pi}{4}$ 时点 C 的速度的大小。

7. 平底顶杆凸轮机构如图 7-22 所示，顶杆 AB 可沿导槽上下移动，偏心圆盘绕轴 O 转动，轴 O 位于顶杆轴线上。工作时顶杆的平底始终接触凸轮表面。该凸轮半径为 R，偏心距 $OC = e$，凸轮绕轴 O 转动的角速度为 ω，OC 与水平线成夹角 φ。求当 $\varphi = 0°$ 时，顶杆的速度。

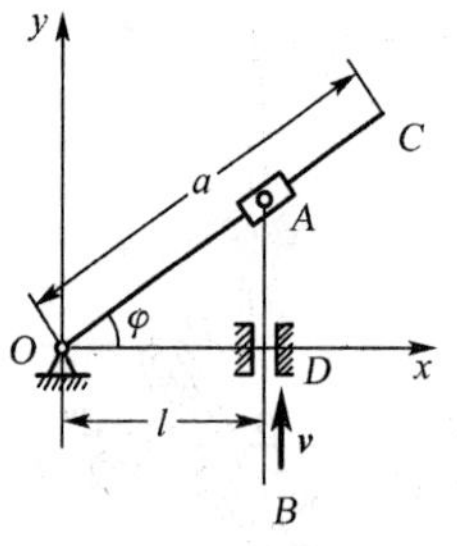

图 7-21

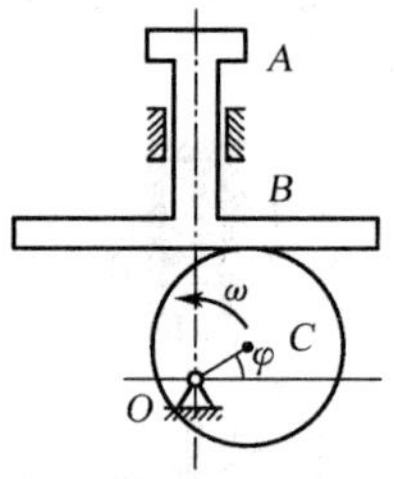

图 7-22

8. L 形杆 OAB 以角速度 ω 绕 O 轴转动，$OA = l$，OA 垂直于 AB；通过套筒 C 推动杆 CD 沿铅垂导槽运动。在图 7-23 所示位置时，$\angle AOC = \varphi$，试求杆 CD 的速度。

9. 如图 7-24，半径为 R 的半圆形凸轮以速度 v 和加速度 a 沿水平线向右平移，带动顶杆 AB 沿铅垂方向运动。试求当凸轮半径 OA 与铅垂线的夹角 $\varphi = 30°$ 时杆 AB 的速度和加速度。

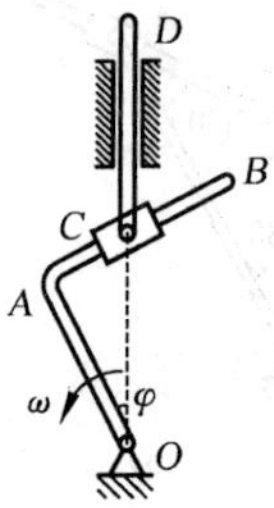

图 7-23

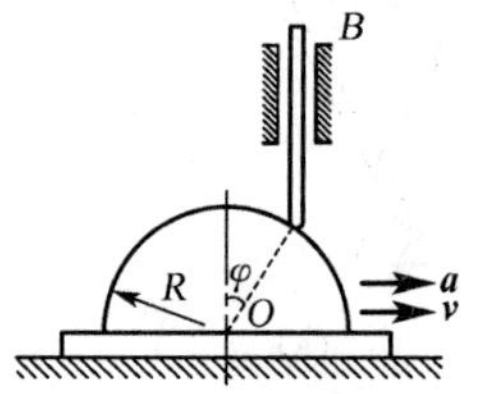

图 7-24

10. 图 7-25 所示平行连杆机构中，$O_1A = O_2B = 100\ \text{mm}$，$O_1O_2 = AB$。杆 O_1A 以匀角速度 $\omega = 2\ \text{rad/s}$ 绕 O_1 轴转动，通过连杆 AB 上的套筒 C 带动杆 CD 沿垂直于 O_1O_2 的导轨运动。试求当 $\varphi = 60°$ 时杆 CD 的速度和加速度。

11. 正弦机构的曲柄长 $OA = 100\ \text{mm}$。在图 7-26 所示位置 $\angle AOC = 30°$ 时，曲柄的瞬时角速度 $\omega = 2\ \text{rad/s}$，瞬时角加速度 $\alpha = 1\ \text{rad/s}^2$。试求这时导杆 BC 的加速度以及滑块 A 对滑道的相对加速度。

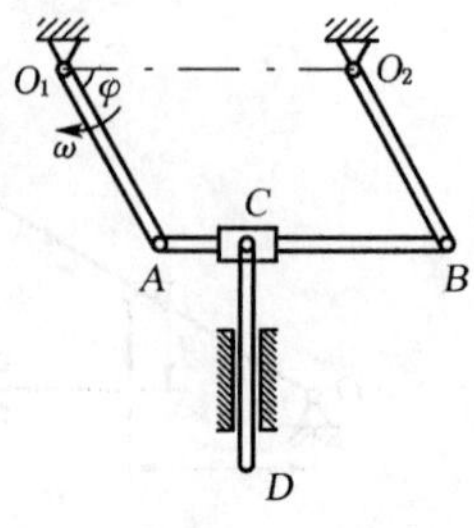

图 7-25

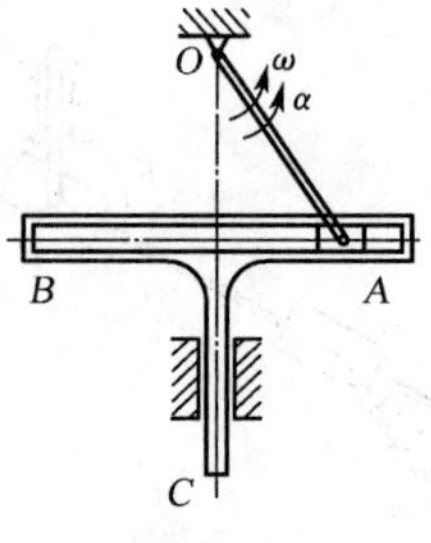

图 7-26

12. 大圆环固定不动，其半径 $R=0.5\ \text{m}$，小圆环 M 套在杆 AB 及大圆环上如图 7-27 所示。当 $\theta=30^\circ$ 时，AB 杆转动的角速度 $\omega=2\ \text{rad/s}$，角加速度 $\alpha=2\ \text{rad/s}^2$，试求图示瞬时：

(1) M 沿大圆环滑动的速度；

(2) M 沿 AB 杆滑动的速度；

(3) M 的绝对加速度。

13. 曲柄 OA，长为 $2r$，绕固定轴 O 转动；圆盘半径为 r，绕 A 轴转动。已知 $r=100\ \text{m}$，在图 7-28 所示位置，曲柄 OA 的角速度 $\omega_1=4\ \text{rad/s}$，角加速度 $\alpha_1=3\ \text{rad/s}^2$，圆盘相对于 OA 的角速度 $\omega_2=6\ \text{rad/s}$，角加速度 $\alpha_2=4\ \text{rad/s}^2$。求圆盘上 M 点和 N 点的绝对速度和绝对加速度。

14. 直线 AB 以大小为 $\boldsymbol{v}_1$ 的速度沿垂直于 AB 的方向向上移动；直线 CD 以大小为 $\boldsymbol{v}_2$ 的速度沿垂直于 CD 的方向向上移动。如图 7-29 所示，当两直线的夹角为 θ 时，求两直线的交点 M 的速度。

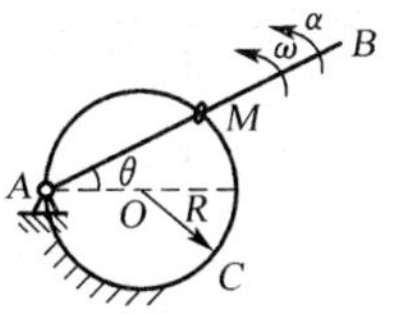

图 7-27

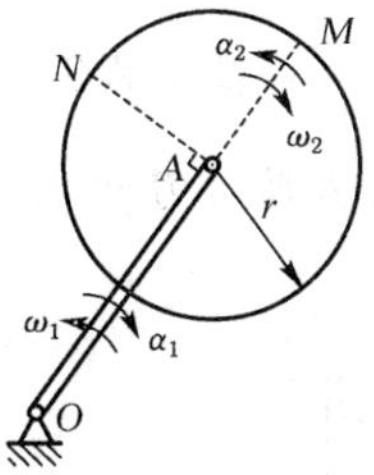

图 7-28

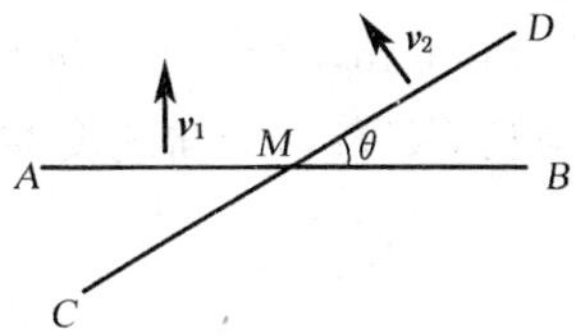

图 7-29

15. 图 7-30 所示公路上行驶的两车速度都恒为 72 km/h。求该瞬时在 A 车中的观察者看来，车 B 的速度、加速度为多少？

16. 如图 7-31 所示，曲柄 OA 长 0.4 m，以等角速度 $\omega=0.5\ \text{rad/s}$ 绕 O 轴逆时针转向转动。由于曲柄的 A 端推动水平板 B，使滑杆 C 沿铅直方向上升。求当曲柄与水平线间的夹角 $\theta=30^\circ$ 时，滑杆 C 的速度和加速度。

17. 图 7-32 所示偏心轮摇杆机构中，摇杆 O_1A 借助弹簧压在半径为 R 的偏心轮 C 上。偏心轮 C 绕轴 O 往复摆动，从而带动摇杆绕轴 O_1 摆动。设 $OC\perp OO_1$ 时，轮 C 的角速度为 ω，角加速度为零，$\theta=60^\circ$。求此时摇杆 O_1A 的角速度 ω_1 和角加速度 α_1。

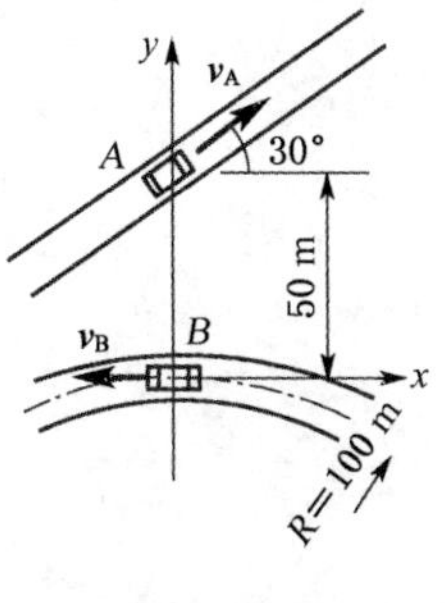

图 7-30

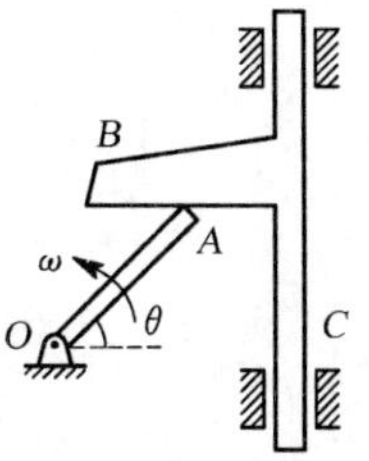

图 7-31

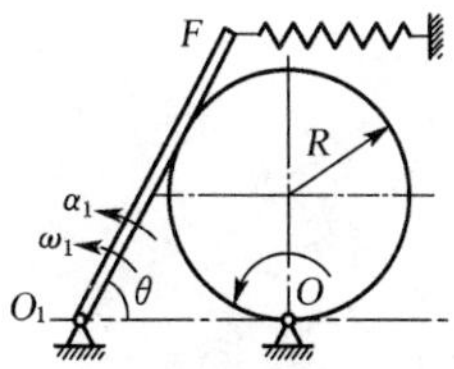

图 7-32

18. 板 $ABCD$ 绕 z 轴以 $\omega=0.5t$（其中 ω 以 rad/s 计，t 以 s 计）的规律转动，如图 7-33 所示，小球 M 在半径 $r=100\ \text{mm}$ 的圆弧槽内相对于板按规律 $s=\dfrac{50}{3}\pi t$（s 以 mm 计。t 以 s 计）运动。求 $t=2\ \text{s}$ 时，小球 M 的速度和加速度。

19. 半径为 r 的空心圆环刚连在 AB 轴上如图 7-34 所示，AB 的轴线在圆环轴线平面内。圆环内充满液体，并依箭头方向以匀相对速度 u 在环内流动。AB 轴作顺时针方向转动(从 A 向 B 看)，其转动的角速度 ω 为常数，求 M 点处液体分子的绝对加速度。

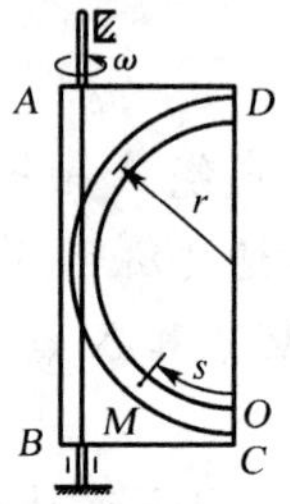

图 7-33

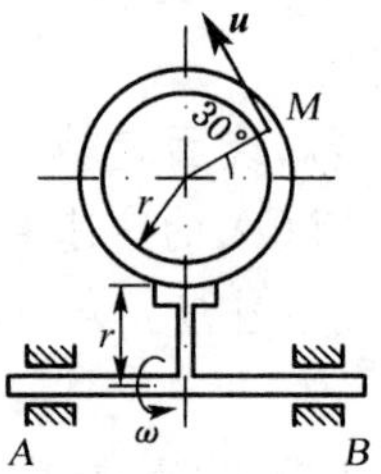

图 7-34

20. 剪切金属板的“飞剪机”机构如图 7-35 所示。工作台 AB 的移动规律是 $s = 0.2\sin\frac{\pi}{6}t$ m，滑块 C 带动上刀片 E 沿导柱运动以切断工件 D，下刀片 F 固定在工作台上。设曲柄 $OC = 0.6$ m，$t = 1$ s 时，$\varphi = 60°$。求该瞬时刀片 E 相对于工作台运动的速度和加速度，并求曲柄 OC 转动的角速度和角加速度。

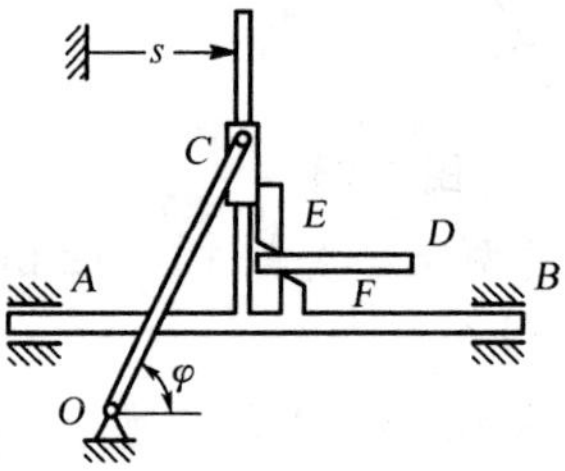

图 7-35

8 刚体的平面运动

本章以刚体平行移动与定轴转动为基础，应用运动分解与合成的方法，进一步研究工程中一种较为复杂的刚体运动形式——刚体的平面运动。主要内容是对平面运动刚体的角速度、角加速度，以及刚体上各点的速度和加速度进行分析。

机器和机械中有许多机构的构件都是作平面运动的，因此平面运动的理论对研究机构的运动具有很重要的意义，对生产实践中工程机械的使用和维护也有重要的指导作用。

8.1 刚体平面运动的概述和运动分解

刚体平面运动是工程及日常生活中常遇到的一种运动，例如行星齿轮机构中行星轮 A 的运动(图 8-1)，曲柄连杆机构中连杆 AB 的运动(图 8-2)，以及沿直线轨道滚动的轮子 C 的运动(图 8-3)等。观察这些刚体的运动可以发现，刚体内任意直线的方向不能始终与原来的方向平行，而且也找不到一条始终不动的直线，可见这些刚体的运动既不是平动，也不是定轴转动。但这些刚体的运动有一个共同的特点，即在运动过程中，刚体上任意一点与某一固定平面的距离始终保持不变，这种运动称为刚体平面运动。刚体作平面运动时，其上各点的运动轨迹各不相同，但都在平行于某一固定平面的平面内运动。

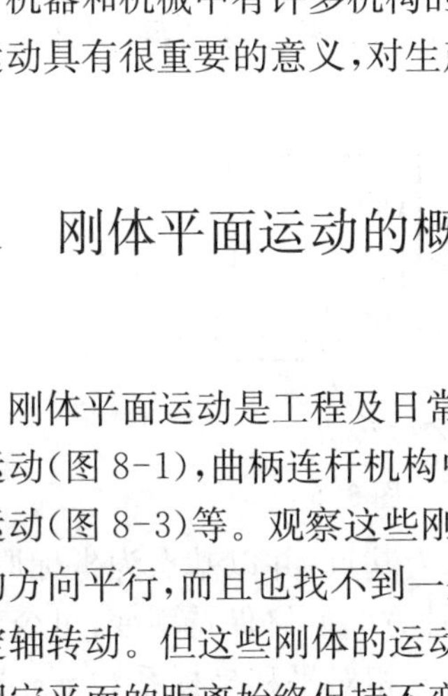

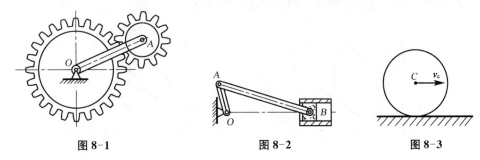

图 8-1

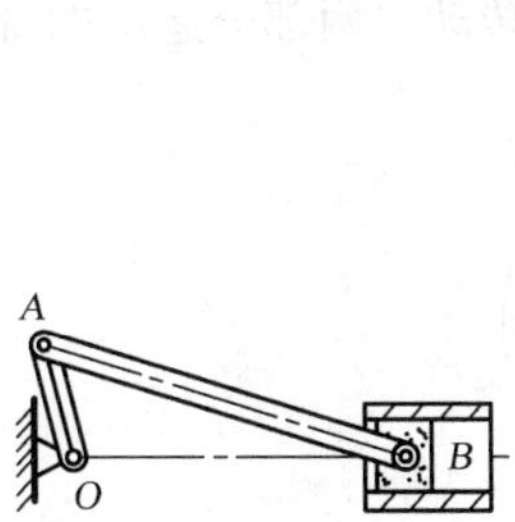

图 8-2

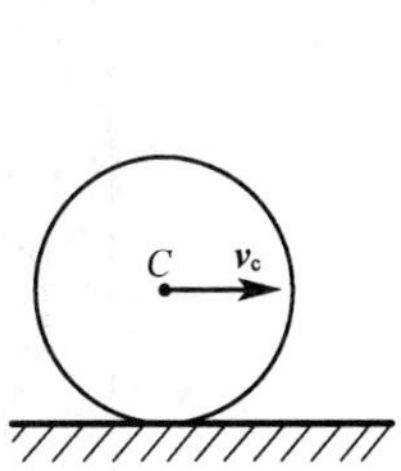

图 8-3

设平面Ⅰ为某一固定平面，如图 8-4 所示。用一个与固定平面Ⅰ平行的平面Ⅱ截刚体，得截面 S，它是一个平面图形。若通过图形 S 上任一点 A 作垂直于图形的直线 A_1A_2，则在刚体运动过程中，A_1A_2 作平移，故可用 A 点代表直线上各点的运动，而平面图形 S 内各点的运动即可代表整个刚体的运动。由此得到如下结论：刚体的平面运动可以简化为平面图形在其自身平面内的运动。

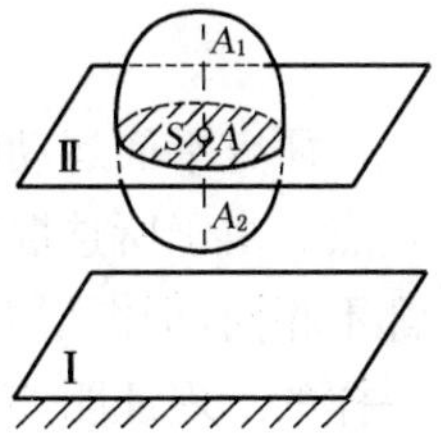

图 8-4

平面图形的位置完全可由图形内任意线段 $O'M$ 的位置来确定(图 8-5)，而要确定此线段在平面内的位置，只需确定线段上任一点 O' 的位置和线段 $O'M$ 与坐标轴 Ox 间的夹角 φ 即可。

点O'的坐标和φ角都是时间的函数，即

$$x_{O'} = f_1(t), \quad y_{O'} = f_2(t), \quad \varphi = f_3(t) \tag{8-1}$$

式(8-1)称为刚体平面运动的运动方程。

由式(8-1)可见，平面图形的运动方程可由两部分组成：一部分是平面图形按点O'的运动方程$x_{O'} = f_1(t)$，$y_{O'} = f_2(t)$的平移，没有转动；另一部分是绕点O'转角为$\varphi = f_3(t)$的转动。

以沿直线轨道滚动的车轮为例(图8-6)，以轮心O'为原点取车厢为动参考系，则车厢的平移是牵连运动，车轮绕O'的转动是相对运动，两者的合成就是车轮的平面运动。轮子单独作平面运动时，仍以轮心O'为原点，在这一点上假想安装上一个平移参考系，同样可分解为两种简单运动。

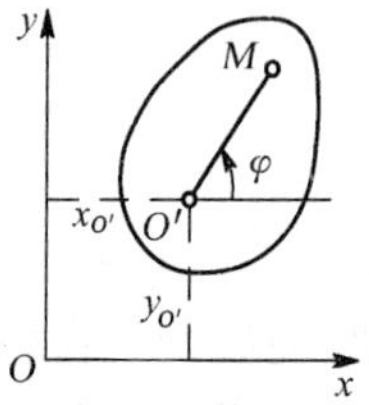

图8-5

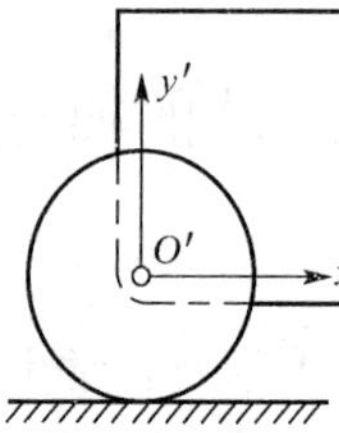

图8-6

对于任意的平面运动，可在平面图形上任取一点O'，称为基点，并以基点为坐标原点，假想地建立一平面坐标系$O'x'y'$；平面图形运动时，动坐标轴方向始终保持不变，可令其分别平行于定坐标轴Ox和Oy，如图8-7所示。这样，平面图形相对平移坐标系$O'x'y'$的运动为绕基点O'的定轴转动，而图形的牵连运动为随同基点的平移。于是，平面图形的运动可看成随基点的平移和绕基点转动这两部分运动的合成。

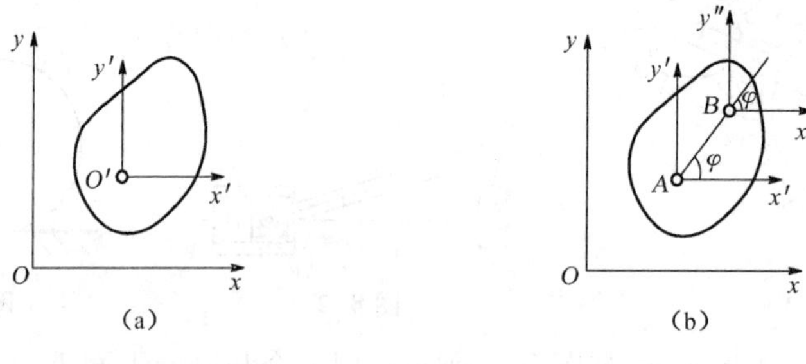

图8-7

研究平面运动时，图形内基点O'的选取是完全任意的，平面图形内的任一点都可取为基点。由于所选取的基点的不同，则图形平动的速度及加速度都不相同，但图形对于不同基点转动的角速度及角加速度都是一样的。现证明如下：

设图形由位置Ⅰ运动到位置Ⅱ，可由直线AB及$A'B'$来表示(图8-8)。由图示得知选取不同的基点A和B，则平动的位移$\overline{AA'}$和$\overline{BB'}$显然是不同的，自然平动的速度及加速度也不相

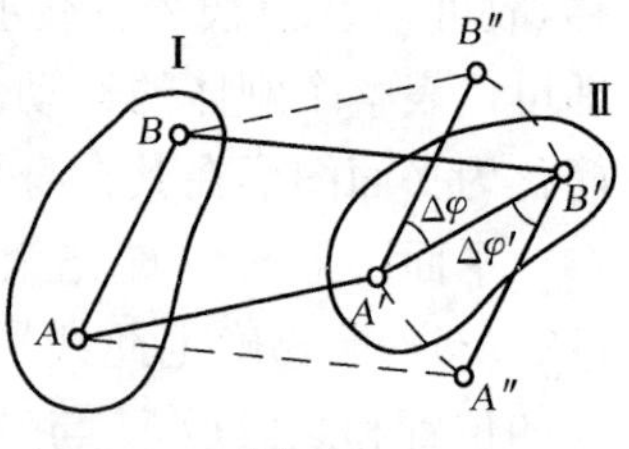

图8-8

同;但对于绕不同基点转过的角位移 $\Delta\varphi$ 和 $\Delta\varphi'$ 的大小及转向总是相同的,即 $\Delta\varphi = \Delta\varphi'$。

根据

$$\omega = \frac{d\varphi}{dt},\ \omega' = \frac{d\varphi'}{dt}$$

及

$$\alpha = \frac{d\omega}{dt},\quad \alpha' = \frac{d\omega'}{dt}$$

故知 $\omega = \omega'$ 和 $\alpha = \alpha'$

于是可得结论:平面运动可取任意基点而分解为平移和转动,其中平移的速度和加速度与基点的选择有关,而平面图形绕基点转动的角速度和角加速度与基点的选择无关。平面图形相对于各平面参考系(包括固定参考系),其转动运动都是一样的,角速度、角加速度都是共同的,无需标明绕哪一点转动或选哪一点为基点。$\omega = \dot{\varphi}$ 及 $\alpha = \ddot{\varphi}$ 称为平面图形的角速度和角加速度。

8.2 求平面图形内各点速度的基点法

现在讨论平面图形内各点的速度。

由上节的分析可知,平面图形在其自身平面内的运动可分解为两个运动:①牵连运动,即随同基点 O' 的平移;②相对运动,即绕基点 O' 的转动。于是,平面图形内任一点 M 的速度可由速度合成定理求得,这种方法称为基点法。

设在图形内任取一点 O' 作为基点(图 8-9),已知该点的速度为 $\boldsymbol{v}_{O'}$ 及图形的角速度 ω,则图形上任一点 M 的牵连速度为

$$\boldsymbol{v}_e = \boldsymbol{v}_{O'}$$

而 M 点对于 O' 的相对速度就是以 O' 为中心的圆周运动的速度,其大小为

$$v_r = v_{MO'} = O'M \cdot \omega$$

其方向与半径 $O'M$ 垂直。根据速度合成定理,则 M 点的绝对速度的矢量表达式为

$$\boldsymbol{v}_M = \boldsymbol{v}_{O'} + \boldsymbol{v}_{MO'} \qquad (8-2)$$

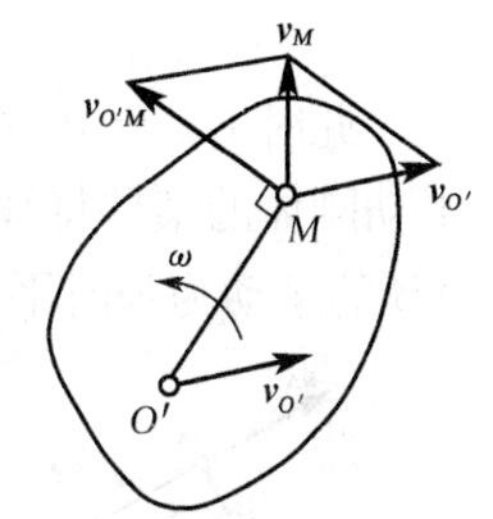

图 8-9

这就是说:平面图形内任一点的速度等于基点的速度与该点绕基点转动速度的矢量和,这就是平面运动的速度合成法,又称基点法。这一方法是求平面运动图形内任一点速度的基本方法。

基点法公式(8-2)中包含 3 个矢量,共有大小、方向 6 个要素,其中 $\boldsymbol{v}_{MO'}$ 总是垂直于 $O'M$,于是只要知道其他 3 个要素,便可作出速度平行四边形,求出其他 2 个未知量。需要

注意的是，$\boldsymbol{v}_M$ 必须位于速度平行四边形的对角线上。

由式(8-2)容易导出速度投影法。将 O'、M 两点的速度$\boldsymbol{v}_{O'}$及$\boldsymbol{v}_M$ 投影于 $O'M$ 连线上，因为$\boldsymbol{v}_{MO'}$总是垂直于 $O'M$，显然在此连线上的投影等于零，故知 O'、M 两点的速度在其连线上的投影相等，即

$$[\boldsymbol{v}_{O'}]_{O'M} = [\boldsymbol{v}_M]_{O'M} \tag{8-3}$$

这就是速度投影定理，可表述为：在任一瞬时，平面图形上任意两点的速度在这两个点连线上的投影相等。应当指出，这个定理不但适用于刚体的平面运动，而且能适用于刚体的任何运动，它反映了刚体上任意两点间距离保持不变的特征。

若已知刚体上一点速度的大小和方向，又知道另一点速度的方向，在不知道两点间距离及刚体转动角速度的情况下，应用速度投影定理可方便地求出该点速度的大小。

【例 8-1】 曲柄连杆机构如图 8-10(a)所示，$OA = r$, $AB = \sqrt{3}r$。如曲柄 OA 以匀角速度 ω 转动，求当 $\varphi = 60°$、$0°$ 和$90°$ 时点 B 的速度。

【解】 连杆 AB 作平面运动，以点 A 为基点，点 B 的速度为

$$\boldsymbol{v}_B = \boldsymbol{v}_A + \boldsymbol{v}_{BA}$$

其中，$\boldsymbol{v}_A = \omega r$，方向与 OA 垂直，$\boldsymbol{v}_B$ 沿水平方向，$\boldsymbol{v}_{BA}$垂直于 AB。上式中 4 个要素已知，可作出速度平行四边形。

当$\varphi = 60°$ 时，由于 $AB = \sqrt{3}r$, OA 恰与AB 垂直，作出速度平行四边形如图 8-10(a)所示，由几何关系可得

$$v_B = \frac{v_A}{\cos 30°} = \frac{2\sqrt{3}}{3}\omega r$$

当 $\varphi = 0°$ 时，$\boldsymbol{v}_A$ 与$\boldsymbol{v}_{BA}$ 均垂直于OB，也垂直于$\boldsymbol{v}_B$，按照速度平行四边形法则，应有 $\boldsymbol{v}_B = 0$，如图 8-10(b)所示。

当 $\varphi = 90°$ 时，$\boldsymbol{v}_A$ 与$\boldsymbol{v}_B$ 的方向一致，而$\boldsymbol{v}_{BA}$又垂直于 AB，其速度平行四边形退化为成一直线段，如图 8-10(c)所示，显然有

$$v_B = v_A = \omega r$$

此时 $\boldsymbol{v}_{BA} = 0$。杆 AB 的角速度为零，A、B 两点速度的大小、方向都相同，连杆 AB 具有平动刚体的某些特征。但杆 AB 只在此瞬时有 $\boldsymbol{v}_B = \boldsymbol{v}_A$，其他时刻则不然，因此称此时连杆 AB 的运动为瞬时平动。

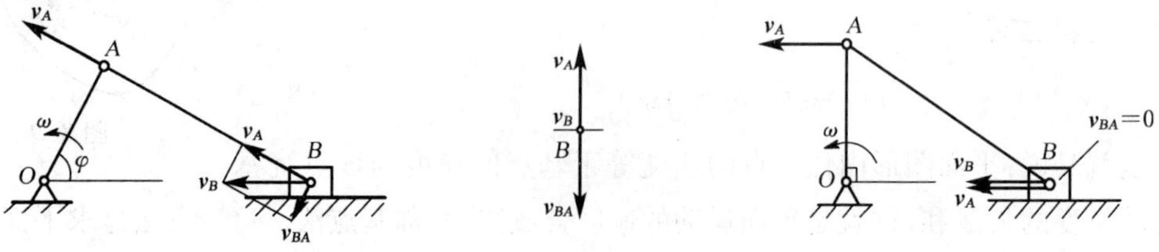

(a)　　(b)　　(c)

图 8-10

用速度投影定理也很容易求出 B 点的速度 $\boldsymbol{v}_B$。

当 $\varphi=60°$ 时，$\boldsymbol{v}_A$ 方向与 AB 一致，$\boldsymbol{v}_B$ 方向与 AB 成30°夹角，由速度投影定理有 $v_A=v_B\cos 30°$，即可得到 $v_B=\dfrac{v_A}{\cos 30°}=\dfrac{2\sqrt{3}}{3}\omega r$。

当 $\varphi=0°$ 时，$\boldsymbol{v}_A$ 垂直于 AB，$\boldsymbol{v}_B$ 沿 AB 方向也垂直于 $\boldsymbol{v}_B$，由速度投影定理可得 $\boldsymbol{v}_B=0$。

当 $\varphi=90°$ 时，$\boldsymbol{v}_A$ 与 $\boldsymbol{v}_B$ 的方向一致，均为水平方向，与直线 AB 具有相同的夹角，所以 $v_B=v_A=\omega r$。

【例 8-2】 图 8-11 所示的行星轮系中，大齿轮Ⅰ固定，半径为 r_1；行星齿轮Ⅱ沿轮Ⅰ只滚而不滑动，半径为 r_2。系杆 OA 角速度为 ω_0。求轮Ⅱ的角速度 $\omega_{\text{Ⅱ}}$ 及其上 B、C 两点的速度。

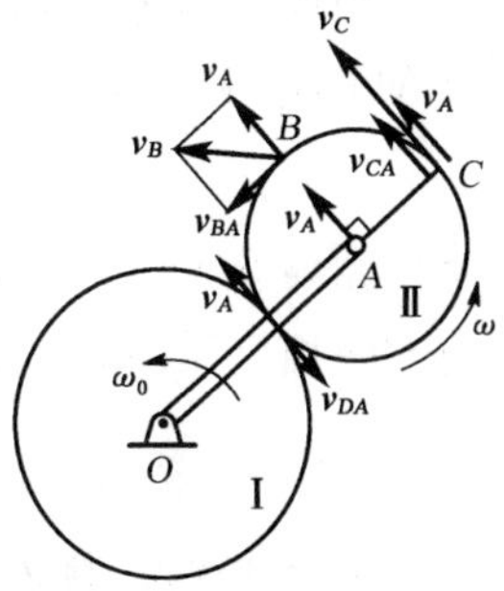

图 8-11

【解】 行星轮Ⅱ作平面运动，其上点 A 的速度可由系杆 OA 的转动求得

$$\boldsymbol{v}_A=\omega_0\cdot OA=\omega_0(r_1+r_2)$$

方向如图所示。

以 A 为基点，轮Ⅱ上与轮Ⅰ接触的点 D 的速度应为

$$\boldsymbol{v}_D=\boldsymbol{v}_A+\boldsymbol{v}_{DA}$$

由于齿轮Ⅰ固定不动，接触点 D 不滑动，显然 $\boldsymbol{v}_D=0$，因而有 $\boldsymbol{v}_{DA}=\boldsymbol{v}_A=\omega_0(r_1+r_2)$，方向与 $\boldsymbol{v}_A$ 相反，如图所示。$\boldsymbol{v}_{DA}$ 为点 D 相对基点 A 的速度，应有 $\boldsymbol{v}_{DA}=\omega_{\text{Ⅱ}}\cdot DA$。由此可得

$$\omega_{\text{Ⅱ}}=\frac{\boldsymbol{v}_{DA}}{DA}=\frac{\omega_0(r_1+r_2)}{r_2}$$

为逆时针转向，如图所示。

以 A 为基点，点 B 的速度为

$$\boldsymbol{v}_B=\boldsymbol{v}_A+\boldsymbol{v}_{BA}$$

而 $\boldsymbol{v}_{BA}=\omega_{\text{Ⅱ}}\cdot BA=\omega_0(r_1+r_2)=\boldsymbol{v}_A$，方向与 $\boldsymbol{v}_A$ 垂直，如图所示。因此，$\boldsymbol{v}_B$ 与 $\boldsymbol{v}_A$ 的夹角为 45°，指向如图所示，大小为

$$v_B=\sqrt{2}v_A=\sqrt{2}\omega_0(r_1+r_2)$$

以 A 为基点，点 C 的速度为

$$\boldsymbol{v}_C=\boldsymbol{v}_A+\boldsymbol{v}_{CA}$$

而 $\boldsymbol{v}_{CA}=\omega_{\text{Ⅱ}}\cdot \mathrm{AC}=\omega_0(r_1+r_2)=\boldsymbol{v}_A$，方向与 $\boldsymbol{v}_A$ 一致，由此

$$\boldsymbol{v}_C=\boldsymbol{v}_A+\boldsymbol{v}_{CA}=2\omega_0(r_1+r_2)$$

由于 B、C 两点速度的方向不是很明确，所以，此题不宜用速度投影定理求 B、C 两点的速度。

8.3 求平面图形内各点速度的瞬心法

研究平面图形上各点的速度，还可以采用瞬心法，其求解过程将更为直观、方便和快捷。设有一个平面图形 S，如图 8-12 所示。取图形上的点 A 为基点，其速度为$\boldsymbol{v}_A$，图形的角速度为 ω，图形上任意一点 M 的速度可表示为

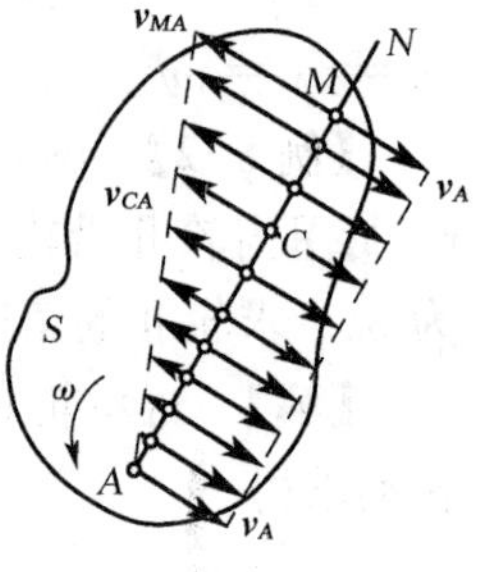

图 8-12

$$\boldsymbol{v}_M = \boldsymbol{v}_A + \boldsymbol{v}_{MA}$$

如果点 M 在$\boldsymbol{v}_A$ 的垂线 AN 上，由图中可以看出，$\boldsymbol{v}_A$ 与$\boldsymbol{v}_{MA}$ 共线，而方向相反，故$\boldsymbol{v}_M$ 的大小为

$$v_M = v_A - \omega \cdot AM$$

由上式可知，随着点 M 在垂线 AN 上的位置不同，v_M 的大小也不同，因此总可找到一点 C，使 C 点的瞬时速度为零。如令

$$AC = \frac{v_A}{\omega}$$

则

$$v_C = v_A - AC \cdot \omega = 0$$

于是可得如下定理：一般情况下，在每一瞬时平面图形上都唯一的存在一个速度为零的点，称为瞬时速度中心，或简称速度瞬心。

根据上述定理，每一瞬时在图形内都存在速度等于零的一点 C，有 $v_C=0$。选取点 C 作为基点，图 8-13(a)中 A、B、D 等各点的速度分别为

$$\boldsymbol{v}_A = \boldsymbol{v}_{AC}, \ \boldsymbol{v}_B = \boldsymbol{v}_{BC}, \ \boldsymbol{v}_D = \boldsymbol{v}_{DC}$$

由此得出如下结论：平面图形内任一点的速度等于该点随图形绕速度瞬心转动的速度。

由于平面图形绕任意点转动的角速度都相等，因此图形绕定轴转动时各点速度的分布情况相类似(图 8-13(b))。于是，平面图形的运动可视为绕图形速度瞬心的瞬时转动。

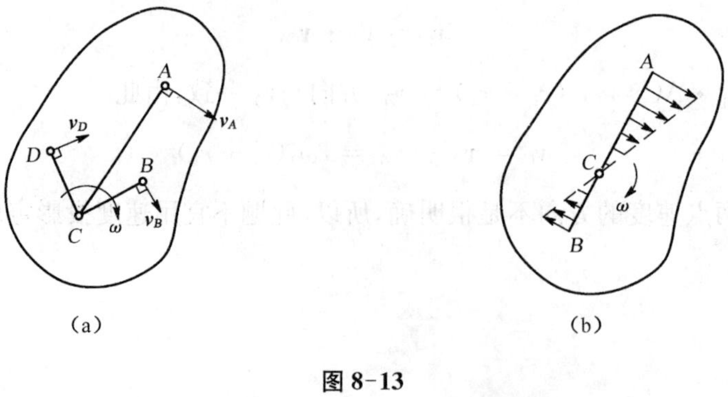

图 8-13

必须说明，尽管平面图形上各点速度在某瞬时绕瞬心的分布与绕定轴转动时的分布类似，但它们之间有着本质的区别。绕定轴转动时，转动中心是一个固定不变的点，而速度瞬心的位置是随时间而变化的，不同的瞬时，平面图形具有不同的速度瞬心。故速度瞬心又称为平面图形的瞬时转动中心。

综上所述可知，如果已知平面图形在某一瞬时的速度瞬心位置和角速度，则在该瞬时，图形内任一点的速度可以完全确定。决定速度瞬心位置的方法有下列几种：

(1) 平面图形沿一固定面做纯滚动，如图 8-14 所示。图形与固定面的接触点 C 就是图形的速度瞬心。车轮滚动的过程中，轮缘上的各点相继与地面接触而成为车轮在不同时刻的速度瞬心。

(2) 已知图形内任意两点 A 和 B 的速度方向，如图 8-15 所示，速度瞬心 C 的位置必在每一点速度的垂线上。因此在图 8-15 中，通过点 A，作垂直于$\boldsymbol{v}_A$ 方向的直线 Aa；再通过点 B，作垂直于$\boldsymbol{v}_B$ 方向的直线 Bb。设两条直线交于 C 点，则 C 点就是平面图形的速度瞬心。

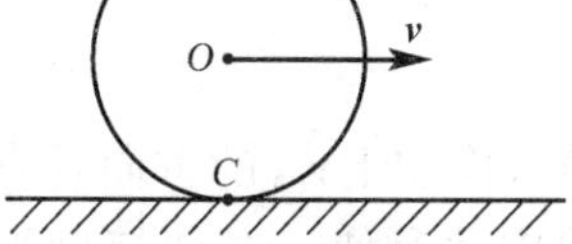

图 8-14

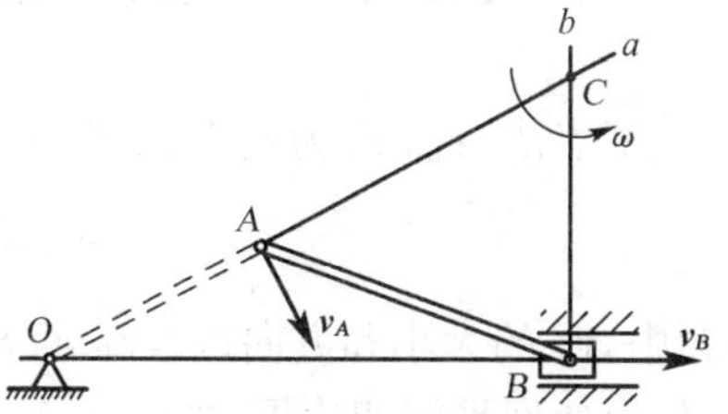

图 8-15

(3) 已知图形上两点 A 和 B 的速度相互平行，并且速度的方向垂直于两点的连线 AB，如图 8-16 所示，则速度瞬心必在连线 AB 与速度矢$\boldsymbol{v}_A$ 和$\boldsymbol{v}_B$ 端点连线的交点上。因此，欲确定速度瞬心 C 的位置，不仅需要知道$\boldsymbol{v}_A$ 和$\boldsymbol{v}_B$ 的方向，而且还需要知道它们的大小。

当$\boldsymbol{v}_A$ 和$\boldsymbol{v}_B$ 同向时，图形的速度瞬心 C 在 BA 的延长线上(图 8-16(a))；当$\boldsymbol{v}_A$ 和$\boldsymbol{v}_B$ 反向时，图形的速度瞬心 C 在 A、B 两点之间(图 8-16(b))。

(a)　　(b)

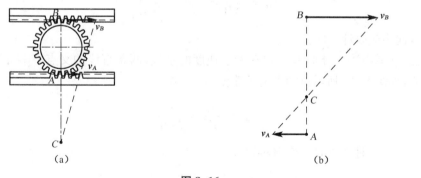

图 8-16

(4) 某一瞬时，图形 A、B 两点的速度相等，即 $\boldsymbol{v}_A = \boldsymbol{v}_B$，如图 8-17，图形的速度瞬心在无穷远处。在该瞬时，图形上各点的速度分布与图形做平动时的情形一样，故称瞬时平动。必须注意，此瞬时各点的速度虽然相同，但加速度却各不相同。

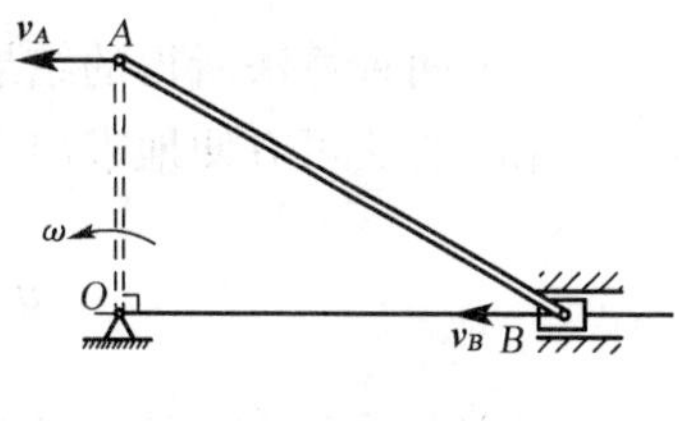

图 8-17

【例 8-3】 椭圆规尺的 A 端以速度$\boldsymbol{v}_A$ 沿 x 轴负向运动，

如图 8-18 所示。已知 $AB = l$，求规尺 B 端的速度和角速度。

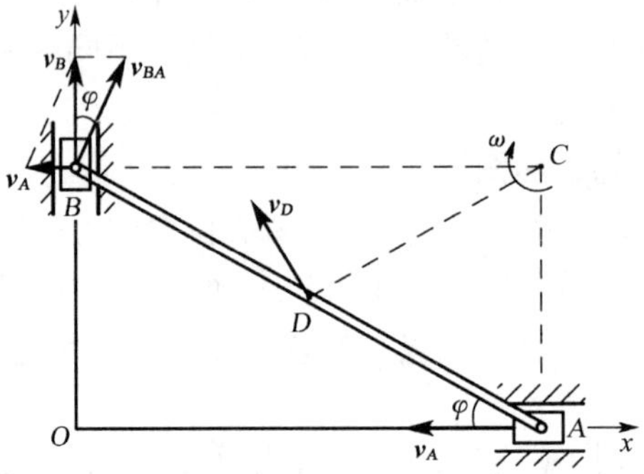

图 8-18

【解】 椭圆规尺 AB 做平面运动，因而可用基点法、速度投影定理和瞬心法对其进行速度分析。

解法一(基点法)：以 A 为基点，B 点的速度为

$$\boldsymbol{v}_B = \boldsymbol{v}_A + \boldsymbol{v}_{BA}$$

在本题中，$\boldsymbol{v}_A$ 的大小和方向以及$\boldsymbol{v}_B$ 的方向都是已知的，再加上$\boldsymbol{v}_{BA}$ 的方向垂直于 AB 这一要素，可作出速度平行四边形，如图 8-18 所示。作图时应注意使$\boldsymbol{v}_B$ 位于速度平行四边形的对角线上。由图中的几何关系可得

$$v_B = v_A \cot\varphi;\ v_{BA} = \frac{v_A}{\sin\varphi}$$

另一方面，$\boldsymbol{v}_{BA} = AB \cdot \omega$，此处 ω 是尺 AB 的角速度，由此可得

$$\omega = \frac{v_{BA}}{AB} = \frac{v_{BA}}{l} = \frac{v_A}{l\sin\varphi}$$

其方向为顺时针方向。

解法二(瞬心法)：分别作 A 和 B 两点速度的垂线，两条直线的交点 C 就是图形 AB 的速度瞬心，如图 8-18 所示。图形的角速度为

$$\omega = \frac{v_A}{AC} = \frac{v_A}{l\sin\varphi}$$

其方向为顺时针方向。点 B 的速度为

$$v_B = BC \cdot \omega = \frac{BC}{AC} v_A = v_A \cot\varphi$$

以上两种算法所得的结果完全一样。

用瞬心法可方便地求出平面图形内任意一点的速度。例如杆 AB 的中点 D 的速度为

$$v_D = DC \cdot \omega = \frac{l}{2} \cdot \frac{v_A}{l\sin\varphi} = \frac{v_A}{2\sin\varphi}$$

其方向垂直于 DC，且指向图形转动的一方。

解法三(速度投影定理):由速度投影定理$[\boldsymbol{v}_B]_{AB}=[\boldsymbol{v}_A]_{AB}$可得

$$v_A\cos\varphi = v_B\sin\varphi$$

所以有

$$v_B=v_A\cot\varphi$$

而用速度投影定理难以求出AB杆上其他点的速度及AB杆的角速度。

在速度分析中,基点法是最基本的方法,但运算较为复杂;瞬心法最方便,在许多情况下都能方便地使用;速度投影定理最简单,但使用的前提条件是一点速度的大小、方向均已知,另一点速度的方向已知。

【例 8-4】 火车车厢的轮子沿直线轨道做纯滚动,如图 8-19 所示。已知车轮轮心O的速度为$\boldsymbol{v}_0$,半径R和r都是已知的,求车轮上A_1、A_2、A_3、A_4各点的速度,其中A_2、O、A_4三点在同一水平线上,A_1、O、A_3三点在同一铅垂线上。

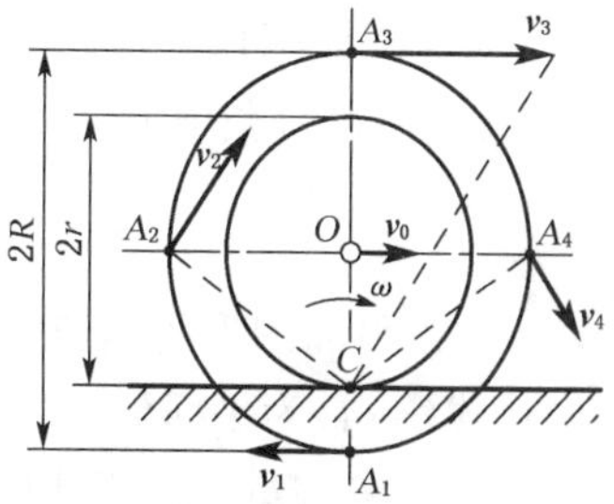

图 8-19

【解】 因为车轮做纯滚动,故车轮与轨道的接触点C就是车轮的速度瞬心。令ω为车轮绕速度瞬心转动的角速度,因为$v_0=\omega r$,从而求得车轮的角速度大小$\omega=\dfrac{v_0}{r}$,转向如图 8-19所示。

图中A_1、A_2、A_3、A_4各点的速度大小分别如下:

$$v_1=A_1C\cdot\omega=\frac{R-r}{r}v_0;\ v_2=A_2C\cdot\omega=\frac{\sqrt{R^2+r^2}}{r}v_0;$$

$$v_3=A_3C\cdot\omega=\frac{R+r}{r}v_0;\ v_4=A_4C\cdot\omega=\frac{\sqrt{R^2+r^2}}{r}v_0$$

其方向分别垂直于A_1C、A_2C、A_3C和A_4C,指向如图 8-19 所示。

如果需要研究由几个平面图形组成的平面机构,则可依次按照基点法、瞬心法或速度投影定理对每一个平面图形进行速度分析。应该注意,每一个平面图形都有它自己的速度瞬心和角速度,因此,每求出一个速度瞬心和角速度,都应明确标出它是哪一个图形的速度瞬心和角速度,绝不可混淆。

8.4 用基点法求平面图形内各点的加速度

本节分析平面图形内各点的加速度。如前所述,图 8-20 所示平面图形S的运动可分解为两部分:①随同基点A的平动(牵连运动);②绕基点A的转动(相对运动)。于是,平面图形内任一点B的运动也由两个运动合成,其加速度可用加速度合成定理求出。

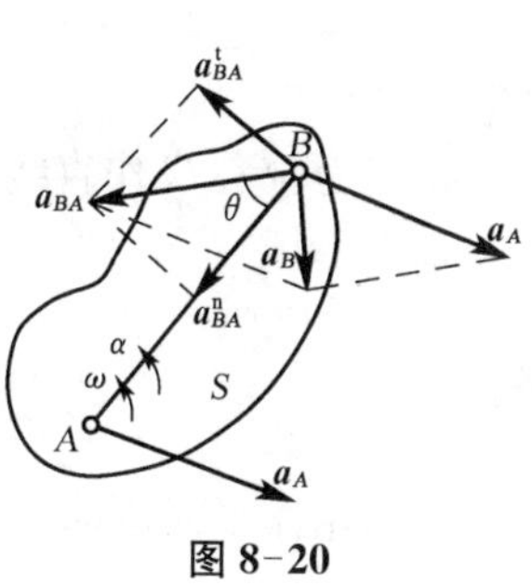

图 8-20

由于牵连运动为平动,点B的牵连加速度等于基点A的加速度$\boldsymbol{a}_A$；点 B 的相对加速度$\boldsymbol{a}_{BA}$是该点随图形绕基点 A 转动的加速度，可分为切向加速度$\boldsymbol{a}_{BA}^{t}$与法向加速度$\boldsymbol{a}_{BA}^{n}$两部分。于是用基点法求点 B 的加速度的公式可表示为

$$\boldsymbol{a}_B = \boldsymbol{a}_A + \boldsymbol{a}_{BA}^{t} + \boldsymbol{a}_{BA}^{n} \tag{8-4}$$

即：平面图形内任一点的加速度等于基点的加速度与该点随图形绕基点转动的切向加速度和法向加速度的矢量和。

式(8-4)中，$\boldsymbol{a}_{BA}^{t}$为点 B 绕基点 A 转动的切向加速度，方向垂直于 AB，大小为

$$a_{BA}^{t} = AB \cdot \alpha \tag{8-5}$$

α 为平面图形的角加速度。

$\boldsymbol{a}_{BA}^{n}$为点 B 绕基点 A 转动的法向加速度，指向基点 A，大小为

$$a_{BA}^{n} = AB \cdot \omega^2 \tag{8-6}$$

ω 为平面图形的角速度。

式(8-4)为平面矢量方程，通常可向两个正交的坐标轴投影，得到两个代数方程，可以求解两个未知量。由于式(8-4)中有 8 个要素，所以必须知道其中 6 个，问题方可求解。

【例 8-5】 车轮沿直线滚动，如图 8-21(a)所示。已知车轮半径为 R，中心 O 的速度为$\boldsymbol{v}_O$，加速度为$\boldsymbol{a}_O$。设车轮与地面接触无相对滑动。求车轮上速度瞬心的加速度。

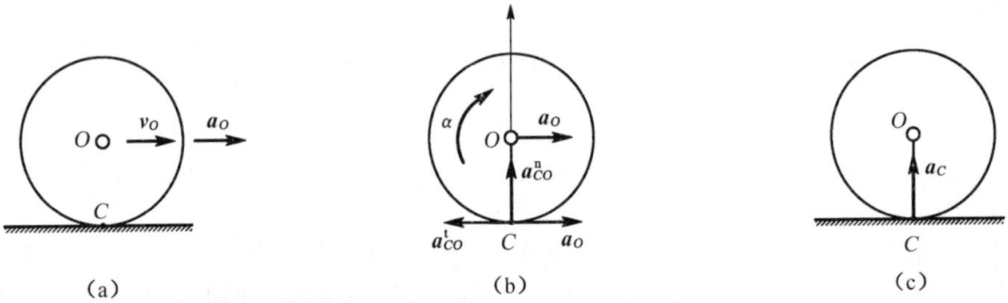

图 8-21

【解】 只滚不滑时，车轮的角速度可按下式计算：

$$\omega = \frac{v_O}{R}$$

车轮的角加速度 α 等于角速度对时间的一阶导数。上式对任何瞬时均成立，故可对时间求导，得

$$\alpha = \frac{\mathrm{d}\omega}{\mathrm{d}t} = \frac{\mathrm{d}}{\mathrm{d}t}\left(\frac{v_O}{R}\right) = \frac{1}{R}\frac{\mathrm{d}v_O}{\mathrm{d}t}$$

因为轮心 O 作直线运动，所以它的速度 $\boldsymbol{v}_O$ 对时间的一阶导数等于这一点的加速度 $\boldsymbol{a}_O$。于是

$$\alpha = \frac{a_O}{R}$$

车轮作平面运动。取中心 O 为基点，则点 C 的加速度

$$a_C = a_O + a_{CO}^t + a_{CO}^n$$

式中

$$a_{CO}^t = R\alpha = a_O,\ a_{CO}^n = R\omega^2 = \frac{v_O^2}{R}$$

它们的方向如图 8-21(b)所示。

由于$\boldsymbol{a}_O$与$\boldsymbol{a}_{CO}^t$的大小相等,方向相反,于是有

$$a_C = a_{CO}^n = \frac{v_O^2}{R}$$

由此可知,速度瞬心 C 的加速度不等于零。当车轮在地面上只滚不滑时,速度瞬心 C 的加速度指向轮心 O,如图 8-21(c)所示,大小为

$$a_C = \frac{v_O^2}{R}$$

【例 8-6】 图 8-22 所示曲柄连杆机构中,已知曲柄 OA 长 0.2 m,连杆 AB 长 1 m,OA 以匀角速度 $\omega = 10$ rad/s 绕 O 轴转动。求图示位置滑块 B 的加速度和连杆 AB 的角加速度。

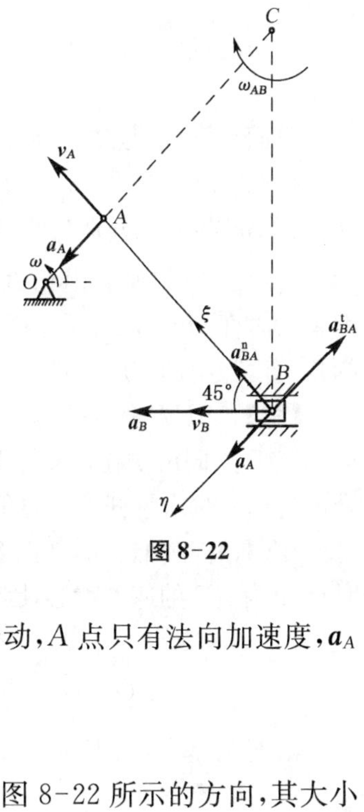

图 8-22

【解】 曲柄 OA 作定轴转动,连杆 AB 作平面运动,先用瞬心法求连杆 AB 的角速度,由$\boldsymbol{v}_A$ 和$\boldsymbol{v}_B$ 的方向可确定其速度瞬心 C,求得连杆 AB 的角速度为

$$\omega_{AB} = \frac{v_A}{AC} = \frac{OA \cdot \omega}{AC} = 2\ \text{rad/s}$$

转向如图 8-22 所示。

再求滑块 B 的加速度和连杆 AB 的角加速度。以 A 点为基点,由图 8-22 分析 B 点的加速度为

$$a_B = a_A + a_{BA}^t + a_{BA}^n \qquad \text{(a)}$$

其中,$\boldsymbol{a}_B$ 沿水平方向,假设向左,大小待定;因曲柄匀速转动,A 点只有法向加速度,$\boldsymbol{a}_A$ 指向 O 点,大小为

$$a_A = OA \cdot \omega^2 = 20\ \text{m/s}^2$$

$\boldsymbol{a}_{BA}^t$的方向垂直于 AB,设 $\boldsymbol{\alpha}_{AB}$ 为逆时针转向,则$\boldsymbol{a}_{BA}^t$ 指向如图 8-22 所示的方向,其大小也待求;$\boldsymbol{a}_{BA}^n$ 由 B 点指向 A 点,大小为

$$a_{BA}^n = AB \cdot \omega_{AB}^2 = 4\ \text{m/s}^2$$

将式(a)向 ξ 轴投影:

$$a_B \cos 45° = a_{BA}^n$$

$$a_B = \frac{a_{BA}^n}{\cos 45°} = 5.66\ \text{m/s}^2$$

再将式(a)向 η 轴投影：

$$a_B\sin 45^\circ = a_A - a_{BA}^{t}$$

$$a_{BA}^{t} = a_A - a_B\sin 45^\circ = 16\ \mathrm{m/s^2}$$

$$\alpha_{AB} = \frac{a_{BA}^{t}}{AB} = 16\ \mathrm{rad/s^2}$$

8.5 运动学综合应用举例

平面运动理论用来分析平面运动的刚体上各点间的速度和加速度的联系。当两个刚体相接触而有相对滑动时，则需用合成运动的理论分析这两个不同刚体上相重合一点的速度和加速度的联系。两物体间有相互运动，虽不接触，其重合点的运动也符合合成运动的关系。

复杂的机构中，可能同时有平面运动和点的合成运动问题，应注意分别分析、综合应用有关理论。

下面举例说明点的合成运动和刚体平面运动理论的综合应用。

【例 8-7】 图 8-23 所示平面机构，滑块 B 可沿杆 OA 滑动。杆 BE 与 BD 分别与滑块 B 铰接，BD 杆可沿水平导轨运动。滑块 E 以匀速 v 沿铅直导轨向上运动，杆 BE 长为$\sqrt{2}l$。图是瞬时杆 OA 铅直，且与杆 BE 夹角为45°。求该瞬时杆 OA 的角速度与角加速度。

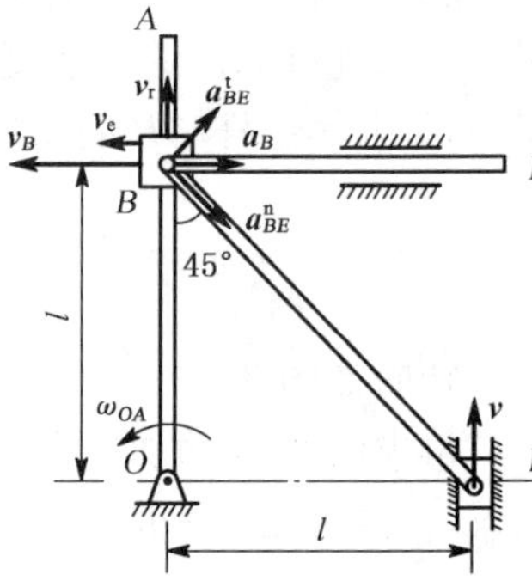

图 8-23

【解】 BE 杆作平面运动，可先求出点 B 的速度和加速度。点 B 连同滑块在 OA 杆上滑动，并带动杆 OA 转动，可按合成运动方法求解杆 OA 的角速度和角加速度。

BE 杆作平面运动，在图 8-23 中，由 $\boldsymbol{v}$ 及$\boldsymbol{v}_B$ 方向可知此瞬时点 O 为 BE 的速度瞬心，因此

$$\omega_{BE} = \frac{v}{OE} = \frac{v}{l},\ \boldsymbol{v}_B = \omega_{BE}\cdot OB = v$$

以 E 为基点，点 B 的加速度为

$$\boldsymbol{a}_B = \boldsymbol{a}_E + \boldsymbol{a}_{BE}^{t} + \boldsymbol{a}_{BE}^{n} \tag{a}$$

式中各矢量方向如图 8-23 所示。

由于点 E 作匀速直线运动，故 $\boldsymbol{a}_E=0$。$\boldsymbol{a}_{BE}^{n}$的大小为

$$a_{BE}^{n} = \omega_{BE}^{2}\cdot BE = \frac{\sqrt{2}v^2}{l}$$

将式(a)投影到沿 BE 方向的轴上，得

$$a_B \cos 45^\circ = a_{BE}^{n}$$

因此

$$a_B = \frac{a_{BE}^{n}}{\cos 45^\circ} = \frac{2v^2}{l}$$

以上用刚体平面运动方法求得了滑块 B 的速度和加速度。由于滑块 B 可以沿杆 OA 滑动，因此应利用点的合成运动方法求杆 OA 的角速度及角加速度。

取滑块 B 为动点，动系固结在杆 OA 上，点的速度合成定理为

$$\boldsymbol{v}_a = \boldsymbol{v}_e + \boldsymbol{v}_r$$

式中 $\boldsymbol{v}_a = \boldsymbol{v}_B$；牵连速度 $\boldsymbol{v}_e$ 是 OA 杆上与滑块 B 重合那一点的速度，其方向垂直于 OA，因此与 $\boldsymbol{v}_a$ 同向；相对速度 $\boldsymbol{v}_r$ 沿 OA 杆，即垂直于 $\boldsymbol{v}_a$。显然有

$$v_a = v_e, \quad v_r = 0$$

即

$$v_e = \boldsymbol{v}_B = v$$

于是得杆 OA 的角速度

$$\omega_{OA} = \frac{v_e}{OB} = \frac{v}{l}$$

其转向如图 8-23 所示。

滑块 B 的绝对加速度 $\boldsymbol{a}_a = \boldsymbol{a}_B$，其牵连加速度有法向及切向两项，其法向部分

$$a_e^n = \omega_{OA}^2 \cdot OB = \frac{v^2}{l}$$

由于滑块 B 的相对运动是沿 OA 杆的直线运动，因此其相对加速度 $\boldsymbol{a}_r$ 也沿 OA 方向。这样，有

$$\boldsymbol{a}_a = \boldsymbol{a}_e^t + \boldsymbol{a}_e^n + \boldsymbol{a}_r + \boldsymbol{a}_C \tag{b}$$

因为此瞬时 $\boldsymbol{v}_r = 0$，故 $\boldsymbol{a}_C = 0$。在此矢量式中，各矢量方向已知，如图 8-24 所示。

未知量为 $\boldsymbol{a}_r$ 及 $\boldsymbol{a}_e^t$ 的大小，共 2 个。将式(b)投影到与 $\boldsymbol{a}_r$ 垂直的 BD 线上，得

$$a_a = a_e^t$$

因此

$$a_e^t = a_B = \frac{2v^2}{l}$$

杆 OA 的角加速度为

$$\alpha_{OA} = \frac{a_e^t}{OB} = \frac{2v^2}{l^2}$$

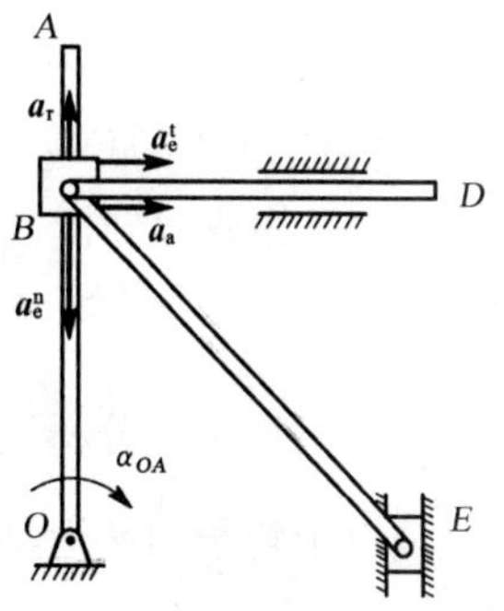

图 8-24

角加速度方向如图 8-24 所示。

上面的求解方法是依次应用刚体平面运动及点的合成运动方法求解,这是机构运动分析中较常用的方法之一。

【例 8-8】 如图 8-25 所示,轮 O 在水平面上作纯滚动,轮心以匀速度 $v_O=0.2\ \mathrm{m/s}$ 向左运动。轮缘上固连一销钉 B,此销钉在摇杆 O_1A 的内槽内滑动,并带动摇杆绕 O_1 轴转动。已知轮的半径 $R=0.5\ \mathrm{m}$,图示位置 O_1A 是轮的切线,摇杆与水平面的夹角为 60°。求摇杆在图示位置时的角速度和角加速度。

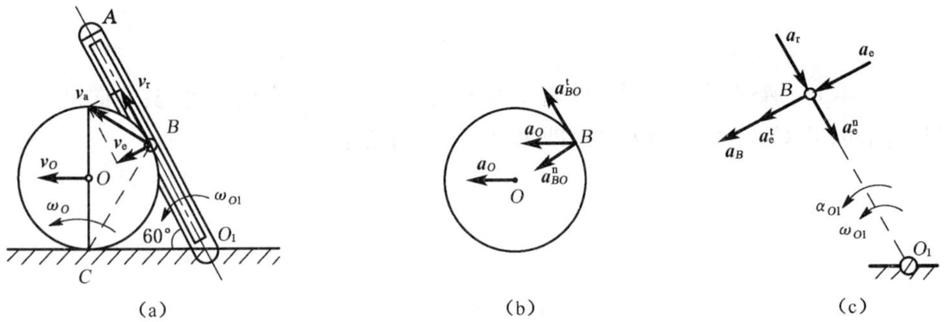

图 8-25

【解】 (1) 运动分析。摇杆 O_1A 作定轴转动,轮 O 作平面运动,销钉 B 与摇杆 O_1A 有相对运动。

(2) 速度分析。由于 C 点是轮 O 的速度瞬心,故轮 O 的角速度、角加速度分别为

$$\omega_O=\frac{v_O}{R},\ \alpha_O=\frac{\mathrm{d}\omega_O}{\mathrm{d}t}=0$$

销钉 B 的速度为 $v_B=\omega_O\cdot CB=\sqrt{3}v_O$,方向垂直于 BC,如图 8-25(a)所示。

选销钉 B 为动点,动坐标系固结于摇杆 O_1A,由点的速度合成定理

$$\boldsymbol{v}_a=\boldsymbol{v}_e+\boldsymbol{v}_r$$

作出速度平行四边形如图 8-25(a)所示。其中,$v_a=v_B$,由图示几何关系可得

$$v_r=\frac{3}{2}v_O,\ v_e=\frac{\sqrt{3}}{2}v_O,\ \omega_{O1}=\frac{v_e}{O_1B}=0.2\ \mathrm{rad/s}$$

摇杆 O_1A 的角速度为 0.2 rad/s,为逆时针转向。

(3) 加速度分析。选择轮心 O 为基点,则 B 点的加速度为

$$\boldsymbol{a}_B=\boldsymbol{a}_O+\boldsymbol{a}_{BO}^n+\boldsymbol{a}_{BO}^t \tag{a}$$

作出加速度分析图如图 8-25(b)所示。

由于轮子匀速运动,所以 $\boldsymbol{a}_O=0$,$\alpha_O=0$,有 $a_{BO}^t=BO\cdot\alpha_O=0$,式(a)变为

$$\boldsymbol{a}_B=\boldsymbol{a}_{BO}^n \tag{b}$$

再取销钉 B 为动点,动坐标系固结于摇杆 O_1A。由牵连运动为转动时的加速度合成定

理可知

$$\boldsymbol{a}_B = \boldsymbol{a}_e^n + \boldsymbol{a}_e^t + \boldsymbol{a}_r + \boldsymbol{a}_C \tag{c}$$

加速度分析如图 8-25(c)所示。由式(b)、(c)可知

$$\boldsymbol{a}_{BO}^n = \boldsymbol{a}_e^n + \boldsymbol{a}_e^t + \boldsymbol{a}_r + \boldsymbol{a}_C \tag{d}$$

式中：$a_{BO}^n = R\omega_O^2$，方向如图 8-25(b)所示；

$a_e^t = O_1B \cdot \alpha_{O1}$，大小未知，假设方向如图 8-25(c)所示；

$a_e^n = O_1B \cdot \omega_{O1}^2$，$a_C = 2\omega_{O1}v_r$，方向均如图 8-25(c)所示。

将式(d)两边向 BO 轴投影，可得

$$a_{BO}^n = a_e^t + a_C$$

则

$$a_e^t = a_{BO}^n - a_C$$

又因为

$$a_e^t = O_1B \cdot \alpha_{O1}$$

解得

$$\alpha_{O1} = \frac{a_e^t}{O_1B} = -0.046\ 18\ \text{rad/s}^2$$

负号表示 α_{O1} 的实际转向与图 8-25(c)假设的方向相反，即为顺时针转向。

思考题

1. 刚体平面运动通常分解为哪两个运动？它们与基点的选择有无关系？用基点法求平面运动刚体上各点的加速度时，要不要考虑科氏加速度？

2. 试判别图 8-26 所示平面机构的各构件做什么运动。

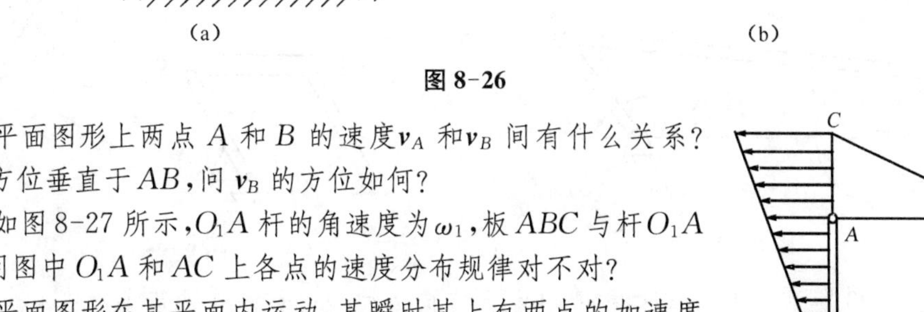

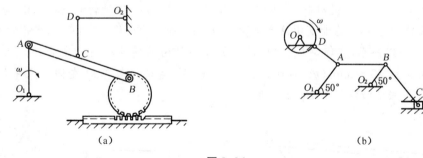

图 8-26

3. 平面图形上两点 A 和 B 的速度 $\boldsymbol{v}_A$ 和 $\boldsymbol{v}_B$ 间有什么关系？若 $\boldsymbol{v}_A$ 的方位垂直于 AB，问 $\boldsymbol{v}_B$ 的方位如何？

4. 如图 8-27 所示，O_1A 杆的角速度为 ω_1，板 ABC 与杆 O_1A 铰接。问图中 O_1A 和 AC 上各点的速度分布规律对不对？

5. 平面图形在其平面内运动，某瞬时其上有两点的加速度矢相同。试判断下述说法是否正确：

(1) 其上各点速度在该瞬时一定都相等；

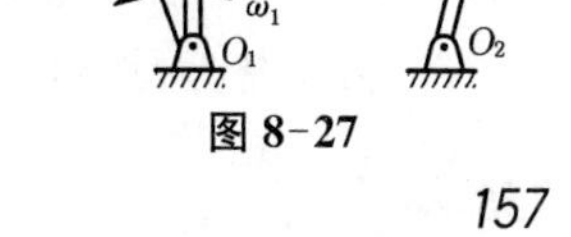

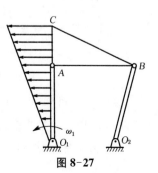

图 8-27

(2) 其上各点加速度在该瞬时一定都相等。

6. 在图 8-28 所示瞬时，已知 $O_1A \perp\!\!\!\!= O_2B$，问 ω_1 与 ω_2，α_1 与 α_2 是否相等？

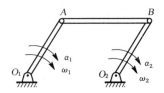

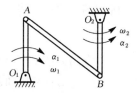

图 8-28

习题

1. 椭圆规尺 AB 由曲柄 OC 带动，曲柄以角速度 ω_O 绕 O 轴匀速转动，如图 8-29 所示。如 $OC = BC = AC = r$，并取 C 为基点，求椭圆规尺 AB 的平面运动方程。

2. 如图 8-30 所示的四连杆机构中，$OA = CB = AB/2 = 10$ cm，曲柄 OA 的角速度为 $\omega = 3$ rad/s(逆时针)。试求当 $\angle AOC = 90°$ 而 CB 位于 OC 延长线上时，连杆 AB 和曲柄 CB 的角速度。

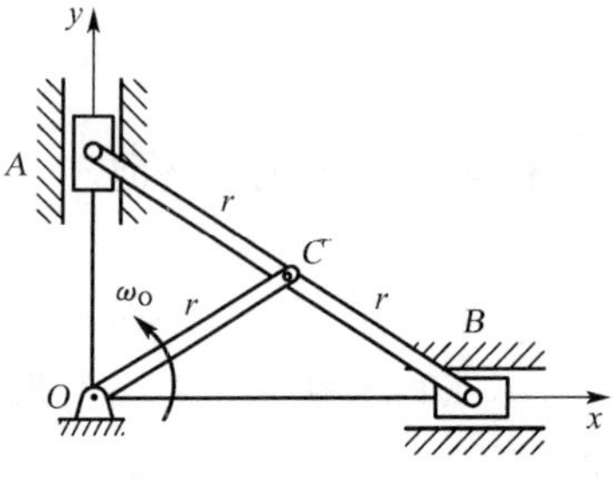

图 8-29

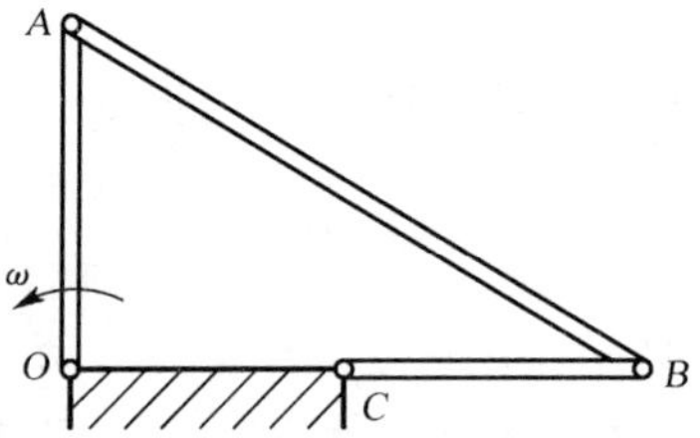

图 8-30

3. 图 8-31 所示平面机构中，曲柄 $OA = R$，以角速度 ω 绕 O 轴转动。齿条 AB 与半径为 $r = R/2$ 的齿轮相啮合，并由曲柄销 A 带动。求当齿条与曲柄的交角 $\theta = 60°$ 时，齿轮的角速度。

4. 如图 8-32 所示，在筛动机构中，筛子的摆动是由曲柄连杆机构所带动。已知曲柄 OA 的转速 $n_{OA} = 40$ r/min，$OA = 0.3$ m。当筛子 BC 运动到与点 O 在同一水平线上时，$\angle BAO = 90°$。求此瞬时筛子 BC 的速度。

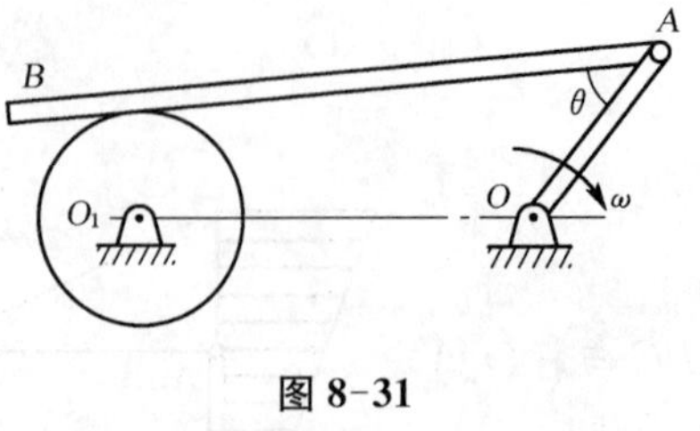

图 8-31

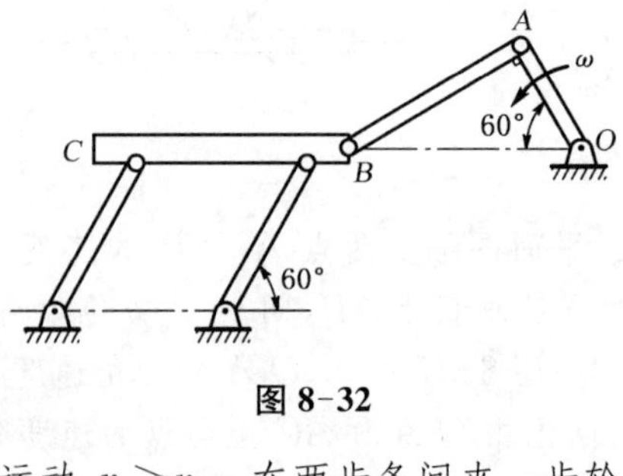

图 8-32

5. 图 8-33 所示两齿条以速度 $\boldsymbol{v}_1$ 和 $\boldsymbol{v}_2$ 同方向运动，$\boldsymbol{v}_1 > \boldsymbol{v}_2$。在两齿条间夹一齿轮，其半径为 r，求齿轮的角速度及其中心 O 的速度。

6. 在瓦特行星传动机构中，平衡杆 O_1A 绕 O_1 轴转动，并借连杆 AB 带动曲柄 OB；而

曲柄 OB 活动地装置在 O 轴上，如图 8-34 所示。在 O 轴上装有齿轮Ⅰ；齿轮Ⅱ与连杆 AB 固连于一体。已知：$r_1 = r_2 = 0.3\sqrt{3}$ m，$O_1A = 0.75$ m，$AB = 1.5$ m；又平衡杆的角速度 $\omega = 6$ rad/s。求当 $\gamma = 60°$ 且 $\beta = 90°$ 时，曲柄 OB 和齿轮Ⅰ的角速度。

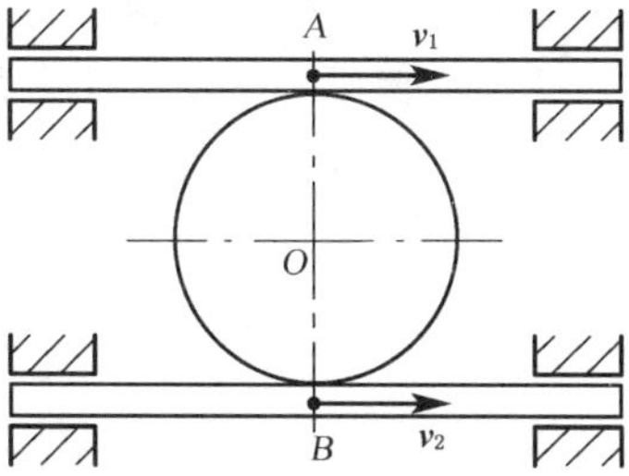

图 8-33

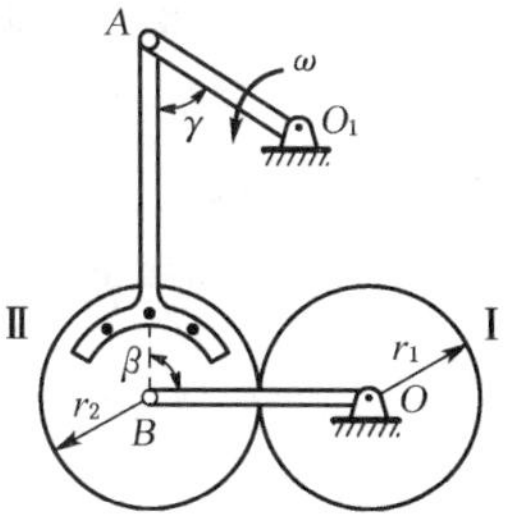

图 8-34

7. 滚压机构的滚子沿水平面作纯滚动，如图 8-35 所示。已知曲柄 OA 长 $r = 10$ cm，以匀转速 $n = 30$ r/min 转动。连杆 AB 长 $l = 17.3$ cm，滚子半径 $R = 10$ cm。求在图示位置时滚子的角速度及角加速度。

8. 使砂轮高速转动的装置如图 8-36 所示。杆 O_1O_2 绕 O_1 轴转动，转速为 n_4。O_2 处用铰链连接一半径为 r_2 的活动齿轮Ⅱ，杆 O_1O_2 转动时轮Ⅱ在半径为 r_3 的固定内齿上滚动，并使半径为 r_1 的轮Ⅰ绕 O_1 轴转动。轮Ⅰ上装有砂轮，随同轮Ⅰ高速转动。已知 $\frac{r_3}{r_1}=11$，$n_4=900$ r/min，求砂轮的转速。

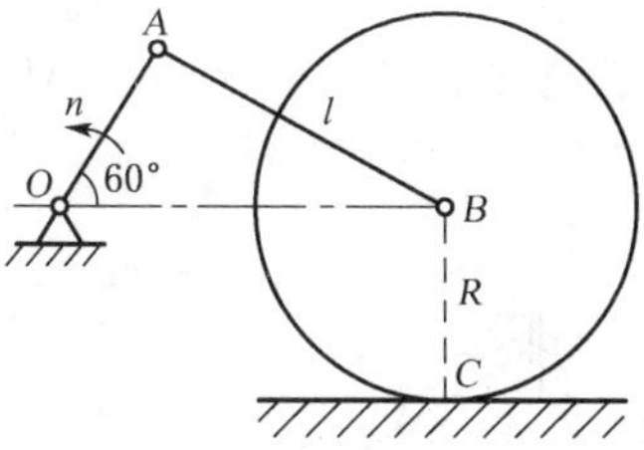

图 8-35

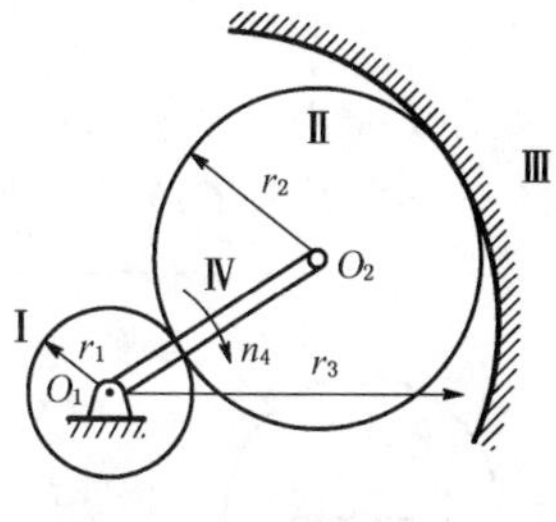

图 8-36

9. 如图 8-37，齿轮Ⅰ在齿轮Ⅱ内滚动，其半径分别为 r 和 $R = 2r$。曲柄 OO_1 绕 O 轴以等角速度 ω_O 转动，并带动行星齿轮Ⅰ。求该瞬时轮Ⅰ上瞬时速度中心 C 的加速度。

10. 半径为 R 的鼓轮沿水平面作纯滚动，如图 8-38 所示。鼓轮上圆柱部分的半径为 r。将线绕于圆柱上，线的 B 端以速度 $\boldsymbol{v}$ 和加速度 $\boldsymbol{a}$ 沿水平方向运动。求轮轴心 O 的速度和加速度。

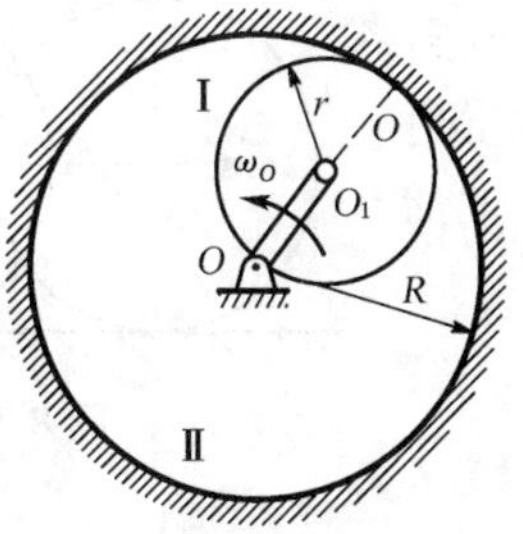

图 8-37

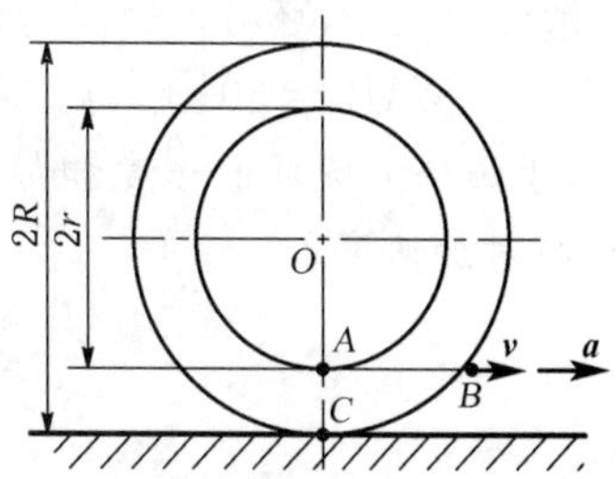

图 8-38

11. 曲柄 OA 以恒定的角速度 $\omega = 2\ \text{rad/s}$ 绕轴 O 转动，并借助连杆 AB 驱动半径为 r 的轮子在半径为 R 的圆弧槽中作无滑动的滚动。设 $OA = AB = R = 2r = 1\ \text{m}$，求图 8-39 所示瞬时点 B 和点 C 的速度与加速度。

12. 在图 8-40 所示曲柄连杆机构中，曲柄 OA 绕 O 轴转动，其角速度为 ω_O，角加速度为 α_O。在某瞬时曲柄与水平线间成60°角，而连杆 AB 与曲柄 OA 垂直。滑块 B 在圆形槽内滑动，此时半径 O_1B 与连杆 AB 间成30°角。如 $OA = r, AB = 2\sqrt{3}r, O_1B = 2r$，求在该瞬时，滑块 B 的切向和法向加速度。

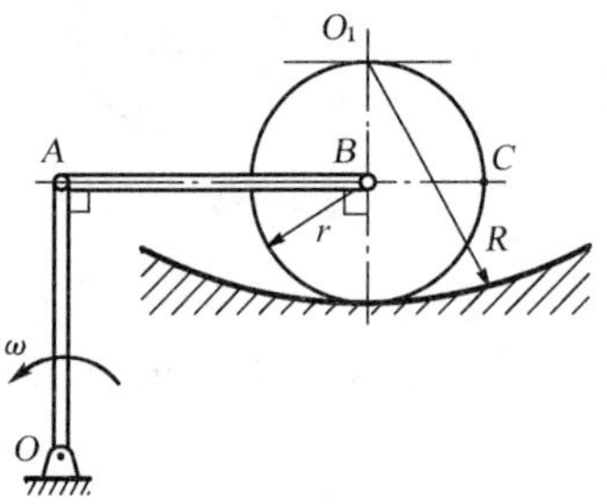

图 8-39

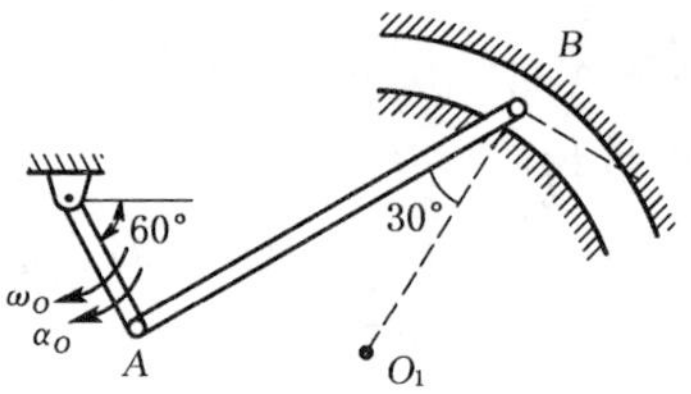

图 8-40

13. 为使货车车厢减速，在轨道上装有液压减速顶，如图 8-41 所示。半径为 R 的车轮滚过时将压下减速顶的顶帽 AB 而消耗能量，降低速度。如轮心的速度为 $\boldsymbol{v}$，加速度为 $\boldsymbol{a}$，试求 AB 下降速度、加速度和减速顶对于轮子的相对滑动速度与角 θ 的关系（设轮与轨道之间无相对滑动）。

14. 已知如图 8-42 所示机构中滑块 A 的速度为常值，$v_A = 0.2\ \text{m/s}, AB = 0.4\ \text{m}$。求当 $AC = CB, \theta = 30°$ 时杆 CD 的速度和加速度。

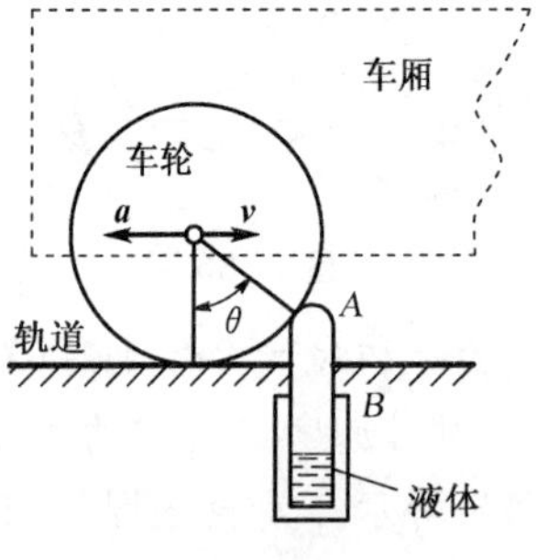

图 8-41

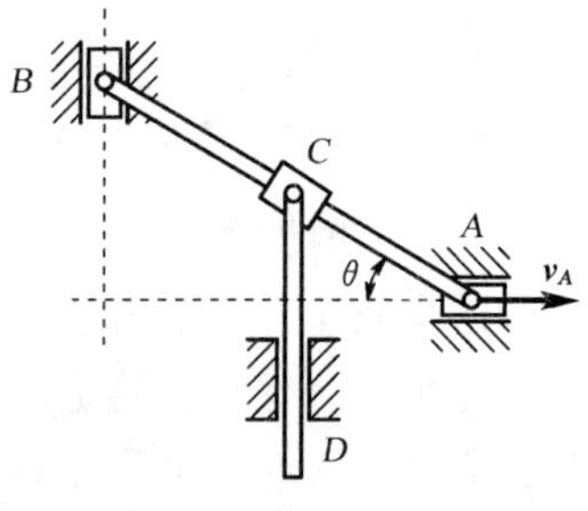

图 8-42

15. 如图 8-43，半径 $R=0.2\ \text{m}$ 的两个相同的大圆环沿地面向相反方向无滑动地滚动，环心的速度为常数，$v_A = 0.1\ \text{m/s}$，$v_B = 0.4\ \text{m/s}$。当 $\angle MAB = 30°$ 时，求套在这两个大圆环上的小圆环 M 相对于每个大圆环的速度和加速度，以及小圆环 M 的绝对速度和绝对加速度。

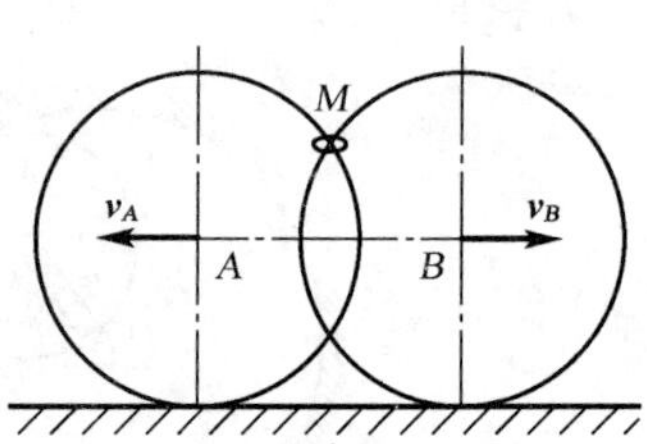

图 8-43

第三篇　动力学

引　言

动力学研究作用于物体的力和物体运动的关系，是物理学和天文学的基础，也是许多工程学科的基础。例如：高层结构抗风荷载及地震的能力；高速运行交通工具的动力计算；精密机械的可靠工作；宇宙飞行及火箭推进技术等。

本章内容将把前面所学习的静力学和运动学的知识连接起来，既研究物体在力系作用下的平衡，又研究力对物体运动的影响，是对物体机械运动的全面分析，在力和运动之间建立联系，确定了物体机械运动的普遍规律。其研究对象是运动速度小于光速的宏观物体（原子和亚原子粒子的动力学研究属于量子力学；可以比拟光速的高速运动的研究则属于相对论力学）。

动力学中物体的抽象模型有质点和质点系。质点是具有一定质量而忽略几何形状及尺寸的物体。而质点系则是由几个或有限个彼此有联系的质点所组成的系统。我们常说的刚体则是质点系的一种特殊情况，其中任意两个质点间的距离始终保持不变。例如，曲柄滑块机构中的滑块作平移，内部各个质点的运动情况完全相同，可以不考虑滑块的形状和尺寸，而将它抽象为一个质点来研究。在研究卫星轨道时，卫星的形状和大小可以忽略，而将其视为质点来考虑。但在研究汽车轮胎摩擦力时，就不能将轮胎看作是质点，而是一个质点系。

动力学的基本内容包括质点动力学、质点系动力学、刚体动力学、达朗贝尔原理等。学习和掌握动力学的基本理论，对于解决工程实际问题具有十分重要的意义。

9　质点动力学的基本方程

9.1　动力学的基本定律

动力学基本定律是在对机械运动进行大量的观察及实验的基础上建立起来的。这些定律是牛顿总结了前人的研究成果，于1687年在他的名著《自然哲学的数学原理》中明确提出的，所以通常称为牛顿三大定律，它描述了动力学最基本的规律，是古典力学体系的核心。

牛顿出生于林肯郡伍尔索朴城的一个中等农户家中，1661年，牛顿进入了剑桥大学的三一学院，1665年获文学学士学位。在大学期间，他全面掌握了当时的数学和光学。1665—1666的两年期间，剑桥流行黑热病，学校暂时停办，他回到老家。这段时间中他发现了二项式定律，开始了光学中的颜色实验，即白光由7种色光构成的实验，而且由于一次躺在树下看到苹果落地他开始思索地心引力问题。在30岁时，牛顿被选为皇家学会的会员，这是当时英国最高科学荣誉。他在力学上最重要的贡献，也是对整个自然科学的最重要贡献，就是他的巨著《自然哲学的数学原理》。后人将这本书所总结的经典力学系统称为牛顿力学。这本书出版于1687年，书中提出了万有引力理论并且系统地总结了前人对动力学的研究成果，明确提出了动力学的基本定律。

9.1.1　第一定律（惯性定律）

任何质点如不受力作用，则将保持其原来静止的或匀速直线运动的状态。

这个定律说明任何物体都具有保持静止或匀速直线运动状态的特性，物体的这种保持运动状态不变的固有属性称为惯性，而匀速直线运动称为惯性运动，所以第一定律又称为惯性定律。

同时这个定律也指出，质点若要改变静止或匀速直线运动的状态，必将受到力的作用。说明力是改变质点运动状态的原因。

9.1.2　第二定律（力与加速度之间的关系定律）

受力作用时质点所获得的加速度的大小与作用力的大小成正比，与质点的质量成反比，加速度的方向与力的方向相同。

如果用 m 表示质点的质量，$\boldsymbol{F}$ 表示作用于质点上的力，质点由此产生的加速度用 $\boldsymbol{a}$ 表示，则第二定律可表示为

$$a = \frac{F}{m}$$

或
$$ma = F \tag{9-1}$$

上述方程是第二定律的数学表达式，是质点动力学的基本方程。它建立了质量、力和加速度之间的定量关系，当质点同时受几个力的作用时，则力 $\boldsymbol{F}$ 是这些汇交力系的合力。

同时该方程也表明，质点的加速度不仅取决于作用力，而且与质点的质量有关。质点的质量越小，其运动状态越容易改变，也就是惯性越小。由此可知，质量是质点惯性的度量。由于平动物体可以看作质点，所以质量也是平动物体惯性的度量。

质点运动的加速度与其所受力之间是瞬时关系，只要瞬时有力作用于质点，则必有相应的瞬时加速度，没有力作用，也就没有质点的加速度。

在国际单位制中，质量的单位为千克，物体的质量 m 和重量 W 的关系为

$$W = mg \tag{9-2}$$

或
$$m = \frac{W}{g}$$

式中 g 是重力加速度，它表示物体仅受重力作用而自由降落时的加速度。这里要突出强调：质量和重量是两个不同的概念。质量是物体惯性的度量，是不变的；而重量随着地面各处的重力加速度值不同而略有不同，因此物体的重量是随地域不同而变化的量。在一般工程中，常把 g 视为常量，取 9.806 65 $\mathrm{m/s^2}$。

在国际单位制中，把质量、长度和时间的单位作为力学量的基本单位。因此，力的单位为导出单位。根据质量单位千克（符号为 kg）、长度单位米（符号为 m）以及时间单位秒（符号为 s）导出力的单位符号为 $\mathrm{kg \cdot m/s^2}$，特别命名为牛顿（符号为 N）。即

$$1\ \mathrm{N} = 1\ \mathrm{kg} \times 1\ \mathrm{m/s^2}$$

在精密仪器工业中，也用厘米克秒制（CGS）。同理得到的力的单位称为 dyn（达因），即

$$1\ \mathrm{dyn} = 1\ \mathrm{g} \times 1\ \mathrm{cm/s^2}$$

9.1.3 第三定律（作用与反作用定律）

两个物体间的作用力和反作用力总是同时存在，大小相等、方向相反且在同一直线上，但分别作用在两个物体上。

这个定律就是在静力学公理中的公理四，它对运动着的物体同样适用。

应该指出的是，按照牛顿的理论，他提出的各个定律只适用于质点在“绝对空间”内的运动。所谓“绝对空间”，是指与物质和时间无关的，绝对不动的空间。牛顿所理解的“绝对运动”系指在宇宙中存在着绝对静止的与物质无关的“死的”空间，而质点是在这样的空间里运动。因此，在古典力学中，时间与空间是不相干的。在动力学里，把适用于牛顿定律的这种参考坐标系称为惯性坐标系。

但是，宇宙中的任何物体都是运动的，根本不存在绝对静止的空间，绝对静止的惯性坐

标系自然也找不到。但实践结果证明,对于一般工程问题,可以取与地球相固连的坐标系作为惯性坐标系。可以证明的是,凡是相对惯性参考系作匀速直线平动的参考系,也是惯性参考系,根据牛顿理论得到的结果具有足够的精度。在本书中,如果没有特别说明,我们均取固定在地球表面的坐标系为惯性坐标系,并且约定,物体在此惯性参考系中的运动称为绝对运动。

9.2 质点运动微分方程

本节由动力学基本方程建立质点的运动微分方程,解决质点动力学的两类基本问题。

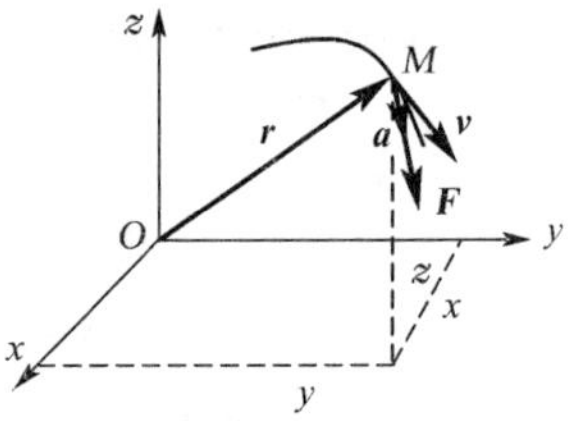

图 9-1

设质量为 m 的自由质点 M 在多个力作用下运动,这些力的合力为 $\boldsymbol{F} = \sum \boldsymbol{F}_i$,如图 9-1 所示。根据质点动力学第二定律,有

$$m\boldsymbol{a} = \boldsymbol{F} = \sum \boldsymbol{F}_i$$

由于 $\boldsymbol{a} = \dot{\boldsymbol{v}} = \ddot{\boldsymbol{r}}$,得

$$m\boldsymbol{a} = m\dot{\boldsymbol{v}} = m\ddot{\boldsymbol{r}} = \boldsymbol{F} = \sum \boldsymbol{F}_i \tag{9-3}$$

这就是矢量形式的质点运动微分方程。在计算实际问题时,则应用它的投影式。

1) 质点运动微分方程的直角坐标投影式

把矢径 $\boldsymbol{r}$ 和外力 $\boldsymbol{F}_i$ 均向直角坐标的 x, y, z 三个轴进行投影,得

$$\begin{cases} m\ddot{x} = \sum F_{xi} \\ m\ddot{y} = \sum F_{yi} \\ m\ddot{z} = \sum F_{zi} \end{cases} \tag{9-4}$$

这就是直角坐标投影形式的质点运动微分方程。

2) 质点运动微分方程的自然坐标投影式

在实际应用中,采用自然坐标系有时更为方便。如图 9-2 所示,以质点所在处为原点,过 M 点作运动轨迹的切线、法线和副法线。将式(9-3)投影在自然坐标轴上,则得

$$\begin{cases} ma_{\mathrm{t}} = m\ddot{s} = \sum F_{\mathrm{t}i} \\ ma_{\mathrm{n}} = m\dfrac{v^2}{\rho} = \sum F_{\mathrm{n}i} \\ ma_{\mathrm{b}} = \sum F_{\mathrm{b}i} = 0 \end{cases} \tag{9-5}$$

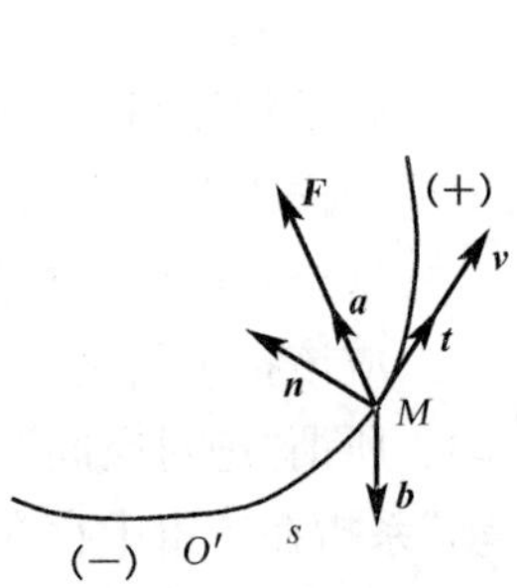

图 9-2

这就是自然坐标形式的质点运动微分方程。其中 $\sum \boldsymbol{F}_{ti}$，$\sum \boldsymbol{F}_{ni}$ 和 $\sum \boldsymbol{F}_{bi}$ 分别表示作用于质点的各力在运动轨迹的切线、法线和副法线上的投影之和，ρ 是轨迹的曲率半径。

应用质点运动微分方程可以求解质点动力学的两类基本问题。

第一类问题：已知质点的运动规律，求作用于质点的力。

第二类问题：已知作用于质点的力，求质点的运动规律。

在解决实际问题时，对第一类基本问题，计算比较简单，只要求两次导数得到质点的加速度，代入式(9-4)或式(9-5)中，即可解得需求力。这里的外力包括约束力。与静力学不同的是，动力学中的约束力不仅和质点所受的主动力有关，还和质点的运动情况有关系。

对第二类问题，求解归结为联立微分方程组的积分问题，积分常数根据已知条件(如运动的初始条件)确定。但是当力的表达形式(力为常数，还是时间、坐标或速度的已知函数)比较复杂时，求解比较困难。计算时要根据要求的不同来分离变量。

【例 9-1】 如图 9-3 所示，质量为 m 的小球在水平面内作曲线运动，轨迹是一椭圆，参数形式运动方程为 $x=a\cos\omega t$，$y=b\sin\omega t$，a，b，ω 为常量，求质点所受到的力。

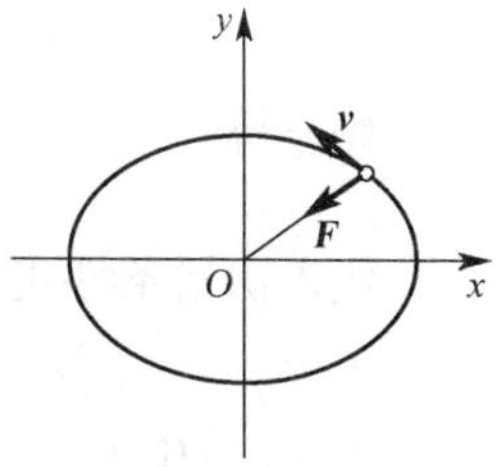

图 9-3

【解】 根据题意，本题属于动力学第一类问题——已知运动求力。

$$\begin{cases} \boldsymbol{a}_x = \ddot{\boldsymbol{x}} = -a\omega^2\cos\omega \boldsymbol{t} \\ \boldsymbol{a}_y = \ddot{\boldsymbol{y}} = -b\omega^2\sin\omega \boldsymbol{t} \end{cases}$$

根据式(9-4)，可得

$$\begin{cases} \boldsymbol{F}_x = \boldsymbol{m}\boldsymbol{a}_x = -\boldsymbol{m}a\omega^2\cos\omega \boldsymbol{t} \\ \boldsymbol{F}_y = \boldsymbol{m}\boldsymbol{a}_y = -\boldsymbol{m}b\omega^2\sin\omega \boldsymbol{t} \end{cases} \tag{1}$$

将式(1)消去参数 t，得到

$$F=\sqrt{F_x^2+F_y^2}=m\omega^2 r \quad \cos(\boldsymbol{F},x)=\frac{F_x}{F}=-\frac{x}{r} \quad \cos(\boldsymbol{F},y)=\frac{F_y}{F}=-\frac{y}{r}$$

式中 r 为质点对于原点 O 的矢径的模。由上可知，小球所受到的力的大小与 r 成正比。方向沿矢径 $\boldsymbol{r}$ 的直线，指向原点 O。

【例 9-2】 如图 9-4(a)所示，一人在岸上拉动小船，河岸高 $h=2$ m，小船质量 $m=40$ kg。拉力 $\boldsymbol{F}=150$ N 保持不变。开始时小船位于 B 点初速度为零，$\overline{OB}=b=7$ m，$\overline{OC}=c=3$ m，不计水的阻力。求小船运动到 C 点时的速度。

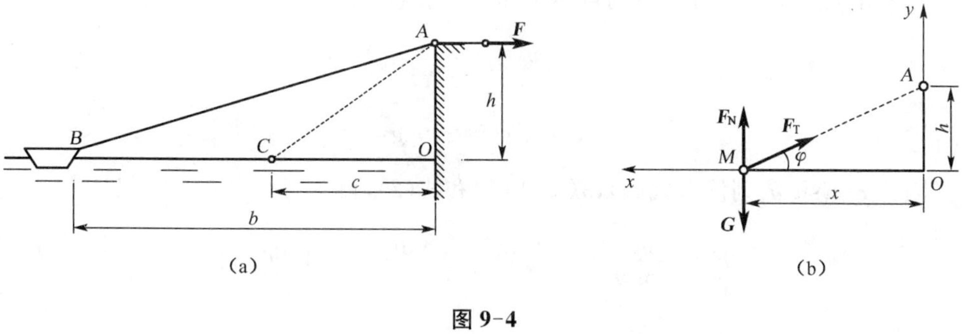

图 9-4

【解】 根据题意,本题属于动力学第二类问题——已知力求运动。

建立坐标如图 9-4(b)所示,则当

$$t=0\text{ 时},x_0=b,v_0=0 \tag{1}$$

当小船位于任意位置 M 处时,$\overline{OM}=x$,绳的拉力 $\boldsymbol{F}_{\mathrm{T}}=F$,与水平线夹角成 φ 角度。根据小船运动微分方程,取 x 轴方向的投影式,得

$$m\dot{v}=-F_T\cos\varphi=-F\frac{x}{\sqrt{x^2+h^2}} \tag{2}$$

因为 $\dot{v}=\frac{\mathrm{d}v}{\mathrm{d}t}=\frac{\mathrm{d}v}{\mathrm{d}x}\cdot\frac{\mathrm{d}x}{\mathrm{d}t}=v\frac{\mathrm{d}v}{\mathrm{d}x}$,则式(2)可以分离变量如下

$$mv\mathrm{d}v=-F\frac{x\mathrm{d}x}{\sqrt{x^2+h^2}} \tag{3}$$

积分得

$$\frac{1}{2}mv^2=-F\sqrt{x^2+h^2}+C \tag{4}$$

代入初始条件式(1),得

$$C=F\sqrt{b^2+h^2}=F\cdot\overline{AB} \tag{5}$$

把式(5)代入式(4),解得

$$\frac{1}{2}mv^2=F(\sqrt{b^2+h^2}-\sqrt{x^2+h^2})=F(\overline{AB}-\overline{AM})$$

$$v=-\sqrt{\frac{2F}{m}(\overline{AB}-\overline{AM})}\quad\text{方向在 } x \text{ 轴负向} \tag{6}$$

当 $x=c$ 时,$v_c=-\sqrt{\frac{2F}{m}(\overline{AB}-\overline{AC})}=-\sqrt{\frac{2\times150\ \mathrm{N}}{40\ \mathrm{kg}}(\sqrt{53}\ \mathrm{m}-\sqrt{13}\ \mathrm{m})}=-5.250\ \mathrm{m/s}$

思考:v_c 是否可以采用物理中的公式 $2as=v_c^2-v_0^2$ 计算?

【例 9-3】 一圆锥摆如图 9-5 所示,质量 $m=0.1$ kg 的小球系于长 $l=0.3$ m 的绳上,另一端固定于点 O,夹角 $\theta=60°$,设小球在水平面内作匀速圆周运动,求小球的速度 v 和绳的张力 F 的大小。

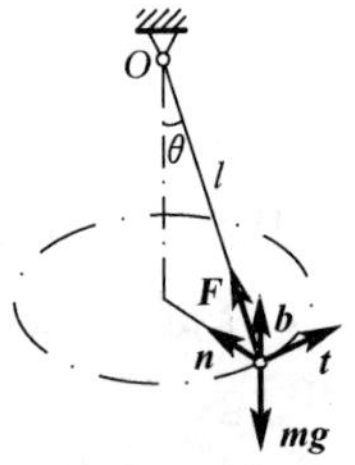

图 9-5

【解】 本题既需要求解质点的运动规律,又需要求解未知力,是第一类基本问题与第二类基本问题的综合,称为混合问题。

可以采用质点运动微分方程的自然坐标投影求解,得

$$m\frac{v^2}{\rho}=F\sin\theta \tag{1}$$

$$0=F\cos\theta-mg \tag{2}$$

又因为 $\rho=l\sin\theta$,则代入式(1),联立式(1)和式(2),得

$$F=\frac{mg}{\cos\theta}=\frac{0.1\ \mathrm{kg}\times9.8\ \mathrm{m/s^2}}{0.5}=1.96\ \mathrm{N}$$

$$v=\sqrt{\frac{Fl\sin^2\theta}{m}}=\sqrt{\frac{1.96\ \mathrm{N}\times 0.3\ \mathrm{m}\times\left(\frac{\sqrt{3}}{2}\right)^2}{0.1\ \mathrm{kg}}}=2.1\ \mathrm{m/s}$$

从本例可以看出，投影式选得好，可以把动力学两类问题分开，快速解题。

思考题

1. 某人用枪瞄准了空中一悬挂的靶体。如在子弹射出的同时靶体开始自由下落，不计空气阻力，问子弹能否击中靶体？

2. 假定地球是一个纯圆球，同样的物体在赤道、南北极以及其他位置的重力是否相等？铅垂线是否沿地球表面的法线？

3. 凡是作匀速运动的质点都受不到力的作用，对不对？

4. 一个质点只要有运动，就一定有力的作用，而且运动的方向就是它受力的方向，对否？

5. 屋顶斜面的倾角多大时泄水最快？有人说，倾角越大，泄水越快；有人则认为，倾角越大，屋顶的斜面越长，雨水流经的时间也越长。哪种说法对？不考虑雨水的黏性和屋顶的摩擦。

6. 在封闭的船舱内，能否判断船是否静止，是否作匀速直线运动、加速直线运动、减速直线运动或是转弯？若能，怎么判断？

习题

1. 质点受力已知，则其运动微分方程的形式与下列哪些因素有关？

(1) 坐标原点的位置；(2)坐标轴的取向；(3)坐标系的形式（直角坐标系或自然轴系）；(4)初始条件。

2. 如图 9-6 所示，在桥式起重机的小车上用长度为 l 的钢丝绳悬吊质量为 m 的重物。小车以 v_0 匀速向右运动时，钢丝绳保持铅垂方向。小车突然停止，重物由于惯性而绕 O 点摆动。试求：

(1) 刚开始摆动瞬间钢丝绳的拉力 F_1；

(2) 设重物摆到最高点时的偏角为 φ，则该瞬间的钢丝绳拉力 F_2。

3. 一质量为 m 的物体放在匀速转动的水平转台上，它与转轴的距离为 r，如图 9-7 所示。设物体与转台表面的动摩擦因数为 f，求当物体不致因转台旋转而滑出时，水平台的最大转速。

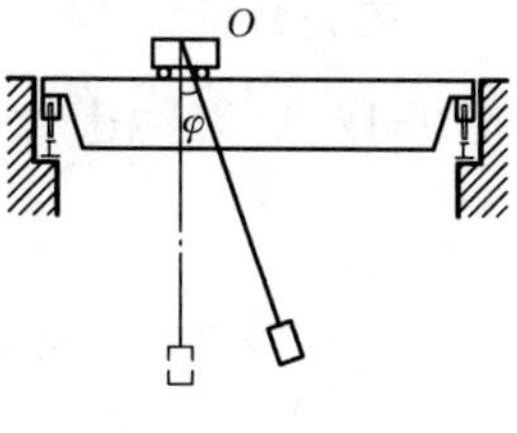

图 9-6

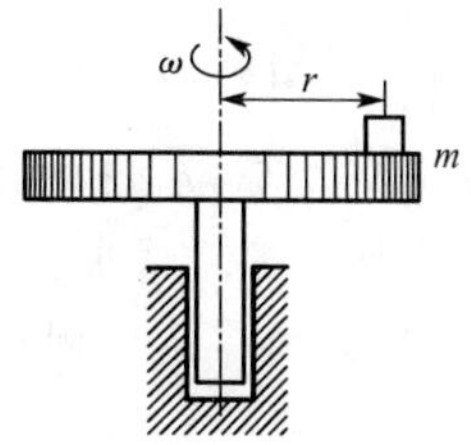

图 9-7

4. 半径为 R 的偏心轮绕轴 O 以匀角速度 ω 转动，推动导板沿铅直轨道运动，如图 9-8 所示，导板顶部放有一质量为 m 的物块 A，设偏心距 $OC=e$，开始时 OC 沿水平线。求：

(1) 物块对导板的最大压力；

(2) 使物块不离开导板的 ω 最大值。

5. 铅直发射的火箭由一雷达跟踪，如图 9-9 所示。当 $r=10\,000\ \text{m}$，$\theta=60^\circ$，$\dot{\theta}=0.02\ \text{rad/s}$，且 $\ddot{\theta}=0.003\ \text{rad/s}^2$ 时，火箭的质量为 5 000 kg。求此时的喷射反推力 F。

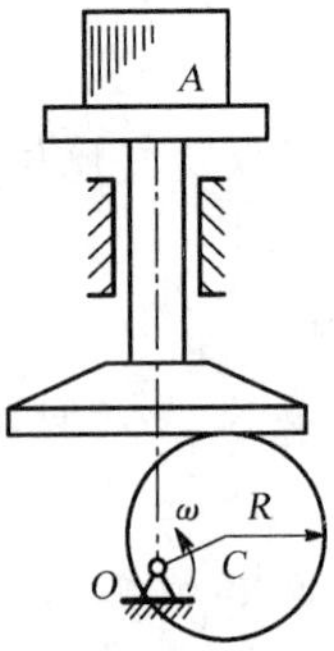

图 9-8

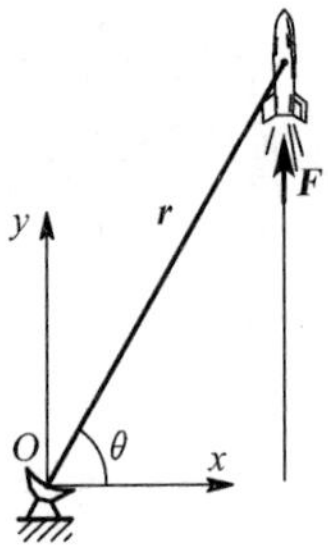

图 9-9

6. 一物体质量为 $m=10\ \text{kg}$，在变力 $F=100(1-t)\text{N}$ 作用下运动。设物体初速度为 $v_0=0.2\ \text{m/s}$，开始时，力的方向与速度方向相同。问经过多少时间后物体速度为零，此前走了多少路程？

7. 质量为 m 的球 A，用两根各长为 l 的杆支承如图 9-10 所示。支承架以匀角速度 ω 绕铅直轴 BC 转动。已知 $BC=2a$；杆 AB 及 AC 的两端均铰接，忽略杆的重量。求杆所受到的力。

8. 球磨机的圆筒转动时，带动钢球一起运动，使球转到一定角度 θ 时下落撞击矿石。如图 9-11 所示。已知钢球转到 $\theta=35^\circ20'$ 时脱离圆筒，可得到最大打击力。设圆筒内径 $d=3.2\ \text{m}$，求圆筒应有的转速 n。

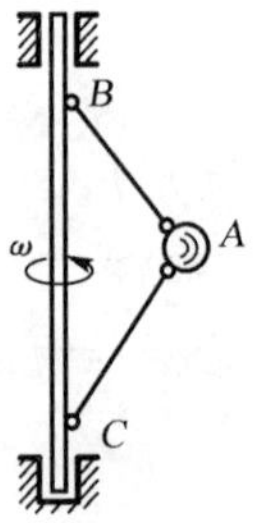

图 9-10

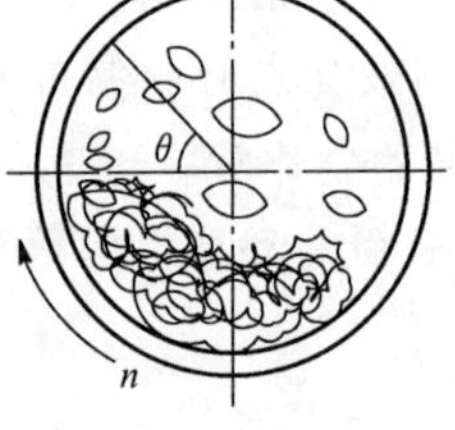

图 9-11

9. 质量为 m 的小球，从斜面上 A 点开始运动。如图 9-12 所示，初速度 $v_0=5\ \text{m/s}$，方向与 CD 平行，不计摩擦。试求：

(1) 运动到 B 点所需的时间；

(2) 距离 d。

10. 如图 9-13 所示，小球从光滑半圆柱的顶点 A 无初速度地下滑，求小球脱离半圆柱时的位置角。

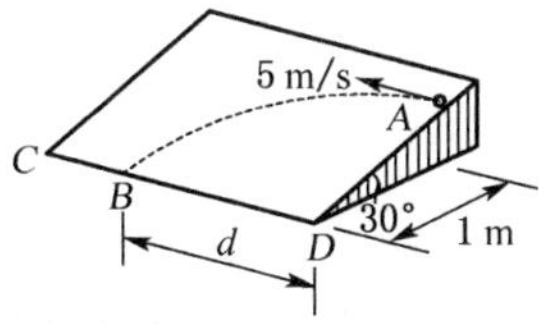

图 9-12

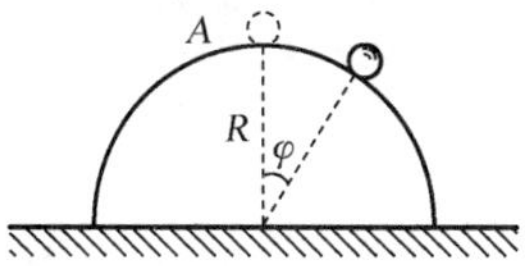

图 9-13

11. 质量为 m_1 的物块 A 放在质量为 m_2 的物块 B 的斜面上，A、B 之间为光滑接触，如图 9-14 所示。欲使物块 B 在 A 下滑过程中保持不动，问 B 与水平面之间的摩擦因数应为多少？

12. 钢厂的运输轨道如图 9-15 所示，当钢料放到转动着的滚子上时，被滚子带动而运动。设钢料与滚子间的动摩擦因数 $f = 0.2$。试计算钢料刚放上滚子时的加速度。试问钢料是否以此加速度一直向前运动？

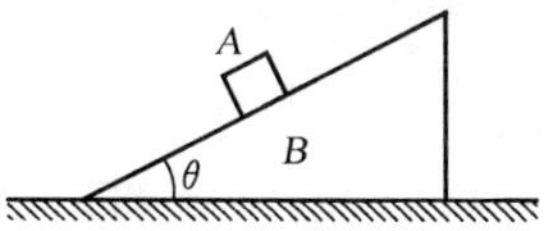

图 9-14

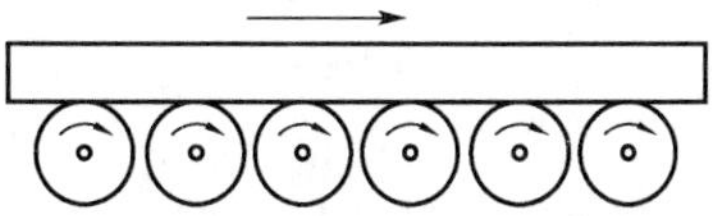

图 9-15

13. 质量为 m 的质点 M 在均匀重力场中以速度 $\boldsymbol{v}_0$ 水平抛出，如图 9-16 所示。设空气阻力 $\boldsymbol{F}$ 的大小与速度成正比，即 $\boldsymbol{F} = km\boldsymbol{v}$，其中 k 为比例常数。试求该质点的运动方程。

14. 电车司机借助逐渐开启的变阻器以增加电机的动力，使驱动力 F 从零开始与时间成正比地增加，每秒增加 1.2 kN。设电车质量 $m = 10$ t，初速度 $v_0 = 0$，运动时受到不变的阻力 $F_1 = 2$ kN 的作用。试求电车的运动规律。

15. 如图 9-17 所示，质量为 10 kg 的物体 B 挂在质量未知的物体 A 下面，测得系统上下振动的频率为 3 Hz。再取下物体 B，只留下物体 A，这时测得振动频率为 4 Hz。试推算物体 A 的质量。

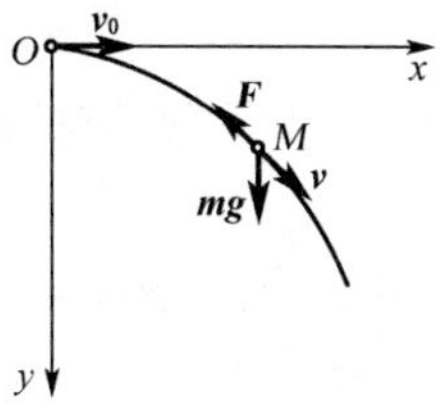

图 9-16

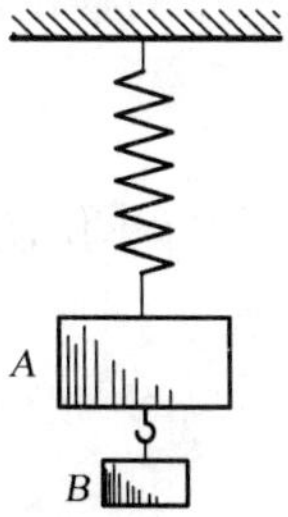

图 9-17

10 动量定理

前面一章，我们已经介绍了质点运动微分方程以及求解质点的动力学问题的方法。对于多个质点组成的质点系的动力学问题，运动质点微分方程分析，势必需要求解多个微分方程组，这对于绝大部分实际问题来说十分繁琐，且无必要。这是因为，对于实际问题，我们并不需要求出每一个质点的运动规律，只需要知道描述质点系运动的某些特征量就足够了。为使运算简化，求解方便，可从运动微分方程出发，推导出若干定理，运用这些定理求解质点系问题，要比运用运动微分方程简单许多。这些在实际工程中广泛应用的定理总称为运动学普遍定理，它包括动量定理、动量矩定理和动能定理。

在这一章中，我们将要介绍动量定理和质心运动定理。动量定理表达了动量与冲量之间的关系。质心运动定理阐明了质心运动与质点系所受外力之间的关系。

10.1 动量与冲量

10.1.1 动量

在现实生活中，人们发现，物体运动的效果，不仅与物体的运动速度有关，还与物体的质量有关。例如，尽管枪弹的质量很小，但射出时速度很快，击中目标后，产生很大的冲击力；轮船靠岸时，速度虽慢，但轮船的质量较大，如有不慎，足以将船撞坏。因此，我们用质点质量与速度的乘积，来描述这种运动效果，将其称为动量。

1) *质点的动量*

质点的质量与速度的乘积称为质点的动量，记为 $\boldsymbol{p}$，即

$$\boldsymbol{p} = m\boldsymbol{v} \tag{10-1}$$

动量是矢量，在国际单位制中，动量的单位为 kg·m/s，方向与速度方向一致。

2) *质点系的动量*

质点系中所有质点的动量的矢量和，称为质点系的动量，记为 $\boldsymbol{p}$，即

$$\boldsymbol{p} = \sum m_i\boldsymbol{v}_i \quad (i=1,2,\cdots,n) \tag{10-2}$$

式中：n——组成质点系的质点数；

m_i——第 i 个质点的质量；

$\boldsymbol{v}_i$——第 i 个质点的速度。

同理，质点系的动量也是矢量。

对于质点系的动量的求解，可采用几何法、直角坐标法和质心表达法 3 种方法。

几何法和直角坐标法都是一般矢量的合成方法。几何法就是根据公式(10-2)，将质点系中每一个质点的动量求出，再通过矢量合成的几何法进行合成，得出合动量 $\boldsymbol{p}$。

根据合矢量投影定理：合矢量在某一轴上的投影等于各分矢量在同一轴上投影的代数和，将式(10-2)向 x，y，z 轴投影，可得

$$\begin{aligned} p_x &= p_{1x} + p_{2x} + \cdots + p_{nx} = \sum p_x \\ p_y &= p_{1y} + p_{2y} + \cdots + p_{ny} = \sum p_y \\ p_z &= p_{1z} + p_{2z} + \cdots + p_{nz} = \sum p_z \end{aligned} \tag{10-3}$$

式中：p_{1x}、p_{1y} 和 p_{1z}，p_{2x}、p_{2y} 和 p_{2z}，…，p_{nx}、p_{ny} 和 p_{nz}——各分动量在 x 轴、y 轴和 z 轴上的投影。

合动量矢量的大小为

$$p = \sqrt{p_x^2 + p_y^2 + p_z^2} = \sqrt{\left(\sum p_x\right)^2 + \left(\sum p_y\right)^2 + \left(\sum p_z\right)^2}$$

$$\cos(\boldsymbol{p}, \boldsymbol{i}) = \frac{p_x}{p} = \frac{\sum p_x}{p},\ \cos(\boldsymbol{p}, \boldsymbol{j}) = \frac{p_y}{p} = \frac{\sum p_y}{p},\ \cos(\boldsymbol{p}, \boldsymbol{k}) = \frac{p_z}{p} = \frac{\sum p_z}{p} \tag{10-4}$$

直角坐标法是计算质点系动量的一般方法，但对于由多个质点组成的刚体和刚体系的动量，计算起来还是十分复杂的。

对于一些特定的质点系，如刚体、刚体系，其动量还可通过总质量与质心处速度的乘积来描述。则整个系统的总动量为

$$\boldsymbol{p} = m\boldsymbol{v}_C \tag{10-5}$$

其证明过程为

设质点系中任一质点 i 的矢径为 $\boldsymbol{r}_i$，则点的速度为 $\boldsymbol{v}_i = \dfrac{\mathrm{d}\boldsymbol{r}_i}{\mathrm{d}t}$，代入公式(10-2)，则有

$$\boldsymbol{p} = \sum m_i \boldsymbol{v}_i = \sum m_i \frac{\mathrm{d}\boldsymbol{r}_i}{\mathrm{d}t} = \frac{\mathrm{d}}{\mathrm{d}t}\sum m_i \boldsymbol{r}_i$$

令系统总质量 $m = \sum m_i$，根据重心坐标公式

$$\boldsymbol{r}_C = \frac{\sum m_i \boldsymbol{r}_i}{m}$$

可得

$$\boldsymbol{p} = \sum m_i \frac{\mathrm{d}\boldsymbol{r}_i}{\mathrm{d}t} = \frac{\mathrm{d}}{\mathrm{d}t}\sum m_i \boldsymbol{r}_i = \frac{\mathrm{d}}{\mathrm{d}t}(m\boldsymbol{r}_C) = m\boldsymbol{v}_C$$

公式(10-5)为刚体的动量计算提供了便捷的途径。

对于刚体系统，可先求出第 i 个刚体质心 C_i 处的速度 $\boldsymbol{v}_{Ci}$，则整个刚体系统的动量可由下式计算

$$\boldsymbol{p} = \sum m_i \boldsymbol{v}_{Ci} \tag{10-6}$$

【例 10-1】 求出下列刚体的动量。

(1) 均质细长杆件，长为 l，质量为 m，在平面内绕杆端 O 转动，角速度为 ω。

(2) 均质薄壁圆盘，质量为 m，质心处速度为 $\boldsymbol{v}_C$，在地面上纯滚动。

(3) 均质圆盘，质量为 m，绕其质心 C 转动，角速度为 ω。

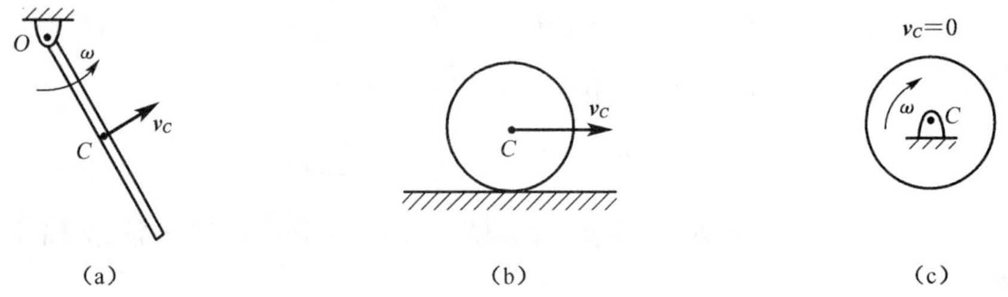

图 10-1

【解】 (1) 细杆定轴转动，质心速度 $\boldsymbol{v}_C=\dfrac{\omega l}{2}$，则细杆动量大小为 $\boldsymbol{p}=m\boldsymbol{v}_C=\dfrac{m\boldsymbol{v}_C l}{2}$，方向与 $\boldsymbol{v}_C$ 方向相同。

(2) 圆盘动量大小为 $\boldsymbol{p}=m\boldsymbol{v}_C$，方向与 $\boldsymbol{v}_C$ 方向相同。

(3) 无论圆盘如何转动，质心处速度均为 0，其动量也为 0。

【例 10-2】 已知均质圆轮 A 质量为 m_1，沿水平方向纯滚动，均质杆 AB 长为 l，质量为 m_2，杆端 B 始终与墙面相接触，图示位置轮心 A 速度为 $\boldsymbol{v}$，杆 AB 倾角为45°。求此时系统的总动量。

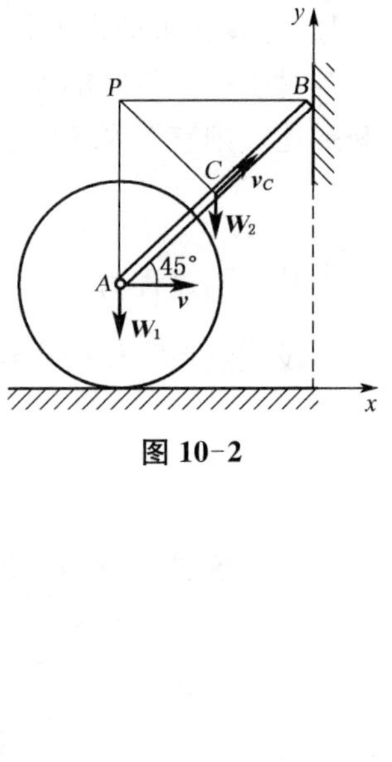

图 10-2

【解】 对于此题可分别求出纯滚动的圆轮 A 和作平面运动的杆 AB 的动量，再运用矢量合成定理进行合成。

圆轮 A 动量大小为 $\boldsymbol{p}_1=m_1\boldsymbol{v}$，方向为水平向右，即

$$\boldsymbol{p}_1=m_1 v\boldsymbol{i}$$

杆 AB 作平面运动，P 为速度瞬心，AB 杆的角速度为

$$\omega_{AB}=\frac{v}{PA}=\frac{\sqrt{2}v}{l}$$

质心 C 处速度为

$$v_C=\omega_{AB}\cdot PC=\frac{\sqrt{2}v}{l}\cdot\frac{l}{2}=\frac{\sqrt{2}v}{2}$$

方向如图。

杆 AB 动量为

$$\boldsymbol{p}_2=m_2\times\frac{\sqrt{2}v}{2}\times\cos 45^\circ\times\boldsymbol{i}+m_2\times\frac{\sqrt{2}v}{2}\times\sin 45^\circ\times\boldsymbol{j}=\frac{1}{2}m_2 v\boldsymbol{i}+\frac{1}{2}m_2 v\boldsymbol{j}$$

轮 A 与杆 AB 组成的系统总动量为

$$p = p_1 + p_2 = \left(m_1 + \frac{m_2}{2}\right)v\boldsymbol{i} + \frac{1}{2}m_2 v\boldsymbol{j}$$

10.1.2 冲量

通过经验累积，人们认识到，作用在物体上的力所引起的运动变化，不仅与力的大小和方向有关，还与力作用的时间长短有关。例如，用马车运送货物，启动后经过一段时间，才使货物得到一定的速度；如改用汽车运输，启动后只需很短的时间便能达到同样的速度。如力为常量，我们把其在某一段时间内的累积效果用力与作用时间的乘积来表示，称为力的冲量，记为 $\boldsymbol{I}$。力的冲量为

$$\boldsymbol{I} = \boldsymbol{F}t \tag{10-7}$$

式中：$\boldsymbol{F}$——常力；

t——力的作用时间。

冲量是矢量，冲量的单位为 N · s，在国际单位制中，可化为 kg · m/s，与动量的单位一致。冲量的方向与常力 $\boldsymbol{F}$ 的方向一致。

如果作用力 $\boldsymbol{F}$ 为变量，可认为在无穷小的时间间隔 $\mathrm{d}t$ 内，力 $\boldsymbol{F}$ 是常量，产生的元冲量为

$$\mathrm{d}\boldsymbol{I} = \boldsymbol{F}\mathrm{d}t$$

于是，力 $\boldsymbol{F}$ 在 $t_2 - t_1$ 时间内的冲量为

$$\boldsymbol{I} = \int_{t_1}^{t_2} \boldsymbol{F}\mathrm{d}t \tag{10-8}$$

应当注意，虽然动量和冲量都是矢量，且单位相同，但二者的物理含义却并不相同。特别是，动量是对于某个瞬时（或状态）而言的，冲量则是对于一段时间（或过程）来计算的。

10.2 动量定理

10.2.1 质点的动量定理

质点 M，质量为 m，在力 F 的作用下运动，速度为 v，则根据牛顿第二定律 $m\frac{\mathrm{d}\boldsymbol{v}}{\mathrm{d}t} = \boldsymbol{F}$，得

$$d(m\boldsymbol{v}) = \boldsymbol{F}\mathrm{d}t \tag{10-9}$$

上式表明，质点动量的增量等于质点所受力的元冲量，这就是质点动量定理的微分形式。

将上式左右两边同时在时间间隔 $t_2 - t_1$ 内积分，可得

$$m\boldsymbol{v}_2 - m\boldsymbol{v}_1 = \int_{t_1}^{t_2} \boldsymbol{F}\mathrm{d}t = \boldsymbol{I} \tag{10-10}$$

上式表明，在某段时间间隔内，质点动量的增量等于质点所受力在此段时间内的冲量，这是质点动量定理的积分形式。

10.2.2 质点系的动量定理

如由 n 个质点所组成的质点系，其中第 i 个质点的质量为 m_i，运动速度为 v_i，该质点所受的外界物体对它的作用力，简称外力，记为 $\boldsymbol{F}_i^{(e)}$，该质点所受质点系内其他质点对它的作用力，简称内力，记为 $\boldsymbol{F}_i^{(i)}$，则第 i 个质点所受的合力为 $\boldsymbol{F}_R = \boldsymbol{F}_i^{(e)} + \boldsymbol{F}_i^{(i)}$。

根据质点动量定理，对于任意质点均有

$$\mathrm{d}(m_i\boldsymbol{v}_i) = (\boldsymbol{F}_i^{(e)} + \boldsymbol{F}_i^{(i)})\mathrm{d}t$$

将这样的 n 个等式相叠加，得

$$\sum \mathrm{d}(m_i\boldsymbol{v}_i) = \sum \boldsymbol{F}_i^{(e)}\mathrm{d}t + \sum \boldsymbol{F}_i^{(i)}\mathrm{d}t$$

式中，$\sum \mathrm{d}(m_i\boldsymbol{v}_i)$ 是质点系合动量的增量，即 $\sum \mathrm{d}(m_i\boldsymbol{v}_i) = \mathrm{d}\boldsymbol{p}$，$\sum \boldsymbol{F}_i^{(e)}\mathrm{d}t$ 为外界物体对质点系外力元冲量的矢量和，$\sum \boldsymbol{F}_i^{(i)}\mathrm{d}t$ 为质点系内质点间相互作用的内力元冲量的矢量和，其结果显然为零。

于是得到质点系动量定理的微分形式

$$\mathrm{d}\boldsymbol{p} = \sum \boldsymbol{F}_i^{(e)}\mathrm{d}t = \sum \mathrm{d}\boldsymbol{I}_i^{(e)} \tag{10-11}$$

上式表明，质点系动量的增量等于外界物体对质点系外力元冲量的矢量和。

公式(10-11)也可写为

$$\frac{\mathrm{d}\boldsymbol{p}}{\mathrm{d}t} = \sum \boldsymbol{F}_i^{(e)} \tag{10-12}$$

上式表明，质点系动量对时间的变化率等于外界物体对质点系外力的矢量和，这也是质点系动量定理的微分形式。

类似对公式(10-9)的处理方法，将公式(10-12)左右两边同时在时间间隔 $t_2 - t_1$ 内积分，可得质点系动量定理的积分形式

$$\begin{gathered}\int_{p_1}^{p_2} \mathrm{d}\boldsymbol{p} = \sum \int_{t_1}^{t_2} \boldsymbol{F}_i^{(e)}\mathrm{d}t \\ \boldsymbol{p}_2 - \boldsymbol{p}_1 = \sum \boldsymbol{I}_i^{(e)}\end{gathered} \tag{10-13}$$

上式表明，在一定的时间间隔内，质点系动量的增量等于在这段时间内外界物体对质点系外力冲量的矢量和。

将上式向 x, y, z 轴投影，可得

$$\frac{\mathrm{d}p_x}{\mathrm{d}t}=\sum F_{ix}^{(e)},\ \frac{\mathrm{d}p_y}{\mathrm{d}t}=\sum F_{iy}^{(e)},\ \frac{\mathrm{d}p_z}{\mathrm{d}t}=\sum F_{iz}^{(e)} \tag{10-14}$$

和

$$p_{2x}-p_{1x}=\sum I_{ix}^{(e)},\ p_{2y}-p_{1y}=\sum I_{iy}^{(e)},\ p_{2z}-p_{1z}=\sum I_{iz}^{(e)} \tag{10-15}$$

【例 10-3】 如图 10-3 所示，在水平面上有物体 A 和物体 B，A 质量为 15 kg，B 质量为 5 kg。开始时，物体 B 静止，物体 A 以一定速度撞击物体 B，撞击后，A 与 B 一起向前共同运动，历时 2 s 停下。设物体与地面间的动摩擦因数均为 $f=0.3$。试求 A 撞击前的速度。

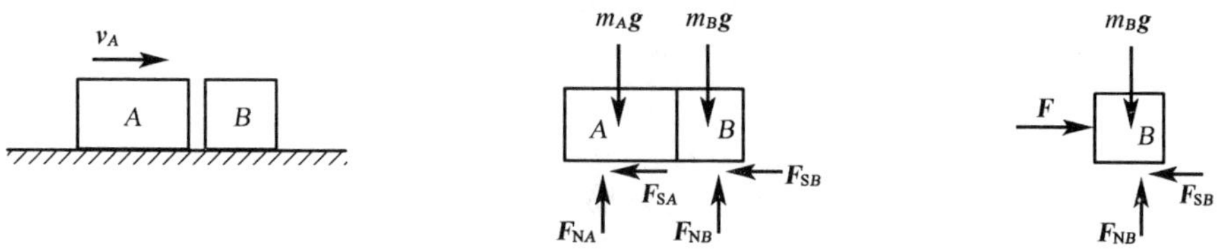

图 10-3

【解】 以 A 和 B 组成的系统作为研究对象，所受外力有重力 $m_A\boldsymbol{g}$，$m_B\boldsymbol{g}$，法向支持力 $\boldsymbol{F}_{NA}$，$\boldsymbol{F}_{NB}$，动摩擦力 $\boldsymbol{F}_{SA}$，$\boldsymbol{F}_{SB}$。默认 x 方向为水平向右，写出 x 方向上的动量定理

$$p_{2x}-p_{1x}=\sum I_{ix}^{(e)}$$

设 A 初始时速度为 v_A，B 初始时静止，速度为零，A 和 B 组成的整体终了时静止，速度为零。在这一过程中，x 方向上，系统只受到动摩擦力的作用，则

$$0-m_Av_A=\int_0^t(F_{SA}+F_{SB})\mathrm{d}t$$

动摩擦力

$$F_{SA}=fF_{NA}=fm_Ag=0.3\times15\times9.8=44.1\ \mathrm{N}$$
$$F_{SB}=fF_{NB}=fm_Bg=0.3\times5\times9.8=14.7\ \mathrm{N}$$

代入，得

$$v_A=7.84\ \mathrm{m/s}$$

【例 10-4】 电动机外壳固定在水平基础上，定子和外壳的质量为 m_1，转子质量为 m_2，如图 10-4 所示。设定子的质心位于转轴中心 O_1，转子质心 O_2 由于装配误差与 O_1 间距离为 e。已知转子转动规律为 O_1O_2 与铅垂线间夹角 $\varphi=\omega t$。求基础所受的水平及铅直约束力。

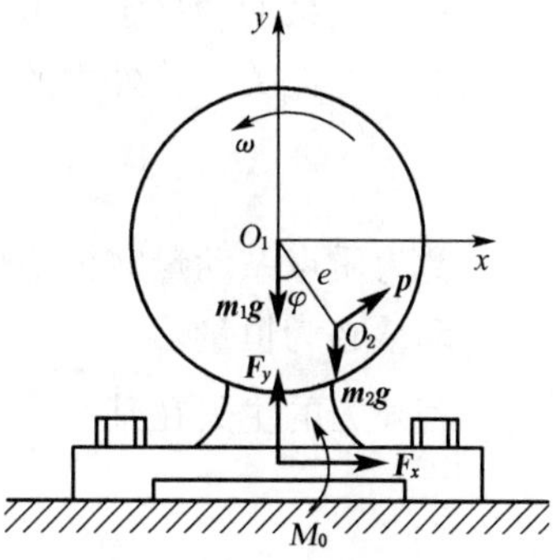

图 10-4

【解】 对于本题中的定子和转子原本是做不同运动的物体，不可放在一起讨论。但运用动量定理，便可整体考虑。取外壳、定子和转子作为整体，所受外力有重力 $m_1\boldsymbol{g}$，$m_2\boldsymbol{g}$，底部地面约束力 $\boldsymbol{F}_x$，$\boldsymbol{F}_y$ 和约束力偶 M_0。

因定子与外壳不动，所以系统的总动量就是转子的动量，大小为 $p = m_2\omega e$，方向与转子的速度方向一致。

写出 x 方向上的动量定理

$$\frac{\mathrm{d}p_x}{\mathrm{d}t} = \sum F_{ix}^{(e)}$$

系统总动量在 x 方向上的投影为 $p_x = m_2\omega e\cos\omega t$，水平方向上系统只受到地面的约束力 $\boldsymbol{F}_x$，即

$$\frac{\mathrm{d}(m_2\omega e\cos\omega t)}{\mathrm{d}t} = F_x$$

得

$$F_x = -m_2\omega^2 e\sin\omega t$$

在 y 方向上，应用动量定理

$$\frac{\mathrm{d}p_y}{\mathrm{d}t} = \sum F_{iy}^{(e)}$$

系统总动量在 y 方向上的投影为 $p_y = m_2\omega e\sin\omega t$，竖直方向上系统受到地面的约束力 $\boldsymbol{F}_y$，重力 $m_1\boldsymbol{g}$ 和 $m_2\boldsymbol{g}$，得

$$\frac{\mathrm{d}(m_2\omega e\sin\omega t)}{\mathrm{d}t} = F_y - m_1 g - m_2 g$$

得

$$F_y = (m_1 + m_2)g + m_2\omega^2 e\cos\omega t$$

可以看出，电动机中转子的转动，引起了此时约束力与静止时约束力的差异，我们将这两种约束力分别称为动约束力和静约束力，动约束力与静约束力的差值称为附加约束力。在本题中，x 方向动约束力为 $-m_2\omega^2 e\sin\omega t$，$y$ 方向动约束力为 $m_2\omega^2 e\cos\omega t$，它们都会引起电机的振动。

10.2.3 质点系动量守恒定理

从质点系的动量定理可以看出，质点系动量的改变仅取决于质点系外力的主矢，而与质点系的内力无关。若外力的主矢恒为零，则质点系动量的变化率恒为零，即

$$\boldsymbol{p}_2 = \boldsymbol{p}_1 = \text{常矢量}$$

此为质点系动量守恒定理，可表述为，如作用于质点系外力的矢量和恒等于零，则质点系的动量必为恒量。

若外力的主矢在某一坐标轴上的投影恒为零，如 $\sum F_{ix}^{(e)} = 0$，则

$$p_{2x} = p_{1x} = \text{常量}$$

此结论可表述为，质点系上外力在某根轴上投影的代数和恒等于零，则质点系的动量在此轴上的投影必为恒量。

质点系动量守恒定理在工程实际中有着十分广泛的应用，是自然界普遍规律之一。喷气式飞机、火箭等现代飞行器，都是根据质点系动量守恒，喷射高速气体而获得前进动力的。

【例 10-5】 载人小车在光滑地面上以 $v_0=2\ \mathrm{m/s}$ 的速度向右匀速运动，小车质量 $m_1=100\ \mathrm{kg}$，人质量 $m_2=50\ \mathrm{kg}$，若人以相对小车以 $v=1\ \mathrm{m/s}$ 的速度跳离小车，$\theta=30°$。求人跳离小车后，车的速度。

【解】 以人和车为研究对象，此系统在水平方向上所受外力为零，则水平方向 $p_{2x}=p_{1x}=$ 常量。

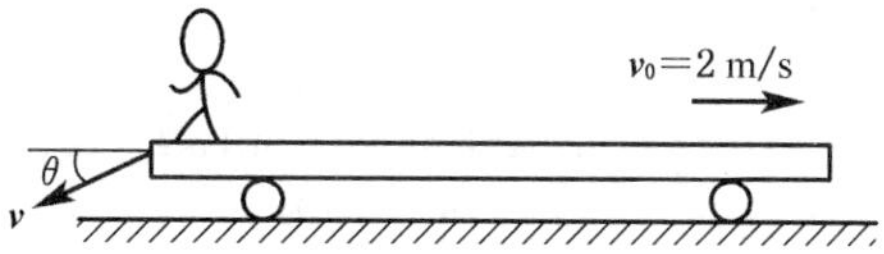

图 10-5

初始时，小车与人的速度均为 $v_0=2\ \mathrm{m/s}$，跳离瞬时，小车速度设为 v_1，则人速度在水平方向上投影为

$$v_{2x}=v_1-v\cos\theta$$

代入，得

$$p_{1x}=(m_1+m_2)v_0$$

$$p_{2x}=m_1v_1+m_2(v_1-v\cos 30°)$$

解得

$$v_1=\frac{(m_1+m_2)v_0+m_2v\cos 30°}{(m_1+m_2)}=v_0+\frac{\sqrt{3}m_2v}{2(m_1+m_2)}=2.577\ \mathrm{m/s}$$

【例 10-6】 滑块 A 可沿光滑水平面自由滑动，质量为 m_A。下悬一摆，摆杆自重不计，摆锤 B 质量为 m_B，AB 摆长为 l。系统初始时静止，摆按 $\varphi=\varphi_0\cos\omega t$ 的规律摆动，求滑块 A 的最大速度和运动方程。

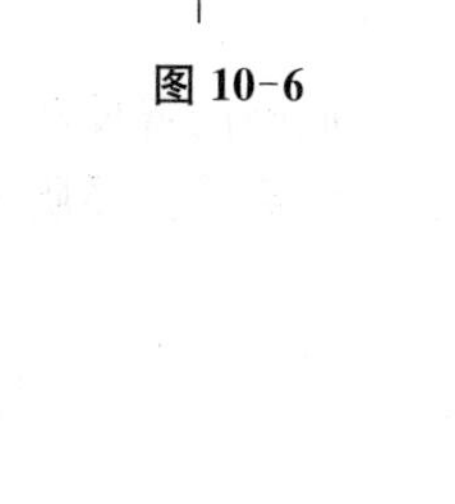

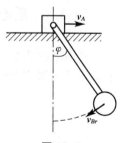

图 10-6

【解】 取滑块 A 和摆锤为研究对象，此系统所受外力有重力 m_Ag，m_Bg，支持力 F_N。水平方向合外力为零，则沿水平方向动量守恒，设 A 速度为 v_A，则

$$m_Av_A+m_Bv_{Bx}=0$$

摆锤 B 的相对速度大小为

$$v_{Br}=l\dot{\varphi}=-\varphi_0\omega l\sin\omega t$$

与 x 轴正向间夹角为 φ。

摆锤 B 的绝对速度在 x 方向上的投影为

$$v_{Bx}=v_A+v_{Br}\cos\varphi=v_A-\varphi_0\omega l\sin\omega t\cos\varphi$$

代入，得

$$m_Av_A+m_B(v_A-\varphi_0\omega l\sin\omega t\cos\varphi)=0$$

$$v_A = \frac{m_B \varphi_0 l\omega \cos\varphi \sin\omega t}{m_A + m_B}$$

当 $\sin\omega t = 1$ 时，$\cos\omega t = 0$，$\varphi = 0$，$\cos\varphi = 1$，v_A 取极大值，大小为

$$v_{\max} = \frac{m_B \varphi_0 l\omega}{m_A + m_B}$$

当 $\sin\omega t = -1$ 时，也有 $\varphi = 0$，$\cos\varphi = 1$，此时滑块 A 有向左的最大速度$\dfrac{m_B \varphi_0 l\omega}{m_A + m_B}$。

由 $v_A = \dfrac{\mathrm{d}x_A}{\mathrm{d}t}$ 得

$$\frac{\mathrm{d}x_A}{\mathrm{d}t} = \frac{m_B \varphi_0 l\omega \cos\varphi \sin\omega t}{m_A + m_B}$$

两边乘以 $\mathrm{d}t$，积分

$$\int_0^x \mathrm{d}x_A = \frac{m_B l}{m_A + m_B}\int_0^t \varphi_0 \omega \sin(\omega t)\cos\varphi \mathrm{d}t$$

即

$$x = C - \frac{m_B l \sin(\varphi_0 \cos\omega t)}{m_A + m_B}$$

这就是滑块 A 的运动方程，其中，常数 C 为初始时滑块 A 的 x 方向坐标值。

10.3 质心运动定理

10.3.1 质心

质点系的质量中心 C 是一个特殊点，简称质心。设质点系内任意质点 M_i，质量为 m_i，相对于任选固定点 O 的矢径为 $\boldsymbol{r}_i$，则

$$\boldsymbol{r}_C = \frac{\sum m_i \boldsymbol{r}_i}{\sum m_i} = \frac{\sum m_i \boldsymbol{r}_i}{m}$$

质心位置反映出质点系质量分布的一种特性，质心运动在质点系动力学中具有重要地位。计算质点系质心位置时，常将上式向直角坐标系投影，得

$$x_C = \frac{\sum m_i x_i}{\sum m_i} = \frac{\sum m_i x_i}{m}$$

$$y_C = \frac{\sum m_i y_i}{\sum m_i} = \frac{\sum m_i y_i}{m} \tag{10-16}$$

$$z_C = \frac{\sum m_i z_i}{\sum m_i} = \frac{\sum m_i z_i}{m}$$

【例 10-7】 图示曲柄滑块机构中，OA、AB 均为均质杆件，质量均为 m，且 $OA=AB=l$。设曲柄 OA 受外力作用以匀角速度 ω 转动，滑块 B 质量为 M，沿水平方向滑动。求此系统质心的运动方程、运动轨迹以及此系统的动量。

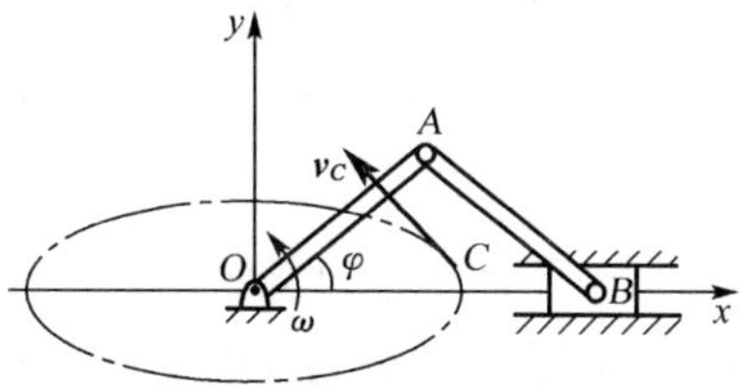

图 10-7

【解】 建立如图 10-7 所示坐标，设 $t=0$ 时，杆 OA 水平，则杆 OA 与 x 轴正向间夹角 $\varphi=\omega t$。由质心公式，得质心 C 坐标为

$$x_C=\frac{\sum m_i x_i}{m}=\frac{m\dfrac{l}{2}\cos\varphi+m\dfrac{3l}{2}\cos\varphi+2Ml\cos\varphi}{2m+M}=\frac{2(m+M)l\cos\omega t}{2m+M}$$

$$y_C=\frac{\sum m_i y_i}{\sum m_i}=\frac{m\dfrac{l}{2}\sin\varphi+m\dfrac{l}{2}\sin\varphi}{2m+M}=\frac{m\,l\sin\omega t}{2m+M}$$

上式即为系统质心 C 的运动方程。将时间 t 消去，得

$$\left[\frac{x_C}{\dfrac{2(m+M)l}{2m+M}}\right]^2+\left[\frac{y_C}{\dfrac{ml}{2m+M}}\right]^2=1$$

质心 C 的运动轨迹为一椭圆。

为求系统的总动量，可采用质心表达法，先求出总动量沿 x，y 轴的投影，即

$$p_x=mv_{Cx}=m\dot{x}_C=(2m+M)\times\left[-\frac{2(m+M)l\omega\sin\omega t}{2m+M}\right]=-2(m+M)l\omega\sin\omega t$$

$$p_y=mv_{Cy}=m\dot{y}_C=(2m+M)\times\frac{ml\omega\cos\omega t}{2m+M}=ml\omega\cos\omega t$$

系统总动量为

$$p=\sqrt{(p_x^2+p_y^2)}=l\omega\sqrt{4\,(m+M)^2\sin^2\omega t+m^2\cos^2\omega t}$$

10.3.2 质心运动定理

由质点系动量定理表达式 $\dfrac{\mathrm{d}\boldsymbol{p}}{\mathrm{d}t}=\sum\boldsymbol{F}_i^{(e)}$，得

$$\frac{\mathrm{d}}{\mathrm{d}t}(m\boldsymbol{v}_C)=\sum\boldsymbol{F}_i^{(e)}$$

如质点系质量不变，则

$$m\frac{\mathrm{d}}{\mathrm{d}t}(\boldsymbol{v}_C)=\sum\boldsymbol{F}_i^{(e)}$$

或

$$m\boldsymbol{a}_C=\sum\boldsymbol{F}_i^{(e)} \tag{10-17}$$

上式表明，质点系的质量与质心加速度的乘积等于该质点系所受外力的矢量和，这就是质心运动定理。

质心运动定理从本质上来说，与质点系动量定理是一致的，它使得某些复杂质点系动力学问题可简化为简单质点动力学问题来解决。在研究质心加速度问题时可以看出，质心加速度完全取决于外力系主矢的大小和方向，与质点系的内力无关，也与外力作用位置无关。例如，跳水运动员自跳板起跳后，无论他在空中如何翻跃，做何种动作，在入水前，他的质心将沿抛物线轨迹运动。又如，停在光滑冰面上的汽车，无论如何加大油门，都不能使汽车前进。这是因为加大油门增加了气缸内的燃气压力，这对于汽车来讲是内力，不能改变汽车质心的运动。故只有增大轮胎与地面间的摩擦力（如换防滑轮胎、加防滑链），才能使汽车前进。

质心运动定理为矢量式，其直角坐标轴上投影式为

$$\begin{aligned}ma_{Cx}&=\sum F_x^{(e)}\\ma_{Cy}&=\sum F_y^{(e)}\\ma_{Cz}&=\sum F_z^{(e)}\end{aligned} \tag{10-18}$$

自然轴上投影式为

$$\begin{aligned}ma_C^{\mathrm{t}}&=\sum F_{\mathrm{t}}^{(e)}\\ma_C^{\mathrm{n}}&=\sum F_{\mathrm{n}}^{(e)}\\\sum F_{\mathrm{b}}^{(e)}&=0\end{aligned} \tag{10-19}$$

【例 10-8】 如图 10-8(a)所示平面机构中，曲柄 OA 为质量 m_1 的均质杆件，长为 l，在力矩 M 的作用下，以匀角速度 ω 绕 O 轴转动，运动规律为 $\varphi=\omega t$，并带动滑槽连杆以及活塞往复运动。滑槽连杆及活塞的总质量为 m_2，质心在 C 点处。不计摩擦及滑块 A 的质量，在活塞上作用一恒定力 $\boldsymbol{F}$。求作用于曲柄 O 处的水平约束力。

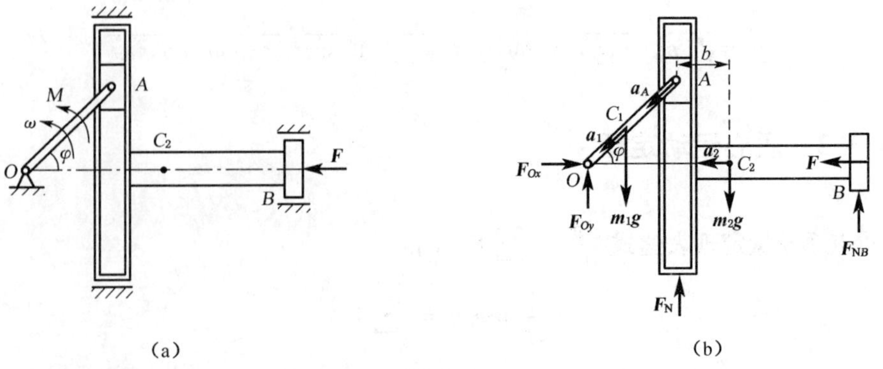

图 10-8

【解】 杆 OA 定轴转动，滑槽连杆及活塞平移，如将系统作为整体分析，只可采用动量定理或质心运动定理。取整个系统为研究对象，作用在水平方向的外力有 O 处水平约束力 $\boldsymbol{F}_{Ox}$ 和水平外力 $\boldsymbol{F}$。建立如图 10-8(b)所示坐标，求出系统质心在 x 轴上坐标

$$x_C = \frac{1}{m_1 + m_2}\left[m_1 \frac{l}{2}\cos\varphi + m_2(l\cos\varphi + b)\right]$$

将其对时间 t 取二阶导数，即

$$a_{Cx} = \frac{\mathrm{d}^2 x_C}{\mathrm{d}t^2} = \frac{-l\omega^2\cos\omega t}{m_1 + m_2}\left(\frac{m_1}{2} + m_2\right)$$

应用质心运动定理 $ma_{Cx} = \sum F_x^{(e)}$，得

$$(m_1 + m_2)\frac{-l\omega^2\cos\omega t}{m_1 + m_2}\left(\frac{m_1}{2} + m_2\right) = F_{Ox} - F$$

$$F_{Ox} = F - l\omega^2\cos\omega t\left(\frac{m_1}{2} + m_2\right)$$

2) 质心运动守恒定律

由质心运动定理知：

(1) 如作用于质点系的外力主矢恒等于零 $\sum \boldsymbol{F}_i^{(e)} \equiv 0$，则质心加速度 $\boldsymbol{a}_C = 0$，质心速度 $\boldsymbol{v}_C =$ 常矢量，即质心作匀速直线运动；如开始静止 $\boldsymbol{v}_{C0} = 0$，则质心位置保持不变。

(2) 如外力系主矢在某轴上投影恒等于零，如 $\sum \boldsymbol{F}_x^{(e)} \equiv 0$，则质心加速度在该轴上的投影 $\boldsymbol{a}_{Cx} = 0$，质心在该轴上速度的投影 $\boldsymbol{v}_{Cx} =$ 常矢量。如开始时质心在 x 方向的初速度 $\boldsymbol{v}_{Cx0} = 0$，则质心在该轴上的坐标保持不变。

【例 10-9】 如图 10-9(a)所示均质板静止置于光滑水平面上，一人以相对板 $\boldsymbol{v}$ 的速度，从板端开始沿板向右走动。板质量为 m_1，人质量为 m_2，求经过时间 t 后，人的绝对位移 s_2 以及板的绝对位移 s_1。

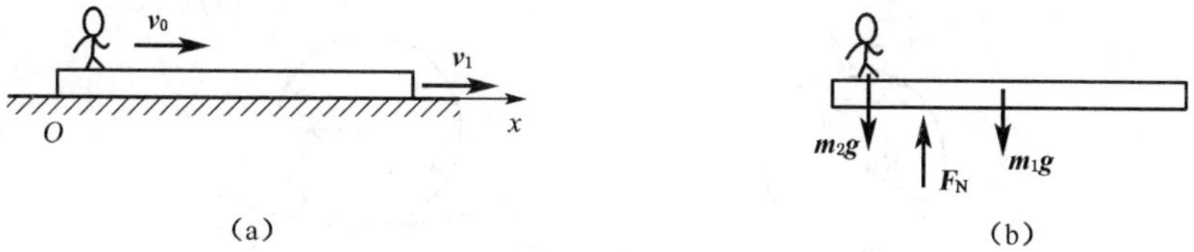

图 10-9

【解】 以人和板组成的系统作为研究对象，开始时，系统静止，且系统所受外力在 x 方向上投影的代数和为零，所以系统在 x 方向上坐标守恒。以向左为正。

人相对于板的位移为

$$s_2' = vt$$

人的绝对位移为

$$s_2 = s_1 - vt$$

由质心在 x 方向上坐标守恒

$$m_1 s_1 + m_2 s_2 = 0$$

板的位移为

$$s_1 = \frac{m_2 v t}{m_1 + m_2}$$

人的位移为

$$s_2 = -\frac{m_1 v t}{m_1 + m_2}$$

思考题

1. 两质点 A、B 的质量相同，在同一瞬时的速度分别为 $\boldsymbol{v}_A$、$\boldsymbol{v}_B$，且 $\boldsymbol{v}_A = \boldsymbol{v}_B$，则两质点的动量一定相同，对吗？

2. 站在无摩擦的光滑地面上，空气阻力也忽略不计，怎样才能在水平方向离开原地？

3. 质点系的总动量为零，该质点系就一定处于静止状态，对吗？能否举出不处于静止状态的例子？

4. 美国微软公司招聘职工面试题：站在船上，把一只箱子向上抛起，此时船相对于水面上浮还是下沉？

5. 刚体受一力系作用，不论各力的作用点如何，此刚体质心的加速度是否都一样？

习题

1. 求图 10-10 中各均质物体的动量。设各物体质量均为 m。

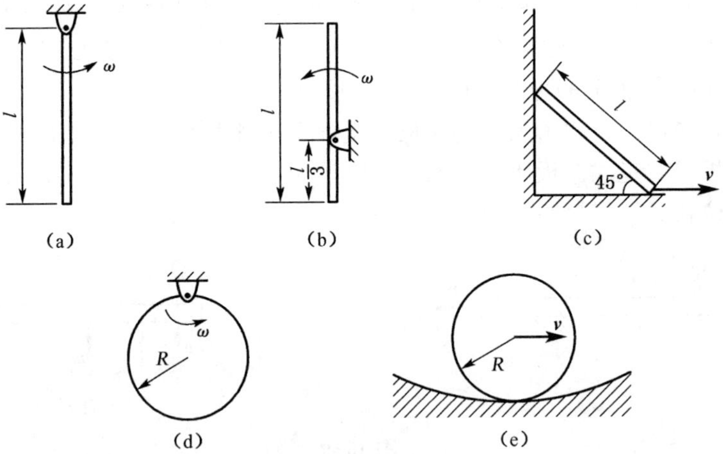

图 10-10

2. 均质杆 OA、AB 与均质轮 B 的质量均为 m，杆 AB 长为 l，轮 B 的半径为 r，沿水平面纯滚动，图 10-11 所示瞬时杆 OA 的角速度为 ω。求系统的总动量。

图 10-11

3. 图 10-12 所示椭圆规机构中，各杆均为均质杆。已知杆 OC 长 l，质量为 m，杆 AB 长 $2l$，且 $AC = BC$，质量为 $2m$，滑块 A、B 质量均为 m。曲柄 OC 以匀角速度 ω 绕 O 点转动。试求任意瞬时系统的动量。

4. 如图 10-13 所示，在物块 A 上作用一常力 F，使其在水平面上移动，已知物块的质量为 10 kg，力 F 与水平面间夹角 $\alpha = 30°$。经过 5 s 后，物块的速度从 4 m/s 增至 8 m/s。已知摩擦因数 $f_s = 0.25$，试求力 F 的大小。

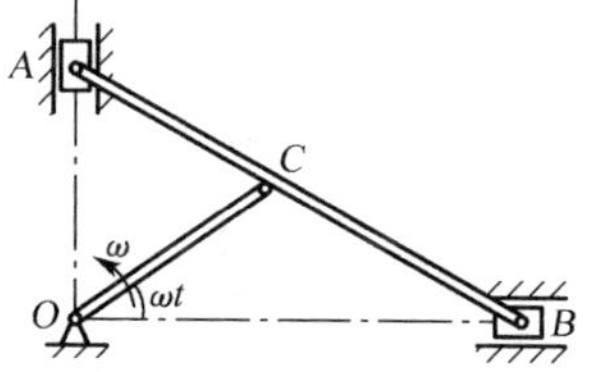

图 10-12

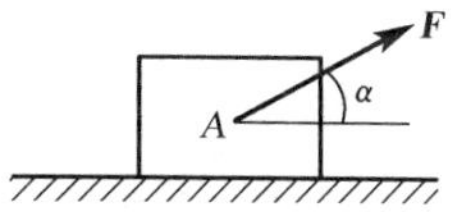

图 10-13

5. 如图 10-14 所示，均质杆 AB，长 l，直立在光滑水平面上。求其从铅直位置无初速倒下，端点 A 相对图示坐标系的轨迹。

6. 图 10-15 所示一凸轮导板机构。半径为 r 的偏心圆轮 O 以匀角速度 ω 绕 O' 轴转动，偏心距 $OO' = e$，导板 AB 质量为 m，当导板在最低位置时，弹簧的压缩量为 b。要使导板在运动过程中始终与偏心轮接触，试求弹簧的刚度系数 k。

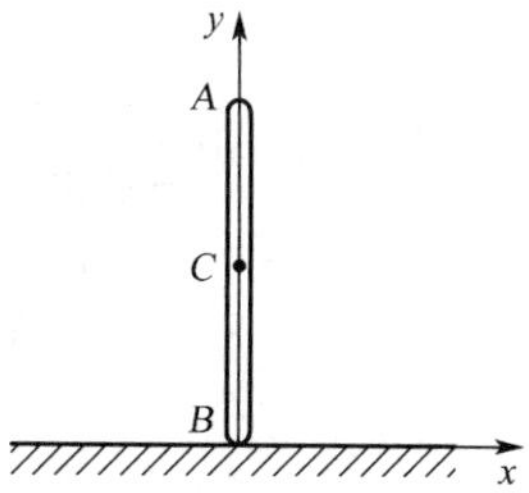

图 10-14

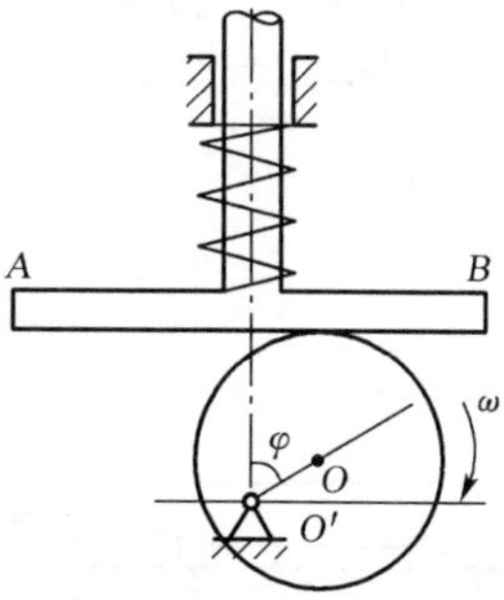

图 10-15

7. 如图 10-16 所示曲柄滑槽机构中，长为 l 的曲柄以匀角速度 ω 绕 O 轴转动，运动开始时 OA 水平。已知均质曲柄的质量为 m，滑块 A 的质量也为 m，导杆 BD 的质量为 $2m$，点 G 为其质心，且 $BG = \dfrac{l}{2}$。求：(1)机构质心的运动方程；(2)作用在 O 轴的最大水平约束力。

8. 如图 10-17 所示质量为 m、半径为 r 的均质半圆板，受力偶 M 作用，在铅垂面内以匀角速度 ω 绕 O 轴转动，角加速度为 α。C 为半圆板的质心，当 OC 与水平线夹角为 φ 时，求此瞬时轴 O 的约束力$\left(OC=\dfrac{4r}{3\pi}\right)$。

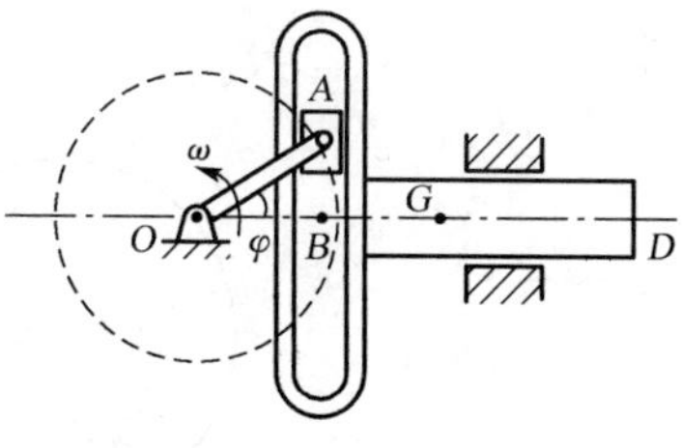

图 10-16

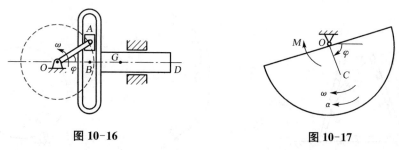

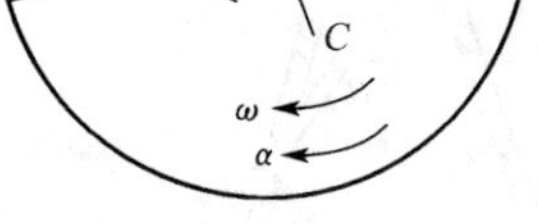

图 10-17

9. 如图 10-18 所示，匀质杆 OA 长为 $2l$，重为 P，在铅垂面内绕 O 轴转动。当转动到与

水平线成 θ 角时，角速度为 ω，角加速度为 α。求此瞬时轴 O 的约束力。

10. 如图 10-19 所示，水平面上放一均质三棱柱 A，在其斜面上又放一均质三棱柱 B，两三棱柱横截面均为直角三角形。三棱柱 A 质量为 $3m$，三棱柱 B 质量为 m，各处摩擦不计。初始时系统静止。求：(1)三棱柱 B 滑下接触到水平面时，三棱柱 A 的移动距离；(2)三棱柱 B 沿 A 滑下时地面的支持力。

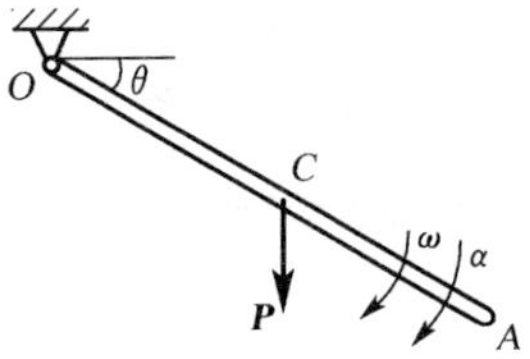

图 10-18

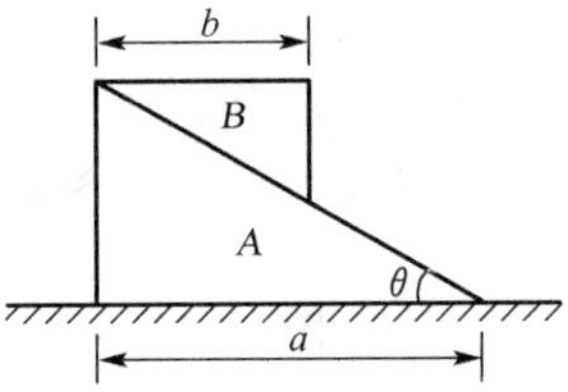

图 10-19

11. 如图 10-20 所示，质量为 40 kg 的小车 B 上有一质量为 10 kg 的重物 A，已知小车受 120 N 的水平力 $\boldsymbol{F}$ 作用，2 s 后移动 5 m。不计轨道摩擦，试求重物 A 在 B 上移动的距离。

12. 如图 10-21 所示，滑块 A 质量为 m_1，可在水平光滑槽中往复运动，刚度系数为 k 的弹簧一端固定，另一端与滑块相连。杆 AB 长 l，质量忽略不计，A 端与滑块 A 铰接，B 端接有一质量为 m_2 的小球，在力偶 M 的作用下，小球可在铅垂面内绕 A 点转动，$\varphi=\omega t$。求滑块 A 的运动微分方程。

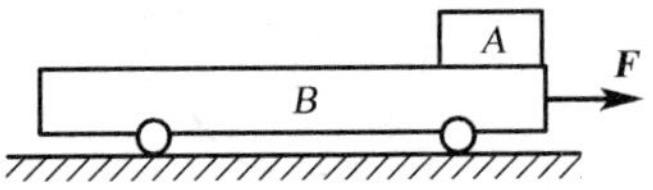

图 10-20

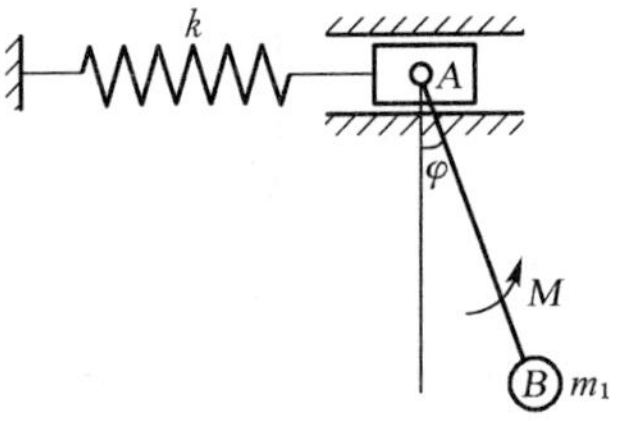

图 10-21

13. 如图 10-22 所示，长为 l、质量为 m_1 的均质杆 OP，端部连接一质量为 m_2 的小球 P。杆 OP 以匀角速度 ω 绕基座上的 O 轴转动。基座质量为 m，放在足够粗糙的水平面上。求：(1)水平面对基座的约束力；(2)当 ω 多大时，基座会跳离地面。

14. 如图 10-23 所示，已知水的流量为 Q，密度为 ρ，水打在叶片上的速度为 $\boldsymbol{v}_1$，方向沿水平向左，水流出叶片的速度为 $\boldsymbol{v}_2$，与水平方向成 θ 角。求水柱对涡轮固定叶片的水平压力。

15. 如图 10-24 所示，半径为 r、质量为 m 的均质圆轮可绕轮缘上的固定支座 O 在铅垂平面内转动，C 为圆轮的质心。若 OC 与铅垂线间夹角 $\varphi=30°$，轮子的角速度为 ω，角加速度为 α。求支座 O 处约束力。

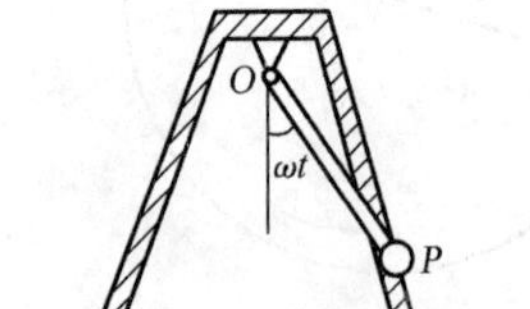

图 10-22

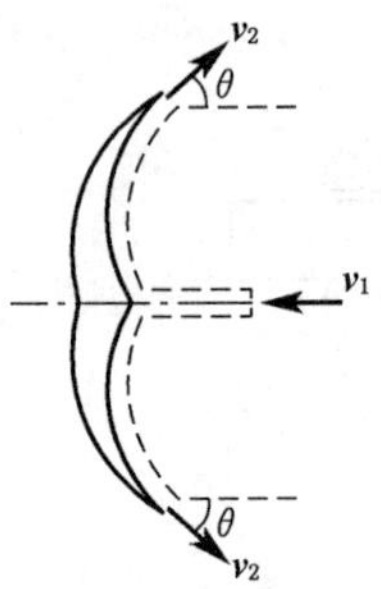

图 10-23

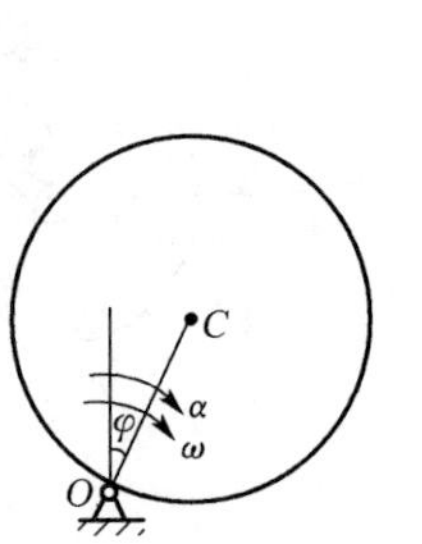

图 10-24

11 动量矩定理

动量定理建立了质点系动量的变化与外力系主矢之间的关系，由静力学知，此力系向任一点简化的结果取决于力系的主矢和主矩，外力系的主矩对质点系的运动有什么影响呢？本章的质点系的动量矩定理将解决这个问题。早在1609—1619年，开普勒提出了行星运动三大定律，其中开普勒的第二定律（面积定律）已经具有了动量矩守恒定律的意义。牛顿在《自然哲学的数学原理》中把它推广到有心力运动的一切场合，指出一个质点在指向一固定点的力作用下，其半径（由中心点出发）在相等的时间内扫过的面积相等。这个原理的普遍表述为：一个系统只在内力作用下运动时，各点对某中心的动量矩之和才为常数。1745年，D. 伯努利和欧拉分别以不同的方式提出了这一原理。这个定律实际是动量矩定理的特殊情况。

11.1 质点和质点系的动量矩

质点系的动量定理可以描述质点系运动的特征之一，但不能全面描述质点系的运动状态。例如，当物体旋转时，就不能再用动量作为运动的度量了。例如图11-1中两个圆盘（圆盘Ⅰ不动，圆盘Ⅱ绕中心 C_2 以角速度 ω 转动）的动量都为零。由此可见，质点系的动量不能描述质点系相对于质心的运动状态，动量定理也不能阐明这种运动的规律，而动量矩定理正是描述质点系相对于某一定点（或定轴、质心）的运动状态的理论。因此可以说，质点系的动量和动量矩是描述质点系运动两方面特征的运动量，两者相互补充，使我们对质点系的运动有更加全面的了解。

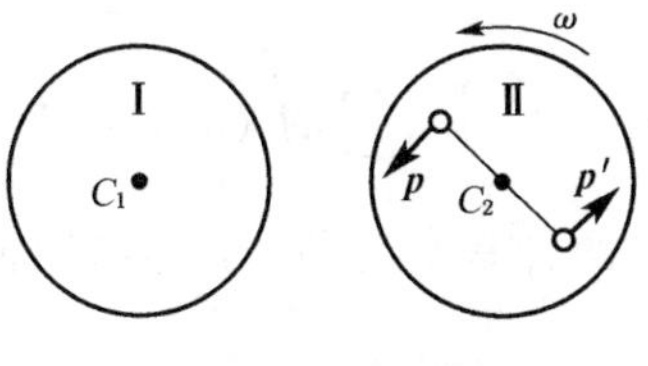

图11-1 不动与转动的圆盘动量都为零

11.1.1 质点的动量矩

质点的动量是具有明确方向的矢量，与力矢量一样可以对点或对轴取矩。回忆力 F 对点 O 的矩的表达式：

$$\boldsymbol{M}_O(\boldsymbol{F}) = \boldsymbol{r} \times \boldsymbol{F}$$

上式投影到各坐标轴可得力 $\boldsymbol{F}$ 对各轴的矩：

$$M_x(\boldsymbol{F}) = yF_z - zF_y,\ M_y(\boldsymbol{F}) = zF_x - xF_z,\ M_z(\boldsymbol{F}) = xF_y - yF_x$$

式中 $\boldsymbol{r} = x\boldsymbol{i} + y\boldsymbol{j} + z\boldsymbol{k}$ 是力 $\boldsymbol{F}$ 作用点的矢径，F_x、F_y、F_z 是力 $\boldsymbol{F}$ 在各坐标轴上的投影。类似地可定义质点动量 $m\boldsymbol{v}$ 对点 O 的矩，即动量矩为

$$\boldsymbol{M}_O(m\boldsymbol{v}) = \boldsymbol{r} \times m\boldsymbol{v} \tag{11-1}$$

质点对于点 O 的动量矩是矢量，如图 11-2 所示。

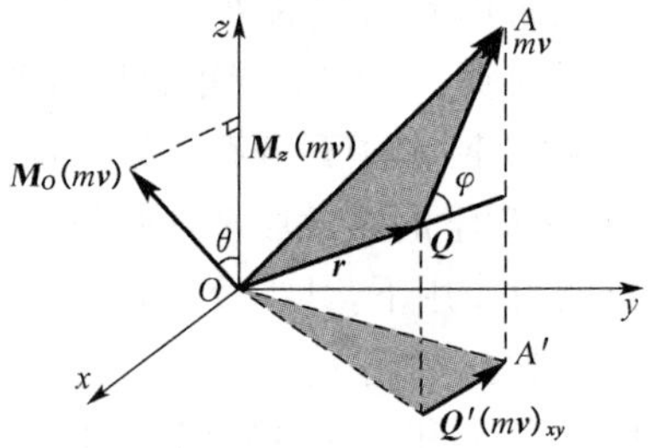

图 11-2

上式投影到各坐标轴可得动量 mv 对各坐标轴的矩，简称为对轴的动量矩。

$$\left.\begin{aligned} M_x(mv) &= ymv_z - zmv_y \\ M_y(mv) &= zmv_x - xmv_z \\ M_z(mv) &= xmv_y - ymv_x \end{aligned}\right\} \tag{11-2}$$

动量矩的量纲是

[动量矩]=[长度][动量]=[质量][长度]^2 [时间]$^{-1}$=[长度][力][时间]

在国际单位制中动量矩的单位为 kg · m^2/s，对轴的动量矩是标量。以 $M_z(mv)$ 为例，$M_z(mv)$ 为 $[mv]_{xy}$ 对点 O 的动量矩，从 z 轴正方向上看，$M_z(mv)$ 为逆时针为正，顺时针为负。

11.1.2 质点系对固定点、轴的动量矩

质点系内各质点对某点 O 的动量矩的矢量和，称为此质点系对该点 O 的动量主矩或动量矩。用 L_O 表示，有

$$\boldsymbol{L}_O = \sum \boldsymbol{M}_O(m_i\boldsymbol{v}_i) = \sum \boldsymbol{r}_i \times m_i\boldsymbol{v}_i \tag{11-3}$$

类似地可得质点系对各坐标轴的动量矩等于各质点对同一轴动量矩的代数和。其表达式为

$$L_x = \sum M_x(m_i\boldsymbol{v}_i),\ L_y = \sum M_y(m_i\boldsymbol{v}_i),\ L_z = \sum M_z(m_i\boldsymbol{v}_i) \tag{11-4}$$

刚体的平动和转动是刚体的两种基本运动，对于这两种运动刚体的动量矩，可根据动量矩的定义进行计算。

1）平动刚体的动量矩

刚体作平移运动时，刚体上所有质点的速度都相同，可将全部质量集中于质心，作为一个质点计算其动量矩。其计算公式为

$$\boldsymbol{L}_O = \boldsymbol{M}_O(m\boldsymbol{v}_C),\ L_z = M_z(m\boldsymbol{v}_C) \tag{11-5}$$

式中：m——刚体的总质量；

$\boldsymbol{v}_C$——刚体质心的速度。

2）定轴转动刚体的动量矩

刚体绕定轴转动是工程中最常见的一种运动情况。现在导出定轴转动刚体对其转轴的

动量矩表达式。设刚体以角速度 ω(代数值)绕固定轴 z 转动(图 11-3),刚体内任一点 A 的转动半径是 r_z,则该点的速度大小是 $v=\omega r_z$,方向同时垂直于轴 z 和转动半径 r_z,且指向转动前进的一方。若用 m_i 表示该质点的质量,则其动量对转轴 z 的动量矩为

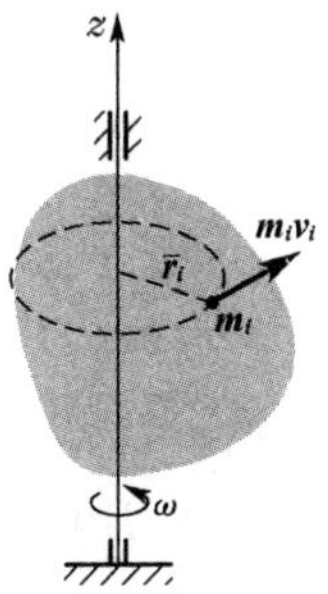

图 11-3

$$M_z(m_iv_i)=r_z\cdot m_iv_i=r_z\cdot m_i\omega r_z=\omega m_ir_z^2$$

从而整个刚体对轴 z 的动量矩为

$$L_z=\sum M_z(m_iv_i)=\sum\omega m_ir_z^2=\omega\sum m_ir_z^2=\omega J_z \qquad (11\text{-}6)$$

即作定轴转动的刚体对转轴的动量矩,等于刚体对该轴的转动惯量与角速度的乘积。

$J_z=\sum m_ir_z^2$ 称为刚体对 z 轴的转动惯量。

【例 11-1】 质量为 m 的点在平面 Oxy 内运动,其运动方程为

$$x=a\cos\omega t$$
$$y=b\sin 2\omega t$$

式中 a、b 和 ω 为常量。求质点对原点 O 的动量矩。

【解】 由运动方程对时间的一阶导数得原点的速度

$$v_x=\frac{\mathrm{d}x}{\mathrm{d}t}=-a\omega\sin\omega t$$

$$v_y=\frac{\mathrm{d}y}{\mathrm{d}t}=2b\omega\cos 2\omega t$$

质点对点 O 的动量矩为

$$\begin{aligned}L_O&=M_O(mv_x)+M_O(mv_y)=-mv_x\cdot y+mv_y\cdot x\\&=-m\cdot(-a\omega\sin\omega t)\cdot b\sin 2\omega t+m\cdot 2b\omega\cos 2\omega t\cdot a\cos\omega t\\&=2mab\omega\cos^3\omega t\end{aligned}$$

【例 11-2】 图 11-4 所示系统中,已知鼓轮以 ω 的角速度绕 O 轴转动,其大、小半径分别为 R、r,对 O 轴的转动惯量为 J_O,物块 A、B 的质量分别为 m_A 和 m_B。试求系统对 O 轴的动量矩。

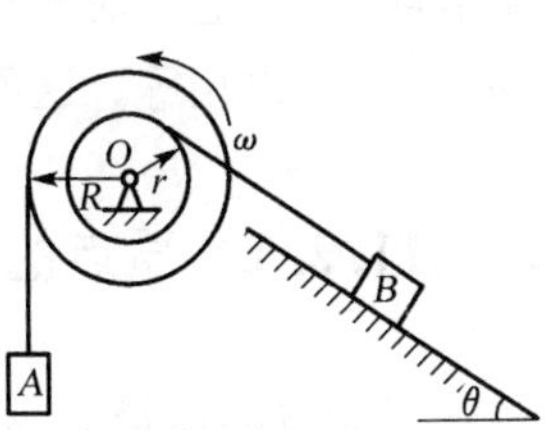

图 11-4

【解】 物块 A、B 作直线运动,速度分别为 $v_A=\omega R$,$v_B=\omega r$,两者对 O 轴的动量矩分别为 $L_A=m_A\omega R^2$,$L_B=m_B\omega r^2$。

鼓轮作定轴转动,对 O 轴的动量矩为 $J_O\omega$。所以系统对 O 轴的动量矩为

$$L_O=(J_O+m_AR^2+m_Br^2)\omega$$

【例 11-3】 如图 11-5 所示,质量为 m 的偏心轮在水平面上作平面运动。轮子轴心为 A,质心为 C,$AC=e$;轮子半径为 R,对轴心 A 的转动惯量为 J_A;C、A、B 三点在同一铅直线上。(1)当轮子只滚不滑时,若 $\boldsymbol{v}_A$ 已知,求轮子的动量和对地面上 B 点的动量矩;(2)当轮子又滚又滑时,若 $\boldsymbol{v}_A$、ω 已知,求轮子的动量和对地面上 B 点的动量矩。

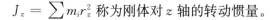

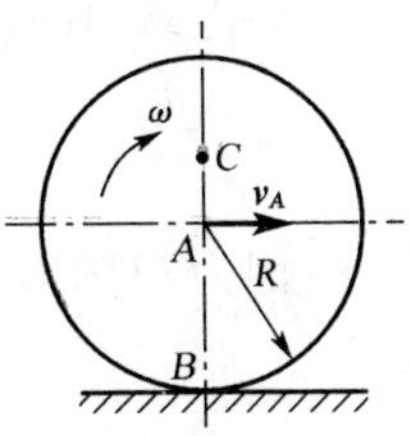

图 11-5

【解】 (1) 当轮子只滚不滑时 B 点为速度瞬心

轮子角速度 $\omega = \dfrac{v_A}{R}$

质心 C 的速度 $v_C = \omega \overline{BC} = \dfrac{v_A}{R}(R+e)$

轮子的动量 $p = mv_C = \dfrac{R+e}{R}mv_A$(方向水平向右)

对 B 点动量矩 $L_B = J_B \cdot \omega$

由于 $J_B = J_C + m(R+e)^2 = J_A - me^2 + m(R+e)^2$

故 $L_B = [J_A - me^2 + m(R+e)^2]\dfrac{v_A}{R}$

(2) 当轮子又滚又滑时由基点法求得 C 点速度

$$v_C = v_A + v_{CA} = v_A + \omega e$$

轮子动量 $p = mv_C = m(v_A + \omega e)$ (方向向右)

对 B 点动量矩

$$\begin{aligned} L_B &= mv_C \cdot BC + J_C\omega = m(v_A + \omega e)(R+e) + (J_A - me^2)\omega \\ &= mv_A(R+e) + \omega(J_A + mRe) \end{aligned}$$

11.2 动量矩定理

将自行车倒放,使车轮朝上。由于轴承十分光滑,当给车轮一个初始角速度时,车轮可以长时间等速转动下去;如果用手不断拨打幅条,即不停地加外力矩,车轮就会愈转愈快,动量矩不断加大;如果施加反方向的阻力矩,车轮角速度就会愈来愈小,动量矩不断减小。实验表明,外力矩造成车轮动量矩的变化。理论研究证明,外力矩与动量矩的变化率(单位时间的变化量)相等。这就是本节动量矩定理要研究的内容。

11.2.1 质点的动量矩定理

设质点的质量为 m,在力 $\boldsymbol{F}$ 作用下运动,某瞬时其速度为 $\boldsymbol{v}$,如图 11-6 所示,则该质点对固定点 O 的动量矩为

$$\boldsymbol{L}_O = \boldsymbol{r} \times m\boldsymbol{v}$$

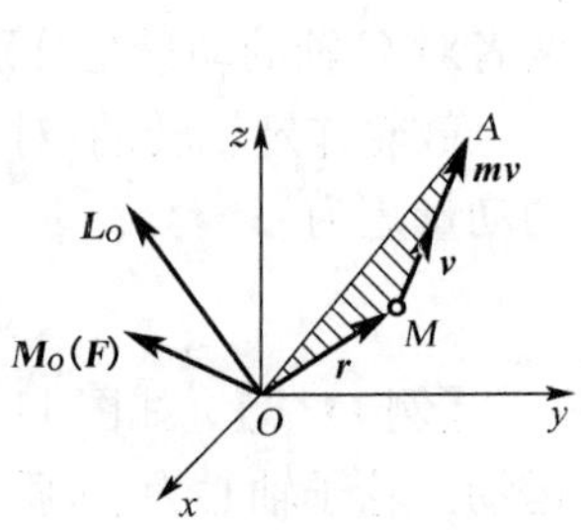

图 11-6

将上式对时间求一阶导数,有

$$\frac{\mathrm{d}}{\mathrm{d}t}\boldsymbol{L}_O = \frac{\mathrm{d}}{\mathrm{d}t}(\boldsymbol{r} \times m\boldsymbol{v}) = \frac{\mathrm{d}\boldsymbol{r}}{\mathrm{d}t} \times m\boldsymbol{v} + \boldsymbol{r} \times \frac{\mathrm{d}}{\mathrm{d}t}(m\boldsymbol{v})$$

因为 O 为固定点,故有

$$\frac{\mathrm{d}\boldsymbol{r}}{\mathrm{d}t} = \boldsymbol{v},\ \boldsymbol{v} \times (m\boldsymbol{v}) = 0$$

又根据质点的动量定理，有

$$\frac{\mathrm{d}}{\mathrm{d}t}(m\boldsymbol{v}) = F$$

因此得

$$\frac{\mathrm{d}}{\mathrm{d}t}\boldsymbol{L}_O = \boldsymbol{r} \times \boldsymbol{F} = \boldsymbol{M}_O(\boldsymbol{F}) \tag{11-7}$$

将式(11-7)向过 O 点的固定轴投影，并将质点对固定点的动量矩与对轴的动量矩之间的关系式和力对点之矩与力对轴之矩的关系式代入，得

$$\left.\begin{aligned} \frac{\mathrm{d}}{\mathrm{d}t}M_x(m\boldsymbol{v}) &= M_x(\boldsymbol{F}) \\ \frac{\mathrm{d}}{\mathrm{d}t}M_y(m\boldsymbol{v}) &= M_y(\boldsymbol{F}) \\ \frac{\mathrm{d}}{\mathrm{d}t}M_z(m\boldsymbol{v}) &= M_z(\boldsymbol{F}) \end{aligned}\right\} \tag{11-8}$$

式(11-7)和式(11-8)表明：质点对任一固定点(或轴)的动量矩对时间的一阶导数，等于作用于质点上的力对同一点(或轴)之矩。这就是质点的动量矩定理。其中式(11-7)为矢量形式，而式(11-8)为投影形式。

11.2.2　质点系的动量矩定理

设质点系由 n 个质点组成，取其中第 i 个质点来考察，将作用于该质点上的力分为内力 $F_i^{(\mathrm{i})}$ 和外力 $F_i^{(\mathrm{e})}$，根据质点的动量矩定理，有

$$\frac{\mathrm{d}}{\mathrm{d}t}\boldsymbol{L}_O = \boldsymbol{M}_O(\boldsymbol{F}_i^{(\mathrm{i})}) + \boldsymbol{M}_O(\boldsymbol{F}_i^{(\mathrm{e})})$$

整个质点系共有 n 个这样的方程，相加后得

$$\sum \frac{\mathrm{d}}{\mathrm{d}t}\boldsymbol{L}_O = \sum \boldsymbol{M}_O(\boldsymbol{F}_i^{(\mathrm{i})}) + \sum \boldsymbol{M}_O(\boldsymbol{F}_i^{(\mathrm{e})})$$

由于质点系中的内力总是等值反向地成对出现，因此，上式中质点系内力对 O 点矩的矢量和(内力系对 O 点的主矩)为零。交换左端求和及求导的次序，有

$$\frac{\mathrm{d}}{\mathrm{d}t}\boldsymbol{L}_O = \sum \boldsymbol{M}_O(\boldsymbol{F}_i^{(\mathrm{e})}) \tag{11-9}$$

与质点的动量矩定理相同，将式(11-9)向直角坐标轴投影，得

$$\left.\begin{aligned} \frac{\mathrm{d}L_x}{\mathrm{d}t} &= \sum M_x(\boldsymbol{F}_i^{(\mathrm{e})}) \\ \frac{\mathrm{d}L_y}{\mathrm{d}t} &= \sum M_y(\boldsymbol{F}_i^{(\mathrm{e})}) \\ \frac{\mathrm{d}L_z}{\mathrm{d}t} &= \sum M_z(\boldsymbol{F}_i^{(\mathrm{e})}) \end{aligned}\right\} \tag{11-10}$$

式(11-9)和式(11-10)表明：质点系对任一固定点(或轴)的动量矩对时间的一阶导数，

等于作用于质点系上所有外力对同一点(或轴)之矩的矢量和(或代数和)。这就是质点系的动量矩定理。

11.2.3　动量矩守恒定律

由质点系的动量矩定理可知,质点系的内力不能改变质点系的动量矩,只有作用于质点系的外力才能使质点系的动量矩发生变化。

当 $\sum \boldsymbol{M}_O(\boldsymbol{F}^{(e)}) \equiv 0$ 时,$L_O =$ 常矢量;

当 $\sum \boldsymbol{M}_z(\boldsymbol{F}^{(e)}) \equiv 0$ 时,$L_z =$ 常量。

即当外力系对某一固定点(或某固定轴)的主矩(或力矩的代数和)等于零时,则质点系对该点(或该轴)的动量矩保持不变,这就是质点系的动量矩守恒定律。

应当注意,上述动量矩定理的形式只适用于对固定点或固定轴,在本章第 5 节中将介绍质点系相对于质心的动量矩定理。而质点系相对于一般动点或动轴的动量矩定理,形式将更复杂,本书不作讨论。

11.2.4　动量矩定理与动量矩守恒定律应用实例

动量矩定理与动量矩守恒定律在日常生活中有着大量的应用。

1) 体育运动

滑冰运动员将两臂伸开,用一脚的脚尖用力使身体绕铅直轴旋转,这时旋转的角速度并不大。如果运动员将手腿迅速收拢,则旋转突然加快;当运动员再次伸开手腿时,旋转又慢下来(图 11-7)。跳水运动员起跳后的腾空过程中,重力使运动员的重心作抛物线运动,而运动员对通过重心的水平轴(横轴)的动量矩守恒。运动员起跳离板的瞬间,身体是伸直的,向前转动的角速度也很小;运动员立即曲体,身体绕横轴的旋转突然加快,连作几个空翻后再打开身体,转动变慢后实现垂直入水(图 11-8)。由于曲体比直体时身体绕横轴的转动惯量可以小 3.5～4 倍,所以即使像 3 米板跳水这种腾空时间极短的项目中,也可以实现前空翻 3 周半。

(a)　(b)　(c)

图 11-7

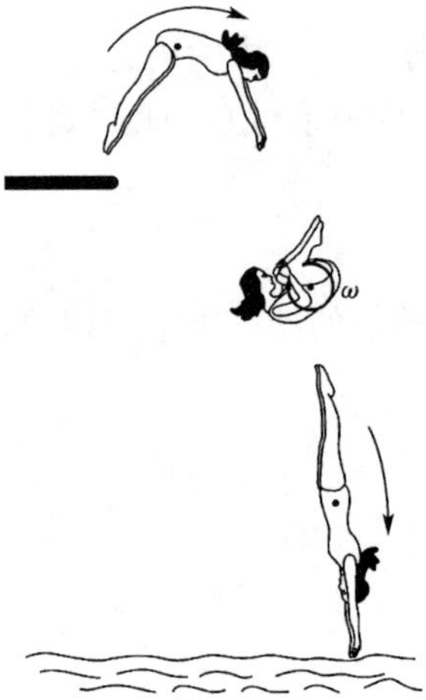

图 11-8

2) 直升机悬停外力系平衡

直升机有一个很大的绕机身垂直轴旋转的螺旋桨，称为旋翼。靠旋翼产生的升力，直升机才能悬在空中。但是直升机的尾部还有一个较小的螺旋桨，它的转轴水平且垂直于机身，既不能产生向上的升力也不能产生向前的推力，它的作用是什么？为了弄清这个问题，需要用到动量矩定理。

现在来看直升机(如图 11-9)。安装在机身上的发动机工作时，施加转动力矩给旋翼使其克服空气阻力矩而旋转，机身必受到反作用力矩而反向转动，无法保持机身的航向。尾部设置尾桨可以产生横向的拉力，它对直升机的质心形成的力矩就能够平衡旋翼反作用力矩，从而使机身保持一定的航向飞行。同时，改变尾桨拉力的大小，还可以实现机头的转向。对右旋单旋翼直升机(旋翼角速度矢量按右手定则指向上)，发动机的转动力矩右旋，反作用力矩左旋，尾桨的拉力应向右，才能保持机身航向稳定。还需指出一点，发动机的转动力矩及作用在机身上的反作用力矩都是整个直升机的内力。当直升机在空中悬停时，除在铅直方向升力与重力平衡外，旋翼所受的空气阻力矩 M_D(左旋)及尾桨拉力 $\boldsymbol{F}_T$ 对质心的力矩(右旋)平衡，直升机的动量矩守恒，即旋翼作等角速转动。不过，由于出现了尾桨上向右的拉力 F_T，直升机将随其质心向右移动。为了实现真正的悬停，还必须使旋翼的转动轴略向左倾斜，使旋翼的空气动力有一点向左的分量 F(如图 11-10)。

图 11-9

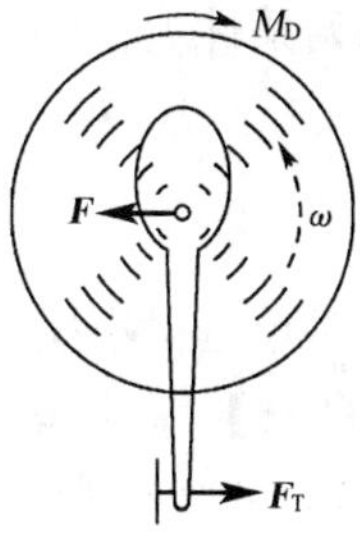

图 11-10

【例 11-4】 单摆(数学摆)如图 11-11 所示，已知摆锤重为 W，线长为 l，初始偏角为 φ_0，无初速释放。试求此单摆微小摆动时的运动规律。

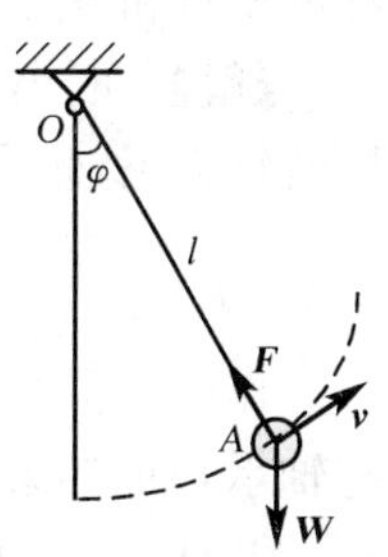

图 11-11

【解】 单摆的自由度为 1，单摆运动时，摆锤的运动轨迹是以 O 为圆心，l 为半径的圆弧，取 φ 为广义坐标。设在任意瞬时 t，摆锤的位置如图所示，其速度为 $\boldsymbol{v}$，则有 $v = l\dot{\varphi}$，摆锤对 O 轴的动量矩(以顺时针为正)为

$$L_O = -mvl = -\frac{W}{g}(l\dot{\varphi})l = -\frac{W}{g}l^2\dot{\varphi}$$

再对摆锤进行受力分析，它受重力 $\boldsymbol{W}$ 和摆线的拉力 $\boldsymbol{F}$ 作用，如图 11-11 所示，故力系对 O 轴的矩为

$$M_O = Wl\sin\varphi$$

根据质点的动量矩定理

$$\frac{\mathrm{d}}{\mathrm{d}t}L_O = M_O$$

得

$$-\frac{\mathrm{d}}{\mathrm{d}t}\left(\frac{W}{g}l^2\dot{\varphi}\right)=Wl\sin\varphi$$

即

$$\ddot{\varphi}+\frac{g}{l}\sin\varphi=0$$

这是单摆摆动时的运动微分方程。在一般情况下，该方程要用椭圆积分才能进行求解。当单摆微小摆动时，才有 $\sin\varphi\approx\varphi$，此时，上式可改写为

$$\ddot{\varphi}+\frac{g}{l}\varphi=0$$

此微分方程的解为

$$\varphi=\varphi_0\sin\left(\sqrt{g/l}t+\theta\right)$$

式中：φ_0——角振幅；

θ——初相位，由初始条件确定。

将初始条件 $t=0$ 时，$\varphi=\varphi_0$，$\dot{\varphi}_n=0$，代入，得

$$\varphi=\varphi_0\cos\sqrt{\frac{g}{l}}t$$

这就是单摆微小摆动时的运动规律。

【例 11-5】 高炉运送矿石用的卷扬机如图 11-12 所示，已知鼓轮的半径为 R，转动惯量为 J，作用在鼓轮上的力偶矩为 M。小车和矿石总质量为 m，轨道倾角为 θ。设绳的质量和各处摩擦忽略不计，求小车的加速度 a。

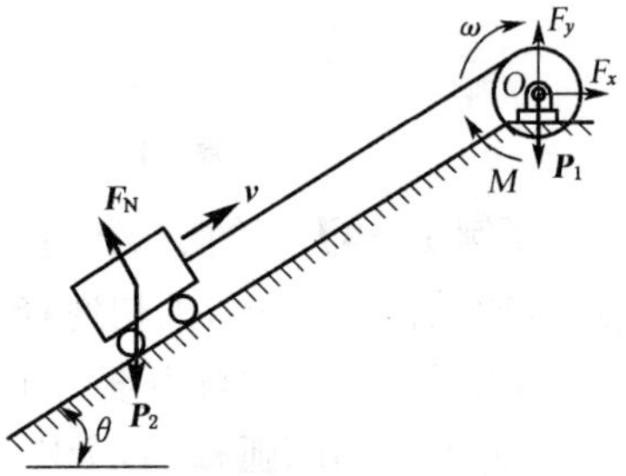

图 11-12

【解】 取小车与鼓轮组成质点系，视小车为质点。以顺时针为正，此质点系对轴 O 的动量矩为

$$L_O=J\omega+mvR$$

作用于质点系的外力除力偶 M、重力 P_1 和 P_2 外，尚有轴承 O 的约束力 F_x、F_y 和轨道对小车的约束力 F_N。其中 P_1、F_x 与 F_y 对轴 O 力矩为零，系统外力对轴 O 的矩为

$$M_O^{(e)}=M-mg\sin\theta\cdot R$$

由质点系对轴 O 的动量矩定理，有

$$\frac{\mathrm{d}}{\mathrm{d}t}[J\omega+mvR]=M-mg\sin\theta\cdot R$$

因 $\omega=\dfrac{v}{R}$，$\dfrac{\mathrm{d}v}{\mathrm{d}t}=a$，于是解得

$$a=\frac{MR-mgR^2\sin\theta}{J+mR^2}$$

【例 11-6】 如图 11-13 所示，通风机的转动部分以初角速度 ω_0 绕中心轴转动，空气的阻力矩与角速度成正比，即 $M=k\omega$，其中 k 为常数。如转动部分对其轴的转动惯量为 J，问经过多少时间其转动角速度减少为初角速度的一半？又在此时间内共转过多少转？

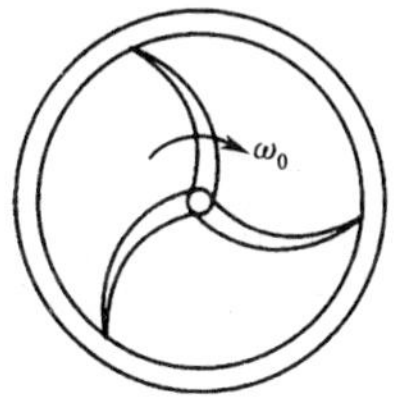

图 11-13

【解】 以通风机的转动部分为研究对象，应用动量矩定理得

$$\frac{\mathrm{d}}{\mathrm{d}t}(J\omega)=-M$$

把 $M=k\omega$ 代入后，分离变量 $\quad J\dfrac{\mathrm{d}\omega}{\omega}=-k\mathrm{d}t$

上式积分

$$\int_{\omega_0}^{\frac{\omega_0}{2}}J\frac{\mathrm{d}\omega}{\omega}=\int_0^t-k\mathrm{d}t \tag{1}$$

解得

$$t=\frac{J}{k}\ln 2$$

再对式(1)积分，将等式左边积分上限改为 ω，得

$$\int_{\omega_0}^{\omega}J\frac{\mathrm{d}\omega}{\omega}=\int_0^t-k\mathrm{d}t$$

解得

$$\omega=\omega_0\mathrm{e}^{\frac{-k}{J}t}$$

即

$$\frac{\mathrm{d}\theta}{\mathrm{d}t}=\omega_0\mathrm{e}^{\frac{-k}{J}t}$$

故

$$\theta=\int_0^t\omega_0\mathrm{e}^{\frac{-k}{J}t}\mathrm{d}t=\frac{J\omega_0}{k}(1-\mathrm{e}^{\frac{-k}{J}t})$$

把 $t=\dfrac{J}{k}\ln 2$ 代入，得 $\quad \theta=\dfrac{J\omega_0}{k}(1-e^{-\ln 2})$

由于 $\mathrm{e}^{-\ln 2}=\dfrac{1}{2}$ 所以 $\quad \theta=\dfrac{J\omega_0}{2k}$

最后得转动部分共转过圈数 $\quad N=\dfrac{\theta}{2\pi}=\dfrac{J\omega_0}{4\pi k}$

【例 11-7】 轮轴质心位于 O 处，对轴 O 的转动惯量为 J_O。在轮轴上系有两个质量分别为 m_1 和 m_2 的物体。若此轮轴以逆时针转向转动，求：(1)轮轴的角加速度；(2)轴承 O 的约束力；(3)绳索的张力。

【解】 (1) 以整个系统为研究对象，先进行运动分析。设在图示瞬时，物块的速度分别为 $\boldsymbol{v}_1$ 与 $\boldsymbol{v}_2$，轮轴的角加速度为 α，由运动学关系，圆轮的角速度为 $\omega=v_1/r_1=v_2/r_2$，因此系统的动量矩为

$$L_O=J_O\omega+m_1v_1r_1+m_2v_2r_2=\omega(J_O+m_1r_1^2+m_2r_2^2)$$

再进行受力分析。系统所受外力如图 11-14(a)所示，其中 mg、m_1g、为主动力，F_{Ox}、F_{Oy} 为轴 O 处的约束力。外力对 O 点的合力矩为

$$\sum M_O(\bar{F}^{(e)}) = (m_1 r_1 - m_2 r_2) g$$

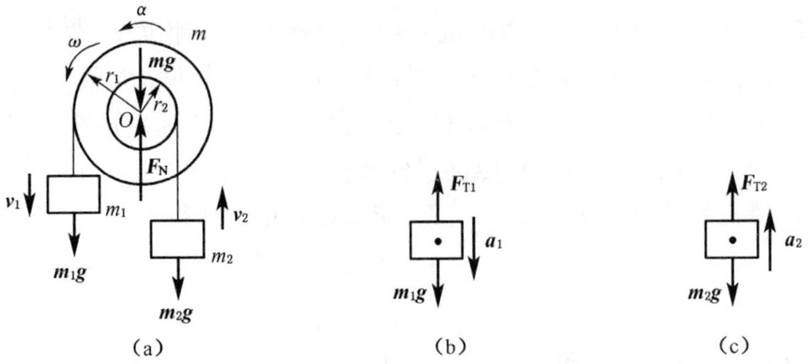

图 11-14

根据动量矩定理

$$\frac{\mathrm{d}L_O}{\mathrm{d}t} = \sum M_O$$

有

$$(J_O + m_1 r_1^2 + m_2 r_2^2) \frac{\mathrm{d}\omega}{\mathrm{d}t} = (m_1 r_1 - m_2 r_2) g$$

轮轴的角加速度为

$$\alpha = \frac{\mathrm{d}\omega}{\mathrm{d}t} = \frac{(m_1 r_1 - m_2 r_2) g}{(J_O + m_1 r_1^2 + m_2 r_2^2)}$$

(2) 轴承 O 的约束力

以整个系统为研究对象,由质心运动定理

$$F_N - (m + m_1 + m_2) g = (m + m_1 + m_2) a_{Cy}$$

$$a_{Cy} = \ddot{y}_C = \frac{\sum m_i \ddot{y}_i}{\sum m_i} = \frac{-m_1 a_1 + m_2 a_2}{m + m_1 + m_2} = \frac{\alpha(-m_1 r_1 + m_2 r_2)}{m + m_1 + m_2}$$

$$F_N = (m + m_1 + m_2) g + \alpha(-m_1 r_1 + m_2 r_2)$$

(3) 绳索的张力

分别以物体 m_1 和 m_2 为研究对象,受力示意图如图 11-14(b)、(c)所示,有

$$m_1 g - F_{T1} = m_1 a_1 = m_1 r_1 \alpha,得\ F_{T1} = m_1(g - r_1 \alpha)$$

$$而\ F_{T2} - m_2 g = m_2 a_2 = m_2 r_2 \alpha,得\ F_{T2} = m_2(g + r_2 \alpha)$$

【例 11-8】 图 11-15 所示水平圆板可绕 z 轴转动。在圆板上有一质点 M 作圆周运动,已知其速度的大小为常量,等于 v_0,质点 M 的质量为 m,圆的半径为 r,圆心到 z 轴的距离为 l,M 点在圆板的位置由 φ 角确定,如图所示。如圆板的转动惯量为 J,并且当点 M 离 z 轴最远在点 M_0 时,圆板的角速度为零。轴的摩擦和空气阻力略去不计,求圆板的角速度与 φ 角的关系。

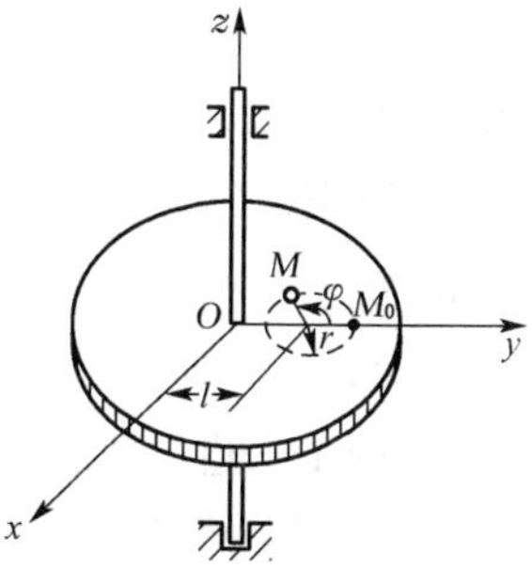

图 11-15

【解】 以圆板和质点 M 为系统，因为系统所受外力(包括重力和约束反力)对 z 轴的矩均为零，故系统对 z 轴动量矩守恒。在任意时刻 M 点的速度包含相对速度 $\boldsymbol{v}_0$ 和牵连速度 $\boldsymbol{v}_e$。其中 $v_e = OM \cdot \omega$。设质点 M 在 M_0 位置为起始位置，该瞬时系统对 z 轴的动量矩为

$$L_{z1} = mv_0(l + r)$$

在任意时刻：

$$L_{z2} = J\omega + M_z(mv_M) = J\omega + M_z(mv_0) + M_z(mv_e)$$

由图可看出 $L_{z2} = J\omega + mv_0[l\cos\varphi + r] + m(l^2 + r^2 + 2lr\cos\varphi)\omega$

根据动量矩守恒定律 $$L_{z1} = L_{z2}$$

代入解得 $$\omega = \frac{mlv_0(1 - \cos\varphi)}{J + m(l^2 + r^2 + 2lr\cos\varphi)}$$

11.3 刚体绕定轴的转动微分方程

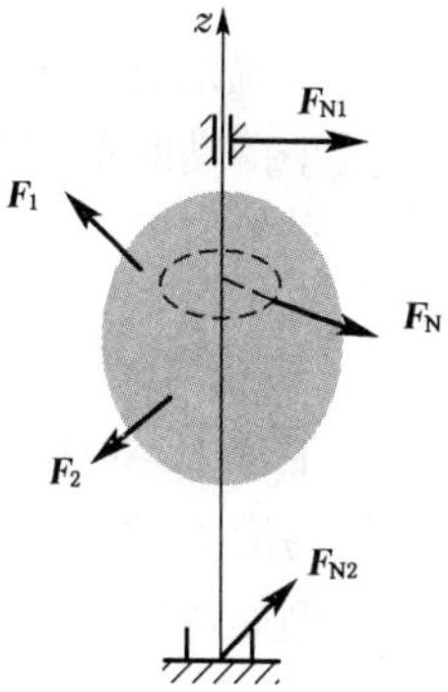

图 11-16

设定轴转动刚体在主动力 $F_1, F_2, \cdots, F_n$ 和轴承的约束力 F_{N1}, F_{N2} 作用下，以角速度 ω 和角加速度 α 绕 z 轴转动，如图 11-16 所示，由于轴承约束力均通过 z 轴，如不计轴承的摩擦，则它们对 z 轴的力矩都等于零，根据式(11-6)知，刚体对 z 轴的动量矩为

$$L_z = J_z\omega$$

代入质点系对 z 轴的动量矩定理

$$\frac{dL_z}{dt} = \sum M_z(F_i)$$

得

$$J_z\frac{d\omega}{dt} = \sum M_z(F_i) \tag{11-11}$$

或

$$J_z\alpha = \sum M_z(F_i) \tag{11-12}$$

$$J_z\frac{d^2\varphi}{dt^2} = \sum M_z(F_i) \tag{11-13}$$

以上三式均称为刚体定轴转动微分方程，它表明：刚体对转轴的转动惯量与角加速度的乘积，等于作用于刚体的主动力对该轴之矩的代数和。

从刚体定轴转动微分方程可以看出，对于不同的刚体，若主动力对转轴之矩相同时，转

动惯量大的刚体，角加速度 α 小，即转动状态变化小；反之，转动惯量小的刚体，角加速度 α 大，即转动状态变化大。这说明，转动惯量是刚体转动时惯性的度量。

将刚体定轴转动微分方程与质点运动微分方程 $m\boldsymbol{a}=\sum \boldsymbol{F}$ 加以比较，可见它们的形式相同，因此，用式(11-11)～式(11-13)也可求解刚体定轴转动的两类动力学问题，但它不能用来求解支座处的约束反力。

【例 11-9】 复摆(物理摆)如图 11-17 所示，摆的质量为 m，质心为 C，摆对悬挂点(或悬点)的转动惯量为 J_O。试求复摆微幅摆动的周期 T。

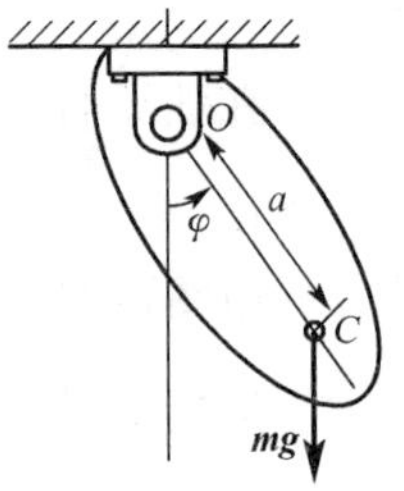

图 11-17

【解】 取 φ 为广义坐标，逆时针方向为正。复摆在任意位置 φ 处的受力如图 11-17 所示，由刚体定轴转动微分方程，得

$$J_O\ddot{\varphi}=-Wa\sin\varphi$$

$$\ddot{\varphi}+\frac{mga\sin\varphi}{J_O}=0$$

当复摆微幅摆动时，有 $\sin\varphi\approx\varphi$，此时，上式可改写为

$$\ddot{\varphi}+\frac{mga\varphi}{J_O}=0$$

此微分方程的解为

$$\varphi=\varphi_0\sin\left(\sqrt{\frac{mga}{J_O}}t+\theta\right)$$

这就是复摆微小摆动时的运动规律。其中，φ_0 为角振幅；θ 为初相位。由上式可得到复摆微小摆动时的周期为

$$T=2\pi\sqrt{\frac{J_O}{mga}}$$

工程中，对于几何形状复杂的物体，常用实验方法测定其转动惯量。其中，复摆法是一种较为简单的常用方法，即先测出零部件的摆动周期后，应用上式计算出它的转动惯量。

例如，欲求刚体对质心 C 的转动惯量，则由上式，得

$$J_O=\frac{T^2}{4\pi^2}mga$$

由平行轴定理知

$$J_O=J_C+ma^2$$

于是得

$$J_C=mga\left(\frac{T^2}{4\pi^2}-\frac{a}{g}\right)$$

对于轮状零件，还可以通过其他手段测定其转动惯量，见下一节的内容。

【例 11-10】 图 11-18 所示匀质细杆 OA 和 EC 的质量分别为 50 kg 和 100 kg，并在点 A 焊成一体。若此结构在图示位置由静止状态释放，计算刚释放时，杆的角加速度及铰链 O

处的约束力。不计铰链摩擦。

【解】 令 $m = m_{OA} = 50\ \text{kg}$，则 $m_{EC} = 2m$。

根据质心的公式确定质心 D 位置：（设 $l = 1\ \text{m}$）

$$d = OD = \frac{5}{6}l = \frac{5}{6}\ \text{m}$$

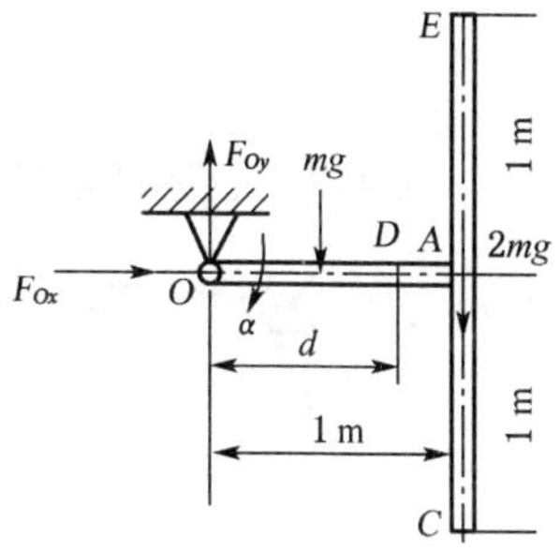

图 11-18

刚体作定轴转动，初瞬时 $\omega=0$，列出定轴转动的微分方程

$$J_O\alpha = mg \cdot \frac{l}{2} + 2mg \cdot l$$

其中系统的惯性矩为 $J_O = \frac{1}{3}ml^2 + \frac{1}{12} \cdot 2m \cdot (2l)^2 + 2ml^2 = 3ml^2$，代入有

$$3ml^2\alpha = \frac{5}{2}mgl$$

解方程得

$$\alpha = \frac{5}{6l}g = 8.17\ \text{rad/s}^2$$

切向加速度为
$$a_D^t = \frac{5}{6}l \cdot \alpha = \frac{25}{36}g$$

以整个系统为研究对象，由质心运动定理

$$3m \cdot a_D^t = 3mg - F_{Oy}$$

$$F_{Oy} = 3mg - 3m\frac{25}{36}g = \frac{11}{12}mg = 458\ \text{N}(\uparrow)$$

由 $\omega = 0, a_D^n = 0$，得 $F_{Ox} = 0$

【例 11-11】 均质杆 OA 长 l，质量为 m，其 O 端用铰链支承，A 端用细绳悬挂，如图 11-19 所示。试求将细绳突然剪断瞬时，铰链 O 的约束反力。

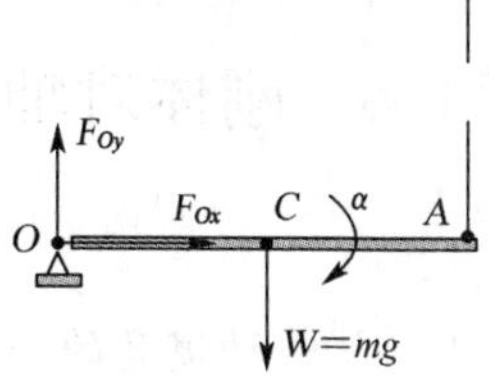

图 11-19

【解】 将细绳突然剪断，杆受重力 W 与铰链 O 的约束反力 F_{Ox}、F_{Oy} 作用。其受力如图 11-19 所示。杆作定轴转动，在该瞬时，角速度 $\omega = 0$，但角加速度 $\alpha \neq 0$。因此，必须先求出 α，再求 O 处的反力。

应用刚体定轴转动微分方程 $J_O\alpha = \sum M_O$，有

$$\frac{1}{3}ml^2(-\alpha) = -W\frac{l}{2}$$

即

$$\frac{1}{3}ml^2\alpha = mg\frac{l}{2}$$

得杆在细绳突然剪断瞬时的角加速度

$$\alpha=\frac{3g}{2l}$$

再应用质心运动定理求 O 处的反力，在此瞬时，因 $a_C^{n}=\frac{1}{2}\omega^2 l=0$，故 $a_C=a_C^{t}=l\alpha/2$，由 $ma_C=\sum F^{(e)}$，得

$$ma_C^{n}=0=-F_{Ox}$$

$$ma_C^{t}=m\frac{l}{2}\alpha=W-F_{Oy}$$

由此解得

$$F_{Ox}=0$$

$$F_{Oy}=W-m\frac{l}{2}\alpha=mg-m\frac{l}{2}\frac{3g}{2l}=\frac{1}{4}mg$$

这类问题称为突然解除约束问题，简称为突解约束问题。该类问题的力学特征是：在解除约束后，系统自由度会增加；解除约束前后的瞬时，其一阶运动量（速度、角速度）连续，但二阶运动量（加速度、角加速度）会发生突变。因此，突解约束问题属于动力学问题，而不是静力学问题。

在本题中，在剪断绳子前，杆在重力、铰链 O 处的反力和绳子的拉力作用下保持平衡。在剪断绳子后，自由度变为 1，此时杆可绕 O 轴转动；在剪断绳子前后的瞬时，角速度 ω 均为零，但角加速度 α 发生突变。因此，本题中 O 处的反力 F_{Oy} 既不等于 $mg/2$，也不等于 mg。F_{Oy} 是动约束力，必须用动力学定理来求解。

从本题的讨论可见，在外力已知的情况下，应用刚体定轴转动微分方程可求得刚体的角加速度，在刚体的运动确定后，如要求转轴处的约束反力，则可应用质心运动定理求解。

本题是动量矩定理和动量定理的综合应用，这是动力学应用的重要方面。关于动力学普遍定理的综合应用，还将在第 12 章予以介绍。

11.4 刚体对轴的转动惯量

1）转动惯量的一般公式

刚体对某轴 z 的转动惯量 J_z 等于刚体内各质点的质量与该质点到轴 z 的距离平方的乘积之和，即

$$J_z=\sum m_i r_z^2 \tag{11-14}$$

当质量连续分布时，刚体对 z 轴的转动惯量可写为

$$J_z=\int_M r^2\,\mathrm{d}m \tag{11-15}$$

转动惯量的量纲为 $\dim J=ML^2$，在国际单位制中，转动惯量的单位为 $\mathrm{kg\cdot m^2}$。

可见,转动惯量恒为正标量,其大小不仅与刚体质量大小和质量的分布情况有关,还与 z 轴的位置有关。如果将物体直线运动的动量 $p = mv$ 与转动运动中的动量矩 $L = J\omega$ 对比,即可发现 J 与 m 相当;质量 m 是物体直线运动中惯性的度量,J 就是物体转动运动中惯性的度量,所以称为转动惯量;J 愈大,物体就愈不容易改变自己的转动状态。J 不仅与质量有关,而且与质量分布有关;质量愈大,与转轴的距离愈远,转动惯量就愈大。同样质量的圆盘,半径愈大,圆盘对中心的转动惯量就愈大。

物体对转轴的动量矩则取决于转动惯量与角速度的乘积,因此在工程中,常常根据工作需要来选定转动惯量的大小。例如电风扇的叶片转动时动量矩就较小,行驶中汽车的车轮对中心的动量矩就较大,而地球对过南北极的转轴的转动惯量十分巨大,虽然它自转得极慢,地球对南北极轴的动量矩也是天文数字。图 11-20 给出的往复式活塞发动机、冲床和剪床等机器常在转轴上安装一个大飞轮,并使飞轮的质量大部分分布在轮缘。这样的飞轮转动惯量大,机器受到冲击时角加速度小,可以保持比较平稳的运转状态。而仪表中的某些零件必须具有较高的灵敏度,因此这些零件的转动惯量必须尽可能地小,为此,这些零件用轻金属制成,并且尽量减小体积。

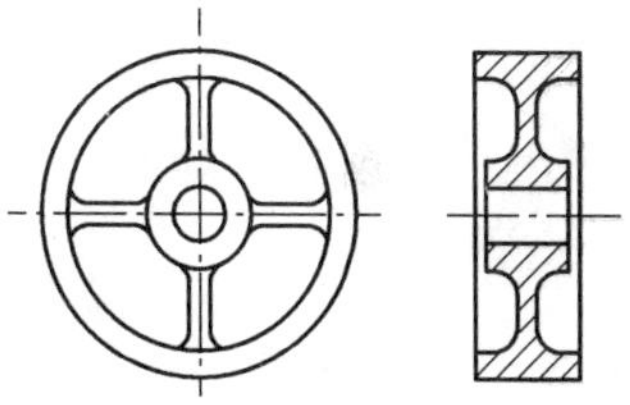
图 11-20

必须指出:由于转动惯量与轴的位置有关,所以当讲到刚体的转动惯量时,应指明它是对哪一个轴的转动惯量。又因为刚体内各点到位置确定的轴的距离总是固定不变的,所以任何刚体对于与其固连的轴的转动惯量都是一个常量。

2) 回转半径(或惯性半径)

为了使不同形体的刚体,具有统一的转动惯量的计算式,在工程上引入了回转半径的概念,工程上常把刚体的转动惯量表示为

$$\rho_z = \sqrt{\frac{J_z}{m}} \quad 或 \quad J_z = m\rho_z^2 \tag{11-16}$$

式中:ρ_z——刚体对 z 轴的回转半径(或惯性半径),即物体的转动惯量等于该物体的质量与回转半径平方的乘积。

式(11-16)说明,如果把刚体的质量全部集中于与转轴垂直距离为 ρ_z 的一点处,则这一集中质量对于 z 轴的转动惯量,就正好等于原刚体的转动惯量。

几何形状相同的均质刚体的回转半径是相同的。在国际单位制中,回转半径的单位为 m。在机械工程手册中,列出了简单几何形状或几何形状已标准化的零件的回转半径,以供工程技术人员查阅。

3) 转动惯量的平行轴定理

下面研究刚体对于两平行轴的转动惯量之间的关系。

设刚体的质量为 m,质心在 C 点,z_1 轴是通过刚体质心的轴(简称质心轴),z 轴平行于 z_1 轴,两轴间距离为 d,如图 11-21 所示。

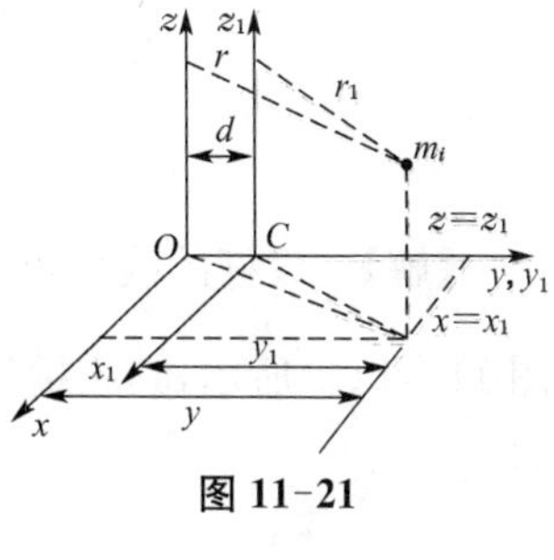

图 11-21

分别以 C 点、O 点为原点,作直角坐标系 $Cx_1y_1z_1$ 和 $Oxyz$,根据转动惯量的定义,可知刚体对质心轴的转动惯量 J_{zC} 和对 z

轴的转动惯量J_z分别为

$$J_{zC}=\sum m_i(x_1^2+y_1^2),\ J_z=\sum m_i r^2=\sum m_i(x^2+y^2)$$

因为

$$x=x_1,\ y=y_1+d$$

所以

$$J_z=\sum m_i[x_1^2+(y_1+d)^2]=\sum m_i(x_1^2+y_1^2)+2d\sum m_i y_1+d^2\sum m_i$$
$$=J_{zC}+2d\sum m_i y_1+md^2$$

由质心坐标公式

$$y_C=\frac{\sum m_i y_1}{\sum m_i}=0$$

得

$$\sum m_i y_1=\sum m_i y_{C1}=0$$

故

$$J_z=J_{zC}+md^2 \tag{11-17}$$

上式表明：刚体对于任一轴的转动惯量，等于刚体对于平行于该轴的质心轴的转动惯量，加上刚体的质量与两轴间距离平方之乘积。这就是转动惯量的平行轴定理。

由此可见，在相互平行的各轴中，刚体对质心轴的转动惯量为最小。

4) 简单形体的转动惯量的计算

(1) 均质细直杆

【例 11-12】 长为l、质量为m的均质细长杆，图 11-22 所示。试求：(1)杆件对于过质心C且与杆的轴线相垂直的z轴的转动惯量；(2)杆件对于过杆端A且与z轴平行的z_1轴的转动惯量；(3)杆件对于z轴和z_1轴的回转半径。

图 11-22

【解】 设杆的线密度(单位长度的质量)为ρ_l，则$\rho_l=m/l$。现取杆上一微段dx，如图 11-22(a)所示，其质量为$dm=\rho_l dx=\frac{m}{l}dx$，则由式(11-15)知，杆件对于$z$轴的转动惯量为

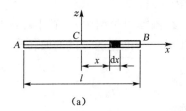

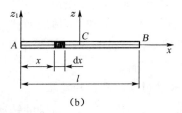

$$J_z = \int_{-l/2}^{l/2} x^2 \mathrm{d}m = \int_{-\frac{l}{2}}^{\frac{l}{2}} x^2 \frac{m}{l} \mathrm{d}x = \frac{1}{12} ml^2$$

同样，如图 11-22(b)所示，则杆件对于 z_1 轴的转动惯量为

$$J_{z1} = \int_0^l x^2 \mathrm{d}m = \int_0^l x^2 \frac{m}{l} \mathrm{d}x = \frac{1}{3} ml^2$$

J_{z1} 也可应用平行轴定理进行计算，有

$$J_{z1} = J_z + m\left(\frac{l}{2}\right)^2 = \frac{1}{12} ml^2 + \frac{1}{4} ml^2 = \frac{1}{3} ml^2$$

结果与积分法相同。求出转动惯量后，可得杆件对两轴的回转半径分别为

$$\rho_z = \sqrt{\frac{J_z}{m}} = \frac{l}{2\sqrt{3}},\ \rho_{z_1} = \sqrt{\frac{J_{z1}}{m}} = \frac{l}{\sqrt{3}}$$

(2) 均质薄圆环

【例 11-13】 如图 11-23 所示设均质细圆环的半径为 R，质量为 m，求其对于垂直于圆环平面且过中心 O 的轴的转动惯量。

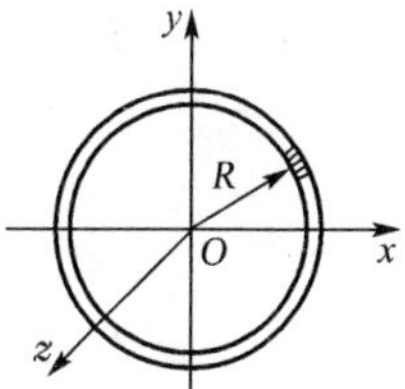

图 11-23

【解】 将圆环沿圆周分为许多微段，设每段的质量为 m_i，由于这些微段到中心轴的距离都等于半径 R，所以圆环对于中心轴 z 的转动惯量为

$$J_z = \sum m_i R^2 = R^2 \sum m_i = mR^2$$

相应的回转半径为

$$\rho_z = \sqrt{\frac{J_z}{m}} = R$$

(3) 均质薄圆盘

【例 11-14】 半径为 R、质量为 m 的均质薄圆盘，如图 11-24 所示，试求圆盘对于过中心 O 且与圆盘平面相垂直的 z 轴的转动惯量。

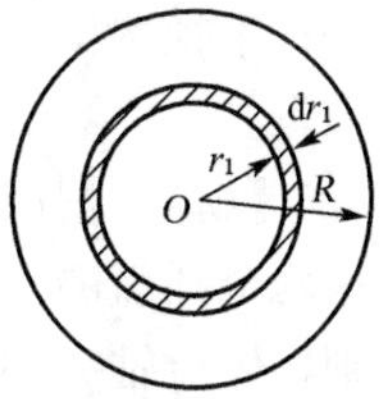

图 11-24

【解】 设圆盘的面密度(单位面积的质量)为 ρ_A，则 $\rho_A = \frac{m}{\pi R^2}$，现取圆盘上一半径为 r、宽度为 $\mathrm{d}r$ 的圆环分析，如图 11-24 所示。

该圆环的质量为 $\mathrm{d}m = \rho_A \mathrm{d}A = \frac{m}{\pi R^2} 2\pi r \mathrm{d}r = \frac{2m}{R^2} r \mathrm{d}r$，由于圆环上各点到 z 轴的距离均为 r，于是此圆环对于 z 轴的转动惯量为 $\mathrm{d}J_z = r^2 \mathrm{d}m = \frac{2m}{R^2} r^3 \mathrm{d}r$，因此整个圆盘对于 z 轴的转动惯量为

$$J_z = \int_0^R r^2 \mathrm{d}m = \frac{1}{2} mR^2$$

相应的回转半径为

$$\rho_z = \sqrt{\frac{J_z}{m}} = \frac{R}{\sqrt{2}}$$

(4) 组合法求解转动惯量

【例 11-15】 如图 11-25 所示的钟摆,已知均质细杆和均质圆盘的质量分别为 m_1 和 m_2,杆长为 l,圆盘直径为 d,图示位置时摆的角速度为 ω。试求摆对于通过 O 点的水平轴的动量矩。

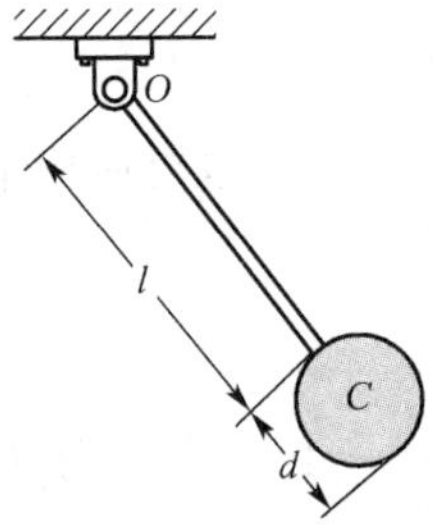

图 11-25

【解】 本题先用组合法计算摆对于水平轴 O 的转动惯量,即

$$J_O = J_{O杆} + J_{O盘}$$

其中

$$J_{O杆} = \frac{1}{3}m_1 l^2$$

而圆盘对于轴 O 的转动惯量 $J_{O盘}$ 可用平行轴定理计算:

$$J_{O盘} = J_{C盘} + m_2\left(l + \frac{d}{2}\right)^2 = \frac{1}{2}m_2\left(\frac{d}{2}\right)^2 + m_2\left(l + \frac{d}{2}\right)^2 = m_2\left(\frac{3}{8}d^2 + l^2 + ld\right)$$

得

$$J_O = J_{O杆} + J_{O盘} = \frac{1}{3}m_1 l^2 + m_2\left(\frac{3}{8}d^2 + l^2 + ld\right)$$

于是摆对于水平轴 O 的动量矩为

$$L_O = J_O\omega = \left[\frac{1}{3}m_1 l^2 + m_2\left(\frac{3}{8}d^2 + l^2 + ld\right)\right]\omega$$

如果物体有空心的部分,则可把空心部分的质量作为负值处理,仍可用组合法进行计算。

【例 11-16】 半径为 R、质量为 m 的均质圆盘,在离圆心 $R/3$ 处挖去一半径为 $r=R/3$ 的圆,如图 11-26 所示,试求其对于 A 轴的转动惯量。

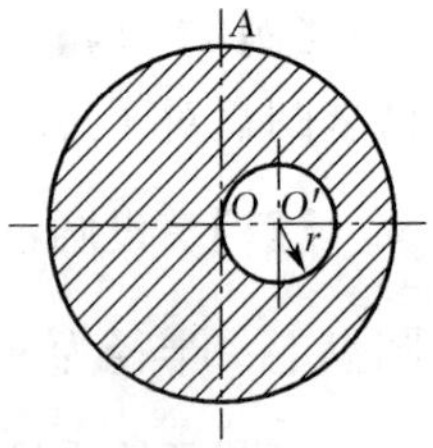

图 11-26

【解】 把该物体看成由半径分别为 R、r 的两个均质圆盘组成,设这两个圆盘的质量分别为 m_1、m_2,它们对轴 A 的转动惯量为 J_{A1}、J_{A2},则物体对轴 A 的转动惯量

$$J_A = J_{A1} - J_{A2}$$

根据平行轴定理,可以得到

$$J_{A1} = \frac{1}{2}m_1 R^2 + m_1 R^2 = \frac{3}{2}m_1 R^2$$

$$J_{A2} = \frac{1}{2}m_2 r^2 + m_2(R^2 + r^2) = \frac{3}{2}m_2 r^2 + m_2 R^2 = \frac{7}{6}m_2 R^2$$

从而有

$$J_A = \frac{3}{2}m_1R^2 - \frac{7}{6}m_2R^2$$

因 $r=R/3$，故 $m_2=m/9$。将 $m_1=m, m_2=m/9$ 代入上式，得

$$J_A = \frac{3}{2}mR^2 - \frac{7}{6}\cdot\frac{m}{9}R^2 = \frac{37}{27}mR^2$$

5）转动惯量实验测量

工程中，对于几何形状复杂的物体，常用实验方法测定其转动惯量。测量转动惯量的方法主要有三线扭摆法与复摆线法。下面分别介绍这两种方法的原理，并通过采用三线摆测量汽车连杆的转动惯量来介绍实验测量的过程。

（1）三线扭摆测转动惯量所依据的理论公式

三线摆（图 11-27）的水平圆盘可绕中心轴 O 作扭转摆动，利用圆盘空载和安上被测物后转动惯量与摆动周期的关系可求出被测物的转动惯量。

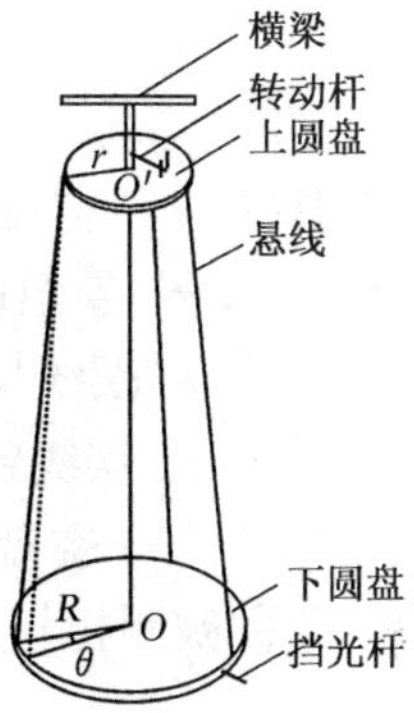

图 11-27

设圆盘质量为 m，当它向某一方向转动时，上升的高度为 h，圆盘上升时增加的势能为

$$E_p = mgh \tag{11-18}$$

当圆盘向另一方向转动至平衡位置时角速度 ω_0 为最大，这时圆盘具有的动能为

$$E_k = \frac{1}{2}J_O\omega_0^2 \tag{11-19}$$

略去阻力，由机械能守恒定律可得

$$\frac{1}{2}J_O\omega_0^2 = mgh \tag{11-20}$$

若扭转角度足够小，则可以把圆盘的运动看作简谐运动，其角位移

$$\theta = \theta_0 \sin\frac{2\pi}{T_0}\theta_0 \cos\frac{2\pi}{T_0}t \tag{11-21}$$

经过平衡位置时的最大角速度为

$$\omega_m = \frac{2\pi}{T_0}\theta_0 \tag{11-22}$$

当圆盘的转动角很小，且悬线较长时，应用简单的几何关系得圆盘上升高度

$$h = l - \sqrt{l^2 - (r\theta_0)^2} \tag{11-23}$$

式中：l——悬线长；

r——悬线到转轴的垂直距离；

θ_0——振幅。

利用二项式定理展开，并略去高次项，式(11-23)可简化为

$$h \approx l - l\left(1 - \frac{1}{2}\frac{r^2\theta_0^2}{l^2}\right) = \frac{1}{2}\frac{r^2\theta_0^2}{l} \tag{11-24}$$

将式(11-22)和式(11-24))代入式(11-20),得

$$J_O = \frac{mgr^2T_0^2}{4\pi^2 l} \tag{11-25}$$

如测得周期 T_0,即可算出圆盘转动惯量 J_O。

(2) 三线扭摆测量转动惯量的步骤

① 利用静力学平衡条件测定连杆质心

② 空盘对质心的转动惯量

$$J_C = \frac{mgr^2T_0^2}{4\pi^2 l} \tag{11-26}$$

式中:J_C——空盘对质心的转动惯量;

m——空盘的质量;

l——摆线长;

r——摆线到转轴的垂直距离;

T_0——空盘的摆动周期。

③ 被测物与盘对质心的总转动惯量

$$J = \frac{Mgr^2T^2}{4\pi^2 l} \tag{11-27}$$

式中:J——被测物与盘对质心的总转动惯量;

M——被测物与盘的总质量;

T——被测物与盘的摆动周期。

④ 被测物对质心的转动惯量

$$J_{Cbj} = J - J_C \tag{11-28}$$

J_{Cbj}——被测物对质心的转动惯量。

利用平行轴定理可获得刚体对平行于质心轴的任意轴的转动惯量。

(3) 用复摆法测连杆对悬挂点的转动惯量

如图 11-28 所示,转动惯量 J_O 的公式为

$$J_O = \frac{mglT^2}{4\pi^2}$$

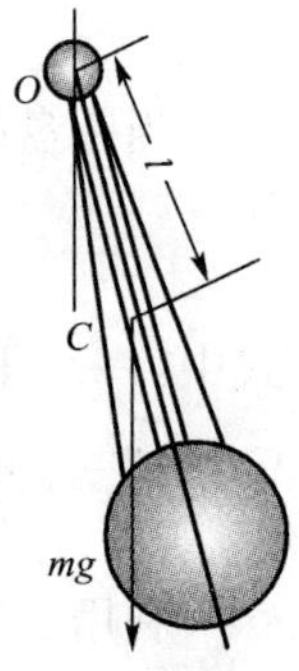

图 11-28

式中:J_O——被测物对悬挂点的转动惯量;

m——细杆的质量;

l——悬挂点至质心的距离;

T——摆动周期。

复摆测量转动惯量的公式请读者自行推导。

表 11-1 列出了一些常见均质物体的转动惯量和惯性半径，供应用。

表 11-1 均质物体的转动惯量

物体形状	简　图	转动惯量 J_z	回转半径 ρ_z
细直杆	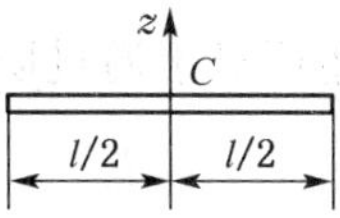	$\frac{1}{12}Ml^2$	$\frac{l}{2\sqrt{3}}=0.289l$
薄圆板	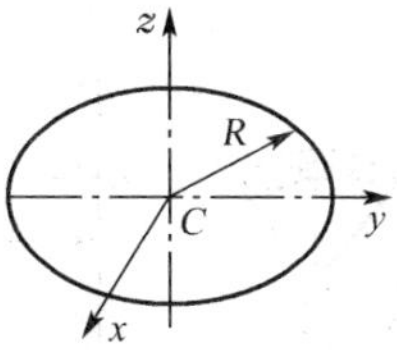	$\frac{1}{2}MR^2$	$0.5R$
圆柱	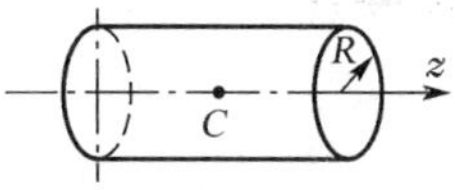	$\frac{1}{2}MR^2$	$\frac{R}{\sqrt{2}}=0.707R$
空心圆柱	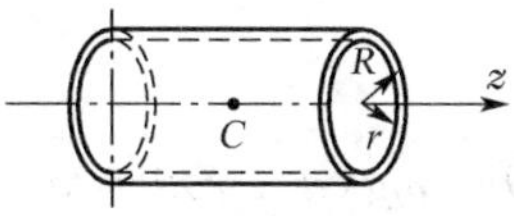	$\frac{1}{2}M(R^2+r^2)$	$\sqrt{\frac{R^2-r^2}{2}}=0.707\sqrt{R^2+r^2}$
实心球	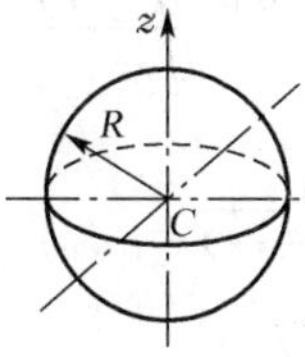	$\frac{2}{5}MR^2$	$0.632R$
薄壁空心球	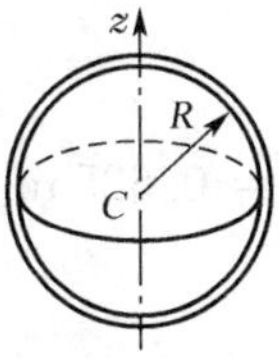	$\frac{2}{3}MR^2$	$\sqrt{\frac{2}{3}}R=0.816R$
细圆环	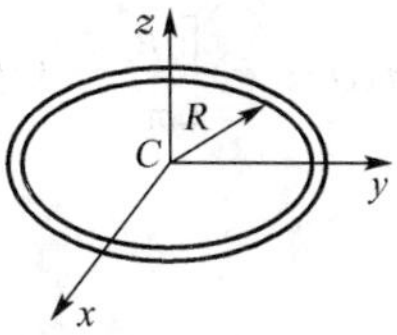	MR^2	R
矩形六面体	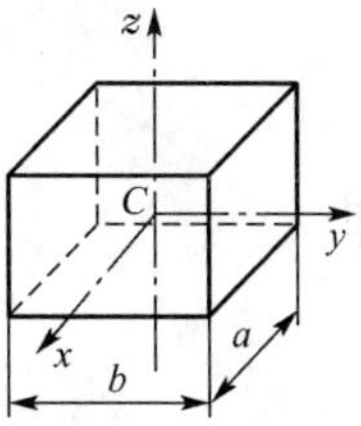	$\frac{1}{12}M(a^2+b^2)$	$\sqrt{\frac{a^2+b^2}{12}}=0.289\sqrt{a^2+b^2}$

【例 11-17】 为了求得连杆的转动惯量，用一细圆杆穿过十字头销 A 处的衬套管，并使连杆绕着细杆的水平轴线摆动，如图 11-29(a)、(b)所示。摆动 100 次所用的时间为 100 s。另外，如图 11-29(c)所示，为了求得连杆重心到悬挂轴的距离 $AC = d$，将连杆水平放置，在点 A 处用杆悬挂，点 B 放置于台秤上，台秤的读数 $F=490$ N。已知连杆质量为 80 kg，A 与 B 间的距离 $l=1$ m，十字头销的半径 $r=40$ mm。试求连杆对于通过质心 C 并垂直于图面的轴的转动惯量 J_C。

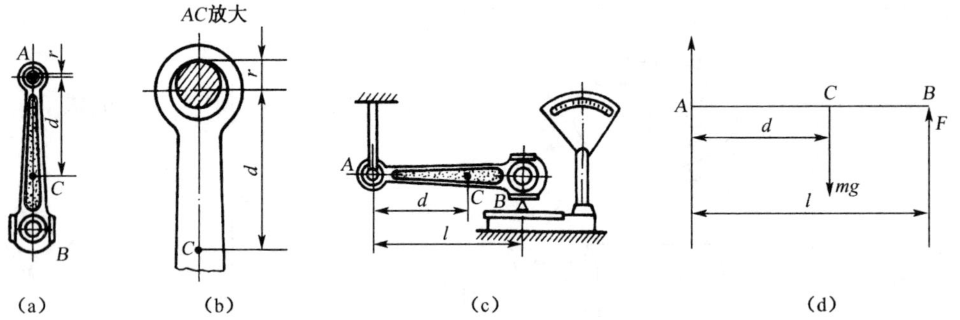

图 11-29

【解】 由图 11-29(a)，$\theta \ll 1$ 时

$$J_A\ddot{\theta} = -mg(d+r)\theta,\ J_A\ddot{\theta} + mg(d+r)\theta = 0$$

$$\ddot{\theta} + \frac{mg(d+r)}{J_A}\theta = 0,\ \omega_n = \sqrt{\frac{mg(d+r)}{J_A}}$$

$$T = \frac{2\pi}{\omega_n} = 2\pi\sqrt{\frac{J_A}{mg(d+r)}} \tag{1}$$

$$J_A = J_C + m(d+r)^2 \tag{2}$$

由图 11-29(b)

$$\sum M_A = 0,\ d = \frac{Fl}{mg} = \frac{5}{8} = 0.625\ \text{m}$$

代入式(1)、(2)，注意到周期 $T = 2$ s，得

$$J_C = \frac{mg(d+r)}{\pi^2} - m(d+r)^2 = m(d+r)\left[\frac{g}{\pi^2} - (d+r)\right]$$

$$= 80 \times 0.665 \times \left(\frac{9.8}{\pi^2} - 0.665\right)$$

$$= 17.45\ \text{kg}\cdot\text{m}^2$$

11.5 质点系相对于质心的动量矩定理

前面阐述的动量矩定理只适用于惯性参考系中的固定点或固定轴，对于一般的动点或

动轴，动量矩定理具有较复杂的形式。然而，相对于质点系的质心或通过质心的动轴，动量矩定理仍保持其简单的形式。

1）对质心的动量矩

如图 11-30 所示，O 为固定点，C 为质点系质心，建立固定坐标系 $Oxyz$ 及随质心平动的坐标系 $Cx'y'z'$，质心 C 相对于固定点 O 的矢径为 $\boldsymbol{r}_C$，质点系中第 i 个质点的质量为 m_i，相对于质心 C 的矢径为 $\boldsymbol{r}_i'$，相对于固定坐标系 $Oxyz$ 的速度为 $\boldsymbol{v}_i$，相对于动系的速度为 $\boldsymbol{v}_{ir}$，则质点系相对于质心的动量矩定义如下。

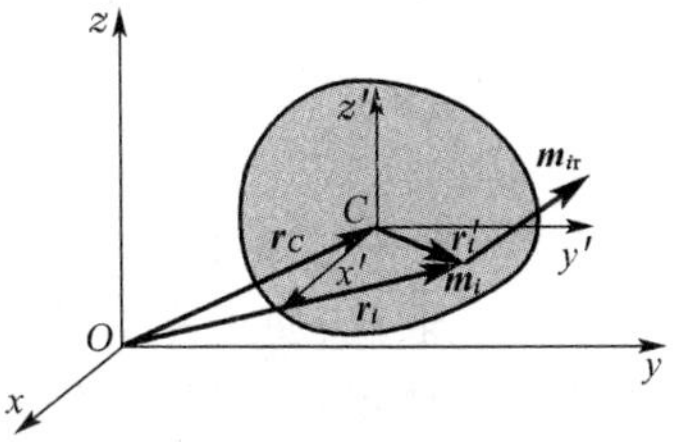

图 11-30

定义质点系中各质点在定系 $Oxyz$ 中运动的动量对质心 C 之矩的矢量和（绝对运动动量对 C 点的主矩）称为质点系相对于质心的动量矩，即

$$\boldsymbol{L}_C=\sum M_C(m_i\boldsymbol{v}_i)=\sum \boldsymbol{r}_i'\times m_i\boldsymbol{v}_i \tag{11-29}$$

一般来说，用绝对速度计算质点系相对于质心的动量矩并不方便，通常用相对于动系 $Cx'y'z'$ 的相对速度进行计算。由于动系随质心作平动，故任一点的牵连速度均等于质心 C 的速度 $\boldsymbol{v}_C$，则根据速度合成定理，有

$$\boldsymbol{v}_i=\boldsymbol{v}_C+\boldsymbol{v}_{ir}$$

故

$$\boldsymbol{L}_C=\sum \boldsymbol{r}_i'\times m_i(\boldsymbol{v}_C+\boldsymbol{v}_{ir})=\sum \boldsymbol{r}_i'\times m_i\boldsymbol{v}_C+\sum \boldsymbol{r}_i'\times m_i\boldsymbol{v}_{ir}$$

由质心的定义，有 $\sum m_i r_i'=mr_C'$，其中 r_C' 为质心相对于动系原点的矢径，而此时质心 C 恰为动系 $Cx'y'z'$ 的原点，故有 $r_C'=0$，因此，上式可写成

$$\boldsymbol{L}_C=\sum M_C(m_i\boldsymbol{v}_{ir})=\sum \boldsymbol{r}_i'\times m_i\boldsymbol{v}_{ir}=\boldsymbol{L}_{Cr} \tag{11-30}$$

其中，$\boldsymbol{L}_{Cr}$ 是在随质心作平动的动系中，质点系相对运动对质心的动量矩（相对运动动量对 C 点的主矩）。

结论：质点系相对于质心的动量矩 $\boldsymbol{L}_C$ 既可用各质点的绝对速度来计算，也可用各质点在随质心平动的动坐标系中的相对速度来计算，其结果是一样的。

根据定义式(11-30)，容易得到质点系相对于固定点的动量矩与相对于质心的动量矩之间的关系。

如图 11-30 所示，质点系对于固定点 O 的矩为

$$\boldsymbol{L}_O=\sum M_O(m_i\boldsymbol{v}_i)=\sum \boldsymbol{r}_i\times m_i\boldsymbol{v}_i$$

而

$$\boldsymbol{r}_i=\boldsymbol{r}_C+\boldsymbol{r}_i'$$

于是

$$\boldsymbol{L}_O = \sum(\boldsymbol{r}_C + \boldsymbol{r}_i') \times m_i \boldsymbol{v}_i = \boldsymbol{r}_C \times \sum m_i \boldsymbol{v}_i + \sum \boldsymbol{r}_i' \times m_i \boldsymbol{v}_i$$

式中：$\sum m_i \boldsymbol{v}_i = m\boldsymbol{v}_C$ ——质点系动量。

而 $\sum \boldsymbol{r}_i' \times m_i \boldsymbol{v}_i = \boldsymbol{L}_C$ ——质点系相对质心 C 的动量矩。

于是得

$$\boldsymbol{L}_O = \boldsymbol{r}_C \times m\boldsymbol{v}_C + \boldsymbol{L}_C \tag{11-31}$$

上式表明：质点系对任意一固定点 O 的动量矩，等于质点系对质心的动量矩 $\boldsymbol{L}_C$，与集中于质心的质点系动量对于 O 点动量矩的矢量和。

2) 相对于对质心的动量矩定理

质点系对固定点 O 的动量矩定理为

$$\frac{\mathrm{d}\boldsymbol{L}_O}{\mathrm{d}t} = \sum M_O(\boldsymbol{F}_i)$$

将式(11-31)和 $\boldsymbol{r}_i = \boldsymbol{r}_C + \boldsymbol{r}_i'$ 代入，有

$$\frac{\mathrm{d}\boldsymbol{L}_O}{\mathrm{d}t} = \frac{\mathrm{d}\boldsymbol{L}_C}{\mathrm{d}t} + \frac{\mathrm{d}\boldsymbol{r}_C}{\mathrm{d}t} \times m\boldsymbol{v}_C + \boldsymbol{r}_C \times m\frac{\mathrm{d}\boldsymbol{v}_C}{\mathrm{d}t} = \frac{\mathrm{d}\boldsymbol{L}_C}{\mathrm{d}t} + \boldsymbol{v}_C \times m\boldsymbol{v}_C + \boldsymbol{r}_C \times m\frac{\mathrm{d}\boldsymbol{v}_C}{\mathrm{d}t}$$

$$= \frac{\mathrm{d}\boldsymbol{L}_C}{\mathrm{d}t} + \boldsymbol{r}_C \times m\boldsymbol{a}_C$$

$$\sum M_O(\boldsymbol{F}_i^{(e)}) = \sum \boldsymbol{r}_i \times \boldsymbol{F}_i^{(e)} = \sum(\boldsymbol{r}_C + \boldsymbol{r}_i') \times \boldsymbol{F}_i^{(e)} = \sum \boldsymbol{r}_C \times \boldsymbol{F}_i^{(e)} + \sum \boldsymbol{r}_i' \times \boldsymbol{F}_i^{(e)}$$

即

$$\frac{\mathrm{d}\boldsymbol{L}_C}{\mathrm{d}t} + \boldsymbol{r}_C \times m\boldsymbol{a}_C = \boldsymbol{r}_C \times \sum \boldsymbol{F}_i^{(e)} + \sum \boldsymbol{r}_i' \times \boldsymbol{F}_i^{(e)}$$

根据质心运动定理 $m\boldsymbol{a}_C = \sum \boldsymbol{F}_i^{(e)}$，上式可改写为

$$\frac{\mathrm{d}\boldsymbol{L}_C}{\mathrm{d}t} = \sum \boldsymbol{r}_i' \times \boldsymbol{F}_i^{(e)}$$

而 $\sum \boldsymbol{r}_i' \times \boldsymbol{F}_i^{(e)} = \sum M_C(\boldsymbol{F}_i^{(e)})$ 为质点系外力对质心之矩的矢量和，即外力系对质心 C 的主矩。

于是，得

$$\frac{\mathrm{d}\boldsymbol{L}_C}{\mathrm{d}t} = \sum \boldsymbol{M}_C(\boldsymbol{F}_i^{(e)}) \tag{11-32}$$

上式表明：质点系相对于质心的动量矩对时间的一阶导数，等于作用于质点系上的所有外力对质心之矩的矢量或外力系对质心的主矩。这就是质点系相对于质心的动量矩定理。

由式(11-32)可知，质点系相对于质心的运动只与外力系对质心的主矩有关，而与内力无关。当外力系对质心的主矩为零时，质点系相对于质心的动量矩守恒。即当 $\sum \boldsymbol{M}_C(\boldsymbol{F}_i^{(e)}) = 0$ 时，$\boldsymbol{L}_C =$ 常矢量。

例如，跳水运动员跳水时，当他离开跳板直到入水前，如不计空气阻力，则只受重力作

用，而重力过质心，对质心的力矩为零，因此质点系对质心的动量矩守恒。如果要翻跟头，就必须在起跳前用力蹬跳板，以便获得初速度，使身体绕质心轴转动；他将身体和四肢伸展或蜷缩，是为了改变对质心轴的转动惯量，从而改变转动角速度（见图 11-8）。

刚体的一般运动可以分解为随质心的平动和相对于质心的转动，刚体随质心的平动可用质心运动定理分析，而相对于质心的转动则可用质点系相对于质心的动量矩定理来分析。这两个定理完全确定了刚体一般运动的动力学方程。下面将这两个定理应用于工程中常见的刚体平面运动，从而建立刚体平面运动微分方程。

11.6 刚体的平面运动微分方程

设刚体在力 $F_1, F_2, \cdots, F_n$ 作用下作平面运动，如图 11-31 所示，作一随质心平动的动坐标系 $Cx'y'$，由运动学可知，刚体的平面运动可分解为随质心的平动和绕质心的转动。刚体相对于质心的动量矩为

$$\boldsymbol{L}_C = \boldsymbol{L}_{Cr} = \boldsymbol{J}_C\omega$$

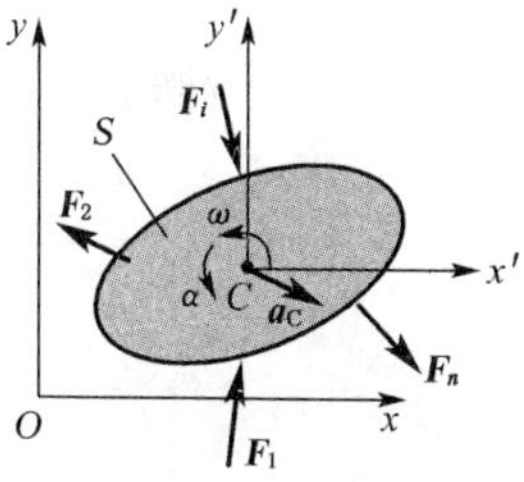

图 11-31

应用质心运动定理和相对于质心的动量矩定理，得

$$\left.\begin{aligned} m\boldsymbol{a}_C &= \sum \boldsymbol{F}^{(e)} \\ J_C\boldsymbol{\alpha} &= \sum M_C(\boldsymbol{F}^{(e)}) \end{aligned}\right\} \tag{11-33}$$

上式也可以写成

$$\left.\begin{aligned} m\frac{\mathrm{d}^2\boldsymbol{r}_C}{\mathrm{d}t^2} &= \sum \boldsymbol{F}^{(e)} \\ J_C\frac{\mathrm{d}^2\varphi}{\mathrm{d}t^2} &= \sum M_C(\boldsymbol{F}^{(e)}) \end{aligned}\right\} \tag{11-34}$$

应用时常利用它们在笛卡儿直角坐标系或自然轴系上得投影式

$$\left.\begin{aligned} ma_{Cx} &= \sum F_x^{(e)} \\ ma_{Cy} &= \sum F_y^{(e)} \\ J_C\alpha &= \sum M_C(\bar{F}^{(e)}) \end{aligned}\right\} \tag{11-35}$$

$$\left.\begin{aligned} ma_C^{\mathrm{t}} &= \sum F_{\mathrm{t}}^{(e)} \\ ma_C^{\mathrm{n}} &= \sum F_{\mathrm{n}}^{(e)} \\ J_C\alpha &= \sum M_C(\bar{F}^{(e)}) \end{aligned}\right\} \tag{11-36}$$

以上两式称为刚体平面运动微分方程。用它可求解平面运动刚体动力学的两类问题，实际应用时一般取式(11-35)的形式。

【例 11-18】 半径为 r、质量为 m 的均质圆轮沿水平直线纯滚动，如图 11-32 所示。设轮的回转半径为 ρ_C，作用于圆轮上的力偶矩为 M，圆轮与地面间的静摩擦因数为 f_s。试求：(1)轮心的加速度；(2)地面对圆轮的约束力；(3)使圆轮只滚不滑的力偶矩 M 的大小。

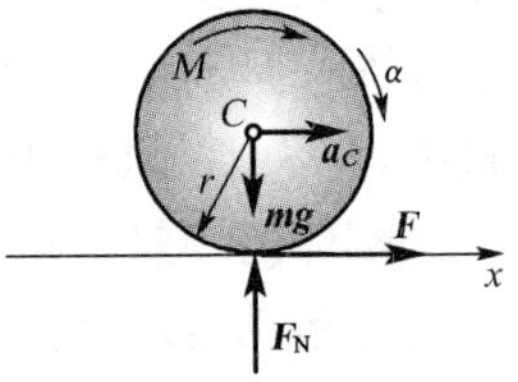

图 11-32

【解】 圆轮的受力如图 11-32 所示。根据圆轮的平面运动微分方程，有

$$\left.\begin{aligned} ma_{Cx} &= F \\ ma_{Cy} &= F_N - mg \\ m\rho_C^2\alpha &= M - Fr \end{aligned}\right\}$$

式中：M 与 α 均为顺时针转向，故按正负号规定，在前面加负号。因 $a_{Cy}=0$，所以 $a_{Cx}=a_C$，在纯滚动(即只滚不滑)的条件下，有

$$a_C = r\alpha$$

以上方程联立求解，得

$$a_C = \frac{Mr}{m(\rho_C^2 + r^2)}$$

$$M = \frac{F(r^2+\rho_C^2)}{r}$$

$$F = ma_C,\ F_N = mg$$

欲使圆轮只滚动而不滑动，必须满足 $F \leqslant f_s F_N$，即

$$\frac{Mr}{r^2+\rho_C^2} \leqslant f_s mg$$

于是得圆轮只滚不滑的条件为

$$M \leqslant f_s mg\frac{r^2+\rho_C^2}{r}$$

对于均质圆盘 $\rho = \sqrt{2}r/2$，故 $M \leqslant 3f_s mgr/2$。

从本题可见，应用刚体平面运动微分方程求解动力学的两类问题时，除了要列出微分方程外，还需写出补充的运动学方程或其他所需的方程，在本题中补充方程为 $a_C = r\alpha$。

【例 11-19】 图 11-33 所示均质杆 AB 长为 l，放在铅直平面内，杆的一端 A 靠在光滑铅直墙上，另一端 B 放在光滑的水平地板上，并与水平面成 φ_0 角。此后，令杆由静止状态倒下。求：(1)杆在任意位置时的角加速度和角速度；(2)当杆脱离墙时，此杆与水平面所夹的角。

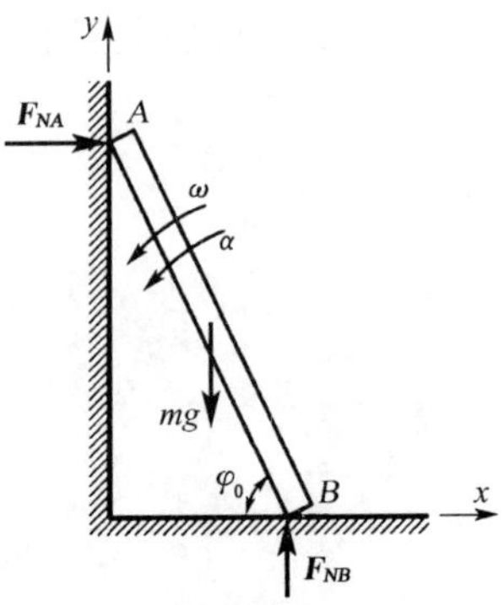

图 11-33

【解】 (1)取均质杆为研究对象，受力分析及建立坐标系 Oxy 如图 11-33 所示，杆 AB 作平面运动，质心在 C 点。

刚体平面运动微分方程为

$$m\ddot{x}_C = F_{NA} \tag{1}$$

$$m\ddot{y}_C = F_{NB} - mg \tag{2}$$

$$J_C\alpha = F_{NB} \cdot \frac{l}{2}\cos\varphi - F_{NA} \cdot \frac{l}{2}\sin\varphi \tag{3}$$

由于 $x_C = \frac{l}{2}\cos\varphi, y_C = \frac{l}{2}\sin\varphi$，将其对间 t 求两次导数，且注意到 $\dot{\varphi} = -\omega, \ddot{\varphi} = -\alpha$，得到

$$\ddot{x}_C = \frac{l}{2}(\alpha\sin\varphi - \omega^2\cos\varphi) \tag{4}$$

$$\ddot{y}_C = \frac{-l}{2}(\alpha\cos\varphi + \omega^2\sin\varphi) \tag{5}$$

将式(4)、(5)代入式(1)、(2)中，得

$$F_{NA} = \frac{ml}{2}(\alpha\sin\varphi - \omega^2\cos\varphi)$$

$$F_{NB} = \frac{-ml}{2}(\alpha\cos\varphi + \omega^2\sin\varphi) + mg$$

再将 F_{NA}、F_{NB}的表达式代入式(3)中，得

$$J_C\alpha = -\frac{ml^2}{4}(\alpha\cos\varphi + \omega^2\sin\varphi)\cos\varphi + \frac{mgl}{2}\cos\varphi - \frac{ml^2}{4}(\alpha\sin\varphi - \omega^2\cos\varphi)\sin\varphi$$

即

$$J_C\alpha = -\frac{ml^2}{4}\alpha + \frac{mgl}{2}\cos\varphi$$

把 $J_C = \frac{ml^2}{12}$ 代入上式得

$$\alpha = \frac{3g}{2l}\cos\varphi$$

而

$$\alpha = \frac{\mathrm{d}\omega}{\mathrm{d}t}$$

分离变量并积分得

$$\int_0^{\omega}\omega\,\mathrm{d}\omega = \int_{\varphi_0}^{\varphi} -\frac{3g}{2l}\cos\varphi\,\mathrm{d}\varphi$$

$$\omega = \sqrt{\frac{3g}{l}(\sin\varphi_0 - \sin\varphi)}$$

(2) 当杆脱离墙时 $F_{NA} = 0$，设此时 $\varphi = \varphi_1$，则

$$F_{NA} = \frac{ml}{2}(\alpha\sin\varphi_1 - \omega^2\cos\varphi_1) = 0$$

将 α 和 ω 表达式代入上式，解得

$$\sin\varphi_1 = \frac{2}{3}\sin\varphi_0$$

$$\varphi_1 = \arcsin\left(\frac{2}{3}\sin\varphi_0\right)$$

【例 11-20】 均质圆柱体 A 和 B 的质量均为 m，半径为 r，一绳缠在绕固定轴 A 转动的圆柱上，绳的另一端绕在圆柱 B 上，如图 11-34(a)所示。摩擦不计。求：(1)圆柱体 B 下落时质心的加速度；(2)若在圆柱体 A 上作用一逆时针转向，矩为 M 的力偶，试问在什么条件

下圆柱体 B 的质心加速度将向上？

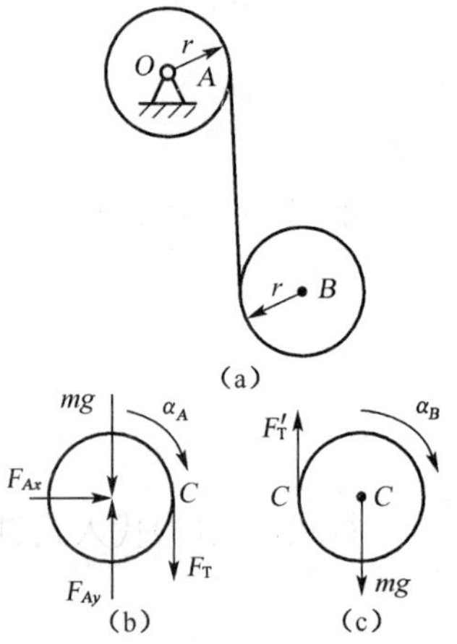

图 11-34

【解】 (1) 分别取轮 A 和 B 研究，其受力如图 11-34(a)、(b)所示，轮 A 定轴转动，轮 B 作平面运动。

对轮 A 运用刚体绕定轴转动微分方程

$$J_A\alpha_A = F_T r \tag{1}$$

对轮 B 运用刚体平面运动微分方程，有

$$J_B\alpha_B = F'_T r \tag{2}$$

$$a_B = a_C + a_{BC}^t = \alpha_A \cdot r + \alpha_B \cdot r \tag{3}$$

再以 C 为基点分析 B 点加速度，有

$$a_B = a_C + a_{BC} = \alpha_A \cdot r + \alpha_B \cdot r \tag{4}$$

联立求解式(1)、(2)、(3)、(4)，并将 $F_T = F'_T$ 及 $J_B = J_A = \frac{m}{2}r^2$ 代入，解得

$$a_B = \frac{4}{5}g$$

(2) 若在 A 轮上作用一逆时针转矩 M，则轮 A 将作逆时针转动，对 A 运用刚体绕定轴转动微分方程有

$$J_A\alpha_A = M - F_T r \tag{5}$$

以 C 点为基点分析 B 点加速度，根据题意，在临界状态有

$$a_B = a_C^t + a_{BC}^t = -\alpha_A r + \alpha_B r = 0 \tag{6}$$

联立求解式(5)、(6)和式(2)、(3)并将 $F_T = F'_T$ 及 $J_B = J_A = \frac{m}{2}r^2$ 代入，得

$$M = 2mgr$$

故当转矩 $M > 2mgr$ 时轮 B 的质心将上升。

通过本章的学习，现对本章内容作如下小结：

(1) 质点系(刚体、刚体系)对某定点(轴)和质心的动量矩、转动惯量的概念及计算

① 质点系对某定点(轴)及质心的动量矩

$$\boldsymbol{L}_O = \sum M_O(m_i\boldsymbol{v}_i) = \sum \boldsymbol{r}_i \times m_i\boldsymbol{v}_i = \boldsymbol{r}_C \times m\boldsymbol{v}_C + \boldsymbol{L}_C$$

$\boldsymbol{L}_C = \sum \boldsymbol{r}'_i \times m_i\boldsymbol{v}_i = \sum \boldsymbol{r}'_C \times m_i\boldsymbol{v}_{ir}$ 为质点系对质心 C 的动量矩。

$L_z = \sum M_z(M_i\boldsymbol{v}_i) = \left[\sum M_O(m_i\boldsymbol{v}_i)\right]_z = [\boldsymbol{L}_O]_z$，$z$ 是过定点 O 的轴。

② 平动刚体对某定点 O 的动量矩

$$\boldsymbol{L}_O = M\boldsymbol{r}_C \times \boldsymbol{v}_C$$

③ 绕定轴转动刚体对转轴 z 的动量矩

$$L_z = (\sum m_i r_i^2)\omega = J_z\omega$$

④ 平面运动刚体对运动平面内定点 O 的动量矩

$$L_O = M r_C v_C \sin\varphi + J_C\omega$$

$\boldsymbol{v}_i$、$\boldsymbol{v}_{ir}$ 分别为第 i 个质点的绝对速度和相对于坐标原点在质心的平动坐标系的速度，$\boldsymbol{v}_C$ 为质点系（刚体、刚体系）质心的绝对速度，J_z、J_C 分别为刚体对转轴和质心轴的转动惯量，φ 为定点 O 到质点系质心的矢径与质心速度的夹角，ω 为刚体转动的角速度。

（2）转动惯量

① 定义 $\quad J_z = \sum m_i r_i^2 = \int_m r^2 \mathrm{d}m$

② 引入回转（惯性）半径 $\quad J_z = m\rho_z^2$

ρ_z 为刚体对转轴的回转半径

③ 平行轴定理 $\quad J_z = J_{zC} + Ml^2$

l 为轴 Z 和轴 Z_C 间的距离

④ 组合法（分割法）

$$J_z = J'_z \pm J''_z \pm \cdots \pm J_z^n$$

（3）主要公式

① 动量矩定理

$$\frac{\mathrm{d}\boldsymbol{L}_O}{\mathrm{d}t} = \sum_{i=1}^{n} M_O(\boldsymbol{F}_i^{(e)}) \tag{a}$$

$\boldsymbol{L}_O = \sum M_O(m_i\boldsymbol{v}_i) = \sum \boldsymbol{r}_i \times m_i\boldsymbol{v}_i$ 是质点系对定点 O 的动量矩

$\sum_{i=1}^{n} M_O(\boldsymbol{F}_i^{(e)}) = \sum \boldsymbol{r}_i \times \boldsymbol{F}_i^{(e)}$ 是外力系对 O 点的主矩

② 刚体绕定轴转动微分方程

$$J_z \frac{\mathrm{d}\omega}{\mathrm{d}t} = \sum M_z(\boldsymbol{F}_i) \tag{b}$$

$J_z = \sum m_i r_i^2$，是刚体对转轴 z 的转动惯量

③ 质点系相对于质心的动量矩定理

$$J_C \frac{\mathrm{d}\boldsymbol{L}_C}{\mathrm{d}t} = \sum M_C(\boldsymbol{F}_i^{(e)})$$

④ 刚体平面运动微分方程

$$\left.\begin{aligned} Ma_{Cx} &= \sum_{i=1}^{n} F_{ix}^{(e)} \\ Ma_{Cy} &= \sum_{i=1}^{n} F_{iy}^{(e)} \\ J_C\alpha &= M_C(F_i^{(e)}) \end{aligned}\right\} \tag{c}$$

式中：$J_C=\sum m_i r_i^2$，是平面运动刚体对质心 C 的转动惯量。

$M_C(F_i^{(e)})$ 是外力系对质心 C 的主矩。

思考题

1. 质点系的动量按下式计算：

$$\boldsymbol{p}=\sum m\boldsymbol{v}=\sum M\boldsymbol{v}_C$$

质点系的动量矩可否按下式计算？

$$L_z=\sum m_z(m\boldsymbol{v})=m_z(M\boldsymbol{v}_C)$$

2. 如图 11-35 所示两轮的转动惯量相同。在图 11-35(a)中绳的一端受拉力 G，在图 11-35(b)中绳的一端挂一重物，重量也等于 G。问两轮的角加速度是否相同？为什么？

3. 如图 11-36 所示，已知 $J_z=Ml^2/3$，按下列公式计算 $J_{z'}$ 对吗？

$$J_{z'}=J_z+M\left(\frac{2}{3}l\right)^2=\frac{7}{9}Ml^2$$

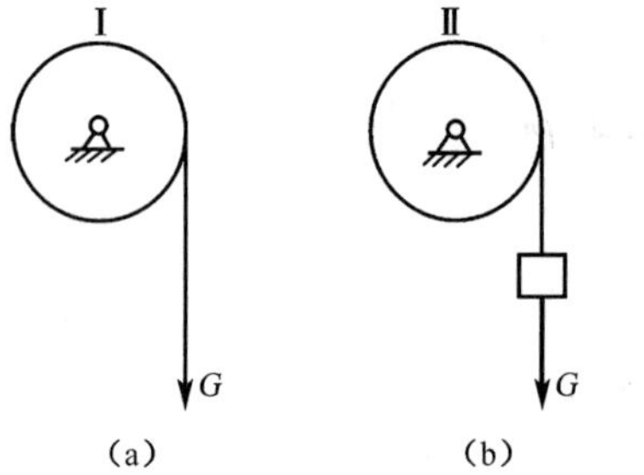

图 11-35

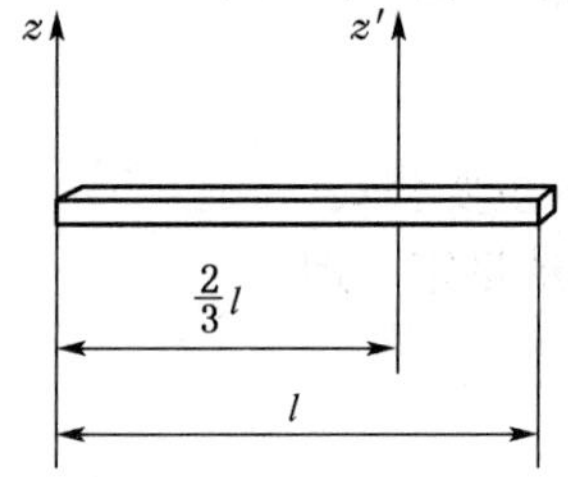

图 11-36

4. 如图 11-37 所示，问在什么条件下，图示定滑轮（设为匀质圆盘）两侧绳索的拉力大小才能相等？

5. 如图 11-38 所示的传动系统中，J_1、J_2 为轮Ⅰ、轮Ⅱ的转动惯量，轮Ⅰ的角加速度按下式计算对吗？

$$\alpha_1=\frac{M_1}{J_1+J_2}$$

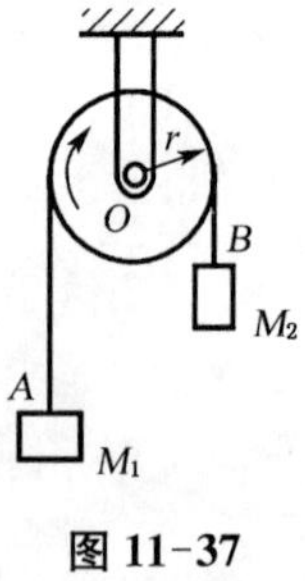

图 11-37

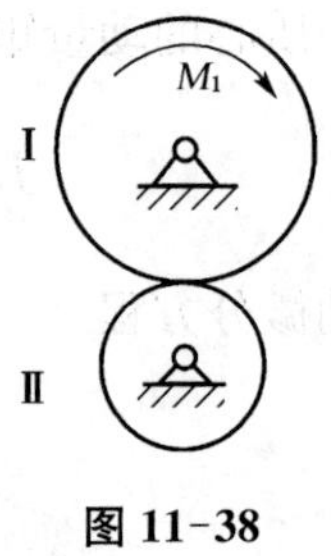

图 11-38

6. 有两个同样重的孩子 A 和 B，各抓着跨过滑轮的绳子的一端进行爬绳比赛（图 11-39）。孩子 A 的爬绳能力很强，孩子 B 则很差。滑轮与绳子都很轻，滑轮轴承也十分光滑。开始时两个孩子都静止地悬垂在绳子两端；一声口令，两个孩子都奋力向上爬，问谁先到达滑轮？

如果两个孩子重量不等，孩子 A 比孩子 B 重一些，$m_A > m_B$，那么谁先到达滑轮？

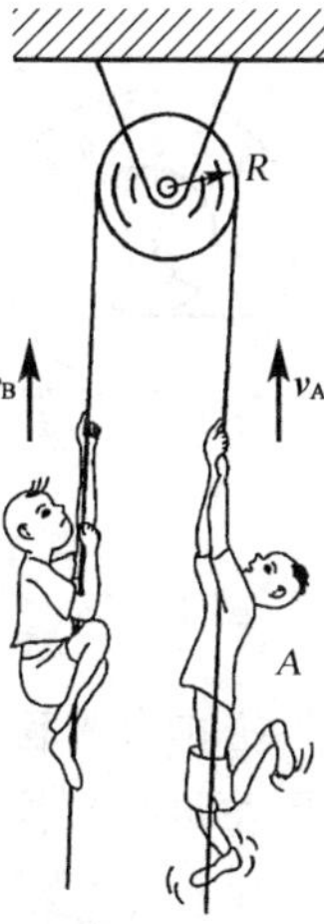

图 11-39

7. 一根重为 $\boldsymbol{P}$ 的均质杆 AB 水平置于支座 A、B 上，A 端是一个光滑的铰链，B 端是一个刀口(图 11-40)。如果突然将支座 B 撤去，在重力矩作用下，AB 杆必然会绕 A 点顺时针转动而掉下来。现在，允许在 AB 杆上采取一些措施，但不能对系统施加绕 A 点的任何外力矩，并使得在支座 B 撤去后，AB 杆仍能维持水平而不掉下。你能做到吗？

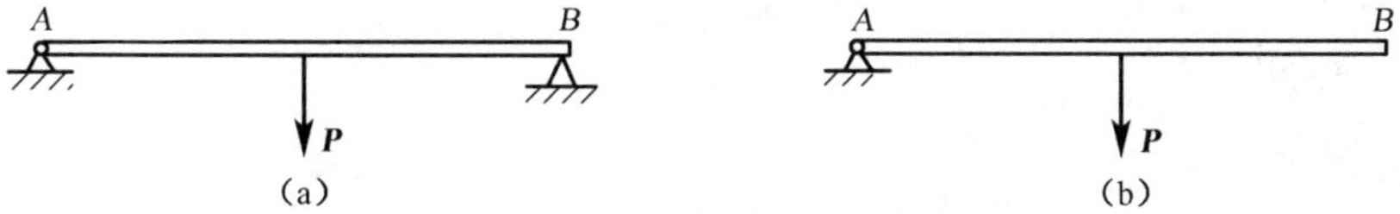

图 11-40

8. 物理实验室中常有转椅(或转台)设备，它的轴承非常光滑，绕铅直轴的摩擦力矩非常小，所以当实验者坐上转椅且双脚离地后，整个人椅系统对铅直轴的动量矩近似守恒。让实验者两臂张开，别人施力使转椅转动，角速度并不大；实验者收拢双臂，转椅转动角速度就会明显加快(图 11-41)，请解释这种现象。如果实验者静止坐在转椅上，没有人帮他旋转，他能自己转起来吗？譬如说，不借助任何外力矩，他能从面向前静止转过 180°，成为面向后静止吗？

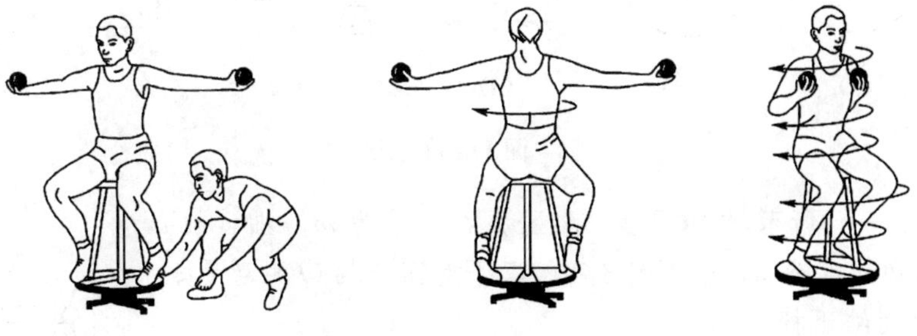

图 11-41

9. 质量为 M 的均质圆盘，平放在光滑的水平面上，其受力情况如图 11-42 所示。试说明圆盘将如何运动。设开始时圆盘静止，图中 $r=R/2$。

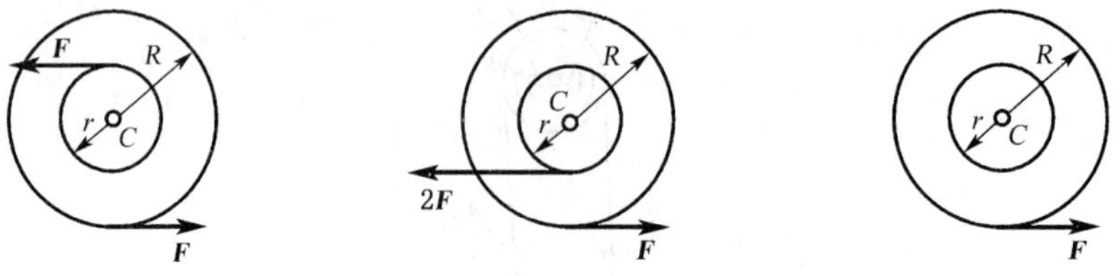

(a) (b) (c)

图 11-42

10. 如图 11-43 所示，一半径为 R 的轮在水平面上只滚动而不滑动。如不计滚动摩阻，试问在下列两种情况下，轮心的加速度是否相等？接触面的摩擦力是否相同？(1)在轮上作用一顺时针转向的力偶，力偶矩为 M；(2)在轮心作用一水平向右的力 $\boldsymbol{P}$，$P=\dfrac{M}{R}$。

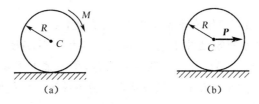

(a) (b)

图 11-43

习题

1. 计算各质点系的动量对 O 点的动量矩，已知 a、b、c、d 各均质物体重 Q，物体尺寸与质心速度或绕转轴的角速度如图 11-44 所示。图 11-44(e)、(f)中设物体 A 和 B 的重量均为 $\boldsymbol{P}$，速度为 $\boldsymbol{v}$，均质滑轮的重量为 $\boldsymbol{Q}$。

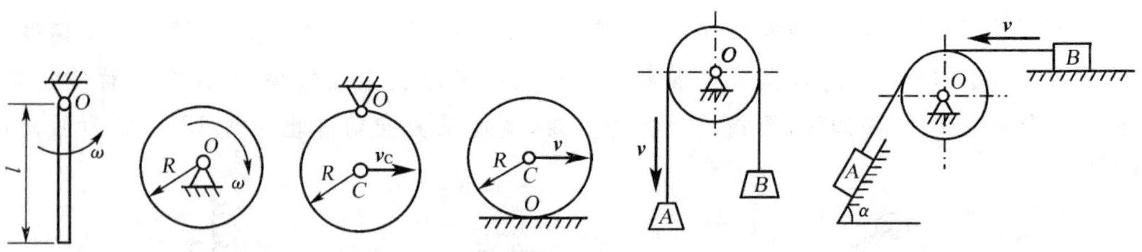

(a) (b) (c) (d) (e) (f)

图 11-44

2. 如图 11-45 所示，均质圆盘，半径为 R，质量为 m。细杆长 l，绕轴 O 转动，角速度为 ω。求下列 3 种情况下对固定轴 O 的动量矩：

(1) 圆盘固结于杆；

(2) 圆盘绕 A 轴转动，相对于杆 OA 的角速度为 $-\omega$；

(3) 圆盘绕 A 轴转动，相对于杆 OA 的角速度为 ω。

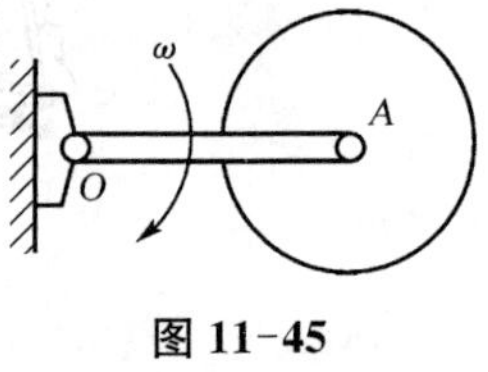

图 11-45

3. 如图 11-46 所示，小锤系于线 MOA 的一端，此线穿过一铅垂小管。小锤绕管轴沿半径 $MC=R$ 的圆周运动，每分钟 120 转。现将线段 OA 慢慢向下拉，使外面的线段缩短到 OM_1 的长度，此时小锤沿半径 $C_1M_1=R/2$ 的圆周运动。求小锤沿此圆周每分钟的转数。

4. 如图 11-47 所示，半径为 R，重 P 的均质圆盘，可绕通过其中心的铅垂轴无摩擦地旋转。另一重 P 的人由 B 点按规律 $s=at^2/2$ 沿到 O 轴半径为 r 的圆周行走。开始时，圆盘与人静止，求圆盘的角速度和角加速度。

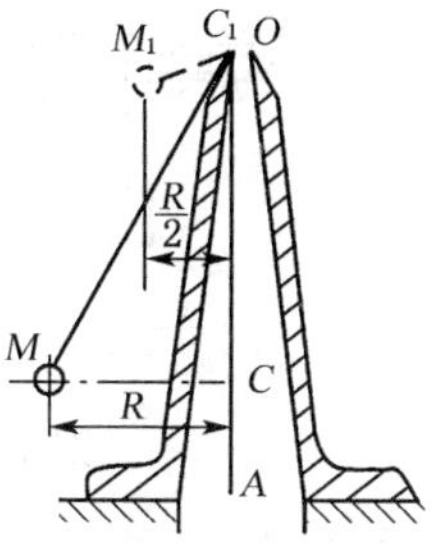

图 11-46

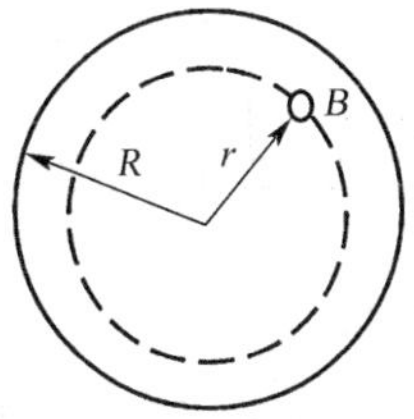

图 11-47

5. 如图 11-48 所示，飞轮在力矩 $M_0\cos\omega t$ 作用下绕定轴转动。沿飞轮的轮辐有重量为 $\boldsymbol{P}$ 的两等重物体，各作周期性运动。初瞬时 $r=r_0$。问：距离 r 应满足什么条件才能使飞轮以角速度 ω 匀速转动。

6. 图 11-49 所示的均质杆 AB 长 l，重 P。杆的 B 端固连一重 Q 的小球，大小不计。杆上点 D 连一弹簧，刚性系数为 k，使杆在水平位置保持平衡。设初速度 $v_0=0$，求给小球 B 一个铅直方向的微小位移 δ_0 后，杆 AB 的运动规律。

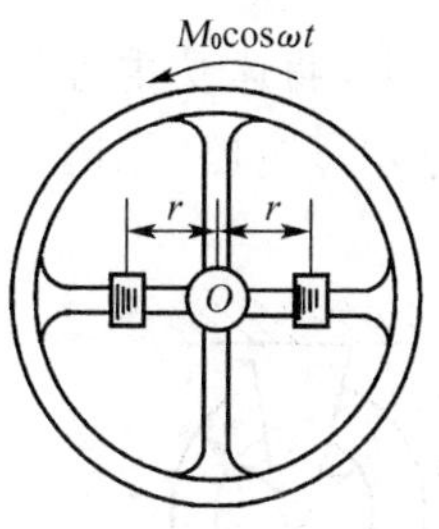

图 11-48

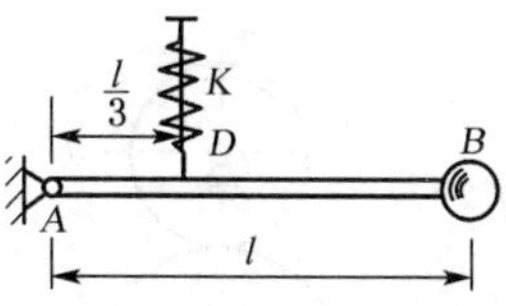

图 11-49

7. 一框架 AA，以细绳悬挂（如图 11-50），它对竖直轴线 OO' 的转动惯量为 J_1。在框架中间支承一转子，它对轴的转动惯量为 J_2。开始时框架不动，转子有一角速度 ω_0，由于有摩擦，框架被带着转动。若通过 t 秒，转子与框架的角速度相同。细绳的阻力扭矩可略去不计，求转子支承处的摩擦力矩。

8. 如图 11-51 所示，离心式空气压缩机的转速为 $n=8\,600$ r/min，每分钟容积流量为 $Q=370\ \mathrm{m^3/min}$，第一级叶轮气道进口直径为 $D_1=0.355$ m，出口直径为 $D_2=0.6$ m。气流进口绝对速度 $v_1=109$ m/s，与切线成角 $\alpha_1=90°$；气流出口绝对速度 $v_2=183$ m/s，与切线成角 $\alpha_2=21°30'$。设空气密度 $\rho=1.6\ \mathrm{kg/m^3}$，试求这一级叶轮的转矩。

9. 如图 11-52 所示，物体 D 被装在转动惯量测定器的水平轴 AB 上，该轴上还固连有半径为 r 的鼓轮 E，缠在鼓轮上细绳的下端挂有质量为 M 的物体 C。已知物体 C 被无初速地释放后，经过时间 T 秒落下的距离是 h。试求被测物体对转轴的转动惯量 J。已知轴 AB 连同鼓轮对自身轴线的转动惯量是 J_0。设物体 D 的质心在轴线 AB 上，摩擦和空气阻力都可略去不计。

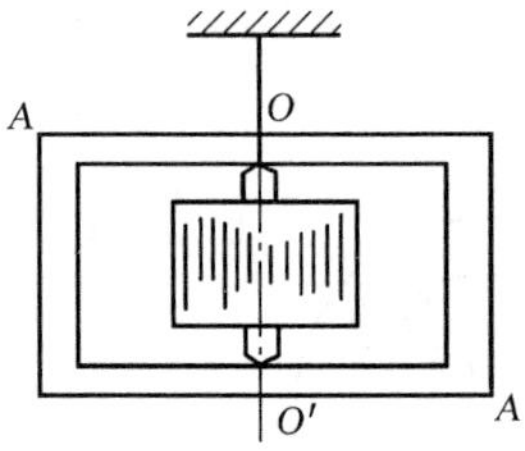

图 11-50

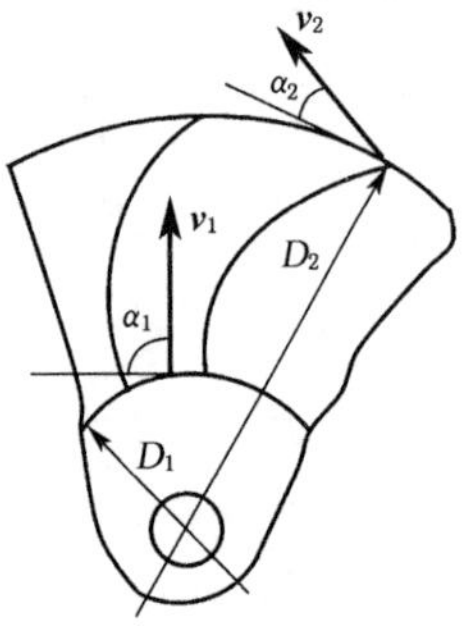

图 11-51

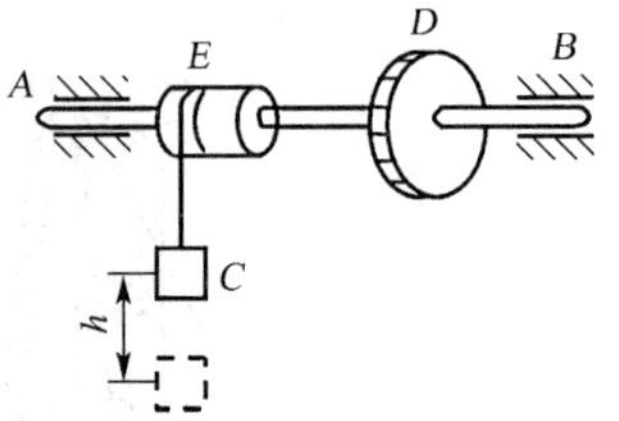

图 11-52

10. 如图 11-53 所示，有一轮子，轴的直径为 50 mm，无初速地沿倾角 $\theta = 20^\circ$ 的轨道滚下，设只滚不滑，5 秒内轮心滚动的距离为 $s = 3$ m。试求轮子对轮心的惯性半径。

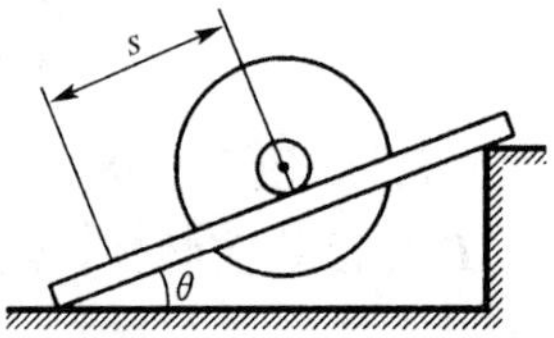

图 11-53

11. 如图 11-54 所示，电绞车提升一重 m 的物体。在其主动轴上有一不变的力矩 M。已知：主动轴与从动轴和连同安装在这两轴上的齿轮以及其他附属零件的转动惯量分别为 J_1 和 J_2，传动比 $z_2 : z_1 = K$；吊车缠绕在鼓轮上，此轮半径为 R。轴承的摩擦以及吊索的质量均略去不计，求重物的加速度。

12. 如图 11-55 所示，两个物体 A 和 B 的质量各为 m_1 和 m_2，且 $m_1 > m_2$，分别挂在两条不可伸长的绳子上，此两绳分别绕在半径为 r_1 和 r_2 的塔轮上，物体受重力的作用而运动。试求塔轮的角加速度及轴承的反力。塔轮的质量与绳的质量均可忽略不计。

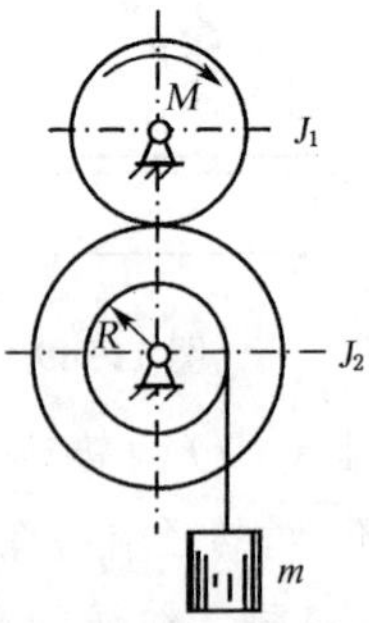

图 11-54

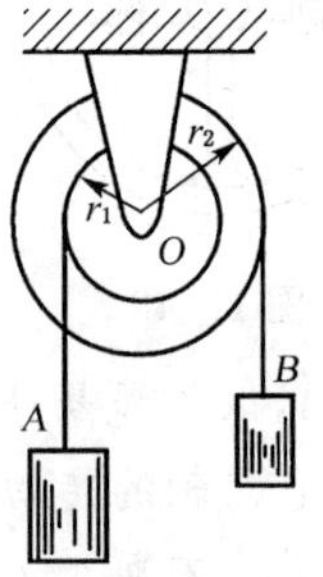

图 11-55

13. 均质圆柱体 A 的质量为 m，在外圆上绕一细绳，绳的一端 B 固定不动，如图 11-56 所示。圆柱因解开绳子而下降，其初速为零。求当圆柱体的轴心降落了高度 h 时轴心的速度和绳子的张力。

14. 如图 11-57 所示，一个重为 P 的物块 A 下降时，借助于跨过滑轮 D 而绕在轮 C 上的绳子，使轮子 B 在水平轨道上只滚动而不滑动。已知轮 B 与轮 C 固连在一起，总重为 Q，对通过轮心 O 的水平轴的回转半径为 ρ，试求物块 A 的加速度。

15. 如图 11-58 所示，滑轮 A、B 重为 Q_1、Q_2，半径分别为 R、r，$r=\dfrac{R}{2}$。物体 C 重 P。作用于 A 轮上的力矩 M 为一常量。试求 C 上升的加速度。A、B 轮可视为均质圆盘。

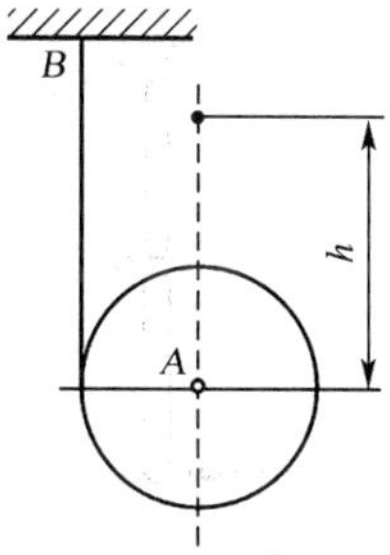

图 11-56

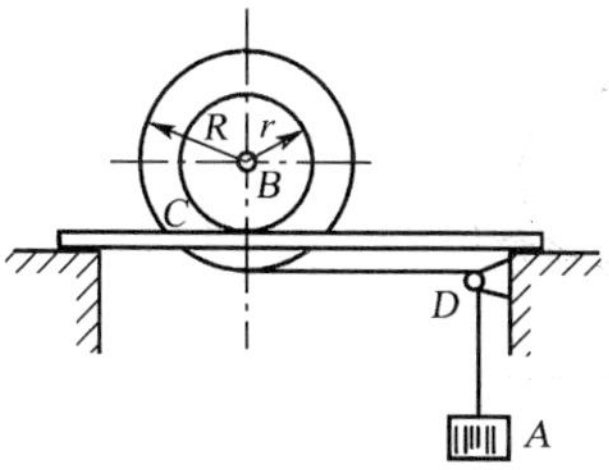

图 11-57

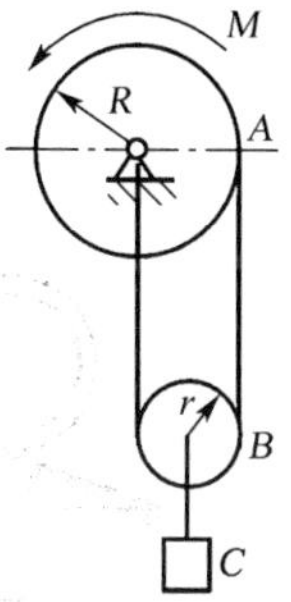

图 11-58

16. 如图 11-59 所示，圆轮 A 重 P_1，半径为 r_1，以角速度 ω 绕 OA 杆的 A 端转动，此时将轮放置在重 P_2 的另一圆轮 B 上，其半径为 r_2。B 轮原为静止，但可绕其几何轴自由转动。放置后，A 轮的重量由 B 轮支持。略去轴承的摩擦与杆 OA 的重量，并设两轮间的摩擦因数为 f。问自 A 轮放在 B 轮上到两轮间没有滑动为止，经过多少时间？

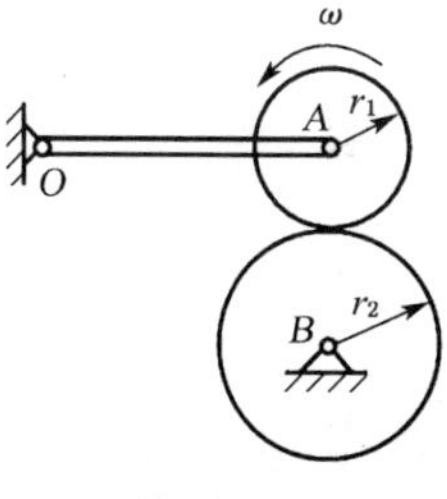

图 11-59

17. 如图 11-60 所示，轮子的质量 $m=100\ \mathrm{kg}$，半径 $R=1\ \mathrm{m}$，可以看成均质圆盘。当轮子以转速 $n=120\ \mathrm{r/min}$ 绕定轴 C 转动时，在杆 A 点垂直地施加常力 $\boldsymbol{P}$，经过 10 s 轮子停转。设轮与闸块间的动摩擦因数 $f'=0.1$，试求力 $\boldsymbol{P}$ 的大小。轴承的摩擦和闸块的厚度忽略不计。

18. 已知图 11-61 所示均质三角形薄板的质量为 m，高为 h，求对底边的转动惯量 J_x。

19. 图 11-62 所示连杆的质量为 m，质心在点 C。若 $AC=a$，$BC=b$，连杆对 B 轴的转动惯量为 J_B。求连杆对 A 轴的转动惯量。

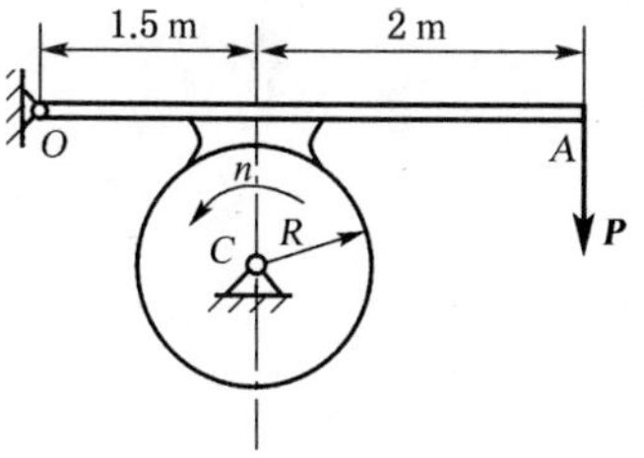

图 11-60

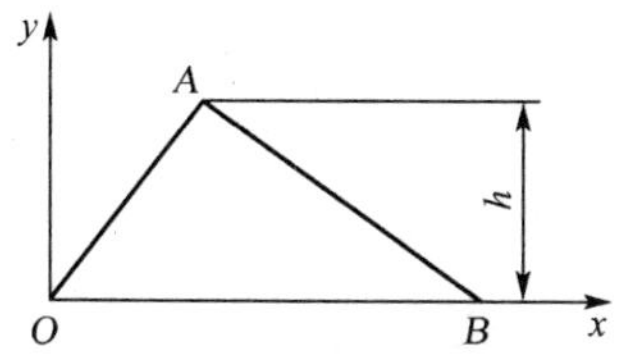

图 11-61

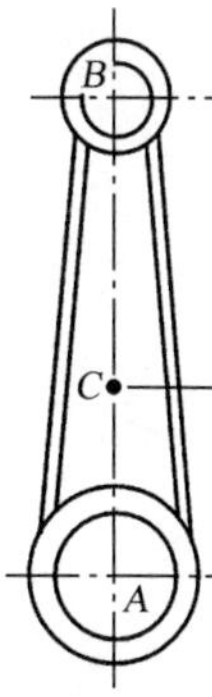

图 11-62

20. 均质钢制圆盘如图 11-63 所示，外径 $D=60\ \mathrm{cm}$，厚 $h=10\ \mathrm{cm}$。其上钻有 4 个圆孔，直径均为 $d_1=10\ \mathrm{cm}$，尺寸 $d=30\ \mathrm{cm}$。钢的密度取 $\rho=7.9\times10^{-3}\ \mathrm{kg/cm^3}$，求此圆盘对过其中心 O 并与盘面垂直的轴的转动惯量。

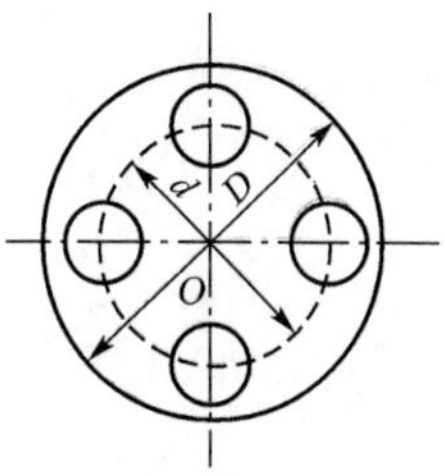

图 11-63

21. 在粗糙斜面上有一薄壁圆筒和一实心圆柱，如图 11-64 所示。设均质圆筒和均质圆柱的质量均为 m，外径均为 r。不计滚动阻力和圆筒与圆柱之间的摩擦阻力，求圆筒与圆柱中心的加速度。

22. 长 l、重 W 的均质杆 AB 和 BC 用铰链 B 连接，并用铰链 A 固定，位于平衡位置如图 11-65 所示。今在 C 端作用一水平力 $\boldsymbol{F}$，求此瞬时，两杆的角加速度。

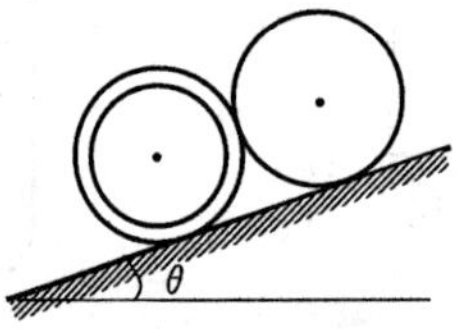

图 11-64

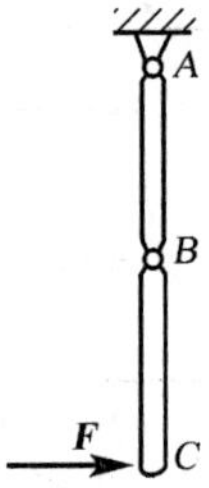

图 11-65

12 动能定理

动量定理与动量矩定理揭示了质点系机械运动状态的某种变化规律，表明质点或质点系的动量变化和动量矩变化，与作用于质点或质点系的力系的主矢和主矩之间的关系。但在有些问题中，关心的是物体经过多少路程，其速度大小改变了多少。例如，汽车和火车刹车时，需要知道经过多少距离可以停下来，以便在适当的地点开始刹车。对于这类问题，动能定理可从功与能的角度予以研究。

能量转换与功之间的关系是自然界中各种形式运动的普遍规律。能量概念最早来源于人们对生活中实际问题的认识，定义为使物体运动起来需要付出代价，或者为运动的物体具有某种功效，例如运动的子弹可以嵌入泥土。1686 年，莱布尼茨提出物体“运动的量”与物体速度平方成反比，而后“运动的量”发展为$\frac{1}{2}mv^2$，称为“活力”。1801 年，托马斯·杨提出将$\frac{1}{2}mv^2$称为“能”，“功能原理”和“机械能守恒”思想。不同于动量和动量矩定理，动能原理从能量的角度分析质点系运动变化和受力间的关系。

自然界一切过程都必须满足能量守恒定律，因此当物体的运动形式不仅限于机械运动范围，而且出现与其他形式的能量，如电能、热能相互转化的现象时，也可用动能作为物体运动的度量。

本章将讨论力的功、动能和势能等重要概念，推导动能定理和机械能守恒定律，并将综合运用动量定理、动量矩定理和动能定理分析复杂的动力学问题。

12.1 力的功

一个物体受力的作用而引起的运动状态的变化，不仅决定于力的大小和方向，而且与物体在力作用下经过的路径有关。作用在物体上的力的功是力在一段路程上对物体的积累效应，其结果将导致物体能量的变化。

12.1.1 功的一般表达式

如图 12-1(a)所示，作用在物体上的常力 $\boldsymbol{F}$ 使物体沿直线从位置 M_1 移动到 M_2，物体的位移为 s，力 $\boldsymbol{F}$ 与位移 s 之间的夹角为 θ，则作用在物体上的常力 F 沿直线路程所做的功等于该力的大小与该物体直线位移的数量积，即

$$W = \boldsymbol{F}\cos\theta \cdot s \tag{12-1}$$

功是标量，在国际单位制中，功的单位为焦耳(J)，等于 1 N 的力在同方向 1 m 路程上做的功。

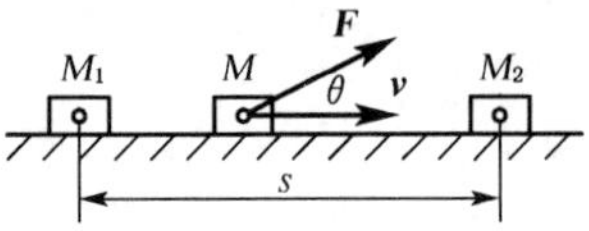

(a)

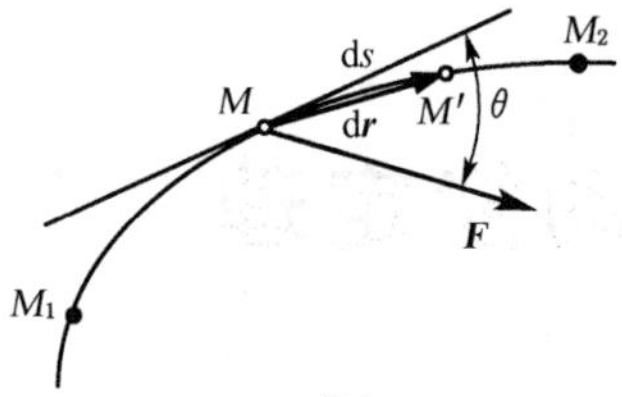

(b)

图 12-1

式(12-1)仅适用于常力在直线运动中的功,而工程中的问题往往不符合这样的条件,情况更为复杂。设质量为 m 的质点 M,在任意力 $\boldsymbol{F}$ 的作用下沿空间作曲线运动,如图 12-1(b)所示。质点 M 在从 M_1 运动至 M_2 的过程中,$\boldsymbol{F}$ 的大小和方向始终是变化的,所以需将质点走过的路程分成许多微段,每个微段的弧长 $\mathrm{d}s$ 可近似地看成直线,$\mathrm{d}\boldsymbol{r}$ 可视为沿点 M 的切线,力 $\boldsymbol{F}$ 在该微段中可近似看成常力,所做的功称为元功,表示为

$$\delta W = \boldsymbol{F}\cos\theta \cdot \mathrm{d}s = \boldsymbol{F} \cdot \mathrm{d}\boldsymbol{r} \tag{12-2}$$

力 $\boldsymbol{F}$ 在全路程上做的功等于元功之和,即

$$W = \int_0^s \boldsymbol{F}\cos\theta \cdot \mathrm{d}s = \int_{M_1}^{M_2} F \cdot \mathrm{d}\boldsymbol{r} \tag{12-3}$$

如果取固结于地面的直角坐标系作为质点运动的参考系,将 F 与 $\mathrm{d}r$ 投影到各直角坐标轴上,则力 $\boldsymbol{F}$ 与 $\mathrm{d}\boldsymbol{r}$ 可写成沿直角坐标轴的分解式

$$\boldsymbol{F} = F_x\boldsymbol{i} + F_y\boldsymbol{j} + F_z\boldsymbol{k} \quad 和 \quad \mathrm{d}\boldsymbol{r} = \mathrm{d}x\boldsymbol{i} + \mathrm{d}y\boldsymbol{j} + \mathrm{d}z\boldsymbol{k}$$

式中:$\boldsymbol{i}$、$\boldsymbol{j}$、$\boldsymbol{k}$——沿直角坐标轴正向的单位矢量。

将上面两式代入式(12-2)中,可得元功的解析式。

$$\delta W = F_x\mathrm{d}x + F_y\mathrm{d}y + F_z\mathrm{d}z$$

力 $\boldsymbol{F}$ 在点的轨迹上从 M_1 运动至 M_2 的过程中所做的功,可用线积分表示为

$$W = \sum \delta W = \int_{M_1}^{M_2} F_x\mathrm{d}x + F_y\mathrm{d}y + F_z\mathrm{d}z \tag{12-4}$$

12.1.2 几种常见力的功

1) 重力的功

如图 12-2 所示,质点沿轨迹由 M_1 运动到 M_2,其重力 $P=mg$ 在直角坐标轴上的投影为

$$F_x = 0,\ F_y = 0,\ F_z = -mg$$

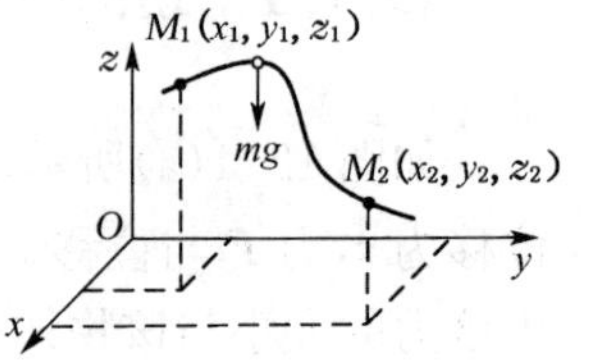

图 12-2

代入式(12-4),得

$$W_{12} = \int_{z_1}^{z_2} -mg\,\mathrm{d}z = mg(z_1 - z_2) \tag{12-5}$$

由此可见，重力的功仅与质点运动开始和终了位置的高度差有关，而与运动轨迹无关。

对于质点系，所有质点重力做功之和为

$$\sum W_{12} = \sum m_i g(z_{i1} - z_{i2})$$

由质心坐标公式 $mz_C = \sum m_i z_i$，可得

$$\sum W_{12} = mg(z_{C1} - z_{C2})$$

式中：m——质点系全部质量之和；

$z_{C1} - z_{C2}$——运动始末位置其质心的高度差。

质点系重力做功仍与质心的运动轨迹的形状无关。

2）弹性力的功

如图 12-3 所示，设质点 M 受指向固定中心 O 点的弹性力作用，当质点 M 的矢径表示为 $\boldsymbol{r} = r\boldsymbol{e}_r$ 时，在弹性限度内弹性力可表示为 $\boldsymbol{F} = -k(r - l_0)\boldsymbol{e}_r$，其中 k 为弹簧的刚度系数，l_0 为弹簧的原长，$\boldsymbol{e}_r$ 为沿质点矢径方向的单位矢量。注意，$\boldsymbol{e}_r$ 是变矢量，$\boldsymbol{e}_r$ 大小虽然是单位量，但其方向随着质点 M 位置的变化而变化。弹性力在图 12-3 所示有限路径 M_1M_2 上的功为

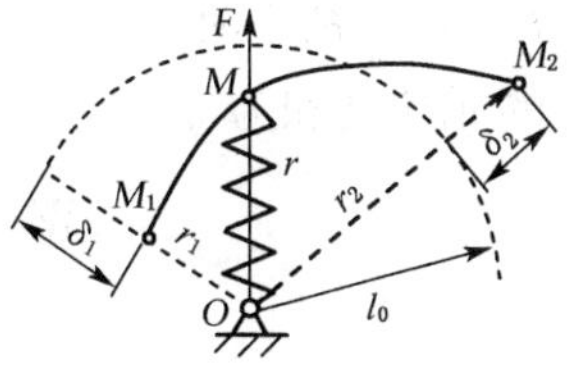

图 12-3

$$W_{12} = \int_{M_1}^{M_2} \boldsymbol{F} d\boldsymbol{r} = \int_{r_1}^{r_2} -k(r - l_0)\, \boldsymbol{e}_r d\boldsymbol{r}$$

因
$$\boldsymbol{e}_r d\boldsymbol{r} = \frac{\boldsymbol{r}}{r} \cdot d\boldsymbol{r} = \frac{1}{2r} d(\boldsymbol{r} \cdot \boldsymbol{r}) = \frac{1}{2r} dr^2 = dr$$

上式可表示为

$$W_{12} = \int_{r_1}^{r_2} -k(r - l_0) dr = \frac{1}{2} k[(r_1 - l_0)^2 - (r_2 - l_0)^2]$$

$$= \frac{1}{2} k(\delta_1^2 - \delta_2^2) \qquad (12\text{-}6)$$

式中：δ_1，δ_2——质点在起点及终点处弹簧的变形量。

由式(12-6)可知，弹性力在有限路程上的功只取决于弹簧在起始及终了位置的变形量，而与质点的运动路径无关。

3）定轴转动刚体上的作用力的功

如图 12-4 所示，设作用在定轴转动刚体点 M 上的力 F 与该点处的轨迹切线的夹角为 θ，则力 F 在切线上的投影为 $\boldsymbol{F}_t = \boldsymbol{F}\cos\theta$，当刚体绕定轴转动时，转角 φ 与力作用点 M 所经过的弧长 s 的关系为 $ds = Rd\varphi$，式中 R 为点 M 到轴的垂距。

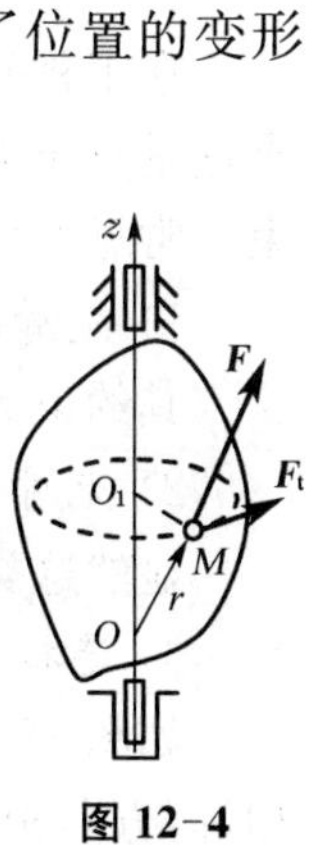

图 12-4

力 $\boldsymbol{F}$ 的元功为 $\delta W = \boldsymbol{F} \cdot d\boldsymbol{r} = \boldsymbol{F}_t ds = \boldsymbol{F}_t R d\varphi$，而 $\boldsymbol{F}_t R = M_z(\boldsymbol{F}) = M$ 为力 $\boldsymbol{F}$ 对 z 轴的力矩。根据静力平衡原理，z 轴作用于刚体一个合力，其大小与力 $\boldsymbol{F}$ 相等，方向相反，作用线平行，两个力形成了一个力偶 M，$\boldsymbol{F}_t R$ 就是力偶矩 M 的大小，力 $\boldsymbol{F}$ 所做的功也就是力偶 M 所做的功，于是

$$\delta W = M_z \mathrm{d}\varphi = M \mathrm{d}\varphi \tag{12-7}$$

在有限转动中,力 $\boldsymbol{F}$ 所做的功或力偶 M 所做的功可以通过将式(12-7)从初始角度 φ_1 积分到最终角度 φ_2 得到

$$W_{12} = \int_{\varphi_1}^{\varphi_2} M \mathrm{d}\varphi \tag{12-8}$$

12.1.3 质点系内力的功

作用于质点系的力既有外力,也有内力,在某些情形下,内力虽然等值、反向,但做功之和并不为零。如图 12-5 所示,质点系中 A、B 两质点间有相互作用的内力 $\boldsymbol{F}_A$ 和 $\boldsymbol{F}_B$,根据牛顿第三定律 $\boldsymbol{F}_A = -\boldsymbol{F}_B$,两点对于固定点 O 的矢径分别为 $\boldsymbol{r}_A$ 和 $\boldsymbol{r}_B$,$\boldsymbol{F}_A$ 和 $\boldsymbol{F}_B$ 的元功之和为

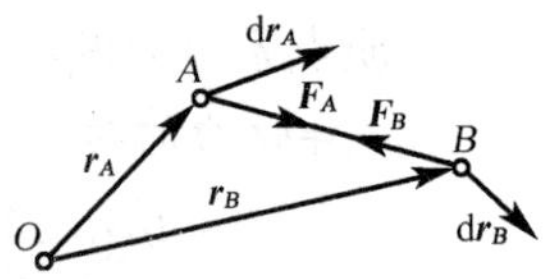

图 12-5

$$\begin{aligned}\delta W &= \boldsymbol{F}_A \cdot \mathrm{d}\,\boldsymbol{r}_A + \boldsymbol{F}_B \cdot \mathrm{d}\,\boldsymbol{r}_B = \boldsymbol{F}_A \cdot d\,r_A - \boldsymbol{F}_A \cdot \mathrm{d}\,\boldsymbol{r}_B \\ &= \boldsymbol{F}_A \cdot \mathrm{d}(\boldsymbol{r}_A - \boldsymbol{r}_B)\end{aligned}$$

$\boldsymbol{r}_A + \boldsymbol{r}_{AB} = \boldsymbol{r}_B$,考虑到$\boldsymbol{r}_A - \boldsymbol{r}_B = -\boldsymbol{r}_{AB}$,所以有

$$\delta W = -\boldsymbol{F}_{\mathrm{A}} \cdot \mathrm{d}\boldsymbol{r}_{AB} \tag{12-9}$$

式(12-9)说明,当质点系内质点间的距离 AB 可变化时,内力的元功之和不为零。如汽车发动机汽缸内膨胀的气体对活塞和汽缸的作用力都是内力,内力的功的和不为零,内力的功使汽车的动能增加。机器中有相对滑动的两个零件之间的内摩擦力作负功,消耗机器的能量。

应当注意,刚体所有内力做功的和等于零。这是因为刚体内任意两质点的距离保持不变,由式(12-9)知 $\delta W = 0$。

12.1.4 理想约束的功

在工程问题分析中,往往有些约束力做功为零。如图 12-1 所示光滑固定面,其约束力永远垂直于力作用点的位移,约束力不做功。我们将约束力做功等于零的约束称为理想约束。常见的理想约束有:

1) 光滑固定面约束

其约束力垂直于作用点的位移,约束力不做功。

2) 光滑铰支座和固定端约束

显然这类约束力的功为零。

3) 连接两个刚体的铰

如图 12-6(a)所示,两个刚体用光滑铰链在 O 点连接,两个刚体相互间的约束力,大小相等,方向相反,即 $\boldsymbol{F}' = -\boldsymbol{F}$,两力在 O 点的微小位移 $\mathrm{d}\boldsymbol{r}$ 上的元功之和等于零,即

$$\sum \delta W = \boldsymbol{F}' \cdot \mathrm{d}\boldsymbol{r} + \boldsymbol{F} \cdot \mathrm{d}\boldsymbol{r} = 0$$

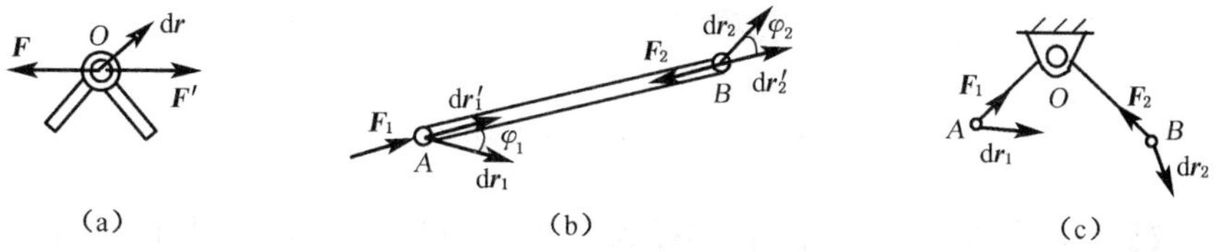

图 12-6

4）刚性二力杆

如图 12-6(b)所示，刚性二力杆两端 A 和 B 作用两个大小相等方向相反的力，即 $\boldsymbol{F}_1=-\boldsymbol{F}_2$。

$$\delta W_1=\boldsymbol{F}_1\cdot \mathrm{d}\boldsymbol{r}_1=F_1\cdot \mathrm{d}\boldsymbol{r}_1\cdot\cos\varphi_1$$

$$\delta W_2=\boldsymbol{F}_2\cdot \mathrm{d}\boldsymbol{r}_2=F_2\cdot \mathrm{d}\boldsymbol{r}_2\cdot\cos\varphi_2$$

因杆件是刚性的，则 $\mathrm{d}r_1\cdot\cos\varphi_1=\mathrm{d}r_2\cdot\cos\varphi_2$，则

$$\sum\delta W=\delta W_1+\delta W_2=0$$

5）柔软而不可伸长的绳索约束

如图 12-6(c)所示，绳索给 A、B 两点的拉力：$\boldsymbol{F}_1=-\boldsymbol{F}_2$

因绳索不可伸长，则两端位移沿绳索的投影必相等，因而约束力做功之和为零。

6）不计滚动摩阻的纯滚动的接触点

一般来说，滑动摩擦与物体的相对位移反向，摩擦力作负功，不是理想约束，但当轮子在固定面上只滚不滑时，接触点为瞬心，滑动摩擦力作用点没有位移，此时，滑动摩擦力不做功。因此，不计滚动摩阻时，纯滚动的接触点是理想约束。

【例 12-1】 如图 12-7(a)所示，质量为 m 的物体 A 放在倾角为 θ 的斜面上，一端连接刚度系数为 k 的弹簧。已知斜面的动摩擦因数为 f，物体 A 由弹簧原长 l_0 沿斜面向下移动 s，求在此过程中作用在物体上的力所做的功，以及合力的功。

【解】 以物体 A 为研究对象进行受力分析，如图 12-7(b)所示。作用在物体 A 上的力有重力 mg，弹性力 $\boldsymbol{F}$，动摩擦力 $\boldsymbol{F}_s$，法向约束力 $\boldsymbol{F}_N$，分别计算各力的功。

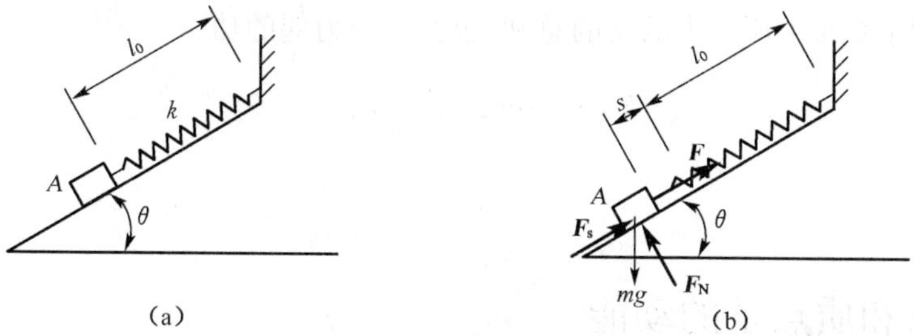

图 12-7

重力 mg 的功为　$W_{12}=mg(z_1-z_2)=mgs\sin\theta$

动摩擦力 $\boldsymbol{F}_s$ 的功为　$W_{12}=-F_s s=-fF_N s=-fmgs\cos\theta$

弹性力 $\boldsymbol{F}$ 的功为　$W_{12}=\dfrac{1}{2}k(\delta_1^2-\delta_2^2)=\dfrac{1}{2}k(0-s^2)=-\dfrac{1}{2}ks^2$

法向约束力 F_N 与位移始终垂直，其功为零。

合力的功等于各分力的功的代数和，即

$$W=mgs\sin\theta-fmgs\cos\theta-\frac{1}{2}ks^2$$

【例 12-2】 如图 12-8(a)所示，在半径为 R 的匀质卷筒 B 上作用有一力偶，其力偶矩为 $M=a\varphi+b\varphi^2$，其中 φ 为转角，a、b 为常数，卷筒上的绳索连接在圆柱体的中心 A 上，并拉动它在水平面上作无滑动的滚动，卷筒 B 和圆柱 A 的质量均为 m，不计动摩擦力和绳索质量，当卷筒 B 转过一圈时，求作用于系统上所有力的功的总和。

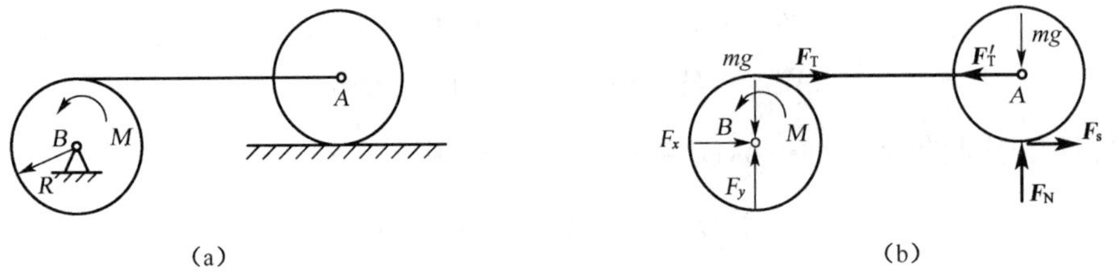

图 12-8

【解】 取系统为研究对象进行受力分析，如图 12-8(b)所示。作用在系统上的力有卷筒和圆柱的重力 mg，固定铰链对卷筒的约束反力 F_x、F_y，支承面对圆柱体的滑动摩擦力 $\boldsymbol{F}_s$ 和法向约束力 $\boldsymbol{F}_N$，以及作用在卷筒的力偶 M，此外还有绳索间相互的内力 $\boldsymbol{F}_T$、$\boldsymbol{F}'_T$。

因固定铰链、不可伸长的绳索、支承面对圆柱体的约束为理想约束，其做功均为零。圆柱 A 作无滑动的滚动，滑动摩擦力做功也为零。

系统在整个运动过程中，竖向位移始终为零，$z_1-z_2=0$，则重力做功为零。

计算力偶的功，注意其力偶矩是变量，则

$$\begin{aligned}W_{12}&=\int_{\varphi_1}^{\varphi_2}M_z\mathrm{d}\varphi=\int_0^{2\pi}(a\varphi+b\varphi^2)\mathrm{d}\varphi\\&=2a\pi^2+\frac{8}{3}b\pi^3\end{aligned}$$

于是，作用于系统上所有力的功的总和，也就等于力偶的功

$$W=2a\pi^2+\frac{8}{3}b\pi^3$$

12.2 质点和质点系的动能

12.2.1 质点的动能

设某运动的质点，质量为 m，在某瞬时在 M 点的速度大小为 v，则质点的动能为

$$T = \frac{mv^2}{2} \tag{12-10}$$

动能是标量，恒为正值。动能的量纲为

$$[T] = [m][v]^2 = [\mathrm{M}][L]^2/[T]^2 = [F][L]$$

由此可见，动能的量纲与功的量纲相同，动能的单位与功的单位相同。

12.2.2 质点系的动能

设有一质点系由 n 个质点所组成，任一质点 m_i 在某瞬时的动能为$\frac{m_i v_i^2}{2}$。因动能为标量，则质点系内所有质点在某瞬时动能的算术和即为该瞬时质点系的动能：

$$T = \sum_{i=1}^{n} \frac{m_i v_i^2}{2} \tag{12-11}$$

在实际工程中，刚体的动能计算更具有现实意义。下面首先分析刚体平移和定轴转动两种情况。对于平面运动的刚体，由于其运动可分解为随质心的平动和绕质心的定轴转动，可在前两种情况的基础上分析刚体作平面一般运动时的动能。

1）平移刚体的动能

当刚体平移时，刚体上各点速度相同，因此可以用质心的速度表示刚体的速度，$v_i = v_C$。则平移刚体的动能为

$$T = \sum_{i=1}^{n} \frac{m_i v_i^2}{2} = \sum_{i=1}^{n} \frac{m_i v_C^2}{2} = \frac{v_C^2}{2}\sum_{i=1}^{n} m_i = \frac{m v_C^2}{2} \tag{12-12}$$

式中：m——整个刚体的质量，$m = \sum_{i=1}^{n} m_i$。

2）定轴转动刚体的动能

当刚体绕固定轴 z 转动时，如图 12-9 所示，其上任一点的速度为 $v_i = r_i\omega$。则绕定轴转动刚体的动能为

$$T = \sum_{i=1}^{n} \frac{m_i v_i^2}{2} = \sum_{i=1}^{n} \frac{m_i (r_i\omega)^2}{2} = \frac{\omega^2}{2}\sum_{i=1}^{n} m_i r_i^2 = \frac{J_z\omega^2}{2} \tag{12-13}$$

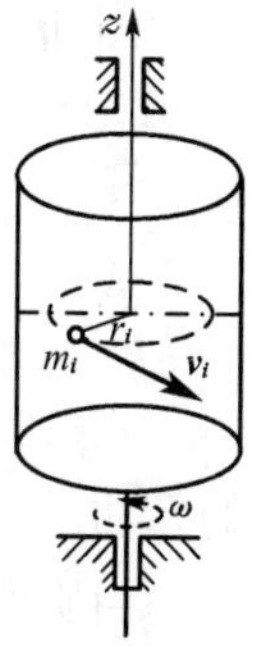

图 12-9

式中：J_z——刚体对 z 轴的转动惯量，$J_z = \sum_{i=1}^{n} m_i r_i^2$。

3）平面运动刚体的动能

质量为 m 的刚体作平面运动时，某瞬时刚体运动可视为绕通过速度瞬心 C' 并与运动平面垂直的轴的转动，此时刚体动能可写为

$$T = \frac{J_C\omega^2}{2}$$

式中：J_C——刚体对通过速度瞬心 C' 并与运动平面垂直的轴的转动惯量。

根据转动惯量的平行轴定理，有

$$J_{C'} = J_C + md^2$$

式中：J_C——刚体对通过质心 C 并与运动平面垂直的轴的转动惯量；

d——质心 C 与速度瞬心 C' 之间的距离。

如图 12-10 所示，代入上式可得：

$$T = \frac{J_{C'}\omega^2}{2} = \frac{1}{2}(J_C + md^2)\omega^2 = \frac{J_C\omega^2}{2} + \frac{md^2\omega^2}{2}$$

质点 C 的速度 $v_C = d\omega$，代入上式可得

$$T = \frac{mv_C^2}{2} + \frac{J_C\omega^2}{2} \tag{12-14}$$

公式(12-14)表明，平面运动刚体的动能等于随质心平移的动能和绕质心转动的动能之和。

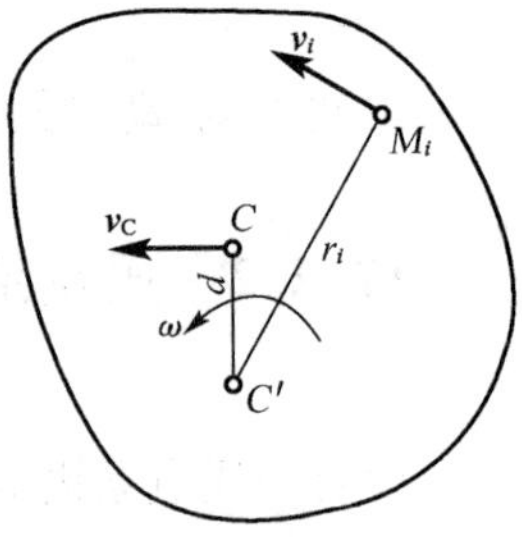

图 12-10

12.3 动能定理

12.3.1 质点动能定理

在合力 $\boldsymbol{F}$ 作用下质量为 m 的质点运动微分方程的矢量形式为

$$m\frac{\mathrm{d}\boldsymbol{v}}{\mathrm{d}t} = \boldsymbol{F}$$

在方程两边点乘 $\mathrm{d}\boldsymbol{r}$ 得

$$m\frac{\mathrm{d}\boldsymbol{v}}{\mathrm{d}t}\cdot\mathrm{d}\boldsymbol{r} = \boldsymbol{F}\cdot\mathrm{d}\boldsymbol{r}$$

因 $\mathrm{d}\boldsymbol{r} = \boldsymbol{v}\mathrm{d}t$，于是上式可写成

$$m\boldsymbol{v}\cdot\mathrm{d}\boldsymbol{v} = \boldsymbol{F}\cdot\mathrm{d}\boldsymbol{r}$$

或

$$\mathrm{d}\left(\frac{mv^2}{2}\right) = \delta W \tag{12-15}$$

式(12-15)称为质点动能定理的微分形式，表明质点动能的微分等于作用质点上的力的元功。

当质点 m 从点 M_1 运动到点 M_2 时，其速度由 v_1 变为 v_2，将式(12-15)沿路径积分，得

$$\int_{v_1}^{v_2}\mathrm{d}\left(\frac{mv^2}{2}\right) = \int_{M_1}^{M_2}\delta W$$

$$\frac{mv_2^2}{2} - \frac{mv_1^2}{2} = W_{12} \tag{12-16}$$

式(12-16)称为质点动能定理的积分形式，表明在质点运动的某个过程中，质点的动能

改变等于运动过程中力对质点所做的功。

动能定理建立了质点的动能与作用力的功的关系，表明了在机械运动中功与功能相互转化的关系。由式(12-16)可见，力作正功，质点动能增加；力作负功，质点动能减小。

12.3.2 质点系动能定理

质点系内任一质点，质量为 m_i，速度为 v_i，根据式(12-15)，即质点动能定理的微分形式，有

$$\mathrm{d}\left(\frac{m_i v_i^2}{2}\right) = \delta W_i$$

式中：δW_i——作用于该质点的力 $\boldsymbol{F}_i$ 所作的元功。

设质点系有 n 个质点，对于每个质点都可以列出如上方程，将 n 个方程相加，得

$$\sum_{i=1}^{n} \mathrm{d}\left(\frac{m_i v_i^2}{2}\right) = \sum_{i=1}^{n} \delta W_i$$

交换微分及求和的次序

$$\mathrm{d}\sum_{i=1}^{n}\left(\frac{m_i v_i^2}{2}\right) = \sum_{i=1}^{n} \delta W_i$$

式中 $\sum_{i=1}^{n}\left(\frac{m_i v_i^2}{2}\right)$ 是质点系内各质点动能的和，即质点系的动能，以 T 表示，于是上式可写成

$$\mathrm{d}T = \sum_{i=1}^{n} \delta W_i \tag{12-17}$$

式(12-17)称为质点系动能定理的微分形式，表明质点系动能的增量等于作用于质点系全部力的元功的和。

对上式积分，得

$$T_2 - T_1 = \sum_{i=1}^{n} W_i \tag{12-18}$$

式(12-18)称为质点系动能定理的积分形式，表明质点系在运动的某个过程中，起点和终点的动能改变量等于作用于质点系的全部力在这段过程中所做功之和。

【例 12-3】 如图 12-11(a)所示，长为 l、质量为 m 的均质杆 OA，O 点处用光滑铰固定。初始时于水平位置无初速释放，求当杆转过任意角 φ 时角速度和角加速度。

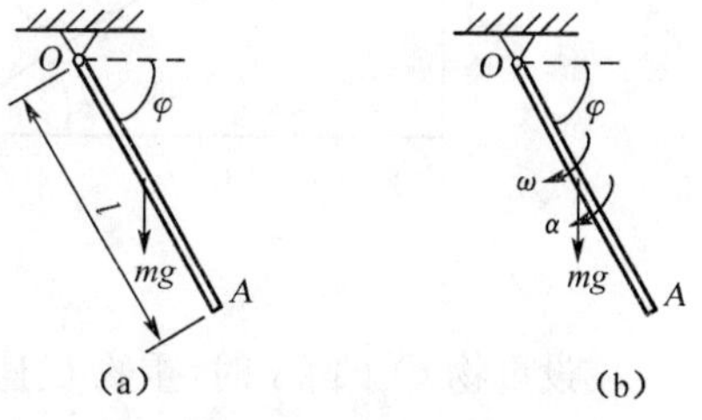

图 12-11

【解】 设转过角 φ 时杆的角速度和角加速度分别为 ω、α，如图 12-11(b)所示。铰链 O 的约束为理想约束，不做功，杆件中只有重力做功。根据动能定理有

$$T_2 - T_1 = W_{12}$$

初始时,系统静止,则

$$T_1 = 0$$

$$T_2 = \frac{1}{2}J_O\omega^2 = \frac{1}{2}\times\frac{1}{12}ml^2\times\omega^2 = \frac{1}{6}m\omega^2 l^2$$

$$W_{12} = mg\,\frac{l}{2}\sin\varphi$$

$$\frac{1}{6}m\omega^2 l^2 - 0 = mg\,\frac{l}{2}\sin\varphi \tag{a}$$

$$\omega = \sqrt{\frac{3g\sin\varphi}{l}}$$

对式(a)两边对时间求一次导数,得

$$\frac{1}{3}m\omega l^2\,\frac{\mathrm{d}\omega}{\mathrm{d}t} = mg\,\frac{l}{2}\cos\varphi\,\frac{\mathrm{d}\varphi}{\mathrm{d}t}$$

因 $\frac{\mathrm{d}\varphi}{\mathrm{d}t} = \omega$,$\frac{\mathrm{d}\omega}{\mathrm{d}t} = \alpha$,则

$$\alpha = \frac{3g\cos\varphi}{2l}$$

【例 12-4】 如图 12-12(a)所示,滚子 A、滑轮 B 均质,重量和半径均为 m 和 r,重物 C 的质量为 $2m$。重物 C 借助绕过滑轮 B 的不可伸长的绳索,使滚子沿倾角为 θ 的斜面向上滚动而不滑。求重物 C 下降 s 时的速度和加速度。

【解】 以重物 C、圆柱体 A 及鼓轮 O 组成的系统为对象。作用于系统的外力有:重力 mg,固定铰支座的约束反力 F_{Ox}、F_{Oy},斜面对圆柱体的法向反力 $\boldsymbol{F}_N$ 和滑动摩擦力 $\boldsymbol{F}_s$,如图 12-12(b)所示。其中,在系统运动过程中,理想约束做功为零,做功的外力仅有 mg 即

$$W_{12} = 2mgs - mgs\sin\theta$$

初始时,系统静止,则 $T_1 = 0$

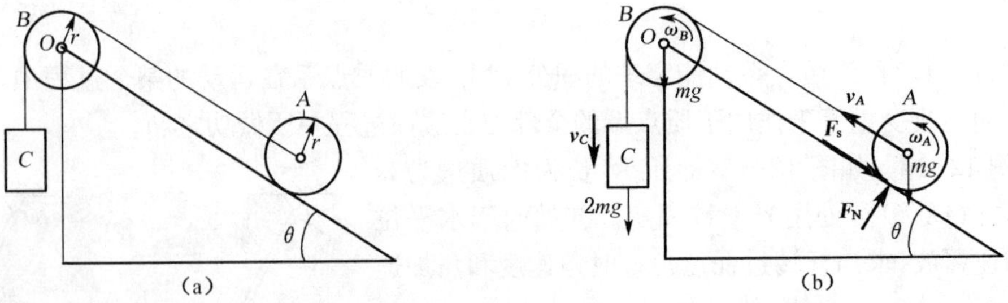

图 12-12

设重物 C 下降 s 时,重物 C 速度为 v_C,圆柱体 A 速度为 v_A,鼓轮 O 和圆柱体 A 的角速度分别为 ω_A 和 ω_B,方向如图 12-12(b)所示,则

$$T_2 = \frac{1}{2} \times 2mv_C^2 + \frac{1}{2}J_O\omega_B^2 + \frac{1}{2}J\omega_A^2 + \frac{1}{2}mv_A^2$$

根据动能定理 $T_2 - T_1 = W_{12}$，有

$$\frac{1}{2} \times 2mv_C^2 + \frac{1}{2}J_O\omega_B^2 + \frac{1}{2}J\omega_A^2 + \frac{1}{2}mv_A^2 = 2mgs - mgs\sin\theta$$

因 $$v_C = v_A,\ v_C = \omega_B r,\ J_O = J = \frac{1}{2}mr^2$$

滚子作纯滚动，$v_A = \omega_A r$，则

$$mv_C^2 + \frac{1}{2} \times \frac{1}{2}mr^2 \times \omega_B^2 + \frac{1}{2} \times \frac{1}{2}mr^2 \times \omega_A^2 + \frac{1}{2}mv_C^2 = 2mgs - mgs\sin\theta$$

$$2mv_C^2 = mgs(2 - \sin\theta) \tag{b}$$

$$v_C = \sqrt{\frac{gs(2 - \sin\theta)}{2}}$$

对式(b)对时间求导数得

$$4mv_C\frac{\mathrm{d}v_C}{\mathrm{d}t} = mg(2 - \sin\theta)\frac{\mathrm{d}s}{\mathrm{d}t}$$

又因为 $$\frac{\mathrm{d}v_C}{\mathrm{d}t} = a_C,\ \frac{\mathrm{d}s}{\mathrm{d}t} = v_C$$

$$a_C = \frac{g(2 - \sin\theta)}{4}$$

动能定理的应用大大简化了关于力、位移和速度的许多问题。上面的例题表明动能定理具有以下优点：

(1) 为求末点的速度，不需要求起始点(位形)到末点(位形)之间的质点(系)的加速度，也没有必要对运动微分方程从起始点(位形)到末点(位形)积分。

(2) 所有的量都是标量，可以直接相加，不用求坐标轴的分量。

(3) 解决问题时可以忽略不做功的力。

然而，动能定理不能直接用于求垂直于运动轨迹不做功的力，这点应予以注意。

12.4 功率・功率方程・机械效率

12.4.1 功率

功率的定义是单位时间内所做的功，即功率是描述做功快慢的物理量。功的数量一定，时间越短，功率值就越大。功率的数学表达式为

$$P = \frac{\delta W}{\mathrm{d}t} = \frac{\boldsymbol{F} \cdot \mathrm{d}\boldsymbol{r}}{\mathrm{d}t} = \boldsymbol{F} \cdot \boldsymbol{v} = F_t v \tag{12-19}$$

即：功率等于切向力与力作用点速度的乘积。

作用在转动刚体上力的功率：$P=\frac{\delta W}{dt}=\frac{M_z d\varphi}{dt}=M_z\omega$，即：作用于转动刚体上力的功率等于该力对转轴的矩与角速度的乘积。

例：对每台机床、每部机器能够输出的最大功率是一定的，因此用机床加工时，如果切削力较大，必须选择较小的切削速度；当切削力较小时，可选择较大的切削速度。又如汽车上坡时，由于需要较大的驱动力，这时驾驶员一般选用低速挡，以求在发动机功率一定的条件下产生最大的驱动力。

在国际单位制中，功率的单位是焦耳/秒(J/s)，命名为瓦特(W)。

$$1\ \mathrm{W}=1\ \mathrm{J/s}=1\ \mathrm{N\cdot m/s}=1\ \mathrm{kg\cdot m^2/s^2}$$

12.4.2 功率方程

任何机器工作时必须输入一定的功，用 $\delta W_{输入}$ 表示。机器作了有用功即机器的输出功，用 $\delta W_{有用}$ 表示。输入功等于输出功的机器称为“理想”机器，实际上机器总是要克服某些无用阻力的功，损失掉一部分功，如机器中摩擦力所做的功，用 $\delta W_{无用}$ 表示，因此输出功一定小于输入功。根据质点系功能定理的微分形式

$$dT=\sum\delta W_i=\delta W_{输入}-\delta W_{有用}-\delta W_{无用}$$

将上式两边除以 dt，并以 $P_{输入}$、$P_{有用}$、$P_{无用}$ 分别表示输入功率、有用功率和无用功率，则有

$$\frac{dT}{dt}=\frac{\delta W_{输入}}{dt}-\frac{\delta W_{有用}}{dt}-\frac{\delta W_{无用}}{dt}=P_{输入}-P_{有用}-P_{无用} \tag{12-20}$$

上式称为机器的功率方程，表示质点系的动能对时间的一阶导数，等于作用于质点系的所有功率的代数和，或者说系统的输入功率等于有用功率、无用功率和系统动能的变化率的和。

功率方程常用来研究工作时能量的变化和转化的问题。任一机器的功率可分为三部分，例如由电动机驱动的车床：

输入功率——电场对电机转子作用力的功率。

有用功率——车床加工零件必须付出的功率。

无用功率——由摩擦等损耗掉的功率。

当机器启动或加速运动时，$\frac{dT}{dt}>0$，故要求 $P_{输入}>P_{有用}+P_{无用}$，即输入功率要大于输出功率；当机器停车或负荷突然增加时，机器做减速运动，$\frac{dT}{dt}<0$，故要求 $P_{输入}<P_{有用}+P_{无用}$，即输入功率要小于输出功率；当机器匀速运转时，$\frac{dT}{dt}=0$，故要求 $P_{输入}=P_{有用}+P_{无用}$，即输入功率和输出功率相等，称为功率平衡。

12.4.3 机械效率

机械运转时有效功率与输入功率之比称为机械效率，用 η 表示。

$$\eta = \frac{P_{有用} + \mathrm{d}T/\mathrm{d}t}{P_{输入}} \times 100\% \tag{12-21}$$

机械效率说明机械对于输入能量的有效利用程度，是评价机械质量的指标之一，它与机械的传动方式、制造精度和工作条件有关。当一个机器是用来把机械能转化为电能，或者是把热能转化为机械能时，它的总效率可从式(12-21)得到。一个机械的效率总是小于 1 的($\eta < 1$)，就对所有不同形式损失的能提供了一个度量(电能和热能的损失以及摩擦损失等)。另外，在应用式(12-21)时应注意有效功率和输入功率的单位必须一致。

12.5 势力场·势能·机械能守恒定律

12.5.1 势力场

如质点在某一空间的任一位置都受到一个大小和方向完全由所在位置确定的力的作用，具有这种特性的空间就称为力场。例如，物体在地球表面的任何位置都受到一个确定的重力的作用，称地球表面的空间为重力场。又如，星球在太阳周围的任何位置都要受到太阳的引力作用，引力的大小和方向取决于此星球相对于太阳的位置，我们称太阳周围的空间为太阳引力场。

质点在某力场内运动，如果作用于物体的力所做的功只与力作用点的始末位置有关，与轨迹无关，则这种力场称为势力场或保守力场。质点在势力场内所受的力称为有势力或保守力。常见的势力场有重力场、弹性力场、万有引力场。

12.5.2 势能

在势力场中质点从某一位置 M 运动到选定的基点 M_0 的过程中势力所做的功，称为质点在点 M 相对于基点 M_0 的势能，以 V 表示：

$$V = \int_{M}^{M_0} \boldsymbol{F} \cdot \mathrm{d}\boldsymbol{r} = \int_{M}^{M_0} (F_x \mathrm{d}x + F_y \mathrm{d}y + F_z \mathrm{d}z) \tag{12-22}$$

可以假定选定的基点 M_0 的势能等于零，则在势力场中，势能的大小是相对于零势能点而言的。因零势能点 M_0 可以任意选定，在进行问题的求解时，可以利用这一特性合理选取零势能点 M_0，使分析和计算过程简单、方便。例如对常见的弹簧系统，往往以其静平衡位置为零势能位置，这样可以使势能的表达式更简洁、明了。同时，由于零势能点 M_0 可以任意选定，所以对于同一个所考察的位置的势能，将因零势能点 M_0 的不同而有不同的数值。

现在分析几种常见的势能。

1）重力场中的势能

如图 12-13 所示，重力场中选取 M_0 为零势能点，则重力的势能为

$$V=\int_{M}^{M_0}\boldsymbol{F}\cdot\mathrm{d}\boldsymbol{r}=\int_{z}^{z_0}-mg\,\mathrm{d}z=mg(z-z_0) \quad (12-23)$$

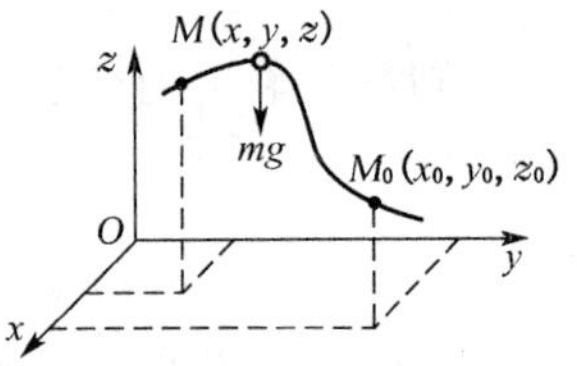

图 12-13

若以基点 M_0 为原点建立坐标系，$z_0=0$，上式可写为 $V=mgz$。

2）弹性力场中的势能

如图 12-14 所示，设弹簧的一端固定，另一端与物体连接，弹簧的刚度系数为 k。弹性力场中选取 M_0 为零势能点，则弹性力的势能为

$$V=\int_{M}^{M_0}\boldsymbol{F}\cdot\mathrm{d}\boldsymbol{r}=\frac{1}{2}k(\delta^2-\delta_0^2) \quad (12-24)$$

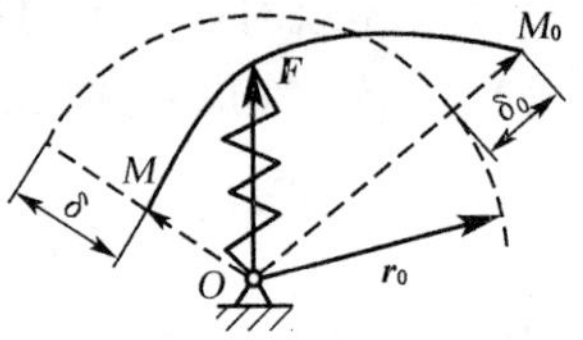

图 12-14

式中 δ 和 δ_0 分别为弹簧端点在 M 和 M_0 时弹簧的变形量，如取弹簧的自然位置为零势能点，有 $\delta_0=0$，则

$$V=\frac{1}{2}k\delta^2$$

事实上，任何弹性体变形时都具有势能，而且势能的公式都与式(12-24)相似。

3）万有引力场中的势能

如图 12-15 所示，$\boldsymbol{F}$ 为质量为 m_1 的物体作用于质量为 m_2 的物体上的万有引力，取 M_0 点为零势能点，则万有引力在 M 点的势能为

$$\begin{aligned}V&=\int_{M}^{M_0}\boldsymbol{F}\cdot\mathrm{d}\boldsymbol{r}=\int_{M}^{M_0}-\frac{fm_1m_2}{r^2}\boldsymbol{e}_\mathrm{r}\cdot\mathrm{d}\boldsymbol{r}\\&=\int_{M}^{M_0}-\frac{fm_1m_2}{r^3}\boldsymbol{r}\cdot\mathrm{d}\boldsymbol{r}=\int_{r}^{r_0}-\frac{fm_1m_2}{r^2}\mathrm{d}r \quad (12-25)\end{aligned}$$

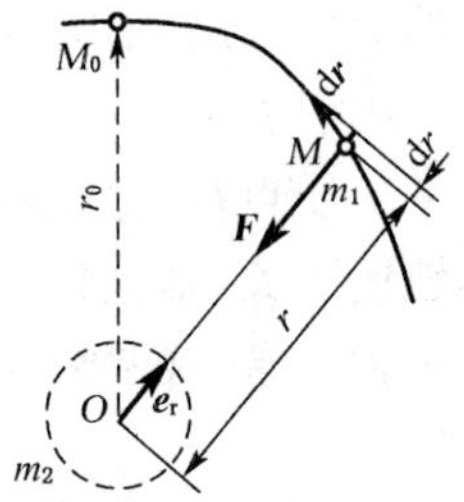

图 12-15

积分结果 $V=fm_1m_2\left(\frac{1}{r_0}-\frac{1}{r}\right)$，式中 f 为引力常数，$\boldsymbol{e}_\mathrm{r}$ 为支点的矢径方向的单位矢量。如势能基点选在无穷远处，即 $r_0=\infty$，得

$$V=-\frac{fm_1m_2}{r}$$

从以上讨论可以看出，质点的势能仅与质点的位置有关。在一般情况下，质点的势能只是质点坐标的单值连续函数，这个函数称为势能函数，可表示为

$$V=V(x,y,z)$$

势能函数相等的各点所组成的曲面称为等势面，表示为

$$V=V(x,y,z)=C$$

重力场的等势面是不同高度的水平面，弹性力场的等势面是以弹簧固定端为中心的球面，地球引力场的等势面是以地心为中心的不同半径的同心球面。当 $C=0$ 时的等势面称为零等势面，若选零等势面为势能的基面(零势面)，某一位置的势能等于势能函数在该位置的函数值。例如在重力场中，一般选水平面为零势面；在弹性力场中选弹簧自由长度，初变形为零处为零势能位置；万有引力场中选无穷远处为零势能位置。

注意，零势能面必须选择在固定面，不能是动点，并且重力势能和弹性势能的零势能面可以独立选取。

质点系在势力场中运动，有势力的功可通过势能计算。设某个有势力的作用点在质点系的运动过程中，从点 M_1 到点 M_2，如图 12-16 所示，该力所做的功为 W_{12}。若取 M_0 为零势能点，则从 M_1 到 M_0 和从 M_2 到 M_0 有势力所做的功分别为 M_1 和 M_2 位置的势能 V_1 和 V_2。因有势力的功与轨迹形状无关，而由 M_1 经 M_2 到达 M_0 时，有势力的功为

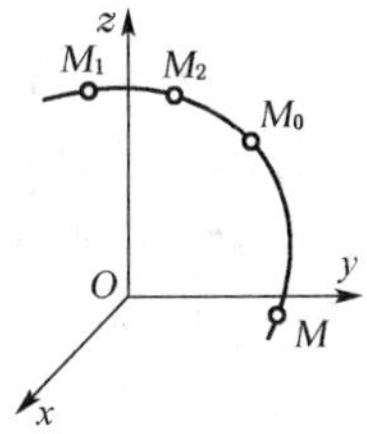

图 12-16

$$W_{10}=W_{12}+W_{20}$$

注意到 $W_{10}=V_1$，$W_{20}=V_2$，于是得

$$W_{12}=V_1-V_2 \tag{12-26}$$

即有势力所做的功等于质点系在运动过程的初始与终了位置的势能的差。

12.5.3 机械能守恒定律

质点系在某瞬时的动能与势能的代数和称为机械能。设质点系在运动过程的初始和终了瞬时的动能分别为 T_1 和 T_2，所受力在该过程中所做的功为 W_{12}，根据动能定理有

$$T_2-T_1=W_{12}$$

若系统运动中，只有有势力做功，而有势力的功可用势能计算，即 $W_{12}=V_1-V_2$，代入上式得

$$T_1+V_1=T_2+V_2 \tag{12-27}$$

上式就是机械能守恒定律的数学表达式，即质点系仅在有势力的作用下运动时，其机械能保持不变。因为势力场具有机械能守恒的特性，因此势力场又称为保守力场，而有势力又称为保守力。质点系在非保守力作用下运动时，机械能不守恒。例如摩擦力做功时总是使机械能减少，但是减少的能并未消失，而是转化为另一种形式的能量(例如热能)，总能量仍然是守恒的，如果考虑了各种形式的能量(如电磁能、化学能、热能等)的转化，对于整个系统来说，总的能量仍是守恒的，这是普通形式的能量守恒定律，机械能守恒定律只不过是它的特殊情况。

【例 12-5】 如图 12-17(a)所示，物体 A 的质量为 m_1，定滑轮 O 的质量为 m_2，半径为 r，可视为匀质圆盘；滑块 B 的质量为 m_3，置于光滑水平面上；弹簧刚度系数为 k，绳子与滑轮间无相对滑动。当系统处于静止时，若给物体 A 以向下的速度 v_0，试求 A 下降距离为 s 时的速度。

【解】 以整个系统为研究对象。在系统运动过程中，只有重力和弹性力做功，所以系统机械能守恒。

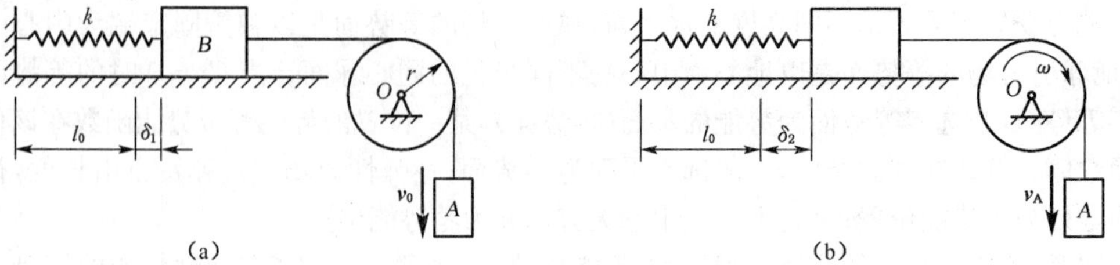

图 12-17

选弹簧处于原长时的末端为弹性力势能的零位置；选各物体处于静止平衡时，各自质心所在水平面位置为各物体的重力势能零位置。取静止平衡时为第一位置，物块 A 下降距离 s 时系统所在位置为第二位置。

第一位置时，弹簧的变形量为 $\delta_1 = m_1 g/k$，A 的速度为 $\boldsymbol{v}_0$，B 的速度为 $\boldsymbol{v}_{B1} = \boldsymbol{v}_0$，滑轮 O 的角速度 $\omega_1 = v_0/r$，则系统的动能和势能分别为

$$\begin{aligned} T_1 &= \frac{1}{2}m_A v_0^2 + \frac{1}{2}m_B v_{B1}^2 + \frac{1}{2}J_O\omega_1^2 \\ &= \frac{1}{2}m_1 v_0^2 + \frac{1}{2}m_3 v_0^2 + \frac{1}{2}\times\frac{1}{2}m_2 r^2 \times (v_0/r)^2 \\ &= \frac{1}{4}(2m_1 + m_2 + 2m_3)v_0^2 \end{aligned}$$

$$V_1 = \frac{1}{2}k\delta_1^2$$

第二位置时，弹簧的变形量 $\delta_2 = \delta_1 + s$。设物块 A 的速度为 $\boldsymbol{v}_A$，则滑块 B 的速度为 $\boldsymbol{v}_{B2} = \boldsymbol{v}_A$，滑轮 O 的角速度 $\omega_2 = v_A/r$，则系统的动能和势能分别为

$$\begin{aligned} T_2 &= \frac{1}{2}m_A v_A^2 + \frac{1}{2}m_B v_{B2}^2 + \frac{1}{2}J_O\omega_2^2 \\ &= \frac{1}{2}m_1 v_A^2 + \frac{1}{2}m_3 v_A^2 + \frac{1}{2}\times\frac{1}{2}m_2 r^2 \times (v_A/r)^2 \\ &= \frac{1}{4}(2m_1 + m_2 + 2m_3)v_A^2 \end{aligned}$$

$$V_2 = \frac{1}{2}k\delta_2^2 - m_A gs = \frac{1}{2}k(\delta_1 + s)^2 - m_1 gs$$

根据机械能守恒定律 $T_1 + V_1 = T_2 + V_2$，得

$$\frac{1}{2}k\delta_1^2 + \frac{1}{4}(2m_1 + m_2 + 2m_3)v_0^2 = \frac{1}{2}k(\delta_1 + s)^2 - m_1 gs + \frac{1}{4}(2m_1 + m_2 + 2m_3)v_A^2$$

求解可得物块 A 下降 s 时的速度为

$$v_A = \sqrt{v_0^2 - \frac{4k\delta_1 s + 2ks^2}{2m_1 + m_2 + 2m_3}}$$

【例 12-6】 如图 12-18(a)所示，鼓轮匀速转动，重物 A 以速度 $\boldsymbol{v}$ 匀速下降，重物 A 质量为 m，当鼓轮突然被卡住时，钢索的刚度系数 k，求此后钢索的最大张力。

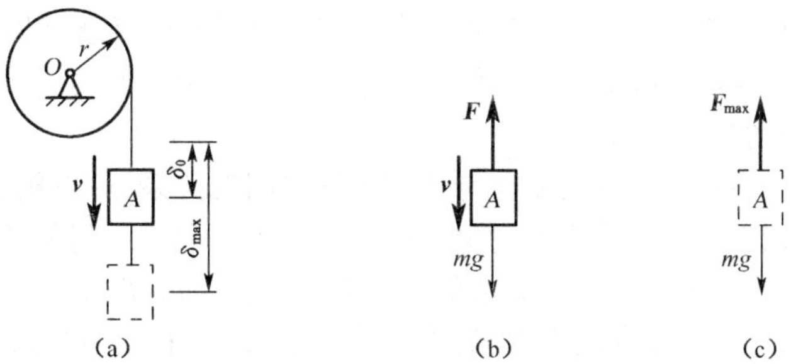

图 12-18

【解】 以整个系统为研究对象。在系统运动过程中，只有重力和弹性力做功，所以系统机械能守恒。

选钢索处于原长时的末端为弹性力势能的零位置；选钢索卡住前的一瞬时重物 A 所在位置为重力势能零位置。

取钢索卡住前的一瞬时为第一位置。卡住前重物 A 匀速下降，卡住前的一瞬时，取重物 A 进行受力分析，如图 12-18(b)所示，由平衡条件得

$$F = mg = k\delta_0$$

则钢索的变形量

$$\delta_0 = mg/k$$

$$T_1 = \frac{1}{2}mv^2,\ V_1 = \frac{1}{2}k\delta_0^2$$

卡住后重物 A 继续向下运动，直至速度为零，此时钢索有最大张力，以此位置为第二位置进行分析。

$$T_2 = 0$$

$$V_2 = \frac{1}{2}k\delta_{max}^2 - mg(\delta_{max} - \delta_0)$$

根据机械能守恒定律 $T_1 + V_1 = T_2 + V_2$，得

$$\frac{1}{2}mv^2 + \frac{1}{2}k\delta_0^2 = 0 + \frac{1}{2}k\delta_{max}^2 - mg(\delta_{max} - \delta_0)$$

$$\frac{1}{2}\frac{k\delta_0}{g}v^2 + \frac{1}{2}k\delta_0^2 = 0 + \frac{1}{2}k\delta_{max}^2 - k\delta_0(\delta_{max} - \delta_0)$$

$$\delta_{max} = \delta_0\left(1 + \sqrt{\frac{v^2}{g\delta_0}}\right)$$

钢索的最大张力为

$$F_{max} = k\delta_{max} = k\delta_0\left(1 + \sqrt{\frac{v^2}{g\delta_0}}\right)$$

12.6 普遍定理的综合应用举例

动量定理、动量矩定理与动能定理统称为动力学普遍定理。3 个定理从不同的侧面描

绘了质点系运动的动力学过程。各个定理既有共性,又有各自的特点和适用范围。例如,动量和动量矩定理为矢量,不仅能求解运动量的大小,还能求出它们的方向;而动能定理却是标量形式,不反映运动量的方向性。

动量定理给出了质点系动量的变化与外力主矢之间的关系,可以用于求解质心运动或某些外力。动量矩定理描述了质点系动量矩的变化与外力主矩之间的关系,可以用于具有转动特性的质点系,求解角加速度等运动量和外力。动能定理建立了做功的力与质点系动能变化之间的关系,可用于复杂的质点系、刚体系求运动。应用动量定理和动量矩定理的优点是不必考虑系统的内力;应用动能定理的好处是理想约束力所作之功为零,因而不必考虑。

在很多情形下,需要综合应用这 3 个定理才能将问题解答。正确分析问题的性质,灵活应用这些定理,往往会达到事半功倍的作用。另外,这 3 个定理都存在不同形式的守恒形式,也要给予特别的重视。

下面举例说明动力学普遍定理的综合应用。

【例 12-7】 如图 12-19(a)所示,质量分别为 m_A、m_B 的物体 A、B 用弹簧相连,放置在光滑水平面上。弹簧原长为 l_0,刚度系数为 k。现将弹簧拉长到 l_1 后无初速释放,求当弹簧恢复原长时物体 A、B 的速度,弹簧质量不计。

【解】 以物体 A、B 和弹簧为系统进行受力分析,如图 12-19(b)所示。由于仅在水平方向发生位移,外力不做功;但物体 A、B 间的距离是可变的,故内力 $\boldsymbol{F}_A$、$\boldsymbol{F}_B$ 所做的功不为零。

$$W_{12} = \frac{1}{2}k[(l_1 - l_0)^2 - (l_0 - l_0)^2] = \frac{1}{2}k(l_1 - l_0)^2$$

初始时刻,系统静止,则

$$T_1 = 0$$

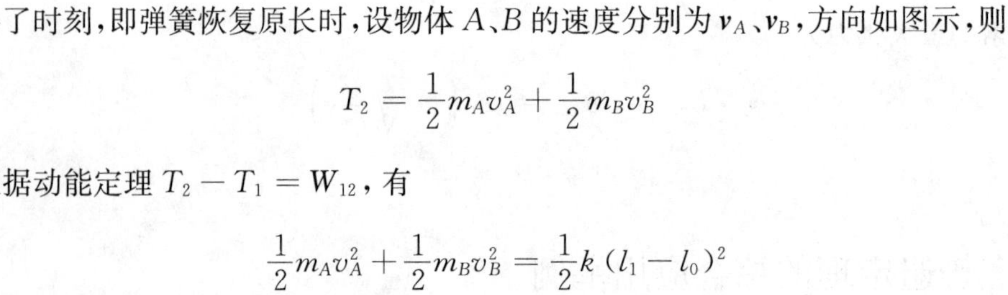

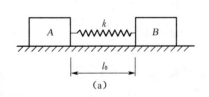

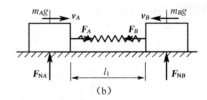

图 12-19

终了时刻,即弹簧恢复原长时,设物体 A、B 的速度分别为 $\boldsymbol{v}_A$、$\boldsymbol{v}_B$,方向如图示,则

$$T_2 = \frac{1}{2}m_A v_A^2 + \frac{1}{2}m_B v_B^2$$

根据动能定理 $T_2 - T_1 = W_{12}$,有

$$\frac{1}{2}m_A v_A^2 + \frac{1}{2}m_B v_B^2 = \frac{1}{2}k(l_1 - l_0)^2$$

因作用于系统的外力的主矢恒等于零,根据动量守恒定律,得

$$m_A v_A - m_B v_B = 0$$

代入上式，联立解之得

$$v_A = \sqrt{\frac{m_B}{m_A} \times \frac{k}{m_A + m_B}} \times (l_1 - l_0)$$

$$v_B = \sqrt{\frac{m_A}{m_B} \times \frac{k}{m_A + m_B}} \times (l_1 - l_0)$$

【例 12-8】 图示曲柄滑槽机构，均质曲柄 OA 绕水平轴 O 做匀速转动，角速度为 ω。已知曲柄 OA 的质量为 m_1，$OA = r$，滑槽 BCD 的质量为 m_2（重心在 D）。滑块 A 的重量和各处摩擦不计。求当曲柄转至图示位置时，滑槽 BC 的角速度、轴承 O 的约束力以及作用在曲柄上的力偶矩 M。

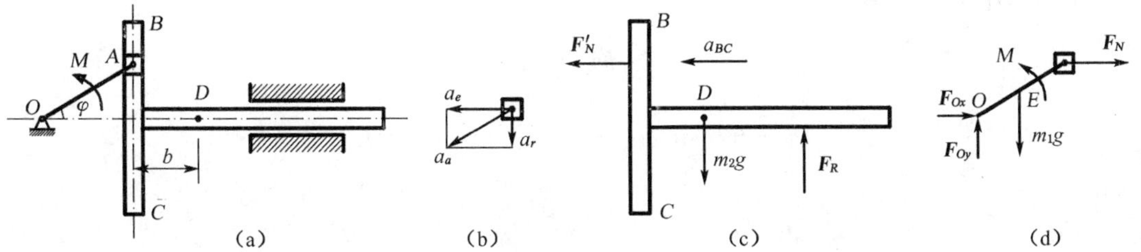

图 12-20

【解】 (1) 求 BCD 的加速度

选取 BCD 为动系，曲柄 OA 上的滑块 A 为动点。动点的绝对加速度、相对加速度和牵连加速度如图(b)所示。由加速度合成定理

$$\boldsymbol{a}_a = \boldsymbol{a}_e + \boldsymbol{a}_r,\ a_a = r\omega^2$$

$$a_{BC} = a_e = a_a \cos\varphi = r\omega^2 \cos\omega t$$

(2) 以 BCD 为研究对象，求出滑块 A 所受力

由图(c)，根据质心运动定理

$$m_2 a_{BC} = F'_N$$

$$F'_N = m_2 r\omega^2 \cos\omega t$$

(3) 求轴承 O 的约束力以及作用在曲柄上的力偶矩 M

取曲柄 OA 为研究对象，如图(d)所示

OA 的质心为 E　　　$a_E = \frac{r}{2}\omega^2$

根据质心运动定理

$$F_{Ox} + F_N = m_1 a_{Ex}$$

$$F_{Oy} - m_1 g = m_1 a_{Ey}$$

$$F_N = F'_N = m_2 r\omega^2 \cos\omega t$$

解得

$$a_{Ex}=-\frac{r}{2}\omega^2\cos\omega t$$

$$a_{Ey}=-\frac{r}{2}\omega^2\sin\omega t$$

轴承约束力为

$$F_{Ox}=-r\omega^2\left(m_2+\frac{m_1}{2}\right)\cos\omega t$$

$$F_{Oy}=m_1\left(g-\frac{r\omega^2}{2}\sin\omega t\right)$$

根据刚体定轴转动微分方程

$$\sum M_O=J_O\alpha$$

$$M-F_N r\sin\omega t-m_1 g\frac{r}{2}\cos\omega t=J_O\alpha$$

$$\alpha=0$$

得到
$$M=\left(\frac{m_1 g}{2}+m_2 r\omega^2\sin\omega t\right)r\cos\omega t$$

【例 12-9】 如图 12-21(a)所示,质量为 m、半径为 r 的均质圆盘,可绕通过 O 点且垂直于盘平面的水平轴转动。设盘从最高位置无初速度地开始绕 O 轴转动。求当圆盘中心 C 和轴 O 点的连线经过水平位置时,圆盘的角速度、角加速度及 O 处的反力。

【解】 对圆盘 C 分别进行受力分析,如图 12-21(b)所示。由于固定铰链为理想约束,做功为零,仅重力 mg 做功,当圆盘中心 C 和轴 O 点的连线经过水平位置时,重力做功为

$$W_{12}=mgr$$

初始时刻,系统静止,则 $T_1=0$。

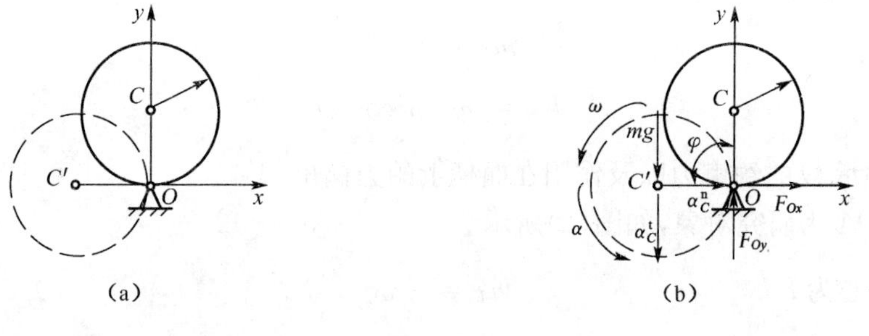

图 12-21

终了时刻,设圆盘 C 的角速度为 ω,方向如图所示,则

$$T_2=\frac{1}{2}J_O\omega^2=\frac{1}{2}\left(\frac{1}{2}mr^2+mr^2\right)\omega^2=\frac{3}{4}mr^2\omega^2$$

根据动能定理 $T_2-T_1=W_{12}$,有

$$\frac{3}{4}mr^2\omega^2 = mgr$$

$$\omega = \sqrt{\frac{4g}{3r}}$$

设圆盘 C 的转角 φ 逆时针为正，重力 mg 对点 O 之矩为正，由定轴转动微分方程可得

$$J_O\frac{\mathrm{d}\omega}{\mathrm{d}t} = mgr\sin\varphi$$

当圆盘中心 C 和轴 O 点的连线经过水平位置时，$\varphi = \pi/2$，且 $\alpha = \frac{\mathrm{d}\omega}{\mathrm{d}t}$，则

$$\alpha = \frac{2g}{3r}$$

对圆盘 C 作运动分析，如图 12-21(b)所示

$$a_C^{\mathrm{n}} = r\omega^2 = \frac{4}{3}g$$

$$a_C^{\mathrm{t}} = r\alpha = \frac{2}{3}g$$

由质心运动定理，得

$$\begin{cases} ma_C^{\mathrm{n}} = F_{Ox} \\ ma_C^{\mathrm{t}} = mg - F_{Oy} \end{cases}$$

$$\begin{cases} F_{Ox} = 4mg/3 \\ F_{Oy} = mg/3 \end{cases}$$

【例 12-10】 某矿井提升设备如图 12-22(a)所示，质量为 m、回转半径为 ρ 的鼓轮装在固定轴 O 上，鼓轮上半径为 r 的轮上用钢索吊有一重物 B，重量为 m_2g。鼓轮上半径为 R 的轮上用钢索牵引矿车，车重 m_1g。设矿车 A 在倾角为 θ 的轨道上运动。如在鼓轮上作用一常力矩 M。不计各处的摩擦及车轮的滚动摩阻。求：启动时矿车的加速度；两段钢索中的拉力；鼓轮的轴承约束力。

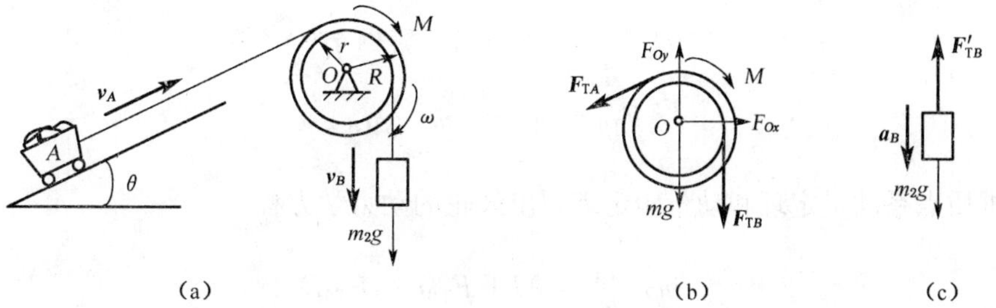

图 12-22

【解】 以整个系统作为分析对象，由于固定铰链和光滑支承面为理想约束，做功为零，仅重力 mg 和力矩 M 做功。建立质点系的动能方程，设初始时质点系处于静止，鼓轮顺时

针转过 φ 角后，有

$$W_{12}=M\varphi-m_1gs_A\sin\theta+m_2gs_B$$

初始时刻，系统静止，则 $T_1=0$。

鼓轮顺时针转过 φ 角后，设矿车 A 和重物 B 的速度分别为 $\boldsymbol{v}_A$、$\boldsymbol{v}_B$，滚轮角速度为 ω，方向如图示，则

$$T_2=\frac{1}{2}m_1v_A^2+\frac{1}{2}m_2v_B^2+\frac{1}{2}J_O\omega^2$$

根据动能定理 $T_2-T_1=W_{12}$，有

$$\frac{1}{2}m_1v_A^2+\frac{1}{2}m_2v_B^2+\frac{1}{2}J_O\omega^2=M\varphi-m_1gs_A\sin\theta+m_2gs_B$$

根据约束条件有以下运动学关系

$$v_B=\omega r=v_A\frac{r}{R}$$

$$s_B=\varphi r=s_A\frac{r}{R}$$

代入上式得

$$\frac{1}{2}\left(m_1+m_2\frac{r^2}{R^2}+m\frac{\rho^2}{R^2}\right)v_A^2=\left(\frac{M}{R}-m_1g\sin\theta+\frac{m_2gr}{R}\right)s_A$$

对上式两边对时间求导数，并消去 v_A，得矿车的加速度为

$$\left(m_1+m_2\frac{r^2}{R^2}+m\frac{\rho^2}{R^2}\right)v_A\frac{\mathrm{d}v_A}{\mathrm{d}t}=\left(\frac{M}{R}-m_1g\sin\theta+\frac{m_2gr}{R}\right)\frac{\mathrm{d}s_A}{\mathrm{d}t}$$

$$a_A=\frac{M/g-m_1R\sin\theta+m_2r}{m_1R^2+m_2r^2+m\rho^2}Rg$$

分别以重物 B 和鼓轮为对象进行受力分析，其受力图如图 12-22(b)、(c)所示。应用动量定理有

$$m_2g-F_{\mathrm{TB}}=m_2a_B=m_2\frac{r}{R}a_A$$

$$F_{\mathrm{TB}}=m_2g-m_2\frac{r}{R}a_A$$

根据质点系动量定理和动量矩定理列出鼓轮的动力学方程

$$m\rho^2\frac{a_A}{R}=M+F_{\mathrm{TB}}r-F_{\mathrm{TA}}R$$

$$F_{Ox}-F_{\mathrm{TA}}\cos\theta=0$$

$$F_{Oy}-F_{\mathrm{TA}}\sin\theta-F_{\mathrm{TB}}-mg=0$$

则得

$$F_{TA}=\frac{MR+F_{TB}rR-m\rho^2a_A}{R^2}$$

$$F_{Ox}=\frac{(MR+F_{TB}rR-m\rho^2a_A)\cos\theta}{R^2}$$

$$F_{Oy}=\frac{(MR+F_{TB}rR-m\rho^2a_A)\sin\theta}{R^2}+F_{TB}+mg$$

思考题

1. 分析下列说明是否正确。

(1) 力偶的功的正负决定于力偶的转向，逆时针为正，顺时针为负。

(2) 元功 $\delta W=F_x\mathrm{d}x+F_y\mathrm{d}y+F_z\mathrm{d}z$ 在固定直角坐标系的 x,y,z 轴上的投影分别为 $F_x\mathrm{d}x,F_y\mathrm{d}y,F_z\mathrm{d}z$。

(3) 作用在质点上合力的功等于各分力的功的代数和。

(4) 忽略机械能与其他能量间的转换，则只要有力对物体做功，该物体的动能就一定会增加。

(5) 平面运动刚体的动能可由其质量及质心速度完全确定。

(6) 内力不能改变质点系的动能。

2. 质点在弹力作用下运动，设弹簧自然长度为 l_0，刚度系数为 k。若将弹簧拉长 $l_0+2\delta$ 时释放，问弹簧的变形量从 2δ 到 δ 时和 δ 从到 0 时，弹力所做的功是否相同。

3. 如图 12-23 所示，一质点 M 在粗糙的水平圆槽内滑动。如果该质点获得的初速度 $\boldsymbol{v}_0$ 恰能使它在圆槽内滑动一周，则摩擦力的功等于零。这种说法对吗？为什么？

4. 如图 12-24 所示，自某高处以大小相等但倾角不同的初速度 $\boldsymbol{v}_0$ 抛出质点。不计空气阻力，当这一质点落到同一水平面上时，它的速度大小是否相等？为什么？

5. 如图 12-25 所示，均质圆轮无初速地沿斜面纯滚动，问轮到达水平面时，轮心的速度 v 与轮的半径有关吗？当轮半径趋于零时，与质点下滑的结果是否一致？轮还能作纯滚动吗？

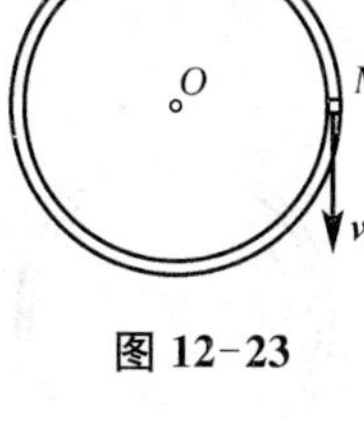

图 12-23

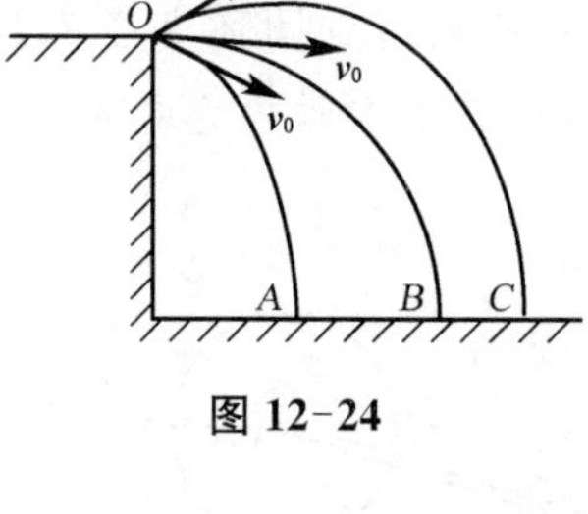

图 12-24

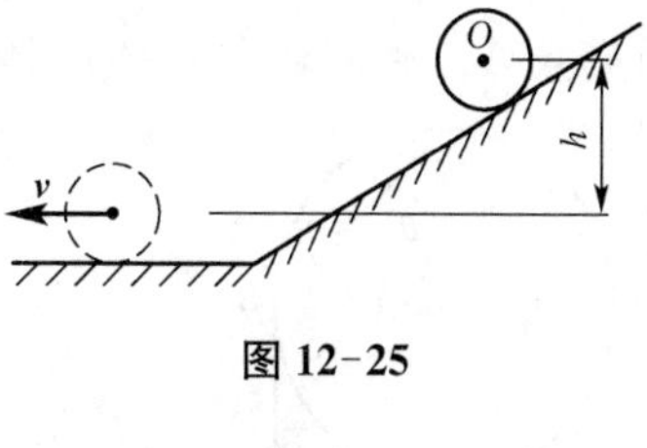

图 12-25

习题

1. 如图 12-26 所示，已知物块 A、B 的质量分别为 m_A 和 m_A，在半径为 r 的圆盘上作用一力偶，其矩为 $M=a\varphi+b\varphi^2$。绳与圆盘之间无相对滑动。试求当圆盘转过一周时，力偶 M 与物块 A、B 重力所做的功的总和。

2. 两等长的杆 AB、CB 组成可动结构，如图 12-27 所示。A 处为固定铰支座，B 处为滚动铰支座，且在同一水平面上，两杆在 C 处铰链连接，并悬挂质量为 m 的重物 D，以刚度系

数为 k 的弹簧连于两杆的中点。弹簧的原长 $l_0 = \frac{AC}{2} = \frac{BC}{2}$，不计两杆的重量。试求当 $\angle CAB$ 由60°变为30°时，重物 D 的重力和弹力所作的总功。

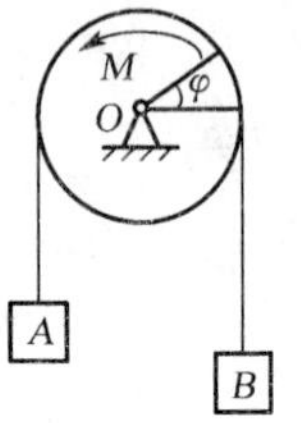

图 12-26

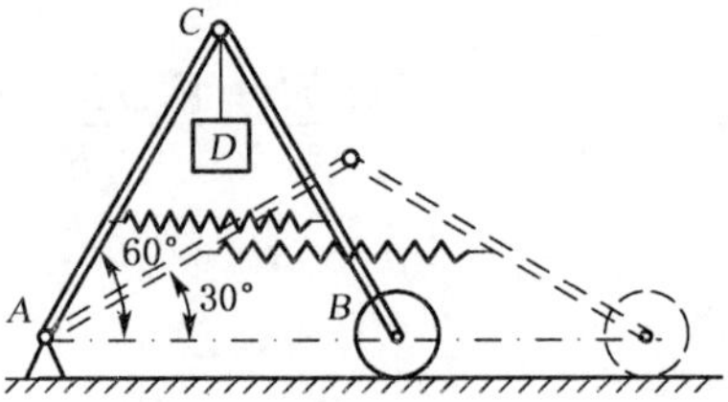

图 12-27

3. 如图 12-28 所示，均质链条重为 P，长为 l，初始静止，且垂下的部分长为 a，试求链条全部离开桌面时重力所做的功。

4. 如图 12-29 所示，滑块 A 质量为 m_1，可在滑道内滑动。长为 l 的匀质杆 AB 与滑块在 A 处用铰链连接，匀质杆 AB 质量为 m_2。现已知滑块沿滑道的速度为 v_1，杆 AB 的角速度为 ω_1。当杆与铅垂线的夹角为 φ 时，试求系统的动能。

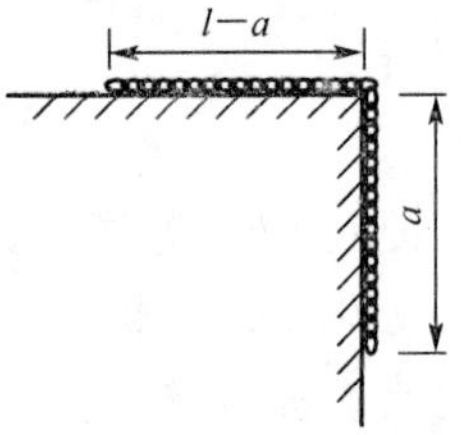

图 12-28

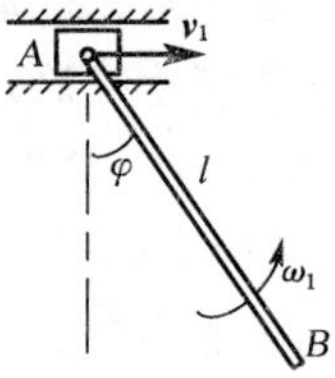

图 12-29

5. 计算图示各系统的动能：

(1) 如图 12-30(a)所示，质量为 m、半径为 r 的均质圆盘在其自身平面内作平面运动。在图示位置时，若已知圆盘上 A、B 两点的速度方向如图所示，B 点的速度为 $\boldsymbol{v}_B$，$\theta = 45°$。

(2) 如图 12-30(b)所示，质量为 m_1 的均质杆 OA，一端铰接在质量为 m_2 的均质圆盘中心，另一端放在水平面上，圆盘在地面上作纯滚动，圆心速度为 $\boldsymbol{v}$。

(3) 如图 12-30(c)所示，质量为 m 的均质细圆环半径为 R，其上固结一个质量也为 m 的质点 A。细圆环在水平面上作纯滚动，图示瞬时角速度为 ω。

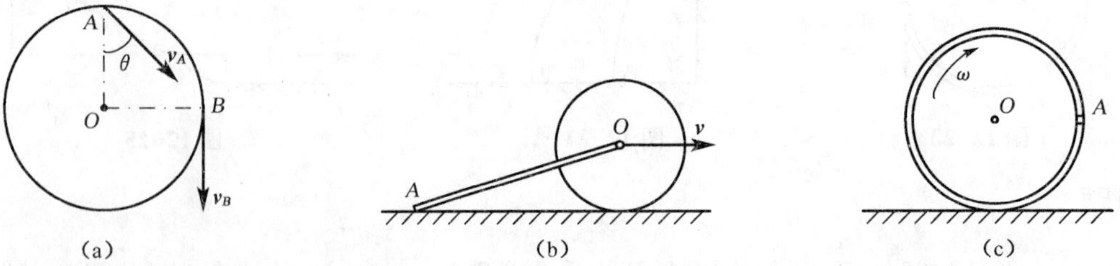

图 12-30

6. 如图 12-31 所示，已知质量为 m 边长为 a 的均质正方形板，初始时处于静止状态。受某干扰后沿顺时针方向倒下，不计摩擦。图 12-31(a)中，O 为光滑铰链；图 12-31(b)中，水平面光滑。求在两种情况下，当 OA 边处于水平位置时方板的角速度。

7. 如图 12-32 所示，均质杆 AB 质量 $m = 10\ \mathrm{kg}$，长度 $l = 60\ \mathrm{cm}$，两端与不计重量的滑块铰接，滑块可在光滑槽内滑动，弹簧的刚度系数 $k = 360\ \mathrm{N/m}$。在图示位置，$\theta = 30°$，系统静止，弹簧的伸长为 20 cm，然后无初速度释放，求当杆到达铅垂位置时的角速度。

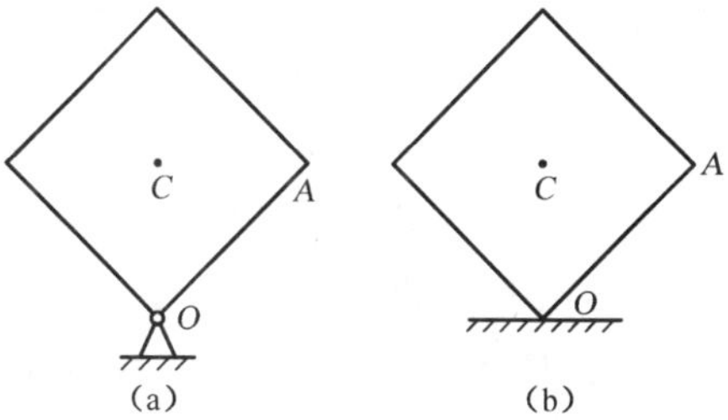

图 12-31

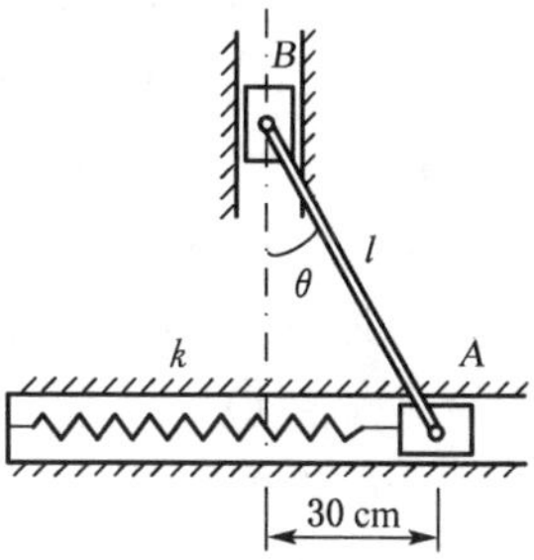

图 12-32

8. 如图 12-33 所示，两匀质杆 AC 和 BC 质量均为 m，长度均为 l，在 C 点由光滑铰链相连接，A、B 端放置在光滑水平面上。杆系在铅垂面内的图示位置由静止开始运动，试求铰链 C 落到地面时的速度。

9. 如图 12-34 所示机构中，均质杆 AB 长为 l，质量为 $2m$，两端分别与质量均为 m 的滑块铰接，两光滑直槽相互垂直。设弹簧刚度系数为 k，且当 $\theta=0°$ 时，弹簧为原长。若机构在 $\theta = 60°$ 时无初速开始运动，试求当杆 AB 处于水平位置时的角速度和角加速度。

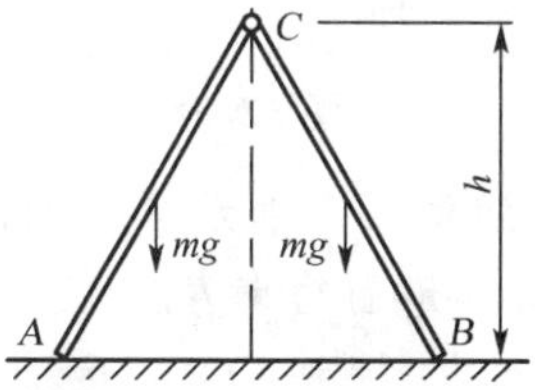

图 12-33

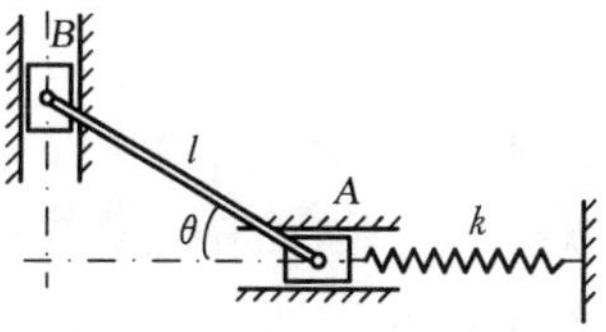

图 12-34

10. 如图 12-35 所示，质量为 m_1 的直杆 AB 可自由地在固定铅垂光滑套管中移动，杆的 A 端搁在质量为 m_2 的光滑三角形块上，三角形块的倾角为 θ，三角形块放在光滑水平面上。求两物体的加速度。

11. 均质杆 AB 长为 l，质量为 m_1，B 端靠在光滑的墙壁上，另一端 A 用光滑的铰链与均质圆轮的轮心 A 相连，如图 12-36 所示。已知圆轮的质量为 m_2，半径为 R，在水平面上只滚不滑，不计摩擦，设系统初始时静止，且杆 AB 与水平线的夹角为 45°时，试求该瞬时轮心 A 的加速度。

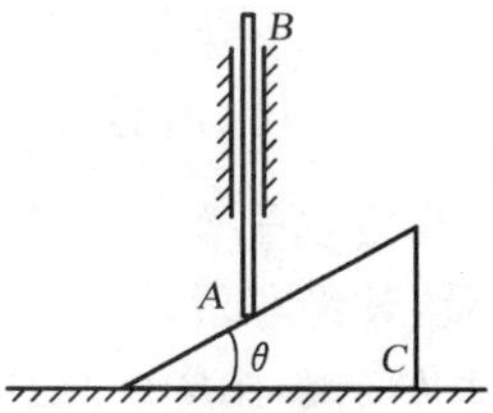

图 12-35

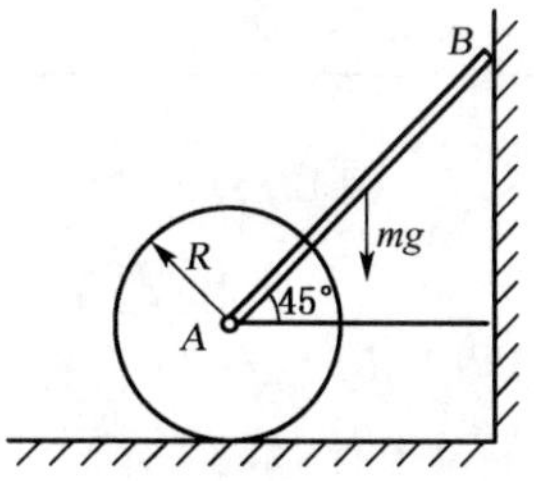

图 12-36

12. 车床的电动机功率 $P_{输入} = 5.42\ \mathrm{kW}$。由于传动零件之间的摩擦，损耗功率占输入功率的30%，如工件直径 $d = 100\ \mathrm{mm}$，转速 $n = 42\ \mathrm{r/min}$，问允许切削力的最大值为多少？若工件的转速改为 $n = 112\ \mathrm{r/min}$，问允许切削力的最大值为多少？

13. 如图12-37所示，测量机器功率的功率计，由胶带 $ACDB$ 和一杠杆 BOF 组成。胶带具有铅垂的两段 AC 和 DB，并套住受试验机器和滑轮 E 的下半部，杠杆则以刀口搁在支点 O 上，借升高或降低支点 O，可以变更胶带的拉力，同时变更胶带与滑轮间的摩擦力。在 F 处挂一重锤 P，杠杆 BF 即可处于水平平衡位置。若用来平衡胶带拉力的重锤的质量 $m = 3\ \mathrm{kg}$，$L = 500\ \mathrm{mm}$，试求发动机的转速 $n = 240\ \mathrm{r/min}$ 时发动机的功率。

14. 均质细直杆 OA 重 $mg = 100\ \mathrm{N}$，长为 $l = 4\ \mathrm{m}$，O 处为光滑铰链，受 $M = 20\ \mathrm{N \cdot m}$ 的力偶作用，A 端用刚度系数 $k = 20\ \mathrm{N/m}$ 的弹簧连于 B 点，如图12-38所示，此时弹簧无伸长。当杆 OA 在沿垂直位置由静止开始转至水平位置时，试求该瞬时 O 处的反力。

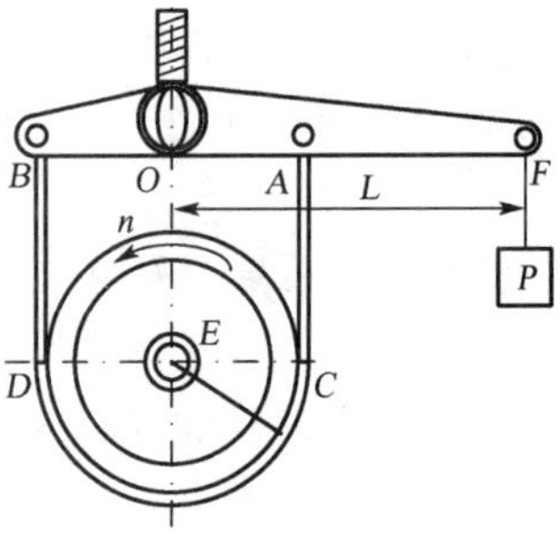

图 12-37

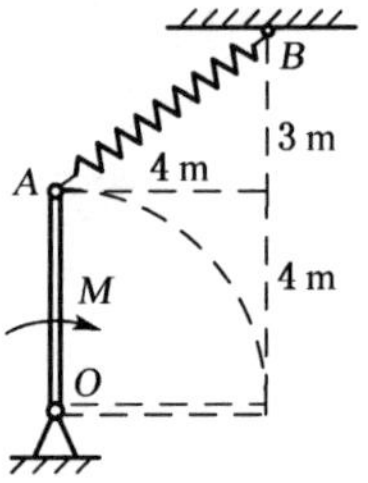

图 12-38

15. 如图12-39所示，均质细杆 AB 长为 l，质量为 m，静止直立于光滑水平面上，当杆受微小干扰而倒下时，求杆刚刚躺到地面前瞬时的角速度 ω 和地面约束力。

16. 如图12-40所示，冲击试验机的摆由摆杆和摆锤组成，摆杆 OA 长度为 l，质量为 m_1，O 点处连接固定铰支座，A 端固结着摆锤，摆锤质量为 m_2，且 $m_1 = m_2 = m$。开始时，使摆杆 OA 静止在水平位置，然后释放令其自由摆下。设摆杆可看作均质细杆，摆锤可看作质点。试求摆杆在水平位置开始下摆时以及摆杆到达铅直位置这两个瞬时，摆的角加速度、角速度和铰支座 O 的约束反力。

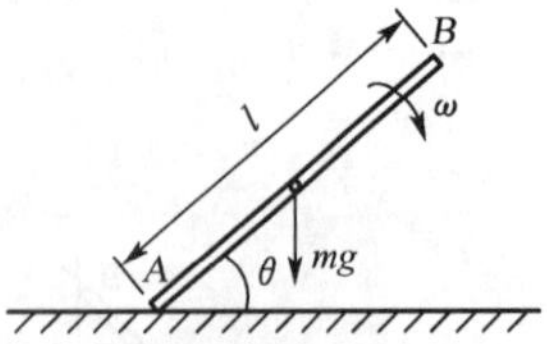

图 12-39

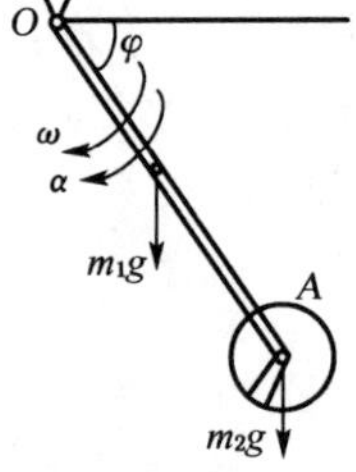

图 12-40

17 如图12-41所示机构中，物体 A 质量为 m_1，放在光滑水平面上。均质圆盘 C、B 质量均为 m，半径均为 R，物块 D 质量为 m_2。不计绳的质量，设绳与滑轮之间无相对滑动，绳的 AE 段与水平面平行，系统由静止开始释放。试求物体 D 的加速度以及 BC 段绳的张力。

18. 如图12-42所示机构中，物块 B、E 质量均为 m，均质圆盘 C、D 质量均为 $2m$，半径均

为 R。C 轮铰接于长为 $3R$ 的无重悬臂梁 AC 上,D 为动滑轮,绳与轮之间无相对滑动。系统由静止开始运动,试求:(1)物块 B 上升的加速度;(2)HI 段绳的张力;(3)固定端 A 处的约束力。

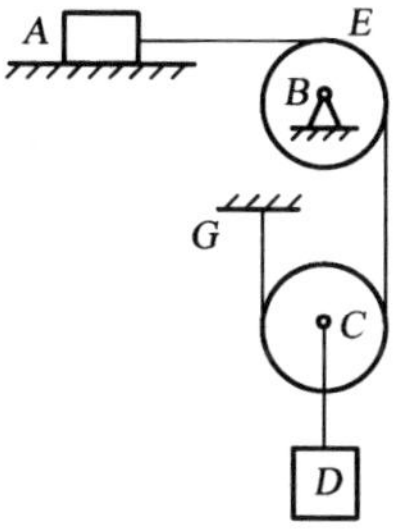

图 12-41

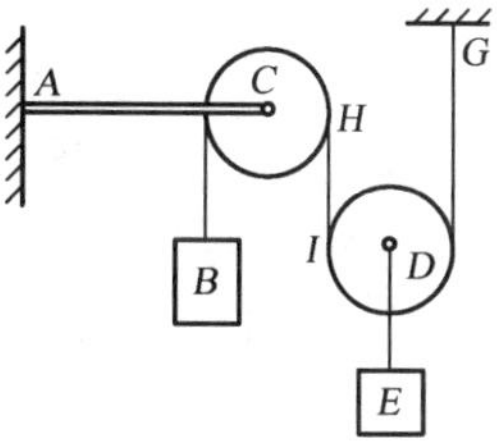

图 12-42

19. 如图 12-43 所示,两个相同的滑轮,视为匀质圆盘,质量均为 m,半径均为 R,用绳缠绕连接。如系统由静止开始运动,试求动滑轮质心 C 的速度 $\boldsymbol{v}$ 与下降距离 h 的关系,并确定 AB 段绳子的张力。

20. 如图 12-44 所示,质量为 m_0 的均质物块上有一半径为 R 的半圆槽,放在光滑的水平面上。质量为 $m(m_0 = 3m)$ 的光滑小球可在槽内运动,初始时,系统静止,小球在 A 处。求小球运动到 B 处 $\varphi = 30°$ 时相对物块的速度、物块的速度、槽对小球的约束力和地面对物块的约束力。

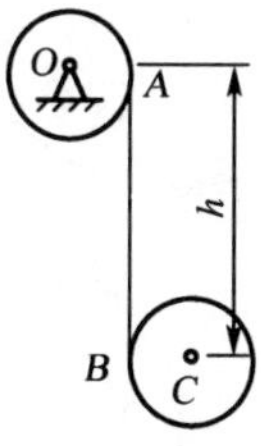

图 12-43

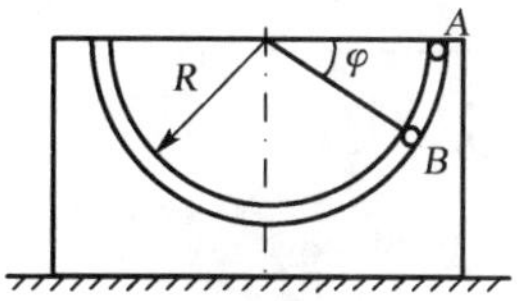

图 12-44

21. 如图 12-45 所示,质量为 2 kg 的物块 A 在弹簧上处于静止。弹簧的刚度系数 $k =$ 400 N/m。现将质量为 4 kg 的物体 B 放置在物块 A 上,刚一接触就释放它。在此后的运动中,求:(1)弹簧对两物块的最大作用力;(2)两物块得到的最大速度。

22. 如图 12-46 所示,正方形均质板的质量为 40 kg,在铅直平面内以 3 根软绳拉住,板的边长 $b = 100$ mm。求:(1)当软绳 FG 剪断瞬时,木板开始运动的加速度以及 AD 和 BE 两绳的张力;(2)当 AD 和 BE 两绳位于铅直位置时,板中心 C 的加速度和两绳的张力。

23. 如图 12-47 所示,滚子质量为 m_1,沿倾角为 θ 的斜面向下只滚不滑。滚子借一跨过滑轮 B 的绳提升质量为 m_2 的物体 C,同时滑轮 B 绕 O 轴转动。滚子 A 与滑轮 B 的质量相等,半径相等,且都为均质圆盘。求滚子重心的加速度和系在滚子上绳的张力。

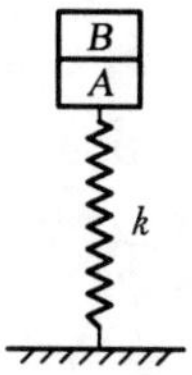

图 12-45

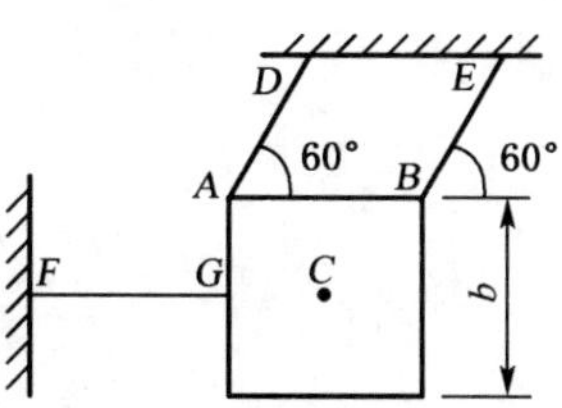

图 12-46

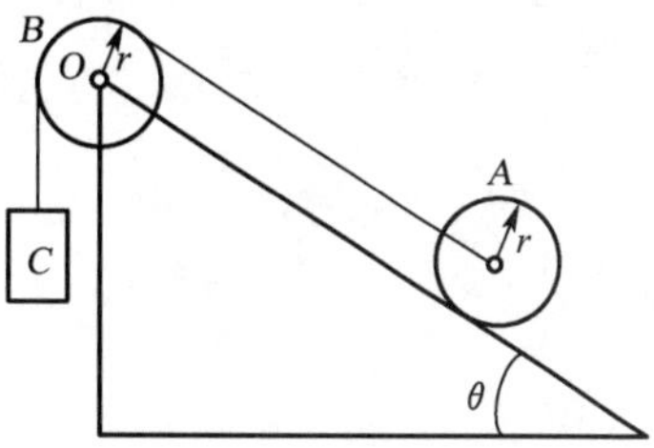

图 12-47

24. 如图 12-48 所示，均质圆盘和均质薄圆环的质量均为 m，外径相同均为 r。杆 OA 平行于斜面，两端铰接于圆盘和薄圆环的中心。斜面的倾斜角为 θ，设圆盘和薄圆环在斜面上作无滑动滚动，不计细杆的质量。试求杆 AB 的加速度、杆的内力及斜面对圆盘和薄圆环的约束力。

25. 如图 12-49 所示，内啮合齿轮机构，由两个半径为 r 的小齿轮Ⅰ、Ⅱ和半径为 $r_3=4r$ 的齿轮组成，齿轮Ⅰ、Ⅱ的质量都为 m，对各自转轴的回转半径为 ρ，齿轮Ⅲ的质量为 $m_3=4m$，对 O_3 轴的回转半径为 $\rho_3=4\rho$，在齿轮Ⅰ上作用一常力矩 M，不计轴承摩擦，求：(1)当齿轮Ⅰ从静止转过 φ 角时，齿轮Ⅰ的角速度 ω 和角加速度 α；(2)齿轮Ⅰ与齿轮Ⅲ之间的切向力 F_t。

26. 如图 12-50 所示，均质圆盘可绕 O 轴在铅垂面内转动，质量为 m，半径为 R。在圆盘的质心 C 点上连接一刚度系数为 k 的水平弹簧，弹簧的另一端固定在 A 点，$CA=2R$。初始时，弹簧保持原长，圆盘在常力偶矩 M 的作用下，由最低位置无初速度绕 O 轴向上转动。求当圆盘到达最高位置时，圆盘的角速度 ω 以及轴承 O 的约束力。

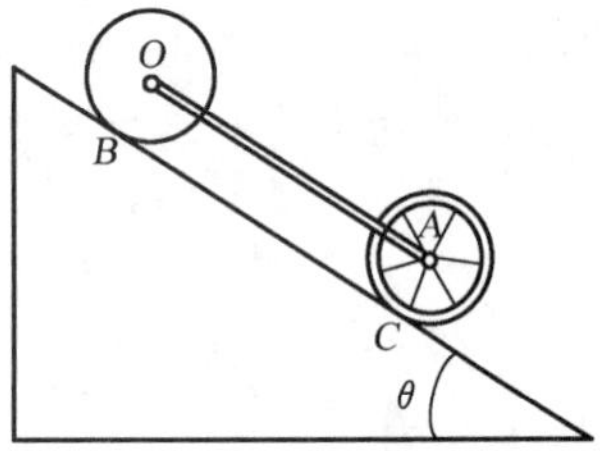

图 12-48

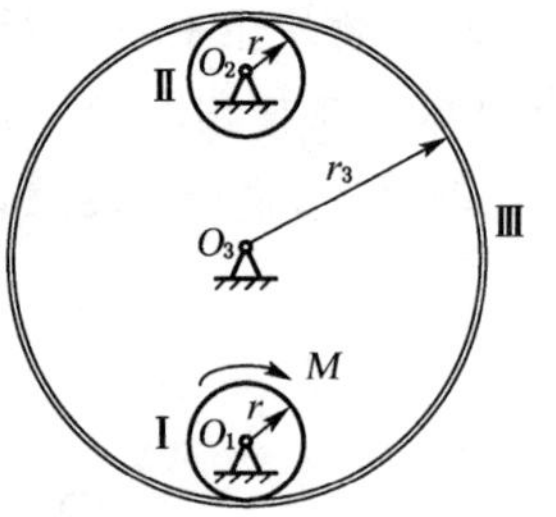

图 12-49

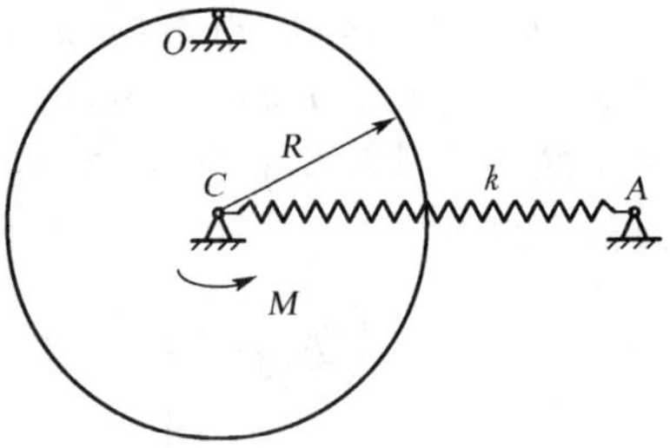

图 12-50

13 达朗贝尔原理

静力学研究物体在力系作用下的平衡条件，动力学则研究物体的机械运动与作用力之间的关系，两者研究对象的性质不同，似乎没有什么共同之处。然而让·勒龙·达朗贝尔在1743年提出了一个研究动力学问题的新的普遍方法，即用静力学研究平衡的方法来研究动力学问题，这就是达朗贝尔原理，也称为动静法。达朗贝尔原理像一座桥梁一样把静力学和动力学连接起来。达朗贝尔(Jean le Rond d'Alembert，1717—1783)，诞生于1717年11月17日，是18世纪法国启蒙运动的领袖人物之一，法国数学家、力学家、哲学家。他出生后即被遗弃在巴黎的一座教堂附近，后被一玻璃匠夫妻收养。达朗贝尔于1738年获得法学学位，但并未从事法律职业，相反他潜心研究科学并很快在事业上取得了成功。在力学方面，他于1743年发表了《论动力学》，提出了著名的“达朗贝尔原理”，作为牛顿第二定律的另一种表述形式，把动力学简化为静力学问题。他运用这种方法研究了天体力学中的三体问题，并把它推广到流体动力学中。在数学和天文学方面，他是偏微分方程论的创始人之一。提出用极限的概念代替牛顿的“最初和最终比”。他运用偏微分方程研究弦振动问题，解释了天文学上岁差和章动的原因。并于1761—1780年间陆续出版了《数学论丛》共8卷。在哲学方面，他是百科全书派的代表之一。1746年，他与著名哲学家D.狄德罗一起编撰法国《百科全书》，负责撰写数学与自然科学及部分音乐方面的条目。1754年，他被选为法兰西学院院士，1772年任学院终身秘书，对法兰西学院的发展有巨大影响。

图 13-1 J. L. R. 达朗贝尔

13.1 惯性力·质点的达朗贝尔原理

设一质点的质量为 m，加速度为 $\boldsymbol{a}$，作用在质点上的主动力为 $\boldsymbol{F}$，约束力为 $\boldsymbol{F}_N$，如图 13-2 所示。由牛顿第二定律，有

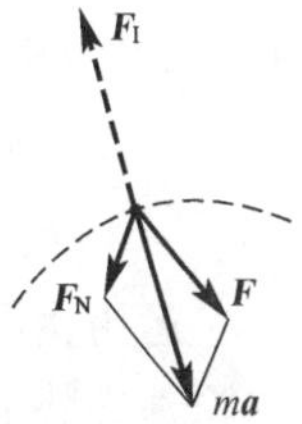

图 13-2

$$m\boldsymbol{a} = \boldsymbol{F} + \boldsymbol{F}_N$$

将上式改写为

$$\boldsymbol{F} + \boldsymbol{F}_N - m\boldsymbol{a} = 0$$

令

$$\boldsymbol{F}_I = -m\boldsymbol{a} \tag{13-1}$$

于是有

$$\boldsymbol{F} + \boldsymbol{F}_N + \boldsymbol{F}_I = 0 \tag{13-2}$$

$\boldsymbol{F}_I$具有力的量纲，称为质点的惯性力，它的方向与质点加速度的方向相反。式(13-2)可以解释为：作用在质点上的主动力、约束力和虚加的惯性力组成平衡力系。这就是达朗贝尔原理在质点动力学的运用。

【例 13-1】 图 13-3(a)所示是一种调节器。已知调节器上重球 B、D 的质量均为 m_1，平衡重锤 C 的质量为 m_2，可沿转轴滑动，摩擦忽略不计。各杆的长度均为 l，通过铰链连接，重量忽略不计。若轴以匀角速度 ω 转动，试求两臂夹角 α 与角速度 ω 之间的关系。

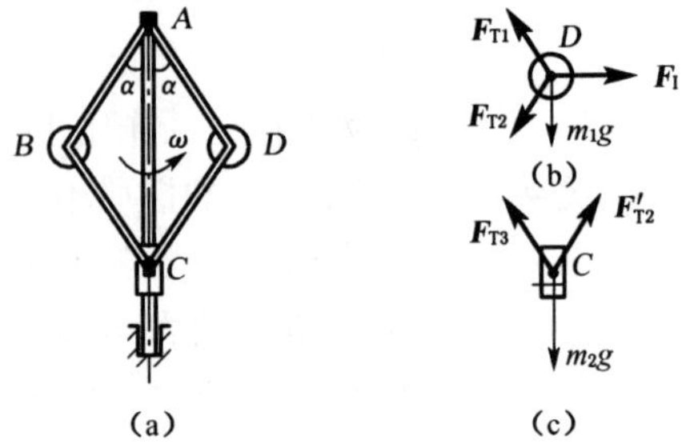

图 13-3

【解】 当轴匀速转动时，重球 B、D 在水平面内作匀速圆周运动，因此 D 球的惯性力和其法向加速度方向相反，大小为

$$F_I = m_1 l\omega^2 \sin\alpha$$

以球 D 和重锤 C 为研究对象，受力图如图 13-3(b)、(c)所示。由达朗贝尔原理，作用在球 D 上的主动力(重力)$m_1 g$，约束力 F_{T1}、F_{T1}和惯性力 F_I组成平衡力系，因此

$$\sum F_x = m_1 l\omega^2 \sin\alpha - (F_{T1} + F_{T2})\sin\alpha = 0$$

$$\sum F_y = m_1 g + (F_{T2} - F_{T1})\cos\alpha = 0$$

考虑重锤 C 的平衡，得

$$F_{T3} = F'_{T2},\ F_{T2} = F'_{T2} = \frac{m_2 g}{2\cos\alpha}$$

联立上式，最终解得

$$\cos\alpha = \frac{m_1 + m_2}{m_1 l\omega^2} g$$

有时也把作匀速圆周运动的物体的惯性力称为离心力，并用离心力解释洗衣机脱水、血浆离心分离，以及各种工业用离心机的工作原理。

13.2 质点系的达朗贝尔原理

运用达朗贝尔原理求解单个质点的动力学问题还不能充分体现出优势，能发挥达朗贝尔原理优势的是质点系和刚体动力学。设质点系由 n 个质点组成，其中任一质点 i 的质量为 m_i，加速度为 $\boldsymbol{a}_i$，作用的主动力的合力为 F_i，作用的约束力的合力为 $\boldsymbol{F}_{Ni}$，将此质点假想加上惯性力 $\boldsymbol{F}_{Ii} = -m_i\boldsymbol{a}_i$，根据质点的达朗贝尔原理，有

$$\boldsymbol{F}_i + \boldsymbol{F}_{Ni} + \boldsymbol{F}_{Ii} = 0 (i = 1, 2, \cdots, n) \tag{13-3}$$

即每个质点的 $\boldsymbol{F}_i$，$\boldsymbol{F}_{Ni}$，$\boldsymbol{F}_{Ii}$组成平衡力系，这就是质点系的达朗贝尔原理。

把作用在 i 质点上的所有力分为外力的合力$\boldsymbol{F}_i^{(e)}$，内力的合力$\boldsymbol{F}_i^{(i)}$，则式(13-3)可改写为

$$\boldsymbol{F}_i^{(e)}+\boldsymbol{F}_i^{(i)}+\boldsymbol{F}_{Ii}=0 \qquad (i=1,2,\cdots,n)$$

即每个质点上作用的外力、内力和惯性力组成平衡力系。很明显整个质点系的外力系、内力系和惯性力系也组成平衡力系。根据静力学的空间力系平衡条件，平衡力系的主矢、主矩为零，即

$$\sum \boldsymbol{F}_i^{(e)}+\sum \boldsymbol{F}_i^{(i)}+\sum F_{Ii}=0$$
$$\sum M_O(F_i^{(e)})+\sum M_O(F_i^{(i)})+\sum M_O(F_{Ii})=0$$

由于质点系的内力总是成对出现，且等值、反向、共线，在质点系内相互抵消，因此 $\sum \boldsymbol{F}_i^{(i)}=0$ 和 $\sum M_O(\boldsymbol{F}_i^{(i)})=0$，于是有

$$\begin{aligned}&\sum \boldsymbol{F}_i^{(e)}+\sum \boldsymbol{F}_{Ii}=0\\&\sum M_O(\boldsymbol{F}_i^{(e)})+\sum M_O(\boldsymbol{F}_{Ii})=0\end{aligned} \qquad (13\text{-}4)$$

式(13-4)说明作用在质点系上的外力系和惯性力系组成平衡力系，这是质点系的达朗贝尔原理的另一种表述，也是更为实用的方法。

13.3 刚体惯性力系的简化

由于工程机械和结构的构件一般简化为刚体，因此需要研究达朗贝尔原理如何解决刚体动力学问题，具体的做法是对假想作用在刚体上的惯性力系进行简化，求出惯性力系的主矢和主矩，给求解带来方便。限于大纲内容所限，本章只讨论刚体平移、定轴转动和平面运动时惯性力系的简化。根据式(13-4)第一式和质心运动定理，惯性力系的主矢为

$$\boldsymbol{F}_{IR}=\sum \boldsymbol{F}_{Ii}=-\sum \boldsymbol{F}_i^{(e)}=-m\boldsymbol{a}_C \qquad (13\text{-}5)$$

上式对任何质点系作任意运动均成立，当然也适用于上述刚体的 3 种较简单的运动。

由静力学任意力系简化理论得知，主矢量的大小和方向与简化中心的位置无关，而主矩一般与简化中心的位置有关。下面采用将惯性力系向有关点简化的方法，计算这 3 种运动形式的惯性力系主矩。

1) 平移

刚体平移时，惯性力系是分布在刚体体积内的空间平行力系，它与重力的分布相似。因此刚体平移时，惯性力系简化为通过质心 C 的合力 $\boldsymbol{F}_{IR}=-m\boldsymbol{a}_C$，如图 13-4 所示。显然惯性力系对质心 C 的主矩 $M_{IC}=0$。

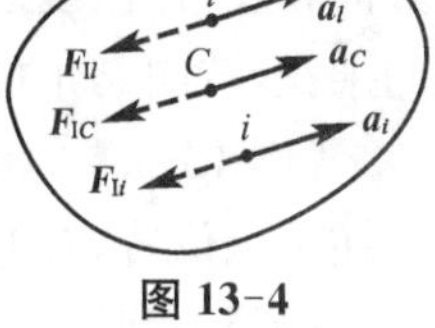

图 13-4

2) 定轴转动

仅讨论定轴转动的刚体具有对称平面，且转轴垂直于该对称平面的情形，如图 13-5 所示。这时刚体的空间惯性力系可以先简化为在对称平面内平面力系，然后再作进一步简化。

设刚体质量为 m，对轴 O 的转动惯量为 J_O，绕轴 O 转动的角速度为 ω，角加速度为 α，对称平面上第 i 个质点的质量为 m_i，至转轴 O 的距离为 r_i，加速度切向分量和法向分量分别为 $\boldsymbol{a}_i^t = r_i\alpha$ 和 $\boldsymbol{a}_i^n = r_i\omega^2$，惯性力的切向分量和法向分量分别为 $F_{Ii}^t = m_i r_i \alpha$ 和 $\boldsymbol{F}_{Ii}^n = m_i r_i \omega^2$。

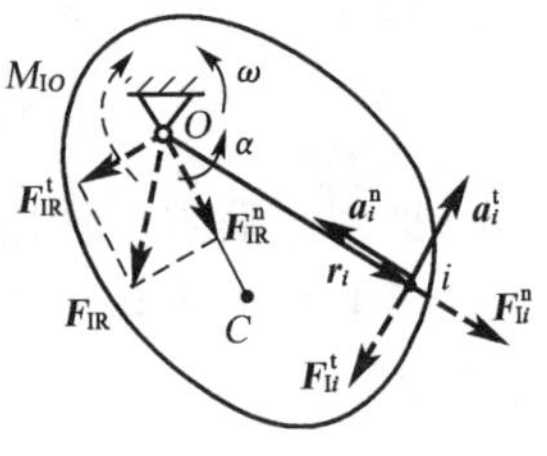

图 13-5

因为所有质点的惯性力的法向分量都通过点 O，$\sum M_O(\boldsymbol{F}_{Ii}^n) = 0$，所以刚体惯性力系向点 O 简化结果为主矢和主矩，其中主矢的切向分量和法向分量为

$$\left.\begin{aligned} \boldsymbol{F}_{IR}^t &= -m\boldsymbol{a}_C^t \\ \boldsymbol{F}_{IR}^n &= -m\boldsymbol{a}_C^n \end{aligned}\right\} \tag{13-6}$$

主矩为

$$M_{IO} = \sum M_O(F_{Ii}^t) = -(\sum m_i r_i^2)\alpha = -J_O\alpha \tag{13-7}$$

其中 $J_O = \sum m_i r_i^2$，为刚体对点 O 的惯性矩。

于是得到结论：当刚体有对称平面且绕垂直于此对称面的轴作转动时，惯性力系向转轴简化的结果为此对称平面内的一个力和一个力偶。这个力等于刚体质量与质心加速度的乘积，方向与质心加速度方向相反，作用线通过转轴；这个力偶的矩等于刚体对转轴的转动惯量和角加速度的乘积，转向与角加速度相反。

3) 平面运动

这里也仅讨论刚体具有对称平面，且平行于此对称平面作平面运动的情形，如图 13-6 所示。刚体作平面运动时，空间惯性力系可以简化为对称平面内的平面力系。由运动学理论得知，平面图形的运动可分解为随基点的平移和绕基点的转动。取质心 C 为基点，设质心的加速度为 $\boldsymbol{a}_C$，刚体转动的角速度为 ω，角加速度为 α，与刚体作定轴转动相似，此时惯性力系向质心 C 简化的主矩为

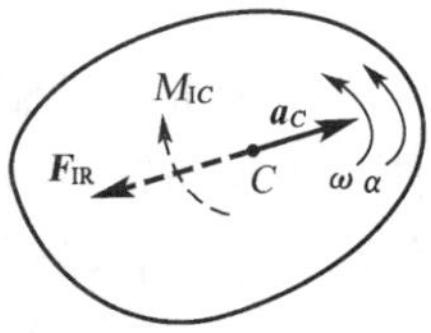

图 13-6

$$M_{IC} = -J_C\alpha \tag{13-8}$$

式中，J_C 为刚体对通过质心且垂直于对称平面的轴的转动惯量。惯性力系向质心 C 简化的主矢仍然为 $\boldsymbol{F}_{IR} = -m\boldsymbol{a}_C$。

于是得到结论：当刚体有对称平面且作平行此平面的平面运动时，刚体惯性力系简化为此平面内的一个力和力偶。这个力等于刚体质量与质心加速度的乘积，方向与质心加速度方向相反，作用线通过质心；这个力偶的矩等于刚体对过质心的转轴的转动惯量和角加速度的乘积，转向与角加速度相反。

【例 13-2】 如图 13-7 所示，均质杆的质量为 m，长为 l，在重力作用下绕定轴 O 转动，求在图示位置，杆的角速度为 ω，角加速度为 α 时，铰支座的约束力。

【解】 利用达朗贝尔原理求解刚体动力学问题可分为两个步骤：①根据刚体的运动形式，求出惯性力系的简化结果，并在刚体上画出；②以此刚体为研究对象，画出所有主动力和约束力，再画出惯性力系的简化结果，利用静力学平衡原理求解。

(a) (b)

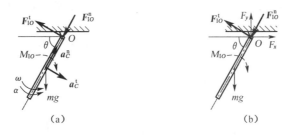

图 13-7

(1) 该杆作定轴转动，惯性力系向点 O 简化的主矢、主矩为

$$F_{IO}^{t}=ma_C^{t}=m\cdot\frac{l}{2}\alpha,\ F_{IO}^{n}=ma_C^{n}=m\cdot\frac{l}{2}\omega^2,\ M_{IO}=J_O\alpha=\frac{1}{3}ml^2\alpha$$

方向如图 13-7(a)所示。

(2) 以该杆为研究对象，受力图(包括惯性力系)如图 13-7(b)所示，杆上的外力与惯性力系形成平衡力系，列出平衡方程

$$\sum F_x=0, F_x-F_{IO}^{t}\sin\theta-F_{IO}^{n}\cos\theta=0$$

$$\sum F_x=0, F_y+F_{IO}^{t}\cos\theta-F_{IO}^{n}\sin\theta-mg=0$$

$$\sum M_O=0, M_{IO}-mg\frac{l}{2}\cos\theta=0$$

得到

$$F_x=\frac{ml\alpha}{2}\sin\theta+\frac{ml\omega^2}{2}\cos\theta$$

$$F_y=-\frac{ml\alpha}{2}\cos\theta+\frac{ml\omega^2}{2}\sin\theta+mg$$

由上式可知，杆定轴转动时，铰支座的约束力与杆的位置有关，即随时间动态变化。

【例 13-3】 外伸梁 DCB 的自由端 B 铰接质量为 m_2、半径为 R 的均质圆盘，质量为 m_1 的物体 A 由静止自由下落时，由缠绕的绳子，带动圆盘 B 转动，外伸梁 DCB 的尺寸如图 13-8(a)所示。若不计支架和绳子的重量及轴上摩擦，求铰支座 C、D 的约束力。

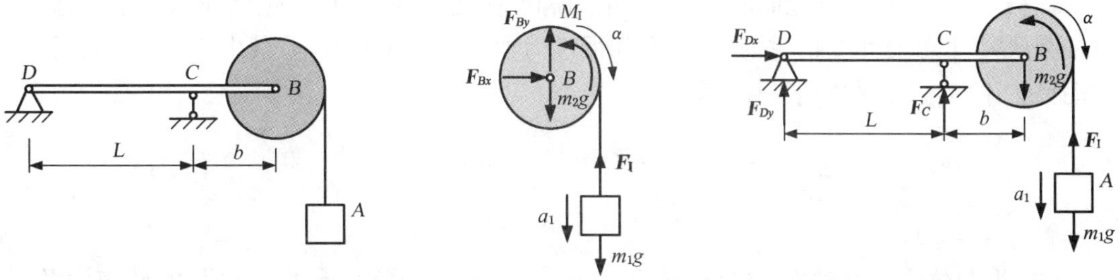

(a) (b) (c)

图 13-8

【解】 (1) 先以圆盘和重物为研究对象，作用的力有重物 A 的重力，圆盘 B 的重力，圆

盘 B 受到的铰链约束力，重物 A 的惯性力，圆盘 B 的惯性力偶，列对 B 点的力矩平衡方程

$$\sum M_B = 0 \quad M_{\mathrm{I}} + (F_{\mathrm{I}} - m_1 g)R = 0$$

其中 $M_{\mathrm{I}} = \dfrac{1}{2}m_2 R^2 \alpha, F_{\mathrm{I}} = m_2 a_1 = m_2 R\alpha$

解得 $$\alpha = \frac{2m_1 g}{(2m_1 + m_2)R},\ M_{\mathrm{I}} = \frac{m_1 m_2 gR}{2m_1 + m_2},\ F_{\mathrm{I}} = \frac{2m_1^2 g}{2m_1 + m_2}$$

再以整体为研究对象，受力如图(c)所示，这时惯性力和惯性力偶都是已知量。这种情况是一个典型的平面力系的平衡问题，列平衡方程

$$\sum F_x = 0 \quad F_{Dx} = 0$$

$$\sum F_y = 0 \quad F_{Dy} + F_C - m_1 g - m_2 g + F_I = 0$$

$$\sum M_C = 0 \quad M_{\mathrm{I}} - m_2 gb + (F_{\mathrm{I}} - m_1 g)(b + R) - F_{Dy} L = 0$$

解得 $$F_{Dx} = 0,\ F_{Dy} = -\frac{(3m_1 + m_2)m_2 gb}{(2m_1 + m_2)L},\ F_C = \frac{3m_1 + m_2}{2m_1 + m_2} m_2 g\left(1 + \frac{b}{L}\right)$$

【例 13-4】 均质圆盘质量为 m_1，半径为 R，均质杆 AB 长度为 $L=2R$，质量为 m_2。杆端 A 与轮心轴通过光滑铰链连接，杆端 B 搁在水平地面上。如在 A 点施加一水平力 $\boldsymbol{F}$，使轮沿水平地面纯滚动。试求：①力 $\boldsymbol{F}$ 为多大方能使杆的 B 端刚好离开地面？②为保证纯滚动，轮与地面间的静摩擦因数应为多大？③力 F 与杆的倾角 $\theta(\theta>30°)$ 的关系。

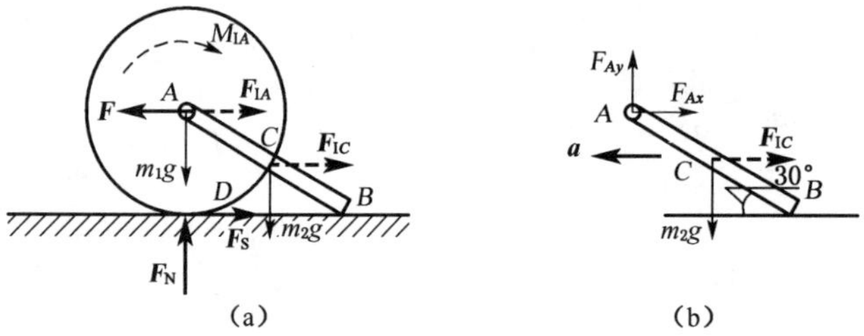

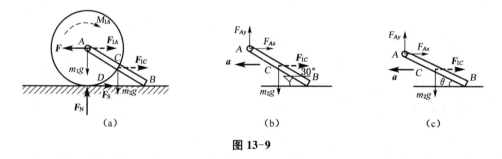

图 13-9

【解】 (1) 杆刚离开地面时，法向约束力和摩擦力均为零，且杆仍然作水平平行移动。以杆为研究对象，杆承受的重力、约束力和惯性力如图 13-9(b)所示，其中 $F_{\mathrm{IC}}=m_2 a$。根据达朗贝尔原理，列水平方向平衡方程

$$\sum M_A = 0 \quad m_2 aR\sin 30° - m_2 gR\cos 30° = 0$$

解得 $a = \sqrt{3}g$

(2) 取整体为研究对象，圆盘作平面运动(纯滚动)，杆平动，承受的主动力、约束力及惯性力如图 13-9(a)所示，其中 $\boldsymbol{F}_{\mathrm{I}A} = m_1 a, M_{\mathrm{I}A} = \dfrac{1}{2}m_1 R^2 \dfrac{a}{R} = \dfrac{1}{2}m_1 Ra$。

由

$$\sum M_D = 0 \quad FR - F_{IA}R - M_{IA} - F_{IC}R\sin 30^\circ - m_2gR\cos 30^\circ = 0$$

解得
$$F = \left(\frac{3}{2}m_1 + m_2\right)\sqrt{3}g$$

再由

$$\sum F_x = 0 \quad F - F_S - (m_1 + m_2)a = 0$$

解得
$$F_s = \frac{\sqrt{3}m_1g}{2}$$

根据摩擦定律
$$F_s \leqslant f_sF_N = f_s(m_1 + m_2)g$$

解得
$$f_s \geqslant \frac{\sqrt{3}m_1}{2(m_1 + m_2)}$$

(3) 先以杆 AB 为研究对象,再以整体为研究对象,步骤同(1)、(2),将 30°换为 θ,解得

$$F = \left(\frac{3}{2}m_1\cot\theta + 2m_2\cos\theta\right)g$$

设 $m_2 = m, m_1 = 10m$,则 $\dfrac{F}{mg} = 15\cot\theta + 2\cos\theta$

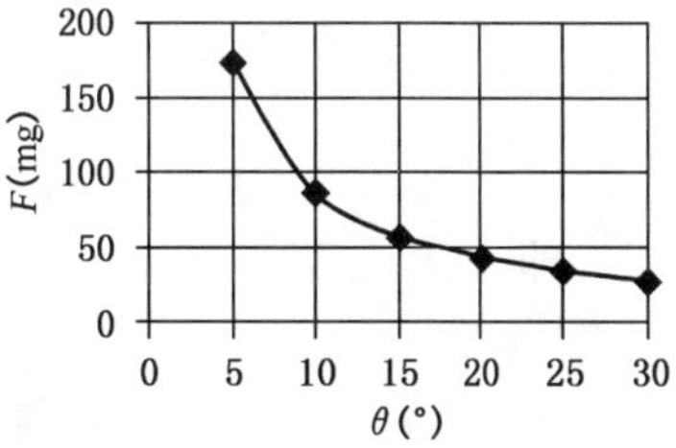

图 13-10

$\dfrac{F}{mg}$ 与倾角 θ 的曲线关系如图 13-10 所示,可见当杆 AB 倾角减小时力 F 增大;当 $\theta < 10^\circ$ 并减小时,力 F 急剧增大。

【例 13-5】 机车两车轮的质量均为 m_1,半径均为 R(可简化为均质圆盘),沿轨道作纯滚动。平行杆 AB 的质量为 m_2(可简化为均质杆),长为 l, $O_1A = O_2B = r$。位置 O_1A 与水平线的夹角为 θ,车轮的角速度为 ω,车轮 O_1 作用有力偶 M。试求车轮的角加速度和轨道承受的压力。

【解】 (1) 取整体为研究对象,作用的主动力、约束力和惯性力如图 13-11(b)所示。其中两车轮作平面运动,$a_{O1} = a_{O2} = R\alpha$;连杆 AB 作平动,质心 C 的加速度等于车轮上 A 点的加速度,由平面运动的加速度合成定理,得

$$\boldsymbol{a}_C = \boldsymbol{a}_A = \boldsymbol{a}_{O1} + \boldsymbol{a}_{AO1}^{t} + \boldsymbol{a}_{AO1}^{n}$$

式中:$a_{AO1}^{t} = r\alpha$, $a_{AO1}^{n} = r\omega^2$。车轮的惯性力系的主矢和主矩为

$$F_{I1} = F_{I2} = m_1a_{O1} = m_1R\alpha,\ M_{IO1} = M_{IO2} = J_{O1}\alpha = \frac{1}{2}m_1R^2\alpha$$

平动杆 AB 的惯性力为

$$F_{IC} = m_2a_{O1} = m_2R\alpha,\ F_{Ir}^{t} = m_2a_{AO_1}^{t} = m_2r\alpha,\ F_{Ir}^{n} = m_2a_{AO_1}^{n} = m_2r\omega^2$$

分别以 AB 杆、轮 O_1、轮 O_2 为研究对象,受力图如图 13-11(c)、(d)、(e)所示。
以 AB 杆为研究对象,根据达朗贝尔原理,建立平衡方程

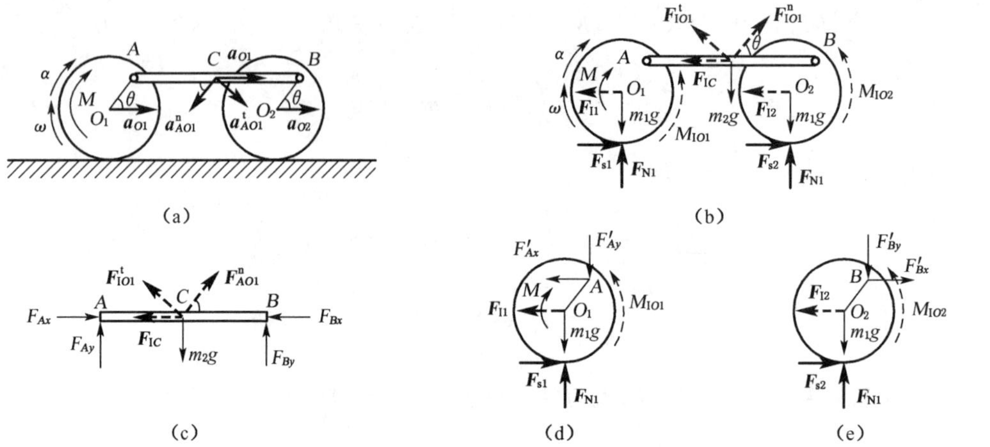

图 13-11

$$\sum M_C(\boldsymbol{F})=0$$

$$\sum M_B(\boldsymbol{F})=0$$

即
$$-F_{Ay}\frac{l}{2}+F_{By}\frac{l}{2}=0$$

$$-F_{Ay}l+m_2 g\frac{l}{2}-F_{\mathrm{Ir}}^{\mathrm{n}}\frac{l}{2}\sin\theta-F_{\mathrm{Ir}}^{\mathrm{t}}\frac{l}{2}\cos\theta=0$$

得到
$$F_{Ay}=F_{By}$$

$$-F_{Ay}+\frac{1}{2}m_2 g-\frac{1}{2}m_2 r\omega^2\sin\theta-\frac{1}{2}m_2 r\alpha\cos\theta=0$$

以轮 O_1 为研究对象,建立平衡方程 $\sum F_y=0$

得到
$$F_{\mathrm{N1}}-m_1 g-F'_{Ay}=0$$

以轮 O_2 为研究对象,建立平衡方程 $\sum F_y=0$

得到
$$F_{\mathrm{N2}}-m_1 g-F'_{By}=0$$

由以上的各式结果联立求解,得

$$F_{\mathrm{N1}}=F_{\mathrm{N2}}=m_1 g+\frac{1}{2}m_2 g-\frac{1}{2}m_2 r\omega^2\sin\theta-\frac{1}{2}m_2 r\alpha\cos\theta$$

最后以整体为研究对象,列平衡方程

$$F_{\mathrm{N1}}l+F_{\mathrm{I1}}R+F_{\mathrm{I2}}R+M_{\mathrm{IO1}}+M_{\mathrm{IO2}}-M+m_1 gl+m_2 g\left(\frac{l}{2}-r\cos\theta\right)-F_{\mathrm{Ir}}^{\mathrm{n}}\cos\theta(R+r\sin\theta)$$

$$-F_{\mathrm{Ir}}^{\mathrm{n}}\sin\theta\left(\frac{l}{2}-r\cos\theta\right)+F_{\mathrm{Ir}}^{\mathrm{t}}\sin\theta(R+r\sin\theta)-F_{\mathrm{Ir}}^{\mathrm{t}}\cos\theta\left(\frac{l}{2}-r\cos\theta\right)+F_{\mathrm{IC}}(R+r\sin\theta)=0$$

把各力、力偶的表达式代入上式,得到车轮的角加速度为

$$\alpha=\frac{M+(m_2 gr+m_2 r\omega^2 R)\cos\theta}{3m_1R^2+m_2r^2+m_2R^2+2m_2Rr\sin\theta}$$

最后求得轨道的压力为

$$F_{N1}=F_{N2}=m_1g+\frac{1}{2}m_2g-\frac{1}{2}m_2r\omega^2\sin\theta-\frac{1}{2}m_2r\cos\theta\frac{M+(m_2gr+m_2r\omega^2R)\cos\theta}{3m_1R^2+m_2r^2+m_2R^2+2m_2Rr\sin\theta}$$

13.4 绕定轴转动刚体的轴承动约束力

在工程实际和日常生活中，大量使用的工程和家用设备具有旋转机械，如飞机具有螺旋桨发动机或喷气发动机，汽车，火车和舰船具有内燃机，机床具有电动机和旋转的主轴，洗衣机具有可旋转的滚筒，电脑具有硬盘和光驱等。这些旋转机械一般要求运转平稳，安全可靠，振动和噪音小等，因此在设计时必须先要进行动力学分析。旋转机械可以简化为两端由轴承支承，绕定轴转动的刚体，如图 13-12 所示。刚体静止时，两端轴承的约束力为静约束力。但当刚体转动时，轴承的约束力除了静约束力外还添加了动约束力。本章的主要内容就是研究刚体定轴转动时，轴承的动约束力。因为通过对构件精心的设计和制造，可以使轴承的动约束力尽量低，进而降低构件的振动和噪音，使构件转动平稳，安全可靠。

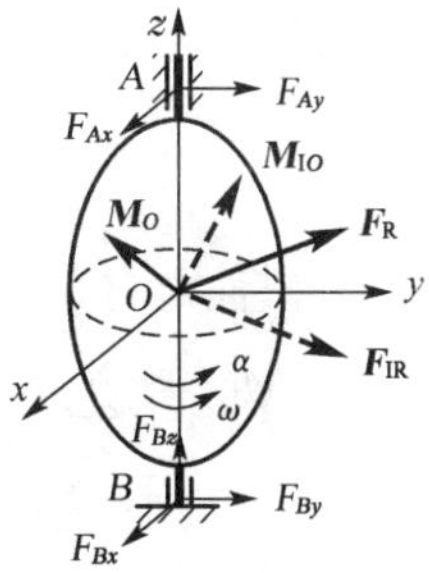

图 13-12

设一刚体绕轴 AB 转动，加速度为 ω，角加速度为 α，以此刚体为研究对象，取转轴上一点 O 为简化中心，作用在刚体上的主动力系向 O 点简化为主矢 $\boldsymbol{F}_R$ 与主矩 $\boldsymbol{M}_O$，惯性力系向 O 点简化为主矢 $\boldsymbol{F}_{IR}$ 与主矩 $\boldsymbol{M}_{IO}$，很明显主矢 $\boldsymbol{F}_{IR}$ 垂直于转轴 AB 或 z 轴方向，滑动轴承 A 的约束力为 F_{Ax} 和 F_{Ay}，止推轴承 B 的约束力为 F_{Bx}，F_{By} 和 F_{Bz}，以上各力如图 13-12 所示。

根据达朗贝尔原理，以上各力组成空间平衡力系，平衡方程如下：

$$\sum F_x=0 \qquad F_{Ax}+F_{Bx}+F_{Rx}+F_{IRx}=0$$

$$\sum F_y=0 \qquad F_{Ay}+F_{By}+F_{Ry}+F_{IRy}=0$$

$$\sum F_z=0 \qquad F_{Bz}+F_{Rz}=0$$

$$\sum M_x(\boldsymbol{F})=0 \qquad F_{By}\cdot OB-F_{Ay}\cdot OA+M_{Ox}+M_{IOx}=0$$

$$\sum M_y(\boldsymbol{F})=0 \qquad F_{Ax}\cdot OA-F_{Bx}\cdot OB+M_{Oy}+M_{IOy}=0$$

解得两个轴承的全约束力为

$$\left.\begin{aligned}F_{Ax}&=-\frac{1}{AB}[(M_{Oy}+F_{Rx}\cdot OB)+(M_{IOy}+F_{IRx}\cdot OB)]\\F_{Ay}&=\frac{1}{AB}[(M_{Ox}-F_{Ry}\cdot OB)+(M_{IOx}-F_{IRy}\cdot OB)]\\F_{Bx}&=\frac{1}{AB}[(M_{Oy}-F_{Rx}\cdot OA)+(M_{IOy}-F_{IRx}\cdot OA)]\\F_{By}&=-\frac{1}{AB}[(M_{Ox}+F_{Ry}\cdot OA)+(M_{IOx}+F_{IRy}\cdot OA)]\\F_{Bz}&=-F_{Rz}\end{aligned}\right\}\tag{13-9}$$

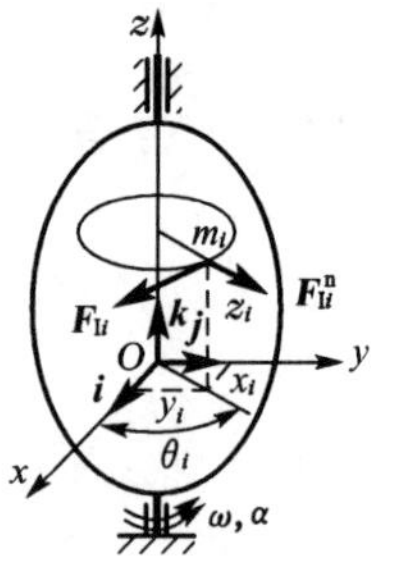

图 13-13

由于惯性力系没有沿 z 轴方向的分量,所以止推轴承 B 的沿 z 轴的约束力分量 F_{Bz} 与转动产生的惯性力无关,同静止时一样。轴承 A,B 的与转轴垂直的分量 $F_{Ax}, F_{Ay}, F_{Bx}, F_{By}$ 显然与惯性力有关,由惯性力系(主矢 $\boldsymbol{F}_{IR}$,主矩 $\boldsymbol{M}_{IO}$)引起的轴承约束力称为动约束力。如果能消除动约束力,可以降低构件的振动和噪音,使构件转动平稳,安全可靠。使动约束力为零的条件是 $F_{IRx}=F_{IRy}=0, M_{IOx}=M_{IOy}=0$,即惯性力系的主矢为零,惯性力系对于 x 轴和 y 轴的矩为零。由式(13-5)知,$F_{Ix}=-ma_{Cx}=0, F_{Iy}=-ma_{Cy}=0$,因此要使惯性力系的主矢为零,需 $\boldsymbol{a}_C=0$,即转轴必须通过质心。下面考察惯性力系对于 x 轴和 y 轴的矩。设刚体内任一质点的质量为 m_i,到转轴的距离为 r_i,如图 13-13 所示,则该质点的惯性力为

$$F_{Ii}^{t}=m_i a_i^{t}=m_i r_i \alpha \quad F_{Ii}^{n}=m_i a_i^{n}=m_i r_i \omega^2$$

惯性力对 x 轴的矩为

$$\begin{aligned}M_{Ix}&=\sum M_x(F_{Ii}^{t})+\sum M_x(F_{Ii}^{n})=\sum m_i r_i \alpha \cos\theta_i \cdot z_i+\sum -m_i r_i \omega^2 \sin\theta_i \cdot z_i\\&=\alpha\sum m_i x_i z_i-\omega^2\sum m_i y_i z_i\end{aligned}$$

记

$$J_{yz}=\sum m_i y_i z_i \quad J_{xz}=\sum m_i x_i z_i \tag{13-10}$$

称为刚体对 y,z 轴和 x,z 轴的惯性积。惯性积只取决于刚体质量对于坐标轴的空间分布情况。于是惯性力对 x 轴的矩为

$$M_{Ix}=\alpha J_{xz}-\omega^2 J_{yz} \tag{13-11}$$

同理,惯性力对 y 轴的矩为

$$M_{Iy}=\alpha J_{yz}+\omega^2 J_{xz} \tag{13-12}$$

惯性力系对 z 轴的矩为

$$M_{Iz}=\sum M_z(F_{Ii}^{t})+\sum M_z(F_{Ii}^{n})$$

由于各质点的法向惯性力的作用线都通过转轴 z,因而 $\sum M_z(F_{Ii}^{n})=0$,有

$$M_{Iz}=\sum M_z(F_{Ii}^{t})=\sum -m_i r_i \alpha \cdot r_i=-\left(\sum m_i r_i^2\right)\alpha=-J_z\alpha$$

要使惯性力系的主矩为零,即 $M_{Ix}=\alpha J_{xz}-\omega^2 J_{yz}=0$, $M_{Iy}=\alpha J_{yz}+\omega^2 J_{xz}=0$,必须使 $J_{yz}=J_{xz}=0$,即刚体对于 y,z 轴和 x,z 轴的惯性积必须为零。

如果刚体对于通过某点的 z 轴的惯性积 J_{xz}, J_{yz} 为零,则称此轴为过该点的惯性主轴。通过质心的惯性主轴称为中心惯性主轴。因此轴承动约束力为零的条件是:刚体的转轴应是刚体的中心惯性主轴。

设刚体的转轴通过质心,当刚体只受重力作用时,它可以在任意位置静止,这种现象称为静平衡。当刚体的转轴通过质心且为惯性主轴时,刚体转动时轴承动约束力为零,称这种现象为动平衡。对于定轴转动的刚体,能实现静平衡但不一定能实现动平衡,但能实现动平衡的定轴转动的刚体肯定能实现静平衡。

工程中的各种作旋转运动的零部件,如各种传动轴、主轴、电动机和汽轮机的转子等,由

于材质不均匀或毛坯缺陷、加工及装配中产生的误差，甚至设计时就具有非对称的几何形状等多种因素，使得转轴与中心惯性主轴有偏离，离心惯性力通过轴承作用到机械及其基础上，引起振动，产生了噪音，加速轴承磨损，缩短了机械寿命，严重时能造成破坏性事故。为此，有时要在专门的静平衡与动平衡试验机上对转子进行试验和校正，或在现场对整机进行动平衡校正，使转轴与中心惯性主轴的偏离达到允许的平衡精度等级，或使产生的机械振动幅度降低到允许的范围内。如汽车出厂前都经过动平衡校验，但出现以下情况时，就需要做动平衡：①更换新胎或发生碰撞事故维修后；②前后轮胎单侧偏磨；③驾驶时方向盘过重或飘浮发抖；④直行时汽车向左或向右跑偏。

通过以上学习，现对本章作如下小结：

(1) 设质点的质量为 m，加速度为 $\boldsymbol{a}$，则质点的惯性力为 $\boldsymbol{F}_{\mathrm{I}}=-m\boldsymbol{a}$。

(2) 质点的达朗贝尔原理：作用在质点上的主动力 $\boldsymbol{F}$、约束力 $\boldsymbol{F}_{\mathrm{N}}$ 和虚加的惯性力 $\boldsymbol{F}_{\mathrm{I}}$ 组成平衡力系，即

$$\boldsymbol{F}+\boldsymbol{F}_{\mathrm{N}}+\boldsymbol{F}_{\mathrm{I}}=0$$

(3) 质点系的达朗贝尔原理：作用在质点系上的外力系 $\boldsymbol{F}_i^{(e)}$ 和惯性力系 $\boldsymbol{F}_{\mathrm{I}i}$ 组成平衡力系，即

$$\sum \boldsymbol{F}_i^{(e)}+\sum \boldsymbol{F}_{\mathrm{I}i}=0$$

$$\sum M_O(\boldsymbol{F}_i^{(e)})+\sum M_O(\boldsymbol{F}_{\mathrm{I}i})=0$$

(4) 刚体惯性力系的简化结果

① 刚体平移，惯性力系向质心 C 简化为一主矢

$$\boldsymbol{F}_{\mathrm{IR}}=-m\boldsymbol{a}_C$$

② 刚体绕定轴转动，且刚体具有对称平面，转轴垂直于该对称平面，惯性力系向此对称平面和转轴 z 的交点简化的主矢和主矩为

$$\boldsymbol{F}_{\mathrm{IR}}=-m\boldsymbol{a}_C \quad M_{\mathrm{IO}}=-J_z\alpha$$

③ 刚体作平面运动，且刚体具有对称平面，平行于此对称平面作平面运动，惯性力系向质心 C 简化的主矢和主矩为

$$\boldsymbol{F}_{\mathrm{IR}}=-m\boldsymbol{a}_C \quad M_{\mathrm{IC}}=-J_C\alpha$$

*(5) 刚体作定轴转动，消除动约束力的条件是：此转轴是中心惯性主轴。质心在转轴上，刚体可以在任意位置静止不动，实现静平衡；转轴为中心惯性主轴，不出现轴承动约束力，实现动平衡。

思考题

1. 两种情况的定滑轮质量均为 m，半径均为 r，图 13-14(a) 中的拉绳所受的拉力为 W，图 13-14(b) 中的拉绳悬吊重 W 的重物。试分析这两种情况下定滑轮的角加速度、绳张力和定滑轮轴承处的约束力是否相同。

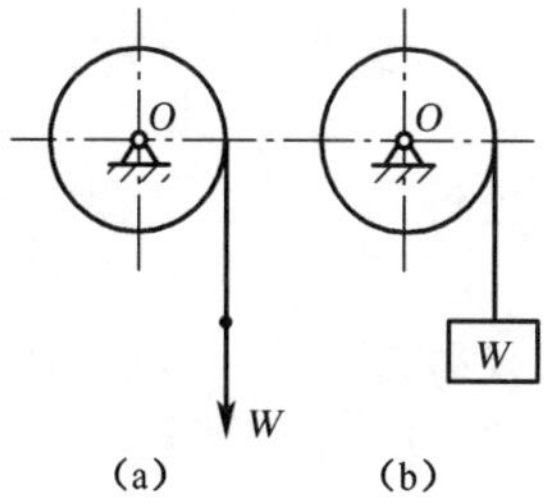

图 13-14

2. 如图 13-15 所示，不计质量的轴上用不计质量的杆连接质量均为 m 的小球，当轴以匀角速度 ω 转动时，图示各情况中哪些是静平衡的，哪些是动平衡的，哪些都不是？

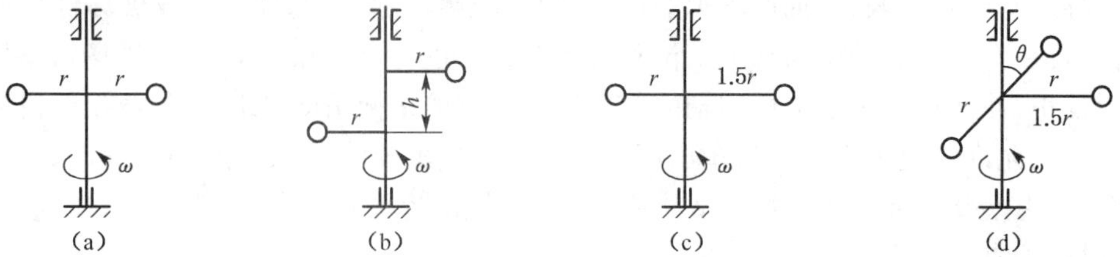

图 13-15

3. 对图 13-16 中的 4 种情况简化惯性力：(a) 均质圆盘的质心 C 在转轴上，作匀速转动；(b) 偏心圆盘作匀速转动，偏心距 $OC=e$；(c) 均质圆盘的质心 C 在转轴上，作非匀速转动；(d) 偏心圆盘作非匀速转动，偏心距 $OC=e$。圆盘的质量都为 m，对质心的回转半径都为 ρ。

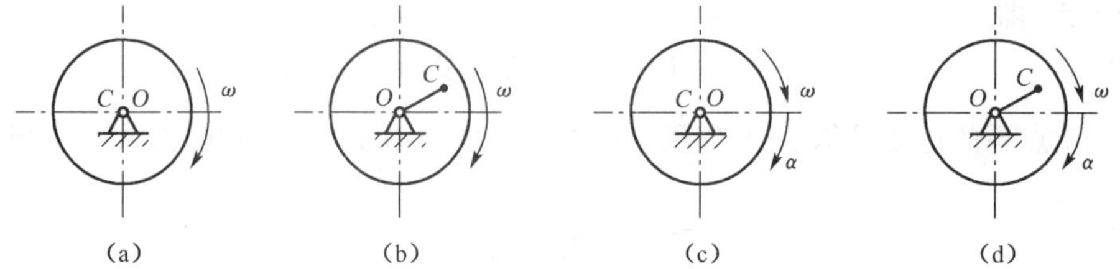

图 13-16

习题

1. 图 13-17 所示汽车的总质量为 m，以加速度 $\boldsymbol{a}$ 作水平直线运动。汽车的质心 G 离地面的高度为 h，汽车的前后车轮轴到通过质心垂线的距离分别为 c 和 b。求：(1) 其前后轮的正压力；(2) 汽车如何行驶能使前后轮的压力相等。

2. 如图 13-18 所示，调节器由两个质量为 m_1 的均质圆盘构成，圆盘偏心地铰接于距转轴为 a 的 A、B 两点。调节器以等角速度 ω 绕铅垂轴转动，圆盘质心到悬挂点的距离为 l。调节器的外壳质量为 m_2，并放在两个圆盘上。不计摩擦，求角速度 ω 与偏角 φ 之间的关系。

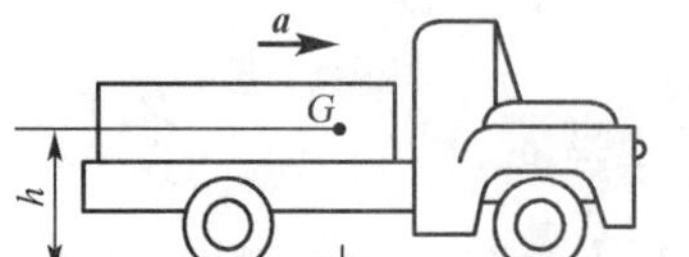

图 13-17

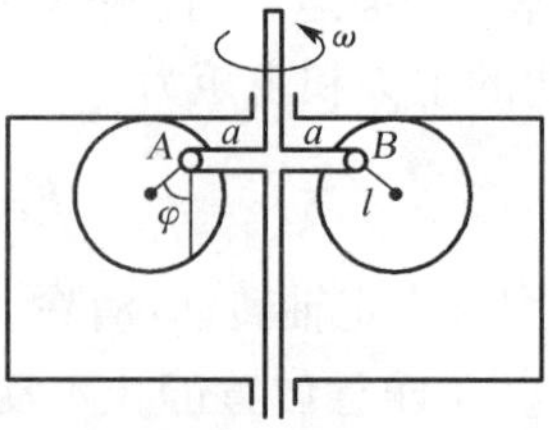

图 13-18

3. 图 13-19 所示长方形均质平板，质量为 27 kg，由两个销 A 和 B 悬挂。如果突然撤去销 B，求在撤去销 B 的瞬时平板的角加速度和销 A 的约束力。

4. 图 13-20 所示均质曲杆 $ABCD$，刚性地连接于铅垂转轴上，已知 $CO=OB=b$。转轴以匀角速度 ω 转动，欲使 AB 及 CD 段截面只受沿杆的轴向力，求 AB 和 CD 段的曲线方程。

5. 转速表的简化模型如图 13-21 所示。杆 CD 的两端各有质量为 m 的 C 球和 D 球，杆 CD 与转轴 AB 铰接于各自的中点，质量不计。当转轴转动且外荷载变化时，杆 CD 的转

角 φ 就发生变化。设 $\omega=0$ 时，$\varphi=\varphi_0$，且盘簧没有绷紧（无力）。盘簧产生的力矩 M 与转角 φ 的关系为 $M=k(\varphi-\varphi_0)$，式中 k 为盘簧刚度系数。$AO=OB=b$。求：(1)角速度 ω 与角 φ 之间的关系；(2)当系统处于图示平面时，轴承 A、B 的约束力。

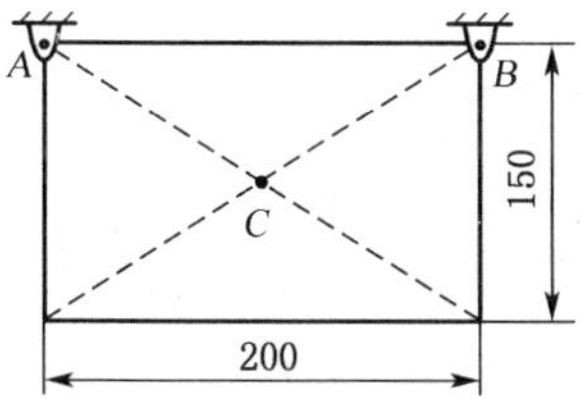

图 13-19

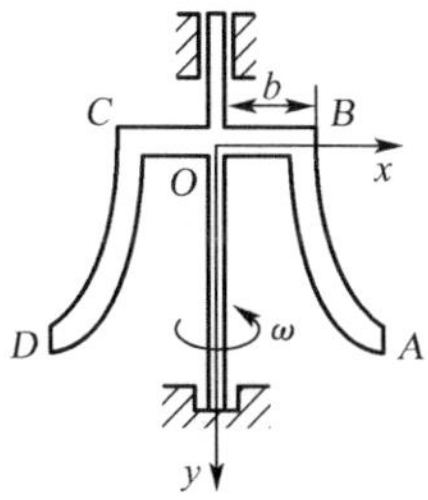

图 13-20

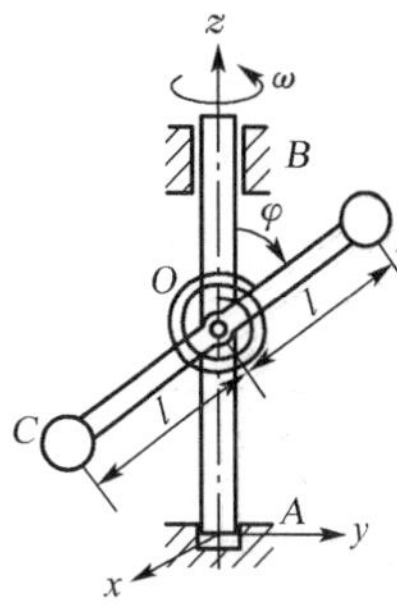

图 13-21

6. 如图 13-22 所示，轮轴质心位于 O 处，对轴 O 的转动惯量为 J_O。在轮轴上系有两个质量分别为 m_1 和 m_2 的物体。若此轮轴以顺时针转动，求轮轴的角加速度 α 和轴承 O 处的约束力。

7. 如图 13-23 所示，质量为 m_1 的物体 A 下落时，带动质量为 m_2 的均质圆盘 B 转动。若不计支架和绳子的重量及轴上的摩擦，$BC=l$，盘 B 的半径为 R，求固定端 C 的约束力。

8. 当发射卫星实行星箭分离时，打开卫星整流罩的一种方案如图 13-24 所示。先由释放机构将整流罩缓慢地送到图示位置，然后火箭加速，加速度为 $\boldsymbol{a}$，从而使整流罩向外转。当其质心 C 转到位置 C' 时，O 处铰链自动脱开，使整流罩离开火箭。设整流罩的质量为 m，对轴 O 的回转半径为 ρ，质心到轴 O 的距离为 $OC=r$。问整流罩脱落时，角速度为多大？

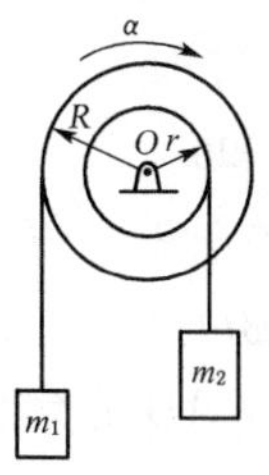

图 13-22

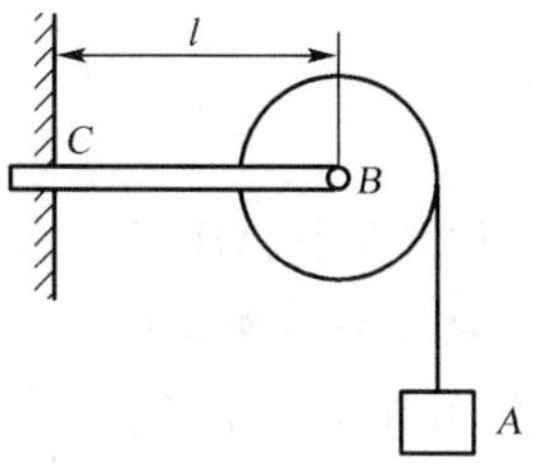

图 13-23

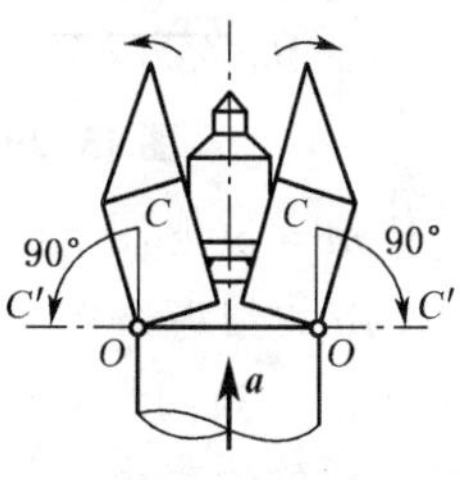

图 13-24

9. 图 13-25 所示曲柄 OA 质量为 m_1，长为 r，以等角速度 ω 绕水平轴 O 逆时针转动。曲柄的 A 端推动水平板 B，使质量为 m_2 的滑杆 C 沿铅垂方向运动。忽略摩擦，求当曲柄与水平方向夹角 $\theta=30°$ 时的力偶矩 M 及轴承 O 的约束力。

10. 曲柄摇杆机构的曲柄 OA 长为 r，质量为 m，在随时间变化的力偶 M 的作用下，以匀角速度 ω_0 转动，并通过滑块 A 带动摇杆 BD 运动。OB 铅垂，BD 可视为质量为 $8m$ 的均质直杆，长为 $3r$。不计滑块 A 的质量和各处摩擦。在图 13-26 所示瞬时，OA 水平，$\theta=30°$。求此时驱动力偶矩 M 和 O 处约束力。

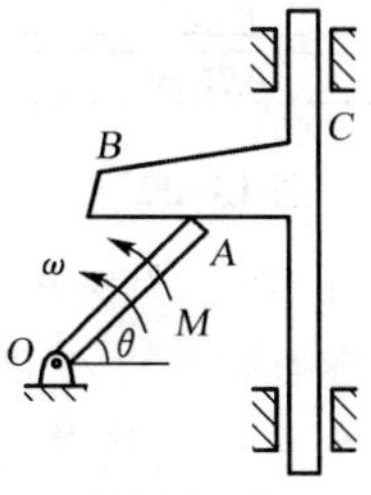

图 13-25

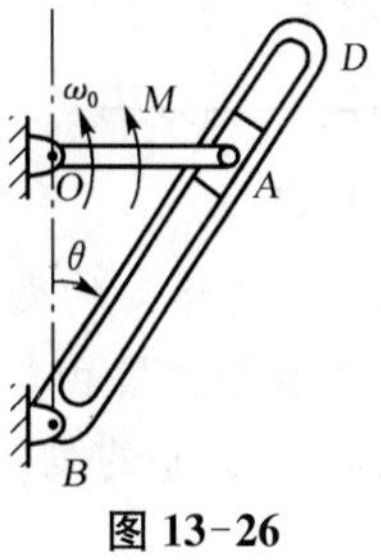

图 13-26

11. 图 13-27 所示均质板质量为 m,放在两个均质圆柱滚子上,滚子质量均为 $m/2$,其半径均为 r。如在板上作用一水平力 $\boldsymbol{F}$,并使滚子无滑动,求板的加速度。

12. 铅垂面内的曲柄滑块机构中,均质直杆 $OA=r$,$AB=2r$,滑块质量为 m。曲柄 OA 匀速转动,角速度为 ω_0。在图 13-28 所示瞬时,滑块运行阻力为 $\boldsymbol{F}$。不计摩擦,求滑道对滑块的约束力及 OA 上的驱动力偶 M_O。

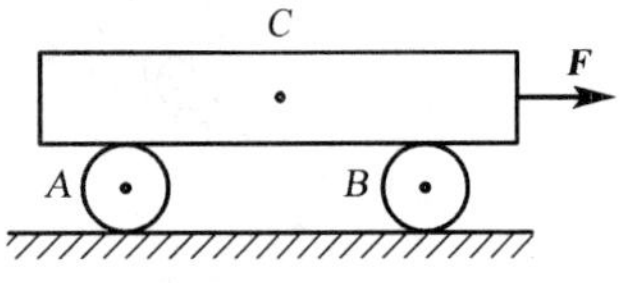

图 13-27

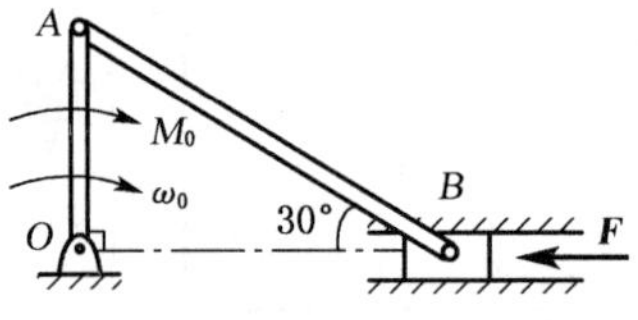

图 13-28

13. 物体 A 质量为 m_1,沿楔形体 D 的斜面下降,同时借绕过滑轮 C 的绳使质量为 m_2 的物体 B 上升,如图 13-29 所示。斜面与水平成 θ 角,滑轮和绳的质量和所有摩擦均略去不计。求楔形体 D 作用在地板凸出部分 E 的水平压力。

14. 如图 13-30 所示,均质圆盘和均质薄圆环的质量均为 m,外径相同,用直杆 AB 铰接于两者的中心。设系统沿倾角为 θ 的斜面作纯滚动,不计杆的质量,试求杆 AB 的加速度、杆的内力及斜面对圆盘和圆环的约束力。

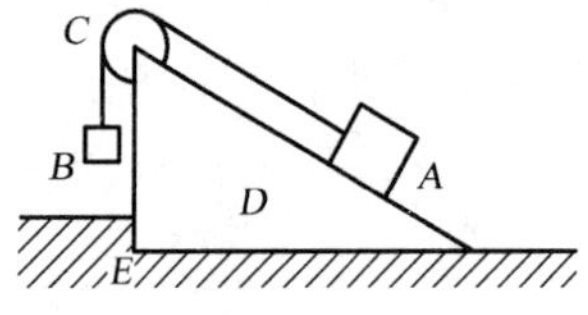

图 13-29

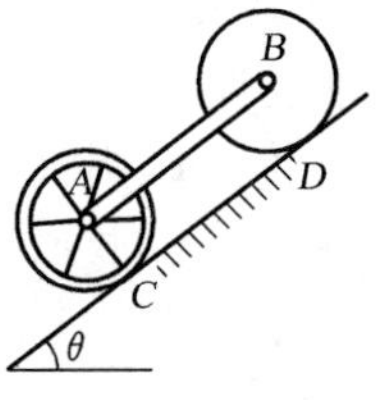

图 13-30

15. 质量 $m=50\,\text{kg}$,长 $l=2.5\,\text{m}$ 的均质细杆 AB,一端 A 放在光滑的水平面上,另一端 B 由长 $b=1\,\text{m}$ 的细绳系在固定点 D,D 点距离地面高 $h=2\,\text{m}$,且 ABD 在同一铅垂面内,如图 13-31 所示。当细绳处于水平时,杆由静止开始落下。试求此瞬时 AB 的角加速度、绳子的拉力和地面的约束力。

16. 如图 13-32 所示,质量为 $12\,\text{kg}$ 的物块 C 放在质量为 $3\,\text{kg}$ 的平台 AB 上,此平台用 3 根绳子 AD、BE 和 AH 保持在固定位置。试求绳子 AH 被剪断的瞬时,滑块 C 和平台 AB 的加速度。假设:(1)物块和平台固连为一体;(2)物块与平台间的摩擦可以忽略;(3)物块与平台间的动摩擦因数 $f=0.5$。

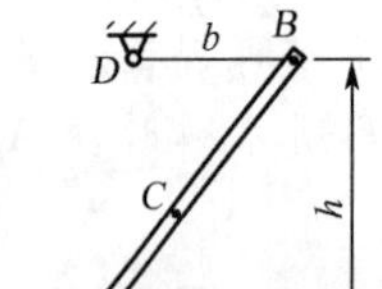

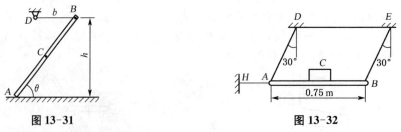

图 13-31

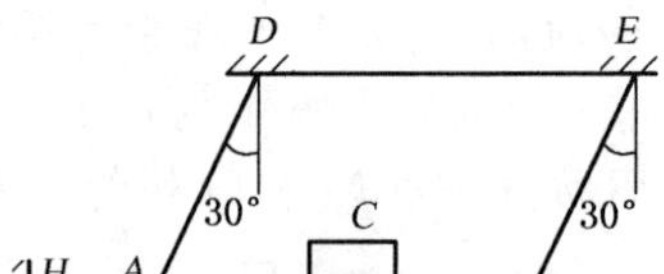

图 13-32

17. 可在铅垂面内运动的两个相同的均质杆 OA 和 AB 用铰链 O 和 A 连接。各杆长为 l,在图 13-33 所示水平位置由静止开始运动,试求初始瞬时各杆的角加速度。

18. 长为 l、质量为 m 的均质杆 AB 用光滑铰链连接于半径为 r、质量为 m 的均质圆盘的中心，圆盘可在水平面上纯滚动。若从图 13-34 所示位置由静止开始运动，杆 AB 运动到铅垂位置时，试求：(1) 杆 AB 的角速度，轮心 A 的速度；(2) 杆 AB 的角加速度，轮心 A 的加速度；(3) 地面作用于圆盘上的约束力。

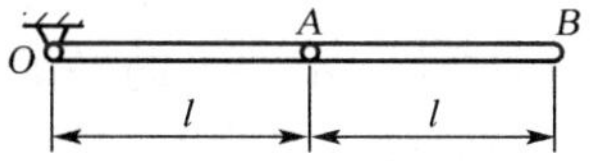

图 13-33

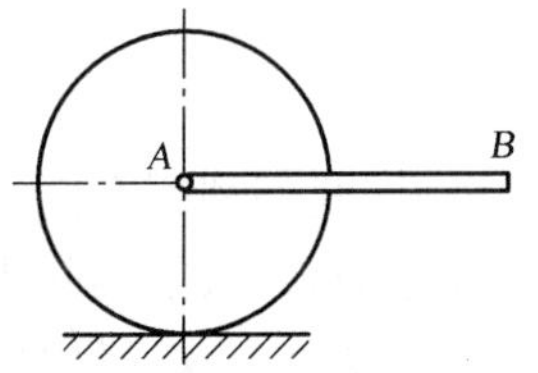

图 13-34

19. 图 13-35 所示水平板以恒定加速度 a 向右运动，均质薄圆管放在此板上。若圆管与板间的静摩擦因数 $f_s = 0.4$，试求圆管在板上作纯滚动时，平板加速度的最大值。

20. 图 13-36 所示均质杆 AB 长 $l = 3.05\ \text{m}$，质量 $m = 45.4\ \text{kg}$，其 A 端放在光滑的水平地面上，B 端用长 $l = 1.22\ \text{m}$ 的细绳系在固定点 D。当细绳铅垂时，杆 AB 与地面的夹角 $\theta = 30°$。杆上 A 点作用有一水平力 F，使 A 点以速度 $2.44\ \text{m/s}$ 沿地面向左匀速运动。试求：(1) 杆 AB 的角速度；(2) 水平力 F 的大小；(3) 细绳的张力。

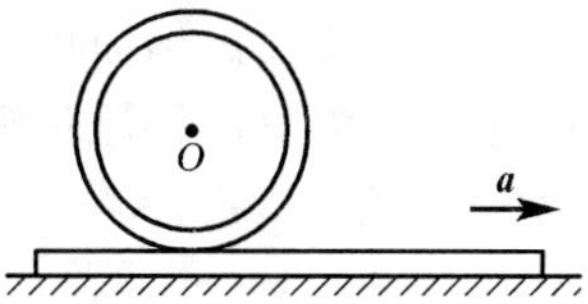

图 13-35

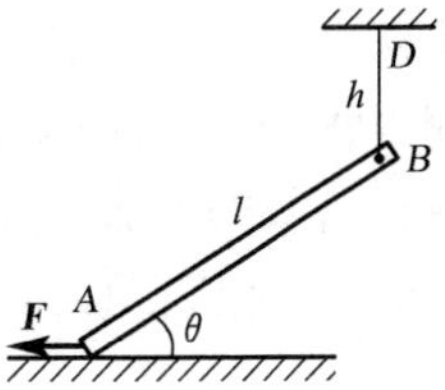

图 13-36

14 虚位移定理

在静力学中,我们利用力系的平衡条件研究了刚体在力的作用下的平衡问题,但对有许多约束的刚体系而言,求解某些未知力需要取几次研究对象,建立足够多的平衡方程,才能求出所要求的未知力。这样做是非常繁杂的,同时平衡方程的确立只是对刚体而言是必要和充分的条件,而对任意的非自由质点系而言,它只是必要条件,不是充分条件。

在本章,我们将学习用数学分析的方法来研究非自由质点系的力学问题。1764 年,拉格朗日提出了虚位移原理,又称为虚功原理,给出了解决非自由质点系的新方法,即利用广义坐标描述非自由质点系的运动,使描述系统运动量大大减少,是研究一般质点系平衡的普遍定理,也称静力学普遍定理。

虚位移原理给出的平衡条件,对于任意非自由质点系的平衡都是必要和充分的,为解决质点系平衡问题提供了一种普遍而简便的方法,更为解决复杂质点系平衡问题提供了有效而简便的方法。它不仅是求解平衡问题的普遍法则,而且它和达朗贝尔原理结合起来得到动力学普遍方程,又为解决动力学问题提供了一个普遍原理。因此虚位移原理是求静力平衡问题普遍而有效的方法,也是分析力学的基础。下面将首先介绍虚位移原理涉及的几个基本概念,然后叙述虚位移原理及其应用。

14.1 约束·虚位移·虚功

14.1.1 约束及其分类

质点或质点系的运动受到它周围物体的限制作用,这种限制作用称为约束,表示约束的数学方程称为约束方程。按约束方程的形式对约束进行以下分类。

1) 几何约束和运动约束

限制质点或质点系在空间的几何位置的条件称为几何约束。例如图 14-1 所示单摆,其中质点 M 可绕固定点 O 在平面 Oxy 内摆动,摆长为 l。这时摆杆对质点的限制条件是:质点 M 必须在以点 O 为圆心、以 l 为半径的圆周上运动。若以 x,y 表示质点的坐标,则其约束方程可表示为

$$x^2+y^2=l^2$$

又如图 14-2 所示曲柄连杆机构中,连杆 AB 所受的约束有:点 A 只能作以点 O 为圆心、以 r 为半径的圆周运动;点 B 与点 A 间的距离始终保持为杆长 l;点 B 始终沿滑道作直线运动。这 3 个条件以约束方程表示为

$$\begin{cases} x_A^2 + y_A^2 = r^2 \\ (x_B - x_A)^2 + (y_B - y_A)^2 = l^2 \\ y_B = 0 \end{cases}$$

上述例子中各约束都是限制物体的几何位置，因此都是几何约束。

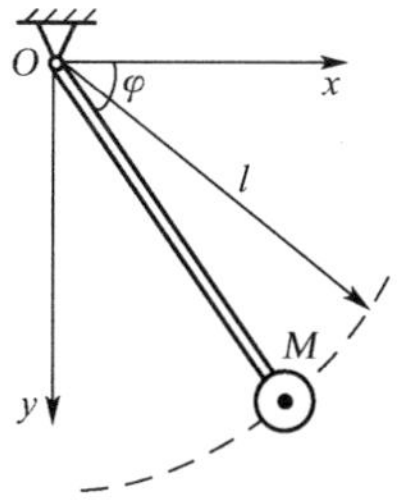

图 14-1

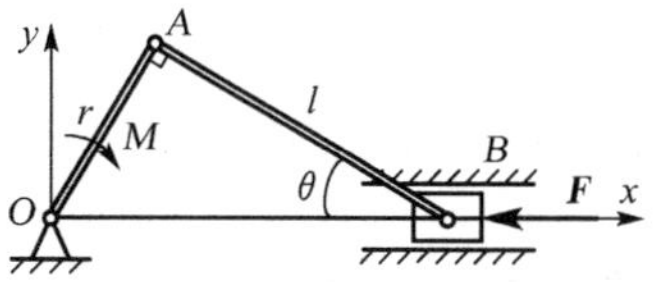

图 14-2

在力学中，除了几何约束外，还有限制质点系运动情况的运动学条件，称为运动约束。例如，图 14-3 所示车轮沿直线轨道作纯滚动时，车轮除了受到限制轮心 A 始终与地面保持距离为 r 的几何约束 $y_A = r$ 外，还受到只滚不滑的运动学的限制，即每一瞬时有

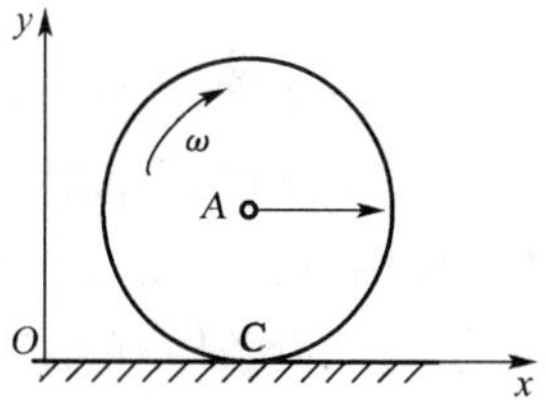

图 14-3

$$v_A - r\omega = 0$$

上述约束就是运动约束，该方程即为约束方程。设 x_A 和 φ 分别为点 A 的坐标和车轮的转角，有 $v_A = \dot{x}_A, \omega = \dot{\varphi}$。则上式可改写为

$$\dot{x}_A - r\dot{\varphi} = 0$$

2）定常约束和非定常约束

图 14-4 为一摆长 l 随时间变化的单摆，图中重物 M 由一根穿过固定圆环 O 的细绳系住。设摆长在开始时为 l_0，然后以不变的速度 v 拉动细绳的另一端，此时单摆的约束方程为

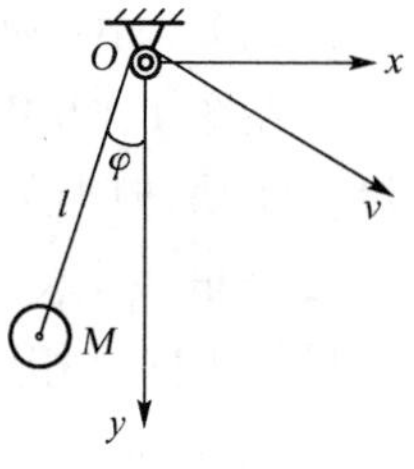

图 14-4

$$x^2 + y^2 = (l_0 - vt)^2$$

由上式可见，约束条件是随时间变化的，这类约束称为非定常约束。

不随时间变化的约束称为定常约束，如图 14-1 所示单摆的约束，约束方程 $x^2 + y^2 = l^2$ 不含时间 t，是定常约束。

3）完整约束与非完整约束

约束方程中含有坐标对时间的导数，而且方程不能积分成有限形式，称为非完整约束。反之，约束方程中不含有坐标对时间的导数，或约束方程中含有坐标对时间的导数，但能积分成有限形式，称为完整约束。如图 14-3 所示在平直轨道上作纯滚动的圆轮，其运动约束方程为完整约束。

4）双侧约束与单侧约束

如果约束不仅限制物体沿某一方向的位移，同时也限制物体沿相反方向的位移，这种约束称为双侧约束。例如，图 14-1 所示的单摆是用直杆制成的，摆杆不仅限制小球拉伸方向

的位移，而且也限制小球沿压缩方向的位移，此约束为双侧约束。若将摆杆换成绳索，绳索不能限制小球沿压缩方向的位移，所以约束方程为

$$x^2 + y^2 \leqslant l^2$$

这样的约束为单侧约束。即约束仅限制物体沿某一方向的位移，不能限制物体沿相反方向的位移，这种约束称为单侧约束。

在本章中只讨论定常的双侧几何约束，其约束方程的一般形式为

$$f_j(x_1, y_1, z_1, \cdots, x_n, y_n, z_n) = 0 \qquad (j = 1, 2, \cdots, s)$$

式中，n 为质点系的质点数，s 为约束的方程数。

14.1.2 虚位移、虚功

在某给定瞬时，质点或质点系为约束所允许的无限小的位移，称为质点或质点系的虚位移。虚位移可以是线位移，也可以是角位移。用变分符号 $\delta \boldsymbol{r}$ 表示，以区别真实位移 $\mathrm{d}\boldsymbol{r}$。

必须注意，虚位移与实际位移是两个截然不同的概念。虚位移只与约束条件有关，与时间、作用力和运动的初始条件无关。实位移是质点或质点系在一定时间内发生的真实位移，除了与约束条件有关以外，还与作用在其上的主动力和运动的初始条件有关。虚位移是任意的无限小的位移，在定常约束下，虚位移可以有沿不同方向的虚位移。

力在虚位移中做的功称为虚功，用 δW 表示，即

$$\delta W = \boldsymbol{F} \cdot \delta \boldsymbol{r} \tag{14-1}$$

本章中虚功与实位移中的元功虽然采用同一符号 δW 表示，但它们之间是有本质区别的。因为虚位移是假想的，不是真实位移，因此其虚功就不是真实的功，是假想的，它与实际位移无关；而实际位移中的元功是真实位移的功，它与物体运动的路径有关。

在图 14-5 中的机构处于静止平衡状态，显然任何力都没作实功，但力可以作虚功。假定曲柄在平衡位置上转过任一极小角 $\delta\varphi$，这时点 A 沿圆弧切线有相应的位移 $\delta \boldsymbol{r}_A$，点 B 沿导轨方向有相应的位移 $\delta \boldsymbol{r}_B$，如图 14-5 所示，此时位移 $\delta\varphi$、$\delta \boldsymbol{r}_A$、$\delta \boldsymbol{r}_B$ 都是约束允许的、可能实现的某种假想的极微小的位移，即虚位移。按图示的虚位移，力 $\boldsymbol{F}$ 的虚功为 $\boldsymbol{F} \cdot \delta \boldsymbol{r}_B$，是负功；力偶 M 的虚功为 $M\delta\varphi$，是正功。

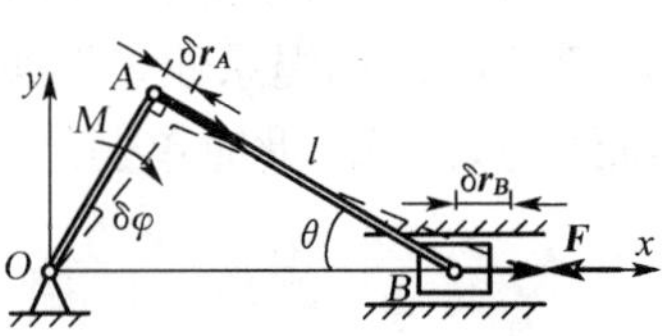

图 14-5

14.1.3 理想约束

如果约束力在质点系的任意虚位移中所作的虚功之和等于零，这样的约束称为理想约束。若用 $\boldsymbol{F}_{\mathrm{N}i}$ 表示质点系中第 i 个质点所受的约束力，$\delta \boldsymbol{r}_i$ 表示质点系中第 i 个质点的虚位移，则理想约束为

$$\delta W = \sum_{i=1}^{s} \boldsymbol{F}_{\mathrm{N}i} \cdot \delta \boldsymbol{r}_i = 0$$

在动能定理一章已分析过，如光滑接触面、铰链、不可伸长刚杆（二力杆）等均为理想约束。现以虚位移的角度来看这些约束也为理想约束。

14.1.4 自由度与广义坐标

确定具有完整约束的质点系位置所需独立坐标的数目称为质点系的自由度数，简称自由度，用 k 表示。例如，在空间运动的质点，其独立坐标为 (x,y,z)，自由度为 $k=3$；在平面运动的质点，其独立坐标为 (x,y)，自由度为 $k=2$；作平面运动的刚体，其独立坐标为 (x_A,y_A,φ)，自由度为 $k=3$。

一般情况，设由 n 个质点组成的质点系，受有 s 个几何约束，此完整系统的自由度数为

空间运动的自由度数：$k=3n-s$。

平面运动的自由度数：$k=2n-s$。

确定质点系位置的独立参量称质点系的广义坐标，常用 $q_j(j=1,2,\cdots,s)$ 表示。广义坐标的形式是多种的，可以是直角坐标 x、y、z，弧坐标 s，转角 φ。

一般情况，设具有理想、双则约束的质点系，由 n 个质点组成，受有 s 个几何约束，系统的自由度为 $k=3n-s$，若以 $q_1,q_2,\cdots,q_k$ 表示质点系的广义坐标，质点系第 i 个质点的直角坐标形式的广义坐标为

$$\begin{cases} x_i = x_i(q_1,q_2,\cdots,q_k,t) \\ y_i = y_i(q_1,q_2,\cdots,q_k,t) \quad (i=1,2,\cdots,n) \\ z_i = z_i(q_1,q_2,\cdots,q_k,t) \end{cases}$$

矢量形式为

$$\boldsymbol{r}_i = \boldsymbol{r}_i(q_1,q_2,\cdots,q_k,t) \quad (i=1,2,\cdots,n)$$

14.2 虚位移原理

虚位移原理：具有理想、双侧、定常约束的质点系其平衡的必要与充分条件是：作用在质点系上的所有主动力在任何虚位移中所作的虚功之和等于零。

若以 $\boldsymbol{F}_i$ 表示作用于由 n 个质点所组成的质点系中第 i 个质点 m_i 上的主动力的合力，以 $\delta\boldsymbol{r}_i$ 表示该点的虚位移，则虚位移原理的数学表达式为

$$\delta W = \sum \boldsymbol{F}_i \cdot \delta\boldsymbol{r}_i = 0 \tag{14-2}$$

式(14-2)的解析式为

$$\sum(F_{ix}\delta x_i + F_{iy}\delta y_i + F_{iz}\delta z_i) = 0 \tag{14-3}$$

虚位移原理的必要性证明：

当质点系平衡时，质点系中的每个质点受到主动力 $\boldsymbol{F}_i$ 和约束力 $\boldsymbol{F}_{\mathrm{N}i}$ 而处于平衡，则有

$$\boldsymbol{F}_i + \boldsymbol{F}_{\mathrm{N}i} = 0 \qquad (i = 1,2,\cdots,n)$$

若给质点系以某种虚位移，其中质点 m_i 的虚位移为 $\delta\boldsymbol{r}_i$，则作用在质点 m_i 上的力 $\boldsymbol{F}_i$ 和 $\boldsymbol{F}_{\mathrm{N}i}$ 的虚功的和为

$$\boldsymbol{F}_i \cdot \delta\boldsymbol{r}_i + \boldsymbol{F}_{\mathrm{N}i} \cdot \delta\boldsymbol{r}_i = 0$$

对于质点系内所有质点，都可以得到与上式同样的等式。将这些等式相加，得

$$\sum \boldsymbol{F}_i \cdot \delta\boldsymbol{r}_i + \sum \boldsymbol{F}_{\mathrm{N}i} \cdot \delta\boldsymbol{r}_i = 0$$

如果质点系具有理想约束，则约束力在虚位移中所作虚功的和为零，即 $\sum \boldsymbol{F}_{\mathrm{N}i} \cdot \delta\boldsymbol{r}_i = 0$，代入上式得

$$\sum \boldsymbol{F}_i \cdot \delta\boldsymbol{r}_i = 0$$

则有

$$\delta W = \sum \boldsymbol{F}_i \cdot \delta\boldsymbol{r}_i = 0$$

虚位移原理的充分性证明：

应用反证法，假定等式(14-2)成立，而质点系不平衡，则此时质点系必有 m 个 $(1 \leqslant m \leqslant n)$ 质点由静止开始运动，这些质点所受的主动力和约束反力的合力不等于零，即

$$\boldsymbol{F}_j + \boldsymbol{F}_{\mathrm{N}j} \neq 0$$

由于质点系受有理想约束，则 $\sum \boldsymbol{F}_{\mathrm{N}i} \cdot \delta\boldsymbol{r}_i = 0$。质点 m_i 在合力作用下在 $\mathrm{d}t$ 时间内必有与合力同方向的微小实位移 $\delta\boldsymbol{r}_j$，则

$$\boldsymbol{F}_j \cdot \delta\boldsymbol{r}_j > 0$$

对于质点系有

$$\delta W = \sum \boldsymbol{F}_i \cdot \delta\boldsymbol{r}_i + \sum \boldsymbol{F}_{\mathrm{N}i} \cdot \delta\boldsymbol{r}_i = \sum_{i=1}^{n-m} \boldsymbol{F}_i \cdot \delta\boldsymbol{r}_i + \sum_{j=n-m+1}^{n} \boldsymbol{F}_j \cdot \delta\boldsymbol{r}_j > 0$$

结果与假定的条件相矛盾，充分性得到证明。

虚位移的重要意义在于当解决非自由质点系的平衡问题时，不需考虑约束反力，因此可使平衡方程和未知量的数目均大为减少，使其计算大为简化。

【例 14-1】 如图 14-6(a)所示的机构中，当曲柄 OC 绕轴 O 转动时，曲柄 OC 长为 a，滑块 A 沿曲柄滑动，从而带动杆 AB 在铅直的滑槽内移动。不计各杆的自重与各处的摩擦，试求平衡时力 $\boldsymbol{F}_1$ 和 $\boldsymbol{F}_2$ 的关系。

【解】 作用在该机构上的主动力为力 F_1 和 F_2，约束是理想约束。

由于体系具有 1 个自由度，广义坐标为曲柄 OC 绕轴 O 转动时的转角 φ，则滑块 A 在图 14-6(b)所示坐标系中的坐标为

$$y = l\tan\varphi$$

滑块 A 的虚位移为

$$\delta r_A = \delta y = \frac{l}{\cos^2\varphi}\delta\varphi$$

C 点的虚位移为

$$\delta r_C = \delta(a\varphi) = a\delta\varphi$$

将点 A、C 的虚位移代入上式得

$$F_2 \frac{l}{\cos^2\varphi}\delta\varphi - F_1 a\delta\varphi = 0$$

$$\left(F_2 \frac{l}{\cos^2\varphi} - F_1 a\right)\delta\varphi = 0$$

由于广义虚位移 $\delta\varphi$ 是任意独立的，则有

$$F_2 \frac{l}{\cos^2\varphi} - F_1 a = 0$$

即

$$\frac{F_1}{F_2} = \frac{l}{a\cos^2\varphi}$$

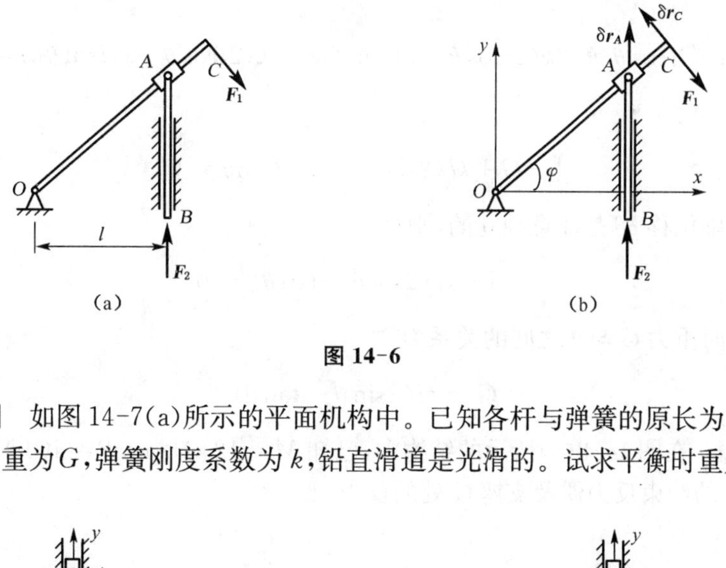

图 14-6

【例 14-2】 如图 14-7(a)所示的平面机构中。已知各杆与弹簧的原长为 l，重量均略去不计。滑块 A 重为 G，弹簧刚度系数为 k，铅直滑道是光滑的。试求平衡时重力 G 与 θ 之间的关系。

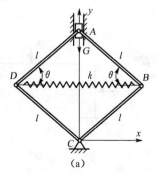

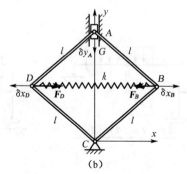

图 14-7

【解】 去掉弹簧的约束，以弹力 $\boldsymbol{F}_D$、$\boldsymbol{F}_B$ 代替，体系的约束为理想约束，在主动力重力 G 和弹性力 $\boldsymbol{F}_D$、$\boldsymbol{F}_B$ 的作用下处于平衡。给体系以虚位移，滑块 A 向下移动 δy_A，B、D 两点得到水平的位移 δx_B、δx_D，如图 14-7(b)所示。由虚位移原理，得

$$G\delta y_A - F_B\delta x_B + F_D\delta x_D = 0$$

主动力作用点的坐标为

$$\begin{cases} y_A = 2l\sin\theta \\ x_B = l\cos\theta \\ x_D = -l\cos\theta \end{cases}$$

则各作用点的虚位移为上式取变分，得

$$\begin{cases} \delta y_A = -2l\cos\theta\delta\theta \\ \delta x_B = -l\sin\theta\delta\theta \\ \delta x_D = l\sin\theta\delta\theta \end{cases}$$

弹簧的弹力 $\boldsymbol{F}_D$、$\boldsymbol{F}_B$ 为

$$F_D = F_B = k(2l\cos\theta - l)$$

则

$$-G\cdot 2l\cos\theta\delta\theta + k(2l\cos\theta - l)l\sin\theta\delta\theta + k(2l\cos\theta - l)l\sin\theta\delta\theta = 0$$

整理得

$$[-G + kl(2\sin\theta - \tan\theta)]\delta\theta = 0$$

由于广义虚位移 $\delta\theta$ 是任意独立的，则有

$$-G + kl(2\sin\theta - \tan\theta) = 0$$

即得平衡时重力 G 与 θ 之间的关系为

$$G = kl(2\sin\theta - \tan\theta)$$

【例 14-3】 在图 14-8(a)所示的结构中，已知 $M = 12\ \text{kN}\cdot\text{m}$，$\boldsymbol{F} = 10\ \text{kN}$，$q = 1\ \text{kN/m}$。试求固定端 A 的约束反力偶及支座 C 处的反力。

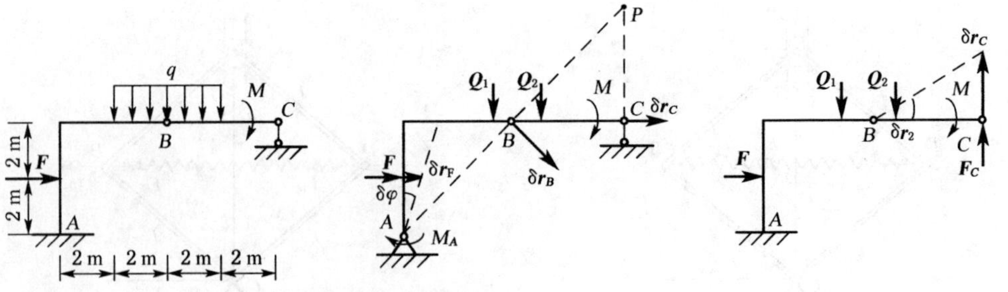

图 14-8

【解】 将固定端 A 的转动约束解除，而代之以反力偶，则杆 AB 可绕 A 点转动，但不能沿任何方向移动，因此应将固定端以固定铰支座代替，并在 AB 杆的 A 处作用一反力偶，其力偶矩为 M_A，如图 14-8(b)所示。于是，AB 杆可作定轴转动，BC 杆可作平面运动。

给 AB 杆以虚转角 $\delta\varphi$，B 点的虚位移为

$$\delta r_B = AB \cdot \delta\varphi$$

BC 杆作平面运动，其速度瞬心在 P，设 BC 杆的虚转角为 $\delta\theta$，B 点虚位移为

$$\delta r_B = BP \cdot \delta\theta = AB \cdot \delta\varphi$$

根据图 14-8(b)的几何关系，$AB = BP$，得 $\delta\theta = \delta\varphi$。

根据虚位移原理，做功的力有 $\boldsymbol{F}$ 和与均布荷载等效的合力 $\boldsymbol{Q}_1$、$\boldsymbol{Q}_2$，以及 M 和 M_A。当计算力偶矩的虚功时，采用力偶矩乘以相应的虚转角，若力偶矩与虚转角的转向一致时，其虚功取正号，反之取负号。

$$M_A \cdot \delta\varphi + F \cdot 2\delta\varphi + Q_1 \cdot 3\delta\varphi + Q_2 \cdot 3\delta\theta - M\delta\theta = 0$$

注意到　　$\delta\theta = \delta\varphi$，$Q_1 = 2q = 2\ \text{kN}$，$Q_2 = 2q = 2\ \text{kN}$

可得　　$M_A = M - 2F - 3Q_1 - 3Q_2 = -20\ \text{kN} \cdot \text{m}$

式中负号表示反力偶的转向与假设的相反，即为顺时针转向。

将可动铰支座 C 去掉，代之以反力 $\boldsymbol{F}_C$，如图 14-8(c)所示。AB 部分仍为静定结构，BC 杆只可能绕 B 铰作定轴移动。

给 BC 杆以虚转角 $\delta\varphi$，BC 杆的虚位移如图 14-8(c)所示。C 点的虚位移为

$$\delta r_C = BC \cdot \delta\varphi = 4\delta\varphi$$

由虚位移原理，可得

$$F_C \cdot \delta r_C - Q_1 \cdot 1 \cdot \delta\varphi - M\delta\varphi = 0$$

即

$$F_C \cdot 4\delta\varphi - 2\delta\varphi - 12\delta\varphi = 0$$

消去不为零的 $\delta\varphi$，求得

$$F_C = 14/4 = 3.5\ \text{kN}$$

【例 14-4】 平面机构如图 14-9(a)所示。不计杆及滑块重量，略去各接触面的摩擦。机构在图示位置处于平衡，试求此时 M 与 Q 的关系。

【解】 取机构中的 OB 杆及 O_1A 杆部分为研究对象，给 O_1A 杆以虚转角 $\delta\varphi$，选 O_1A 杆上的 A 为动点，动系固结于 OB 杆上，则 A 点的虚位移(绝对虚位移)为

$$\delta r_A = O_1A \cdot \delta\varphi = l\sin 30° \cdot \delta\varphi = \frac{1}{2} l\delta\varphi$$

动点 A 的牵连虚位移 δr_{Ae} 垂直于 OB 杆，相对虚位移 δr_{Ar} 沿 OB 杆方向，根据速度合成定理，有

$$\delta \boldsymbol{r}_A = \delta \boldsymbol{r}_{Ae} + \delta \boldsymbol{r}_{Ar}$$

A 点的各虚位移示于图 14-9(b)中，则

$$\delta r_{Ae} = \delta r_A \cos 60^\circ = \frac{1}{4} l \delta\varphi$$

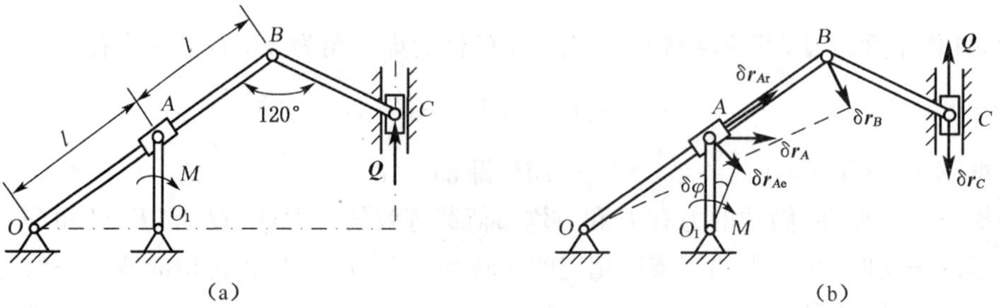

图 14-9

OB 杆作定轴转动，根据刚体上的速度分布规律，可得

$$\delta r_B = \frac{OB}{OA} \cdot \delta r_{Ae} = 2 \times \frac{1}{4} l \delta\varphi = \frac{1}{2} l \delta\varphi$$

取 BC 杆为研究对象，BC 杆作平面运动。由速度投影定理知

$$\delta r_C \cos 60^\circ = \delta r_B \cos 30^\circ$$

故

$$\delta r_C = \sqrt{3} \delta r_B = \frac{\sqrt{3}}{2} l \delta\varphi$$

取整个机构为研究对象，系统的约束为理想约束，应用矢量点积形式的虚功方程，可得

$$M\delta\varphi - Q\delta r_C = 0$$

即

$$M\delta\varphi - Q \cdot \frac{\sqrt{3}}{2} l \delta\varphi = 0$$

消去 $\delta\varphi$，解得

$$M = \frac{\sqrt{3}}{2} lQ$$

【例 14-5】 一多跨静定梁受力如图 14-10(a)所示，试求支座 B 的约束力。

【解】 将支座 B 处的约束解除，用力 $\boldsymbol{F}_B$ 代替，将其看做主动力，如图 14-10(b)所示。假想支座 B 产生如图所示的虚位移，则在约束允许的条件下，各点虚位移如图所示。由虚位移原理得

$$-F_1\delta r_1 + F_B\delta r_B - F_2\delta r_2 + F_3\delta r_3 - M\delta\varphi = 0$$

则

$$F_B = F_1 \frac{\delta r_1}{\delta r_B} + F_2 \frac{\delta r_2}{\delta r_B} - F_3 \frac{\delta r_3}{\delta r_B} + M \frac{\delta \varphi}{\delta r_B}$$

其中，各处的虚位移关系为

$$\frac{\delta r_1}{\delta r_B} = \frac{1}{2}$$

$$\frac{\delta r_2}{\delta r_B} = \frac{11}{8}$$

$$\frac{\delta r_3}{\delta r_B} = \frac{1}{\delta r_B} \cdot \frac{3\delta r_2}{6} = \frac{1}{2} \times \frac{\delta r_2}{\delta r_B} = \frac{1}{2} \times \frac{11}{8} = \frac{11}{16}$$

$$\frac{\delta \varphi}{\delta r_B} = \frac{1}{\delta r_B} \cdot \frac{\delta r_G}{4} = \frac{1}{\delta r_B} \cdot \frac{\delta r_3}{6} = \frac{1}{6} \times \frac{\delta r_3}{\delta r_B} = \frac{1}{6} \times \frac{11}{16} = \frac{11}{96}$$

从而得支座 B 的约束力为

$$F_B = \frac{1}{2} F_1 + \frac{11}{8} F_2 - \frac{11}{16} F_3 + \frac{11}{96} M$$

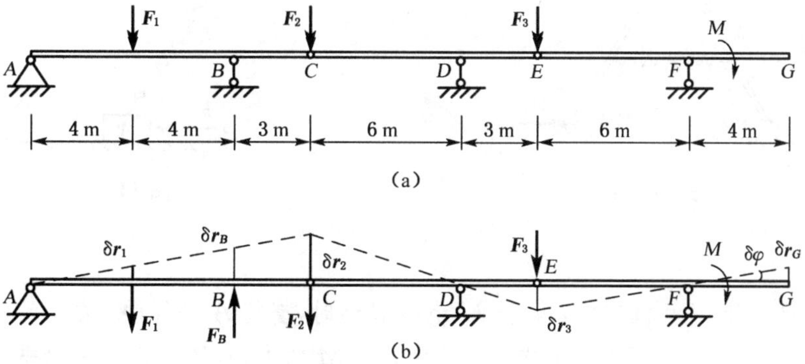

图 14-10

通过以上例子，可以看出应用虚位移原理，可求解平衡系统主动力之间的关系、系统的平衡位置以及约束反力等问题。由于虚位移方程中不包含约束反力，使得某些复杂的静力学问题就可以得到简便求解。

在虚位移原理求解中，正确分析并确定各主动力作用点的虚位移及其之间的关系，是解题的关键。利用虚位移原理解题的基本步骤为：

(1) 取研究对象，一般以不解除约束的整个系统为研究对象。分析系统具有的自由度个数，以确定系统虚位移的组数，即虚功方程的个数。

(2) 受力分析。一般只分析主动力。若有摩擦和弹簧约束时，应将做功的摩擦力和弹性力视为主动力。当求约束反力时，则解除相应的约束，而代之以约束反力，并视其为主动力。为方便起见，每次只解除一个未知量的约束，使结构成为具有一个自由度的机构。

(3) 给系统一组虚位移，求出各主动力作用点的虚位移间的关系。方法如上所述。

(4) 根据虚位移原理，建立虚功方程并求解。计算虚功时应注意其正负号。

思考题

1. 什么是虚位移？它与实位移有何区别？

2. 虚位移原理只适用于具有理想约束的系统吗？

3. 分析下列说明是否正确。

(1) 几何约束限制质点系中各质点的位置，但不限制各质点的速度。

(2) 虚位移可以有多种不同的方向，实位移只能有唯一确定的方向。

(3) 虚位移虽与时间无关，但与主动力的方向一致。

4. 图 14-11 所示平面平衡系统，若对整体列平衡方程求解时，是否需要考虑弹簧内力？若改用虚位移原理求解，弹簧力为内力，是否需要考虑弹簧力的功？

5. 如图 14-12 所示，物块 A 在重力、弹性力与摩擦力作用下平衡，设给物块 A 一水平向右的虚位移，弹性力的虚功如何计算？摩擦力在此虚位移中作正功还是作负功？

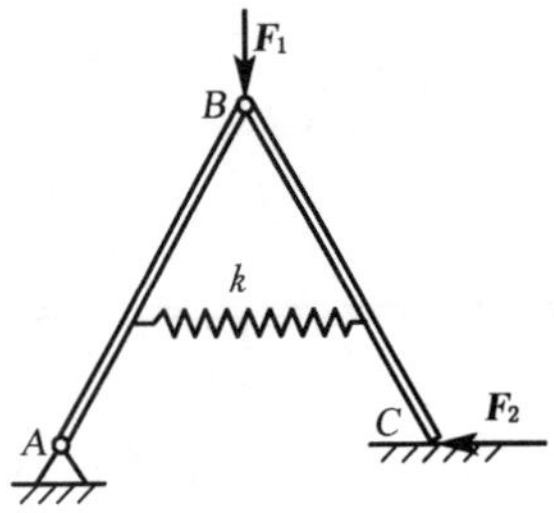

图 14-11

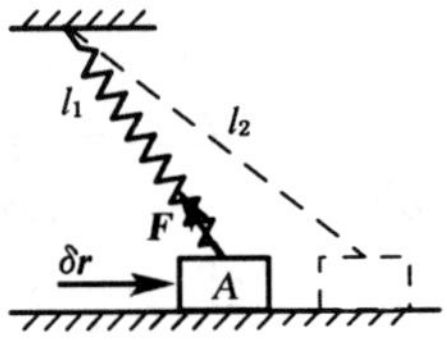

图 14-12

习题

1. 如图 14-13 所示机构中，当杆 OC 绕 O 摆动时，套筒 A 沿杆 OC 自由滑动，并带动杆 AB 在铅垂滑道内移动。杆 OC 上作用一力偶矩为 M 的力偶，B 点作用一铅垂力 $\boldsymbol{F}$，各处摩擦不计。试求在图示位置平衡时，M 与 F 之间的关系。

2. 如图 14-14 所示摇杆机构，$OO_1 \perp AO$，$\theta = 30°$。图(a) 中 $OA = a$，图(b) 中 $OB = a$。各在 OA 杆上施加力偶 M_1，试求系统保持平衡时，需在 OB 上施加的力偶 M_2。

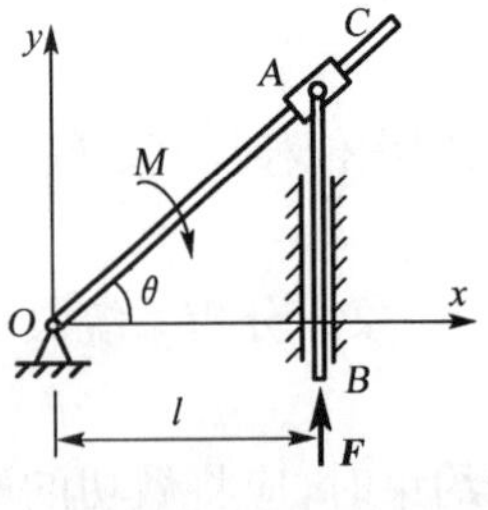

图 14-13

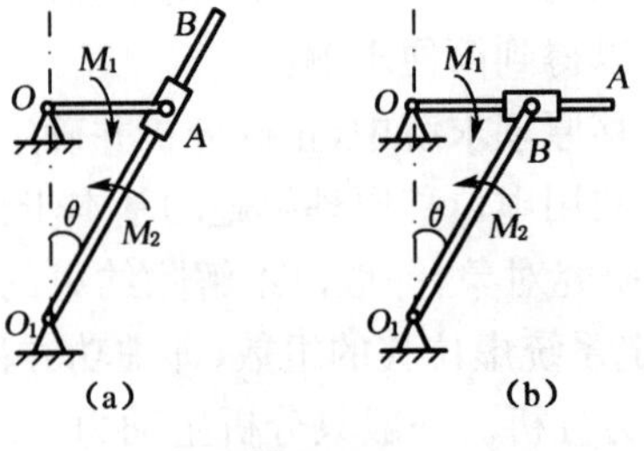

图 14-14

3. 如图 14-15 所示机构中，已知 $F = 2\,\text{kN}$，$Q = 4\,\text{kN}$，分别位于 AC 杆和 BC 杆中点，A、B、C 均为光滑铰链，$AC = BC = 2\,\text{m}$，各杆自重不计。试求支座 B 的约束反力。

4. 挖土机挖掘部分示意如图 14-16 所示。支臂 DEF 不动，A、B、D、E、F 为铰链，液压油缸 AD 伸缩时可通过连杆 AB 使挖斗 BFC 绕 F 转动，$EA = FB = r$。当 $\theta_1 = \theta_2 = 30°$，杆 $AE \perp DF$，此时油缸推力为 $\boldsymbol{F}$。不计构件重量，求此时挖斗可克服的最大阻力矩 M。

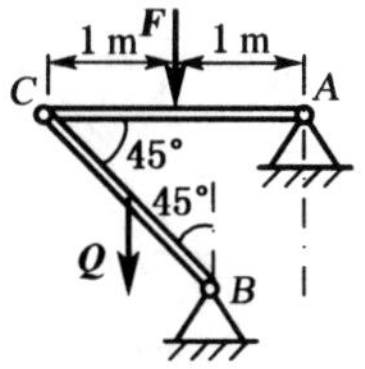

图 14-15

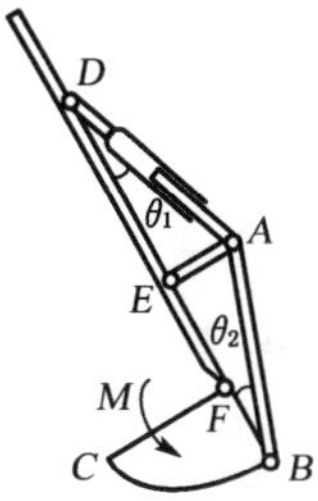

图 14-16

5. 如图 14-17 所示机构中，已知 $OA = r = 20$ cm，其上作用有力偶，其力偶矩 $M = 200$ N · m，由作用在 D 点的力 $\boldsymbol{F}$ 使机构处于平衡。试求力 $\boldsymbol{F}$ 的大小。

6. 如图 14-18 所示机构由 6 根杆件组成，已知 $AC = OD = CG = DE = 2a, BG = BE = a$，在滑块 A 上作用一铅垂力 $\boldsymbol{Q}$，B 点作用一水平力 $\boldsymbol{F}$，不计摩擦及杆件自重，$\theta = 30°$ 时，系统平衡，试求此时两力的比值。

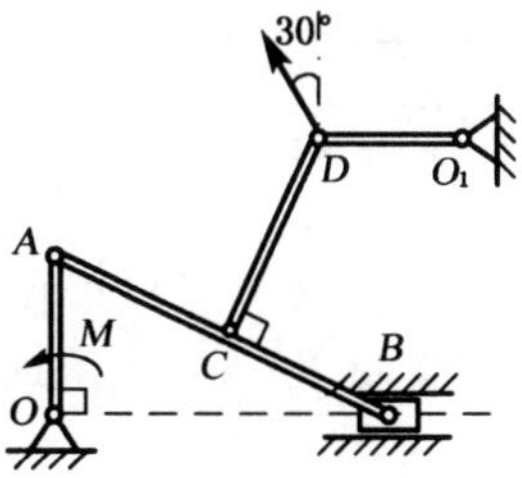

图 14-17

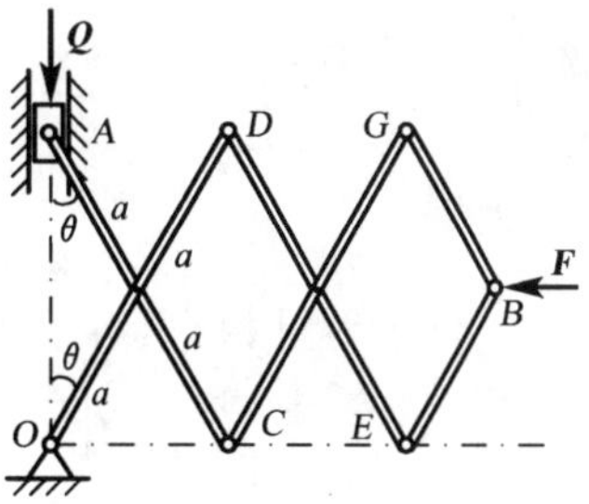

图 14-18

7. 如图 14-19 所示机构，已知 $OA = r, h = 2r$，弹簧的刚度系数为 k，OA 杆上作用力偶矩为 M_1 的力偶，在图示位置（OA 平行于水平杆 BC）系统平衡，试求作用在 AD 杆上的力偶矩 M_2 的大小及弹簧的变形量 δ。

8. 如图 14-20 所示机构中，$a = 0.6$ m，$b = 0.7$ m，铅垂力 $F = 200$ N。平衡时 $\theta = 45°$，弹簧 CD 的变形为 $\delta = 50$ mm。试用虚位移原理求弹簧的刚度系数。

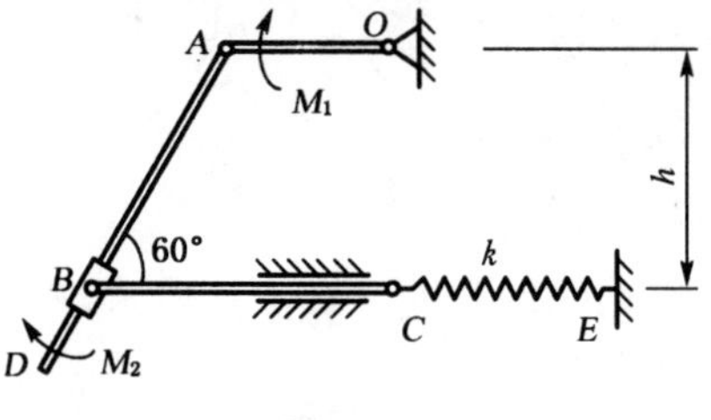

图 14-19

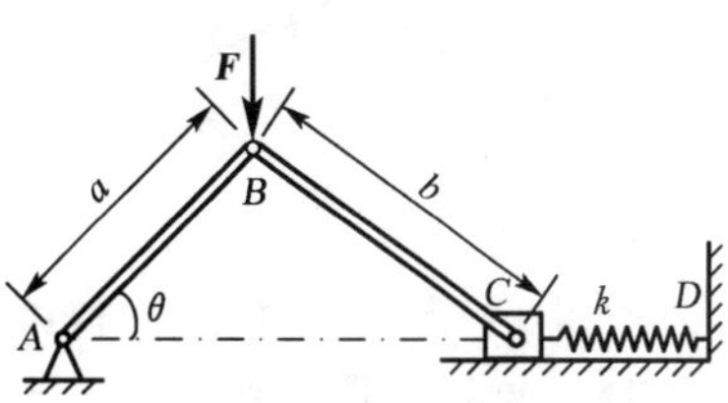

图 14-20

9. 如图 14-21 所示机构中，曲柄 OA 上作用有力偶矩为 M 的力偶，在滑块 D 上作用有水平力 F。机构尺寸如图示，不计各结构自重及各处摩擦。试求机构在图示位置平衡时，F 与 M 的关系。

10. 如图 14-22 所示机构中，所有约束都是理想约束，已知 $OA = O_1B = BC = l, AB = OO_1$，弹簧的刚度系数为 k，原长为 l_0，试求该位置维持平衡时角 θ 的大小。

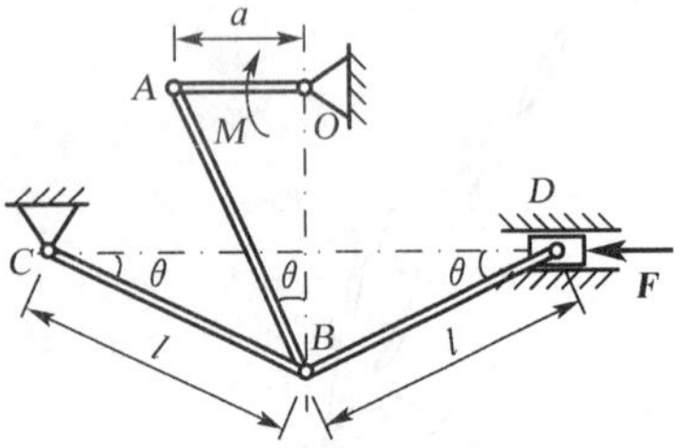

图 14-21

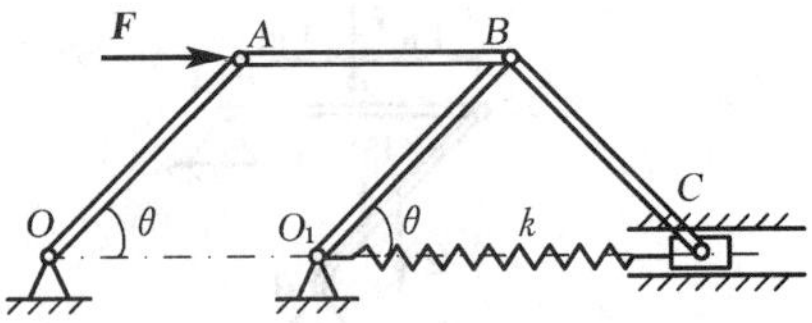

图 14-22

11. 如图 14-23 所示桁架中，$AC = AB = BC = l$，$\theta = 45^\circ$，节点 D 处受铅垂力 $\boldsymbol{F}$ 作用。试用虚位移原理求杆 BD 的受力 $\boldsymbol{F}_{BD}$。

12. 如图 14-24 所示桁架结构，几何尺寸见图示。试用虚位移原理求杆 1 的内力。

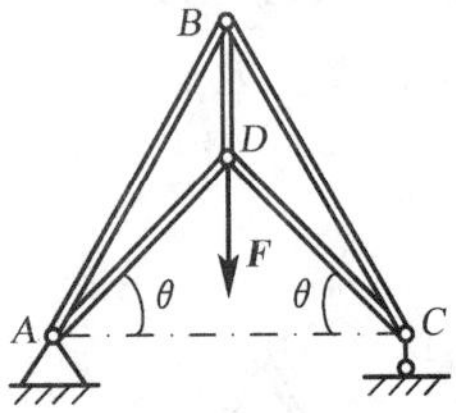

图 14-23

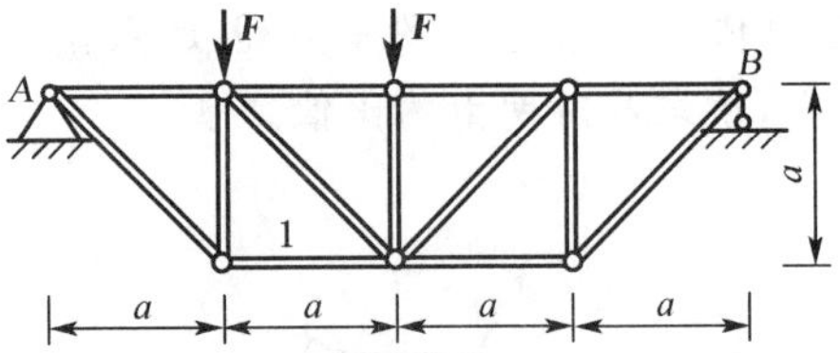

图 14-24

13. 如图 14-25 所示机构中，各铰均为光滑铰链，$AC = OD = 100$ cm，$DB = BC = 50$ cm，不计杆与滑块的重量，水平力 $\boldsymbol{F} = 100$ N，在图示位置时 $\theta=30^\circ$，试求该位置维持平衡时所需力矩 M 的大小。

14. 如图 14-26 所示机构，由 3 根杆件连接，B、C 为铰链，AB、CD 杆竖直，几何尺寸见图示，不计构件重量。试用虚位移原理求 A 支座的约束反力。

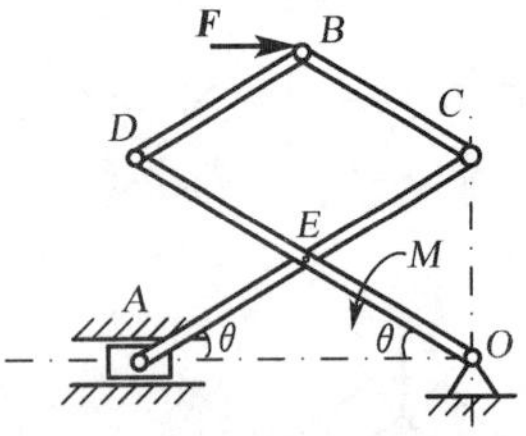

图 14-25

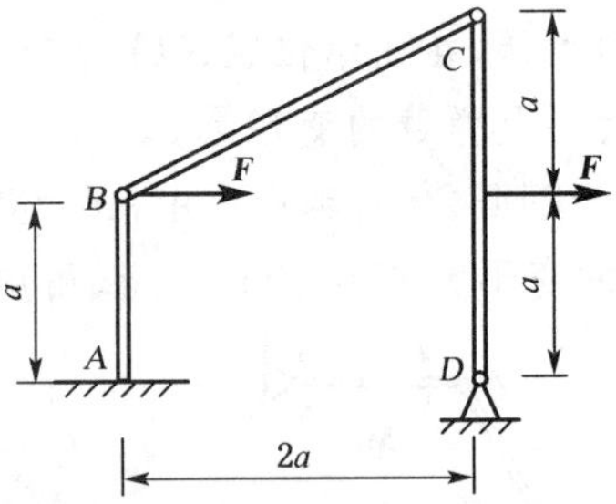

图 14-26

15. 如图 14-27 所示桁架结构，节点 D 处受铅垂力 $\boldsymbol{F}$ 作用，几何尺寸见图示，不计构件重量。试用虚位移原理求杆 AC 和杆 BC 的内力。

16. 如图 14-28 所示多跨静定梁，已知 $\boldsymbol{F} = 20$ kN，$q = 10$ kN/m，$l = 2$ m。试用虚位移原理求支座 B 的反力。

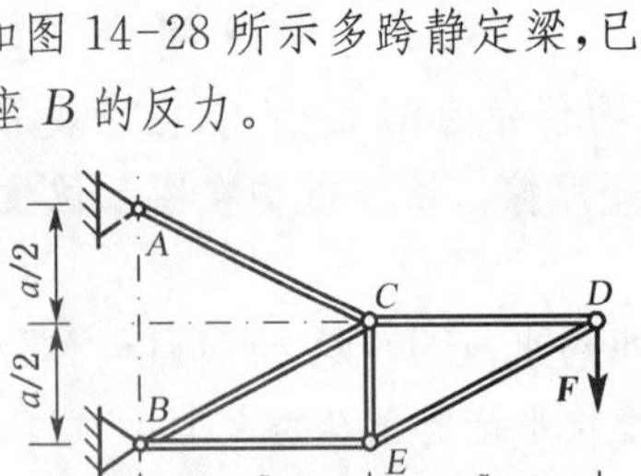

图 14-27

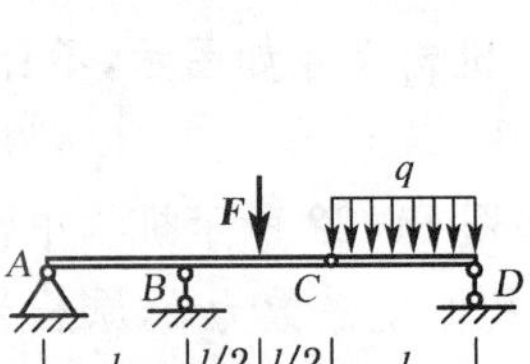

图 14-28

17. 如图 14-29 所示多跨静定梁，已知 $q=12\ \text{kN/m}$，$\boldsymbol{F}_1=20\ \text{kN}$，$\boldsymbol{F}_2=40\ \text{kN}$。试用虚位移原理求固定端 A 的约束反力偶及铅垂反力。

18. 如图 14-30 所示，AC 和 CE 组成的静定梁。已知 $q=5\ \text{kN/m}$，$\boldsymbol{F}=10\ \text{kN}$，$M=6\ \text{kN}\cdot\text{m}$。试用虚位移原理求固定铰链支座 A 竖向的约束反力和可动铰链支座 D 的约束反力。

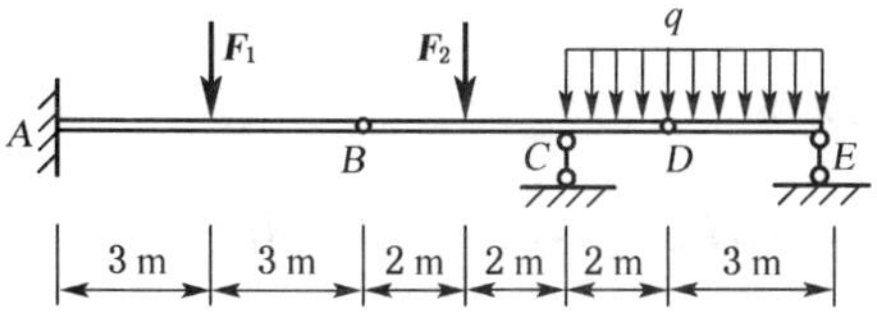

图 14-29

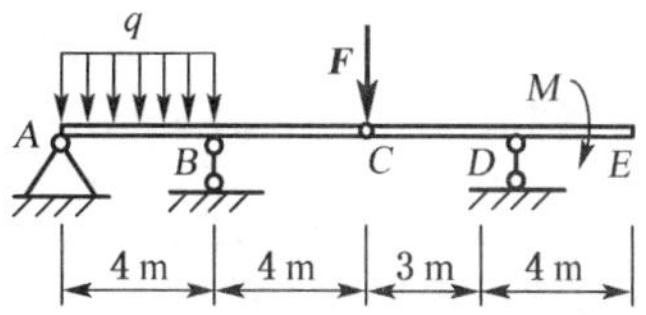

图 14-30

19. 如图 14-31 所示刚架结构，几何尺寸见图示。已知 $\boldsymbol{F}=20\ \text{kN}$，$M=24\ \text{kN}\cdot\text{m}$。试用虚位移原理求 B 支座的约束反力。

20. 如图 14-32 所示刚架结构，几何尺寸见图示。已知 $\boldsymbol{F}=20\ \text{kN}$。试用虚位移原理求 B 支座的约束反力。

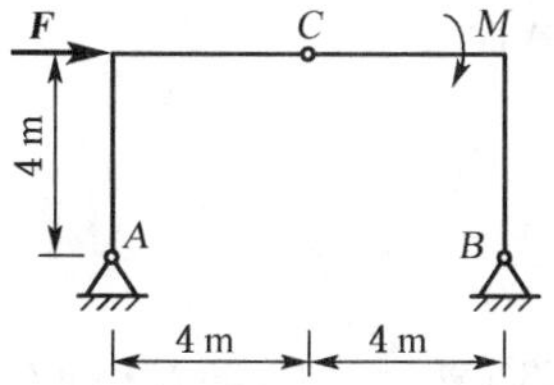

图 14-31

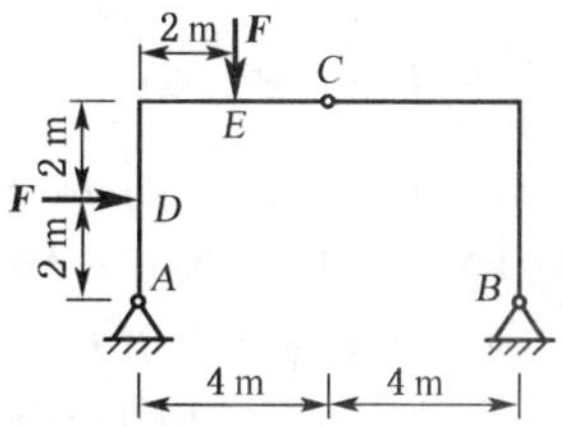

图 14-32

参考答案

2 平面力系

1. $\boldsymbol{F}_{1x}=50\text{ N},\boldsymbol{F}_{1y}=0;\boldsymbol{F}_{2x}=70.71\text{ N},\boldsymbol{F}_{2y}=70.71\text{ N};\boldsymbol{F}_{3x}=0,\boldsymbol{F}_{3y}=-200\text{ N};\boldsymbol{F}_{4x}=-125\text{ N},\boldsymbol{F}_{4y}=-216.51\text{ N}$

2. (a)$\boldsymbol{F}_A=\boldsymbol{F}_B=\dfrac{M}{l}$;(b)$\boldsymbol{F}_A=\boldsymbol{F}_B=\dfrac{M}{l}$;(c)$\boldsymbol{F}_A=\boldsymbol{F}_B=\dfrac{\sqrt{2}M}{l}$

3. $\boldsymbol{F}_R=4\text{ kN}$,方向与$\boldsymbol{F}_1$ 方向重合

4. (a)$\boldsymbol{F}_{AC}=0.58G$(拉),$\boldsymbol{F}_{BC}=-1.16G$(压);(b)$\boldsymbol{F}_{AC}=1.41G$(拉),$\boldsymbol{F}_{BC}=-G$(压);(c)$\boldsymbol{F}_{AC}=0.5G$(拉),$\boldsymbol{F}_{BC}=-0.87G$(压)

5. $\boldsymbol{F}=80\text{ kN}$

6. $\boldsymbol{F}_A=\dfrac{\sqrt{5}}{3}F$,方向沿 BA,指向 A;$\boldsymbol{F}_C=\dfrac{2\sqrt{2}}{3}F$,方向沿 CB,指向 B

7. $\boldsymbol{F}_{BC}=19.8qa$(拉),$\boldsymbol{F}_{Ax}=14qa$ (→),$\boldsymbol{F}_{Ay}=8qa$ (↓)

8. $\boldsymbol{F}_x=20\text{ kN}$(←),$\boldsymbol{F}_y=100\text{ kN}$(↑),$M=130\text{ kN}\cdot\text{m}$(↶)

9. $M_2=1\text{ kN}\cdot\text{m}$;$M_2=2\text{ kN}\cdot\text{m}$

10. (1)$\boldsymbol{F}'_R=201.79\text{ N}$,方向在第四象限,与 x 轴夹角为37.63°;$M_0=-16.86\text{ N}\cdot\text{m}$(↷);
(2)$\boldsymbol{F}_R=201.79\text{ N},h=136.84\text{ mm}$

11. (1)$\boldsymbol{F}'_R=71.14\text{ N}$,方向在第三象限,与 x 轴夹角为 10.27°;$M_0=-2\,242.82\text{ N}\cdot\text{mm}$(↷);
(2)$\boldsymbol{F}_R=71.14\text{ N},h=176.88\text{ mm}$

12. $\boldsymbol{F}'_R=259.86\text{ kN}$,方向在第三象限,与 x 轴夹角为78.91°;$M_0=-400\text{ kN}\cdot\text{m}$ (↷); $h=1.57\text{ m}$

13. (a)$\boldsymbol{F}_{Ax}=5\text{ kN}$(→),$\boldsymbol{F}_{Ay}=8.66\text{ kN}$(↑),$M_A=22.32\text{ kN}\cdot\text{m}$(↷);
(b)$\boldsymbol{F}_{Ax}=0,\boldsymbol{F}_{Ay}=2\text{ kN}$(↑),$M_A=1.33\text{ kN}\cdot\text{m}$(↶)

14. (a)$\boldsymbol{F}_{Ax}=0,\boldsymbol{F}_{Ay}=1.25qa$(↑),$\boldsymbol{F}_B=3.75qa$(↑);
(b)$\boldsymbol{F}_{Ax}=0,\boldsymbol{F}_{Ay}=1.5qa$(↑),$\boldsymbol{F}_B=3.5qa$(↑)

15. (a)$\boldsymbol{F}_{Ax}=0,\boldsymbol{F}_{Ay}=1\text{ kN}$(↑),$\boldsymbol{F}_B=3\text{ kN}$(↑),$\boldsymbol{F}_D=2\text{ kN}$(↑);
(b)$\boldsymbol{F}_{Ax}=0,\boldsymbol{F}_{Ay}=5\text{ kN}$(↑),$M_A=9\text{ kN}\cdot\text{m}$(↶),$\boldsymbol{F}_D=3\text{ kN}$(↑)

16. $\boldsymbol{F}_{Ax}=4.18\text{ kN}$(←),$\boldsymbol{F}_{Ay}=48.4\text{ kN}$(↓);$\boldsymbol{F}_{BC}=22.78\text{ kN}$(拉)

17. $\boldsymbol{F}_{Ox}=0,\boldsymbol{F}_{Oy}=385\text{ kN}$(↓),$M_O=1\,626\text{ kN}\cdot\text{m}$ (↶)

18. $\boldsymbol{F}=48.1\text{ kN}$;$\boldsymbol{F}_{Ox}=44.4\text{ kN}$(←),$\boldsymbol{F}_{Oy}=68.5\text{ kN}$(↑)

19. $G_{1\min}=333.3\text{ kN}$;$x_{\max}=6.75\text{ m}$

20. $\boldsymbol{F}_1:\boldsymbol{F}=15.43$

21. $\boldsymbol{F}_1=\dfrac{b}{a}\boldsymbol{F}$

22. 对于杆 BC:$\boldsymbol{F}_B=0.5\text{ kN}$(↓);$\boldsymbol{F}_{Cx}=0,\boldsymbol{F}_{Cy}=1.5\text{ kN}$(↑);
$\boldsymbol{F}_{Ax}=4.5\text{ kN}$(←),$\boldsymbol{F}_{Ay}=2\text{ kN}$(↑),$M_A=6.25\text{ kN}\cdot\text{m}$ (↶)

23. $\boldsymbol{F}_{Ax}=0,\boldsymbol{F}_{Ay}=53.75\text{ kN}$(↑),$M_A=205\text{ kN}\cdot\text{m}$(↶);$\boldsymbol{F}_B=6.25\text{ kN}$(↑)

24. 对于杆 AD:$\boldsymbol{F}_{Ax}=\boldsymbol{F}$(←),$\boldsymbol{F}_{Ay}=0$;$\boldsymbol{F}_{Cx}=2\boldsymbol{F}$(→),$\boldsymbol{F}_{Cy}=\boldsymbol{F}$(↑);$\boldsymbol{F}_{Dx}=\boldsymbol{F}$(←),$\boldsymbol{F}_{Dy}=\boldsymbol{F}$(↓)

25. $\boldsymbol{F}_{Ax}=325\ \text{N}(\rightarrow)$，$\boldsymbol{F}_{Ay}=331\ \text{N}(\uparrow)$，$M_A=1\,050\ \text{N}\cdot\text{m}(\curvearrowright)$；$\boldsymbol{F}_{Bx}=400\ \text{N}(\leftarrow)$，$\boldsymbol{F}_{By}=130.9\ \text{N}(\downarrow)$

26. $\boldsymbol{F}_{\text{T}}=269.43\ \text{N}$；对于 AC：$\boldsymbol{F}_{Cx}=269.43\ \text{N}(\leftarrow)$，$\boldsymbol{F}_{Cy}=350\ \text{N}(\downarrow)$

27. $\boldsymbol{F}_{Ax}=12\ \text{kN}(\rightarrow)$，$\boldsymbol{F}_{Ay}=1.5\ \text{kN}(\uparrow)$；$\boldsymbol{F}_B=10.5\ \text{kN}(\uparrow)$；$F_{BC}=-15\ \text{kN}$(压)

28. $\boldsymbol{F}_{Ax}=23\ \text{kN}(\rightarrow)$，$\boldsymbol{F}_{Ay}=10\ \text{kN}(\uparrow)$；$\boldsymbol{F}_{Bx}=23\ \text{kN}(\leftarrow)$，$\boldsymbol{F}_{By}=10\ \text{kN}(\uparrow)$

29. $\boldsymbol{F}_{Ax}=\dfrac{M}{a}+\dfrac{\sqrt{3}}{2}F(\rightarrow)$，$\boldsymbol{F}_{Ay}=\dfrac{1}{2}qa+\dfrac{1}{2}F(\uparrow)$，$M_A=M+\sqrt{3}Fa-\dfrac{1}{2}qa^2(\curvearrowleft)$　$\boldsymbol{F}_B=\dfrac{1}{2}qa(\uparrow)$；$\boldsymbol{F}_C=\dfrac{M}{a}(\leftarrow)$

30. $\boldsymbol{F}_{Ax}=0$，$\boldsymbol{F}_{Ay}=\dfrac{2}{3}\boldsymbol{F}(\uparrow)$；$\boldsymbol{F}_B=\dfrac{1}{3}\boldsymbol{F}(\uparrow)$；$\boldsymbol{F}_{AC}=-\boldsymbol{F}$(压)

31. $\boldsymbol{F}_{AC}=-750\ \text{N}$(压)，$\boldsymbol{F}_{AD}=450\ \text{N}$(拉)，$\boldsymbol{F}_{BC}=-600\ \text{N}$(压)，$\boldsymbol{F}_{BD}=-200\ \text{N}$(压)，$\boldsymbol{F}_{CD}=250\ \text{N}$(拉)

32. $\boldsymbol{F}_{AB}=2.6F$(拉)，$\boldsymbol{F}_{AC}=-3F$(压)，$\boldsymbol{F}_{BC}=0$，$\boldsymbol{F}_{BD}=2.6F$(拉)，$\boldsymbol{F}_{CD}=-F$(压)，$\boldsymbol{F}_{CE}=-2F$(压)，$\boldsymbol{F}_{DE}=\boldsymbol{F}$(拉)

33. $\boldsymbol{F}_1=89.44\ \text{kN}$(拉)，$\boldsymbol{F}_2=-28.28\ \text{kN}$(压)，$\boldsymbol{F}_3=-60\ \text{kN}$(压)

34. $\boldsymbol{F}_{AB}=0.43F$(拉)

35. $\boldsymbol{F}_{AC}=1.5F$(拉)，$\boldsymbol{F}_{BC}=0$，$\boldsymbol{F}_{BF}=-3.35F$(压)，$\boldsymbol{F}_{CD}=0$，$\boldsymbol{F}_{CF}=1.5F$(拉)，$\boldsymbol{F}_{DE}=1.33F$(拉)，$\boldsymbol{F}_{DF}=-2.4F$(压)，$\boldsymbol{F}_{EF}=-1.66F$(压)

3　空间力系

1. $\boldsymbol{F}_{Rx}=-345.4\ \text{N}$，$\boldsymbol{F}_{Ry}=249.6\ \text{N}$，$\boldsymbol{F}_{Rz}=10.56\ \text{N}$，$M_x=-51.78\ \text{N}\cdot\text{m}$，$M_y=-36.65\ \text{N}\cdot\text{m}$，$M_z=103.6\ \text{N}\cdot\text{m}$

2. $\boldsymbol{F}_{\text{R}}=20\ \text{N}$，沿 z 轴正向，作用线的位置由 $x_C=60\ \text{mm}$ 和 $y_C=32.5\ \text{mm}$ 来确定

3. $T=11\ \text{kN}$；$\boldsymbol{F}_{Ax}=0$，$\boldsymbol{F}_{Ay}=-3.6\ \text{kN}$，$\boldsymbol{F}_{Az}=14.0\ \text{kN}$

4. $\boldsymbol{F}_A=\boldsymbol{F}_B=-26.39\ \text{kN}$(压)，$\boldsymbol{F}_C=33.46\ \text{kN}$(拉)

5. (1)$M=22.5\ \text{N}\cdot\text{m}$；(2)$\boldsymbol{F}_{Ax}=75\ \text{N}$，$\boldsymbol{F}_{Ay}=0$，$\boldsymbol{F}_{Az}=50\ \text{N}$；(3)$\boldsymbol{F}_x=75\ \text{N}$，$\boldsymbol{F}_y=0$

6. $M_1=\dfrac{b}{a}M_2+\dfrac{c}{a}M_3$；$\boldsymbol{F}_{Ay}=\dfrac{M_3}{a}$，$\boldsymbol{F}_{Az}=\dfrac{M_2}{a}$；$\boldsymbol{F}_{Dx}=0$，$\boldsymbol{F}_{Dy}=-\dfrac{M_3}{a}$，$\boldsymbol{F}_{Dz}=-\dfrac{M_2}{a}$

7. $\boldsymbol{F}_1=\boldsymbol{F}_5=-F$(压)，$\boldsymbol{F}_3=F$(拉)，$\boldsymbol{F}_2=\boldsymbol{F}_4=\boldsymbol{F}_6=0$

8. $\boldsymbol{F}_1=\boldsymbol{F}_D$，$\boldsymbol{F}_2=-\sqrt{2}F_D$，$\boldsymbol{F}_3=-\sqrt{2}F_D$，$\boldsymbol{F}_4=\sqrt{6}F_D$，$\boldsymbol{F}_5=-F-\sqrt{2}F_D$，$\boldsymbol{F}_6=F_D$

9. $x_C=90\ \text{mm}$

10. $x_C=21.72\ \text{mm}$，$y_C=40.69\ \text{mm}$，$z_C=-23.62\ \text{mm}$

4　摩　擦

1. 静摩擦力 $\boldsymbol{F}_s=10\ \text{N}$

2. (1)$\boldsymbol{F}_{\min}=140\ \text{N}$；(2)$\boldsymbol{F}_{\min}=265\ \text{N}$

3. (1)处于平衡状态；(2)静摩擦力 $\boldsymbol{F}_s=5\ \text{N}$

4. 会动，不能满足自锁的条件

5. $a\geqslant 0.167\ \text{m}$

6. (1)不会滑动；(2)不会倾倒

7. (1)$s=0.456l$；(2)$\theta\geqslant 74.1^\circ$

8. $\boldsymbol{F}=10\ \text{N}$，$M=10\ \text{N}\cdot\text{m}$

9. $F=\dfrac{2G_1\delta+G(\delta+\delta')}{2r}$

10. (1)$b_{\min}=\frac{1}{3}f_s h$;(2)与门重无关

11. 40.6 N

12. 147.6 N

13. 0.333

14. $0.242l \leqslant x \leqslant 0.977l$

15. $\varphi_A = 16.1°, \varphi_B = \varphi_C = 30°$

16. 26.6 N$<F<$140 N

17. 0.11 m

18. (1)$f_s \geqslant \frac{\delta}{r}$;(2)$G_{\min} = W\left(\sin\theta - \frac{\delta}{r}\cos\theta\right), G_{\max} = W\left(\sin\theta + \frac{\delta}{r}\cos\theta\right)$

19. (1)$F_{1\max} = 2.41$ N;(2)$F = 2.21$ N,$M = 0.012$ N·m

5 点的运动学

1. $x_D = 3l\cos\omega t, y_D = 5l\sin\omega t; \frac{x_D^2}{(3l)^2} + \frac{y_D^2}{(5l)^2} = 1; v_x = -\sqrt{3}l\omega, v_y = 2.5l\omega; a_x = -1.5l\omega^2$,

$a_y = -\frac{5\sqrt{3}}{3}l\omega^2$

2. $\frac{(x-a)^2}{(b+l)^2} + \frac{y^2}{l^2} = 1$

3. 对地:$y_A = 0.01\sqrt{64-t^2}$ m, $v_A = \frac{0.01t}{\sqrt{64-t^2}}$ m/s,方向铅垂向下;

对凸轮:$x'_A = 0.01t$ m, $y'_A = 0.01\sqrt{64-t^2}$ m, $v_{Ax'} = 0.01$ m/s, $v_{Ay'} = -\frac{0.01t}{\sqrt{64-t^2}}$ m/s

4. $y = l\tan kt; v = lk\sec^2 kt; a = 2lk^2\tan kt\sec^2 kt$;

$\theta = \frac{\pi}{6}$ 时,$v = \frac{4}{3}lk, a = \frac{8\sqrt{3}}{9}lk^2$;$\theta = \frac{\pi}{3}$ 时,$v = 4lk, a = 8\sqrt{3}lk^2$

5. $v = -\frac{v_0}{x}\sqrt{x^2+l^2}; a = -\frac{v_0^2 l^2}{x^3}$

6. $v = \frac{h\omega}{\cos^2\omega t}, a = \frac{2h\omega^2\sin\omega t}{\cos^3\omega t}; v_r = \frac{h\omega\sin\omega t}{\cos^2\omega t}, a_r = \frac{h\omega^2(1+\sin^2\omega t)}{\cos^3\omega t}$

7. $v_C = 2\sqrt{gR}, a_C = 4g, v_D = 1.848\sqrt{gR}, a_D = 3.487g$

8. $x = r\cos\omega t + l\sin\frac{\omega t}{2}, y = r\sin\omega t - l\cos\frac{\omega t}{2}$;

$v = \omega\sqrt{r^2 + \frac{l^2}{4} - rl\sin\frac{\omega t}{2}}; a = \omega^2\sqrt{r^2 + \frac{l^2}{16} - \frac{rl}{2}\sin\frac{\omega t}{2}}$

9. $\rho = 5$ m, $a_t = 8.66$ m/s^2

10. 略

6 刚体的简单运动

1. (a) $v_M = l\omega$, $a_M = l\sqrt{\omega^4+\alpha^2}$; (b) $v_M = \omega\sqrt{l^2+R^2}$, $a_M = \sqrt{l^2+R^2}\cdot\sqrt{\omega^4+\alpha^2}$

2. 轨迹形状为半径为 100 mm 的圆弧,v_M=0.314 rad/s, a_M=0.986 rad/s^2

3. $v_O = 0.707$ rad/s, $a_M = 3.33$ rad/s^2

4. $\omega=\frac{v}{2l}$, $\alpha=-\frac{v^2}{2l^2}$

5. 38 min

6. $\dfrac{r\omega(r+l\cos\omega t)}{l^2+r^2+2lr\cos\omega t}$

7. (1)$\dfrac{v}{2R}$，0；(2) $\dfrac{vl}{2R}$，0

8. $\dfrac{R_1R_3\omega_1}{R_2}$

9. $\alpha=\dfrac{av^2}{2\pi r^3}$

10. $\omega_2=0$，$\alpha_2=-\dfrac{lb\omega^2}{r^2}$

11. $\omega = 2k$，$\alpha =-1.5k$，$\boldsymbol{a}_C = (-388.9\boldsymbol{i}+176.8\boldsymbol{j})\ \mathrm{mm/s^2}$

7　点的合成运动

1. $v_B = v\tan\alpha$

2. $v = \dfrac{\sqrt{3}}{3}r\omega$ 向左；$v = 0$；$v = \dfrac{\sqrt{3}}{3}r\omega$ 向右

3. (a)0.15 rad/s；(b)0.2 rad/s

4. $\pi nR\cos\alpha/(15\sin\beta) = 0.2094nR\cos\alpha/\sin\beta$

5. $v_A = \dfrac{lav}{x^2+a^2}$

6. $v_C = \dfrac{av}{2l}$

7. $v_{AB} = e\omega$

8. $\omega l\sin\varphi/\cos^2\varphi$

9. $0.577\,4v_0$ 向上；$1.539\,6v_0^2/R$ 向下

10. 100 mm/s；346.4 $\mathrm{mm/s^2}$

11. 396.4 $\mathrm{mm/s^2}$；113.4 $\mathrm{mm/s^2}$

12. (1) 2 m/s；(2) 1 m/s；(3) 8.25 $\mathrm{m/s^2}$

13. $v_M = 600\ \mathrm{mm/s}, a_M = 3\,630\ \mathrm{mm/s^2}; v_N = 825\ \mathrm{mm/s}, \boldsymbol{a}_N = 3\,450\ \mathrm{mm/s^2}$

14. $v = \dfrac{1}{\sin\theta}\sqrt{v_1^2+v_2^2-2v_1v_2\cos\theta}$

15. $\boldsymbol{v}_{AB} =-(37.32\boldsymbol{i}'+10\boldsymbol{j}')\ \mathrm{m/s}; \boldsymbol{a}_{AB} =-4\boldsymbol{j}'\ \mathrm{m/s^2}$

16. $v = 0.173\ \mathrm{m/s}, a = 0.05\ \mathrm{m/s^2}$

17. $\omega_1 = \dfrac{\omega}{2}, \alpha_1 = \dfrac{\sqrt{3}}{12}\omega^2$

18. $v = 54\ \mathrm{mm/s}, a = 48.8\ \mathrm{mm/s^2}$

19. $a =\sqrt{\dfrac{3u^4}{4r^2}+\dfrac{1}{4}\left(\dfrac{u^2}{r}+5\omega^2 r\right)^2+3u^2\omega^2}$

20. $\boldsymbol{v}_r = 0.052\ \mathrm{m/s}, \boldsymbol{a}_r = 0.005\,27\ \mathrm{m/s^2}; \omega = 0.175\ \mathrm{rad/s}, \alpha = 0.035\,2\ \mathrm{rad/s^2}$

8　刚体的平面运动

1. $x_C = r\cos\omega_0 t, y_C = r\sin\omega_0 t; \varphi = \omega_0 t$

2. $\omega_{AB} = 3$ rad/s(逆时针)，$\omega_{CB} = 5.2$ rad/s

3. $\omega_1 = \sqrt{3}\omega$

4. $v_{BC} = 2.513$ m/s

5. $\omega = \dfrac{v_1 - v_2}{2r}$, $v_O = \dfrac{v_1 + v_2}{2}$

6. $\omega_{OB} = 3.75$ rad/s, $\omega_{\mathrm{I}} = 6$ rad/s

7. $\omega_B = 3.62$ rad/s, $\alpha_B = 2.2$ rad/s^2

8. $n = 10\,800$ r/min

9. $a_C = 2r\omega_O^2$

10. $v_O = \dfrac{R}{R-r}v$, $a_O = \dfrac{R}{R-r}a$

11. $v_B = 2$ m/s, $v_C = 2.828$ m/s; $a_B = 8$ m/s^2, $a_C = 11.31$ m/s^2

12. $a_n = 2r\omega_O^2$, $a_t = r(\sqrt{3}\omega_O^2 - 2\alpha_O)$

13. $v_{AB} = v\tan\theta$, $v_r = v\tan\theta\tan\dfrac{\theta}{2}$, $a_{AB} = a\tan\theta + \dfrac{v^2}{R\cos\theta}\left(1 + \tan\theta\tan\dfrac{\theta}{2}\right)^2$

14. $v_{CD} = \dfrac{0.2}{3}\sqrt{3}$ m/s, $a_{CD} = \dfrac{2}{3}$ m/s^2

15. $v_{r1} = 0.6$ m/s, $v_{r2} = 0.9$ m/s, $v_M = 0.459$ m/s; $a_{r1} = 2.816$ m/s^2, $a_{r2} = 4.592$ m/s^2, $a_M = 2.5$ m/s^2

9 质点动力学的基本方程

2. (1) $mg\left(1 + \dfrac{v_0^2}{gl}\right)$; (2) $mg\cos\varphi$

3. $n_{\max} = \dfrac{30}{\pi}\sqrt{\dfrac{fg}{r}}$ r/min

4. (1) $F_{N\max} = m(g + e\omega^2)$; (2) $\omega_{\max} = \sqrt{\dfrac{g}{e}}$

5. $F = 488.56$ kN

6. $t = 2.02$ s; $s = 7.07$ m

7. $F_{AB} = \dfrac{ml}{2a}(a\omega^2 + g)$, $F_{AC} = \dfrac{ml}{2a}(a\omega^2 - g)$

8. $n = 18$ r/min

9. (1) $t = 0.686$ s; (2) $d = 3.43$ m

10. $\varphi = 48.2°$

11. $f = \dfrac{m_1\sin\theta\cos\theta}{m_1\cos^2\theta + m_2}$

12. $a = f'g = 1.961$ m/s^2

13. $x = mv_0(1 - e^{-\frac{kt}{m}})/k$, $y = mg[t - m(1 - e^{-\frac{kt}{m}})/k]/k$

14. $t \leqslant \dfrac{5}{3}$ s 时, $s = 0$; $t > \dfrac{5}{3}$ s 时, $s = 0.02\left(t - \dfrac{5}{3}\right)^3$ m

15. 12.86 kg

10 动量定理

1. (a) $\boldsymbol{p} = \dfrac{1}{2}ml\omega$　方向水平向右；(b) $\boldsymbol{p} = \dfrac{1}{6}ml\omega$　方向水平向左；(c) $\boldsymbol{p} = \dfrac{\sqrt{2}}{2}mv$　方向沿杆件轴线斜向下；(d) $\boldsymbol{p} = mR\omega$　方向水平向右；(e) $\boldsymbol{p} = mv$　方向水平向右

2. $\boldsymbol{p}=\frac{5}{2}ml\omega$ 方向水平向右

3. $\boldsymbol{p}=\frac{9}{2}ml\omega$ 方向与C点速度方向相同

4. 32.8 N

5. 椭圆 $4x^2+y^2=l^2$

6. $k\geqslant\frac{m(e\omega^2-g)}{b+2e}$

7. (1) $x_C=\frac{7l\sin\omega t+2l}{8}$，$y_C=\frac{3l\cos\omega t}{8}$；(2) $\frac{7ml\omega^2}{2}$

8. $F_{Ox}=-\frac{4mr(\omega^2\cos\varphi+\alpha\sin\varphi)}{3\pi}$，$F_{Oy}=mg+\frac{4mr(\omega^2\sin\varphi-\alpha\cos\varphi)}{3\pi}$

9. $F_{Ox}=-\frac{Pl(\omega^2\cos\theta+\alpha\sin\theta)}{g}$，$F_{Oy}=P+\frac{Pl(\omega^2\sin\theta-\alpha\cos\theta)}{g}$

10. (1) $\frac{a-b}{4}$；(2) $F_N=\frac{12mg}{3+\sin^2\theta}$

11. 1 m

12. $\ddot{x}+\frac{k}{m_1+m_2}x=\frac{m_2l\omega^2}{m_1+m_2}\sin\omega t$

13. (1) $F_x=-\left(\frac{m_1}{2}+m_2\right)l\omega^2\sin\omega t$，$F_y=(m+m_1+m_2)g+\left(\frac{m_1}{2}+m_2\right)l\omega^2\cos\omega t$

(2) $\omega=\sqrt{\frac{2(m+m_1+m_2)g}{(m_1+2m_2)l}}$

14. $\rho Q(v_2\cos\theta+v_1)$

15. $F_{Ox}=\frac{mr}{2}(\sqrt{3}\alpha-\omega^2)$，$F_{Oy}=mg-\frac{mr}{2}(\alpha+\sqrt{3}\omega^2)$

11 动量矩定理

1. 略

2. (1) $m(R^2/2+l^2)\omega$; (2) $ml^2\omega$; (3) $m(R^2+l^2)\omega$

3. 480 r • min

4. $\omega=-\frac{2Part}{PR^2+2Pr^2}$, $\varepsilon=-\frac{2Par}{PR^2+2Pr^2}$

5. $r=\sqrt{r_0^2+\frac{M_0g}{2P\omega^2}\sin\omega t}$

6. $\varphi=\frac{\delta_0}{l}\sin\left(\sqrt{\frac{gk}{3(P+Q)}}l+\frac{\pi}{2}\right)$

7. $\frac{J_1J_2\omega_0}{J_1+J_2}t$

8. 366 Nm

9. $Mgr^2T^2/2h-J_0-Mr^2$

10. 90 mm

11. $\frac{(KM-mgR)R}{mR^2+J_1K^2+J_2}$

12. $a=\frac{(m_1r_1-m_2r_2)g}{m_1r_1^2+m_2r_2^2}$, $F=(m_1+m_2)g-\frac{(m_1r_1-m_2r_2)^2}{m_1r_1^2+m_2r_2^2}g$

13. $v=\frac{2\sqrt{3gh}}{3}$, $T=\frac{mg}{3}$

14. $a=\dfrac{P(R-r)^2 g}{Q(\rho^2+r^2)+P(R+r)^2}$

15. $a=\dfrac{2g(2M-PR-Q_2R)}{(4Q_1+3Q_2+2P)R}$

16. $t=\dfrac{\omega r_1}{2gf(1+P_1/P_2)}$

17. 270 N

18. $mh^2/6$

19. $J_B+(a^2-b^2)m$

20. 9.46 kg

21. $\dfrac{4}{7}g\sin\theta$

22. $a_{AB}=-\dfrac{6Fg}{7Wl}$, $a_{BC}=\dfrac{30Fg}{7Ml}$

12 动能定理

1. $W=2a\pi r^2+\dfrac{8}{3}b\pi r^3+(m_A-m_B)g2\pi r$

2. $W_{12}=mg(\sqrt{3}-1)l_o-\dfrac{k}{2}(\sqrt{3}-1)^2 l_o^2$

3. $W_{12}=\dfrac{P(l^2-a^2)}{2l}$

4. $T=\dfrac{1}{2}\left[(m_1+m_2)v_1^2+\dfrac{1}{3}m_2 l^2\omega_1^2+m_2 l\omega_1 v_1\cos\varphi\right]$

5. (1) $T=\dfrac{3}{16}mv_B^2$；(2) $T=\dfrac{1}{2}m_1v^2+\dfrac{3}{4}m_2v^2$；(3) $T=2mR^2\omega^2$

6. $\omega_a=\dfrac{2.468}{\sqrt{a}}$ rad/s；$\omega_b=\dfrac{3.121}{\sqrt{a}}$ rad/s

7. $\omega=1.56$ rad/s

8. $v=\sqrt{3gh}$

9. $\omega_{AB}=\sqrt{\dfrac{24\sqrt{3}mg+3kl}{20ml}}$；$\alpha_{AB}=\dfrac{6g}{5l}$

10. $a_C=\dfrac{mg\tan\theta}{m\tan^2\theta+m_C}$；$a_{AB}=\dfrac{mg\tan^2\theta}{m\tan^2\theta+m_C}$

11. $a_A=\dfrac{3m_1 g}{4m_1+9m_2}$

12. $P=17.19$ kN；$P=6.45$ kN

13. $P=0.369$ kW

14. $\boldsymbol{F}_{Ox}=142.9$ N；$\boldsymbol{F}_{Oy}=37.6$ N

15. $\omega=\sqrt{\dfrac{3g}{l}}$；$\boldsymbol{F}_N=\dfrac{1}{4}mg$

16. $\alpha=\dfrac{9g}{8l}\cos\varphi$；$\omega=\dfrac{3}{2}\sqrt{\dfrac{g}{l}\sin\varphi}$；$F_{Ox}=\dfrac{43}{8}mg\sin\varphi$；$F_{Oy}=\dfrac{5}{16}mg\cos\varphi$

17. $a_D=\dfrac{2(m+m_2)g}{7m+8m_1+2m_2}$；$F_{BC}=\dfrac{2(m+m_2)(m+2m_1)g}{7m+8m_1+2m_2}$

18. $a_B=\dfrac{1}{6}g$；$\boldsymbol{F}_{HI}=4.5mg$；$\boldsymbol{F}_{Ax}=0$；$\boldsymbol{F}_{Ay}=4.5mg$；$\boldsymbol{M}_A=13.5mgR$

19. $\omega = \dfrac{1}{5R}\sqrt{10gh}$；$\boldsymbol{F}_T = \dfrac{1}{5}mg$

20. $v_r = 4\sqrt{\dfrac{gR}{15}}$；$v_e = \dfrac{1}{2}\sqrt{\dfrac{gR}{15}}$；$\boldsymbol{F} = \dfrac{94}{75}mg$；$\boldsymbol{F}_{\mathrm{N}} = 3.63mg$

21. $\boldsymbol{F} = 98\ \mathrm{N}$；$v_{\max} = 0.8\ \mathrm{m/s}$

22. (1) $a=4.9\ \mathrm{m/s^2}$；$\boldsymbol{F}_A=72\ \mathrm{N}$；$\boldsymbol{F}_B=268\ \mathrm{N}$

(2) $a=2.63\ \mathrm{m/s^2}$；$\boldsymbol{F}_A=\boldsymbol{F}_B=248.5\ \mathrm{N}$；$\boldsymbol{F}_B=268\ \mathrm{N}$

24. $a = \dfrac{m_1\sin\theta - m_2}{2m_1 + m_2}g$；$F = \dfrac{3m_1m_2 + (2m_1m_2 + m_1^2)\sin\theta}{2(2m_1 + m_2)}g$

25. $a = \dfrac{4}{7}g\sin\theta$；$\boldsymbol{F}_{AB} = \dfrac{1}{7}mg\sin\theta$；$\boldsymbol{F}_s = \dfrac{2}{7}mg\sin\theta$；$\boldsymbol{F}_{\mathrm{N}} = mg\cos\theta$

26. $\omega = \sqrt{\dfrac{M\varphi}{3m\rho^2}}$；$\alpha = \dfrac{M}{6m\rho^2}$；$\boldsymbol{F}_\tau = \dfrac{5}{6r_1M}$

27. $\omega = \left(\dfrac{4}{3}\times\dfrac{M\pi - 2mgR - 2kR^2(3-2\sqrt{2})}{mR^2}\right)^{\frac{1}{2}}$；$\boldsymbol{F}_{Ox} = -\left[kR(2-\sqrt{2}) + \dfrac{2}{3}\times\dfrac{M - kR^2(2-\sqrt{2})}{R}\right]$

$\boldsymbol{F}_{Oy} = mg + kR(2-\sqrt{2}) - \dfrac{4}{3}\times\dfrac{M\pi - 2mgR - 2kR^2(3-2\sqrt{2})}{R}$

13 达朗贝尔原理

1. (1) $F_{\mathrm{NA}} = m\dfrac{bg - ha}{c+b}$，$F_{\mathrm{NB}} = m\dfrac{cg + ha}{c+b}$；(2) $a = \dfrac{(b-c)g}{2h}$ 时，$F_{\mathrm{NA}} = F_{\mathrm{NB}}$

2. $\omega^2 = \dfrac{(2m_1 + m_2)g\tan\varphi}{2m_1(a + l\sin\varphi)}$

3. $\alpha = 47.0\ \mathrm{rad/s^2}$，$F_{Ax} = -95.3\ \mathrm{N}$，$F_{Ay} = 137.6\ \mathrm{N}$

4. $x = b\mathrm{e}^{\frac{\omega^2}{g}y}$

5. (1) $\omega = \sqrt{\dfrac{k(\varphi - \varphi_0)}{ml^2\sin 2\varphi}}$；(2) $F_{Bx} = 0$，$F_{By} = -\dfrac{ml^2\omega^2\sin 2\varphi}{2b}$；$F_{Ax} = 0$，$F_{Ay} = \dfrac{ml^2\omega^2\sin 2\varphi}{2b}$，$F_{Az} = 2mg$

6. $\alpha = \dfrac{m_2r - m_1R}{J_O + m_1R^2 + m_2r^2}$，轴承 O 的附加约束力　$F'_{Ox} = 0$，$F'_{Oy} = -\dfrac{g(m_2r - m_1R)^2}{J_O + m_1R^2 + m_2r^2}$

7. $F_{Cx} = 0$，$F_{Cy} = \dfrac{3m_1 + m_2}{2m_1 + m_2}m_2g$，$M_C = \dfrac{3m_1 + m_2}{2m_1 + m_2}m_2gl$

8. $\omega = \dfrac{\sqrt{2ra}}{\rho}$

9. $M = \dfrac{\sqrt{3}}{4}(m_1 + 2m_2)gr - \dfrac{\sqrt{3}}{4}m_2r^2\omega^2$；$F_{Ox} = -\dfrac{\sqrt{3}}{4}m_1r\omega^2$，$F_{Oy} = (m_1 + m_2)g - (m_1 + 2m_2)\dfrac{r\omega^2}{4}$

10. $F_{Ox} = \dfrac{11}{4}mr\omega_O^2 + \dfrac{3\sqrt{3}}{2}mg$，$F_{Oy} = \dfrac{3\sqrt{3}}{4}mr\omega_O^2 + \dfrac{5}{2}mg$；$M = \dfrac{3\sqrt{3}}{4}mr^2\omega_O^2 + 2mgr$

11. $a = \dfrac{8F}{11m}$

12. $F_{\mathrm{NB}} = \dfrac{2}{9}mr\omega_O^2 + 2mg + \dfrac{\sqrt{3}}{3}F$；$M_O = \dfrac{2\sqrt{3}}{3}mr^2\omega_O^2 + Fr$

13. $F_x = \dfrac{m_1\sin\theta - m_2}{m_1 + m_2}m_1g\cos\theta$

14. $a = \dfrac{4}{7}g\sin\theta$，$F_{AB} = \dfrac{1}{7}mg\sin\theta$，$F_{\mathrm{ND}} = F_{\mathrm{NC}} = mg\cos\theta$，$F_C = \dfrac{4}{7}mg\sin\theta$，$F_D = \dfrac{2}{7}mg\sin\theta$

15. $\alpha = 3.52\ \mathrm{rad/s^2}$，$F_B = 176\ \mathrm{N}$，$F_A = 358\ \mathrm{N}$

16. (1) $a = 0.5\ \text{g}$; (2) $a_{AB} = 1.25\ \text{g}, a_C = 0.625\ \text{g}$; (3) $a_{AB} = 6.64\ \text{m/s}^2, a_C = 4.64\ \text{m/s}^2$

17. $\alpha = \frac{9g}{7l}$, $\alpha_{AB} = -\frac{3g}{7l}$

18. (1) $\omega_{AB} = \sqrt{30g/7l}$, $v_A = \sqrt{6gl/35}$; (2)$\alpha_{AB} = 0$, $a_A = 0$; (3) $F_N = \frac{29}{7}mg$, $F = 0$

19. $a_{max} = 0.8\ \text{g}$

20. (1) $\alpha = 1.85\ \text{rad/s}^2$; (2)$F = 65\ \text{N}$; (3)$F_N = 321\ \text{N}$

14 虚位移定理

1. $\frac{F}{M} = \cos^2\theta$
2. $m_2 = 4m_1$; $m_2 = m_1$
3. $\boldsymbol{F}_{Bx} = 3\ \text{kN}$; $\boldsymbol{F}_{By} = 5\ \text{kN}$
4. $M = \frac{1}{2}Fr$
5. $\boldsymbol{F} = \frac{2M}{r} = \frac{2\times 100}{0.2} = 2\,000\ \text{N}$
6. $\frac{F}{Q} = \frac{2}{5}\tan 30°$
7. $M_2 = \frac{8\sqrt{3}}{3}M_1, \delta = \frac{\sqrt{3}}{kr}M_1$
8. $k = 2.27\ \text{kN/m}$
9. $\frac{M}{F} = a\tan 2\theta$
10. $\cos\theta = \frac{1}{2l}\left(\frac{F}{2k} + l_0\right)$
11. $\boldsymbol{F}_{BD} = \frac{\sqrt{3}}{\sqrt{3}-1}F$
14. $\boldsymbol{F}_1 = \frac{5}{4}F$
15. $M = 5\ \text{kN}\cdot\text{m}$
16. $\boldsymbol{F}_{Ax} = \frac{3}{2}F$; $F_{Ay} = \frac{1}{4}F$; $M_A = \frac{3}{2}Fa$
17. $\boldsymbol{F}_{AC} = \sqrt{5}F$; $\boldsymbol{F}_{BC} = 0$
18. $\boldsymbol{F}_B = 50\ \text{kN}$
19. $\boldsymbol{F}_{Ay} = 30\ \text{kN}$, $\boldsymbol{M}_A = 120\ \text{kN}\cdot\text{m}$
20. $\boldsymbol{F}_{Ax} = 0$, $\boldsymbol{F}_{Ay} = 2\ \text{kN}$, $\boldsymbol{F}_D = 2\ \text{kN}$
21. $\boldsymbol{F}_{Bx} = 7\ \text{kN}$; $\boldsymbol{F}_{By} = 13\ \text{kN}$
22. $\boldsymbol{F}_{Bx} = 10\ \text{kN}$; $\boldsymbol{F}_{By} = 10\ \text{kN}$

参考文献

[1] 哈尔滨工业大学理论力学教研室. 理论力学(第 7 版)[M]. 北京:高等教育出版社,2004

[2] 哈尔滨工业大学理论力学教研室. 理论力学学习辅导[M]. 北京:高等教育出版社,2005

[3] 范钦珊,刘燕,王琪. 理论力学[M]. 北京:清华大学出版社,2004

[4] 蔡泰信,和兴锁,朱西平. 理论力学(I)(第 2 版)[M]. 北京:机械工业出版社,2007

[5] 单辉祖,谢传锋. 工程力学(静力学与材料力学)[M]. 北京:高等教育出版社,2006

[6] 谢传锋,王琪. 理论力学[M]. 北京:高等教育出版社,2009

[7] 郝桐生. 理论力学(第 3 版)[M]. 北京:高等教育出版社,2004

[8] 季卓球,黄玉盈. 理论力学[M]. 武汉:武汉理工大学出版社,2009

[9] 浙江大学理论力学教研室. 理论力学(第 4 版)[M]. 北京:高等教育出版社,2009

[10] 邵兴,梁醒培,王辉,等. 理论力学[M]. 北京:清华大学出版社,2009

[11] 张功学. 理论力学[M]. 西安:西安电子科技大学出版社,2008

[12] 武清玺, 陆晓敏, 殷德顺. 理论力学[M]. 北京:中国电力出版社,2009

[13] 景荣春. 理论力学简明教程[M]. 北京:清华大学出版社,2009

[14] 中国大百科全书・力学卷编委会. 中国大百科全书・力学卷[M]. 北京:中国大百科全书出版社,1985

[15] 徐秉业,杨海兴,贾书惠,等. 身边的力学[M]. 北京:世界图书出版公司,1997

[16] 武际可. 力学史[M]. 上海:上海辞书出版社,2010

[17] 王杏根,胡鹏,李誉. 工程力学实验(理论力学与材料力学实验)[M]. 武汉:华中科技大学出版社, 2008

[18] 贾书惠. 漫话动力学[M]. 北京:高等教育出版社,2010

[19] 西北工业大学理论力学教研室. 理论力学[M]. 北京: 科学出版社, 2011

[20] 洪嘉振,杨长俊. 理论力学[M]. 北京:高等教育出版社, 2008

[21] 刘长荣. 工程力学[M].北京: 中国农业科学技术出版社, 2002